文化財科学の事典

新装版

馬淵　久夫
杉下龍一郎
三輪　嘉六
沢田　正昭
三浦　定俊

［編集］

朝倉書店

編　集　者

馬淵　久夫（まぶち ひさお）　くらしき作陽大学食文化学部長／東京文化財研究所名誉研究員
杉下龍一郎（すぎした りゅういちろう）　東京芸術大学名誉教授／中国敦煌研究院名誉教授
三輪　嘉六（みわ かろく）　九州国立博物館（仮）設立準備室長
沢田　正昭（さわだ まさあき）　筑波大学芸術学系教授
三浦　定俊（みうら さだとし）　東京文化財研究所協力調整官／東京芸術大学美術研究科教授

本書は『文化財科学の事典』第3刷を底本として刊行したものです．

［口絵1］ コチニール＜齊藤昌子撮影；本文Ⅱ編（6）章「コチニール」＞

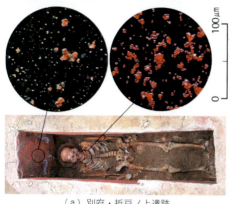
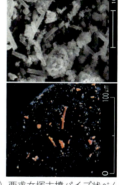

（a）別府・折戸ノ上遺跡　　　　　　（b）西求女塚古墳パイプ状べんがら

［口絵2］ （a）2〜3世紀より6世紀後半まで北九州地方では石棺内にべんがら，遺骸頭胸部に朱が施されていた．
（b）べんがらには鉄細菌系と非鉄細菌系がある．写真は鉄細菌系の（上）電子顕微鏡および（下）光学顕微鏡像＜本文Ⅱ編（7）章「べんがら」＞

［口絵3］ オレゴン州のニューベリー・クレーター＜本文Ⅴ編（5）章「石器の産地」＞
黒曜石の大規模な噴出がみられる．

[口絵 4] コラッド・ジャクイント「磔刑」修復前(左)・修復後(右)
＜黒江光彦旧蔵；本文Ⅲ編(2)章「油彩画の保存修復」＞
火災による欠損を油絵具の恣意的な塗り重ねで補彩してあったので、古い裏打ちを改め、補彩と汚れを洗浄し、欠損箇所を充填して補彩し直し、ニスを塗布した。

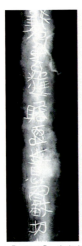   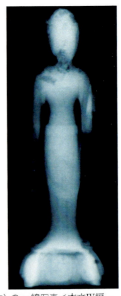

[口絵 5] 金文字象嵌が施された鉄剣
＜本文Ⅲ編(1)章「出土遺物の保存」＞
(左) X線写真、右：披瀝した金文字。

[口絵 6] 菩薩立像(左)のγ線写真＜本文Ⅳ編(2)章「X線・γ線ラジオグラフィー」＞
γ線源：Cs-137, 2 Ci (74 GBq), 距離1.2 m, 照射7時間。のどと右肩の部分に空洞がみえる。

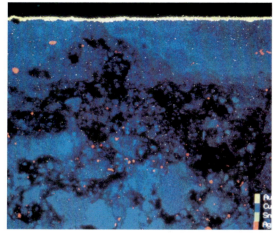

[口絵7] 小刀のめっき層断面のマッピング分析結果＜本文Ⅳ編（1）章「電子顕微鏡」＞
金を黄，銅を青，スズを緑，銀を赤で表示．色の濃さは元素の濃度に対応．

[口絵8] 江戸～明治ごろの絵馬
＜本文Ⅳ編（2）章「赤外線写真撮影」＞
赤外線写真撮影により，汚れでみえにくかった部分（上）が明瞭にみえるようになった（下）．（上）と（下）の視野は若干ずれている．

[口絵9] 銀製賢瓶の (左) 実物写真, (中) 中性子ラジオグラフ, (右) X線ラジオグラフ
＜本文Ⅳ編 (2) 章「中性子ラジオグラフィー」＞

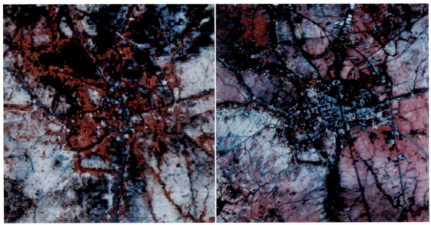

[口絵10] LANDSAT衛星によって撮影されたタイのアユタヤ遺跡＜本文Ⅵ編 (1) 章「リモートセンシング」＞

(左) 1979年, (右) 1989年. 近赤外線を赤, 可視の赤を緑, 可視の緑を青に対応させて合成してあり, 植生が赤, 市街地が水色, 裸地が白にみえる. 1979年には遺跡の大部分を植生が占めていたが, 1989年には道路がみられ, 10余年の間に遺跡が整備されたことが確認できる.

まえがき

「文化財科学」の扱う範囲は広い．通常の学問分野で言うと，人類学・考古学・文献史学・美術史・建築史・庭園史など歴史系を中心とする人文科学が一方の極にあり，もう一方の極に理学・工学・医学・薬学・農学など自然科学のあらゆる分野がある．さらに，最近国際的な話題になってきている「文化財を扱う倫理」や，遺物の分析・解析から遥かなむかしの生活環境や経済状態を推測するといった社会科学も関与してくる．つまり，人文科学，自然科学，社会科学の3極構造をもった学問分野ということになる．

このような見方をすると，19世紀ヨーロッパにおいて分科し，細分化された諸科学の総合化，つまり逆行の一種ととられるかもしれないが，決してそうではない．当時の学問体系の中では独立し得なかった要素が，20世紀後半の日本で再編成されたと考えるべきである．ちなみに，西欧で学問分科の拠りどころになったとされる18世紀啓蒙主義者ダランベールの百科全書序文にある「人間知識の系統図」を見ると，興味深い事実が読み取れる．

系統図は「人間の知識」を記憶（歴史）・理性（哲学）・想像（芸術）と3大別するが，[記憶]という大項目の中の細分化項目に「古代遺物」，「マニュファクチャー」というのがある．また，[想像]の中に「絵画・彫刻・建築」がある．これらが，系統図から拾い上げられる文化財科学が扱う対象物のすべてであるが，両者を統合して学問分野にするような気運は当時起こらなかった．それらが19世紀に学問化されるときには，前者は考古学と技術史，後者は美術史および建築史へと分科していったと思われる．

明治初期から西欧の学問体系を導入したわが国は，おそらく古美術品や歴史的建造物を意識して19世紀ヨーロッパで使われ始めたcultural property（英）やbiens culturels（仏）に相当する用語として「文化財」という日本語を作り出した．この語は昭和25（1950）年の文化財保護法の制定で広く使われるようになったが，この法律によって，国宝・史跡名勝・記念物・重要美術品・文化遺産・古文化財など，対象や状況によって使い分けられていた諸概念が整理統合されたといえる．それはもはや200年前のダランベールが意識した[記憶]の中の古代遺物とマニュファクチャーや，[想像]に属する絵画・彫刻・建築だけではなく，巨大な遺

跡や繊細な工芸品，さらに民俗資料までも含む広い概念である．20世紀半ばに日本で定義された，このような「文化財」の概念の延長線上に「文化財科学」は載っている．

昭和51（1976）年，江上波夫を代表として発足した人文・自然科学者混成チームによる文部省科学研究費特定研究は，その成果の一つとして昭和57年に日本文化財科学会を生み出した（I編（3）章参照）．「文化財科学」という用語は，当学会の名称として，また文部省（当時）科学研究費補助金の分科・細目に設置申請するための名称として，学会設立準備中に数回におよぶ討議の結果決定された（VIII編参照）．幸いなことに，平成10（1998）年，「文化財科学」は科学研究費補助金の複合領域に分科として正式に認められ，用語として定着した．このように日本で定義された分野であるため，欧語の中には相当する用語は見出せない．archaeological science, archaeometry, archaeomaterials, museum science 等々，いずれも部分的に重なるだけで，全体としての文化財科学に対応しない．

以上，学術用語としての「文化財科学」の成立過程を私見を交えて述べてきたが，最後に残る本質的な問いは，何を目的にし，どのような内容をもつかである．

世の中にはニュートン力学とかマルクス経済学とか，卓越した個人がライトモチーフを提供し，牽引力になった学問がある．それらからみると「文化財科学」は極めて民主的である．政治でいえば帝政ではなく共和政ないし議会民主制である．そこで，民衆の一人として，あえて個人的な見解を述べるならば，「文化財による，文化財のための，科学」ではないかと思う．

ここで，「文化財による」というのは，250万年前の石器から50年前の絵画にいたるまでの長年月の間に人類が残した遺物・遺跡などを通じて，過去の事象・生活・環境・技術などを探ることを意味し，「文化財のための」というのは，人類の足跡の貴重な証言者である文化財を同定し保護する技術，つまり広義の保存・修復を研究することを意味する．一般に，後者の場合の「文化財」は明瞭であるが，前者の研究に使われる「文化財」には注釈が必要である．

ナノテクノロジーに象徴されるように，科学機器の著しい発達により，観察試料の種類は多様化し，必要量は微小化している．人類にまつわる過去の事象・生活・環境・技術の研究試料には，たとえば炭化米のような，文化財といえるかどうか疑問の物件も含まれる．一般の方々には奇妙に見えるかもしれないが，これが現実である．もし，対象をれっきとした文化財に限るとすると，学問的広がりが限定されて進歩は止まるだろう．

7年ほど前，われわれ有志は，21世紀の飛躍発展のために，20世紀最後の四半

世紀に生まれ育った「文化財科学」がどのような内容をもっているかを事典の形でまとめてみようと考えた．これが本事典発刊の動機であるが，目標達成のためには，現役で研究に携わっている各専門の方々の協力が是非とも必要であった．執筆者が70名余と多数にわたっているのは，現状を極力正確に反映させたい意図から出ている．

　共同編集者としては，杉下龍一郎，三輪嘉六，沢田正昭，三浦定俊の4名の専門家に協力をお願いした．いずれの方も文化財科学ないし文化財保存科学の分野で先導的役割を果たしておられ，非常に多忙であられたが，格別の配慮で本事典のために貴重な時間を割いていただいた．

　終わりにあたり，遅々とした編集の進行に忍耐強くお付き合いくださり，本書の実現に大きな力となってくださった朝倉書店編集部に心から感謝の意を表したい．

2003年5月

編集者を代表して　　馬淵　久夫

執筆者 (執筆順)

三輪　嘉六	九州国立博物館(仮)設立準備室
馬淵　久夫	くらしき作陽大学
斎藤　英俊	東京文化財研究所
田中　英機	実践女子大学
菊池　健策	文化庁
稲葉　信子	東京文化財研究所
松本　修自	元 奈良文化財研究所
三浦　定俊	東京文化財研究所
神庭　信幸	東京国立博物館
安藤　正人	国文学研究資料館
二神　葉子	東京文化財研究所
西川杏太郎	横浜美術短期大学
増田　勝彦	昭和女子大学
伊原　惠司	前 文化財建造物保存技術協会
増澤　文武	前 元興寺文化財研究所
山野　勝次	文化財虫害研究所
大塚　英明	日本大学
杉下龍一郎	前 東京芸術大学
稲葉　政満	東京芸術大学
佐野　千絵	東京文化財研究所
村上　隆	奈良文化財研究所
朽津　信明	東京文化財研究所
齊藤　孝正	文化庁
富沢　威	慶應義塾大学
肥塚　隆保	奈良文化財研究所
柏木　希介	元 共立女子大学
齊藤　昌子	共立女子大学
本田　光子	九州国立博物館(仮)設立準備室
光谷　拓実	奈良文化財研究所
永嶋　正春	国立歴史民俗博物館
森田　恒之	前 国立民族学博物館
西浦　忠輝	東京文化財研究所
西山　要一	奈良大学
沢田　正昭	筑波大学
青木　繁夫	東京文化財研究所
沢田むつ代	東京国立博物館
黒江　光彦	前 東北芸術工科大学
園田　直子	国立民族学博物館
加藤　寛	東京文化財研究所
青木　睦	国文学研究資料館
樋口　清治	前 東京文化財研究所
木川　りか	東京文化財研究所
齋藤　努	国立歴史民俗博物館
中井　泉	東京理科大学
平井　昭司	武蔵工業大学
中原　弘道	前 東京都立大学
松田　泰典	東北芸術工科大学
川野邊　渉	東京文化財研究所
中村　俊夫	名古屋大学
橋本　哲夫	新潟大学
鈴木　正男	立教大学
広岡　公夫	富山大学
横山　祐之	CNRS (フランス国立科学センター)
松浦　秀治	お茶の水女子大学
近堂　祐弘	元 帯広畜産大学
町田　洋	前 東京都立大学

執筆者一覧

寒川　旭	産業技術総合研究所	
大沢　眞澄	昭和女子大学	
三辻　利一	大谷女子大学	
二宮　修治	東京学芸大学	
西村　康	ユネスコ・アジア文化センター	
亀井　宏行	東京工業大学	
田中　良之	九州大学	
鈴木　隆雄	東京都老人総合研究所	
森　勇一	愛知県立明和高等学校	
松島　義章	前 神奈川県立生命の星・地球博物館	
小池　裕子	九州大学	
南川　雅男	北海道大学	
藤原　宏志	宮崎大学	
佐藤洋一郎	静岡大学	
北野　信彦	くらしき作陽大学	

目　次

I．文化財の保護

(1) 文化財保護に関する法規と理念 …………………………… 3
　文化財保護法 ……………………… 3
　世界遺産条約 ……………………… 6
　記念建造物および遺跡の保全と修復の
　　ための国際憲章 …………………… 8
　武力紛争の際の文化財保護のための条
　　約 ………………………………… 9
　文化財の不法な輸入，輸出及び所有権
　　移転を禁止し及び防止する手段に
　　関する条約 ……………………… 10
　伝統技法と科学技術 ……………… 11

(2) 文化財の種類と制度 ……………………………………… 13
　指定文化財 ……………………… 13
　国　宝 …………………………… 15
　重要文化財 ……………………… 17
　美術工芸品 ……………………… 19
　建造物 …………………………… 20
　伝統的建造物群 ………………… 21
　登録有形文化財 ………………… 22
　記念物 …………………………… 23
　無形文化財 ……………………… 25
　民俗文化財 ……………………… 29
　産業文化財 ……………………… 30

(3) 文化財に関する機関・団体 ……………………………… 31
　ユネスコ ………………………… 31
　ユネスコ世界遺産センター …… 34
　イクロム ………………………… 35
　イコム …………………………… 36
　イコモス ………………………… 37
　アイ・シー・エイ ……………… 39
　アイ・アイ・シー ……………… 40
　アイ・アイ・シー・ジャパン … 41
　スパファ ………………………… 42
　独立行政法人文化財研究所 …… 44
　美術院 …………………………… 46
　国宝修理装潢師連盟 …………… 48
　文化財建造物保存技術協会 …… 49
　財団法人元興寺文化財研究所 … 50
　文化財虫害研究所 ……………… 51
　日本博物館協会 ………………… 52
　文化財保存修復学会 …………… 53
　日本文化財科学会 ……………… 54

(4) 文化財に関する情報およびネットワーク ……………… 55
　エイ・エイ・ティー・エイ …… 55
　CIN ……………………………… 56
　定期刊行物 ……………………… 57
　世界の博物館・美術館ウェブサイト … 60

II. 材料からみた文化財

(1) 金　属 ……65
- 文化財と金属 ……65
- 金工技術 ……67
- 銅 ……69
- スズ ……73
- 鉛 ……74
- 鉄 ……75
- 水銀 ……76
- 金 ……78
- 銀 ……79

(2) 紙　類 ……80
- 紙 ……80
- 紙以外の書写材料 ……88

(3) 岩　石 ……90
- 岩石の定義と分類 ……90
- 火成岩 ……91
- 堆積岩 ……93
- 変成岩 ……95
- 近親物質 ……97
- 石材の利用 ……98

(4) セラミックス ……100
- 分類 ……100
- 土器 ……101
- 炻器 ……104
- 陶器 ……106
- 磁器 ……110
- その他 ……112

(5) ガラス ……113
- ガラスの物理・化学 ……113
- ソーダ石灰ガラス ……116
- カリガラス ……117
- 鉛バリウムガラス，鉛ガラス ……118

(6) 染　料 ……120
- 概論 ……120
- べにばな ……122
- ごばいし ……123
- コチニール ……123
- かりやす ……124
- あい ……125
- ロッグウッド ……126
- やまもも ……126
- むらさき ……127
- きはだ ……128
- あかね ……129
- ケルメス ……130
- 貝紫 ……130
- ラック ……131
- すおう ……132
- うこん ……133
- えんじゅ ……134

(7) 日本の顔料 ………………………………………………………………………135

概　論 ……………………135	鉛　丹 ……………………139
白　土 ……………………135	黄　土 ……………………139
胡　粉 ……………………136	密陀僧 ……………………139
鉛　白 ……………………136	その他の黄色顔料 ………139
亜鉛華 ……………………137	群青，緑青 ………………140
朱　　　……………………137	紫色顔料 …………………140
べんがら …………………138	黒色顔料 …………………140

(8) 植物性材料 ………………………………………………………………………141

ヒノキ ……………………141	大　麻 ……………………151
ス　ギ ……………………142	苧　麻 ……………………152
コウヤマキ ………………143	亜　麻 ……………………153
ケヤキ ……………………144	植物性接着剤 ……………154
漆　　　……………………146	フノリ ……………………155
ワ　タ ……………………149	

(9) 動物性材料 ………………………………………………………………………157

絹　　　……………………157	毛　皮 ……………………159
皮　革 ……………………158	膠　　　……………………160

(10) 人工材料 ………………………………………………………………………162

合成樹脂 …………………162	フッ素樹脂 ………………172
合成樹脂の文化財への応用 …164	硝酸セルロース …………172
アクリル樹脂 ……………168	エポキシ樹脂 ……………173
シアノアクリレート ……169	不飽和ポリエステル樹脂 …175
酢酸ビニル樹脂 …………169	シリコーンゴム …………176
ブチラール樹脂 …………170	シリコーン樹脂 …………176
ポリビニルアルコール …170	積層フィルム ……………177
ポリエチレングリコール …170	石　膏 ……………………178
ポリウレタン樹脂 ………171	石灰・漆喰 ………………180

III. 文化財保存の科学と技術

(1) 保存環境の科学 …………………………………………………185
  展示の保存環境 ……………………185   古墳の環境 …………………………212
  収蔵の保存環境 ……………………192   出土遺物の保存 ……………………216
  輸送の保存環境 ……………………197   水中遺物の保存 ……………………220
  屋外文化財の環境 …………………204   文化財の災害対策 …………………224

(2) 保存・修復の材料と技術 ………………………………………228
  金属文化財の保存修復 ……………228   油彩画の保存修復 …………………250
  大量紙質文化財の保存修復 ………231   壁画の保存修復 ……………………253
  石造文化財の保存修復 ……………233   漆芸品の保存修復 …………………256
  土器・陶磁器の保存修復 …………237   記録史料の保存修復 ………………258
  染織品の保存修復 …………………239   レプリカ ……………………………262
  羊皮紙の保存修復 …………………242   接着剤と強化剤 ……………………263
  木質文化財の保存修復 ……………244   防カビと燻蒸 ………………………264
  東洋の絵画の保存修復 ……………247   防虫と燻蒸 …………………………267

IV. 文化財の画像観察法

(1) 表面状態の観察 …………………………………………………273
  実体顕微鏡 …………………………273   中性子誘導オートラジオグラフィー
  レーザ顕微鏡 ………………………275   ……………………………………281
  偏光顕微鏡 …………………………276   エミシオグラフィー ………………283
  X線分析顕微鏡 ……………………277   サーモグラフィー …………………285
  電子顕微鏡 …………………………278

(2) 内部状態の調査 …………………………………………………287
  赤外線写真撮影 ……………………287   X線トモグラフィー ………………296
  赤外線リフレクト・トランスミッシオ   X線CT ……………………………297
    グラフィー ……………………289   超音波CT …………………………299
  紫外線蛍光写真撮影 ………………291   中性子ラジオグラフィー …………301
  X線・γ線ラジオグラフィー ……293

(3) 3次元の形状調査 …………………………………………………………………304
　　ホログラフィー ……………304　　モアレトポグラフィー ……………306

V. 文化財の計測法

(1) 元素・同位体分析法 ………………………………………………………………309
　　原子吸光分析 ………………309　　ICP質量分析 ……………………322
　　蛍光X線分析 ………………312　　放射化分析 ………………………327
　　EPMA ………………………315　　即発γ線中性子放射化分析 ………330
　　放射光蛍光X線分析 ………317　　オージェ電子分光分析 …………331
　　PIXE分析 …………………320　　固体質量分析 ……………………333
　　ICP発光分光分析 …………322
(2) 化合物分析法 ………………………………………………………………………336
　　赤外吸収分光分析 …………336　　核磁気共鳴 ………………………345
　　フーリエ変換赤外分光分析 ………339　　ガスクロマトグラフィー質量分析計
　　化学発光 ……………………340　　　 ………………………………347
　　紫外線蛍光検査法・蛍光分光分析 341　　液体クロマトグラフィー質量分析計
　　メスバウアー分光分析 ……343　　　 ………………………………349
　　電子スピン共鳴 ……………344　　X線回折 …………………………350
(3) 生体関連物質分析法 ………………………………………………………………352
　　アミノ酸分析法 ……………352　　DNA分析法 ……………………354
(4) 年代測定法 …………………………………………………………………………356
　　放射性炭素法 ………………356　　年輪年代法 ………………………386
　　ルミネッセンス年代測定法 ………364　　アミノ酸ラセミ化法 ……………390
　　フィッショントラック法 …368　　フッ素化など化学成分分析による方法
　　古地磁気法，考古地磁気法 ………370　　　 ………………………………392
　　カリウム-アルゴン法，アルゴン-　　黒曜石水和層法 …………………395
　　　アルゴン法 ………………379　　テフラ編年法 ……………………397
　　ウラン-トリウム法 ………382　　地震考古学年代 …………………400
　　電子スピン共鳴年代測定法 ………384　　分子時計 …………………………403
(5) 材　料　産　地 ……………………………………………………………………405
　　石器の産地 …………………405　　石像の産地 ………………………411

土器の産地 …………………413	ガラスの産地 …………………423
陶磁器の産地 ………………415	鉄器の産地 ……………………425
青銅器の産地 ………………419	

VI. 古代人間生活の研究法

(1) 遺跡の探査 ………………………………………………………429

サーモグラフィー …………429	音波探査 ………………………436
航空写真撮影 ………………431	地中レーダ探査 ………………437
電気探査 ……………………433	リモートセンシング …………439
磁気探査 ……………………434	

(2) ヒトの生活と古環境の復元 ………………………………………441

人骨 DNA …………………441	昆　虫 …………………………454
人骨形質 ……………………442	動物遺体 ………………………457
古人骨病変 …………………444	炭素・窒素同位体比による食性解析 460
珪　藻 ………………………448	プラントオパール分析 ………463
貝 ……………………………450	植物の DNA …………………465

VII. 年　　表

世界文化史年表 ……………469	人類史年表 ……………………484

VIII. 用 語 解 説

文化財科学／保存科学 ………491	RESTORER／CURATOR，学芸員
考古科学／考古化学／非破壊分析 493	……………………………………495
ARCHAEOMETRY／	ARCHIVIST ……………………496
CONSERVATOR ………494	

保存科学用語集（英/仏/日） ……497	索　　引 ………………………513

I．文化財の保護

(1) 文化財保護に関する法規と理念
laws and ideas for supporting cultural property

文化財保護法
the Cultural Properties Protection Act

[制　定]　わが国の文化財の保護と活用に関する法律．昭和25（1950）年に山本勇造（有三）らの参議院議員によって発議され，議員立法として提案された．制定時前後の国会議事録によれば，前年に文化財保存法という案も出されており，保護と保存の意味を使い分けている．現在では保護の字義を保存と活用を併用した意味と解釈するのが一般的．同年5月30日，法律第214号として公布．同年8月29日から施行された．

[歴史的経緯]　この法律のもとになる動向は，明治30（1897）年に制定された古社寺保存法から始まる．ここでは古社寺の建造物とその所有する宝物類に限って保存する方向づけが行われ，それも事実上の指定制度として制度化されている．その後，この法律は昭和4（1929）年制定の国宝保存法が取って代わるが，指定の範囲を古社寺関係に限らず公共団体，個人などの所有物にまで広げるなどの整備が行われた．一方，建造物以外の土地に伴う文化財については大正8（1919）年に史蹟名勝天然記念物保存法が制定され，保存の中核となる方向づけは指定制度として歩むことになる．また昭和8（1933）年には文化財の海外流出を防止するための，重要美術品等ノ保存ニ関スル法律が制定されている．

文化財保護法は昭和24（1949）年の法隆寺金堂壁画の焼損という事件を契機として，こうした従前の諸制度の統廃合を含む見直し検討を行い，その内容を整備して飛躍的に発展・充実したもので，文化財保護の基本理念は古社寺保存法以来の指定制度を踏襲している．そして新たに無形文化財，埋蔵文化財を保護の対象として取り入れるなどの特色をもつ．制定当時，国際的には後進的な生活実情にあるなかで，文化国家建設を目指す意欲に満ちたものであったことは随所に認められ，各種分野の文化財を網羅した文化財保護の統一法として画期的な意味をもつ．

施行後，社会情況のさまざまな変化や幅広い文化財保護についての新しい変革，また保護思想の普及などがあって社会の実勢にできるだけ適応していくために重要な改正が数回にわたって行われた．

[改定1]　昭和29（1954）年の改定で文化財の管理団体制度，無形文化財保持者および民俗資料についても指定制度の導入，埋蔵文化財の発掘について事前の届出制などを定めた．

[改定2]　昭和43（1968）年6月の改定では，これまで文化財保護法を運用してきた文化財保護委員会制度を廃止し，新たに文部省の外局として文化庁を設置した組織改革を中心としたものであった．文化庁の組織には文化部と文化財保護部が置かれ，文化財の保護に関する事項は後者に属することで運用されてきている．なお，東京・京

都・奈良の3国立博物館，東京・奈良の2国立文化財研究所（現 独立行政法人文化財研究所）は，文化庁の附属機関としてこのときに改めて整理され，文化財保護機構の枠組みのなかでそれぞれ活動することになる．制度の内容ではこれまでの委員会の権限でのうち，指定に関するものは文部大臣，その他は文化庁長官が行うこととされた．

[改定3]　次いで昭和50（1975）年10月の改定は大幅なもので，各分野にまたがって重要な改定が図られている．民俗文化財の制度の整備，埋蔵文化財の保護の充実，伝統的建造物群保存地区制度と文化財の保存技術の保存制度の新設，有形文化財のなかに歴史資料部門を設けるなどが行われた．なかでも埋蔵文化財の保護は，高度経済成長に伴う土地開発によって破壊されていく遺跡に対する事前の発掘調査や記録保存の徹底を図ったもので，このころを境として急激に発掘調査件数の増加が全国的にみられるようになる．並行して発掘調査費用も大型化し，同時に遺跡の研究のなかに考古資料を対象として文化財科学を導入する研究手法も活発化してくる傾向となる．発掘調査の大型化は，それまで一部大学などが行っていた調査の実施主体が，地方公共団体の教育委員会や埋蔵文化財センターなどへ完全に移行し，文化財科学への関心はこうした調査組織のなかで育まれてきた部分も大きい．保護法が直接文化財科学に触れる部分はないが，このようなところにも両者の相関性を見出すことができる．保存技術の保存制度も文化財科学と決して無縁でなく，文化財の保存修復や技術を究明していくうえで密接なつながりをもつ．和紙，漆，木など，わが国特有ともいえる素材を用いた文化財は多く，その素材を扱う保存技術は長い伝統のなかで独自に発達してきた要素が強い．これらを科学的に検証していくのも正しい文化財保存の継承のうえで欠かせない課題であり，文化財科学の面からも強い関心を引く分野である．歴史資料はそれまでの有形文化財の保存がどちらかといえば優品的な美術工芸的作品の保存に片寄りがみられることに対し，歴史的な価値を重視した資料性の高いものを指定保存していく方策として設けられた分野である．これによって他の各分野（絵画，彫刻，工芸，書跡・典籍，古文書，考古資料）の狭間にあったような文化財の価値も新たに見出すことができるようになるなど，指定対象となる文化財の幅に広がりをみた．

[改定4]　最も新しい改定は平成8（1996）年6月で，登録有形文化財の制度を新たに加えた．文化財保護法の基本は指定制度にあるが，これに一部登録制度を併用することにした．これは建造物文化財に限って適用しているが，建造物の範囲を構造物，工作物にまで拡大するとともに，主として近代の建造物を対象として登録するものである．古代・中世など建築史学上の主要な建物はほとんど指定を終了しているなどの現状のなか，指定物件ほどには規制を加えない緩やかな規制処置をとることによって，保護すべき文化財の裾野を拡大していくねらいをもっている．また，美術工芸品などの重要文化財の所有者以外の者が展覧会などで重要文化財を公開しようとするときは，あらかじめ文化庁長官の承認を受けた博物館その他の施設が公開承認施設であるならば，従前の許可制に代わって届出制でよいとしている．この公開承認施設

(1) 文化財保護に関する法規と理念

表　文化財保護の歩み

年号	（西暦）	事　項
明治30	(1897)	古社寺保存法
大正 8	(1919)	史蹟名勝天然記念物保存法
昭和 4	(1929)	国宝保存法
8	(1933)	重要美術品等ノ保存ニ関スル法律
25	(1950)	文化財保護法（指定対象：有形文化財，無形文化財，民俗文化財，記念物，伝統的建造物群，埋蔵文化財）
29	(1954)	文化財の管理団体制度，無形文化財保持者指定制度，民俗資料の指定制度，埋蔵文化財発掘の事前届出制
43	(1968)	文化庁設置，3国立博物館，2国立文化財研究所を附属機関
50	(1975)	伝統的建造物群保存地区制度，文化財保存技術の保存制度，民俗文化財・埋蔵文化財の制度の整備と充実
平成 8	(1996)	文化財登録制度

とは，これまでの解釈では文化財の保存・管理が適格にできる施設のことをいい，なかでも文化財の保存環境が整っていることを基本条件としてあらかじめ施設を承認することにしている．近年の文化財科学の成果として，文化財の保存が温・湿度や照度など環境と深いかかわりをもつことが知られるようになってきたことを法制度のうえでも受け止め，規制緩和へと対応したものである．

[特　色] 文化財保護法でいう文化財の定義は，有形文化財，無形文化財，民俗文化財，記念物，伝統的建造物群，埋蔵文化財と広範に及んでおり，人間生活とのかかわりをもつすべての事象を対象とし，その保存・活用を図ることにしているが，国際的にはこうした各分野を網羅した文化財としての位置づけはほとんど見当たらない．本法の特色はそのあたりにも認められる．

（三輪嘉六）

世界遺産条約 (世界の文化遺産および自然遺産の保護に関する条約)
Convention Concerning the Protection of the World Cultural and Natural Heritage

[制定] 1972年11月にパリ本部で開かれた第17回ユネスコ総会において満場一致で採択され，11月23日署名の条約書が作成された．当時のアメリカ大統領ニクソンの構想から出発したといわれる．

[趣旨] 世界の顕著で普遍的な価値をもつ貴重な自然や文化の遺産を，人類共通の財産として保護し，次世代へ継承させることを趣旨とする．

[内容] 条約は次の8項目に及ぶ全38か条からなる．Ⅰ．文化・自然遺産の定義，Ⅱ．文化・自然遺産の国レベル及び国際レベルにおける保護，Ⅲ．政府間委員会（世界遺産委員会），Ⅳ．世界遺産基金，Ⅴ．国際協力の条件と形態，Ⅵ．教育プログラム，Ⅶ．報告書，Ⅷ．最終条項．

[加盟国] 加盟（締約）国になるためには，自国内でこの条約を批准もしくは承認しなければならない．2002年1月現在で，167か国が締約している．わが国は1992年6月19日に世界遺産条約を国会で承認し，同年9月30日に発効，126番目の締約国になった．

[世界遺産委員会] 第8条に従って，ユネスコ総会において条約加盟国の投票によって，世界の異なる地域および文化が均等に代表されるように選ばれた21加盟国で構成される．委員の任期は6年，2年ごとに3分の1が交代する．委員会の業務は大別して世界遺産リストの作成と世界遺産基金の運営である．委員会は第1回が1977年6月にパリで開かれて以来，毎年11～12月の時期に開催されている．開催地はユネスコ本部のあるパリを含むヨーロッパが過去12回と最も多く，中南米4回，北アメリカ3回，アフリカ3回，オーストラリア2回である．アジアでは第18回（1994年）がタイのプーケットで開かれたのが最初で，第22回が1998年11月30日～12月5日に京都で開かれた．2002年は通常より早い6月にブダペストで開かれた．

[世界遺産リスト] 世界遺産委員会は，締約国から推薦された物件を世界遺産として登録する価値があるかどうかを審議し，決定する．また，各遺産についての評価報告書を作成する．文化遺産については文化財保存修復研究国際センター（イクロム：ICCROM）と国際記念物遺跡会議（イコモス：ICOMOS）が，また自然遺産については国際自然保護連合（IUCN）が，それぞれこの活動の協力をする（第13条の7）．2002年1月現在，自然遺産144，文化遺産554，自然と文化の複合遺産23の計721の遺産（124か国）が登録されている．

[世界遺産基金] 世界遺産を保護するための基金で，事前調査費・緊急援助・技術者研修・技術援助などに使われる．その財源は締約国の分担金（ユネスコ分担金の1％をこえない）および任意の拠出金である．

[文化遺産の定義と登録基準] 世界遺産条約第1条に以下のように定義されている．

① 記念物：建築作品，記念すべき意義を有する彫刻および絵画，考古学的物件または構造物，銘文，洞窟住居，諸種物件の集合体のうち，歴史的，芸術的，または科学的に優れて普遍的価値を有するもの．

② 建造物群：独立または連続の建造物群で，建築からみて，または統一性からみ

て，あるいは景観のなかに占める役割からみて，歴史的，芸術的，または科学的に優れて普遍的価値を有するもの．

③遺跡：人の所産または人と自然が結びついた所産，あるいは一定の区域（考古学遺跡を含む）で，歴史的，美学的，民族学的または人類学的に優れて普遍的価値を有するもの．

このような定義による記念物，建造物群，遺跡を世界遺産リストに登録するための基準は表に示すとおりである．条約締結国から推薦された物件は，これらの基準の一つ以上に適合している必要がある．

[日本の世界遺産] 2002年までに自然遺産2件，文化遺産9件が登録されている．

自然遺産：①白神山地（青森県・秋田県，1993年12月），②屋久島（鹿児島県，1993年12月）．

文化遺産：①法隆寺地域の仏教建造物（奈良県，1993年12月；基準a, b, d, f），②姫路城（兵庫県，1993年12月；基準a, d），③古都京都の文化財（京都府・滋賀県，1994年12月；基準b, d），④白川郷・五箇山の合掌造り集落（岐阜県・富山県，1995年12月；基準d, e），⑤原爆ドーム（広島県，1996年12月；基準f），⑥厳島神社（広島県，1996年12月；基準a, b, d, f），⑦古都奈良の文化財（奈良県，1998年12月；基準b, c, d, f），⑧日光の社寺（栃木県，1999年12月；基準a, d, f），⑨琉球王国のグスクおよび関連遺跡群（沖縄県，2000年12月；基準b, c, f）． （馬淵久夫）

[情 報] 世界遺産の情報は，ユネスコの世界遺産条約ホームページ（http://whc.unesco.org/）（英，仏，一部スペイン語）に掲載されている．世界遺産条約にかかわる

表 世界遺産リストへの登録基準

記号	基準の内容	実 例
a	比類のない芸術的成果，創造的な傑作を表すもの	シャンボール城（フランス） タージ=マハル（インド）
b	ある期間を通じ，またはある文化史上の地域で，建築，記念碑的芸術，都市計画，景観の発展に大きな影響を及ぼしたもの	シュパイアー大聖堂（ドイツ） ホレーズ修道院（ルーマニア）
c	消滅した文明へのまれな証拠となるもの	アユタヤ遺跡と周辺の歴史地区（タイ） アンソニー島（カナダ）
d	歴史上重要な時代を例証する建築物ないし建築物の集合	ポルト歴史地区（ポルトガル） マルタの巨石文化時代の寺院（マルタ）
e	ある文化を代表する伝統的集落，土地利用を示すもの	ガダマス旧市街（リビア） ホロクー（ハンガリー）
f	優れて普遍的な意義をもつできごと，思想，信仰と，直接または明白に関連するもの	アウシュビッツ強制収容所（ポーランド） 独立記念館（アメリカ合衆国）

会議記録，文献，ニュースレター，登録されているすべての遺産の概要など1次資料を含む多くの資料を閲覧できる．日本語によるものなら，日本ユネスコ協会連盟（http://www.unesco.jp/）の情報が有用である． （二神葉子）

[文 献]
Conventions et recommandations de l'Unesco relatives à la protection du patrimoine culturel, UNESCO, 1990.
世界遺産条約資料集，日本自然保護協会，1991．
世界遺産事典—関連用語と情報源—，シンクタンクせとうち総合研究機構，1997．
世界遺産データ・ブック2002年版，シンクタンクせとうち総合研究機構，2002．

記念建造物および遺跡の保全と修復のための国際憲章（ヴェニス憲章）

International Charter for the Conservation and Restoration of Monuments and Sites

[制　定]　1964年第2回歴史的記念建造物に関する建築家と専門家の国際会議で承認．1965年イコモス（ICOMOS）採択．

[趣　旨]　記念建造物および遺跡の保全と修復についての基本原理を定めたテキストである．憲章の前文では，次のように国際的な原理を確立することの意義が述べられている．

　古い記念建造物は人類共有の財産であり，その本来の価値を守っていくことは共同の責任であり，義務である．したがって，国際的な基本原理を定め，それぞれの文化と伝統の枠内で，この原理を適用することが必要である．

　なお，この憲章は，この分野での最初の国際原理を定めたアテネ憲章（1931年）を全面的に再検討して，新たな憲章として作成されたものである．

[内　容]　前文と定義・目的・保全・修復・歴史的遺跡・発掘・公表に関する16条からなっている．主な内容は以下のとおりである．

　歴史的記念建造物とは，偉大な芸術作品だけではない．都市および田園の建築的環境も含まれる．

　保全と修復の目的は，芸術作品としてと同等に，歴史的な証拠として保護することである．保全に当たっては，社会的活用は望ましいが，建物の重要な部分の変更は許されない．周辺の建築的環境も保存すること．移築や彫刻・絵画・装飾の除去は原則として認められない．

　修復は高度な専門的作業であり，その目的は美的・歴史的価値を保存し，明瞭にすることである．推測による修復は行ってはならない．避けることができない付加工事は，本体部分から区別できるようにし，後補の印を付す．伝統的な技術が不適切である場合には，近代的な技術で補強することは許される．

　修復は様式の統一が目的ではなく，その記念建造物にとって意味のある後世の改変・付加も尊重すべきである．復原などの判断は，工事担当者だけに任せてはならない．失われた部分の復旧は，全体に調和すると同時にオリジナルな部分と区別できなければならない．

　廃墟はそのまま維持しなければならないが，建築的な特色や発見遺物の保存，その廃墟の理解のための措置は講じなければならない．遺跡における復元はしてはならないが，現場に散在している部材の再構築は許される．

　保存・修復・発掘の作業の記録は報告書の形で作成し，公開すべきであり，公刊することが望ましい．

[その他]　ヴェニス憲章は，文化財保存・修復の分野で重要な貢献をしてきたが，1964年の作成から38年の歳月が経過し，その間に文化財の概念も大きく広がり多様化している．そのことから，憲章の内容は，ヨーロッパ中心の理念でつくられていて，アジアやアフリカなど他の文化圏の文化遺産の多様性や，それらの伝統的な修復や伝承の方法に対して不寛容であるとの批判がある．

（斎藤英俊）

武力紛争の際の文化財保護のための条約（ハーグ条約）
Convention for the Protection of Cultural Property in the Event of Armed Conflict

［制　定］ 1954年ユネスコ採択（1956年発効），締約国（1996年6月現在）は88か国・地域（日本は未加入）．

［趣　旨］ 世界の国々が協力して，貴重な文化遺産が武力紛争によって破壊されるのを防止しようとするもので，赤十字精神による文化財の保護といえる．これに先行する国際的規約としては，1907年のハーグ第4条約と別称される「陸戦の法規慣例に関する条約」があり，その付属書の「規則」に学術や慈善の用に供している建物や病院などとともに歴史的記念建造物の破損の防止，および，技芸・学芸上の作品の押収，破壊，毀損の禁止が規定されている．また，第二次世界大戦の際，イタリア政府はローマ，フィレンツェ，ヴェニスの3都市に軍事施設を設置せず，軍隊の通過にも使わないとする「無防備都市宣言」をし，これら3都市の文化財と歴史地区を戦災から守ったことは，よく知られた史実であり，この経験はハーグ条約の規定にも生かされている．

［内　容］ 条約は前文と40の条文からなる．主な規定は以下のとおりである．

　この条約における文化財の定義は，歴史的建造物や建造物群，美術品，書籍，科学的収集品などの一般的な文化財だけでなく，このような文化財を収蔵する博物館や美術館・文書館など，文化財の避難施設，および文化財が多数所在する集中地区も含まれる．締約国は次のような行為を遵守しなければならない．

　自国内の文化財を武力紛争時に予測される影響から守るための措置を平和時からとる．他の締約国内の文化財を武力紛争時および占領時にも尊重し，破壊などの危険のある目的での使用を避け，窃盗，略奪などの行為を禁止・防止し，占領国の文化財の保存について援助し，協力する．

　また，この条約を遵守するための規定を軍事上の規則か訓令に入れる．軍隊の構成員に対し，すべての国民の文化と文化財尊重の精神を涵養する．文化財の尊重を任務とする機関または専門員を軍隊内に配置し，または配置を計画する．

　締約国は，文化財の避難施設，文化財集中地区，非常に重要な不動産文化財で，その近傍に重要な軍事目標などがなく，軍事目的に使用されないなどの要件を満たす場合，「特別保護文化財国際登録簿」に登録し，その文化財の不可侵を確保できる．

　文化財の輸送は，関係締約国の要請により，特別保護のもとに行うことができる．

　条約で定める識別標識（下方の尖った楯形で，青色面と白色面で構成される．通称ブルーシールド）を文化財，文化財の輸送，臨時避難施設，関係要員などの証示に使用することができる．

（斎藤英俊）

文化財の不法な輸入，輸出及び所有権移転を禁止し及び防止する手段に関する条約
Convention on the Means of Prohibiting and Preventing the Illicit Import, Export and Transfer of Ownership of Cultural Property

［制　定］　1970年第16回ユネスコ総会で採択（1972年発効），締約国（2002年11月現在）は96か国・地域（日本は2002年12月加入）。

［趣　旨］　本条約は，発展途上国や武力紛争地域などにおいて盗取・盗掘・略奪された文化財が，先進国に不法に持ち込まれて美術品市場で売買され，あるいは博物館などの文化施設が世界的に認められた道義上の原則に従わずに文化財を収集することなどを憂慮し，その防止を目的として採択されたものである。条約の第2条に次のように述べられている。

「文化財の不法な輸入，輸出及び所有権移転はその文化財の原産国の文化遺産を貧困化させる主要な原因の一つであること，また，国際協力はこれらの不法な行為による危険から各国の文化財を保護するための最も効果的な手段の一つである。」

なお，先進諸国の著名な博物館などでは，過去の戦争時の戦利品や旧植民地から運び出された文化財を多く収蔵し，その原産国から返還を要求されている施設も多いが，この条約が発効する以前に発生した問題は，条約の対象とはなっていない。

［内　容］　条約は前文と26の条文からなっている。この条約における文化財の定義は，美術工芸品をはじめ，歴史資料，切手，家具，鉱物標本など幅広い動産を対象としているが，それらのうち，学術上の価値などから各国が「特に指定した物件」であるとしている。

また，それぞれの国に所属する「文化的遺産」としては，その国の領域内で創造され，あるいは発見された文化財だけでなく，考古学などの調査団が原産国の同意を得て入手した文化財や合意に基づいて交換され，あるいは合法的に購入した文化財などの，外国原産の文化財も含まれている。

締約国はこの条約を履行するために，必要な関連法令や制度を整備し，他の締約国から不法に輸出され，あるいは盗取された文化財を輸入したり，博物館などが入手することを防止しなければならない。また，文化的遺産の保護のための機関の設置，輸出を禁止する保護物件目録の作成，文化財の合法的な輸出のための証明書の交付などの措置も求められている。

なお，他の締約国で盗取され輸入された文化財の回復および返還について，締約国は適切な手段をもって協力しなければならないが，当該文化財の所有者が善意の購入者である場合は，返還を求める締約国は適正な補償金を支払うことが条件となる。

［その他］　本条約と関連するものとして以下の条約・勧告がある。

① 「文化財の不法な輸入，輸出及び所有権移転の禁止及び防止の手段に関する勧告」（ユネスコ，1964年）

② 「文化財の国際交流に関する勧告」（ユネスコ，1976年）

③ 「盗取または不法に輸出された文化的物品に関する条約」（UNIDROIT，1995年）

（斎藤英俊）

伝統技法と科学技術
traditional technique and modern technology

[伝世品] 文化財の特徴的な存在形態として，伝世品と呼ぶさまざまな遺品がある．正倉院御物や法隆寺献納宝物などのように，地下に埋蔵されることなく今日まで伝えられてきている文化財で，通常の考古学的遺物のような出土品と対極の用語である．この伝世品は日本の場合，少なくとも6世紀以降の各種文化財が今日まで継承されているという時代性では，諸外国にもあまり例をみない存在である．

[伝世品の分類] こうした文化財を材質のうえから分類すると，有機質文化財では木造彫刻，乾漆像，絹本・紙本絵画，書跡，典籍，古文書，漆工品，木・竹工，染織など，無機質文化財では金銅仏，陶磁器，金工品を代表として，各種の武器・武具のように有機質材を機能や装飾に併用するような文化財もある．これらはいずれも日本文化の長い伝統のなかで育まれ，継承されながら今日に位置づいたもので，その制作に当たっては各時代の嗜好に合わせた意匠や材料が用いられることが一般的である．伝統的な技法といわれるものは主として制作技法をいう場合が多いが，文化財の種類によってはその材質の加工方法や材料を入手する方法にまで及ぶ場合もある．たとえば日本刀の刀身の製作に必要な玉鋼は「たたら」の伝統的な製造過程を経て入手しなければならないし，紙製文化財にとっても材料である和紙は，漉く伝統技法を経ている．これらの技術は古代・中世にまで遡ってみることができる伝統技術の一つである．

[文化財保護と伝統技法] 文化財を保護していくうえでの伝統技法は，文化財を構成している材質の伝統的製作技法や技術・手法を無視しては成り立たない．修復ではこうした特性を理解しながら，その材質の劣化状況に応じた修復処置がとられる．一般に伝世品が制作時のまま今日まで伝わることは数少なく，多くは何らかの修復が施されることが多い．文化財は宗教的，祭祀的なものとして生み出され，また生活のなかの実用品として存在してきたものなど，その成り立ちはさまざまであるが，特に実用に供されたものは，伝世の過程で常に修復が繰り返し行われてきた．その修復技術を，そこで使われる修復材料を含めて伝統技法と呼ぶことが可能である．しかもその場合，ほぼ全国的に同じ技法で行われる場合と，それぞれの地域的な特性を発揮した修復が行われるようなこともある．

[保存・修復の理念] 文化財の修復はこうした歴史的背景をふまえながら，比較的近年まで伝統技法に基づいて行われ，今でも一部ではそれが継承されている．国宝や重要文化財に指定されているような漆工品の修復は漆を用いた修復が行われ，しかもできるだけ現状修復を原則として，復元的な修復はできるだけ避ける方向にある．ヴェニス憲章が提唱した，修復における可逆性のある接着剤を使用する原則からすれば，漆を用いた修復は明らかに正しくない．確かに漆は化学的には可逆性がないだけに，漆を用いて修復すれば再び容易に修復前の状態に戻すことは不可能である．このことはしばしば文化財修復に関する国際的な場で論議され，一部では日本の漆修復におけ

る伝統技術への批判や疑問が出されたようなこともあった．しかし日本の漆工品は多くの場合，日常的な生活用器として用いられてきた歴史的経緯をもち，生活具として再修復や再々修復が行われてきたことも確かである．中世以降，漆を用いて繕う術が実用やできばえをもとに長い技術的な積み重ねの上に立って確立した伝統技術によって修復されている．長い経験のなかで，保存上の不都合が生じるごとに修正や改善が加えられ，より完成度の高いものへと努力されている．多くの場合，それを職人芸というが，その技術は厳しい徒弟制度のなかで親方から弟子へと継承され，一定の習練を経て初めて会得できるような組織的仕組みとなっている場合が多い．一子相伝と呼ばれるような秘技・秘術も独自の工夫と経験を次世代に正確につなぐ技法であって，こうした過去の努力の集成が伝統的な技術や技能として定着し，そのこと自体が選定保存技術として文化財に位置づけられている．日本の伝統的なこのあり方は一概に可逆性のある修復材料を用いるという論理だけでは受け止めえないものがある．国際的な文化財の保存のあり方に，それぞれの国のもつ価値観の相違を相互にどのように尊重し合うかという理念は，文化の多様性を互いに認め合うことであり，伝統技法はときとしてこうした問題を内在している．また数ある伝統技法のなかで，和紙に関する保存修復もわが国独自の展開をみた分野である． (三輪嘉六)

◇**コラム**◇イクロム研修コース「和紙」

日本の伝統技術である和紙による表具の技術は，世界的に高く評価されている．その契機になったのは，1977年12月，ローマ中央修復研究所（Istituo Centrale del Restauro）で行われた東京国立文化財研究所（現 独立行政法人東京文化財研究所，東文研と略す）の増田勝彦による表具デモンストレーションであった．増田らは当時すでに，裏打ち用の和紙が，電子線やX線を照射して人工劣化させたものの方が，古い屏風の修復になじむことを確かめており，伝統技法と科学技術の融合した増田の屏風修復デモンストレーションはイタリアの受講生約20名に大きな感銘を与えた．その後，増田は欧米で催されるイクロム研修コースにたびたび招かれるようになった．この趨勢をみて，イクロム所長ラーネン（M. Laenen）は「和紙」研修コースの日本開催を文化庁に強く要請したが，結局1992年からイクロム・東文研の「紙の保存修復」国際研修コースとして実現した（写真）．これは毎年，続けられており15名（15国）の定員に世界中の博物館・美術館の保存担当者などから多数の応募がある．「屏風だけでなく，どんな国の文化財にも応用できる素晴らしい技術」というのが，受講生の感想である． (馬淵久夫)

写真 講師による実技指導を受ける研修生

(2) 文化財の種類と制度
categories and systems of cultural property

指定文化財
designated cultural properties

[定　義]　文化財保護法は指定制度によって構成されているが，この法律によって文部科学大臣が指定した文化財のことをいう．文化財は建造物・絵画・彫刻・工芸品などの有形文化財，演劇・音楽・工芸技術のような無形文化財，衣食住・生業・信仰などの風俗慣習，民俗芸能やこれらに用いられる衣服・器具などの民俗文化財，貝塚・古墳・都城跡などや庭園・峡谷・山岳など名勝地や，動物・植物・地質鉱物のような記念物，そして周囲の環境と一体をなして歴史的風致を形成している伝統的な建造物群と，これらの芸術上の価値や学術上の価値が高いものを文化財として定義づけている．指定文化財はこれらのうち重要なものを，有形文化財では第 37 条で重要文化財として，無形文化財では第 56 条の 3 で重要無形文化財として，民俗文化財では第 56 条の 10 で重要有形民俗文化財および重要無形民俗文化財として指定し，保存や活用に対応することにしている．また重要文化財ではそのうちより世界文化の見地から価値の高いもので，たぐいない国民の宝たるものを国宝に指定することができる規定がある（第 27 条の 2）．記念物は第 69 条で史跡・名勝または天然記念物に指定し保存することができるようになっており，しかもそのなかで特に重要なものを特別史跡・特別名勝または特別天然記念物に指定することができる．なお，伝統的建造物群保存地区については，当該市町村の定める条例によって保存のために必要な措置を定めて文部科学大臣に申出を行い，それに基づいて重要伝統的建造物群保存地区を選定することができることになっている．したがって厳密には指定ではないが，選定に至るまでの経過や選定後の保存・管理の面からみても事実上の指定といえるものである．同じように文化財を保存していく修復などの技術の保護に欠かせないような伝統的技術や技能についても，選定保存技術の用語を用いている．

[指定の手順]　指定文化財に至る手順は，文部科学大臣が文部科学省に置かれた文化財保護審議会へ候補物件を諮問するが，審議会は専門委員会を置いてそこで専門の事項を調査審議する手続きを経て答申し，官報で告示し所有者に通知することになっており，これによって指定の効力を生ずる．

[管理と保護]　指定になった文化財は，それを保護していくために修理・管理などについて一定の支援を得ることができるが，文化財の所有者が個人の場合は別に管理団体を定め，それを事業主体者として助成する仕組みになっており，指定になることで個人が利益を得ることを極力排除している．また指定文化財を将来に向けて保護していくための基本として，現状変更の厳しい制限が課せられている．土地に伴う史跡などの記念物では，私有地に対する私権の

制限にもなりかねないような場合もあり，土地の公有化の推進が望まれている．私権をめぐっての争いなどをできるだけ避けるためにも，指定前に土地所有者に対し指定の同意をとるなどの行政努力が行われている．ちなみに指定行為は，法的には申請制度ではない．このことは美術工芸品などでは重要文化財の指定は，それを経済的に転換したとき付加価値を生ずることになりうる性格のものだけに，個人などからの申請制をとらないことによって混乱を回避しているともいえる．

なお，文化財の指定は各地方公共団体においても実施しており，これは当該団体のもつ文化財保護条例に基づいているが，現在この条例制定は95％以上の都道府県・市町村で施行されている． （三輪嘉六）

国　　宝
national treasures

[定　義]　文化財保護法で定める国宝は，第27条によって重要文化財に指定された有形文化財のうち，世界文化の見地から価値の高いものでたぐいない国民の宝として指定された文化財のことをいう．もともとこの用語は，明治30（1897）年に制定されたわが国最初の体系的な文化財保護の制度である古社寺保存法で特別保護建造物のほかに，古社寺の所有する美術工芸関係の宝物類について「国宝ノ資格アルモノト定メル」として事実上の指定へと取り組んだ制度のなかで使用した．この法律は古社寺の建造物とその所有物に限った保存制度であったので昭和4（1929）年に国宝保存法を制定し個人・法人・公共団体などの所有する文化財も指定できるよう改めた．これによって，公的に国宝に指定する形がとられるようになり，以後，昭和25（1950）年の文化財保護法まで国指定物件は国宝と呼ばれることにもなる．合わせて，古社寺保存法で指定された古社寺の所有する建造物や宝物類も国宝の名称が与えられることになるが，現行制度のもとでの国宝とは異なる．それを区別するために，一部では国宝保存法下での国宝指定文化財について，旧国宝という呼び方をする場合があるが，多くの場合，文化財関係者などが行政上の対応で使うようである．

[国宝指定の現状]　現在の国宝指定は表のように計1,063件である．重要文化財を含めた全指定物件は12,306件であるので，1割弱が国宝ということになる．建造物では255棟，211件が国宝で，全指定物件（伝統的建造物群保存地区を除く）は2,230件であり，全体の約1割が国宝指定されている．この状況をみても明らかなように，国宝はそれぞれの文化財の分野のうちでもより優れたものが指定になっている．ただ歴史資料については，この部門の設置の歴史が新しいというような事情もあって，現在のところ国宝指定物件は1件しかない．

[国宝指定の基準]　各分野の国宝指定基準（昭和26（1951）年文化財保護委員会告示第2号）をみると，絵画・彫刻・工芸品では製作がきわめて優れ，かつ，文化史的意義の特に深いもの，書跡・典籍では学術的価値の特に高いものまたはわが国の文化史上特に貴重なもの，古文書・歴史資料では学術的価値が高く，かつ，歴史上特に意義の深いもの，考古資料では学術的価値がきわめて高く，かつ，代表的なものと位置づけている．

こうして国宝指定のおおむねは，美術品や工芸品では作品としての芸術性や製作技法を重視したものといえる．資料的な分野（古文書・考古資料など）では歴史性が尊重され，しかもこの分野は一括して取りまとめられていることが多いので，1件であっても点数が多い．国宝東大寺文書や国宝

表　国宝指定の現況（平成14(2002)年10月現在）

絵画	彫刻	工芸品	書跡・典籍・古文書	考古資料	歴史資料	建造物	計
156	124	252	281	39	1	211	1,063

東寺百合文書など1万点以上あり，また考古資料もこうした傾向にある．

なお，国宝指定物件のうち最小の文化財は福岡県志賀島出土の金印「漢委奴国王」であり，最大は東大寺大仏の銅造盧舎那仏坐像である．　　　　　　　（三輪嘉六）

◇コラム1◇金印「漢委奴国王」

天明4（1784）年2月23日，筑前国那珂郡志賀島の農民・甚兵衛から黒田藩に金の印章を発見したという届出があった．これが有名な金印である．当時の儒学者や国学者の鑑定では，刻文についても委奴を倭奴（イト）と読むなど異論があったが，明治以来「カンのワのナの国王」ということで定着し，後漢の光武帝が奴国の王に与えた印（AD 57年）ということになっている．明治時代に国宝に指定され，昭和29（1954）年に第1級の国宝として再指定された．辺23 mmの正方形，台の厚さ約9 mm，総高約22 mm，重さ108.7 gときわめて小さく，ほとんど純金でできている．　　　　　　　　　　（馬淵久夫）

図　金印（福岡市博物館蔵）

◇コラム2◇東大寺の大仏

像の高さ14.98 m，台座を含めると約18 mという巨大な仏像の造営は1260年昔に遡る．天平15（743）年，聖武天皇は紫香楽宮（現 滋賀県信楽町）で，天地が平らかで動植物がみな栄え，人々がともに悟りに至ることを祈って，大仏造像の詔を発した．実現したのは，平城京に落ち着いてからの奈良の地であった．上下8段に分けて，下から積み上げ方式で鋳上げるという工法が採られた．材料は銅にスズと鉛を混ぜた青銅で，最後は表面を金アマルガムで鍍金した（II編(1)章の水銀の項参照）．重さは台座を含めて約380 tと推定され（同章の銅の項参照），60 kgの金が使われたという．完成途中の天平勝宝4（752）年に開眼供養がとり行われた．その後，現代に至るまでに，地震や火災に遭い，補修と修復が幾度となく行われてきた．

（馬淵久夫）

重 要 文 化 財
important cultural properties

[定　義] 有形文化財（美術工芸品・建造物）を保護していくために，文化財保護法第 27 条に基づいて文部科学大臣によって指定されたものをいう．指定は官報に告示されることによってその効力を生ずることになっており，その文化財の所有者は指定書の交付を受ける．以後，指定書は重要文化財の所有関係が移り変わった場合などそのつど指定書の所有者欄に書き加えが行われ，また追加指定や名称変更なども順次追記されるので，指定物件の履歴書の役割も果たしている．ただし，修理や現状変更の状況までは記載されないので，いわゆるカルテの役割までには至っていない．

[指定の解除] 重要文化財がその価値を失った場合，その他特殊の事由があるときは解除できる規定になっている（第 29 条）．この実際例は少ないが，東京都普済寺所蔵の木造物外和尚像のように焼失によって実体がなくなったような場合に適用されている（平成 7（1995）年 6 月解除）．また学術研究の進歩に伴い文化財としての価値評価に変更があったような場合や，いわゆる偽物であることが判明したときはこの規定を適用して解除する．偽物の問題はかっての「永仁の壺」事件（Ⅴ編（1）章の「蛍光 X 線分析」中のコラムを参照）のように社会的反響にも大きなものがあり，指定に当たっての調査が正しいものであることは当然であるが，近年では文化財の材質検査などに積極的に文化財科学の研究成果が応用され，慎重な対応が図られている．

[保護と修理] 重要文化財の保護では修理問題がある．修理は文化財を将来継承するための重点的方策の一つで，重要文化財に指定されている文化財についてはその所有者または管理団体に修理経費の一部に当てさせるため国庫による補助金を交付することができる規定になっている（第 35 条）．通常，この補助事業は社寺などの所有者の収入によって国庫の補助率を算定する仕組みで運用されている．また所有者が個人の場合，その文化財が個人財産としての性格もあるので，公共団体などによる管理団体を設け，それに対して補助金を交付している．近時，こうした修理事業の計画などに際し，修理前の劣化・脆弱化状況や材質，修理材料などに対する保存科学的な調査や研究が不可欠になってきている．また重要文化財などの指定文化財の修理実施は，伝統的な技術で行われるため一定の経験が必要となっている．そのため伝統的な技術または技能のうち，修理，復旧，復元，模写，模造などにかかわるもので保存の措置を講ずる必要のあるものについて，選定保存技術の認定が行われているほか，技術や技能を正しく体得し保存することを主な目的とする団体も認定して修理技術者の確保や養成を図るなどして，文化財のもつ本来の本質をできるだけ失わない修理努力がとられている．

[譲　渡] 重要文化財を有償で他に譲り渡そうとするときは，まず文化庁長官に国に対する売り渡しの申出をしなければならない制度になっており（第 46 条），国による先買権が設定されている．美術工芸品が中心になるが，これによって国が所有する重要文化財は年々少しずつではあるが増加の

表 重要文化財指定の現況(平成14(2002)年10月現在)

絵画	彫刻	工芸品	書跡・典籍・古文書	考古資料	歴史資料	建造物	計
1,925	2,584	2,380	2,534	535	118	2.230	12,306

様相にある。ちなみに,国宝も含めて所有者別指定件数の割合は国12%,社寺57.9%,法人14.4%,個人12%,その他が12%を占めている。

[公 開] 重要文化財の公開について所有者など以外の者による公開は,文化庁長官の許可を得なければならないが,あらかじめ文化庁長官の承認を受けた公開承認施設では届出制をもって足りることになっている(第53条)。この施設は主として,文化財を保存していくための保存科学的環境が整っていることの検査を経て承認されている。この状況は,これまでのような指定文化財の保存のみでなく。活用についても積極的に対応しようという表れであるが,その背後では文化財科学の適格な判断に期待されているところが大きい。

なお,有形文化財の重要文化財指定件数は表のとおりである。　　　　(三輪嘉六)

美術工芸品
fine arts and crafts

[定　義]　一般的に美術品や工芸品をいうが，主に制作された作品の芸術性を評価した造形芸術の名で総括されるものをいう．

[由　来]　美術の語は明治初年に fine arts の訳語として生まれ，当初は文芸・音楽・舞踊なども含まれていたが，やがて造形芸術に限って用いられる．明治21（1888）年設置の東京美術学校の名前はそのあたりの事情をよく示している．現行の文化財保護法も含めて過去の文化財行政に関する制度のなかにも登場しない．ただ学校教育のなかでは制作や美術史などの美術教育などでもっぱら使われてきた．文化財の面では，今の美術工芸品を表した語として最初に古器旧物の名称が使用されている．明治元（1868）年の神仏分離令布告を大きな要因とした廃仏毀釈の風潮によって，特に寺院建築や仏像，仏具，経典などの文化財が破壊，散逸の危機に直面したが，この状況下に文部省の前身である大学の建言を受けて明治4（1871）年5月，太政官は「古器旧物保存法届出」の布告を出した．このなかで美術工芸品などの古器旧物を31種類に分類しているが，そのうちには絵画，仏像などとともに農具，民具，化石なども含まれているので必ずしも古器旧物が今の美術工芸品のすべてを含むわけではない．しかし文化財についての当時の概念をよく表しているのは興味深い．注目されるのはこの布告の主旨に基づいて，また明治6（1873）年開催予定のウィーン万国博覧会への出陳物調査もあって，この年に愛知，三重，京都，奈良，大阪，和歌山の古社寺と正倉院の調査を実施していることである．壬申検査と呼ばれるもので，今日の悉皆調査に等しい調査内容であり，近代の組織的な美術工芸品の調査としては最初のものと位置づけられる．

[文化財保護法のなかで]　文化財保護法では文化財の定義のなかで有形文化財として建造物のほか絵画，彫刻，工芸品，書跡，典籍，古文書の歴史上または芸術上価値の高いもの，続いて考古資料をあげている．このうち古文書，歴史資料，考古資料を除く分野はおおむね美術工芸品として扱うことが多いが，それも価値の視点をどこに置くかによって大きく異なるのが一般的といえる．今，文化庁の組織の一つとして文化財保護部のなかに美術工芸課が置かれ，建造物以外の有形文化財にかかわる行政はここで担当しているが，必ずしも造形芸術のみを対象にしていないのは，そうした見方に対する解釈の表れといえよう．実際に美術工芸としての造形芸術と，それらとともに存在する資料の意義は相互に関連し合って文化的な意味を発揮している．したがって文化財世界における美術工芸品は造形芸術と資料の両方を兼ね備えた意味として理解しなければならない．　　　　（三輪嘉六）

建　造　物
buildings and structures

[定　義]　一般的には地上，地下あるいは水中に構築された工作物全般を意味する．屋根や柱，壁などを有し，居住その他の目的に供する「建築物」より広い概念をさす．「国宝及び重要文化財指定基準」では「建築物，土木構造物及びその他の工作物」を建造物の範疇と規定している．

文化財保護法では，建造物のうち，「わが国にとって歴史上又は芸術上価値の高いもの」を絵画などの美術工芸品とともに「有形文化財」と定義している．

実際の運用においては，寺院本堂や橋梁などの建築物や土木構造物以外に，厨子や宮殿，模型，石灯篭なども重要文化財建造物の指定対象となっている．また，すでに土地に固定されているものではあるが，建造物として重要文化財に指定されている船舶もある．

[種類と内容]　文化庁では下記のように分類している．

①近世以前：神社，寺院，城郭，住宅，民家，その他．

②近代：宗教建築，住居建築，学校建築，文化施設，官公庁舎，商業・業務，近代化遺産，その他．

この分類は原則として建物が建てられたときの用途による分類であり，現在の用途と異なる場合もある．たとえば，五重塔が野外博物館に移転され，あるいは県庁舎が資料館に再利用されている場合などであるが，これらはそれぞれ，寺院および官公庁舎に分類される．

分類の項目を近世以前と近代で分けているのは，この時代を境に建築の用途と呼称に大きな変化があり，また，文化財として保護の対象になる数の大小に変化がみられるからである．

住宅と民家の違いは，前者が将軍や大名，公家などの支配者階層の住居，後者が庄屋や一般農家，町屋など非支配者階層の住居をさす．

近代化遺産は，単に近代に建てられた建造物という意味にとどまらず，日本の近代化にかかわりの深い建造物という歴史的意義を含めた名称であり，江戸時代以前の日本の「伝統的」な文化の上に成立した建造物と対置させる意図をもって，近年，名づけられたものである．主な例としては製鉄所，製糸工場，造船所などの産業遺構や，鉄道施設，水道施設，港湾施設などの土木構造物があげられる．

[件　数]　重要文化財の件数を表に示す．

表　重要文化財の件数（2002年10月現在）
（　）内は国宝の件数．

近世以前	神　　社	555（ 36）
	寺　　院	834（152）
	城　　郭	52（ 8）
	住　　宅	93（ 12）
	民　　家	319
	その他	190（ 3）
近代	宗教建築	15
	住居建築	53
	学校建築	31
	文化施設	24
	官公庁舎	19
	商業・業務	14
	近代化遺産	16
	その他	15

（斎藤英俊）

伝統的建造物群
groups of historic buildings

[定 義] 1975年の文化財保護法改正に際して導入された新しい文化財の概念を示す言葉である．同法では「周囲の環境と一体をなして歴史的風致を形成している伝統的な建造物群で価値の高いもの」と定義している．

ここでいう「伝統的」とは，「古来からの様式を受け継いでいる」という意味ではなく，「過去の時代に建てられ，ある年月を経ている」という意味に解釈すべきであることは，文化庁による英訳が"historic"になっていることからも明らかである．「周囲の環境」とは，山や川，植物といった自然のみならず，道，地割，石垣，水路，耕作地など，歴史的にその土地に刻まれてきた人間の営みを示す痕跡も含まれる．「歴史的風致」とは，建造物や環境によって形成される歴史的な風景や雰囲気であり，そこに身を置くことによって過去の出来事や時間の流れを想起させて知的感興を呼び起こすようなものといえる．

[保護の措置] 伝統的建造物群を文化財として保存するには，市町村がそのための条例を制定し，保存すべき地区の範囲を決定し，保存計画を策定する必要がある．条例では保存地区の決定と取り消しの手続き，保存計画の策定，現状変更行為の規制と許可の基準，審議会の設置などを定める．ただし，保存しようとする地区が都市計画法による都市計画区域内の場合は，都市計画のなかで地区を定めることとなっている．

規制の対象となる現状変更行為とは，建築物などの新築，増築，改築，除却，土地の形質の変更，木竹の伐採などであり，伝統的建造物にあっては「伝統的建造物群の特性を維持していること」，その他のものにあっては「歴史的風致を著しく損なうものでないこと」などが許可の基準となる．保存計画では基本計画，保存すべき伝統的建造物や樹木や水路などの環境物件，保存整備計画，助成の措置などを定める．

市町村の定める条例や保存地区，保存計画によって伝統的建造物群保存地区は保存されることとなるが，国は市町村の申し出に基づき，保存地区の全部または一部でわが国にとってその価値が特に高いものを，「重要伝統的建造物群保存地区」として選定することができる．

伝統的建造物群の保存の制度は，他の文化財と異なり，国が直接指定して保護の対象とするのではなく，市町村の自主的な判断と独自の工夫に委ねられている．その理由は，保存する区域は多くの人々が現に生活を営んでいる場所であり，その歴史的背景や文化，社会・経済状況などは地域により異なり，それらの個々の状況に適切に対処しながら文化財的価値を維持する必要があるからである．

[種類と件数] 重要伝統的建造物群保存地区に選定されている地区は，2002年5月現在で35道府県の61地区である．歴史的な成立基盤により宿場町（長野県南木曾町妻籠宿など），港町（北海道函館市元町末広町など），商人町（岡山県倉敷市倉敷川畔など），農村集落（岐阜県白川村荻町など），武家屋敷地（山口県萩市堀内地区など），産業の町（島根県大田市大森銀山など）などに分類できる． (斎藤英俊)

登録有形文化財
registered tangible cultural properties

[定　義]　1996年の文化財保護法改正に際して新たに導入された「文化財登録制度」によって登録された有形文化財をいう。登録の対象となる有形文化財は、重要文化財および地方公共団体が文化財として指定しているもの以外の建造物であって、その文化財としての価値に照らして保存および活用のための措置が特に必要とされるものである。登録は国が管理する「文化財登録原簿」に登録することによって成立するが、法律上の効力の発生は、官報での告示、所有者への通知と登録証の交付を要件とする。

登録の基準については、原則として建設後50年を経過した建造物であって、①国土の歴史的景観に寄与しているもの、②造形の規範となっているもの、③再現することが容易でないもの、のいずれかに該当するものであることとなっている。

[制度の趣旨]　従来の有形文化財の保護の制度は、価値の高い、きわめて少数の厳選された文化財を、重要文化財または国宝に指定し、手厚く保護するもので、その目的は活用よりも保存に重心を置く。この制度のもとで、わが国の歴史的・芸術的に価値の高い有形文化財は、厳重な管理と優れた修復技術によって、ほぼ理想的な状態で保存されてきた。

これに対して、つくられた年代が新しく評価が困難なものや、それほど文化財としての価値は高くはないが市民生活にとって意味のある身近な歴史的遺産などは、従来の指定制度になじまず、有効な保護の措置もとられないままに放置されてきた。特に、近代の産業施設や交通、土木にかかわる構造物などは、わが国の近代化の歴史を伝える貴重な遺産であるにもかかわらず、技術革新や産業構造の変化などに取り残され、急速に失われる危機に直面している。

文化財登録制度は、このような事態に対処するために、数多くの文化財を緩やかに保存するために新設された制度である。したがって、登録の基準は厳しくせず、手続きは従来より簡単にし、活用に重点を置いた制度となっている。

[保護の措置]　重要文化財や国宝の場合には、文化財の現状を変更するときは事前に許可を受ける必要があり、また、文化庁長官は文化財の管理・修理・公開について、指示や命令ができるなどの強い権限を有している。そして、その厳しい規制の見返りとして税制上の優遇措置や修理工事費の助成制度が用意されている。

一方、登録有形文化財の場合には、現状変更は事前の届出だけであり、現状変更の内容や文化財の管理・公開についても、文化庁長官は指導や助言・勧告ができるのみの緩やかな規制となっている。その反面、税の優遇措置はあるものの、重要文化財や国宝ほどではなく、修理工事費についての助成はなく、所有者の自主的な保存の意志に委ねられている。

[種類と件数]　2003年5月現在、3,298件。

（斎藤英俊）

記　念　物
monuments and sites

[定　義] 史跡名勝天然記念物の総称で，基本的には美術工芸品などの動産文化財に対し，土地に伴う不動産文化財としての性格をもつ．

[歴史的経緯] この分野の保存は，国家の近代化とともに国の制度として，また秩序として取り組まれたが，それが達成されるのは1897（明治30）年に制定された「古社寺保存法」より20余年も遅くなってからのことである．まず制度が政治的に軌道に乗るのは植物などの分野を中心とした天然記念物からである．植物学の三好 学（1862～1939）が，各地で原始林や巨樹名木が伐り払われていくことを危惧した保護の動向がその始まりとなる．当時帝国議会へ提出された草案が「日本天然記念物保存に関する建議案」であったことはそのころの状況をよく示している．後に三上参次（1865～1939）の意見を容れて「史蹟」の2字を冠して1911（明治44）年3月，第27回帝国会議の貴族院に提出されるが，その際の理由書は昭和40年代以降の高度経済成長下における文化財保護の問題と事情を同じくしていることは興味深い．すなわち「輓近国勢ノ発展ニ伴ヒ土地ノ開拓道路ノ新設鉄道ノ開通市区ノ改正工場ノ設置水力ノ利用其ノ他百般ノ人為的原因ニヨリテ直接或ハ間接ニ破壊湮滅ヲ拓クモノ日ニ其ノ数ヲ加フルニ至レリ」とし，これまで美術工芸などの動産文化財保存の道が講じられているのに対し，史跡天然記念物が放置されているのは遺憾とし，欧米諸国の例を引いて国家の保存義務を訴えたものである．やがて貴族院と衆議院での賛成を経て1919（大正8）年4月10日，法律第44号として「史蹟名勝天然記念物保存法」が公布された．「人為ノ国宝」に対する「天然ノ国宝」として位置づけられることになる．

[史蹟名勝天然記念物保存法] この制度の内容は主として三つに分類できる．

第一に主務大臣による指定制度によって構成されていること．ここには「古社寺保存法」以来の文化財保存に対する考え方が踏襲されており，動産文化財と同様に不動産文化財の保存の基本理念が確立したといえる．第1回の指定は天然記念物の多々良沼ムジナモ産地（群馬県），坂本のハナノキ自生地（岐阜県）など10件（1920年7月），史跡の指定は第2回，翌年3月の水城跡，太宰府跡（福岡県）などである．また開発などとの関連で緊急性のある場合は，仮指定制度も導入され，機宜の措置としてその効果を発揮した．

第二に，現状変更または保存に影響を及ぼす行為を規定していること．これは指定制度を根源から支えるものといえるが，この制度下では許可権限が地方長官に置かれているのが今日の事情と異なる．

第三は管理についての特色である．指定物件の管理は所有者が行うのが原則であるが，指定目的と所有目的が相反し，管理自体が個人に負担となる場合などに，地方公共団体が管理できることを規定している．これによって管理費用は公共団体が負担することができ，合わせて国庫補助の道が拓かれている．国自ら土地の買い上げを行うようなこともあって，太宰府跡の都府楼

跡，武蔵国分寺跡の金堂跡など，今は補助事業で対応しているが，国有地として確保するようなこともあった．

このように，史跡名勝天然記念物は歴史的な遺跡をはじめ動物，植物までをも含む異分子の集合としての特性をもつものであった．国土の自然の特性をつかみ，その自然を背景としてその風土に培われた歴史的発展の遺跡をたどる，つまり国土の自然と人文との総合的把握がこの制度のもつ終局的な目的であったといえる．

[文化財保護法の記念物] 1950（昭和25）年に制定された現行の文化財保護法での記念物は，「史蹟名勝天然記念物保存法」を継承し，発展させたものである．ここでは記念物の定義を「貝塚，古墳，都城跡，城跡，旧宅その他の遺跡でわが国にとって歴史上または学術上価値の高いもの，庭園，橋梁，峡谷，海浜，山岳その他の名勝地でわが国にとって芸術上または観賞上価値の高いもの，ならびに動物（生息地，繁殖地および渡来地を含む），植物（自生地を含む），および地質鉱物（特異な自然の現象の生じている土地を含む）でわが国にとって学術上価値の高いもの」（第2条4項）と規定している．

これまでと同様に指定制度で，指定については比較的強い権限を有し，所有者に対して指定の同意を求めないで一方的に指定することが可能となっている（第69条）．しかし実際には行政の円滑な運営のために個々の所有者から同意を得て指定が行われている．特に所有権の尊重および他の公益との調整を行うことになっているが，指定地を保存していくために遺跡地などの土地などを改変することを厳格に規制する現状変更の制限（第80条）などが行われている．そのため当該記念物の保存のため，特に買い取る必要があると認められる場合には，国は，その買い取りに要する経費の一部を補助することができ（第81条の2），史跡地などの公有化が行われている．その場合，地方公共団体が事業主体者となり，それに国が補助金を交付するもので現在50％の補助率を原則とし，一部特殊な事情のものに80％の補助金が交付されている．

一方，公有化された史跡地などの活用について考えられているのが，環境整備事業である．これには特に法的な規定は設けられていないが，文化財の活用という観点から遺跡公園，史跡公園，遺跡博物館あるいは広域的な総合的保存活用を目指した「風土記の丘」と呼ばれるような記念物文化財の整備が行われている．都市計画やまちづくりの一端としても取り組まれることが多い．その施工については多くの場合，史跡の遺構をできるだけ生かしながら整備する工法や手法が用いられるため，ここに保存科学の応用や活用が図られることが期待されている．たとえば土石の安定や，遺構の崩壊防止処置などが導入されているが，今後一層そうした面での研究開発が望まれている．反面，同じ記念物でも動植物分野ではまだ文化財科学がそれほど応用されていない．むしろこれからの課題といえよう．

[件　数] 記念物関係の国指定状況は次のとおりである．

特別史跡61件，史跡1,489件，特別名勝35件，名勝319件，特別天然記念物75件，天然記念物964件（2003年2月現在）．

（三輪嘉六）

無形文化財
intangible cultural property

[概　要] 手で触ることのできないもの (intangible) の世界，それが無形文化財の本質である．歌舞伎の演技法でいう型，土と火の芸術といわれる陶芸の製作技術など，何代にもわたり相伝されてきた「わざ」を技術として体得し，芸として体現し，しかも洗練度・完成度を高めて表現する「わざ」そのものが無形文化財である．

[文化財保護法] 1950 (昭和25) 年制定の文化財保護法で初めて無形文化財の用語が採用され，従前の美術工芸品，建造物などの「物」としての有形文化財に対する概念として，法律上に位置づけられた．世界に先駆ける発想の導入であり，その意味でも画期的なことであった．

しかし，明治以来の有形文化財の概念に比べて，新しいがゆえに無形文化財の考え方やその保護施策には未成熟な部分もあった．保護法では無形文化財が「演劇，音楽，工芸技術その他の無形の文化的所産で我が国にとって歴史上又は芸術上価値の高いもの」と定義はされたが，その保護施策の具体的な規定はなく，「…国が保護しなければ衰亡する虞のあるもの」については「適当な助成の措置を講じなければならない」というものであった．他の有形文化財や史跡名勝天然記念物のように「価値の高いもの」を国が指定し，保護策を講じるという周到さには欠けており，さらに，価値の高い重要な無形文化財であっても，それが衰亡のおそれがなく健在であれば，保護の対象にならないという価値評価行政につながらなかったことである．

[昭和29年の法改正] これらの反省を踏まえ，1954 (昭和29) 年の法改正では，「無形文化財のうち重要なものを重要無形文化財に指定することができる」とし，このときから他の文化財と同じく「価値の観点」から指定し，その保護が図られることになった．以来今日まで，法や規定の一部は時の要請に応えながら折々改正されたが，基本的な考え方は踏襲され，いまや世界の各国が注目する無形文化財の保護行政が実施されている．

さて，重要無形文化財に指定されるのは，有形文化財の「物」に対して無形の，手で触ることのできない「わざ」そのものである．演劇，音楽でいえば芸，工芸技術でいえば正に技であって，それはいま現に体現し体得している人がいて初めて発現されるもので，人の力で初めて現実化され具体化される世界である．そこで重要無形文化財の指定に際しては，その「わざ」の体現者 (芸能)，体得者 (工芸技術) を保持者として認定しなければない．無形文化財の保護施策の中心は，この保持者のもち伝える「わざ」の練磨向上と後継者の育成を通して「わざ」の持続・継承・発展を図ることにある．

[重要無形文化財の指定・認定] 1955 (昭和30) 年2月，改正法による第一次の指定・認定が行われ，芸能関係では「能シテ方」，「人形浄瑠璃文楽太夫」，「地唄」など10件の重要無形文化財が指定され，その保持者に喜多六平太，豊竹山城少掾，富崎春昇など12名がそれぞれ認定された．工芸技術関係では「民芸陶器」，「蒔絵」，「衣裳人形」など15件の指定，浜田庄司，松

田権六，堀柳女など18名の保持者認定があった．向後ほぼ毎年，指定・認定，追加認定が行われて現在に至っている．

ちなみに，この第一次指定・認定の結果を報道発表した際，一部の新聞が大きく「人間国宝」の見出しでこれを紹介し，以後「重要無形文化財保持者」の正式名称より人間国宝の通称が一般化してしまった．戦前からの「国宝保存法」などの呼称が影響したものと思われるが，それにしても，このことによって無形文化財の本質「わざ」ではなく，その人（個人）が指定されるという誤解も広まってしまった．

[指定・認定の規準] 「重要無形文化財の指定及び保持者の認定規準」は，昭和29年の法改正を受けてその年の12月に定められ，翌年の第一次指定・認定に至るが，基準の考え方は従前の「助成の措置を講ずべき無形文化財の選定規準」を継承しながら，さらに明確化したものであった．重要無形文化財に指定すべき無形文化財とは，まず①芸術上特に価値の高いもの，②芸能史上・工芸史上特に重要な地位を占めるもの，③芸術上の価値又は歴史上の地位に加えて，地方的・流派的特色の顕著なもののいずれかに該当する芸能あるいは工芸技術が指定される．さらにもう一つ，前項の芸能や工芸技術を成立させ，その構成上重要な要素をなす技法・技術で優秀なものも指定の対象になる．たとえば歌舞伎を成立させるに不可欠の歌舞伎音楽の竹本，長唄，囃子など．工芸技術でいえば染織の型紙製作技術などである．

また，保持者の認定規準は，指定される芸能や工芸技術の高度な体現者（芸能），体得者（工芸技術）か，あるいは，それらの「わざ」の正しい体得者・精通者などとされている．

ただ，認定の方法として①個々の「わざ」について個人を「各個認定」（いわゆる人間国宝）する場合と，②歌舞伎の「伝統歌舞伎保存会会員」のように，2人以上の者が一体となって「わざ」を体現しているときには団体の構成員が保持者として認定される（総合認定）場合がある．また，③複数の人が集団となり個人的特色が薄く，多数の保持者が想定される場合（たとえば結城紬の「本場結城紬技術保存会」など），その技術者集団を保持団体に認定する（保持団体認定）方法がある．

この三つの認定方式は昭和50年の法改正で施行され，総合認定は芸能の分野で，保持団体認定は工芸技術の分野でもっぱら行われている．

[指定件数・認定者数] 2002年6月現在，国の重要無形文化財は芸能関係では能楽，文楽，歌舞伎，音楽，舞踊，演芸の分野で計37件の指定，56名の保持者が各個認定され，一方，雅楽，文楽，能楽，歌舞伎，組踊，義太夫節，常磐津節，一中節，河東節，宮薗節，荻江節が指定され，11団体が保持者として総合認定されている．工芸技術関係では各個認定で陶芸，染織，漆芸，金工，木竹工，人形，撥鏤の分野で計58名の保持者が認定され，一方，保持団体認定では柿右衛門（濁手），色鍋島，小鹿田焼，結城紬，小千谷縮，越後上布，久留米絣，喜如嘉の芭蕉布，宮古上布，伊勢型紙，輪島塗，細川紙，本美濃紙，石州半紙の13件，13団体が指定・認定されている．

このほか国の指定以外の無形文化財で，記録作成や公開などを助成する「記録作成等の措置を講ずべき無形文化財の選択」の

(2) 文化財の種類と制度

表 ユネスコ「人類の口承及び無形遺産の傑作の宣言」一覧（2001年5月18日）

地域		国名	リスト
アジア	1	インド	Kutiyattam Sanskrit Theatre （クッティヤタームのサンスクリット劇）
	2	韓国	Royal Ancestral Rite and Ritual Music in Jongmyo Shrine （ジョンミョー寺の宗廟儀礼及び宗廟祭礼楽）
	3	中国	Kunqu Opera （昆曲）
	4	日本	Nôgaku Theatre （能楽）
	5	フィリピン共和国	Hudhud Chants of the Ifugao （イフガオ族の歌，ハドハド）
ヨーロッパ	6	イタリア共和国	Opera del Pupi, Sicillan Puppet Theatre （シシリーの人形劇）
	7	ウズベキスタン共和国	The Cultural Space of the Boysun District （ボイスン地区の文化空間）
	8	グルジア	Georgian Polyphonic Singing （グルジアの多声音楽）
	9	スペイン	The Mystery Play of Elche （エルチェの神秘儀）
	10	リトアニア共和国	Cross Crafting and its Symbolism in Lithuania （リトアニアの十字架の手工芸とその象徴）
	11	ロシア連邦	The Cultural Space and Oral Culture of the Semeiskie （セメイスキの文化空間と口承文化）
中南米	12	エクアドル共和国・ペルー共和国	The Oral Heritage and Cultural Manifestations of the Zapara People （ザパラの人々の口承遺産と文化的表現）
	13	ドミニカ共和国	The Cultural Space of the Brotherhood of the Holy Spirit of the Congos of Villa Mella （ヴィラ・メラのコンゴ族の聖霊の集団の文化空間）
	14	ベリーズ	The Garifuna Language, Dance and Music （ガリフナの言語，舞踊及び音楽）
	15	ボリビア共和国	The Oruro Carnival （オルロカーニバル）
アフリカ	16	コートジボアール	The Gbofe of Afounkaha : the Music of the Transverse Trumpets of the Tagbana Community （アファウンカハのグボフェ：タグバナ共同体の横吹きラッパの音楽）
	17	ギニア共和国	The Cultural Space of 'Sosso Bala' in Niagassola （ニアガッソラの「ソッソバラ」の文化空間）
	18	ベナン共和国	The Oral Heritage of Gelede （ジェレデの口承遺産）
	19	モロッコ共和国	The Cultural Space of Djamaa el-Fna Square （ジャマ・エル・フナ広場の文化空間）

注：日本語は，文化庁仮訳．

制度も整備されている．

　なお，全国各地の民俗芸能は，昭和27年以来無形文化財として取り扱ってきたが，昭和50年の法改正で民俗文化財の範ちゅうとなり，現在は重要無形民俗文化財に指定され，保護されている．

[**世界の無形遺産**]　2001年5月，ユネスコの「人類の口承及び無形遺産の傑作の宣言」(Masterpiece of the Oral and Intangible Heritage of Humanity by UNESCO：表) で日本の能楽を含む19件が「世界の無形遺産」に選ばれた．やがて文楽，歌舞伎もその列に加わるであろう．ユネスコのこの制度は，日本の無形文化財の保護思想と方法に影響を受けたものといわれている．　　　　　　　　　　（田中英機）

民俗文化財
folk-cultural properties

[定　義]　文化財保護法では衣食住，生業，信仰，年中行事などに関する風俗慣習，民俗芸能およびこれらに用いられる衣服，器具，家屋その他の物件でわが国民の生活の推移の理解のため欠くことのできないものを民俗文化財と定義し，前者を無形の民俗文化財，後者を有形の民俗文化財としている．

[背　景]　わが国では各地に地域的特色に満ちた豊かな生活文化が存在する．各地に伝承されている伝統的な生活文化の地域的な差異が，わが国の生活文化の変遷の過程を示すものであるという観点から，文化財保護法のなかで民俗文化財として位置づけ，その保護と活用が図られている．各地に伝承されるさまざまな習俗や民俗芸能と，それらに用いられる用具や施設などの民俗文化財は，各地の人々が多くの選択肢のなかから最もふさわしいものを選択した結果として存在している．民俗文化財は各地の人々が日常生活の必要から創造し，伝承してきたものであり，生活に密着した文化財である．

[制定の経緯]　文化財保護法の制定当初は民俗資料と称されて有形文化財の一種として位置づけられ，有形の民俗文化財だけが指定，保護の対象とされた．その後，昭和29（1954）年の保護法改正で，民俗資料を有形文化財から分離独立させ，有形の民俗資料は指定保護し，無形の民俗文化財については記録を作成して保存を図ることとなった．さらにその後，昭和50（1975）年の保護法改正では民俗文化財と名称を変え，無形の民俗文化財についても指定制度が導入され，重要有形民俗文化財と重要無形民俗文化財の指定，記録作成等の措置を講ずべき無形の民俗文化財の選択という制度ができて現在に至っている．

[件　数]　平成14年度末現在，重要有形民俗文化財は200件，重要無形民俗文化財は219件が指定され，記録作成などの措置を講ずべき無形の民俗文化財は534件が選択されている．

[内　容]　有形の民俗文化財については，わが国の生活文化の変遷の過程を示すものであるという観点から，その用具それ自体の美しさや歴史的価値ではなく，変遷の過程を示す資料としての価値に着目して指定し，保護を図ってきた．これは有形の民俗文化財であっても，その使用法や製作法といった無形に相当する部分の伝承も重視されることにつながっている．このような考え方は重要有形民俗文化財の修理などに当たっても貫かれている．基本的には現状保存のために行うことを目的にし，指定当時の状態で保存することを原則としている．無形の民俗文化財については，形のない，人々の行為であることから，記録を作成することを中心にその保存を図っている．

　これら民俗文化財の保護の実施に当たっては，経費の補助を実施しているが，未指定の文化財に関しても補助を実施している点が，他の文化財と異なる点である．

(菊池健策)

産業文化財
industrial properties

[定 義] 近年盛んに使用され始めた文化財用語の一つであるが，内容は近代化遺産に近い．主として1868年の明治維新以降，わが国の近代化の歩みのなかで社会の発展に貢献してきた産業関係の遺産についていう場合が多く，産業考古学などの名で呼ばれることもある．

[背 景] これまで有形文化財（建造物を除く）の指定物件を時代的にみると旧石器時代から江戸時代に集中し，日本で制作された作品8,919件（平成9（1997）年6月現在）のうち実に8,779件がその時代を占めている．残りの140件が近代，つまり明治時代以降の文化財ということになるが，この時代別指定状況で明らかなように近代の文化財の保存問題はまだ具体性に乏しい段階といえる．ちなみに，絵画では速水御舟や黒田清輝の作品，彫刻の高村光雲の作品などの一部に指定物件があり，また最も新しい時代のものでは東大寺二月堂の修二会の記録の一部がある．奈良・平安時代から今日まで続くもので，そのうち指定範囲として昭和21（1946）年までを対象としている．これなど時代的に近代に分類する性格のものでないことは当然であるが，歴史の継続性としての近代を意識した指定といえよう．

モノを中心とした文化財では，これまで文化財としての意識が江戸時代以前に置かれていた．それは作家や作者を主体にした造形芸術を前提としたとき，生存者や記憶に新しい物故者の名誉や評価についての安定性などの関係もあって近代の作品について必ずしも積極的に対応されてこなかったような事情が背景に存在する．こうした問題を内在させながらも，近代の産業文化財について一歩踏み込む機会をもったのは世界遺産についての認識からであろう．1997年，広島の原爆ドームは世界遺産に登録されたが，その前提として世界の恒久平和を願うシンボルとして史跡に指定された（平成8（1996）年12月）．この指定作業を通じ新しい文化財のあり方，つまり近代の文化遺産の保存問題が整理され，同時にさまざまな分野の文化財にも及ぶことになった．産業文化財はこうした経緯のなかで大きく位置づくことになるが，それ以前から産業考古学会やナショナルトラスト運動などで保存に着手された先駆的業績は多い．

(三輪嘉六)

(3) 文化財に関する機関・団体
institutions, centers and laboratories for cultural property

ユネスコ（国連教育科学文化機関）
UNESCO (United Nations Educational Scientific and Cultural Organization)

[設立] ユネスコ憲章（国際条約）に基づいて設立されている国連の一機関．ユネスコ憲章は，1945年11月16日，ロンドンで37か国が署名して採択された．翌1946年11月4日，20か国が批准して憲章が発効，ユネスコが発足した．

[目的] ユネスコ憲章の前文は次の一文から始まる．「戦争は人の心の中で生まれるものであるから，人の心の中に平和のとりでを築かなければならない」．ユネスコは，教育・科学・文化を通じて国際協力を推進し，世界の平和を安全に貢献することを目的としている．

[種別] 国際政府間組織（IGO）．

[組織] ユネスコの加盟国は2002年1月現在で188か国（アメリカは1984年，イギリスとシンガポールは翌1985年ユネスコの活動の政治化を批判して脱退したが，イギリスは1997年復帰した）．ユネスコの組織は，意思決定機関である総会（2年に1回開催），58か国の政府代表で構成され，事業の実施に責任を負う執行委員会，パリに本部を置く事務局により運営されている．事務局はまた世界各地に地域事務所をもち，職員総数は2,000人をこえる．予算規模は2000-2001年度で通常予算約5億4,400万ドル，事業費（人件費を含む）の内訳は，教育33.6％，自然科学17.1％，人文・社会科学8.1％，文化13.2％，情報9％，重点分野（平和，女性，青年，アフリカなど）5.7％，残りが助成・出版などに当てられている．また通常予算のほかに国連開発計画などからの資金や加盟国からの任意拠出金などの通常外予算がある（2000-2001年度約3億1,400万ドル）．事務局長は1999年から6年の任期で日本の松浦晃一郎氏が勤めている．

[日本の加盟] 日本は1951年7月2日，ユネスコに加盟した．ユネスコ憲章は各加盟国でのユネスコ活動を促進するため国内委員会を設置することを推奨しており，日本ユネスコ国内委員会は，文部科学省内に設置されている．またパリ本部に日本政府代表部を置いている．日本の分担金拠出率は25％で（2000-2001年度1億3,600万ドル），アメリカが脱退して以降は第一位の分担金拠出国となっている．またユネスコの活動を民間で支える日本国内の非政府組織には社団法人 日本ユネスコ協会連盟，東京に本部を置き，アジア・太平洋地域での国際協力事業を行っている財団法人 ユネスコ・アジア文化センター（ACCU）がある．

[ユネスコと文化遺産の保護] ユネスコ憲章はユネスコの任務の一つを，「世界の遺産である図書，芸術作品並びに歴史及び科学の記念物の保存及び保護を確保し，且つ，関係諸国民に対して必要な国際条約を勧告すること」と規定している．1950年，事務局に文化遺産部が，翌1951年，「記念

物・芸術的歴史的遺跡・考古学的発掘に関する国際委員会」が設立され，このころからユネスコで具体的な文化遺産保存事業が行われるようになった．ユネスコが取り組んだ最初の大きな事業はアスワン・ハイダムの建設により水没することとなったエジプトのヌビア遺跡救済事業である．この事業を遂行するためユネスコは，資金調達はもちろんのこと，事業を効果的に進めるためにも大掛かりな国際キャンペーンを実施したが（1960〜1980年），これがその後しばらくの間ユネスコの文化遺産保存事業のモデルとなった．インドネシアのボロブドゥール遺跡（1972〜1983年），パキスタンのモヘンジョ=ダロ遺跡（1974〜1983年）などの事業が知られるが，しかしキャンペーンの数が増えるにつれてその効果が疑問視されるようになり，1983年に採択された事業を最後に見直しに入り，1987年キャンペーンの新規採択を停止した．ユネスコはその後も個別の文化遺産保存事業を続けているが，キャンペーンに象徴される資金調達や広報・啓発の役割は，現在は後述する世界遺産条約が担っている．

[文化遺産保護のための条約・勧告] 条約や勧告の採択，そのために必要な調査・研究や組織づくりなど，文化遺産の保護のための枠組みの整備は，国際政府間組織であるユネスコの重要な任務である．ユネスコで採択された条約のうち文化遺産関係の条約には，1954年5月14日，ハーグで採択された「武力紛争時の際の文化財保護のための条約」（ハーグ条約），1970年11月14日，第16回ユネスコ総会で採択された「文化財の不法な輸入，輸出及び所有権移転を禁止し及び防止する手段に関する条約」（1970年ユネスコ条約）（関連条約：ユネスコの依頼で国際政府間組織である国際私法統一協会（UNIDROIT）が作成し，1995年，ローマで採択された「盗取され不法に輸出された文化財の変換に関する条約」（1995年ユニドロワ条約）），1972年，第17回ユネスコ総会で採択された「世界の文化遺産及び自然遺産の保護のための条約」（世界遺産条約），2001年，第31回ユネスコ総会で採択された「水中文化遺産の保護に関する条約」がある．以上のうち，日本は世界遺産条約に1992年加盟，また1970年ユネスコ条約への加盟を2002に決定している．また組織づくりに関してユネスコは，1956年，第9回ユネスコ総会で

表 ユネスコ総会で採択された文化財関係の勧告一覧

採択年	名　称
1956	考古学上の発掘に適用される国際的原則に関する勧告
1956	建築及び都市計画の国際競技に関する勧告
1962	風向の美及び特性の保護に関する勧告
1964	文化財の不法な輸出，輸入及び所有権譲渡の禁止及び防止の手段に関する勧告
1968	公的又は私的の工事によって危険にさらされる文化財の保存に関する勧告
1972	文化遺産及び自然遺産の国内的保護に関する勧告
1976	文化財の国際交換に関する勧告
1976	歴史的地区の保全及び現代的役割に関する勧告
1978	建設及び都市計画の国際競技に関する改正勧告
1978	可動文化財の保護のための勧告
1980	芸術家の地位に関する勧告
1980	動的映像の保護及び保存に関する勧告
1980	文化活動のための公的財政支出に関する統計の国際的標準化に関する勧告
1989	伝統的文化及び民間伝承の保護に関する勧告

イクロム（ICCROM）の設置を規定した条約「文化財の保存及び修復の研究のための国際センター規程」を採択している．日本のイクロム規程の批准，すなわちイクロムへの加盟は1967年である．ユネスコが採択した文化遺産関係の勧告は表を参照．

[無形文化遺産の保護]　以上は，ユネスコにおける有形文化遺産の保護に関する説明であるが，ユネスコは無形文化遺産の保護に関する活動も行ってきた．一般に無形文化遺産の保護というと，文化人類学的観点からの民俗文化の調査・記録・保存，あるいは伝統芸術・芸能の振興のための施策と解釈されることが多い．ユネスコは早くから伝統芸能の調査・記録事業を行ってきたが，その概念を拡大して無形文化遺産の保存事業が本格化するのは1980年代に入ってからである．無形文化遺産は概念規定が難しく，また保存のあり方も多様なところから，たとえば文化遺産のなかでは有形文化遺産を扱う世界遺産条約の知名度に比べユネスコの取組みが外部にはわかりにくかったが，1997年，「人類の口承及び無形遺産の傑作の宣言」を採択してリストづくりを始め，有形文化遺産と自然遺産を扱う世界遺産条約と並ぶシステムをもつこととなった．採択時の名称は「人類の口承遺産の傑作の宣言」であったが，1998年規約制定時に現名称となった．2001年5月18日，日本の能楽を含む最初の19件が宣言された．人類の遺産の保護を総合的に考えるには有形文化遺産と無形文化遺産の連携，人類がその恩恵をこうむってきた自然保護との連携は重要であり，またそれは現在の世界の趨勢でもある．今後はこの二つの仕組みの有効な連携が必要である．

[ユネスコ日本信託基金]　日本は加盟国としての分担金のほか，文化遺産関係では下記の信託基金をユネスコに拠出している．「ユネスコ文化遺産保存日本信託基金」(1989-2000年末累計3,799.8万ドル．カンボジアのアンコール遺跡の保存修復事業はこれによる），「ユネスコ無形文化財保存振興日本信託基金（1993-2000年末累計237.2万ドル），「ユネスコ青年交流信託基金」(2000年12億円)，「ユネスコ人的資源開発信託基金」(2000年13億円)．

[事務局]　本部：http://www.unesco.org，日本ユネスコ国内委員会：http://www.mext.go.jp，財団法人 ユネスコ・アジア文化センター（ACCU）：http://www.accu.or.jp，社団法人 日本ユネスコ協会連盟：http://www.unesco.or.jp

(稲葉信子)

[文　献]

河野　靖：文化遺産の保存と国際協力，風響社，1995．

ユネスコ世界遺産センター
The UNESCO World Heritage Centre

［設　立］　世界遺産条約採択から20年目に当たる1992年，ユネスコ事務局長により，世界遺産条約を施行するための事務局組織として，ユネスコ本部内に設立された．

［目　的］　設立の目的として，条約の効率的運用，締約の促進，通常外予算の確保をうたっている．それまで，世界遺産の日常業務は，文化遺産についてはユネスコ本部の文化部文化セクターが，自然遺産については教育科学部科学セクターが担当していた．センターは現在パリのユネスコ本部敷地内の別館に所在し，世界各地に所在するユネスコ地域事務所と連携して活動している．ユネスコの他の部局では，文化セクターの有形遺産部局（Division of Physical Heritage），科学セクターの生態学部局（Division of Ecological Science）との関係が深く，イコモス（ICOMOS），イクロム（ICCROM）などはこれに対する助言機関としての役割を果たしている．

［事業内容］　世界遺産センターの主な業務は，①毎年加盟国回り持ちで行われる世界遺産委員会や，それに先立ってパリで行われるビューロー（議案決定の権限をもつ）を組織運営すること，②世界遺産条約の枠組みの確立と強化（グローバルストラテジー）を促進すること，③遺産の保存状況のレポート（モニタリング）を組織すること，④加盟国の遺産登録申請に助力（予備援助）すること，⑤加盟国からの要請による技術的援助や，危機にある遺産に対しての緊急援助を組織すること，⑥人材育成のための各国のトレーニングコースをはじめとする教育普及活動を援助すること，であり，これらの事業の財源となる世界遺産基金の事務を担当し，通常外予算の獲得にも努めている．それ以外にも，遺産リストの管理と更新，およびデータベース化と，情報共有のためのホームページの開設，世界遺産に関する報道の記録などに当たっており，各国からの登録が年々増加している世界遺産の事務をあずかる部局として，活発な動きをみせている．

［事務局］　住所，電話番号，FAX番号はユネスコ本部に同じ．http://www.unesco.org/whc/
　　　　　　　　　　　　　　　（松本修自）

イクロム（文化財保存修復研究国際センター）
ICCROM (The International Centre for the Study of the Preservation and Restoration of Cultural Property)

[設　立]　1956年ユネスコによって創設され，1959年にローマで活動を開始した政府間組織（IGO）．本部はイタリアのローマにある．創設時の加盟国はオーストリア，ベルギー，オランダ，スペインなど17か国で，その後，主要国ではイタリアが1960年，フランスとドイツが1964年，日本とイギリスが1967年，アメリカが1971年，カナダが1978年にそれぞれ加盟した．2002年9月現在の加盟国数は100か国である．アジアではスリランカが1958年の創設当時からの加盟国で最も古く，その後，カンボジア，インド，パキスタン，マレーシア，日本，タイ，韓国，ネパール，ベトナム，フィリピン，ミャンマー，中国の順で加盟して，2002年現在13か国がイクロムの加盟国となっている．公用語は英語とフランス語である．

[目　的]　世界の文化財保存のために，研修などを通じて専門家を育成し，資料や情報を収集提供するとともに，文化財保存に対する啓発を目的としている．事業の中心は，数多くの研修コースによる文化財保存専門家の育成である．研修コースにはイクロム職員はもちろん，講師として約2,500人もの，日本を含む世界中からさまざまな分野の保存専門家が参加している．

[組　織]　イクロムの主要な財源は加盟国からの分担金で，分担額は各国のGNPをもとに算出される．予算は2年単位で組まれ，2002～2003年度2年間の予算額は総計約1,194万ドル，そのうちの679万ドルが各国からの分担金，残りの575万ドルは特定のプロジェクトのために寄付された政府や財団などからの寄付金である．

組織は事務局と総会および理事会によって構成される．事務局は，事務局長を筆頭に約40名の常勤・非常勤の職員からなり，庶務・会計・図書・情報・出版・警備などを担当する事務部門と，文化遺産，建築・考古遺跡，博物館資料を担当する研究部門で構成される．事務局長の任期は，再任を含め6年以内である．全加盟国によって構成される総会は，2年に1度秋に開かれ，イクロムの予算や事業を最終的に決定し，理事会の理事（任期4年，現在24名）を選出する．理事会は，議長，副議長（2名）を互選する（いずれも任期2年）．また理事会は事務局長を選び，総会に推薦する．理事会は毎年秋に開かれる．

[日本との関係]　日本は1967年に加盟し，アメリカに次いで第2位の分担金出資国で全体の約20％を分担している．1992年からは和紙の保存に関する研修を，1999年からは漆工品の保存に関する研修を隔年ごとに東京文化財研究所と共催している．歴代，日本からは岩崎友吉，倉田文作，伊藤延男，馬淵久夫，三浦定俊が理事として選出されている．また，1999年からは文化庁より日本人職員がイクロムのスタッフとして派遣されている．

[事務局]　ICCROM, 13 via di San Michele, 77420 Rome, ITALY, e-mail：iccrom@iccrom.org, http://www.iccrom.org

（三浦定俊）

イコム（国際博物館会議）
ICOM (The International Council of Museums)

[設 立] 1946年11月，パリのルーブル美術館において，G. Salles ら約30名の発案により設立される．ユネスコの賛助を得て，本部をユネスコ事務局内に置く．

[目 的] ①あらゆる種類の博物館の設立，発展，専門的運営を奨励し支持する，②社会とその発展に貢献する博物館の性格，機能，役割に関する知識と理解の普及に努める，③各国の博物館および博物館専門職相互の協力と援助関係を組織する，④あらゆる種類の博物館専門職の利益を代表し支持し推進する，⑤博物館の管理と運営に関する博物館学などすべての分野における知識の向上と普及に努める．

[日本の加盟] 1952年2月．

[日本支部] イコム（国際博物館会議）日本委員会，〒100-0013 東京都千代田区霞が関3-3-1 尚友会館 財団法人日本博物館協会内，Tel：03-3591-7190，Fax：03-3591-7170．

[種 別] 国際非政府組織（NGO）．

[業務内容] ①博物館の新設に関して必要に応じた職員の派遣，②専門家によるセミナーの開催，③ユネスコ・イコム博物館情報センターの維持，④出版物の発行，⑤学芸員の相互交流の仲介，⑥3年ごとに世界大会を開催，常に大衆に対して責任ある新しい博物館像を追求する．

イコムは事務局，国内委員会，国際委員会の三つの主な活動源をもつ．事務局は日々の作業を保証し，その活動と事業について世界中の調整を図る．また，各国にある国内委員会を介して，徹底的かつ進歩的な博物館改革を目標として，展示の改善，教育活動の近代化と拡大および文化遺産の保護保存などについて各国間を調整する．イコムが果たす博物館への特別の貢献は国際委員会の仕事である．博物館の共通な活動（教育，保存，文献記録，研修）の分野の権威者から構成され，これらの専門家グループは定期的に会合して，最新の発展状況を討議し，新しい技術を知り，世界中のイコム会員の利益となる勧告を行う．

一般会員はその好むところの国際委員会に所属することができる．国際委員会は全部で25あるが，保存に関係する委員会としては ICOM Committee for Conservation (ICOM-CC：保存委員会) があり，Preventive Conservation, Theory and History of Restoration, Scientific Examination of Works of Art など，現在21種類の作業部会がある．3年ごとに大会を開き，研究成果の交換を行う．

[会員数] 約120か国，約12,000人．

[事務局] ICOM Maison de L'UNESCO, 1 rue Miollis, 75732 Paris Cedex 15, France, Tel：(331) 47 34 05 00, Fax：(331) 43 06 78 62, e-mail：secretariat@icom.org, http://www.icom.org/

[その他] 個人会員として入会するには，現役の博物館専門職員，博物館専門職を退職した者，国内委員会会員数の10％を限度として専門的貢献がイコム会員に値すると考えられる者が資格を有する．(神庭信幸)

イコモス（国際記念物遺跡会議）
ICOMOS (The International Council on Monuments and Sites)

［設　立］　建築・記念物・遺跡など不動産文化財一般の保存のために，1965年，ユネスコの支援を得て設立された国際非政府組織（NGO）．1964年，ヴェニスで開催された第2回歴史的記念物建築家・技術者会議で採択された「ヴェニス憲章」を活動の基本精神とする．

［目　的］　世界の不動産文化財の保存に関する，①世界の専門家のネットワーク構築，②情報の収集・研究・普及，③資料センターの設立・運営，④国際条約の採択・実施の奨励，⑤専門家トレーニングプログラムへの協力，⑥ユネスコやイクロム（ICCROM）など同じ目的をもつ機関との密接な協力，そしてさらに広く会員である専門家の高度な知識・技術を通じての国際社会への貢献．

［種　別］　国際非政府組織（NGO）．

［会　員］　会員には個人会員，団体会員，維持会員，名誉会員の別があるが，主たる構成員は個人会員である．個人会員は，自国に国内委員会が存在する場合はその委員会に所属することによりイコモスの会員となる．2001年末現在で110か国に国内委員会があり，会員総数は7,000人．日本イコモス国内委員会は1979年に発足し，2001年現在の会員数は178人．

［組　織］　イコモスの組織は総会（3年に1回），執行委員会，諮問委員会，国内委員会，国際専門分科委員会，事務局（パリ）からなる．

［活　動］　イコモスは上記の総会や各委員会によって運営されているが，なかでも国内委員会や国際専門分科委員会の活動が占める役割は大きい．国際専門分科委員会は，2001年現在で以下のテーマ別に21委員会．

石造文化遺産，文化観光，建築写真測量，歴史的庭園-文化的景観，木造文化遺産，民家建築，石造芸術，歴史的都市・集落，ステンドグラス，考古学遺跡管理，土の建築，保存経済，水中文化遺産，構造解析・修復解析，法律・行政・財政，文化的街道，極地遺産，壁画，危機管理，植民地建築および都市計画，研修．

また，イコモスの活動で最近比重を増しているのは，世界遺産条約に関するものである．イコモスは，イクロム，IUCN（国際自然保護連合）とともに，世界遺産委員会の活動を補佐する助言機関として世界遺産条約に規定されている．条約加盟国から提出される世界遺産候補物件の事前審査を，自然遺産担当のIUCNと分担して行っている（最終審査は世界遺産委員会が行う）．またすでに世界遺産になっている遺産の保存状況のモニタリングなどに協力している．これらの活動は，世界にネットワークを広げるイコモス会員の協力のもとに行われている．

ここ近年の不動産文化財の保存の分野の新しい動きとして，文化遺産の概念の拡大（産業遺産，文化的景観，無形の価値の認識など），また地域振興に果たす文化遺産の役割の拡大（活用，危機管理，観光など）などがあり，これらを反映してイコモスの活動も多角化している．イコモスは不動産文化財を総合的に扱う世界で唯一の国際非政府組織として，やはり文化遺産の保

存にかかわっているイコム（ICOM）やアイ・シー・エイ（ICA）などと連携をとり，国際アピールの発信，国際的な基準や指針の策定，ユネスコが採択する条約作成への協力などを通じて，世界の要請に応えている．

[**事務局**]　本部：ICOMOS International Secretariat, 49-51 rue de la Fédération-75015 Paris, France, Tel：(331)45 67 67 70, Fax：(331)45 66 06 22, e-mail：secretariat @ icomos.org, http://www.icomos.org. 日本イコモス国内委員会：〒150-0021 東京都渋谷区恵比寿西1-9-6 株式会社 文化財保存計画協会気付，Tel&Fax：03-5728-1621.　　　　（稲葉信子）

アイ・シー・エイ
ICA (International Council on Archives)

[設　立]　第二次世界大戦で世界各国のかけがえのない記録遺産が大量に失われたことから，その悲劇を繰り返すまいとの決意のもとに，1948年，ユネスコの肝いりで設立が決まった．正式には，1950年の第1回世界大会（パリ）で発足した．

[目　的]　世界の記録遺産（archival heritage）の保存と利用を促進し，もって個人の権利保護や国際平和，また人類の知識と文化の発展に寄与することを根本目的としている．ここで記録遺産というのは，文書記録，音声映像資料，電子記録など，時代を問わず，また形態を問わず，個人や組織体が生み出すあらゆる種類の記録史料（アーカイブズ：archives)を意味する．先述の目的を達成するため，ICAは記録史料保存の専門職であるアーキビストの連携を図り，その学問的基礎である記録史料学(archival science)の振興に尽くすとともに，記録史料の重要性について一般の理解が深まるよう，多様な広報活動を展開している．

[種　別]　ICAは，ユネスコの援助協力下にある国際非政府組織（NGO）の一つで，IFLA (International Federation of Library Associations and Institutions)など多くの関係団体と協力し合っている．

[組織と事業内容]　ICAの組織は，執行委員会とそれを補佐する二つの常任委員会の下に，東アジア部会など10の地域支部，アーキビスト教育研修部会など10の専門部会，文書館建築設備委員会など19の専門委員会があり，それぞれ独自に共同研究や出版などの事業を行っている．ほかに，記述標準化特別委員会など臨時の委員会や研究グループがいくつか置かれ，それぞれ特定のプロジェクトに従事している．

ICA全体としては，4年に1度世界大会を開催するほか，*ARCHIVUM*や*JANUS*（この2誌は2001年から合体して*COMMA*という新しい刊行物になった）などの定期刊行物や国別の歴史資料ガイドを編集発行している．またユネスコと協力してRAMP (Records and Archives Management Programme)という研究プロジェクトを長年実施しており，その研究報告書は数十冊に上っている．最近ではユネスコやIFLAとともに「世界の記憶（Memory of the World）」プロジェクトという新しい事業にも参加している．

[会員数]　ICAの会員は，A.国立レベルの文書館，B.全国レベルの専門職団体，C.地方レベルの文書館や民間の記録史料保存機関またはアーキビスト教育機関，D.個人会員，E.名誉会員，の五つのカテゴリーに分かれている．その合計は，170か国以上の約1,500会員に上っている．

[日本の参加]　国立公文書館は1972年に設置された後，カテゴリーA会員として加盟した．また1986年には全国歴史資料保存利用機関連絡協議会（全史料協）がカテゴリーB会員として加盟を認められている．カテゴリーCとDにも若干の会員が登録されている．

[事務局]　Secretariat of ICA, 60, rue des Francs-Bourgeois, 75003 Paris, France, Tel：(33-1) 40. 27. 63. 06，Fax：(33-1) 42. 72. 20. 65, e-mail：ICA@ICA.ORG

（安藤正人）

アイ・アイ・シー（国際文化財保存学会）
IIC (The International Institute for Conservation of Historic and Artistic Works)

[設 立] 1950年ロンドン．当初はThe International Institute for Conservation of Museum Objectsと呼ばれた．設立発起人は，英米の博物館・美術館に所属する文化財保存研究者の有志で，歴代会長は次のとおり．（ ）内の数字は就任年．

G. Stout (1950), Sir W. Akers (1953), P. Coremans (1955), W. G. Constable (1958), A. van Schendel (1961), H. J. Plenderleith (1965), R. J. Gettens (1968), A. E. Werner (1971), S. Keck (1974), H. Kortan (1980), G. Thomson (1983), S. P. Sack (1986), E. T. Hall (1989), A. Ballestrem (1992), J. Winter (1998), A. Oddy (2001). 日本からは，山崎一雄が理事および副会長(1987～1992)を務め，その後も馬淵久夫(1992～1997)，三浦定俊(1997～)が理事を務めている．

[目 的] 設立時は，「博物館資料の保存に関する知識と実践のレベルを高め，その分野の専門家の協議の場と専門知識の出版の母体となること」を目的としたが，現在では博物館資料だけでなく，歴史的・美術的作品全般の保存に拡張されている．

[支 部] 北ヨーロッパ，カナダ，オランダ，オーストリア，フランス，日本の6か所にregional groupsがあり，独自の活動を行っている．

[種 別] イギリスのlimited company.

[事業内容] 文化財保存修復のための国際的な学会で，各国政府機関が関与することはなく，政治的活動を行わない．

① 出版事業
・*Studies in Conservation*：1952年創刊の学会誌で，年4冊発行される．
・*Bulletin*：年6回発行の会報．会員の消息，国際集会の案内，求人情報など．
・*Art and Archaeology Technical Abstracts (AATA)*：アメリカのゲティー保存研究所(Getty Conservation Institute)と共同発行のアブストラクト（抄録）．会員は特別価格で購入できる．

その他，IIC国際会議のPreprintなど．

② 国際会議 IIC International Congresses：隔年にテーマを定めて開催される．アジアでは1988年に京都で開催された．

[会員数] 2002年現在の会員は世界75か国に及び，個人会員は約2,400名，機関会員(Supporting Institutions)は約470名．個人会員はAssociate, Fellow, Honorary Fellowの3種類に分かれる．Associateは文化財保存分野に関係し，会の趣旨に賛同するすべての人に開かれている．Fellowは文化財保存分野での研究，教育，行政の経験が深いAssociateのなかから，Fellowの信任投票によって決定される．Honorary Fellowは文化財保存に顕著な功績のあった者で理事会が決定する．日本からは，個人会員約100名，うちFellow 8名，Honorary Fellow 1名（山崎一雄），機関会員5名．

[事務局] 6 Buckingham Street, London, WC2N 6BA, Tel：0171-830-5975, Fax：0171-976-1564, e-mail：iicon@compuserve.com

（馬淵久夫）

アイ・アイ・シー・ジャパン
IIC-Japan

[設　立]　正式名称は国際文化財保存学会日本支部で，IIC-Japan は略称．ロンドン（イギリス）に本部をもつ国際学会 IIC (The International Institute for Conservation of Historic and Artistic Works) の日本支部，IIC 京都国際会議（1988 年）を契機として 1991 年に設立された．

[目　的]　文化財の保存に関する科学的・技術的研究を推進するなど，日本の状況に従いながら，IIC の目的を推進する．

[種　別]　任意団体．

[事業内容]　①ニュースレター *Information from IIC-Japan* など出版物の発行，②文化財保存に関する研究集会の開催，③内外の学術団体との情報交換など，④本部会費送金などを含む本部との連絡．

[会員数]　IIC 本部の個人会員が会員となることができ，2002 年 6 月現在 82 名．本部の会員数は個人会員約 2,400 名，団体会員約 470 機関（2001 年 4 月現在）．

[事務局]　〒110-8713　東京都台東区上野公園 13-43　独立行政法人 文化財研究所 東京文化財研究所保存科学部気付，Tel & Fax：03-3822-3247．

　IIC 本部については前項を参照のこと．

（三浦定俊）

スパファ (SEAMEO 考古芸術地域センター)
SPAFA (The SEAMEO Regional Centre for Archaeology and Fine Arts)

[設 立] 1971年の第6回 SEAMEC (the Southeast Asian Ministers of Education Council：東南アジア文部大臣評議会) 会議において当時のクメール共和国 (カンボジア) が提案した ARCAFA (the Applied Research Centre for Archaeology and Fine Arts：考古学・芸術応用研究センター) という計画に端を発する．1975年の第10回 SEAMEC 会議でセンターの名称 ARCAFA と，本拠がプノンペンに定められたが，ベトナム戦争の終結やカンボジアの政変により計画は実施されなかった．

1976年，SEAMES (the Southeast Asian Ministers of Education Secretariat：東南アジア文部大臣事務局) 会議は SEAMEO (Southeast Asian Ministers of Education Organization：東南アジア文部大臣機構) 事務局に SPAFA (the SEAMEO Project in Archaelogy and Fine Arts：SEAMEO 考古芸術事業) 設立準備の開始を指示し，1978年3月に SPAFA は事業として公式に発足した．生活水準向上に対する功績が認められ，1985年の第12回 SEAMEC 会議で SPAFA は地域センターとして再構成され，タイ政府が地域センターを主催することとなった．

[目 的] ①情報の発信やその他の関連事業への協力を通じて，文化遺跡に対する認識や文化遺産の価値に対する理解を育成すること．②東南アジア地域における考古学的，文化的活動を促進し，内容の充実を図ること．③地域事業および活動や資料と経験の共有を通じ，考古学や美術の分野の専門家の能力を向上させること．④考古学や美術に関する地域事業を通じ，東南アジア諸国間の相互の知識と理解を深めること．

このような活動を通じて加盟国間の協力関係を強め，国民の生活の質の向上を図ることも SEAMEO 全体としての目的である．

[種 別] SPAFA は SEAMEO の12の地域センターの一つで，他の地域センターと同じく自治権を有する国際組織である．

[事業内容] SPAFA が扱う分野は考古学・博物館学，映像芸術・芸能・古文書の保存，文字以外の文化の記録，文化的観光事業など広範囲にわたる．運営部門は理事会 (the Governing Board) で，執行権は専門スタッフの補佐を受けたセンター長がもつ．設立に当たりタイ政府の貢献が大きかったため，ほとんどの業務は，運営・財政部門 (Administrative and Financial Services)，学術・専門部門 (Academic and Professional Services)，図書館・記録作成部門 (Library and Documentation Services) の3部門の責任のもと，タイで行われている．

事業の内容は研修，セミナー・作業部会の実施，研究，人材の交換，図書館運営・記録作成に大別される．

研修事業の実施期間は2～3か月が多く，以下のような内容で行われる．

①運営責任者を主たる対象とした，文化に関する機関や活動の運営に関する研修．

②保存・修復，博物館学，博物館収蔵

品の予防的保存，博物館学と地域社会への博物館の貢献，都市や集落の保存・モニュメントの修復，博物館収蔵品・図書館蔵書や文書の保存など．

③考古学．水中考古学，民族考古学，花粉学，考古資料の展示に関する研修も含む．

④芸術，工芸．美術教育，社会の発展のための手工芸や民芸の振興・発展，芸能の文書への記録法と文書からの再現法など．

⑤文化財や文化的活動の記録作成．

セミナー・作業部会は数日〜1か月程度行われる．内容は有形無形の文化財およびその保存や記録システムに関するもの，現代社会における芸術および芸術家の役割，芸術の教授法，教科書の発達など教育に関するものがあった．

一つの研究が行われる期間は2年程度で，セミナー・作業部会と同様，考古学・芸術・文化財の保存・芸術教育に関する研究がこれまでに行われている．

人材の交換事業としては，加盟国の専門家の作業部会への参加，作業部会の実施，研究機関の訪問に関する手配を行う．

SPAFAの創設以来，情報の収集・提供は主要な活動の一つで，SLDC（SPAFA Library and Documentation Centre：SPAFA図書館・文書センター）がその任にあった．SPAFAが地域センターになったとき，SLDCはSPAFA Library and Documentation Servicesと名称が変更され，活動範囲も拡大した．SLDSは考古学，先史学，美術，芸能，映像芸術，保存などに関する情報を収集，整理し，東南アジア地域内外の教育・研究機関，個人の専門家に提供している．SLDSの出版物には，特定のテーマに関する参考図書一覧や手引き書，SPAFAの会議や事業の最終報告書，the SPAFA Journal，PR用パンフレットやカレンダーなどがある．

[加盟国] SEAMEOの加盟国であるブルネイ，カンボジア，インドネシア，ラオス，マレーシア，ミャンマー，フィリピン，シンガポール，タイ，ベトナムの10か国がSPAFAの活動に参加している．賛助加盟国はオーストラリア，カナダ，フランス，ドイツ，ニュージーランド，オランダである．

[予 算] 事務所の建物や土地，設備備品などの費用はタイ政府が拠出している．SEAMEOの教育関連の基金からの援助（SEAMEO Educational Development Fund）もあり，奨学金やセミナー，作業部会の運営費，人材交流の費用などに用いられる．また，SEAMEO加盟国の分担金，諸外国，国際機関などの援助や事業収入がある．

[事務局] SEAMEO SPAFA, 81/1 Sri Ayutthaya Road, Samsen, Theves, Bangkok, 10300 Thailand, Tel：+66-2-280-4022〜29, Fax：+66-2-280-4030, e-mail：spafa@ksc.th.com, http://www.seameo.org/spafa/

◇コラム◇なぜSPAFAというのか

SPAFAという略称は，SEAMEOの事業だったときの英語名 the SEAMEO Project in Archaelogy and Fine Arts に由来する．現在の英語名には頭文字がPの単語は含まれていない．しかし，この略称がすでに定着していたために，地域センターになってからも用いられている．（二神葉子）

独立行政法人文化財研究所
National Research Institute for Cultural Properties

[設　立]　独立行政法人としての設立は2001年4月であるが，法人を構成する東京文化財研究所，奈良文化財研究所の歴史はそれ以前にさかのぼる．まず東京文化財研究所のはじまりは，帝国美術院に附属美術研究所が設立された1930年とされる．その後，この研究所は国立博物館の附属（1947年）を経て，文化財保護委員会に移管され（1950年），1952年に東京文化財研究所となった．このときに美術部，芸能部，庶務室に加えて，それまで文化財保護委員会建造物課にあった保存技術研究室を移管して保存科学部を設置した．このときから日本における文化財科学研究が本格的に活動を開始したといえる．時を同じくして奈良にも，文化財保護委員会の附属機関として奈良文化財研究所が設置された．その後，1954年に両者はそれぞれ東京国立文化財研究所，奈良国立文化財研究所と改称し，文化庁の設立に伴い，1968年からはそれぞれ独立した文化庁の附属機関となる．その後，東京国立文化財研究所には1973年に修復技術部，1995年に国際文化財保存修復協力センターが，奈良国立文化財研究所には1974年に埋蔵文化財センターが設置されるなど，文化財科学関係の部門が拡充されていった．国の行政改革により国立研究機関が独立行政法人化されるなかで，2001年4月に両研究所は統合され，独立行政法人文化財研究所として再発足した．

[目　的]　関係法規によると文化財研究所は，美術，芸能，建造物，考古資料，歴史資料，遺跡，埋蔵文化財に関する調査および研究を行うとともに，文化財の保存・修復・情報に関する調査・研究を行うとされる．特に奈良においては平城宮跡，藤原宮跡，飛鳥地域の調査・研究が主要な業務である．またそれらの成果に基づいて資料の作成や公表を行い，地方公共団体などの求めに応じて研修や援助・助言を行っている．

[組　織]　法人本部（奈良）に役員として，東京，奈良の研究所長を兼ねる理事長，理事各1名と監事（非常勤）2名および総務部があり，東京に東京文化財研究所，奈良に奈良文化財研究所が置かれている．東京文化財研究所には管理部，協力調整官のほか，美術部，芸能部，保存科学部，修復技術部，国際文化財保存修復協力センターが，奈良文化財研究所には管理部，協力調整官，文化遺産研究部，平城宮跡発掘調査部，飛鳥藤原宮跡発掘調査部，飛鳥資料館，埋蔵文化財センターが，それぞれ設置されている．2003年度の人件費を除く運営事業費は約18億円で職員数（常勤）は126名である（図）．

[活　動]　わが国の文化財科学研究を支える研究機関として，東京に保存科学部，修復技術部，国際文化財保存修復協力センター，奈良の埋蔵文化財センターのなかに保存修復科学研究室，古環境研究室，遺跡調査技術研究室などが置かれて活発な活動を行っている．近年は日本国内だけでなく，欧米の研究機関との学術交流や在外美術品の修理，中国，カンボジア，タイ，中南米などの遺跡，建造物の保存など，外国との研究交流も盛んに行っている．

（3）文化財に関する機関・団体

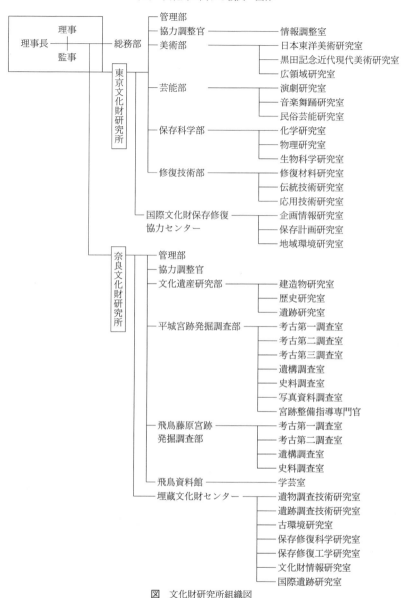

図　文化財研究所組織図

[所在地]　本部および奈良文化財研究所：〒630-8577　奈良市二条町2-9-1, http://www.nabunken.go.jp，東京文化財研究所：〒110-8713　台東区上野公園13-43, http//:www.tobunken.go.jp

（三浦定俊）

美術院 (財団法人美術院・国宝修理所)
BIJUTSU-IN, Conservation Laboratory for National Treasures of Japan

明治31 (1898) 年，岡倉天心が東京美術学校校長を辞職，ただちに日本美術の復興推進のため「日本美術院」を創設した。この団体は2部門からなり，第1部は日本美術の新制作部門，第2部は研究部門として出発した。第1部は東京および茨城県五浦に工房をかまえ，横山大観，下村観山，木村武山らをはじめとする巨匠を輩出し現在の日本美術院（院展）にその伝統が受け継がれている。

第2部は，奈良に工房をかまえ，美術学校で天心の高弟であった新納忠之介を主任として，奈良を中心とした日本古美術作品の技法研究とその修理に専念し，奈良美術院と称している。戦後，工房を京都に移したが，これが現在の財団法人美術院（国宝修理所）である。

明治30 (1897) 年，古社寺保存法が制定されると同時に，政府は，古寺社に所在する重要な古美術品（絵画，彫刻，工芸品，書跡）を国宝に指定し，翌年から，これらに保存金（国庫補助金）を交付し，美術院第2部がその修理を請け負って実施し，現在に至るのである。現在では国宝，重要文化財，都道府県指定文化財である彫刻，大型工芸品，石造物などの修理をもっぱら行っている。

その技術は，明治以来継続してきた国宝修理で学び取った各時代の技術と材料を尊重した伝統技術によって修理が行われている。しかし伝統技術では処理できない損傷に対しては，昭和34 (1959) 年ごろから主に合成樹脂が伝統技術の一部に取り入れられている。一例をあげると平成5 (1993) 年に修理の完成した東大寺南大門の国宝金剛力士像（像高8.4m）に用いられた合成樹脂は，木材強化用として①アクリル樹脂（パラロイドB72，トルエン10％溶液，風化した材の表面強化用），②イソシアネート系樹脂（PSNY 10，材の朽損した深部強化用），③ブチラール樹脂（20～30％溶液に顔料を混入，小さな虫穴充塡用），④エポキシ樹脂（アラルダイトAW 106，硬化剤HV 953 u，大きな朽損穴など充塡用）。像表面の漆下地および彩色剝落止めに①水溶性アクリル樹脂（バインダー17，それに「フノリ」を併用，仮止め用），②アクリル樹脂エマルション（プライマールAC 34，それに「フノリ」併用，本格的剝落止め用），などが効果的に用いられている。しかし，解体部材の組み上げには，造像時と同様，麦漆，木屎漆（むぎうるし）（こくそうるし）（部材空隙充塡），鉄釘および鉄鎹（かすがい）（いずれも造像時のものと同一組成，鍛造）などを用い，合成樹脂は一切使われていない。

また美術院では修理を進めながら，一方では古代彫刻を同じ素材，同じ技術で再現する模造（文化庁委嘱によるものほか）および新制作を行い，古典技術の研究を重ね，また修理技術の後継者養成にも力を注いでいる。

なお，文化財としての美術工芸品の修理は，ほかに，国宝修理装潢師（こう）連盟（7工房加盟）が，絵画，書跡，古文書などの修理を行い，各種工芸品については，それぞれ専門の技術に秀でた大小の修理工房によって経常的に行われている。

美術院は昭和51 (1976) 年, 文化財保護法によって文化財保存技術の保持団体として「選定保存技術」に認定されている.

(西川杏太郎)

[文　献]

文化庁文化財保護部美術工芸課, 奈良県教育委員会事務局文化財保護課編：東大寺南大門国宝木造金剛力士立像修理報告書, 東大寺, 1993.

西川杏太郎：古美術品の修理と保存. 仏教芸術, 139号, 毎日新聞社, 1981.

東大寺南大門仁王尊像保存修理委員会編, 東大寺監修：仁王像大修理, 朝日新聞社 (1997).

鷲塚泰光：彫刻の修理について. 仏教芸術, 139号, 毎日新聞社, 1981.

国宝修理装潢師連盟
The Association for the Conservation of National Treasures

[設　立] 1959（昭和34）年．

[目　的] 連盟員相互による文化財（日本絵画，古文書など）修復技術，装潢(こう)技術の向上ならびに，それらに付帯する事業などを行うこと．

[種　別] 日本古来の国宝・重要文化財などのうち，絵画，書跡，文書などを主とした修理に携わる保存技術者工房からなる任意団体．平成7（1995）年，文化財保護法第87条の7第1項，「文部大臣は，文化財の保存のために欠くことのできない伝統的な技術または技能で保存の措置を講ずる必要のあるものを選定保存技術として選定することが出来る」に基づき，連盟会員の技術が，国の「選定保存技術」として選定され，連盟がその保持団体として認定された．平成15年5月1日現在，連盟の構成会員は8工房である．会員資格は固定ではなく，国庫金による修復事業あるいは国庫補助事業としての修復事業を請け負っている工房が得る．

[事業内容] 修復は各工房ごとの仕事が原則であるが，連盟の複数工房が共同で受ける修復事業もある．また，技術の伝承と研鑽のために次の事業を行っている．①伝承者養成のための研修会：修復や装潢に関連した専門家による講演，研究発表で，年1回開催．連盟登録技術者だけでなく，一般の修復工房へも公開している．②技術・技能の錬磨：（a）原子力研究所の協力を得て，劣化絹の製作と劣化法の改良，（b）裂地の復元，（c）紋紙の復元，（d）和紙などの原材料の購入などを共同で行っている．また，（e）連盟が費用を負担して，登録技術者が個人的にテーマを立てて行う自己研修を応援している．③記録の作成および刊行：研修会の報告書を刊行し関係者に配布している．④文化庁による文化財保存修理者養成研修：連盟が推薦し，文化庁の決定を受けた登録技術者による研修を特定のテーマについて行い，その成果を，研修会でのポスター発表で公表している．現在までの実績は，「書跡の料紙・補修紙の研修」，「文化財修理に用いる手漉き和紙について」，「屏風の裏張り，和本の表紙に使用する渋型と空刷りの版木の復元」と「文化財修復に使用する表装裂の研究」である．

◇コラム◇海外所在日本絵画の修復

装潢師連盟は平成3年度から在外日本美術品修復協力事業に参加して多数の絵画修復を担当している．また，海外から研修生を受け入れ，日本の技術を海外に普及することにも貢献している．それらの貢献に対して，平成7年に国際交流基金から国際奨励賞が与えられた．

[事務局] 〒604-8056　京都府京都市中京区御池通高倉西入高宮町216　グランフォルム御池204号　文化財修復技術研究所内，Tel&Fax：075-211-2565．

[その他] 連盟会員による共同施工と海外関連活動：1963〜1974年国宝平家納経33巻，1965〜1968年　国宝法然上人絵巻48巻，1991〜1994年ポーランドほか4か国で，日本美術品の修復・保存指導．

(増田勝彦)

文化財建造物保存技術協会（文建協）
JACAM (Japanese Association for Conservation of Architectural Monuments)

[設　立]　1971年．それ以前はこの業務に従事する技術者たちは，国からの推薦によって，修理現場ごとに雇用され，工事が終わると退職し，次の現場に採用されるという不安定な形態のため，後継者の確保が容易でなかった．このような事態を打開するため文化庁の指導のもとにこれまで文化財修理に従事してきた個々の技術者を組織化して，体系的な設計監理，技術者の養成確保，歴史的技術の調査研究などを行い，文化財保存事業の充実発展を図ることを目的とした財団法人として発足した．

[目　的]　文化庁所管の財団法人で，国宝・重要文化財建造物，地方公共団体指定の文化財建造物などの保存修復工事の設計監理を主な業務とする修復建築家の集団である．

[事業内容]　① 文化財建造物などの保存に関する設計監理業務などの受託，② 文化財建造物の保存技術者の養成・確保および研修の実施，③ 文化財建造物の歴史的技法および保存技術に関する調査研究ならびに資料の作成および公表，④ その他目的を達成するために必要な事業．

1976年には文化財保護法第83条の7によって「建造物修理」および「建造物木工」の2分野における選定保存技術保持団体の認定を受けている．

2002年4月現在の組織，職員数は下記のとおりである．

[組織図]
評議員会（20名）
理事会（15名）
監事（3名）
会長 ── 理事長 ── 常務理事（2名）── 総務課
　　　　　　　　　　総務担当1　　　　企画室
　　　　　　　　　　技術担当1　　　　事業部 ── 設計第一課
　　　　　　　　　　　　　　　　　　　　　　　 設計第二課
　　　　　　　　　　　　　　　　　　　　　　　 監理課
　　　　　　　　　　　　　　　　　　　　　　　 東京事務所
　　　　　　　　　　　　　　　　　　　　　　　 大阪事務所
　　　　　　　　　　　　　　　　　　　　　　　 広島事務所
　　　　　　　　　　　　　　　　　　　　　　　 九州事務所
　　　　　　　　　　　　　　　　　　　　　　　 各修理事務所（12）

[職員数]　技術職員99（補佐員7を含む），事務職員15名，参与9名（非常勤）．
[所在地]　〒113-0033　東京都文京区本郷1-28-10　本郷TKビル，Tel：03-5800-3391．

（伊原恵司）

財団法人元興寺文化財研究所
Gangoji Institute for Research of Cultural Property

[設　立]　1961年，中世庶民信仰資料研究室を設立．1967年，財団法人元興寺仏教民俗資料研究所（現 元興寺文化財研究所）として文化財保護委員会（現文化庁）の認可を受け現在に至る．

[目　的]　文化財の調査・研究，および保存処理・修復と，それに伴う保存科学的な調査・研究を行い，わが国の学術および文化の向上に寄与する．

[法人種別]　公益増進法人．

[事業内容]　仏教民俗資料を中心とした文化財の調査・研究，発掘調査と考古学的研究，出土遺物・民俗文化財・古文書の保存処理・修復と分析など自然科学的研究ならびに保存処理・修復法の開発・改良を行う．その成果の学会発表や出版を行い世に問う．また元興寺との共催で秋季特別展を開催する．

[事業実績]　『日本仏教民俗基礎資料集成』全7巻などの出版，香川県善通寺市「旧練兵場遺跡」などの発掘調査，国宝埼玉稲荷山古墳出土「金錯銘鉄剣」の115文字の発見と研ぎ出し，藤井寺市三つ塚古墳周濠出土「修羅」や重要有形民俗文化財「大分県蒲江町所蔵漁撈用具」などの保存処理，国立民族学博物館の民俗資料の点検とそれに基づく保存処理・修復などがある．

[組　織]　下記の組織で，その財政援助機関として民俗文化財保存会を擁し，関西財界と一般の協力を得ている．人事面では，上記事業達成のため，考古学・民俗学・美術史・文献史学などの人文科学系分野，理学部・工学部・農学部，美術学部など多岐にわたる人材を擁し，各事業に対して各分野からのアプローチを行い，総合的な調査・研究と保存処理・修復を行うことを旨とする．

[所在地]　本部：〒630-8392 奈良市中院町11，Tel：0742-23-1376，Fax：0742-27-1179，URL：http://www.gangoji.or.jp，保存科学センター：〒630-0257 奈良県生駒市元町2-14-8，Tel：0743-74-6419，Fax：0743-73-0125．　　（増澤文武）

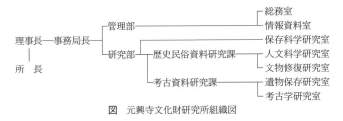

図　元興寺文化財研究所組織図

文化財虫害研究所
Japan Institute of Insect Damage to Cultural Properties

[設　立]　1951年3月，東京都港区芝浦4丁目17番11号．

[目　的]　文化財の虫害・菌害など，主として生物による損害の除去およびその防止方法などを研究し，もってわが国の文化財の保護に寄与することを目的とする．

[財団法人設立]　1956年7月，東京都中央区宝町2丁目8番地．

[関西支部]　兵庫県神戸市中央区栄町通り1丁目1番9号　東方ビル内，Tel：078-332-1926，Fax：078-391-4654．

[種　別]　文部省（現 文部科学省）文化庁管轄．

[事業内容]　目的を達成するために，次の諸事業を行っている．

①文化財の虫害・菌害などの予防と駆除，およびその文化財に与える影響などに関する調査研究：文化財の虫菌害の防除に関する研究をはじめ，博物館・美術館などの生物被害調査を受託し，報告書を提出する．

②前号の研究成果に基づく予防および駆除の実施：文化財の虫菌害防除に関する技術指導や燻蒸業務の受託を行っている．

③文化財の虫菌害などの予防および駆除に従事する技術者の養成：主として文化財虫菌害防除関係者を対象に「燻蒸実務講習会」を毎年1回，各地で開催し，実際の燻蒸の行い方やテストサンプルの扱い方，ガス濃度の測定法などを実施に行って体得してもらう．また「文化財虫菌害防除作業主任者講習会」を毎年1回開催し，最終日に能力認定試験を行い，適格者に「文化財虫菌害防除作業主任者」の資格を認定・授与している．

④文化財の保存に関する研究会，講習会などの開催：主として博物館・美術館・資料館や関係官庁などの文化財保存関係者を対象に，毎年1回，「文化財の虫菌害保存研修会」を開催するほか，文化財保存に関する知識と技術の普及に努めている．

⑤文化財の保存に関する刊行物の発行：毎年2回，機関誌「文化財の虫菌害」を刊行し，関係官公庁や会員に無料配布するとともに，「文化財の虫菌害と保存対策」や「文化財の燻蒸処理標準仕様書」など，文化財保存に関する刊行物を発行，頒布している．

⑥その他：燻蒸施工の効果判定の目的で使用する昆虫とカビのテストサンプルの頒布や燻蒸効果の判定，広報用パンフレットの発行など文化財保存に関する広報活動を行うとともに，文化財保存に関するコンサルタント業務などを行っている．

⑦文化財の燻蒸に多く使われてきた臭化メチルの2005年全廃をひかえ，代替防除法や代替燻蒸剤の開発研究や普及に努めるとともに，燻蒸後の排気ガスや防除薬剤の人体に対する毒性や環境汚染などに十分配慮するよう指導している．

[会員数]　維持会員状況（2001年3月現在）：普通甲維持会員51，普通乙維持会員116，特別甲維持会員93，特別乙維持会員15，賛助会員0．

[所在地]　〒160-0022　東京都新宿区2-1-8　日伸第4ビル，Tel：03-3355-8356(1460)，e-mail：bunkazai@beach.ocn.ne.jp

（山野勝次）

日本博物館協会
Japanese Association of Museums

[設　立]　昭和3（1928）年3月30日，棚橋源太郎と平山成信（日本赤十字社社長）らの尽力により，博物館事業促進会として日本赤十字社（東京芝公園第五号地）において発足会を開催．創立発起人には学界，政界，財界などから22名が参画．

[目　的]　本会会則，第2章の第4条にその目的を以下のように示す．
「この法人は，青少年及び成人に対する社会教育の進展を図るため，博物館の振興のための調査及び研究開発並びに指導及び援助を行い，もって我が国の発展に寄与することを目的とする．」

[種　別]　財団法人．

[事業内容]　上記の会則，第2章の第5条に次の6項を示す．その趣旨は以下のとおりである．

　①博物館における生涯教育の振興に関する調査研究，情報の提供，指導，助成および援助，②青少年および成人の博物館における学習効果の向上を図るための調査および研究開発，③博物館資料の収集，製作，貸与および斡旋，④博物館に関する知識の普及および啓発のための援助および出版物の刊行，⑤博物館に関する国際交流の促進，⑥その他，この法人の目的達成に必要な事業．

[会員数]　日本博物館協会発行『平成13年度　会員名簿』（第49回全国博物館大会資料II，平成13（2001）年9月現在）によれば，維持会員数（団体・個人）は次のとおりである（なお，賛助会員は除いた）．総数1,296，登録博物館598，博物館相当設備132．

[事務局]　〒100-8925　東京都千代田区霞が関3-3-1，Tel：03-3591-7190，Fax：03-3591-7170，http://www.j-muse.or.jp/

[その他]　事業内容に関連するが，平成7（1995）年度の主な事業をあげると次のとおりである．

　全国博物館大会（第49回）の開催，博物館指導者研究球戯会開催，海外事情調査（北アメリカ西海岸）の実施，機関誌「博物館研究」（月刊）の発行，博物館におけるマルチメディアの活用に関する調査研究の実施．　　　　　　　　　（大塚英明）

文化財保存修復学会
The Japan Society for the Conservation of Cultural Property

[概　要]　文化財の材質・構造・技法，その保存環境や劣化との関係，修復の材料・技法などに関する科学的研究を行うことを目的とした学会である．1933（昭和8）年9月に当時の東京帝国大学の教官を中心に発足した古美術保存協議会を母体とし，その後1938（昭和13）年に古美術自然科学研究会，1948（昭和23）年10月に古文化資料自然科学研究会，1975（昭和50）年に古文化財科学研究会，1995（平成7）年6月に文化財保存修復学会と改称して現在に至っている．

[組　織]　2001年10月現在の会員数は，正会員784名，賛助会員41名（団体），学生会員29名，名誉会員5名の合計859名である．運営は会長・副会長各1名と運営委員10余名によって行われる．会長を置くようになったのは第二次大戦後のことで，歴代会長は次のとおりである．

　柴田雄次（1949年11月～1955年6月）（1952年までは代表者），大賀一郎（1955年6月～1959年11月），大岡　実（1959年11月～1965年4月），関野　克（1965年4月～1975年11月），大槻虎男（1975年11月～1985年5月），林　孝三（1985年5月～1987年5月），登石健三（1987年5月～1991年6月），北村哲郎（1991年6月～1993年6月），杉下龍一郎（1993年6月～1996年3月），伊藤延男（1996年4月～1998年3月），柏木希介（1998年4月），田辺三郎助（1998年5月～2000年3月），三輪嘉六（2000年4月～）．

[活　動]　会誌「文化財保存修復学会誌（古文化財の科学）」（年1回発行，1951年創刊）のほかに「文化財保存修復学会通信」（年5回発行，1982年2月創刊）を発行している．また講演会大会を年1回開催するほか，例会やシンポジウム，セミナーなどを開催している．過去の主要な活動として，当麻曼陀羅の調査（1939年）があげられる．実物大カラー（色分解）写真や赤外線写真の撮影，X線透視写真撮影など当時としてはほかに類例のない総合調査を会員の大賀一郎を中心として行った．また戦前から戦後にかけて，当時文化財の保存にかかわるほとんどの研究者がこの学会に集結していたこともあり，法隆寺金堂壁画や中尊寺藤原四代遺体の保存事業（1950年）に会員の多くが積極的に携わり，特に後者は学会の事業として行われた．近年では1995年1月17日に起こった阪神・淡路大震災に際して阪神大震災救済委員会を設置し，文化庁や他の諸団体，学会とともに阪神・淡路大震災被災文化財等救援委員会に参加し，被災した文化財のレスキュー活動に当たった．

[連絡先]　〒154-8533　東京都世田谷区太子堂　昭和女子大学　光葉博物館気付，Tel：03-5432-0620，Fax：03-5432-0622，e-mail：jsccp@sepia.ocn.ne.jp（三浦定俊）

日本文化財科学会
Japanese Society for Scientific Studies on Cultural Property

[設　立]　1982年12月18日,東京の後楽園会館.設立発起人は,2期に及ぶ文部省科学研究費特定研究「自然科学の手法による遺跡・古文化財等の研究」(1976〜1978,代表者:江上波夫)および「古文化財に関する保存科学と人文・自然科学」(1980〜1982,代表者:渡辺直経)の総括班メンバーで,秋山光和,伊藤延男,江上波夫,江本義理,笠原安夫,木越邦彦,粉川昭平,笹島貞雄,芹沢長介,坪井清足,東村武信,樋口隆康,山崎一雄,渡辺直経.歴代会長は,山崎一雄(1982〜1988),坪井清足(1988〜1992),馬淵久夫(1992〜1996),田村晃一(1996〜1998),三辻利一(1998〜2002),水野正好(2002〜　).

[目　的]　文化財に関する自然科学・人文科学両分野の学際的研究の発達および普及を図ること.

[種　別]　日本学術会議に学会として登録されている任意団体.

[事業内容]

①機関誌その他の出版物の刊行:定期刊行物として論文誌「考古学と自然科学」を年2回,会員間の連絡を図る会報を年2回それぞれ発行.日本で発表された文化財科学に関する論文のデータベースをまとめた『文化財科学文献目録』前編(1993)後編(1994)を刊行している.

②研究集会の開催:研究発表を中心とする日本文化財科学会大会を年1回,5〜6月期に,関東と関西を交互に会場にして開催.その他,文部省の助成を受けて一般公開のシンポジウムを数回開催している.

③内外の学術団体との連絡および協力:学会設立時から,日本考古学協会などの協力を得て,文部省(当時)科学研究費補助金の分科・細目に「文化財科学」を入れる運動を行ってきた.その運動は10年後に結実し,まず,1993(平成5)年度から時限つき細目として3年間,次に,1998(平成10)年度から複合領域の分科として恒常的に設定された.

[会員数]　設立時の会員数は360名であった.2002年1月現在の会員数は,名誉会員4,正会員807,学生会員4,団体会員25,賛助会員4である.

[事務局]　〒631-8502　奈良県奈良市山陵町1500奈良大学文学部文化財学科内,Tel:0742-44-1251,Fax:0742-41-0650.

(馬淵久夫)

(4) 文化財に関する情報およびネットワーク
informations and networks on cultural property

エイ・エイ・ティー・エイ
AATA

[名 称] 文化財保存修復に関する国際学術抄録誌 Art and Archaeology Technical Abstracts（美術及び考古学材料技法研究抄録）の略称．

[目 的] 今日のように専門分野が多岐にわたり，また年々公表される情報量も膨大なものとなってくると，ある特定の分野に関する研究大勢を把握するためには，発表論文などの題名と内容を短縮した抄録文によってまず概要をつかみ，次いでその重要度から選択して数種の本文を精読する方法をとらざるをえない．この目的により，アメリカで発行されている化学抄録誌 Chemical Abstracts など，大部のものが多用されているが，文化財の分野でも同様の趣旨で頭書の抄録誌が利用されている．

[歴 史] 創刊は1966年でニューヨーク大学コンサーベーションセンターの編集により，はじめ IIC ABSTRACTS の名称であったが，その後現在の誌名となり，編集もゲティー保存研究所に移行して現在に至っている．

[内 容] 年に2回刊行され，ほぼ2,500編の報文が収録されるが，すべて英文の抄録文で，これに原語の題名と著者名がローマ字表記されている．内容は広範にわたり，研究方法，保存の実際，考古学分野，建造物保存，保存修復教育，保存技法史，各種保存修復材料，視聴覚分野などに分類されて，各国において委嘱されたそれぞれの分野の専門家が抄録に当たり，これを各国に1名ずつの地域編集委員が整理して編集本部に送付し印刷配布される仕組みとなっている．わが国の編集委員には筆者（杉下）が就任している．また，特定の分野における年々の抄録を一括掲載する特集が不定期に刊行されており，数十年間の概観ができる．本誌はきわめて有用なものであるが，編集方針は一定しておらず，種々の周辺領域の抄録がやや恣意的に収録されたこともあり，原文選択の基準も必ずしも適正とはいいがたいこともあった．正確かつ広範囲な情報を得るためには，本誌にのみ拘泥せず，前出の化学抄録誌なども併用すべきであろう．

現在は冊子の形式で発行されているが，今後はコンピュータオンラインによる伝達が計画され，2001年度からその構築が始まっている．　　　　　　　　　　（杉下龍一郎）

C I N
Conservation Information Network

[データベースの構成] CIN は文化財保存関係の文献情報（BCIN）のデータベースである。

BCIN は *AATA*（前項参照）の 34 巻（1998）までの内容と，カナダ国立保存研究所（CCI），スミソニアン材料研究教育センター（SCMRE），ゲティー保存研究所，イクロム（ICCROM），イコム（ICOM），イコモス（ICOMOS）およびカナダ国立文書館の蔵書情報からなる文化財保存に関する最も充実したデータベースである。2001 年現在で約 19 万件が登録されている（重複データあり）。文献には各種の言語のものが含まれるが，すべて英語に訳されて登録されているので，検索は英語によって行う。

[検索方法または検索内容] 検索はすべてインターネット上の WWW ブラウザ（Netscape Navigator, Microsoft Internet Explorer など）で行う。いわゆるホームページをみるための機材があればよい。CIN のデータベース検索は画面の表示に従って検索語を打ち込むだけでよい。URL は http://www.bcin.gc.ca/ である。会費は，2002 年 5 月より無料となった。

検索はタイトル，著者名，キーワード，発行年などで可能であり，それぞれの検索語によって選択された文献集合の和・積などをつくることによって，文献を幅広く検索する，あるいは絞っていくことができる。検索方法についての解説もオンラインでみることができる。検索方法は少しずつ改良されていくため，ここでは詳しくは述べないが，以下に注意点をまとめる。人名はローマ字化する場合の方式の違い，あるいは単なる入力ミスのために複数の名前で入力されていることがある。このような場合にはこの名前の前後の名前の一覧（browse）を出して，拾う必要がある。英米でスペルの違うもの（color, colour など），単複でスペルの異なるものの場合は，両者の和集合をつくらないと情報漏れが生じる。単語にワイルド指定（＊をつけると以後はどのような文字列でもすべて一致したと見なす）することも有用である。GCI の美術建築類語辞典（AAT：http://www.getty.edu/research/tools/vocabulary/aat）も検索の選定に便利である。

検索した文献などの貸し出しやコピーサービスも上記の機関において利用可能である。それぞれの機関によってその対応が異なるが，参加している機関ごとのサービス内容（利用制限）についての記載もオンラインでみることができる。

[その他の情報源] Conservation On Line（無料，http://pallmpseset.stanford.edu/）が有名である。

ATTA On Line（無料，www.getty.edu/conservation）が CIN より独立し（2002 年 7 月），*ATTA* の最新データはこちらにのみ反映されることになった。

（稲葉政満）

定期刊行物
periodicals

定期刊行物の種類として，学会などの論文誌のほか，研究所・博物館などの紀要や学会などのニュース（論文を含む形式もあり），年次大会論文集などがある．ここでは保存修復・考古科学分野の定期刊行物のうち，外部からの投稿が可能な論文誌を中心に紹介する．なお，一般的に学会誌の配布は会員を対象としており，入手不能の場合もあるので注意のこと（欧米の学会は独自にウェブサイトをもっており，ネットからアクセス可能）．東京文化財研究所国際文化財保存修復センターのホームページ（http://www.tobunken.go.jp/~kokusen/index.html）からのリンクが充実している．

[国　内]

① 文化財保存修復学会誌「**古文化財の科学**」（ISSN 1342-0240）／発行元：文化財保存修復学会（東京都世田谷区太子堂1-7　昭和女子大学　光葉博物館内）（http://www1.ocn.ne.jp/~jscp/）／内　容：文化財の保存・修復・材質・技法などの調査研究成果，論文誌／特　徴：1951年創刊，1994年39号までの会誌名は「古文化財の科学」（ISSN 0368-6272），古文化財科学研究会発行，年1回（写真1）．

② 日本文化財科学会誌「**考古学と自然科学**」（ISSN 0288-5964）／発行元：日本文化財科学会（奈良県奈良市山陵町1500奈良大学文学部文化財学科内）（http://www.asahi-net.or.jp/~zh4y-nsd/ssscp.html）／内　容：文化財に関する自然科学・人文科学両分野の学際的研究成果，論文誌／特　徴：年2回（写真2）．

③「**文化財の虫菌害**」（ISSN 0389-729X）／発行元：文化財虫害研究所，東京都新宿区上落合1-9-11 グランメール落合203／内　容：虫菌害の防除法の研究成果，論文誌，総説・業界向け記事あり／特

写真1　「古文化財の科学」（左：1951～1994年，右：1995年～）

写真2　「考古学と自然科学」

徴：年2回．

[**海 外**]

① ***Studies in Conservation*** (ISSN 0039-3630)／発行元：The International Institute for Conservation of Historic and Artistic Works (IIC) (6 Buckingham Street, London, WC2N 6BA, UK) (http://www.iiconservation.org/)／内容：保存修復分野／特 徴：ケーススタディーが豊富，使用言語は主に英語，年4回．

② ***The Conservator*** (ISSN 0140-0096)／発行元：United Kingdom Institute for Conservation (UKIC Executive Officer, 37 Upper Addison Gardens, Holland Park, London, W14 8AJ, UK) (http://www.ukic.org.uk/)／内容：保存修復分野／特 徴：IICから分離，英語，年1回．

③ ***The Paper Conservator*** (ISSN 0309-4227)／発行元：The Institute of Paper Conservation (Bridge House, Waterside, Upton-upon-Seven, WR8⓪HG UK) (http://www.ipc.org.uk/)／内容：保存修復分野，紙／特 徴：英語，年1回．

④ ***Archaeometry*** (ISSN 0003-813X)／発行元：Research Laboratory for Archaeology and the History of Art, Oxford University (6 Keble Road, Oxford, QX1 3QJ, UK) (http://www.rlaha.ox.ac.uk/archy/archindx.html)／内容：考古科学分野／特 徴：1963年創刊，英語，年2回．

⑤ ***Jouranl of Archaeological Science*** (ISSN 0305-4403)／発行元：Academic Press (24-28 Oval Road, London, NW1 7DX, UK) (http://www.academicpress.com/jas)／内容：考古科学分野／特 徴：英語，年6回．

⑥ ***Historical Metallurgy, Journal of the Historical Metallurgy Society*** (ISSN 0142-3304)／発行元：the Historical Metallurgy Society (c/o the Institute of Materials, 1 Carlton House Terrace, London, SW1Y 5DB, UK) (http://hist-met.org)／内容：考古科学分野，金属／特 徴：1962年創刊，英語，年1回．

⑦ ***Journal of the American Institute for Conservation*** (ISSN 0197-1360)／発行元：The American Institute for Conservation of Historic and Artistic Works (1717 K Street N.W., Suite 301, Washington D.C., 20006, USA)／内容：保存修復分野／特 徴：ケーススタディーが豊富，英語，年3回．

⑧ ***Journal of Canadian Association for Conservation of Cultural Property*** (ISSN 1206-4661)／発行元：Canadian Association for Conservation of Cultural Property (280 Metcalfe St., Suite 400, Ottawa, Ontario, Canada K2P 1R7) (http://www.cac‐accr.ca/)／内容：保存修復分野／特 徴：ケーススタディーが豊富，英語，年1回．

⑨ ***Journal of the International Institute for Conservation−Canadian Group*** (ISSN 0381-0402)／発行元：The Insternational Institute for Conservation−Canadian Group (P. O. Box 9195, Ottawa, Ontario, K1G 3T9, Canada)／内容：保存修復分野／特 徴：英語/仏語，年1回．

⑩ ***Berliner Beitrage zur Ar-***

chaometrie (ISSN 0344-5089)／発行元：Sttatliche Museen Zu Berlin-Preussischer Kulturbesitz (Rathgen-Forchungslabor Schlossstrasse 1a, 14059, Berlin, Germany)／内　容：考古科学分野／特　徴：独語，年1回．

⑪ *Restauro Zeitschrift für Kunsttechniken, Restaurierung und Museumsfragen. Mitteilungen der IADA* (ISSN 0933-4017)／発行元：Internationale Arbeitsgemeinschaft der Archiv-, Bibliotheks- und Graphikrestauratoren(IADA) (Renate van Issem, Niedersachsische Staats und Universitatsbibliothek, Papendiek 14, D-37073 Gottingen, Germany)／内　容：保存修復分野／特　徴：独語，英語要約あり．

⑫ *Zeitschrift für Kunsttechnologie und Konservierung* (ISSN 0931-7198)／発行元：Deutschen Restauratoren Verbandes (Bischofsgartenstr. 1, 50667 Koln, Germany)／内　容：保存修復分野，年2回／特　徴：独語，年2回．

⑬ *Restaurator, International Journal for the Preservation of Library and Archival Material* (ISSN 0034-5806)／編集者：Dr. Helmut Bansa (Elisabethestarasse 23, D-80796, Munich, Germany)／内　容：保存修復分野，紙／特　徴：英語，年4回．

⑭ *Arbeitsblatter für Restauratoren* (ISSN 0066-5738)／発行元：Arbeitsgemeinschagt der Restauratoren (AdR) (Gechaftsstelle, Im Grossacker 28, D-79252 Stegen, Postfach 1152, D-79250 Stegen, Germany) および Romisch-Germanisches Zentralmuseum Mainz (Forschungsinstitut fur Vor und Fruhgeschichte, Ernst-Ludwig-Platz 2, D-55116, Mainz, Germany)／内　容：保存修復分野／特　徴：独語，年2回．

⑮ *CoRe* (ISSN 1277-2550)／発行元：SFIIC (Séction Française de l'Institut international de conservation)／購入先：EPONA, 7 rue Jean-du-Bellay, 75004, Paris, France／内　容：保存修復分野／特　徴：1901年結成の団体，仏語，号ごとに特集，年2回．　　　　（佐野千絵）

世界の博物館・美術館ウェブサイト
website services on museums and art galleries in the world

博物館・美術館に関するウェブサイトは，個人が趣味で作成したものから企業・団体によるもの，大学や公的機関によるものなどさまざまであり，また，内容も所蔵品の写真や解説を伴うガイドブックともいえるようなものや，連絡先の一覧まで多様である．本欄では，博物館・美術館の名称や所在地などの基礎情報およびリンク先を紹介するいくつかのサイトをとり上げることとする．

[ICOM] International Council of Museums（イコム）(http://icom.museum/)（英語，フランス語）のサイトには世界各国の博物館が網羅されている．このサイト内にあるVirtual Library museums pages (http://icom.museum/vlmp/) のトップページ（図）にはアフリカ，カナダ，オーストリア，ドイツ，日本，韓国，ロシア，アメリカなどいくつかの国や地域の名称が列挙されており，それぞれの国や地域のウェブサイトのリストを閲覧することができる．最後にあげられている"Rest of the World"をクリックすると，トップページにはない国や地域のウェブサイトのリストを閲覧できるようになっている．これらのウェブサイトは，個々の博物館だけではなく，各国のICOM国内委員会のものもある．この場合には，各国の国内委員会が作成した博物館・美術館のディレクトリが存在し，いっそう豊かな

データが示されている。「国」を示す項目と「地域」を示す項目が同格に並べられているなど、データ整理途上の印象もあるが、多くの情報が集約されており、利用価値の高いサイトといえる。なお、Museums Search (http://vlmp.museophile.com/find.html) には、対象地域や展示内容などのキーワードで分類された博物館・美術館のリストと、フリーワード検索の機能がある。また、ICOMサイト内のNational Museums Associations (http://icom.museum/nat_as_mus.html) では、各国の博物館関連組織（博物館協会など）のディレクトリが掲載されているほか、ヨーロッパなどより広い地域別の協会や、関連の研修の情報など、総合的な博物館情報サイトとなっている。

[インターネットミュージアム] http://www.museum.or.jp/（日本語，英語）。日本にある博物館・美術館情報のサイト。博物館・美術館のプランニングを行う企業である株式会社 丹青研究所が運営している。イベント実施期間や、駐車場などの付帯施設による博物館・美術館検索機能が充実している。

[AFRICOM] International Council of African Museums (http://icom.museum/africom.html（英語，フランス語）。Museums in Africa (http://www.african-museums.org/museums.htm) というリンク集がある。ただし、リンク先が存在するのは2002年9月現在、数か国である。

[MOSA] Museum Online South Africa (http://www.museums.org.za/（英語）。南アフリカの博物館・美術館について、地域およびアルファベットで分類されたリストの閲覧が可能である。

[PIMA] Pacific Islands Museums Association (http://www.finearts.mcc.edu/pima/index.html)（英語，フランス語）。PIMAは太平洋諸島の文化財保存を目的として、その地域の博物館・文化センターなどを援助するための非営利団体。検索機能はないが、Member Directoryのページでは、美術館・博物館や関連機関のリストを閲覧することが可能である。　　（二神葉子）

II. 材料からみた文化財

(1) 金属
metals

文化財と金属
metals in cultural property

　金属は文化財を支える材料として大きな役割を担っており，文化財とは実に多様なかかわりをみせるため，個々の金属やその合金を論じる前に，文化財と金属のかかわりを総合的に整理しておくことが重要である．「文化財」という概念をどうとらえるかによってその観点は変わってくるが，ここでは金属という素材の生い立ちから考えてみることにする．

　金属元素は，酸素や硫黄などと結びついた酸化物や硫化物の形態をとって岩石中に存在しているのが通常である．目的とする有用な金属元素が部分的に濃縮している岩石が鉱石であり，この鉱石に人為的に熱を加えて金属を分離・抽出していく工程が製錬と呼ばれる作業である．鉱石を溶かして製錬を行うためには炉を設けるとともに，多量の熱を発生させるために炭などの燃料が必要となる．考古学の発掘調査において，古代の製錬作業の跡が発見され，炉の跡やスラグ（製錬作業で排出される滓）などが出土することがあるが，これらを分析することにより古代における製錬技術を解明することが可能となる．また，自然界には特別に製錬をしなくても純度の高い状態で濃縮した自然金，自然銀，自然銅などが存在する．自然金や自然銅は独特の金属光沢をもつため人目を引く．これら自然金や自然銅の出合いから，人類と金属の歴史が始まったと考えられる．

　さて，製錬によって得られた金属の塊を加工して目的のものをつくり出すのが金工技術（金属加工技術）である．目的とする用途と加工方法に見合う合金をつくり出すためにいくつかの金属を混ぜ合わせて合金をつくる技術も大切である．金属とその合金のもつ性質を巧みに利用してさまざまな形をつくり出す金属加工技術の歴史は，人類の技術史の原点といえるだろう．

　さまざまな金工技術によって製作されて形をなしたものが金工品である（図）．古い時代に製作された金工品のなかで，そのまま伝世品として人の手から人の手へと伝えられてきたものはきわめてまれであり，

図　鉱石の採鉱から金工品製作までのフローチャート

そのほとんどは発掘調査によって出土した，いわゆる埋蔵文化財である．埋蔵文化財は，長い間土中に埋蔵されていたために製作された当初のオリジナルの状態をとどめているものは皆無といってよい．これは埋蔵された土中の環境下で，金属がさびる，すなわちもとの鉱石の状態に戻ろうとする劣化現象が生じたことに起因する．したがって，出土した金工品のほとんどは表面をさびに覆われており，出土後にさらにさびが進行し状態が悪くなるものも少なくない．この劣化現象を抑えるために，何らかの保存処理を行い，場合によっては修復作業が必要となる．金属製の埋蔵文化財の保存処理や修復に関する分野は，文化財保存科学のなかでも大きな位置を占めている．

また，最近では酸性雨など，大気環境の悪化の影響も文化財を取り巻く重要な問題の一つである．このために，銅像や金属製の野外のモニュメントに対しての保存処理や修復もまた大きな課題となってきている．

このように多岐にわたる金属製文化財を後世に伝えていくためには，適切な保存処理や修復を行う必要がある．そのためには，つくられた素材の材質や構造を知るとともに，現在の状態を正確に把握することが重要になる．しかし，材質分析などの科学的調査を行う際に，分析に必要なサンプルを本体から削ったり，穴を開けたりしてサンプリングすることが許されない場合が多い．したがって，分析方法などに工夫を凝らし，できるだけそのままの状態で分析する非破壊的手法が開発されてきたのも文化財の科学的調査の注目される点であろう．

出土品や伝世品を問わず，さまざまな金属製文化財の材質や構造の調査を重ねていくことによって，金属材料と製作技術の歴史的変遷を明らかにしていくことができる．金属とかかわる技術の歴史そのものが人類の技術，さらには科学の歴史そのものといっても過言ではない．　　　　(村上　隆)

金 工 技 術
metalworks, metalworking

金属やその合金を使って造形する技術が金工技術であるが，その基本は，鋳金，鍛金，彫金に大きく分けられる．通常の状態では硬くて堅牢な金属材料を用いて任意の造形を可能にするためにこの3者を複合的に使いこなす必要がある．

[鋳金] 炉を用いて金属や合金に熱を加え，溶融状態にしたものを鋳型に流し込むことを一般に鋳造と呼ぶが，美術工芸の分野では鋳金と呼ぶことも多い．あらかじめつくった型に高温で溶けた合金を流し込んでつくる鋳造は合金の調整と鋳込みの技術によって細かい細工が可能であり，古くから用いられた．他の製作技術と異なる点は，製作当初から金属を用いるのではなく，粘土，石膏，蠟などの加工しやすい素材であらかじめ原形をつくる点にある．型が健全なら，一つの型から複数の作品をつくり出すことが可能となる．用途は，青銅を用いた鏡や銅鐸など，鋳鉄を用いた茶釜や釣燈篭など，祭器や武器から日常雑器に至るまで多岐にわたる．

[鍛金] 金属や合金は，一般には力を加えると変形する性質を備えている．金属や合金の塊を叩いて変形させ強靱性を備えた目的物を製作することを一般に鍛造というが，金工では「鍛金」と呼ばれることが多い．鍛金は，金属が叩けば延びるとともに硬くなる性質，すなわち展延性と加工性を最大限に利用した造形技術の総称である．現代工業では，ローラーで挟んで薄くしていく圧延法によって機械的につくった金属の薄板を，プレス機にかけて立体物をつくるのが一般的であるが，古くは鎚で叩いて少しずつ薄く延ばした金属板をさらに鎚で立体的に打ち延ばす「鎚起」によって造形された．

金床の上で真っ赤に熱した鉄塊を鉄鎚で打ち延べ日本刀を製作する刀鍛冶は，日本が世界に誇る技術の一つである．叩き締めて硬くなった金属に熱を加えて柔軟性を回復させる「焼鈍（やきなまし）」も鍛金にとっては重要な技術である．叩きながら当て金を用いて絞っていくためにも焼鈍は不可欠な工程である．

打ち延べた板ものを用いて立体的造形を行うには，板ものの接合が必要になる．金属の接合には，リベットを用いた「鋲止め法」や線状に延ばした針金で縛る方法が原初的と考えられるが，本体より融点の低い合金を接合材として用いる「鑞（ろう）接法」も用いられるようになった．

[彫金] 違った色の金属を貼り合わせたり，鏨（たがね）で文様を刻んだり，さらに文様に異なった金属板を嵌め込む，いわゆる「象嵌」を施し，意匠性を高める技術が「彫金」である．たとえば，鉄製の刀に金の象嵌を施し文字を埋め込むのも彫金の一例である．また，合金の調整により，金属の表面の色を人為的にコントロールする技術も彫金技術には欠かせないものである．考古学の発掘により出土した古代の金工品の調査から，彫金の基本的な技術は日本においても古代にすでに確立されていたことがうかがえるが，日本の江戸時代の金工は人類のもちえた最高水準の技術を誇るまでになる．彫金の基本は，鏨を用いて金属表面を線刻することである．鏨の鋭利な先端で細

い線を刻む「毛彫り」，平のみ状の鏨の刃先の部分を利用して三角様の痕跡を連鎖的につなげて線を表現する「蹴彫り」，○状の刻印を魚の卵のように隙間なく埋め尽くす「魚々子」の技法などが，古くから用いられてきた．

[分　析]　歴史的な金属文化財の材質を知るためには分析を行わなければならない．分析のために試料をサンプリングする分析方法は古くから行われている．湿式の化学分析が基本であるが，最近では原子吸光分析や高周波誘導結合プラズマ炎発光分光分析（ICP）などの機器分析が一般化しており，微量元素の分析も可能になってきている．しかし，分析のために資料本体からサンプリングできる場合は少ない．したがって，分析には，できるだけものを傷つけない方法，いわゆる非破壊的な手法を用いる必要性が生まれる．文化財の分野でよく用いられるのが，非破壊的手法による蛍光X線分析法である．この方法では，資料を傷つけることなく材質調査が可能となる．ただし，蛍光X線分析法を埋蔵文化財に応用する場合には，表面に付着した土，表面に生じたさびなども同時に測定することになるから，特に得られたデータの扱いに注意を要する．金属文化財の表面を非破壊的手法で分析する方法として粒子励起X線分析法（PIXE）の応用例も報告されているが，日本ではあまり普及していない．金属組織や微細構造の観察と分析には，電子線プローブ励起X線マイクロ分析法（EPMA）や，X線分析装置を付帯した走査型電子顕微鏡の適用が最適である．

また，微量元素の分析に対しては放射化分析も有効であるが，日本では金属文化財に応用された事例は少ない．

[保存処理]　金属文化財を構成する金属の多くは，もともと酸化物や硫化物などの状態から人為的に抽出されたものであるから，もとの鉱物の状態に戻ろうとする．これがいわゆる「さびる」現象である．「さびる」という酸化，劣化の結果としてさびが生じるのは金属の宿命である．

鉄製の文化財は古代から数多く残されてきているが，実際にはこの「さびる」現象のため消失してしまったものも少なくないだろう．特に，出土鉄製品において，塩化物イオン（Cl⁻）の存在下で生じるといわれるアカガネアイト（βオキシ水酸化鉄）は進行性のさびとしてものの形を崩壊にまで導くので注意を要する．したがって，原因となる塩化物イオンをできるだけ除去する「脱塩処理」が必要になる．出土鉄製品の脱塩は文化財保存科学のなかでも大きな問題であり，これまでにも多くの方法が提案されてきている．

また，銅および銅合金で製作された金属文化財は，一般には比較的安定して残りがよいとされる．しかし，出土銅製品も，場合によって進行性のさびに侵されていることもあるため注意しなければならない．特に塩化物イオンが存在する環境下で生じるとされるアタカマイト（塩基性塩化銅）などの進行性のさびは遺物本来の形を損ねる．このさびに侵される現象を「ブロンズ病」と呼んでいる．やはり，脱塩処理を行う必要がある．銅製遺物に対しては，ベンゾトリアゾールによる処理が行われるのが一般的である．

（村上　隆）

銅
copper

元素記号 Cu（ラテン語の *cuprum* に由来），原子番号29，原子量63.546，融点1,083℃，比重8.94（20℃）．

a. 人類と銅の歴史

銅は，人類が最も古くから利用した金属の一つである．一説によると，その起源は紀元前8000年にも遡るといわれる．最初に使われ出したのは，自然銅である．赤味を帯びた独特の光沢が人目を引いたに違いない．しかし，地表で採取される自然銅には限りがあり，やがて銅は主に鉱石から取り出されることになる．銅の鉱石として，第一にあげられるのが孔雀石や藍銅鉱である．ともに，銅が地表付近で水分や空気にさらされて変成した2次鉱石であり，孔雀石は緑色，藍銅鉱は青色をしている．ちなみに，これらの鉱石を粉末にしたものが，古くから天然顔料として使用されてきた緑青と群青である．現在では，硫化銅鉱物である黄銅鉱などが銅の主要な鉱石である．

銅の使用は，オリエントから始まり，メソポタミアやエジプトなど地中海地域に広がったと考えられている．銅の英語名であるcopperは，紀元前3000年ごろ，キプロス島で大量の銅が産出したことに由来する．中国で銅が使われ出したのは，紀元前2500年ごろである．日本では，紀元前300年ごろ，弥生時代に大陸や朝鮮半島を経由して伝わったと考えられている．

b. 日本における銅

銅は鉄とともに，日本人にはたいへんなじみの深い金属である．金属を加工する技術は，弥生時代の初めに大陸や朝鮮半島からもたらされ，原料素材としての銅も当初は一緒に運ばれてきていたと考えられている．弥生時代には，銅鐸，銅剣，銅矛，銅鏡など，青銅（銅とスズの合金）によって独特の銅製品がつくられた．また，古墳時代には，表面を鍍金により金色に装飾した金銅装の馬具など多彩な銅製品が古墳の副葬品として埋葬された．7世紀に入ると，鉱山の開発が盛んに奨励されるようになることが『続日本紀』などの古文書の記載からうかがえる．秩父で銅が発見されたことから，和銅の年号がつけられたという逸話からも当時の鉱山開発の重要性がわかる．山口県の長登銅山は，古代最大の銅鉱山として有名である．ここで産出した銅を原料に奈良東大寺の大仏がつくられたと考えられている．長登銅山から産出する銅は，ヒ素を含むのが特徴である．銭貨をみると，日本最古と見なされる「富本銭」（写真1）は，銅とアンチモンの合金という特殊な材質である．その後，「和同開珎」から「乾元大宝」に至る，いわゆる「皇朝十二銭」の成分の基本は銅とスズの合金である青銅に戻るが，実際には鉛の含有量が時代を追って多くなるという傾向があるなど，かなりバラエティーに富んでいる．

戦国時代に各地で本格的な鉱山開発が盛んになり，銅の生産が再び注目を浴びるようになった．特に「南蛮絞り」が導入され，銅精錬の技術が向上し，銅地金そのものが商品価値をもつようになった．江戸時代に入ると，主要な鉱山は幕府の直轄になるとともに，「銅吹所」（銅精錬工場）でつ

写真1　日本最古の銭貨とみられる「富本銭」
（奈良文化財研究所）

くられた「棹銅」（銅地金）は、鎖国下における輸出品の代表となり、日本は世界最大の銅産出国となる。特に、住友家の大阪長堀銅吹所は、当時としては世界最大級の銅精錬工場であった。

江戸時代には、黄銅など銅合金の種類も豊富になり、鐔などの刀装具や、簪などの装身具にも、多彩な金工技術が生かされるようになった。これらの金工品の基本は銅、あるいは銅合金を素材としているものが多く、精緻でありながら意匠性に富む。江戸時代の金工は、人類がもちえた最高の技術水準に達していたといってよい。

c. 多様な銅合金

銅は、単独でも優秀な材料であるが、他の金属と混ぜ合わせる、すなわち合金をつくることでさらに特性を向上させることができる。特に銅は古代からさまざまな合金が工夫され、実際に利用されてきている。銅合金に関する名称は、古代から多岐にわたり、時代による変化もある。ここでは、最近の分析により組成がある程度確認されている合金に限って取り上げることにする。銅は、特に合金の組成によって色が変化するため、合金の名称に色のついた名前が多いのが特徴である。

[青　銅]　銅合金のなかで、歴史的に最も重要なのが青銅である。歴史材料にいう青銅は、銅とスズの合金と定義してよい。工業的には、「アルミニウム青銅」というように、アルミニウムを5〜11％含む合金にも青銅の名称を用いるので注意を要する。なお、英語では、一般に bronze と呼ばれる合金が、青銅に相当する。さて、青銅は、一般には銅にスズを混ぜ合わせた合金であるが、実際には鋳造の際の湯流れをよくする目的もあり、鉛など他の元素が含まれているのが一般的である。歴史的な青銅には、鉛以外にも、ヒ素や、微量なアンチモン、銀などが含まれる場合がある。鋳造によりさまざまな形がつくりやすい合金であるとともに、スズの含有量によって、機械的な特性が変化することも古くから知られていた。また、スズの含有量が増えていくに従い、微妙に色が変化することもこの合金の重要な特徴である。特に、スズが10％程度含まれてくると金色に近い色を出す。古代においては、金の代用として意識して用いられていたと考えられる。紀元前100年ごろに発見されたといわれる中国春秋戦国時代の技術書『周礼』の考工記には、武器や鏡など、目的別に銅とスズの配合比を決めた「金の六斉」が収められていることが有名である。なお、ここでいう金は銅のことをさす。

日本では弥生時代から青銅でつくられた銅鏡や銅鐸などの祭器、銅剣や銅矛などの武器など、多岐にわたる製品がつくられた。その後、「和同開珎」をはじめとする

銭貨などの小物類から大型の仏像や梵鐘に至るまで，基本的には青銅でつくられるなど，近世に黄銅が登場するまで，鋳造でつくられる銅製品に用いられる基本的合金であった．現代においても，記念品や銅像，梵鐘などのさまざまな青銅製品が伝統的な技術を生かして製作されている．青銅は，古くて新しい合金であるといえるだろう．現在流通している10円硬貨は，少量のスズと亜鉛を含み，造幣局では青銅貨と定義している．

[黄 銅] 銅と亜鉛の合金が，黄銅である．俗に真鍮（brass）と呼ばれる．この合金も歴史は古いが，銅と亜鉛を人為的に混ぜ合わせて合金をつくり出せるようになるのは，わが国では近世に近くなってからである．これは，鉱石から亜鉛を単独に精練することが難しかったためである．亜鉛の分離は，14世紀にインドで初めて可能になったらしい．たとえば，正倉院宝物などにも銅に亜鉛を含んだ「鍮石」が存在するが，これはもともとの銅鉱石に亜鉛が含まれていたものだろうと考えられている．戦国時代から黄銅製の銅製品が徐々に増えてくるが，江戸時代になると黄銅は青銅とともに銅鋳物の主流になってくる．現代の工業的な黄銅は，亜鉛を30あるいは40％含むが，近世においてもこれに近い組成をもつようになってくる．スズの含有量で色が変化した青銅と同様に，黄銅も亜鉛の含有量により色が変わる．特に，30％程度では金色に近い色を出すことから，金の代用としての役割を黄銅に求めたと考えられる．黄銅は，現代では工業用にもたいへん重要な合金の一つである．われわれに一番身近な黄銅は，現行の5円硬貨であろう．

[白 銅] 古くは，銅-スズ合金である青銅のなかで，スズを20％程度以上含む銀白色を示すものを「白銅」といった．いわゆる高スズ青銅で，英語ではhigh tin copperとなる．正倉院文書などの古文書に出てくる「白銅」はこれに当たる．主に鋳造に使われ，硬くて脆いがシャープな鋳上がりを示す．磨けば，鏡面に仕上がり反射率は高い．現代でいう白銅は，25％のニッケルを含んだ銅-ニッケル合金のことをさすので注意を要する．古代中国や中近東において，銅-ニッケル系の白銅が使われたといわれるが，日本では確認されたことはない．現代の銅-ニッケル系の白銅は，銀を思わす金属光沢とともに耐久性も高く，フォークやナイフなどの食器や硬貨などに使われている．日本でも500円，100円，50円の硬貨に使われている．

[赤 銅] 基本的に銅に金が3〜5％程度含まれた合金は，赤銅と呼ばれ，日本の近世を代表する銅合金である．地金自体の色は純銅とほとんど変わらない赤桃色であるが，「煮込み（煮色）着色」という独特の色づけ法により，表面が光沢のある紫黒色に仕上がる．このため，「烏金」という字を当てることもある．この色づけ法は，微量な緑青などを溶かし込んだ水溶液を銅鍋で煮立ててそのなかで銅器を煮込む独特の方法である．「カラスの濡れ羽色」といわれる赤銅のもつ黒色は，金や銀の象嵌などの造作を引き立たせる効果もあると考えられる．鐔や三所物（小柄，笄，目貫）などの刀装具のほか，装身具や建具などにも用いられた．室町時代の後藤祐乗を祖とする後藤家は，この赤銅を用いた刀装具の製作で幕府や大名に重用され，江戸幕府の終焉まで御用金工家として君臨した．赤銅のように着色される銅合金は，世界的にも注

目されている．似たような合金を「赤銅タイプ」と名づけ，そのルーツ探しが行われている．

最近の調査により，表面の着色層は数μm程度の薄い層であり，この層中に分散した金の微粒子が光を選択吸収するために独特の黒色がつくり出されると考えられている．

奈良時代の正倉院文書などに，「赤銅合子」という記載があるが，この当時の赤銅には金が含まれておらず，色も黒色ではなく赤茶色を示す．したがって，これを「しゃくどう」と読むより，「あかどう」，「せきどう」と読むことで近世のものとの材質の違いが明確になる．

[四分一] 銅に銀を4分の1含むことから名づけられたという銅合金が四分一である．ほぼ銅色した地金を「煮込み着色法」によって，銀灰色に仕上げる．銅と銀が均一に混ざり合わない共晶合金の性質が顕在化し，銅と銀が微妙に斑になり，渋く落ち着いた味わい深い色が得られる．赤銅同様，刀装具や装身具に用いられ，近世の日本を代表する合金である．銀濃度が高く銀灰色に仕上がる白四分一から始まり，銀濃度が低いため褐銅色に近い並四分一，少量の金を混ぜ銅の部分を赤銅化し黒い色を優位に出させる黒四分一などバラエティーに富み，最終的に得られる全体の色を調節できるのが特徴である（写真2）．

[佐波理] 「佐波理」と呼ばれる合金が古代にあることは正倉院文書などからうかがえながら，これが正確に何をさすかわかっていなかった．しかし，これは約20%のスズを含む青銅（銅-スズ合金）であることが最近の調査で明らかになってきた．7世紀から8世紀にかけて製作された薄手の

写真2 海野勝珉作「煙草入れ」（東京芸術大学博物館蔵）
赤銅や四分一などの色金を駆使した逸品．

写真3 佐波理鋺（正倉院宝物）

鋺や皿，匙などが，東大寺正倉院や法隆寺に伝世されている（写真3）．最近では，佐波理製の金属鋺の出土も増えてきている．もともと朝鮮半島において製作されたものと考えられている．

[金銅] 金銅は，銅と金を混ぜ合わせた合金をさすのではなく，鍍金によって金の薄い層を銅や青銅などの表面に形成し，表面だけを金色に仕上げたもののことをいう．この技術も5世紀代に中国大陸か朝鮮半島から伝えられたものと考えられる．少量の金を用いて表面だけを薄く金色に仕上げる経済的な表面加飾法である．日本の古墳から出土する馬具などの金属製品のほとんどは，銅の薄板の表面を金色に仕上げたものが多い．日本では，金無垢のものはきわめてまれである．

（村上　隆）

スズ
tin

元素記号 Sn（ラテン語の *stannum* に由来），原子番号 50，原子量 118.710，融点 231.97℃，比重 5.75（20℃）．

[文化財とスズ]　スズは，古代から青銅の重要な成分として古代の「青銅器時代」を担った金属として知られている．主原料となる鉱石は，錫石（SnO_2）である．銅にスズを混ぜ合わせて合金をつくると，機械的な特性を向上できることを発見したことは人類の技術史上でも大きなできごとであったと考えられる．紀元前1世紀に発見された中国春秋戦国時代の『周礼』考工記にみられる「金の六斉」は，銅とスズの配合比によって用途が異なることを示している．このようにスズは古くから青銅の2次成分として知られているが，地中海世界においては古くからその存在は認識されている．たとえば旧約聖書にも当時知られていた金属の一つとしてスズの記載がある．日本でも最近の発掘に伴う遺物の分析調査によって，弥生時代からスズが単独で耳環や腕輪などの装身具に使われていることが確認されてきているのは興味深い．また，工芸品の箱ものの口金などにもよく用いられている．

[ハンダ]　金属同士の接合に用いられるスズと鉛の合金．融点の低い接合材（軟鑞（ろう））の代表であり，電気配線などの工作でもおなじみである．「ハンダ」の由来は，諸説あるが詳細はわからない．融点が低く扱いやすいため，古代から用いられたと考えられるが，現時点で実際に確認されている事

写真　トゥール（Tours，フランス）のカテドラルにある1761年建造のオルガン．フロントパイプの主成分はスズである．歴史的記念物に指定されている（馬淵提供）

例には近世のものに多い．

[ピューター（pewter）]　ヨーロッパや東南アジアでよく用いられるスズ合金．スズに少量のアンチモンや鉛が含まれている．食器や置物などに用いられることが多い．

[ブリキ]　鉄板の表面にスズをメッキしたもの．薄いスズ層が鉄の酸化を防ぐのに有効である．現代でも缶詰や王冠に使われている．ブリキの語源は，はっきりしないが，オランダ語の blik（ブリック）に由来するのではないかといわれている．

（村上　隆）

鉛
lead

元素記号 Pb（ラテン語の *plumbum* に由来），原子番号 82，原子量 207.2，融点 327.502℃，比重 11.35（20℃）．

[文化財と鉛]　鉛は人類にたいへん身近な金属の一つであるが，地殻中にそれほど多く存在するわけではない．鉛の主要な原料鉱石である方鉛鉱が比較的手に入れやすく，融点も低いので製錬が容易であったため，人類が早い時期から利用できたのであろう．低融点で鋳造しやすく，また柔らかいので加工しやすいため，古くからさまざまな用途に用いられている．ローマ時代の遺跡では鉛製の水道管が確認されている（写真）ほか，各地で鉛製の装飾品が出土している．最近では，日本でも鉛製の耳環など，鉛の装身具の出土事例が増えてきており，スズと同様に鉛も古代から単独で用いられてきたことがわかる．鉛は，古くから鋳造性を高めるとして青銅に添加される副次成分としても知られ，古代の青銅器のほとんどに含まれているといってよい．たとえば，わが国の和同開珎に始まる皇朝十二銭の基本は青銅であるが，各銭種に含まれる鉛の量は平安時代に入ると少しずつ増えてくることが分析によって確認されている．

鉛は比重が大きいため，おもりなどにも使われてきた．近世における鉄砲の弾丸も鉛製である．近世には金山や銀山の開発が日本でも盛んになり，金銀の精錬にも盛んに鉛が使用されるようになる．これは「灰吹法」と呼ばれ，金銀を含んだ鉛を灰吹炉（灰吹皿）で溶解し，鉛を灰化・蒸発させ，底に残った銀を採取する方法である．この方法により，日本における採銀効率は飛躍的に伸びた．

鉛は，原子番号が大きく密度が高いため，鉛板や鉛ブロックはX線などの放射線の遮蔽にも用いられている．また，振動を吸収する性質をもつので防音・防振材としても使われる．ヨーロッパで発達したパイプオルガンのパイプにもスズとともに鉛が用いられている．

鉛の原産地を探る手法として，鉛の同位体比の研究が知られている．日本でも古代青銅器に含まれる鉛の同位体比から，産地同定の研究が進められ，多くの成果がもたらされている．

（村上　隆）

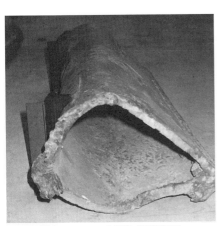

写真　ローマの水道管（馬淵撮影）

鉄
iron

元素記号 Fe（ラテン語の *ferrum* に由来），原子番号 26，原子量 55.845，融点 1,535°C，比重 7.873（20°C）．

[**文化財と鉄**] 鉄は，銅とともに人類の発展に最も寄与した金属である．現代において鉄は最も安価で，小さな釘から大きな建造物の構造体まで生活のあらゆる分野に浸透している金属であるが，鉄を獲得する歴史は人類の技術の歴史のなかではたいへん大きな位置を占めている．

鉄は，地球の地殻に含まれる金属としてはケイ素，アルミニウムに次いで豊富な元素であるが，鉄を金属として取り出すには赤鉄鉱や磁鉄鉱を炉に投じて高温に熱して一酸化炭素によって還元する必要がある．人類が最初に応用した鉄は地球外から飛来した隕鉄といわれている．日本において鉄が使われ出したのは，弥生時代の初めからといわれるが，当初は原料である鉄のインゴットが朝鮮半島などからもたらされたものを鍛冶加工するところから始まったと考えられる．日本における鉄器使用の始まりが青銅器と時期をほぼ一にするのも，金属に関する技術が自然発生的に生じたのではなく，中国大陸や朝鮮半島からほぼ完成された外来技術として同時にもたらされた点が技術史からみても興味深い．

日本での鉄精錬は，砂鉄を用いる「たたら製鉄法」として特徴づけられる．当初は，野たたらとして小規模なものであったとみられるが，のちには大規模な炉を構築し，天秤フイゴを用いた大掛かりな設備へと発展していった．江戸時代のたたら製鉄は中国地方を中心に行われ，大量の砂鉄とともに熱源として大量の木炭の供給も必要であった．

明治時代以降は鉄鉱石を原料とした近代的な溶鉱炉を用いた製鉄が主流となってしまったが，たたら製鉄によって得られる鉄のなかで特にケラと呼ばれる玉鋼は日本刀の材料として重要とされ，現在でもこの目的のために島根県横田町においてたたら製鉄が操業されている．

鉄をもとにする合金は，含まれる炭素 C の濃度によって，鋳鉄と鋼に分けられる．そのほかにも，ケイ素 Si，マンガン Mn，と微量のリン P，硫黄 S が含まれる．鋳型に流し込んで形をつくるのに用いられる鋳鉄は，炭素濃度が 3% 前後である．熱に強いが，比較的衝撃に弱い．茶釜，鉄瓶，釣燈篭などの作例がある．一方，刀剣や甲冑などには，強靭さとともに粘り強さが要求される．この要求に応えるのが鋼である．鋼に含まれる炭素濃度は 2% 以下である．熱処理と鍛練の繰り返しによって得られる金属組織を調整し，強靭な鋼を得ることができる．日本刀には特にたたら製鉄によってつくられた玉鋼が用いられる．

（村上　隆）

水　銀
mercury

元素記号 Hg（ラテン語の *hydrargyrum* に由来），原子番号 80，原子量 200.59，融点 −38.87°C，比重 13.546（20°C）．

[**文化財と水銀**]　水銀と人類との出合いはきわめて古い．水銀は，一般的な金属のなかで常温で液体状態をとる唯一のものであるが，自然界では硫化水銀（辰砂）として存在することが多い．水銀の含有量が多いと水銀粒を含んでいることもある．一般には，硫化水銀を還元剤とともに加熱すると水銀が蒸気となり，これを冷却凝縮すると水銀が得られる．硫化水銀は古来水銀朱として赤色顔料の代表として使われてきたことからも，水銀が人類に身近な存在であったことがうかがえる（写真 1）．

水銀と他の金属との合金をアマルガムと

写真 1　滋賀県雪野山古墳の内部の様子（八日市市教育委員会）石室の床全体に朱が撒かれていた．

写真 2　奈良県藤ノ木古墳から出土した金銅製馬具（文化庁）

呼ぶが，古代において最も重要なのが金アマルガムである．これは，銅製品の表面を金色に変える，いわゆる「金メッキ」に用いられた．考古学では「鍍金」と呼ぶ．

よく磨いた銅板の上にペースト状の金アマルガムを塗り，加熱して過剰な水銀を蒸気にして飛ばし，この表面を鉄製，あるいは骨製のヘラでていねいに磨くと光輝く黄金色の表面が得られる．鍍金によって表面を金色に加飾した銅製品を「金銅」という．日本では5世紀ぐらいから馬具の装飾に用いられるようになったテクニックである（写真2）．その後，仏教の伝来とともに仏像の製作にも多用された．奈良時代，東大寺の大仏も5年がかりで鍍金されたといわれている．その後，この技術は江戸時代でも盛んに用いられたが，水銀の有毒性のため最近では行われなくなった．

近世では，鏡の表面を光らせるために，スズアマルガムを表面に擦り込むことが行われたという．

（村上　隆）

金
gold

元素記号 Au（ラテン語の *aurum* に由来），原子番号 79，原子量 196.96654，融点 1,064.4℃，比重 19.3（20℃）．

[文化財と金] 人類が最も特別視してきた金属が金であろう．多々ある金属のなかで王者と呼ばれるにふさわしい．ふつうではさびずに黄金の輝きを失わない．金をめぐって古来争いが絶えなかったのは，この永久の輝きに特別の意味を見出したためであろう．しかも，地殻に含まれる金の少なさが希少価値を生んだ．平均すると 100 万 t の土のなかに 1 kg 強しか含まれていない計算になるが，濃縮している鉱床が局在している．当初は自然金として採取されることも多かったとみられる．自然金としても純金のものは少なく，銀を含んでいる場合が多い．古代ギリシアでは特に銀を含むものをエレクトラム（electrum）と呼び，そのまま使用した．鉱山からの採鉱とともに，水中で比重差を利用して砂金を採取する古典的な方法も古くから行われている．水銀を用いて微細金粒まで溶かして採取する方法も安易に行われているが，環境破壊の観点からみても望ましくない．

金の特徴としてあげられるのはその黄金色とともに，際立った展延性にある．純金は驚くほどよく延びる．逆に柔らかすぎるため，一般に用いる金製品は銀や銅で合金化して硬度と強度を増している．したがって，黄金色した金製品が純金である場合はごくまれである．金の純度はカラット（K）で示す．純金をK 24（24金）とするので，K 18 では，75％の金を含むことになる．ふつうの装身具にはK 18（18金）程度の金が使われることが多い．

日本で出土する古代の金製品はきわめて少ない．これまでに確認された古代の金製品は，金印は別として，勾玉，金糸，耳環などの装身具に限られている．ほとんどは，鍍金により表面を金色に加飾した，いわゆる金銅製のものが多い．古代の金糸は 95％以上の金純度をとることが分析からわかっている．古代の金製品は，いずれも金以外には銀を含み，銅の含有は微量である．近世の金工では，金に銀が含まれると青味が増すことから「青金」，銅を含むと赤味を増すことから「赤金」と呼ぶ．これによると，古代では青金が主流であることがわかる．

日本最初の金貨は 760 年の開基勝宝であるが，その後長く金貨はつくられなかった．近世になると，鉱山開発が盛んになり日本は世界有数の金産出国になる．特に佐渡金山は有名である．豊臣秀吉は彫金家後藤家 4 代目徳乗に命じて天正大判をつくった．徳乗は徳川家康にも仕えた．その養子庄三郎光次が金座を開くことになり，大黒屋の銀座，さらに銭座とともに貨幣制度は整った．しかし，金銀比価の設定などに対して幕府の貨幣管理はずさんであった．後に安いメキシコ銀貨との交換効率が悪いため，大量の金大判小判が海外に流出することになった．

金は金工のうえでも，重要な素材である．金そのものも象嵌などに用いたが，銅に少量の金を含んだ特別な合金，赤銅の存在も近世金工を代表する合金として忘れてはならない．

（村上　隆）

銀
silver

元素記号 Ag(ラテン語の *argentum* に由来),原子番号 47,原子量 107.8682,融点 961.93℃,比重 10.50(20℃).

[文化財と銀] 銀は一見金より控えめにみえるが,古代のある時期には金よりもその価値が高かったこともある.自然銀も存在するがきわめてまれである.鉱石としては輝銀鉱があるがこれも量は少ない.地中海世界では,一般には方鉛鉱と共存する硫化銀を還元することによって銀を得ていたと考えられている.木灰の上で方鉛鉱を熱していたときに,灰の上に残留した銀を得る偶然に出合ったに違いない.まさにこれが灰吹法(写真)の源流にほかならない.銀はその光沢から装飾品にも重用されたが,商取り引きにも用いられた.ヨーロッパでは,前7世紀リディアでエレクトラム(全銀の合金)貨が使用された.日本でも,7世紀後半に最初の貨幣として無文銀銭が登場している.青銅貨の和同開珎に先行して銀製の和同銀銭もつくられていたことがわかっている.近世になると鉱山開発が盛んになり,島根県石見銀山は世界有数の銀山としてその名を馳せることになる.徳川家康は大黒屋常是を銀座に迎えて丁銀や豆銀をつくらせ,後藤家の金座や銭座とともに貨幣制度を確立した.しかし,16世紀末から19世紀末にかけて,物資との交換を理由に日本から大量の銀がポルトガル人によってヨーロッパに流出した.

銀の品位は,千分率であるファインネス(fineness)で示す.すなわち,純銀が 1,000 である.欧米で古くから銀貨や装飾品に用いられるスターリングシルバーは銅を 7.5%含むため,ファインネスは 925 となる.

金工において,銀は加工しやすいため象嵌をはじめさまざまなものに使われてきた.また,銅と銀の合金,四分一は赤銅とともに日本の近世金工を代表する合金として有名である. (村上 隆)

写真 灰吹に使用した鉄鍋(島根県教育委員会)島根県石見銀山遺跡から出土した.

(2) 紙 類
paper and archival materials

紙
paper

[起源] 紀元前2世紀ごろの麻紙大麻(タイマ)(hemp：*Cannabis sativa*)，苧麻(チョマ)(ramie：*Boehmeria nivea*)が中国で発掘されているので，当時すでに紙が発明されていたことがわかる．『後漢書』蔡倫伝には蔡倫が105年に紙を工夫してつくった旨の記載があるが，彼は前漢時代の麻以外に楮（コウゾ，カジノキ）やクワなどの靭皮繊維も使用したことになり，紙の発明家というより改良者というべきである．

[製紙原料の歴史] 楮皮のように繊維を直接原料から取り出せない場合には蒸解を行う．蒸解（和紙の場合には煮熟）には各種の酸やアルカリが用いられる．また，硬い繊維の処理などには発酵処理も行われる．

中国では竹紙が北宋（960～1127）につくられ始め，南宋（1127～1279）時に普及したと考えられている．藤皮紙，青檀紙，麦稲わら紙もある．原料の大まかな推移を図1に示す．

『日本書紀』に高麗からの僧曇徴(どんちょう)が紙もよくつくるとあることから，610年には遅くともわが国に製紙技術が導入されている．わが国で現存する最も古い紙は聖徳太子（574～622）の三経義疏と考えられており，年代を有するものとして正倉院に保管されている702年の戸籍10種がある．

『延喜式』（967年）には官庁用紙や造紙に関する規定が盛り込まれている．製紙原料としては布，穀（楮），麻，斐（雁皮）および苦参があげられており，煮（煮熟），択（精選），截（原料繊維の切断），舂(しょう)（叩解），成紙（紙を漉く）の工程ごとにそれぞれの原料の処理に要する手間の記載がある．叩解とは，水分を含んだ繊維（束）を叩くことにより，繊維1本1本に離解するとともに，切断したり，繊維外層部を部分的に剝離させたり（外部フィブリル化），繊維内部の層間剝離（内部フィブリル化）を生じさせて繊維を柔らかくし，互いによくなじむようにする処置のことである．叩解処理は紙の性質を決める重要な要素である．麻は原料処理が大変なためにしだいに用いられなくなっていった．三椏は1598年の徳川家康黒印状に記載があり，このころから日本でも用いられたと考えられている．明治に入ると印刷局が紙幣用として用いたため，各地で栽培されるようになっ

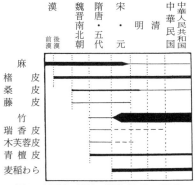

図1 中国紙の原料の推移（久米，1990）

た．明治時代には欧米から洋紙の製造技術が導入されたが，これに伴い和紙にも木材パルプが混入されるようになった．また，楮も国内産主体から，韓国産そしてタイ産主体へと移行している．和紙の煮熟（蒸解）は木灰，石灰，炭酸ナトリウム（ソーダ灰），水酸化ナトリウム（苛性ソーダ）が用いられる．一般にマイルドなアルカリの方が繊維の傷みが少なく保存性のよい紙ができる．ただし，タイ楮は樹脂分が多く苛性ソーダを用いないとうまく煮えない．

一方，西洋世界にはタラス（サマルカンドの近く）の戦い（751年）でイスラム軍に敗れた唐の捕虜によって紙の製造法が伝わった．アラブではぼろなどを製紙原料として使用するようになった．ぼろ（rag）は当初文字どおり木綿布やリネン（亜麻：flaxの靭皮繊維を原料とした織物）のぼろをさしていた．この両者はたいへん寿命の長い材料である．現在ではragは綿（類）繊維をさし，リンター（linter：綿くず）がそのまま使われることが多い．麻類もタイマ，マニラ麻（Manila hemp, abaca），（黄麻：jute）など種々のものが使われるようになってきている．印刷術の普及により紙の需要が高まり，一時は死者を埋葬する際の衣服には製紙原料にならないウールを着せねばならないとの法律が施行されたり，ミイラに用いられているリネンまで使用された．

木材を製紙原料として使用できると示唆したのはフランス人ルネ・アントワーヌ・フェルショー・ドゥ・レオミュール（René Antoine Ferchaut de Réaumur）であった（1719）．彼はハチの巣が紙に類似していることからその可能性を見出した．1840年にドイツ人フリードリッヒ・ゴットローブ・ケラー（Friedrich Gottlob Keller）は，水で濡らした回転する粗い砥石で木材片を圧することで繊維を離解する方法（機械パルプ（mechanical pulp）の一種で砕木パルプ（groundwood pulp）を開発してこの発想を実用化した．次いで，化学パルプ化法として，1851年にアルカリパルプ（alkali pulp），1867年に亜硫酸パルプ（sulphite pulp），1879年にクラフトパルプ（sulphate pulp, kraft pulp）が開発された．現在の木材パルプ化法にはいろいろなバリエーションがあるが，工業生産されている紙の繊維原料の大半をまかなっている．日本では1889年に亜硫酸パルプ，1891年に砕木パルプ，1925年にクラフトパルプの製造が始まった．化学パルプ化法は多段漂白技術の確立によってわが国ではほとんどクラフト法に移行した．

わら（straw）やエスパルト（espart）も使用されている．また，最近の環境問題の高まりのなかで，バガスなどの非木材繊維資源の見直しも始まっている．主な製紙用繊維を表1に示す．

紙の漂白は川晒し，雪晒しのように太陽光の利用によるものが伝統的な方法であった．化学漂白法は1774年にスウェーデン人カール・ウィルヘルム・シェーレ（Karl Wilhelm Scheele）が塩素ガスを発見して始まった．晒粉，種々の塩素系薬品，過酸化水素，酸素，オゾン，アルカリ薬品による抽出処置などの組み合わせで，高度な漂白処理が現在では行われている．化学漂白は処理方法の高度化で繊維を損傷させる程度は減少したものの，やはり繊維を傷めることに留意する必要がある．紙の修復の際には，水素化ホウ素ナトリウムなどによる還元漂白も行われることがある．

表 主な製紙用繊維（町田，1988）

繊維区分			製紙用繊維植物の名称	植物類別
非木材繊維	組織繊維	維管束繊維 草類繊維	わら（稲わら，麦わら），竹，エスパルト，トウモロコシ，砂糖きび，アシなど	単子葉類
		葉の繊維	マニラ麻，サイザル麻，ニュージーランド麻（マオラン），パイナップル葉など	単子葉類（硬質繊維）
		靭皮繊維	大麻，苧麻，亜麻，黄麻など 楮，三椏，雁皮，クワなど	双子葉類（軟質繊維）
		種毛繊維	木綿（綿），リンター，カポック，ヤシの果表皮など	双子葉類（果実繊維）
木材繊維		針葉樹	モミ，ヒノキ，スギ，カラマツ，トウヒ，マツ，ツガなど	裸子植物 松柏科
		広葉樹	カバ，ブナ，カエデ，ハンノキ，ニレ，キリ，クリなど	双子葉類

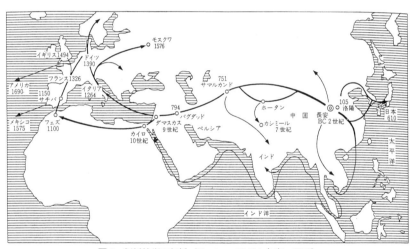

図2　製紙技術の伝播（Hunter，1947；久米，1990）

　製紙の歴史研究家として著名なダード・ハンター（Dard Hunter）がまとめた製紙技術の伝播を久米康生が簡略化し，一部変更したものを図2に示す．

　繊維の幅と長さの関係を図3に示す．和紙の特徴はアスペクト比（繊維の幅に対する長さの比）の大きい繊維を粘剤（トロロアオイなどのネリ）を加えることにより均一に水中に分散させて，地合のよい紙とするところにある．そのために薄くてもたいへん強度の高い紙をつくることができる．一方，洋紙ではペン書きのために表面の平滑な紙が望まれたこともあり，アマや綿の繊維を切断して用いた．木材パルプにおいても広葉樹繊維の方が針葉樹繊維よりも細かいので印刷適正に優れた紙となる．一

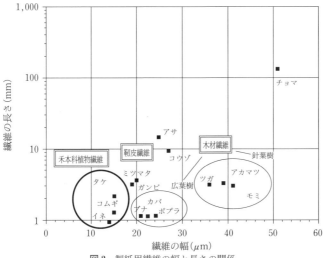

図3 製紙用繊維の幅と長さの関係

方,針葉樹繊維の方が耐折強さには優れた紙をつくる.中国でよく用いられる竹繊維は墨の発色に優れている(画仙紙)が,紙の強度は低い.

[**製紙法の歴史**] 最も原始的な製紙法は,叩解した繊維の水懸濁液を水上に浮かべた木枠に張った網の上に注ぎ,網を持ち上げてそのまま乾かしたものであると考えられている.この方法は現在でもネパールなどに残っている.次いで,紙料液を草や竹で編んだ漉き簀で汲み上げる方法へと発展した.平滑な紙を得る場合にはこの簀の上に布(紗)を張り漉く方法がとられる.中国,日本などでは紙料液を複数回汲み込ませることで紙の厚さを調節する方法が発展し,さらにネリ(粘剤,紙薬,トロロアオイ,ノリウツギなど)を加えて,水中での繊維の分散を助け,薄くても強い紙を漉くための技術としての流し漉きの手法が行われるようになった.従来の方法は溜め漉きと呼ぶ.ヨーロッパでは簀が金属に置き換わり,従来の簀の目簀(laid mould)から1700年代には編み目簀(wove mould)も用いられるようになった.また,金網であるので容易に透かし文様(water mark)を入れることができ,西洋の紙の産地や年代推定に役立っている.西洋の抄紙法は溜め漉きであり,デッケル(上桁)の深さで汲み込む水の量が決まるので,常に繊維懸濁液濃度を一定にしておく工夫がされている.

機械漉きは1799年にルイ・ロベール(Louis Robert)が長網式抄紙機(Fourdrinier machine)を発明したことに始まる.英語名はこの機械を実用化したフォードリニア兄弟(Henry and Sealy Fourdrinier)にちなんでいる.円網抄紙機(cyrinder machine)は1809年にジョン・ディッキンソン(John Dickinson)が発明した.その後多くの改良がなされ,現在の抄紙機は分速1,000mをこえるものもあるが,原理的にはこの2種のものが未だ

に使われているし、基本原理は手漉きのものと同一である。

[紙の構造] 繊維を形づくっているのはセルロースであり、グルコースのユニットが互いに上下反対向きに数千直線上に並んだ高分子である。デンプンは同じ向きにグルコースが並んでいるために螺旋状の分子となり繊維を形成しない。セルロースの重合度は高いほど保存性はよくなる。このセルロースの直線状の分子が互いに配列し、フィブリルという単位を形成する。さらに、フィブリルが互いに並びこれが図4のようにして繊維壁を形成する。この図の角柱が各フィブリルを表している。水はこの間隙やセルロースフィブリルの非晶部（セルロースの配列が乱れている部分）を満たしており、湿潤、乾燥に応じてその間隙の大きさが変化して繊維の膨潤、収縮を招くことになる。

図5に木材繊維の構造を示す。木材繊維にはヘミセルロースやリグニンなどの成分も含まれている。木材細胞の中心をなしている2次壁中層（S_2層）ではフィブリルは細胞の軸方向に少し傾斜をもって並んでいる。そのため、フィブリル間に水が入って繊維が膨潤する際には繊維は軸方向よりも横方向に大きく膨潤する。この性質が紙の乾燥・湿潤の際の伸縮挙動に反映される。また、細胞の外側の1次壁（P層）ではフィブリルは網目状になっており、繊維が膨らむものを抑えている。叩解によって繊維の外側（P層）が破れると（外部フィブリル化）、繊維は水中でよく膨潤して軟化し、繊維同士がよくなじんだ紙がつくれるようになる。

紙は、水中に叩解した植物繊維を懸濁させた後、漉き上げてシート状にしたものである。最も薄い紙の一つである典具帖の電子顕微鏡写真を示す。この紙はわずか5層程度の繊維の重なりでシートが形成されて

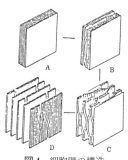

図4 細胞壁の構造

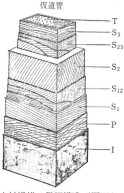

図5 木材繊維の微細構造（原田ら，1982）
I：細胞間層，P：1次壁，S_1：2次壁外層，S_{12}：2次壁外・中移行層，S_2：2次壁中層，S_{23}：2次壁中・内移行層，S_3：2次壁内層，T：3次壁（イボ状構造）．

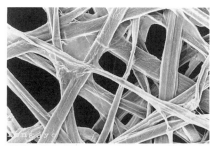

写真 楮紙（典具帖）の走査型電子顕微鏡写真

いるが，長繊維がよく分散しており，この薄さでも使用に耐える強さを有している．

[紙の劣化] 紙の劣化に及ぼす因子としては，酸素，水そして熱や光のエネルギーがある．温度が高くなるほど劣化しやすくなり，5℃の温度増加で劣化速度は約2倍になるというデータもある．短波長の紫外線は直接セルロース鎖を切る能力があるし，それよりも長波長の光でも間接的に悪影響を及ぼす．たとえば，リグニンを含む紙ではリグニンが光を吸収し，大気中の酸素を活性化させて，紙の酸化を促進する．染め紙では染料の退色の原因ともなる．紙の酸化は，特に鉄（青インク，鉄さび）や銅（緑青）などのイオンが存在すると促進される．生物被害では湿度が60％をこえるとカビ害が発生する可能性が高まる．また，火災や水害による損傷も長期的にみれば大きな劣化要因となっている．

紙は湿度変化によってその含有する水分量が変化する．その程度を図6に示す．構造の項で述べたように水分量の変化は紙の伸縮をもたらす．湿度変化による紙中の水分量の変化は中程度の相対湿度では変化が小さく，両端では大きいので，中程度の相対湿度領域では湿度変化による紙にかかるストレスは小さいといえる．また，水分は一種の潤滑剤の役目を果たしているので，水分量の変化は紙の物理的性質も大きく変化させる．紙が乾燥すると脆くなるのはこのためである．さらに，紙を過乾燥させるとセルロースフィブリル同士（図4）が不可逆的に結合してしまい，次に水がそのなかに容易には入り込めないようになる（紙の角質化）ため，紙は過乾燥と湿潤を繰り返し受けると除々に硬く，しかし脆くなる性質がある．酸加水分解による紙の劣化の防止には乾いたところに保存するのがよいことになるが，利用を考えるならば他の要因を考慮する必要があり，中程度の相対湿度での保存が最も適しているといえる．

[酸性紙] 1807年にドイツのモーリツ・フリードリッヒ・イリヒ（Moritz Friedrich Illig）はロジンとミョウバンによる内部サイジング（滲み止めの処理）法を開発した．内部サイジング法によれば抄紙工程中でサイズ処理がすむので紙の増産に寄与する．ミョウバンは後にさらに安価な硫酸アルミニウム（papermaker's alum：後には単にアラムと呼ばれるようになった）に変えられ，紙はさらに酸性化することとなった．紙中の酸はセルロースの加水分解を加速する作用があり，pH 5以下では紙の寿命は急激に低下することが知られている．図7に劣化図書の比率を示す．このデータはアメリカのエール大学および日本の三つの蔵書劣化調査のものである．エール大学のものは蔵書全体であり，日本のものは洋書のみを対象としている．このグラフ

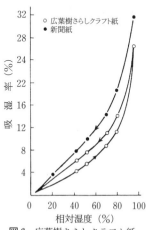

図6 広葉樹さらしクラフト紙，新聞紙の等温吸湿率曲線
（木島ら，1977）

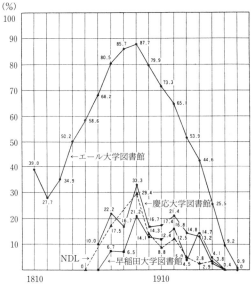

図7 劣化図書の日米比較（安江，1995）
エール大学図書館の調査結果は全蔵書対象のもの，日本における3調査は洋図書のみ対象の結果をグラフ化．

で特徴的なことは劣化が最もひどいのは1890年ごろであり，それ以前の蔵書はあまりひどくないことである．

この原因としては，機械パルプ（1844年に発明）の導入とロジンサイズ法（1807年）の導入という紙の保存性にとって二つの悪い要因が重なったことがあげられる．洋書でいえばそれまでのぼろというたいへん安定した素材とあまり酸性度の高くなかったサイズ処理法が1820年代を境に減少し，1890年ごろに劣化本のピークとなったわけである．さて，図7で興味深いのは日米の蔵書の年代による劣化の推移は同じパターンを示しているが，劣化の最も激しい年でエール大学では約90%の蔵書が劣化しているにもかかわらず，日本では20～30%程度の劣化にとどまっていることである．日本側の調査は洋書のみを対象にしていることからもともとの蔵書にこのような大きな品質の差があったとは考えにくく，保管環境の差がこのような差異をもたらしたといえよう．その理由としてはアメリカの図書館の冬期の暖房が考えられる．温度は高いほど化学反応速度は増加するし，冬期の暖房は紙の過乾燥を招いて紙資料の劣化を促進したのであろう．わが国も冬期の書庫の暖房は通常のものとなってきた．よって，数十年後には劣化の程度がアメリカに追いついてしまう恐れがある．

[紙のリサイクル] 紙のリサイクルは環境保護の点から重要であるが，現在行われているリサイクルでは，印刷用紙など長期の保存性が要求されるような分野の紙にも多量の機械パルプが混入される傾向が大きい．長期保存すべき資料の作成に当たってはこの点に注意し，未来における保存コス

トも考えて，用紙を選択することが必要である．

◇**コラム1**◇コウゾの学名

コウゾはカジノキ（穀，梶，構：*Broussonetia papyrifera* Vent.）とヒメコウゾ（姫楮：*B. kazinoki* Sieb.）との雑種である．楮には多くの品種があり，その分類は複雑である．本文中ではカジノキを含めてこれら全体をまとめてさす場合には漢字「楮」で表記した．

雁皮の場合もガンピのほかにサクラガンピ，キガンピなどがある．ガンピの東限は静岡県，北限は石川県である．オニシバリは北海道でも生育し，青森などでも雁皮として用いられていた．ところが，オニシバリからの紙はガンピ紙に類似しているが，顕微鏡による繊維の観察ではミツマタと同一の挙動を示すので，繊維の同定には注意が必要である．またネパールのロカタやフィリピンのサラゴも原料あるいは製品として輸入されている．

◇**コラム2**◇和紙，手漉き和紙，生漉和紙

和紙は純粋な伝統的な原料のみを使って手漉きしたものと定義したいところであるが，現実には墨の発色をよくする目的やコストのために木材パルプが混ぜられたり，木材パルプのみで漉かれたりする．よって，洋紙との境はもちろんあいまいである．機械漉きの方が市場に多く出回っているのも事実であり，また，品質のよい機械漉き和紙もある．生漉紙（生紙）とは本来米糊などを加えず純粋な楮などにネリのみを加えてつくった紙という意味であるが，これのみも，「何々風」は「何々」と呼ぶ商習慣のためか，保存性の点からは問題のある製品もあるので，保存・修復用の和紙を購入する際には目的に合った和紙を選択する必要がある．

（稲葉政満）

紙以外の書写材料
miscellaneous archival materials

紙以外の書写材料としては粘土版，木片，樹皮，金属，石，パピルス，貝多羅葉，皮革（レザー，パーチメント）などがあげられる。

[**パピルス**（papyrus）] カミガヤツリ（パピルス草）（*Cyperus papyrus*）からつくられたシート。エジプトで紀元前2000年ごろから書写材料として用いられた。ギリシア，ローマを経て10世紀まで主に使われていたが，12世紀までには，別の書写材料にほとんど取って代わられた。パピルスは紙ではないがpaper（紙）の語源となった。

プリニウス（AD 23～79）の『博物誌』に製法の記載がある。それによると茎の中心部を60cm程度に切り裂いて薄くし板の上に並べる。その層の上に直角方向にさらに並べたあとプレスして乾燥させる。3層構造のものもあるが多くはこの2層構造のものである。2層を張りつけるときにのりやナイル川の泥が用いられた場合もある。パピルスは層間剝離しやすさを除けば，紙と同様の劣化を受けると考えてさしつかえない。

[**フーン**（huun），**アマテ**（amatel），**タパ**（tapa）] フーンとアマテは中央アメリカのマヤ人やアステカ人によって少なくとも数百年間用いられていた。タパは南太平洋諸島で広範に用いられていた。ともに内樹皮を用いるが，湿らせて叩いて打ち伸ばす方法でつくっており，繊維が一度個々にばらばらになっていないので，紙とはいえない。

[**蓪草紙**（rice paper）] 台湾の蓪草紙は，カミヤツデ（蓪草）（*Fatsia papyrifera*）の茎の髄を桂剝きしたもので，パピルスやタパ同様，叩解された繊維からつくられていないので，紙に分類することはできない。欧米人は東洋の紙一般の名称としてこのrice paperを今でも用いるので注意が必要である。

[**貝多羅葉**（leaves of palm trees）] 樹木の葉を書写材料として使用したのはたいへん古いと考えられている。貝多羅葉はその代表といえる。紀元前1世紀ごろにシラクサの判事は追放を宣告した人々の名前をオリーブの葉に書くのをならわしとしていた。

セイロンゾウゲヤシ（多羅樹）の葉に書く方法は，インドやスリランカの一部で最近まで用いられていた。タリポットヤシ（talipot tree：*Corypha umbraculifera*），沈香（aloe：*Aquilaria agallocha*），オウギヤシ（palmyra：*Borassus flabelliformis*）の葉も使う。葉を約5cmの幅で必要な長さの短冊に切り出して用いる。尖筆や鉄のペンで葉を傷つけて文字を書いた後，ひっかいた線やひびに水を混ぜた黒い絵具を塗り，文字を鮮明に識別できるようにする。それぞれの葉に二つの穴を開け，紐を通して，冊子とする。

[**パーチメント**（parchment：羊皮紙），**ベラム**（vellum）] パーチメントはヒツジやヤギの皮からつくられたシートであり，紀元前1500年以前より用いられている。紀元前2000年ごろにエジプトがパピルスの輸出を禁止したために，ヒツジの皮からのパーチメント製造の改良法がペルガモン

(Pergamon：ラテン名は Pergamum) 王によって導入された．パーチメントという名前は，この小アジアの古代都市ミュシア (Mysia) のペルガモンに由来する．皮を裂いて外側のウールあるいは銀面はローン革とし，内側の革を加工してパーチメントとする．

一方，ベラムは，長時間石灰にさらされた子ウシの皮を，丸いナイフで削り，軽石でこすってなめしてある．ベラムは皮全体からつくられる．ヤギ，子ヒツジの皮からも製造される．多くの場合，ベラムは，しぽや毛の跡によるいくぶん凸凹した表面によって，パーチメントと区別できる．パーチメントやベラムの現在の製造方法は，以下のような手順である．皮を洗い，石灰をこすりつける．毛をとり，丸ナイフで皮を削り，再び洗う．部分的にきれいになった皮は，四角い木枠に皮紐で結びつけてきちんと伸ばし，皮に凸凹がなくなるまで削り，表面全体が同じ厚さになるまで放置しておく．最後に粉チョークを振り，きめの細かい軽石で念入りに磨く．パーチメントはなめさないか，なめしたとしてもたいへん軽い処理にとどめてあり，強く引っ張ることにより一部の繊維を切断し，残りの繊維は配向させ，乾燥させてその状態で固定したものである．なめしていないので，濡れた状態では微生物に冒されやすいが，乾燥状態ではレザー (leather：なめし革) よりも保存性はよい．水は多量に吸収する．伸ばされた状態にあるので，水中で熱がかかると容易に変形するが，再度引っ張ればもとの形に戻る．

パーチメントとベラムは3世紀～4世紀末にはパピルスに代わって主要な書写材料の地位を得たが，15世紀の印刷本の普及の時代にはとても需要を賄いきれず，紙にその地位を譲った．もしパーチメントを使用して1冊のグーテンベルグ聖書をつくるとすれば，300匹のヒツジの皮が必要である．しかし，その耐久性と美しさなどのために特別な用途には現在も用いられている．

（稲葉政満）

[（2）章文献]
穴倉佐敏：雁皮の研究．和紙文化研究，No.4, 44-61, 1996.

Donnithorne, A.: The conservation of papyrus in the British Museum. Bierbrie, M. L. ed., British Museum Occasional Paper 60, Papyrus: Structure and Usage, pp. 1-24, 1986.

原田　浩ほか：林試研報，**104**, 1, 1958；浅野猪久夫編：木材の事典，朝倉書店，p.67, 1982.

Heawood, E.（久米康生，増田勝彦訳）：透かし文様―主として17～18世紀―，雄松堂出版，1987.

Hunter, D.: Papermaking―The History and Technique of an Ancient Craft, Dover Publications, pp. 3-47, 59, 311, 1947.

稲葉政満：素材としての紙の問題について―おもに化学的側面から―．計測と制御，**28**(8), 656-661, 1989.

木島常明，丸地幸雄，戸田久昭：高分子と水に関する討論会講演，1965；門屋　卓，角祐一郎，吉野　勇：紙の科学，**229**, 1997.

久米康生：造紙の源流．和紙文化誌，毎日コミュニケーションズ，pp.3-26, 1990.

久米康生：彩飾和紙譜，平凡社，pp.52-53, 1994.

町田誠之：NHK市民大学テキスト　紙と日本文化，日本放送出版協会，p.34, 1988.

Reed, R.: The Nature and Making of Parchiment, The Elmete Press, 1975.

鈴木英治：紙の劣化．紙劣化と資料保存，日本図書館協会，pp.42-66, 1993.

安江明夫：蔵書劣化の謎を追う―スロー・ファイヤー探偵団の冒険―，安江明夫，木部　徹，原田淳夫編：図書館と資料保存―酸性紙問題からの10年の歩み―，雄松堂，pp.134-154, 1995.

(3) 岩　石
rock

岩石の定義と分類
definition and classification

　地球科学でいう「岩石」とは，地球を構成する物質のなかで固体の部分をさす．多くの場合には複数の鉱物の集合体だが，ガラスや，まれに有機物を含む場合もある．現在一般的となっている岩石の分類では，その成因に基づいて，火成岩，堆積岩，変成岩の3種類に分類される．そして，その3種類の範疇のなかで，さらに細かい成因の違いによってそれぞれの岩石名がつけられている．しかし，そのようにして現在慣用的に用いられている岩石名は，あくまでも岩石の成因や地史を解明することを目的として行われた分類であって，外観や物性からつけられた名称ではない．このため，同じ岩石名で呼ばれていても，外観や物性が全く異なる石であることも多く，また逆に，外観や物性が類似していても岩石学的には全く異なる石である場合も多い．しかし，文化財を議論する場合には，その石材の成因や地史的な意義を議論するわけではなく，どのような外観でどのような性質の石材であるかを記載することの方がより重要である．

　ところが，文化財石材を表す適切な岩石名の分類法は今のところ提唱されていないので，ここでは，一応従来の記載岩石学（petrography）的な分類に沿って，それぞれの岩石名を解説することとし，その際に，なるべく文化財材質の記載に有効な補足的な説明を付記することを試みる．なお，天然の鉱物がそのまま装飾品として利用される場合があるが，ここでは，いわゆる貴石のたぐいは省略し，古代の装飾品に用いられたものまでを解説する．文化財としては，天然の岩石だけでなく，煉瓦やコンクリートなどの人工物質でできているものも，岩石と性質が類似しているものについては，「石造文化財」という言葉で表されることが多い．そこで，ここでは，近親物質についても，その定義，性質と文化財における使われ方を述べる．　　　（朽津信明）

火 成 岩
igneous rock

マグマが冷却されて固結した岩石をいう．冷却速度によって，急激に冷却されてできた火山岩，ゆっくり冷却されてできた深成岩，そして両者の中間的な半深成岩の3種類に分類される．

a. 火 山 岩（volcanic rock）

マグマが，地表に噴出するなどして急速に冷却されてできた岩石．一般には細粒で緻密な場合が多く，文化財としては，石器材料や城の石垣などの建築材料に用いられている場合が多く観察される．火山岩の細分は，化学組成でなされる場合が多く，一般には主成分である SiO_2 の含有量で分類される．

[**流紋岩**（rhyolite），**デイサイト**（dacite）]
火山岩のうち，化学組成で SiO_2 の含有量が最も多いもの．場合によって異なるが，だいたい SiO_2 が70%以上のものが流紋岩と呼ばれ，63～70%程度のものはデイサイトと呼ばれて区別されるが，文化財としては，ほぼ同様に用いられる．一般に灰白色で細粒緻密．石器材料として用いられることが多い．なお，デイサイトのことを石英安山岩と表現する場合もあるが，後述の安山岩との混同を避けるため，なるべくデイサイトの語を用いる方がよい．

[**安山岩**（andesite）] 火山岩のうちで SiO_2 が53～63%程度のもの．一般には灰色から暗灰色で細粒緻密．わが国では，最も豊富に産する火山岩で，石垣などの建築材料に用いられるほか，石器材料としても用いられる．まれに，それほど緻密でない安山岩では，磨崖仏や石塔の石材として用いられることもある．場合によっては顕著な板状節理（板状に割れやすい性質）を示すことがあり，そのような石材は古墳の竪穴式石室などに好んで用いられた．ガラス質の安山岩は，一般に石器材料として豊富に用いられており，よく知られているサヌカイトは，安山岩または先述のデイサイトの一種で，特にガラス質部分のことである．なお，石器材料としてハリ質安山岩という言葉を目にするが，用語的に難解であるうえ，現実には安山岩ではなく流紋岩の組成をもつ石材のことをさして用いられているため，この名称は好ましくない．

[**玄武岩**（basalt）] 火山岩のうち，SiO_2 が53%未満程度のもの．一般に黒色．安山岩との境は連続的で，肉眼では区別が困難である場合も多い．文化財石材としても，安山岩とほぼ同様な用いられ方をする場合が多い．なお，考古学でシャールスタイン（輝緑凝灰岩）という用語を目にするが，これは実体がはっきりしない変質した火山岩類に用いられるフィールドネームであって，石材として記載するには不適当である．一般的には，シャールスタインと呼ばれているものは，玄武岩質である場合が多い．

[**黒曜石**（obsidian）] ガラス質の火山岩．岩石名としては，黒曜岩と呼ばれる場合もある．化学組成でみると流紋岩の組成をもつことが多く，一般的には，ガラス質であるというだけの特種な流紋岩というとらえ方ができる．きわめて緻密で鋭利な割れ口を示すため，古くから石器の材料としてよく利用されてきた．

b. 深成岩 (plutonic rock)，半深成岩 (hypabyssal rock)

マグマが地下深所でゆっくりと冷却されてできたと考えられる岩石が深成岩である．火山岩と深成岩の中間的な性質をもつ石は半深成岩と呼ばれるが，文化財石材としては同様な用いられ方をする場合が多いので，ここでは深成岩と一緒に扱う．一般に粗粒で，緻密．文化財としては，建築石材，石器の叩き石や擦り石などに用いられる場合が多い．火山岩同様に，それぞれが SiO_2 の含有量でさらに細分される．

[**カコウ岩** (granite)] 広義のカコウ岩は，流紋岩やデイサイトの化学組成に相当する深成岩のことをさす．これが，狭義のカコウ岩やカコウ閃緑岩，閃長岩などにさらに細かく分類される．俗に御影石と呼ばれているのは，広義のカコウ岩の愛称である．一般には白色に粗粒の斑点状．石垣や石造建造物などの建築石材として広く用いられるほか，墓石や石器の叩き石や擦り石などにも用いられる．また，彫刻用に用いられ，磨崖仏や石塔の材料としても知られる．

◇コラム◇御影石

現在の神戸市東灘区御影付近に産するカコウ岩は，近世ごろに主として大阪周辺に大量に出荷されており，その石材がもともと御影石と呼ばれていた．それがいつしか産地を問わず，石材としてのカコウ岩全般をさすようになり，現在では広くカコウ岩類一般の愛称となっている．

[**超塩基性岩** (ultrabasic rock)，**蛇紋岩** (serpentinite)] 火成岩のうち，SiO_2 の含有量が45％以下のものが，超塩基性岩と呼ばれる．深成岩に限定された名前ではないものの，現実の石材としては，深成岩の性質を有するものがほとんどである．蛇紋岩は，一般には超塩基性岩の変質物としてこれに伴って産する，主に蛇紋石という変質鉱物からなる暗緑色の岩石をさすが，文化財石材としては両者の境は不明瞭．いずれも磨製石器などの材料や，建築材料として用いられる場合が多い．

[**その他の深成岩，半深成岩**] それ以外の深成岩には，安山岩組成に対応する閃緑岩や玄武岩組成に対応するハンレイ岩などがあるが，文化財としてこれらが用いられる割合は，広義のカコウ岩に比べて低い．俗に黒御影という愛称で呼ばれる石材は，黒みがかった深成岩のことで，岩石名としてはハンレイ岩に相当する場合が多い．半深成岩としては，石英斑岩やドレライトなどが文化財石材としては知られているが，これも広義のカコウ岩に比べれば割合が低く，使われ方はカコウ岩とほぼ同様である．

〔朽津信明〕

堆積岩
sedimentary rock

堆積物が固結してできた岩石．この場合の堆積物とは，既存の岩石片のほか，火山から放出されたもの，生物の遺骸，化学的な沈殿物なども含む．したがって，堆積岩の分類も，堆積物の種類によってなされ，さらに岩石片が堆積した岩石の場合には，その粒子の粒径によって分類がなされている．堆積岩の場合は，一般に名称が同じ岩石であってもその固結度などによって見かけや物性が全く異なっていることがあるので，文化財石材としてとらえる場合には，記載に注意が必要である．

[砂岩（sandstone）] 主に粒径1/16～2 mmの岩石片粒子からなる堆積岩で，最も一般的な堆積岩である．一般には灰色～黄灰色，茶灰色，暗灰色．固結度の高い砂岩は，カコウ岩と一見類似する場合があり，建築石材など文化財の用途としても類似したものに用いられる．固結度の低い砂岩は，一見凝灰岩と類似する場合があり，磨崖仏の材料など，文化財としての用途も凝灰岩と類似している．

[泥岩（mudstone），頁岩（shale）] 主に粒径1/16 mm以下の岩石片粒子からなる堆積岩が，泥岩と呼ばれる．頁岩の名は，岩石学では，剥離性の発達した泥岩のことをさし，定義上は頁岩は泥岩の一種である．しかし，考古学では，堅く固結した細粒堆積岩をすべて頁岩と呼ぶ傾向がみられるので，記載を読み取る場合には注意が必要である．固結度の高い泥岩は，火山岩，特に安山岩などと類似した見かけや物性を示し，石器材料など，文化財としてもこれと類似した使われ方をする．固結度の低い泥岩は，一見凝灰岩と類似する場合があり，磨崖仏の材料など，文化財としての用途もこれと類似している．なお，ケイ質頁岩（一部で硬質頁岩の語も目にするが，好ましくない）というのは，ケイ質分が非常に多く，一般には非常に硬質な頁岩の一種であって，石器材料としてよく用いられた．

写真 臼杵磨崖仏

[**礫岩**（conglomerate）］ 主に粒径2mm以上の岩石片粒子からなる堆積岩．一般に不均質なため文化財材料として使われることはまれだが，例外的に石窟寺院や磨崖仏などが礫岩層に刻み込まれる場合があり，これらは礫岩を材質とする文化財としてとらえることができる．

[**凝灰岩**（tuff）］ 広義には，岩石片の代わりに火山から放出されたものが堆積し固結してできた堆積岩．ただし，礫岩に相当する粒径のものは，凝灰角礫岩などの名称で呼び分けられるため，狭義の凝灰岩は，このうちの，ふつうは砂岩および泥岩に相当する粒径のものに用いられる．一般には柔らかく加工がしやすいため，磨崖仏をはじめとする彫刻類の材料として使われることが多く，また建築材料や石器材料，あるいは古墳の石室石材など幅広く利用される．大谷石と呼ばれる石材は，凝灰岩の一種である．凝灰角礫岩は，礫岩同様に文化財材料として使われることはまれだが，磨崖仏の材料とされている場合も観察される．

[**石灰岩**（limestone）］ 主に炭酸カルシウムでできている堆積岩．生物起源のものもあれば，化学的な沈殿によるものもある．一般には白色だが，その他さまざまな色もありうる．建築材料として広く利用されるほか，彫刻の石材や墓石などにも利用される．

[**チャート**（chert），**フリント**（flint）］ 粒子が岩石片ではなく，ほとんど二酸化ケイ素だけからなる堆積岩がチャートと呼ばれる．緑，赤，黒などの色があり，独特のつやをもつ．きわめて緻密で，石器材料として広く用いられた．なお，ヨーロッパでは石器材料の名称としてフリントの語が用いられるが，これは岩石名ではなく石材名と考えた方がよく，実際にはチャートとほぼ同義と思われる．

[**水晶**（rock crystal），**玉髄**（chalcedony），**瑪瑙**（agate），**碧玉**（jasper）］ これらの語は，岩石名ではないが，文化財としてはいずれも装飾品を記載する場合に頻繁に用いられる用語であり，一般に堆積岩に伴って産することが多いので一応ここで解説する．水晶は，透明な石英の結晶の愛称．正確な記載としては，鉱物名である石英の語を用いる方が好ましい．玉髄は，繊維状の微細石英結晶の集合体のことをさし，その意味では，先述のチャートやフリントともほぼ同義だが，一般にはチャートは岩石名として，そして玉髄は産状をさして用いられる．瑪瑙は，玉髄のうち，不純物の含み方の違いによって独特の縞模様がみられるものをさす．碧玉は，玉髄のうち，主に酸化鉄からなる不純物を豊富に含み，褐色や緑色を呈して不透明なものをいう．なお，考古学では，赤色緻密で独特のつやをもつ石器や装飾品に用いられる石材のことを鉄石英の名で呼ぶ場合があるが，これは定義が不明であって好ましくない．これらは，現実には，碧玉かチャートと呼ばれるべきものである場合が多い．

[**琥珀**（amber）］ 植物の樹脂が化石となったもので，有機物．黄色または褐色で独特のつやをもつ．装飾品として用いられた．

（朽津信明）

変成岩
metamorphic rock

　既存の岩石が，それが形成されたのとは異なる環境条件で，異なる組織や鉱物に変わることによってできた岩石．変成岩の分類は，変成前の岩石の性質で分類される場合と，変成条件によって分類される場合とが混用されていて，岩石学の分野でも名称は一定しない．このため，文化財石材名としてもさまざまな呼び方があって統一されていないのが現状である．

[ホルンフェルス (hornfels)] 既存の岩石が，主にマグマの貫入などによる熱で変成されてできた岩石．変成前の石によって，ホルンフェルスの性質も異なるが，泥岩が変成したホルンフェルスは，一見火山岩，特に安山岩ときわめて類似した見かけや物性を示すことがあり，石器材料など文化財としても同様の用途に用いられた．また，変成したかしていないかの区別は微妙であり，石器材料などで頁岩と記載されていても，実際にはホルンフェルスと呼ぶべき石である場合も多い．物性や用途，あるいは産地などを議論する場合には，正確に記載されることが好ましい．

[結晶片岩 (crystralline schist)] 主に圧力によって変成されたと考えられる，層状に剥離しやすい変成岩．変成前の石によって，見かけも性質も異なる．古墳の石室材料や，石器材料などに用いられ，また，庭石に頻繁に用いられる．含まれる特徴的な鉱物名を前につけて，雲母片岩や石英片岩などの言葉で呼び分けられたりする．なお，緑色片岩という言葉は，変成岩岩石学では，ある定義された低温高圧条件で変成されてできたと考えられるものをさす用語であるが，文化財石材では緑色をした結晶片岩すべてをさして用いられる傾向がみられ，誤解を生じやすい．また，緑泥石という鉱物に富むものが緑泥石（または緑泥）片岩と呼ばれ，これが緑色片岩と混用される場合もあるが，これも定義が異なるので注意が必要である．

[粘板岩 (スレート：slate), 千枚岩 (phyllite)] 粘板岩は，剥離性の発達した細粒岩をさし，分類上，変成岩とも堆積岩ともいわれる．粒度の面からは泥岩の一種ともとらえられるが，先述の頁岩は一般に堆積構造に起因する剥離性をもつものをさすのに対し，粘板岩の場合には，堆積後の変形や変成に起因する剥離性をもつものをさすため，変成岩ともとらえられる．一般に黒色緻密で，文化財としては屋根瓦に頻繁に利用されている．千枚岩は，さらに変性の進んだものをさし，先述の結晶片岩と粘板岩との中間的な性質をもつ石のことをさし，千枚岩の方は一般に変成岩とされる．千枚岩の文化財としての使われ方は，結晶変岩とほとんど同様である．

[片麻岩 (gneiss)] 高変成度の変成岩で，粗粒で粗い縞状模様をもつもの．むしろ組織で呼ばれることの方が多く，このため実際には変成岩ではなく，カコウ岩などの深成岩であっても，片麻岩として扱われる場合も見受けられる．一般にカコウ岩と類似した物性を示し，文化財石材としても同様の用いられ方をする．

[大理石 (marble)] 石灰岩の炭酸カルシウムが変成し再結晶してできた石．しかし，石材としては，みた目で白色緻密な石

を単に大理石と呼ぶ場合も見受けられ、そうした場合には、ふつうの石灰岩や砂岩までも大理石として扱われることがある。最も代表的な文化財石材の一つで、墓石、彫刻石材、建築石材などに幅広く利用されている（写真）。

写真 アレキサンドルⅢ世橋（パリ）

◇コラム◇大理石

中国雲南省大理地方は石灰岩が豊富であるため、日本でもこの地名に因んで呼ばれるようになった。大理石を文化財石材として外見や物性などから機能を議論する場合には、大理石の名称でさしつかえないが、産地や流通まで議論する場合には正確な岩石記載が必要であり、誤解を避けるためには、大理石の語は用いず、結晶質石灰岩などの名称で呼ぶ方がよい。

[**軟玉**（nephrite），**硬玉・翡翠**（jade）]

岩石名ではないが、文化財としては、いずれも装飾品を記載する場合に頻繁に用いられる用語であり、また堆積岩のところで述べた碧玉などとは異なり、これらは変成岩に伴って産するのがふつうであるため、ここで解説する。軟玉は、微細な角閃石結晶（主にアクチノ閃石という鉱物）の集合体。硬玉は、微細な輝石結晶（主に翡翠輝石）の集合体。そして、翡翠は宝石名で、硬玉とほぼ同様。いずれも緑色で硬い。

（朽津信明）

近親物質
soil, stone, minerals and related building materials

　文化財として用いられる岩石の近親物質としては，土，粘土，鉱物顔料，ガラス，煉瓦，コンクリート，モルタル，漆喰，セラミックスなどがあるが，このうち顔料，ガラス，漆喰，セラミックスについては本書に別項が設けられているので，ここでは土，粘土，煉瓦，コンクリート，ストゥッコ，モルタルのみに触れることにする。

[土 (soil), 粘土 (clay)] 岩石学でいう粘土の定義は，堆積岩の項目で触れた泥岩などの定義と類似し，主に粒径 1/256 mm 以下の岩石片粒子からなる堆積物をさし，一般的に無機物である。これに対し土壌という語は，未固結の地殻最上部の構成物で，多分に有機物を含んだ部分をさし，これを構成する粒子が土と呼ばれる。土や粘土は，特に乾燥地域を中心に頻繁に建築材料として用いられ，たとえば版築というのは土をつき固めたものであるし，また日本の古墳も土構造物の一つである。また，土や粘土を素材とした美術工芸品もみられ，塑像などがこれに当たる。なお，テラコッタという語は，焼成された粘土に用いられる場合が多く，範疇としてはむしろセラミックスに近い。

[煉瓦 (brick)] 直方体の一定の外形をもった粘土質の建築材料をさし，乾かして得られる日干し煉瓦と焼成して得られる焼成煉瓦とに大別される。つまり，煉瓦という語は材料名であって，材質的には日干し煉瓦（写真）は土・粘土の範疇に，そして焼成煉瓦はセラミックスの範疇にそれぞれ帰属すると考えてよい。

[セメント (cement), モルタル (mortar), コンクリート (concrete), ストゥッコ (stucco)] セメントは，石灰分を主成分とする建築用の無機接着剤をさし，用途で呼ばれている名称の意味あいが強い。モルタルは，セメントに砂を一定の配合比で混ぜ合わせたものをさし，コンクリートは，モルタルにさらに砂利を混ぜ合わせたものをさす。ストゥッコは，石灰または石膏を主成分として，これに砂や有機物などを混ぜたもので，成分的にはモルタルと類似したものであるが，仏像などの装飾品製造に用いられる場合には，この名前が使用されることが多い。
　　　　　　　　　　　　（朽津信明）

写真　モヘンジョ＝ダロ遺跡（パキスタン）焼成煉瓦の例．

石材の利用
utilization of stone

[石材の利用の歴史] 石は，天然に産し，強度的にも耐久性に優れているため，最も古くから使われてきた材料である．石器は人類最古の道具であり，装飾品材料としても土器や金属器より早くから用いられていたことが知られている．また，建築材料としても古くから利用されており，特にヨーロッパでは，家屋，城，橋，道路の舗装などにも用いられた．その他，墳墓や記念碑に用いられることも多い．線刻画や彩色の壁画が石に描かれることも多く，また石窟寺院や磨崖仏など大規模に石を利用したものもある．また，信仰や呪術的な意味に用いられたり，彫刻などの材料として用いられることもある．

石材の性質は，その地域の地質によるところが大きく，したがって有用な石材が産する地域と産しない地域とがあり，このことが石材を用いた文化の形成に大きな影響を与えてきた．たとえば，石器のようにある程度運搬が可能なものでは，よりよい石材が産する地域から産しない地域への流通が行われ，また，運搬不能な磨崖仏や大規模な石窟寺院などは，造営される地域がきわめて限定されることとなった．日本では，ヨーロッパ諸国に比べて建築用石材として有用な石材があまり産出しないこともあって，石造建造物は歴史的に乏しかったが，明治維新で洋風文化を取り入れた時期には，多くの石造建築がつくられた．

[石材の劣化] 岩石は，他の材質のものに比べれば相対的には劣化しにくいが，それでも長い年月の間には，徐々に劣化していく．これは，岩石は，それが形成された条件のもとで安定な物質でできているためで，当然それとは違う環境にさらされていれば，その環境に適した物質へと変化していく．これが劣化のもつ意味である．同じ石材であっても，置かれた環境によって劣化の仕方が異なるのも，そのためである．

現在われわれが目にしている石材の姿は，劣化の過程の一断面であり，必ずしもその石材が用いられた当初の状態ではない．たとえば，出土した石器で表面が脆弱な場合があるが，これは，石器が破棄されてから現在に至るまでの間に劣化したものであり，石器が利用されていた当初の状態とはかけ離れている．しかし，今の状態を記載することに意味がないわけではない．むしろ今の状態を正確に記載したうえで，どのような過程を経て劣化してきたかを考察することにより，石器の利用されていた当初の状態を，根拠をもって推定することが可能となる．つまり，文化財石材の劣化は，その文化財の保存に関係するだけではなく，文化財そのものを理解するうえでも必要な概念である．

◆トピックス◆サヌカイト

岩石学では，フィールドで記載される岩石名と，分析された結果として正確に与えられる岩石名とが必ずしも一致しない場合がある．たとえば，石器材料としてもよく知られているサヌカイトは，安山岩の一種として記載される場合が多いが，一般にサヌカイトのSiO_2含有量は63〜66%程度であるため，ほとんどの場合，厳密にいえばデイサイトと呼ぶ方が妥当である（ちなみに，含まれる特徴的な鉱物名を頭につけ

て，サヌカイトは「古銅輝石安山岩」の一種であるという記載を見受ける場合もあるが，実際にサヌカイト中の鉱物を調べてみると，厳密には古銅輝石ではなく頑火輝石である場合も多く，そこまで厳密に記載するのであれば，「古銅輝石安山岩」とするよりは「頑火輝石デイサイト」とする方が正しい場合が多い）。しかし，黒色の見かけやこれまでの研究史的背景から，現実にはサヌカイトは慣習的に安山岩と呼ばれる場合が多い．このような事例はほかでもごくふつうにみられ，たとえば日本でカコウ岩と呼ばれている石材の大部分は，厳密にいえば狭義のカコウ岩ではなくカコウ閃緑岩（深成岩の一種）と呼ぶ方が正確であるし，かつて阿蘇溶岩と呼ばれていた石材は，実際には溶岩ではなく溶結凝灰岩（凝灰岩の一種）であることが広く知られている．しかし，文化財として石材が用いられる場合を想定してみると，特に歴史的には，厳密な分析のもとに石材を特定して用いていたとは思われないことから，たとえばサヌカイトのことを，安山岩ではなくデイサイトと呼び分けることに，はたしてどれほどの意味があるかは疑問である．たとえば，SiO_2含有量というのが，実は溶岩の分布を考える際にきわめて重要な情報であって，たとえば，もしも安山岩組成のサヌカイトはある地域にしか分布しないが，デイサイト組成のサヌカイトの分布域は広大であるという場合には，デイサイトか安山岩かの区別は重要となる．しかしそうでない限りは，一般にはそこまでの厳密さが必要であるとは思えない．このため，石材名として呼ぶ場合には，なるべく広い範疇の語を使って誤りなく記載するよう心がけ，むしろその性質の記載を正確に行う方が本質かもしれない．すなわち，たとえば石器材料としてのサヌカイト（写真）を記載する場合には，ガラス質で緻密であるということが重要な特徴であって，組成が厳密に安山岩かデイサイトかという記載は必要ないかもしれない．このように考えれば，サヌカイトはガラス質の火山岩というだけの記載で十分であり，同様にカコウ岩のようにみえる石材であれば単にカコウ岩類という記載でよいであろうし，阿蘇の石材についても，阿蘇凝灰岩または阿蘇火山岩類とでもしておけば十分だと思われる．

(朽津信明)

写真　サヌカイト製石器

(4) セラミックス(陶磁器)
ceramics

分類
classification

　粘土や陶石などの石類粉末を単味や混合物として用いて成形し，火熱を用いて焼成した器物がやきもの（陶磁器）である．多くは水などの液体を浸透させないためや装飾的効果のため，その表面にガラス質の皮膜，すなわち釉薬を施している．

　これらのやきものを大きく区分する際には一般的に，素地の色（有色・白色），素地の吸水性（有・無），素地の透光性（透光性・非透光性），釉薬の有無（施釉・無釉）の要素を組み合わせて分類している．

　このやきものの分類は世界各国によってその名称・分類基準に若干の差異があるが，わが国においては土器（有色・吸水性・非透光性・無釉）・炻器（有色・不吸水性・非透光性・無釉）・陶器（白色・吸水性・非透光性・施釉）・磁器（白色・不吸水性・透光性・施釉）に大別するのが一般的である（表）．なお中国では土器を陶器，陶器・磁器を瓷器と呼び，ヨーロッパでは青磁は炻器に分類される．　　（齊藤孝正）

表　陶磁器の分類

分類	素地			釉薬
	色相	吸水性の有無	透光性の有無	
土器	有色（一部白色）	吸水性	非透光性	無釉（一部施釉）
炻器	有色（一部白色）	不吸水性	非透光性	無釉（一部施釉）
陶器	白色（一部有色）	吸水性	非透光性	施釉（一部無釉）
磁器	白色（一部有色）	不吸水性	半透光性・透光性	施釉（一部無釉）

土器
earthenware

　土器は胎土に有色の低級粘土を用い，700～800℃の比較的低温で焼成した無釉のやきもので，焼成は野焼きや簡単な窯を用いて行われる．素地は多孔質で吸水率が10％以上，機械的強度は小さい．世界的にみてもやきものは新石器時代に土器として出現し，人類の使用した道具のなかで最も長い歴史を有している．なお容器以外は土製品と呼ぶ．わが国の土器は，縄文土器・弥生土器・土師器・黒色土器・瓦器・土師質土器と歴史を追って発展してきた．材質的に耐火性が大きいため，近現代の行平・焙烙・焜炉などに継続している．

　土器の主な用途は日常用（実用）と儀式用とに大別できる．日常用土器としては煮沸用の深鉢・甕・竈・甑（こしき）・釜などが，貯蔵用の壺・甕などが，供膳用（食卓用）の杯・碗・鉢・皿・盤・高杯などが，水運搬用の壺・甕などの土器がある．儀式用土器としては華美な装飾が施される祭祀用の器台などの土器や，埋葬用の甕棺などの土器がある．また土器はバスケット・木・石・皮革・金属製容器などとともに日常什器を構成し，これらの他の材質の容器の形を模倣した瓢箪や皮袋，バスケット容器形の土器もみられる．

　土器誕生の地は新石器時代から着実な土器の発展の母体をなしたイランやトルコなどの西アジアが有力な地であるが，近年世界各地でこれらに匹敵する土器が発見され始めており，西アジアの土器が各地に伝播したとする考え方は少数意見となりつつある．日本の縄文土器も放射性炭素（^{14}C）年代測定法によると約12,000年前（最近，測定法の精密化によって，約16,000年前という補正値が主張されている）という結果が出ており，世界最古の土器の一つとされる．なお，土器出現の契機をバスケットに粘土を上塗りして使用していた容器がたまたま炉のなかに落ちて偶然焼成され土器を知ったとする説があるが定かではない．また，近年では西アジアでの土器の出現を製作過程の類似によってパンづくりの技術と比較・関連させる解釈もみられる．一般に食料採集社会の土器は，日本の縄文土器のように煮沸用の尖底や丸底の深鉢一器種から出発する場合が多く，しだいに複雑化の方向をたどる．一方，食料生産（特に農業社会）における土器は，当初から複数の器種構成をもって出現する場合が多く，器形や装飾の違いだけでなく，胎工に用いる粘土の使い分けも明確である．

　考古学においては，土器の製作技術が他の材質による道具類に比較してはるかに変化に富んでおり，破損しやすく短期間に多量に製作されたため地域性や時代性をきわめて顕著に反映しており，また長い年月を経ても腐朽せず普遍的に数多く出土する資料であるため，製作技術・器種・形態・文様などに基づいて，時間的・空間的変遷を追求するための尺度として土器形式・土器様式などが設定される．

［土師器（はじき）］　日本で古墳時代から平安時代にかけて酸化焔焼成により素焼きされた土器の総称であるが，中世以降は「土師質土器」や「かわらけ」などと呼称されるようになる．今日考古学において，古墳時代の素焼きの土器を含めて土師器と呼称するの

は，平安時代の土師器と同系統であるという，便宜的な理由によっている．

弥生土器から展開した土師器は，技術的な発展は認められず，胎土は弥生土器より精良なものとなるが，基本的には酸化焰焼成により赤褐色や黄褐色を呈する素焼きの土器で，須恵器とともに最も普遍的な日常容器であった．縄文土器より一貫して粘土紐を用いた輪積巻き上げ成形や手づくねによる成形を行っており，5世紀前半に須恵器がつくられるようになるまでは，構造窯を用いず野焼きで700〜800℃の低火度で焼成されている．近年の調査により奈良時代に属する径2mほどの小型平窯（半地下式）が各地でしだいに確認されるようになり，窯構造の実態が判明しつつある．

土師器の器形は弥生土器の系譜をそのまま引くもので，貯蔵用の壺類，煮沸用の甕類・甑・竃，食器としての杯類・高杯類，調理具としての鉢類，祭祀用具としての壺類・器台類がある．須恵器出現後も耐火度の高い粘土を必要とする須恵器生産は生産量や生産地が限定されるため，須恵器が供給されない地域では土師器がつくり続けられているが，中世に入ると東日本では碗類・皿類などの供膳具はみられなくなり，多くは木地椀や漆椀などに転換していったものと推測されている．しかし中世以降も材質的に最も優れた機能を発揮する鍋や釜などの煮沸具を中心に「土師質土器」，「かわらけ」，「ほうろく」などと呼ばれて今日までつくり続けられている．

[黒色土器・瓦器]　土師器のうちで，東日本では6世紀初めに，畿内においては奈良時代後半になると日常食器において液体容器としての機能を向上させるため器面の内面あるいは内外面をへらで磨き，おそらく籾殻や木屑などに焼成直後の赤熱したままの土器を密着させて燻し，2次的に炭素を吸着させた，西日本の黒色土器や東日本の内黒土器と呼ばれる杯・碗・皿類などをつくり出している．さらに瀬戸内海沿岸を中心とする西日本では黒色土器を発展させ，11世紀以降，より精良な胎土で内外面黒色化し内型を用いて量産された碗・皿・盤・羽釜を主体とする瓦質土器である瓦器をつくり出し，15世紀まで用いられていった．

[かわらけ]　鎌倉時代に入ると，土師器では大小各種の小皿を手づくね（主に京都など畿内周辺で）や一部では轆轤を用いて（主に東日本などで）もっぱら製作させるようになり，この素焼きの大小の小皿「かわらけ」が供膳具の中心として用いられた．かわらけは中世以降の遺跡から出土する遺物の90％以上を占めるのがきわめて一般的な状況であり，京都や鎌倉などの都市遺跡では数千〜数万個体，数tという量で出土する．かわらけは陶磁器に比較すれば破損しやすい消耗品であるが，簡単にどこででも安価につくれる反面，素焼きであるため器表が平滑ではなく，一度使用すれば汚れてしまい陶磁器のように洗って繰り返し使用することがしにくく，したがって貴族や武家の公の儀式や宴会の席など非日常的な場で，ヒノキの台である折敷に載せて器として大量に使用され，ただちに廃棄されたのである．今でも神事などではこのかわらけが用いられている．かわらけは必要に応じて都市近郊で製作されたと考えられるが，なかでも産地として有名なのは，中世では山城国愛宕郡幡枝（京都市左京区岩倉幡枝町），同木野（同岩倉木野町），同紀伊郡深草（同伏見区深草），伊勢国多気

郡有爾（三重県多気郡明和町）などが，近世では江戸今戸（東京都台東区）などが知られている．

[彩文土器（彩陶）] 顔料を用いて文様を描いた土器で，焼成前に施文されるものと焼成後に施文されるものとがあり，また単彩色のものと多彩色のものとがみられる．焼成前の施文は，黒（酸化第一鉄・マンガンなど）と赤（酸化第二鉄）が主体で，施文後研磨を加えるものもある．白色は鉄分を含まない白粘土を用いる．焼成後の施文は，黒（黒鉛・炭），黄～褐（褐鉄鉱・酸化鉛），赤（赤鉄鉱・丹），青～緑（孔雀石・藍鉄鉱），白（白粘土）などがある．文様には幾何学文と，動物・植物・風景・神話の世界などを描いた具象文がみられる．初期には幾何学文が多くみられ，籠目などを模倣したものと一般に考えられている．彩文土器は世界各地のごく古い農耕文化段階から知られており，メソポタミアではジャルモ期に出現し，中国では彩陶と呼ばれ仰韶（ぎょうしょう）文化～龍山文化前期まで続き，新大陸では中米の先古典期にやや遅れてペルーで出現している．

写真　黒陶蛋形壺（前漢，出光美術館蔵）

[黒　陶] 中国新石器時代の龍山文化を特徴づける土器である（写真）．胎土は細かく精良で，磨研を加え，焼成末期に窯の口を閉じ，上から水を垂らして煙を発生させて燻し，黒色に仕上げたものと考えられている．胎土がごく薄いものは黒色を呈するが，大部分のものは暗灰色～灰白色を呈している．轆轤の回転を用いた水平に走る稜線や微妙な曲線が器形の特徴となっており，特に器壁の薄いものは卵殻陶とも呼ばれる．高杯・鉢・碗・小型壺などの器形が主体となる．

（齊藤孝正）

炻器
stone warre

炻器は西欧でいうストーンウェア (stone ware) に対応するやきもので、胎土にアルカリや鉄などの不純物を多く含んだ有色の低級粘土を用い、1,200〜1,300°Cの高温で焼成したもので、素地は硬く熔化し、吸水率が0〜10%である。非光透性で機械的強度は陶器と磁器の中間にある。一般的には、素地が白色ではなく固く焼き締められた無釉のやきものであるが、なかには施釉された製品もある。歴史的には古墳時代から古代の須恵器や中世の備前・珠洲・神出・魚住などの須恵器系陶器、中世の常滑・渥美・越前・信楽・伊賀・丹波などの無釉の焼締陶器、近世の温古焼・赤膚焼などを経て、近現代の火鉢・台所用品、レンガ（煉瓦）・タイルなどの化学工業用品などに継続している。

[陶質土器]　土器と陶器の中間的特徴をもつ無釉の焼締陶器で、窯を用いて還元焔焼成されるがその温度は1,100°C前後で、胎土中の長石が熔けるまでの火度で焼成されないため陶器の範疇に含めないのが一般的である。朝鮮半島の新羅焼や日本の須恵器などが代表例であり、器表に自然釉が鮮やかにかかるものも多く存在する。須恵器もかつて明治時代などでは陶質土器と呼ばれたこともあったが、今日の考古学では日本で製作された須恵器と明確に区分するために、朝鮮半島の新羅などで製作され日本に舶載された土器のみを陶質土器と呼ぶ場合が一般的である。

[須恵器]　古墳時代中期末（あるいは後期、すなわち5世紀初め）以降に日本で製作された青灰色の陶質土器の総称である。明治時代には「朝鮮式土器」（叩き目の残るもの）、「祝部式土器」（轆轤成形によるもの）、「陶質土器」など種々の呼称が用いられていたが、後に後藤守一により「祝

写真　(左)馬形容器、(右)車形容器（いずれも加耶、東京国立博物館蔵）

部」には「はふりべ」という訓はあるが「いわいべ」はないことや『和名類聚抄』には「瓦器一伝陶器　陶訓須恵毛能」と記されている点から、施釉された陶器と区別して「須恵器」と呼称することを提唱し、今日では考古学的な学術用語として広くこの呼称が用いられている。

5世紀前半代に朝鮮半島南部の新羅・伽耶・百済地域から陶質土器の技術が伝えられ、従来の土師器とは全く異なる革新的なやきものである須恵器がつくられるようになった。この須恵器の特徴は、轆轤（縦軸回転台）を使用した成形技法と窖窯（単室登窯）と呼ばれる構造窯を用いた1,000～1,100℃という高火度焼成で攻め焚きした後に、酸素の供給を極端に抑えて窯内を還元焔焼成にする技術であるが、しかしまだ釉薬は用いられず焼き締めだけの炻器に属するものである。還元焔焼成により耐火度の高い粘土は鉄分が還元されてネズミ色となり、器表には自然と降り掛かった木灰が熔けてガラス化した緑色の自然釉がみられることが多く、1,240℃以上の高火度で焼成されたものも認められる。

須恵器の製作技法は小型品は轆轤の遠心力を利用して、粘土紐巻き上げ成形した器形の仕上げ調整を行うもので左右対称の均整のとれたシャープな器形をつくり出している。一方、壺や甕などの大型品では巻き上げた粘土紐を内面に当て具を当て、外面から羽子板状の叩き具で打圧して器壁を成形する技法が用いられ、そのため内面には叩き締めの効率を上げるために彫り込まれた同心円文による青海波文が、外面には器壁離れをよくし効率を上げるために叩き具に彫り込まれた格子や平行条線などの文様がそれぞれ残される。須恵器を焼成した窖窯は低い山地の傾斜地にトンネル状（地下式）や溝状（半地下式）に穴を掘り粘土で天井や壁を貼った形状のもので、全長10m、幅2m、高1.5m、傾斜角30°ほどの規模のもので、この形式の窖窯が以後基本的に桃山時代まで継続して用いられている。

須恵器は時代に応じて変遷しながら全国各地で室町時代の16世紀までつくり続けられているが、古代においては土師器とともに最も普遍的な日常容器であり、したがってきわめて豊富な器種が製作されている。それらの器種は貯蔵用の壺・甕・瓶類、供膳具としての蓋杯・高杯・碗・皿・盤類、調理具としての甑・すり鉢などの各種鉢類、文房具としての硯・水滴類、祭祀用具としての装飾須恵器・ウマ・塔など、日常生活のあらゆる面にわたるものがみられ、細分すると120種ほどの器形に分類できるといわれている。

（齊藤孝正）

陶器
pottery

陶器は胎土にガラス質分を含んで磁器よりも焼成温度が低く，非光透性で吸水率が0～0.5％，多孔質である．基本的には施釉の有無を問わないが一般には施釉されたものをさす．わが国では伝統的に胎土が粘土質のものをさし，土物とも呼ばれるが，海外では胎土が石灰質やケイ酸質などのものがある．歴史的には古代の緑釉陶器・三彩陶器・灰釉陶器，中世瀬戸・美濃の施釉陶器，近世の美濃（志野・織部など）・唐津・京焼（仁清・乾山など）などを経て，今日の陶器に継続している．

a. 釉薬

釉薬とは陶磁器の素地の上に熱の作用で生成される不透過性の，一般にガラス質の材料であり，素地を液体や気体に対し不透過にし，素地の皮膜の役目をなし強度を増して美観を与え，素地と一体化する目的をもっている．焼成火度や成分，色調などにより種々に分類される．

[自然釉・人工釉] 陶器を窯のなかで焼成する際に薪などの燃料の灰が降り掛かり，胎土（素地）と融け合って自然に釉薬のような外観を呈するものを自然（灰）釉という．須恵器などの焼締陶器に典型的な例がみられる．これを最高水準に高め人為的に自然釉がかかるようにして焼成したものが8世紀末～9世紀初めの猿投窯での原始灰釉陶器である．これに対して人工的に調合してかけた釉薬を人工釉と呼ぶ．また釉薬が施された陶器は施釉陶器と呼ばれる．

[低火度釉] 800～900℃ほどの比較的低い火度で熔ける釉薬である．三彩や楽焼などに用いられる鉛釉や色絵磁器・陶器に用いられる上絵具などがある．

[高火度釉] 1,100℃以上の高火度で熔ける釉薬である．灰釉，長石釉などがあり，陶器・磁器に広く用いられる．

[鉛釉] 鉛丹（四酸化三鉛）とケイ石（石英）とを加熱・融解してできる無色の基礎釉を用いたものが鉛釉と呼ばれ800～850℃の低火度で融解する．これに呈色剤として金属化合物を加えて各種の釉薬をつくり出している．銅化合物を加え酸化焔で焼成したものが緑釉で，中国では漢代に出現し，日本では7世紀後半に朝鮮半島南部の技術に基づきつくり出された最初の釉薬である．鉄化合物を多く加えると褐釉に，少ないと黄釉になる．素地の白色を出す無色の鉛釉とこれらの緑釉・褐釉・黄釉を組み合わせたものが，8世紀前葉に中国・唐三彩の影響下につくり出された三彩釉（奈良三彩）である．なお唐三彩には，奈良三彩には伝わらなかった，酸化コバルトを加えた藍釉，色の異なる粘土を混ぜ合わせてマーブル模様をつくり出す交胎（練上手）技法，型抜きした文様を貼りつける貼花文などの技法が存在している（写真1）．

[灰釉] 自然釉から発展した，木灰（場合により石灰石）に長石・粘土・ケイ石などを加えた無色の基礎釉が灰釉と呼ばれ1,240℃前後の高火度で融解する．9世紀初めにつくり出された猿投窯の灰釉陶器や，その技術を受け継いだ瀬戸窯の灰釉陶器がその典型的な例である．なお，日本の灰釉陶器は木灰を用いている．

[藁灰釉] 灰釉の木灰に代わり稲わらの灰

写真1　重要文化財　三彩竜耳瓶
（初唐〜盛唐，東京国立博物館蔵）

を用いた釉薬で，一部に青味を帯びた白濁色を呈する．白萩，斑唐津，朝鮮唐津などに用いられている．

[長石釉]　長石を主成分とする釉薬で乳白色を呈し，鉄絵などの下絵付を施すことも可能である．志野釉がその典型である．

[瑠璃釉]　長石釉に酸化コバルトを混ぜた高火度釉で鮮やかな藍色を呈する．日本では伊万里焼で磁器生産の開始とともに用いられた．

[色　釉]　灰釉に呈色剤として金属化合物を加えて高火度の色釉がつくり出される．銅化合物を加えて酸化焔で焼成したものが緑釉（銅緑釉）となり，桃山時代の美濃窯での黄瀬戸や織部の緑釉がその典型的な例である．鉄化合物を加えて酸化焔で焼成したものが鉄釉で，その量により黄釉・褐釉・天目釉・柿釉・飴釉・黒釉などのさまざまな色になる．鉄釉は瀬戸窯において13世紀末につくり出された．なお黒釉を焼成途中で窯の外に引き出し急冷すると漆黒色になるが，桃山時代の美濃窯での瀬戸黒・黒織部などの黒釉がその例である．

b.　三彩陶器

奈良時代に製作された多彩釉（三彩・二彩）の鉛釉陶器の総称であり，同時代の中国・唐三彩と区別して日本製であることを明示して奈良三彩と呼ばれることが多い．飛鳥時代の7世紀後半になると日本で最初の人工釉を施した陶器がつくり出される．それは基礎釉として鉛を熔媒材に用いた鉛釉を施した低火度焼成の鉛釉陶器で，呈色材に銅を加えて酸化焔で焼成した緑釉陶器である．従来は奈良時代に入って唐三彩の影響下に日本でも奈良三彩と緑釉陶器とが同時につくられるようになったと考えられていたが，近年の調査・研究で7世紀後半に朝鮮半島南部の影響下に，まず瓦塼や棺台などの緑釉陶器の製作が始められたと考えられるようになった．この緑釉陶器にやや遅れて奈良時代に入ると，7世紀末には日本にもたらされ全国各地で出土している中国の唐三彩の影響下に奈良三彩がつくられるようになり，本格的な鉛釉陶器の生産が開始された．基本的に素焼きを行った後に緑釉陶器と同じく鉛釉を施釉した低火度焼成の鉛釉陶器で，緑色の銅に加え，鉄を呈色剤として黄・褐色を，透明な基礎釉により胎土の白色をそれぞれつくり出し，これらの釉薬を組み合わせて褐・緑・白の三彩，緑・白の二彩，単彩の黄釉・白釉・緑釉の陶器がつくり出されている．奈良時代後半には二彩が主体となり，平安時代以降は緑釉のみがつくり続けられる．年代の判

明する最古の奈良三彩は神亀6(729)年銘の墓誌を伴う小治田安万侶墓出土の三彩小壺が知られており、遅くとも720年代までには確実に製作が開始されていたことが知られるが、これに先行する高台をもたない奈良三彩壺などが存在しており、奈良時代初めごろまで遡る可能性は十分考えられる。三彩陶器の器形は直接の手本とした唐三彩をそのまま模倣したものはほとんどみられず、日常容器である従来の須恵器や土師器と同じ器形のものや、佐波理や金銅製の金属器としての仏具を模倣したものが主体であり、壺・瓶・鉢・盤・皿・火舎・塔・合子・硯などの器形がある。この奈良三彩を最も代表するものが奈良の正倉院に伝来する57点の正倉院三彩である。

奈良三彩は国家や貴族の行う祭祀・仏教儀式に使用されたり、火葬蔵骨器(写真2)として用いられるなど、希少なものとしてきわめて特別なときに使用されたと考えられており、平城京内の官営工房において須恵器とは異なり低火度で焼成するため、小型の平窯を用いて独占的に製作され ていたと考えられているが窯跡は未発見である。

c. 緑釉陶器

緑釉陶器は基礎釉として鉛を熔媒剤に用い、酸化銅を呈色剤として酸化焰で焼成した低火度鉛釉陶器で中国漢代に創出された。飛鳥時代の7世紀後半になると日本で最初の人工釉を施した陶器として緑釉陶器がつくり出される。従来は奈良時代に入って唐三彩の影響下に日本でも奈良三彩と緑釉陶器とが同時につくられるようになったと考えられていたが、近年の調査・研究で7世紀後半に朝鮮半島南部の影響下に、まず瓦塼や棺台などの緑釉陶器の製作が始められたと考えられるようになった。鉛釉陶器は奈良時代に入ると三彩として発展したが、平安時代には再び中国越州窯青磁などを模倣した碗・皿類を主とする単彩の緑釉陶器が多量に焼造された。産地は平安京周辺部から陰刻花文を施した精製品を生産した猿投窯、さらに美濃窯、近江、三河の窯へと展開したが11世紀初めに終焉している。国産最高級施釉陶器として、国家・貴族・大寺院の祭祀や儀式に用いられた。

d. 灰釉陶器

灰釉陶器は釉薬に植物灰を用いたやきもので、1,240℃前後で熔け淡緑色に発色する。平安時代初期(9世紀初め)に猿投窯において創出され、この灰釉陶器の技術が、その後の日本の陶器の出発点となり、中世瀬戸窯の施釉陶器に、さらに近世瀬戸・美濃窯の陶器へ、そして現代の陶器へと連綿と伝えられている。平安時代猿投窯の灰釉陶器は、碗皿類を中心に主に中国陶磁を模倣したきわめて多数の器種をつくり

写真2 重要文化財 三彩蔵骨壺(8世紀, 倉敷考古館蔵)

出した．平安時代後期に入ると碗皿類が量産され，東日本を中心に実用的な日常什器として用いられたが，平安時代末（11世紀後葉）には灰釉施釉を放棄し，在地向けの無釉碗類（俗に山茶碗と呼ばれる）が量産されるようになった．猿投窯の灰釉陶器技術を受け継いだ中世瀬戸窯では中国陶磁を模倣した四耳壺・瓶子・水注などが製作され，さらに近世瀬戸・美濃窯では，食器としての碗・皿が量産された．

[陶　俑]　中国で副葬用の模型としてつくられた明器のうち，主に人物をかたどったものを俑と呼ぶが，動物明器を含めて俑と呼ぶ場合が多い．この俑のうち，やきものでつくられたものが陶俑である．俑は殉死の風習に代えて創始されたものと推測されているが，秦時代の始皇帝陵付近から発見された多量の等身大の武人・侍女陶俑や陶馬が著名である．漢時代以降も陶俑は多く制作され，緑釉・褐釉を施したものもつくられるようになった．隋唐時代には唐三彩として，豊麗な美人，胡人，ラクダ，ウマ，騎馬像など各種の国際色豊かな陶俑が制作され，豪華な色彩に彩られた陶俑の頂点を迎えるに至っている（写真3）．その後も陶俑は，宋〜明時代まで連綿と製作された．日本では殉死の風俗がなかったため俑は制作されなかったが，古墳時代に築造

写真3　三彩馬明器（唐，東京国立博物館蔵）

された古墳において墳丘に円筒形・朝顔形埴輪とともに配置された，各種の形象埴輪が陶俑に近いものである．形象埴輪には，家をかたどった家形埴輪，盾・衣蓋・甲・冑・鞆・靫・舟・腰掛・大刀・高坏・合子・帽子・矛・翳などをかたどった器財埴輪，ウマ・イノシシ・シカ・イヌ・サル・ウシ・ニワトリ・水鳥・タカ・魚などの動物をかたどった動物埴輪，男子像（武人・正装・弾琴・鷹匠・盾持・農夫など）や女子像（正装・巫女・子守など）をかたどった人物埴輪の4種類がみられる．

（齊藤孝正）

磁　　器
porcelain

陶器が土物と呼ばれるのに対し磁器は石物と呼ばれ，胎土は陶石や粘土物質・石英・長石を含んでおり，1,280〜1,435℃の高温で焼成したやきものである。素地のガラス相の発達が大きく透光性が顕著で，吸水率は0〜0.5％，機械的強度は強く耐久性に富んでいる。日本では江戸時代初期（1610年代）に佐賀県有田町で陶石が発見されて伊万里焼が創出されたのが最初である。

[伊万里焼]　佐賀県有田町を中心とする地域で焼かれた近世磁器で，伊万里津から出荷されたためこの名で呼ばれた。伝承では朝鮮半島から連れて来られた李朝陶工の李参平が有田町泉山に白磁鉱を発見し，1616年に白磁焼成に成功したとされるが，考古学的な成果からは1610年代のうちに唐津焼の生産を母胎として新技術を導入して焼造されたと推測されている。初期の製品は中国明末の染付磁器を手本とした染付が中心で白磁・青磁などがある。1640年代には新たに色絵磁器を開発し，国内向けには古九谷様式を，輸出向けには柿右衛門様式を焼造した。1659年にはオランダ東インド会社の大量買い付けが始まり，輸出用製品に主力を傾け飛躍的に発展し，17世紀末の元禄年間に技術は最高潮に達した。18世紀以降は大きな展開をみせず，染付を中心に国内一般大衆向けに磁器を量産した。

[色　絵]　上絵付ともいい，基礎釉をかけて高火度で焼成し，その上から低火度釉の上絵具を用いて文様を描き，小型の絵付釜により低火度で焼きつけを行う。赤・緑・黄・紫などの色彩があり，赤は酸化第二鉄（紅柄），緑は主に酸化銅でクロムを配合，紫はマンガン，藍は酸化コバルトなどを用いる。赤が主調となるものは赤絵ともいう。磁器と陶器の2種があり，染付で文様の輪郭を描き上絵付を施したものを闘（豆）彩，染付に錦手と呼ばれる色絵と金彩を施したものを染錦，色絵に金泥などを用いて文様をつけたものを金襴手という。色絵磁器では伊万里焼の古九谷様式・柿右衛門様式や鍋島焼の色鍋島（写真1）などが，色絵陶器では仁清や乾山の色絵などが，それぞれ著名である。

[白　磁]　カオリナイトを主成分とするカオリンに長石・ケイ石を混ぜて白色の素地をつくり，これにカオリンなどを主成分とする無色透明な釉薬をかけ，高火度で焼成したものが磁器である。中国では6世紀代に華北で生産が開始され，唐〜宋時代に大いに発展し，邢州窯・定窯・景徳鎮・徳化窯などで名品を生産した。この中国白磁の影響を受けて，朝鮮半島では10〜11世紀の高麗時代初期に，日本では伊万里焼において江戸時代初期に生産が開始された。な

写真1　鍋島色絵柴垣蔦文大皿
（江戸時代，東京国立博物館保管）

お，釉薬内の微量の鉄分が還元焔焼成により青く発色し，釉にうっすらと青味を有する白磁は青白磁あるいは影青(いんちん)とも呼ばれ，景徳鎮の北宋時代のものが著名である．

[青 磁] 素地と釉薬中に含まれた微量の鉄分が還元焔焼成により還元され，釉薬が淡青色・青緑色・暗緑色など青味を帯びた色調を呈する磁器である．なお，鉄分が酸化して黄緑色や茶褐色を呈するものも広く青磁と呼ばれている．青磁は灰釉陶器から発展したもので，中国では殷時代後期に出現する原始瓷器（灰釉陶器）が出発点となり，後漢時代には青磁として完成され，三国時代～西晋・東晋時代には古越磁と呼ばれる青磁が南部一帯に広く普及した．唐～宋時代にかけて著しい発展を遂げ，越州窯・南宋官窯・耀州窯・龍泉窯などで名品を生産した．この中国青磁の技術が，朝鮮半島では統一新羅時代末に伝えられ，いわゆる高麗青磁の生産が開始された．日本では，鎌倉～室町時代に瀬戸窯・美濃窯などで中国青磁の模倣が行われたが，本格的な青磁は白磁と同じく伊万里焼において江戸時代初期に生産が初めて開始された．

[染 付] 白磁の素地に，酸化コバルトが顔料である呉須を用いて釉下に絵付を施したもので，透明釉をかけて還元焔焼成すると文様が青く発色する（写真2）．このことから青花とも呼ばれる．中国では10世紀ごろにすでに長沙窯などで試みられていたが，元時代の14世紀には景徳鎮で西アジア産コバルトを用いた新様式の染付磁器を完成させ，続く明・清時代にも盛んに生産された．朝鮮半島では，朝鮮王朝時代にいわゆる李朝染付が生産された．日本では，白磁・青磁と同じく伊万里焼の成立とともに染付の生産が開始されたが，生産の

写真2　重要文化財　染付山水文輪花大鉢
（1660年代，佐賀県立九州陶磁文化館蔵）

主体となったのがこの染付であった．

◇コラム◇古九谷

江戸時代の色絵磁器を代表する古九谷の製作地については，名前が示すとおり石川県九谷とする説と伊万里の色絵磁器とする説とに大きく見解が分かれている．近年の美術史の様式論的な研究や，伊万里における窯跡発掘調査での色絵磁器陶片出土などからは，後者の伊万里説が有力となりつつある．その説に従えば，伊万里・古九谷様式は中国明末清初の南京赤絵を様式的母胎として国内向けに，伊万里・柿右衛門様式は輸出向けとして発展し，17世紀中ごろの古九谷様式から17世紀末に様式的に完成される柿右衛門様式へと展開すると理解されている．しかし，最新の九谷における古窯跡（工房跡）の発掘調査により色絵磁器の破片が確認され，前者の九谷説を補強するものとして注目されている．最終的な決着に向けて，多数の微量元素を含めたより精密な胎土分析や様式論的研究，窯跡の考古学的な調査などの基本的なデータを積み上げていくことが求められている（V編（5）章「陶磁器の産地」中のコラム参照）．

（齊藤孝正）

その他
other ceramics

［七　宝］　金・銀・銅・青銅などの金属胎や陶器・ガラスなどの素地に，金属酸化物を呈色剤として用いた透明あるいは有色のガラス質の釉薬を焼きつけたもの．技法は大別すると次の5種類となる．①素地の表面に細い金属片で文様をつくり，その間に釉薬を焼きつける有線七宝，②素地に線刻あるいは薄い浮き彫りを施し，その上に透明釉をかける透明七宝，③有線七宝の素地を除いた省胎七宝，④文様を打ち出した素地に，薄く透明釉をかけた鎚起七宝，⑤素地に有線七宝のように界線をつくらず，釉薬だけで文様を表す無線七宝．

ヨーロッパではエマーユ，中国では琺瑯と呼ばれる．日本では古墳時代の棺金具や奈良時代の正倉院伝来鏡に遺例をみることができるが，その後の資料は確認されない．桃山時代から復活し，襖の引手金具や建物の釘隠，あるいは甲冑の飾りに遺例が知られる．江戸時代前期では，扉や燈籠に七宝が施された遺例が残されている．幕末からは各地で七宝が盛んとなり，尾張ではオランダ製七宝を研究してその制作に成功し，尾張七宝として展開した．明治時代には日本を代表する輸出品としてますます発展した．

（齊藤孝正）

写真　（左）七宝竹雀図大瓶（竹内忠兵衛作），
　　　（右）七宝牡丹文大瓶（梶 佐太郎作）（ともに東京国立博物館蔵）

(5) ガラス
glass

ガラスの物理・化学
physics and chemistry of glass

[ガラスの起源] ガラスは，人類最古の人工遺物の一つである．エジプト，メソポタミア，インド，中国の古代遺跡からは，ガラス製品が出土する．しかし，ガラス製造の起源については曖昧で，未だ定説はない．確認できる最古のガラス生産址は古代エジプト第18王朝（BC 16〜14世紀）のナイル川流域のアメンヘテプIII世のマルカタ王宮内工房や，都市テル・エル=アマルナにあったアクエンアテン王の王宮内の工房である．また，BC 2000年以前のメソポタミア地方において，ガラス材は製造されていたらしい．ガラス製造の事実を示す資料にバビロニアの旧都市タール=ウマールで出土した粘土板文書（BC 18〜17世紀）があり，金属酸化物を用いた着色法や鉛ガラスの製法が述べられている．

古代世界では，酒杯や酒器，香水瓶などの小型の容器が，現在の手法でいうコア・テクニックや，パート・ド・ヴェール（pâte de verre, ガラスの練粉）鋳造法などを用いて製造されていた．ガラス製造の技術的な改革は，BC 1世紀の末ごろシリア地方で発明された吹きガラスの技法である．融けたガラスを金属パイプの先端に巻きつけ，息を吹き込んでガラス器を成型する．簡単にガラス器が製作できるこの技法の発明は，ローマンガラスの多量のガラス器の製造を可能にし，実用品がガラスでつくられるようになった．もう一つの技術的革新は，中世ヨーロッパにおけるステンドグラスの発明である．この発明により，窓ガラスをもつ住居が建築できるようになり，寒冷地での人類の居住を可能にした．

化学組成からみると，古代のガラスはすべて二酸化ケイ素 SiO_2 を主成分とするケイ酸塩ガラスである．ケイ酸塩ガラスは，鉛ガラスとアルカリ石灰ガラスに大別され，鉛を主成分とするものを鉛ガラス，そうでないものをアルカリ石灰ガラスと呼ぶ．アルカリ石灰ガラスは，主たるアルカリ成分をナトリウムとするソーダ石灰ガラスと，カリウムを主たるアルカリ成分とするカリ石灰ガラスに分類される．古代ガラスには，ソーダ石灰ガラスとカリ石灰ガラス（中国や日本ではカルシウムを1％以下しか含まないカリガラスも存在する）および鉛ガラスの三つの種類があるが，ある時代，ある地域で，特定の種類のガラスだけが製造されていた事実はない．

わが国では，弥生時代の遺跡から出土するガラス製品が最も古い．その種類は多様で，勾玉や管玉，小玉，丸玉，塞杆状ガラス器，釧，璧などである．弥生時代の遺跡からは，ソーダ石灰ガラスの小玉や，カリ石灰ガラスの管玉，鉛ガラスの塞杆状ガラス器，鉛バリウムガラスの管玉などさまざまな種類のガラスが出土する．古墳時代になると多数のガラス玉が出土するが，ソーダ石灰ガラスが主になる．

[ガラスの物性] ガラスとは，溶融体を冷却させて結晶化せずに無定形状態で固化した無機物質と定義される．20世紀の初頭までに実用された無機ガラスのほとんどは，ケイ酸塩ガラスであった．ケイ酸塩ガラスは，ケイ素原子を中心に正四面体の頂点の方向に酸素原子が結合した3次元網目構造をつくる．対称性と周期性をもたないガラスの原子配列状態を，無規則網目構造という．ガラスの基本特性の多くが，網目構造の構造論的な考察で説明できる．

ガラスは，硬くて脆く，一般には透明で，かつ光沢をもち，成型・加工がしやすいなどの特徴をもっている．これらの特徴は，ガラスが均質な等方性の連続体であることによる．連続体でクラックを止める構造をもたないため，ガラスは割れやすい．透明であるためには単結晶である必要があるが，異方性をもたない連続した均質構造体であるガラスは単結晶でないにもかかわらず光を透過する．もう一つの特徴は，形成している酸化物の含有率に応じて，ガラスの性質が定まることである．これを，ガラスの性質の加成性という．屈折率や密度などの物理定数は，化学組成に基づいて，ある程度の精度で，計算で求めることができる．

[密度と屈折率] ガラス試料の密度測定には，アルキメデス法や比重瓶法，浮遊法などがある．アルキメデス法は，空気中での重量と水中での重量を測定し，浮力による差を用いて密度を求める．内包する気泡が多い試料では，測定値に誤差が生じるためアルキメデス法は適用できない．気泡が多い試料では，試料を気泡よりも小さい粒に粉末化して，比重瓶法による測定を行う．浮沈法は，ガラスの比重に近い数種類の重液内でガラス試料が浮くか沈むかをみて，ちょうど浮遊する重液の密度を試料の密度とする方法である．

通常，アルカリ石灰ガラスの密度はおよそ2.4 g/cm^3程度であり，石のそれとほぼ等しい．鉛ガラスの密度は3.4 g/cm^3程度である．鉛の密度は11.35 g/cm^3であり，ガラスの主成分のうちで最も大きい．鉛ガラスは主成分として，およそ70～50％前後の鉛を含有することから，密度はアルカリ石灰ガラスより大きくなる．限られた範囲内ではあるが，ガラスの密度は，各種成分の重量含有量に対応したそれぞれの密度の和として求められる．そのような加成性が成り立つことから，正確な化学組成がわかれば各成分の密度の和として計算上求められる．逆にいえば，密度を測定すれば，アルカリ石灰ガラスと鉛ガラスを簡便に識別することができる．

光の屈折は，光が透過する際に，異なる媒質間の接触面にみられる現象である．光の進み方は，屈折に関するスネル（Snell）の法則に支配されている．媒質に対して法線方向からのずれの角度θの正弦$\sin\theta$は，絶対屈折率nの逆数に比例する．測定に用いる波長が変わると，屈折率が変化する．これを分散という．したがって，屈折率を測定する際には一定の波長の光を用いなくてはならない．一般にはナトリウムのD線（589 nm）に対する屈折率が測定される．

屈折率の測定は，ガラス試料を粉末化して，顕微鏡による浸漬法や，アッペ（Abbe）の屈折計，プルフリッヒ（Pulfrich）の屈折計などを用いて測定される．ガラスの屈折率は，$n_D = 1.47 \sim 1.80$程度となる．加成性が成り立つことから，屈折率と密度に

は，強い正の相関が認められる．

[**着色剤**] ガラスの色は，添加する金属酸化物の種類により異なる．古代ガラスの色調は，紺，青，緑，黄，褐，白，赤などであり，着色剤はコバルト，鉄，銅，マンガン，スズ，アンチモンなどである．これらの色は遷移元素のイオン発色であり，発色の原理は配子場の理論で説明されている．表1に主な着色剤の種類を示す．色は，金属酸化物自体の含有量によるだけでなく，酸化あるいは還元での溶融条件の違いや，共存する元素の存在で微妙に異なってくる．たとえば，Cuによる発色ではイオン半径の小さい元素が共存する場合には青色に，イオン半径の大きいNa，Kが共存する場合は緑色を呈する．Feによる発色では，鉄イオンの酸化状態の違いにより，青色から緑黄色に変化する．青色はFe^{3+}，緑黄色はFe^{2+}によるものとされている．

わが国の遺跡からは，多数のガラス玉が出土する．玉は最大で半径0.5 cm程度であり，その大きさから定性的に，小玉，中玉，大玉と分類されている．ガラス玉の色は，基本的には青，紺，緑の3種類であるが，黄，褐，赤，白などのガラス玉も少数出土している．表2に，蛍光X線分析法や中性子放射化分析法，PIXE法や，即発γ線分析法で分析した日本出土のガラス玉約2,000点について，色調と種類との関係を示す．ガラスの種類と色調との間には，一応の関連が認められると考えてよい．

(富沢　威)

[**文　献**]
・ガラスの歴史関係
丸山次雄：ガラス古代史ノート，雄山閣，1973．
由水常雄：ガラスの話，新潮社，1983．
・ガラスの化学組成について
Bezborodov, M. A.：Chemie und Technologie der mittelalterlichen Gläser, Verlag Philipp von Zabern, Mainz, 1975.
馬淵久夫，富永　健：続考古学のための化学10章，東京大学出版，1986．
山崎一雄：古文化財の化学，思文閣，1987．
・現代のガラス工学について
作花済夫，境野照雄，高橋克明：ガラスハンドブック，朝倉書店，1981．

表1　ガラスの発色剤とその色調

発色剤	酸化条件	還元条件
コバルト	紺青	紺青
鉄	黄褐	青
銅	青緑	銅赤*
マンガン	紫	無色
クロム	黄緑	エメラルド
金	金赤*	

*コロイド着色．再加熱で発色させる．

表2　ガラスの種類と色調との関係（富沢らによる）

時代 \ ガラスの色	紺青	青	緑	黄	褐	白
弥生時代 (BC 3〜AD 3世紀)	アルカリ石灰ガラス 鉛バリウムガラス	アルカリ石灰ガラス	アルカリ石灰ガラス 鉛ガラス 鉛バリウムガラス		鉛ガラス	
古墳時代 (AD 3〜7世紀)	アルカリ石灰ガラス	アルカリ石灰ガラス	アルカリ石灰ガラス 鉛ガラス 鉛バリウムガラス	鉛ガラス		
平安時代(794〜1191年)		鉛ガラス	鉛ガラス	鉛ガラス	鉛ガラス	鉛ガラス
江戸時代(1603〜1867年)	鉛ガラス	アルカリ石灰ガラス	鉛ガラス	鉛ガラス	鉛ガラス	鉛ガラス

ソーダ石灰ガラス
soda-lime glass

[分　類]　アルカリケイ酸塩ガラスの一種で，融剤にナトリウムが使用されたガラスである．比重はおおよそ 2.4～2.6 を示す．

[化学組成]　主成分は酸化ナトリウム，酸化カルシウム，二酸化ケイ素である．古代のソーダ石灰ガラスは Na_2O-CaO-SiO_2 系と，酸化アルミニウムを多量に含む Na_2O-Al_2O_3-CaO-SiO_2 系の 2 種類に大別される．前者はおおよそ酸化ナトリウム 16～20％，酸化カルシウム 4～8％，二酸化ケイ素 62～70％，後者は酸化ナトリウム 14～20％，酸化アルミニウム 4～10％，酸化カルシウム 2～4％，二酸化ケイ素 57～70％の範囲にある．酸化アルミニウムを多く含むソーダ石灰ガラスのなかには酸化鉛を数％も含有するものが存在する．

[原　料]　古代ガラスの原料として，ソーダ原料はナトロン (natron) $Na_2CO_3 \cdot 10H_2O$（天然のソーダ灰でアフリカ産のソーダ灰が使用されたとされている．正確には trona ($Na_2CO_3 \cdot HNaCO_3 \cdot 2H_2O$) をさす）や reh（天然ソーダの一種で風化塩，詳細は不明），精製していない植物灰などが利用された．石灰原料は石灰岩，貝 $CaCO_3$ や苦灰岩 $CaMg(CO_3)_2$ などが，二酸化ケイ素は石英 SiO_2 を粉砕したもの，もしくは石英砂，川砂などが利用された．

[歴　史]　ガラスはメソポタミアで発明され，それがエジプトなどの地中海沿岸諸国に伝えられた．メソポタミア地方では，紀元前 2300 年ごろにはガラスが製造されたと考えられている．その後，エジプト・ローマ・イスラムなど「西方の地域」では，玉類などの装飾品や容器などがつくられ，それは Na_2O-CaO-SiO_2 系ソーダ石灰ガラスとして発達した．

「西方の地域」で発達したソーダ石灰ガラスが中国で出現するのは春秋時代（前 770～前 476 年）ごろからで，トンボ玉などが発見されている．また，韓国では後 1 世紀ごろの遺跡（海南郡の郡谷里貝塚）からソーダ石灰ガラスでつくられた緑色の管玉が発見された．日本では弥生時代後期初頭ごろからソーダ石灰ガラス製の小玉が少量ではあるが出現し，後期末ごろから赤色不透明な小玉 (Mutinalah) なども流通を始め，古墳時代はソーダ石灰ガラスの全盛期となった．

酸化アルミニウムを多く含むソーダ石灰ガラスはインド，スマトラ，タイ，ベトナム，日本など東南アジア～東アジア地域で発見されることから「アジアのガラス」ともいわれている．古墳時代の黄色，黄緑，オレンジ色などの多彩な色調のガラス小玉は酸化アルミニウムを多く含むソーダ石灰ガラスである．このタイプのソーダ石灰ガラスで有名なのはインドのアリカメドゥ (Arikamedu) 遺跡（紀元前 3 世紀～）で，当地では多量のガラス玉などが生産され交易された．

[ガラスの色調]　古代ガラスの着色は遷移金属イオンによる場合がほとんどである．古墳時代の Na_2O-CaO-SiO_2 系ソーダ石灰ガラスで青紺色系は微量のコバルトによったとされている．また，Na_2O-Al_2O_3-CaO-SiO_2 系ソーダ石灰ガラスにみられる黄色，黄緑色のガラスは，鉄や銅，鉛などが関与していると考えられる．　（肥塚隆保）

カリガラス
potash-glass

[**分類**] アルカリケイ酸塩ガラスの一種で，融剤にカリウムが使用されたガラスである．比重はおおよそ2.4前後を示す．

カリガラスは K_2O-SiO_2 系と K_2O-CaO-SiO_2 系（カリ石灰ガラス）が知られている．酸化カリウムと二酸化ケイ素の2成分系で構成されるカリガラスは，古代の中国や日本などアジアで発見される．このタイプのガラスはヨーロッパに存在しないことから「アジアのガラス」ともいわれる．

酸化カリウム，酸化カルシウム，二酸化ケイ素の3成分系のカリ石灰ガラスは中世ヨーロッパに存在したが，古代中国などアジアでも少量は発見されている．

[**化学組成**] 漢代の遺跡や弥生～古墳時代の遺跡から出土するカリガラスはおおよそ酸化カリウム15～20%，二酸化ケイ素73～80%で，これに酸化アルミニウム3%前後を含有する．酸化マグネシウムや酸化カルシウムは少なく1%前後以下しか含まれていない．カリ石灰ガラスでは，中国の戦国時代ごろの遺跡から出土するものは酸化カルシウム4～5%を含有する．また，ヨーロッパの中世におけるカリ石灰ガラスは酸化マグネシウムが3～9%含まれている．

[**原料**] 古代のカリガラス原料として，カリ原料はカリ硝石（saltpeter, potassium nitrate）KNO_3 や木灰などが，二酸化ケイ素は石英もしくは石英砂などが利用されたと推定されている．

[**歴史**] カリガラスで最も古いものは西周～戦国時代の遺跡で発見されたファイアンス玉やトンボ玉にみられ，これらはカリ石灰ガラスである．また，タイのバン・ドン・タ・ペット（Ban Don Ta Phet）出土の紀元前4世紀ごろのガラス玉にもカリ石灰ガラスが見つかっている．2成分系のカリガラスは中国で多く発見されている．特に，中国南部の広東省や広西自治区，雲南省などの漢代の遺跡から玉類などの装飾品が多量に発見されている．日本では弥生時代中期前半ごろの遺跡から出土するものが最も古く，弥生時代の後期にはカリガラスの玉類が多量に流通した．カリガラスの管玉は京都北部や兵庫県北部に多く，穿孔されたものも多い．古墳時代になるとソーダ石灰ガラスが流通し，しだいに衰退する．産地については明らかではないが，中国やインド，東南アジアなどが推定されている．

[**ガラスの色調**] 日本で出土するカリガラスの色調は青～紫紺色系，淡青色系そして青緑～緑色系である．これらの着色は遷移金属イオンによるもので，紺色系はコバルトによって着色された．この青～紫紺色系ガラスには必ず酸化マンガンが数%含有されることが特徴で，中国のコバルト鉱石が原料にされたとする説がある．淡青色系は銅が，青緑色や緑色系は鉄が関与している．また，カリガラスのなかには，コロイド技法によって着色されたものが発見されている（広西自治区から発見された銅赤ガラスの例）．このガラスは酸化マグネシウムが3%と高く，中国で発見される多くのカリガラスの組成とは異なっていることや，当時の中国ではコロイドによる着色技術がなかったことから，赤色のカリガラスは中国以外でつくられたと考えられている．

（肥塚隆保）

鉛バリウムガラス，鉛ガラス
lead-barium glass, lead glass

[分類] 鉛ケイ酸塩ガラスの一種で，鉛バリウムガラスは融剤に鉛とバリウムが，鉛ガラスは鉛のみが使用されたガラスである．見かけの比重は前者は5.0前後を示し，後者は4.0前後を示す．

[化学組成] 鉛バリウムガラスの主成分は酸化鉛，酸化バリウム，二酸化ケイ素である．中国や日本，韓国の遺跡から出土する鉛バリウムガラスの組成は一定せずかなりのばらつきを示す．その組成はおおよそ酸化鉛15～50%，酸化バリウム5～20%，二酸化ケイ素35～68%で，酸化ナトリウムや酸化マグネシウムは少量であるが，なかには酸化ナトリウムを6～8%含有するものが知られている．古代の遺跡から出土する鉛ガラスのほとんどは一酸化鉛の含有量が多く，60～70%の範囲に収まる．しかし，韓国で出土した鉛ガラスのなかには一酸化鉛含有量がこれらより少ないものも存在するといわれている．

[原料・製造] 鉛バリウムガラスの鉛原料は方鉛鉱 PbS などの鉛鉱石が，バリウム原料は重晶石 (barite) $BaSO_4$ や毒重石 (witherite) $BaCO_3$ などが考えられている．しかしこれらが単独で採取され原料として用いられたのではなく，鉛鉱石とバリウム鉱石が共生している鉱山から原料が採取されたので鉛とバリウムが混合したとも考えられている．一方，酸化ナトリウムを数%含有する鉛バリウムガラスについては，四川省に産する塩 ($NaCl$) が関与しているとの研究報告もある．鉛ガラスに関しては，その製法が記された唯一のものとしては，正倉院文書として現存するいわゆる「造仏所作物帳」がある．山崎一雄などによる解釈では，金属鉛から四三酸化鉛をつくり，これと石英を混合溶融して鉛ガラスを製造したと推定している．一方，鉛ガラスが製造された遺跡（古墳時代終末期の飛鳥池遺跡）からは方鉛鉱や石英，そして坩堝などが発見されており，初期の段階では鉱石を粉砕・混合して直接に加熱して溶融したことが推定されている．

[歴史] 鉛バリウムガラスを最初に発見したのは，C. G. Seligman と H. C. Beck で，漢代以前の玉類に酸化バリウムを含む特殊な鉛ガラスのあることを発見した．その後，山崎一雄により九州の須久岡本遺跡などから同様な組成をもつ璧や玉類などが発見された．

鉛バリウムガラスは戦国から漢代の遺跡で多数発見されることや，中国の独自の様式をもった容器類が存在すること，鉛同位体比法により中国産の鉛鉱石が原料に使われたと推定されることなどから，中国で製造されたガラスであると考えられている．漢代以降は途絶えており，日本でも弥生時代以降の遺跡からは数例が発見されているのみである．

鉛ガラスは紀元前8～6世紀ごろのメソポタミアで最初につくられたとする説があるが，西洋では発達せず東アジアにおいて発達した．中国では鉛バリウムガラスよりやや遅れて紀元前3～2世紀ごろに出現するようであるが，詳細は明らかでない．日本では弥生時代の遺跡から少量ではあるが鉛ガラスが出土している．古墳時代前期・中期には流通は途絶えるが，古墳時代後期

後半から奈良時代にかけて多量に流通した．

[**ガラスの色調**]　日本で出土する鉛バリウムガラスの大半は緑色系で，銅イオンによる着色である．最近，青色の管玉（白色と青色が縞状を呈する）から漢青（Han blue：$BaCuSi_4O_{10}$）が発見され，人工顔料を混合して着色する方法もあることが明らかになった．　　　　　　　　　　（肥塚隆保）

[**文　献**]

Seligman, C. G. and Beck, H. C. : *Bulletin of the Museum of Far Eastern Antiquities*, No.10, 1939.

(6) 染　料
dye

概　論
outline

　19世紀末に合成染料が発明されるまで，古代から世界中の染織品はみな天然染料を用いて，天然繊維を染めていた．天然染料とは動植物の色素であるが，多くは植物系のものである．動物色素としては，昆虫や貝に含有される色素で，インドのラックダイや中南米のコチニール（ともに赤色）や貝紫が有名である．植物色素は植物の樹皮（ヤマモモ），芯材（スオウ），根（アカネ），葉（アイ），花（ベニバナ）などから抽出して染浴とする．染浴に含まれる色素を媒染剤（ミョウバン，鉄奨などの金属塩）と反応させて染着したり，ミカン，レモンなどの天然の有機酸を加えたり（ベニバナ），灰汁，石灰などのアルカリ成分と反応させたり（カリヤス），空気酸化したり（藍染め）した．このような染色法についてはずいぶん古くからいろいろ工夫されていた．また，織機についても，原理的には現代と同じ装置を用いて平織・綾織・朱子織が織られていた．以下にあげるものは代表的な伝統染料である．染用植物の図は山崎青樹『草木染の事典』（東京堂出版，1981）から著者の了解を得て引用した．本文中に掲げた写真はすべて筆者（齊藤）撮影である．

　染織文化財に用いられている染料や媒染剤を科学的に分析する研究は1970年代ごろから行われ，化学反応による方法，クロマトグラフィー（ペーパークロマト，薄層クロマト）による方法などが行われたが，分析機器の発達とともにその精度が高まってきた．また，分析に要するサンプルの量も，近年飛躍的に少なくなってきている．現在，染料同定の非破壊的方法として最も精度の高い方法は，3次元蛍光光度計による方法である (Shimoyama and Noda, 1993, 1994, 1997a, 1997b；下山・野田，1992, 1994, 1997a, 1997b)．破壊的方法ではあるが，より精度の高い同定法として，0.5～1.0 cm程度の長さの糸1本から染料を抽出し，抽出液中に存在する多くの成分を高速液体クロマトグラフィーで分離し，色素成分の吸収スペクトルから染料の同定を行う方法が行われている (Wouters, 1985；Wouters and Verhecken, 1989；Quye and Wouters, 1991；Wouters and Rosario-Chirinos, 1992；Koren, 1994；Cardon et al., 1989；Kajitani and Saito, 1998；齊藤ほか，1998；林・齊藤，2001；小嶋ほか，2001；Saito and Hayashi, 2001)．媒染剤の分析には蛍光X線分析法が用いられ (Saito and Hayashi, 2001；涌井ほか，2001)，大きい染織品のなかの微小部分を測定できる携帯型の微小面積測定可能機種もある．このような科学的な分析研究の成果から，多くのことが明らかになってきている．たとえば，死海沿岸の遺跡から発掘された紀元前後の染織品の赤，紫染色布には，西洋アカネが用いられてい

表 染料の色調一覧

赤色系	べにばな	緑色系	えんじゅ
	コチニール	青色系	あい
	あかね	紫色系	ログウッド
	ケルメス		むらさき
黄色系	かりやす		ラック
	やまもも		すおう
	きはだ		貝紫
	うこん	黒色系	ごばいし
	えんじゅ		ログウッド

たこと,その布上の西洋アカネの色素成分(アリザリン,プルプリン,プソイドプルプリン)の比率がアカネのそれとは異なり,3つの色素のどれかが多いことから,このころにはすでに赤色の色相を変化させるための染色方法が確立していたと思われる (Saito and Kasasaku, 2002).

(柏木希介・齊藤昌子)

[[(6)章文献]]

Barber, E. J. W. : Prehistoric Textiles, Princeton University Press, 1991.
Cardon, D., Colombini, A. and Oger, B. : *Dyes in History and Archaeology*, 8, 22, 1989.
Cardon, D. and Chatenet, G. : Guide des Teintures Naturelles, Delachaux et Niestle, 1990.
林 暁子,齊藤昌子:文化財保存修復学会誌,45, 27, 2001.
林 孝三編:植物色素,養賢堂,1991.
稲垣 勲:植物化学,医歯薬出版,1981.
Kajitani, N. and Saito, M. : Proceedings of the ICOM-CC Interim Meeting, Palermo, pp.21, 1998.
小嶋真理子,林 暁子,霜鳥真意子,齊藤昌子:共立女子大学家政学部紀要,47号,p.51, 2001.
Koren, Z. : *J. S. D. C.*, 110, 273, 1994.
水野瑞夫監修:日本薬草全書,新日本法規,1995.
Quye, A. and Wouters, Y. : *Dyes in History and Archaeology*, 10, 48, 1991.
齊藤昌子,森川知美,梶谷宣子:共立女子大学総合文化研究所年報,第4号,113, 1998.
Saito, M. and Hayashi, A. : *Dyes in History and Archaeology*, 19, 2001.
Saito, M. and Kasasaku, N. : *Dyes in History and Archaeology*, 20, 2002.
世界有用植物事典,平凡社,1996.
Shimoyama, S. and Noda, Y. : *Dyes in History and Archaeology*, 12, 45, 1993 ; 13, 14, 1994 ; 15, 27, 1997a ; 15, 70, 1997b.
下山 進,野田裕子:分析化学,41, 243, 1992 ; 43, 475, 1994 ; 46, 571, 1997a ; 46, 791, 1997b.
田中 治,野副重男,相見則郎,永井正博編集:天然物化学,南江堂,2001.
涌井麻衣子,谷田貝麻美子,小原奈津子,佐野千絵,生野晴美,馬越芳子,齊藤昌子:文化財保存修復学会誌,45, 12, 2001.
涌井麻衣子,齊藤昌子:文化財保存修復学会誌,46, 2002.
Wouters, Y. : *Studies in Conservation*, 30, 119, 1985.
Wouters, Y. and Verhecken, A. : *Studies in Conservation*, 34, 189, 1989.
Wouters, Y. and Rosario-Chirinos, N. : *JAIC*, 31, 237, 1992.
山崎青樹:草木染日本の色,美術出版社,1972 ; 草木染の事典,東京堂,1981 ; 草木染—色を極めて五十年,美術出版社,1995.
吉岡常雄:日本の色—植物染料のはなし,紫紅社,1983 ; 色の歴史手帖,PHP研究所,1997 ; 染めと織の歴史手帖,PHP研究所,1998 ; 日本の色辞典,紫紅社,2001.

べにばな（紅花）
safflower

Safflo, Carthamus tinctorius L.

エジプトまたはメソポタミア原産といわれるキク科の越年草である．葉は広がった形でへりは鋸歯状になっている．6～7月ごろアザミに似た黄色の花をつけ，赤色に変わる．実からはベニバナ油がとれ，食用となる．花は染料のほか口紅の材料としても知られ，薬用にもなる．染色に用いられる色素は花弁に含まれ，最初黄色のカーサミン（carthamin）が，酸化してすぐカーサモン（carthamone）に変わる．カーサミンと共存する黄色素としてサフラワーイエロー（safflomin A，B などの混合物）と呼ばれる水溶性の色素を先に抽出してから，アルカリ水で紅色素を抽出し，酸を加えて弱酸性にして染める．また，保存や使用の便利のため，一度紅色素で麻布を染めてから浸出したり，浸出花弁を丸めて紅餅にして保存し，それを再抽出して染浴にすることがある．鮮やかな桃色や韓紅花に染めるが，他の黄色染料を染めた上に紅を重ねる片紅や藍下地で紅に染める青味の紫色二藍なども古くから知られている．

『万葉集』のなかに「外のみに見つつ恋なむ紅の末摘む花の色にいでずとも」とあり，『源氏物語』や『古今和歌集』には末摘花と出ている．花の先を摘み取ることから呼ばれた名前である．

ベニバナの赤はアカネなどの他の赤と比べ鮮やかな色が出るので，非常に多用され，特に安土・桃山期以降盛んに使われた．外国では，エジプトで紀元前にすでに用いられていた．

ベニバナの色素は熱に弱いので，抽出や染色は 40℃以下で行う方が安全である．非常に光退色しやすい．各地の博物館などで退色して黄金色になった古い衣裳をよく見かける．　　　　　（柏木希介・齊藤昌子）

ベニバナ（紅花）

カーサミン

サフロミン A

ごばいし（五倍子，付子）
sumac gall

Rhus semiallata lump

ヌルデの樹（白膠子）（*Rhus javanica* L.）にヌルデノミミフシアブラムシ（*Metaphis Chinensis*）の刺傷で生じる虫こぶを蒸して乾燥したもので，付子ともいう．タンニンの含量が多く，約50％．薬用にも用いられるが，歯を染める御歯黒はこの粉末と鉄奨(かね)を用いる．中国渡来と推定されるが，平安時代にすでに使用されていた，日本の代表的タンニン染料である．タンニンは植物の各部に広く分布する一種のポリフェノールで（分子量500～3,500くらい），加水分解型と縮合型の2種がある．いずれも水溶性で，タンパク質と反応し（皮なめし作用），繊維に吸着し，金属特に鉄と反応して黒色を呈する．ゴバイシは加水分解型タンニンである．鉄媒染で黒橡（黒色）になるが，紫鼠や藤色にもでき，他の染料の下染めとしても用いられる．

タンニンの鉄媒染による黒色は近世かなり普及したが，著しく繊維を劣化させるため，黒色の染織文化財で残っているものは多くない．劣化のメカニズムについては未だ完全には解明されていない．

〔柏木希介・齊藤昌子〕

コチニール
cochineal

メキシコ原産．サボテンの一種（*Nopalae coccinellifera*）につくメスのカイガラムシ（*Dactylopius cocus*）がもつ色素を染料とする．メキシコから南アメリカへもたらされ，中南米諸国では古くから赤色染料として用いられた．メキシコ，アンデスの染織品にみられる．スペイン人によるアメリカ大陸「発見」後，ヨーロッパに持ち帰られ，16世紀以降のヨーロッパの染織品に大きな影響を与えた．特にコチニールのスズ媒染は鮮やかな赤，緋色で，当時の人々に好まれ短い期間にそれまでのケルメスによる赤色（燕脂色に近い）が鮮やかな赤へと変化した．日本には江戸時代末期には渡来していたとされている．

主要色素はアントラキノン型のカルミン酸（carminic acid）で，食物の着色料としても用いられている．

アルミニウム媒染で赤色，スズ媒染で緋色．染色堅牢度は大きい．

〔柏木希介・齊藤昌子〕

カルミン酸

コチニール（口絵1参照）

かりやす（刈安）
kariyasu

カリヤスには近江刈安（別名黄染草）（*Miscanthus tinctorius*），八丈刈安（別名こぶなぐさ：写真）（*Arthraxon hispidus*）の2種類あり，ともにイネ科の植物で各地の山野に群生する多年草．染色には全草を用いる．主要色素は，植物色素に最も多いフラボノド色素の一種フラボンに属するアルトラキシン（arthraxin）とルテオリン（luteolin）で，ともに配糖体となっていることが多い．

フラボノイドとは植物の花や葉・幹・樹皮などに広く分布する典型的植物色素で，最も多くの色素がこれに属する．フラボノイドのほかにもキノン，クロロフィル（葉緑素），カロチノイド，メラニンなどそれぞれの化学構造の特徴に基づいて分類される．特にフラボノイドにはいくつもの誘導体があり，フラボノール，フラボンなどそれぞれの型に属する色素が多数知られている．紅葉や赤い花によくみられるアントシアニンもフラボノイドの一種である．

煎汁だけで淡黄色に，灰汁やミョウバン媒染で緑黄色，鉄媒染では鶯色〜暗緑色になる．天平時代にすでに用いられ，正倉院の染紙に刈安紙がある．間道模様や各地の絣織りの黄を染めるのにも用いられた．黄八丈は八丈島の特産で，ハチジョウカリヤスの灰汁媒染で染める．地域によっては，鉄分を含む泥に浸すなどの方法で鉄媒染が行われ，ローカル色のある方法がとられている．

（柏木希介・齊藤昌子）

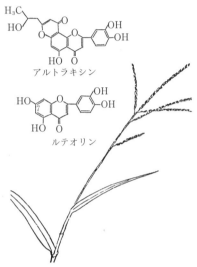

アルトラキシン

ルテオリン

カリヤス（刈安）

あ　い（藍，蓼藍）
Chinese indigo

Polygonum tinctorium L.

タデ科の植物で，日本では古く仁徳朝に中国から輸入されて染用としたとされる．それ以前は山野に自生したヤマアイ（トウダイグサ科）を用いていたと考えられるが，ヤマアイの色素成分は不明である．その後リュウキュウアイ（キツネノゴマ科）や大青（アブラナ科）なども用いられたが，色素成分はいずれも青色のインジゴ（indigo）である．藍草を保温しながら，藍甕のなかで水を加えて発酵させると，インジゴができるが（藍建），インジゴは水に不溶なので，一旦還元して水溶性にして染め，空気にさらして酸化し，もとのインジゴの青にする．これを建染め（バット）染料という．実際には，インジゴを完全には還元せず，若干残っている状態で染色することが多い．

藍色は縹色ともいったが，古代の藍色は現代と少し違った色調だったという説もある．黄染料と交染して緑色をつくることが多い．

インジゴは水，アルコール，アルカリには不溶で，クロロホルムや熱フェノールには溶けるので，染布からの抽出にはクロロホルムがよく用いられる．

アイは古代から染料の代表格で，中国，エジプト，インド，中南米で最も古くから染料とされてきた．染料用には藍玉（発酵藍草を固めたもの），蒅（写真），泥藍などの使いやすい形で出荷する．日本では江戸時代，四国徳島産のアイが有名で，各地に藍問屋や紺屋（藍染めの店）があった．アイは特に木綿によく染まり，庶民の色として普及した．絣の着物，手甲脚半から野良着，風呂敷，夜具などに藍染め木綿が使用された．沖縄の藍型は紅型とともに知られている．日本では，絣というと藍色を思い出すほどで，それらの染色はジャパンブルーとも呼ばれた．

摩擦堅牢度はよくないが，耐光堅牢度は優れている．　　　　（柏木希介・齊藤昌子）

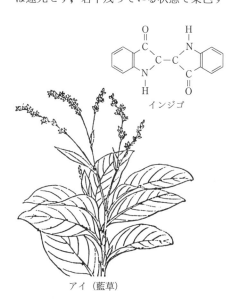

アイ（藍草）　インジゴ

蒅（すくも）

ロッグウッド
logwood

Haematoxylon campechianum L.

原産地は中南米で，熱帯地方で栽培されるマメ科の喬木．幹にとげがあり，葉は羽状複葉，花は黄色である．幹材からヘマトキシリン（haematoxylin）という色素を抽出して染浴をつくるが，エキスとしても販売されている．若材はヘマトキシリンが多く，老材はそれの酸化型のヘマチンが多いといわれる．インカ，マヤの染色に使用されていた．日本には近代になって輸入され，紫色または黒色系の染色に用いられた．ヘマトキシリンは微生物検体の顕微鏡観察などに現在も使われている．スズ媒染で紫色，アルミニウムで紫黒色，鉄で青黒色，鉄とクロムの併用でも黒色になる．同じ中南米のコチニールと交染して，赤紫にもする．タンニンで下染めした綿の染色に使って，黒色を出すこともある．筆者の分析結果では，南アメリカ，アンデスのプレインカの古裂の黒と黄褐色にロッグウッドが検出された．　　　（柏木希介・齊藤昌子）

ヘマトキシリン

やまもも（楊梅，山桃）
yamamomo, Chinese strawberry tree

Myrica rubra Seib. et Zucc.

染色や薬用に供するのは樹皮で，渋木とも称する．黄色染めとして江戸時代に多く用いられた．主要色素はフラボノールの一種ミリセチン（myricetin）で，通常配糖体として存在する．タマネギの皮の色素クエルセチンに近い構造である．ヤマモモの樹皮は，色素のほかタンニンを多く含むため黄色に渋味が加わる．エキスとして市販されることが多い．単独ではやや渋い黄色．他の染料と重ね染めして，茶系統の色相や，黒地を出すのにも用いる．媒染剤によって色相は異なるが，石灰で茶，ミョウバンで黄色，鉄で緑黒色（縮合型タンニンの特色），クロムで赤褐色，アルミニウムと銅で金茶色になる．　　（柏木希介・齊藤昌子）

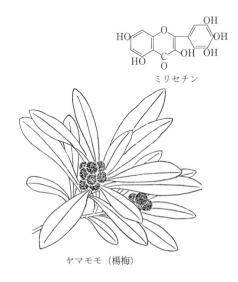

ミリセチン

ヤマモモ（楊梅）

むらさき（紫根，紫草）
gromwell, Lithospermum root, murasaki

Lithospermum erythrorhizon

中国，日本などに広く分布するムラサキ科の多年草で，山地や草原に自生する草丈

シコニン

紫根（軟紫根）

ムラサキ（紫草）

30〜60 cm，根は赤紫色で太く，地中に長く伸びる．6〜7月ごろ白色の小さな花をつける．飛鳥時代から知られた染用植物で，薬用にも用いた．有名な『万葉集』で額田王の「茜さす紫野行き標野行き，野守は見ずや君が袖振る」に歌われている．かつて武蔵野にも昭和初期まで自生していたが，現在はほとんど絶滅し，中国から輸入している．この色素はシコニン（shikonin）というナフトキノン型で，水に不溶であるため，抽出が難しい．そのため，紫根染めは秘伝的に取り扱われることがあったが，アルカリに若干溶けるので，ツバキやヒサカキなどアルミニウムの多い灰汁で先媒染し，染色されたと考えられる．また，赤味をつけるために酸を加えることもある．色はいずれも渋い紫色になる．安土・桃山期以降は紫根染めは少なくなり，スオウによる明るい紫色が増えた．日光および摩擦堅牢度大．日光に高湿度が重なると退色する．温度60℃以上では変色しやすいので，抽出や染色の操作は注意を要する．

（柏木希介・齊藤昌子）

きはだ (黄蘗・黄柏)
amur cork tree, Phellodendron bark

Phellodendron amurense, P. chinese

各地の山地に自生するミカン科の落葉樹である．幹の外皮は厚いコルク質で，内皮は黄色．葉は対生し，子葉は楕円形でふちは細かい歯状になっている．雌雄異株で，黄色い内皮を染色に用いる．最も古くから用いられた染料で，飛鳥時代以前すでに使われ，黄柏皮として薬用にもなった．

樹皮の色素はベルベリン (berberine) である．弱塩基性で，媒染剤なしでも，鮮やかな黄色に染まる直接染料型である．ベルベリンは冷水には溶けないが，熱水によく溶けるので，抽出しやすく，アルミニウムで媒染すると美しい黄色，鉄で鴇色（ひわいろ）や海松色（みるいろ）になる．正倉院の黄染紙はキハダで染めたものと考えられている．

黄色は月日が経って劣化すると，茶色味になる傾向がある．カリヤスと交染したり，コチニールなどの赤染の下染めなどにも用いられるという．緋色を表すには，紅茶を主体にして，クチナシやキハダを下染めにするとよいともいわれ，スオウの赤色の下染めにも有効である．

ベルベリン

キハダ（黄蘗）

(柏木希介・齊藤昌子)

あかね (茜)
madder

茜染めに使われた植物には，地中海沿岸，西アジアを原産とする西洋アカネ（ムツバアカネ）(*Rubia tinctorum* L.)，中国，インド，ビルマ，タイ，スマトラ，インドネシアを原産とする中国アカネ，インドアカネ (*R. Munjista* Roxb., *R. cordifolia* L.)，日本産の茜草 (*R. akane* Nakai)，モルッカ諸島を原産とし，東南アジアから沖縄にみられる常緑小木のヤエヤマアオキ (*Morinda citrifolia* L.) などがある．いずれも根の部分が染色に用いられるが，植物によって含まれる色素が異なるため，染色布の色相が少しずつ異なる．ムツバアカネの主要色素はアリザリン (alizarin) のほか，プルプリンなど18種のアントラキノン誘導体が含まれ，茜草の主要色素はプソイドプルプリン (pseudopurpurin)，ムンジスチンなどである．これらの色素はいずれもアントラキノン型であるため，日光などに対して非常に堅牢である．

アカネは最も古くから用いられた染料の一つで，紀元前3000年ごろのエジプトですでにベニバナ，アイとともに糸，布，皮革の染色に用いられていた．ツタンカーメンの墓の麻布から，さらに古くはインドのモヘンジョ＝ダロの木綿布から検出されている．日本では『日本書紀』，大宝律令などにすでにみられ，日本の古い裂からアリザリンが検出されているという資料もある．

染色には，根をよく叩き，こすって皮の下の部分にある染料を水に溶け出させる．茜草は採集して日時が経過すると染まりにくくなるので，採集後乾燥させてすぐ使用する．ムツバアカネは逆に，採集後数年経った方がよいとされている．染色にはミョウバン，ツバキや柃（ヒサカキ）の灰などのアルミニウム分を多く含むものでの媒染とアルカリ媒染がある．染色布の色相は，茜色，緋色，深緋（こきあけ），鴇色（ときいろ）．　　（柏木希介・齊藤昌子）

ムツバアカネ（六葉茜）

アカネ（茜草）

ケルメス（洋紅）
kermes

地中海沿岸，中近東でヒイラギの木に寄生する昆虫（燕脂虫の一種，*Kermes vermilio, K. ilicis, K. palestiniensis*）。主要色素はアントラキノン型のケルメス酸（kermesic acid），フラボケルメス酸といわれている．

Kermes vermilio

ケルメス酸

古代から中世に至るまで，ヨーロッパ，地中海沿岸，中東では貴重な赤色染料として染色に用いられてきたが，色素の含量が少なく，染色には膨大な量の染料が必要であった．アメリカ大陸「発見」後，スペイン人によって中南米から持ち帰られたコチニールは色素の含量が多く染色しやすいこと，スズ媒染によって鮮やかな赤色が得られることから，中世のヨーロッパにおけるタペストリー，絨緞などにコチニールが用いられるようになった．現在では，ケルメスによる染色はほとんどみられなくなったが，アフリカ北部の地中海沿岸，チュニジアで男性がかぶる毛の帽子の染色などにごく一部残っている．色は紫系の赤．

（柏木希介・齊藤昌子）

貝紫
Tyrian purple

アクキガイ科のボラガイ，レイシガイ，ニシガイ科のアカニシなどのパープル腺に含まれる無色〜淡黄色の色素中間体（2-メチルチオインドキシル誘導体）を布にしみ込ませて酸化発色させ，染色する．色素は，インドール類の6,6-ジブロムインジゴで，アイの色素であるインジゴと同類である．色は赤紫色．

この染色法は，地中海沿岸で4,000年以上前から行われており，その地名（Tyre）から，チリアンパープルとも呼ばれた．ペルー，メキシコでも行われていた．糸や布を海岸へ持参し，とった貝のパープル腺を取り出してこすりつけて発色させた．日本では，弥生前期（紀元前3世紀）に成立したとされる佐賀県の吉野ヶ里遺跡出土の甕棺から発見された腕輪に付着していた布片が貝紫で染められていた (Shimoyama and Noda, 1993, 1994, 1997a, 1997b；下山・野田，1992, 1994, 1997a, 1997b).

1着の衣服を染めるのに膨大な数の貝が必要なことから，ローマ皇帝専用とされ，帝王紫とも呼ばれた．　（柏木希介・齊藤昌子）

ラック（ラックダイ）
lac

インド，ブータン，ネパール，チベット，東南アジアの一部，中国南部でとれるラック虫（イヌナツメ，ビルマネムなどの樹木に寄生するカイガラムシで，燕脂虫とも呼ばれる）に含まれる染料．紅紫色の色素を含む．樹脂と色素が混ざり合っているため，樹脂と色素成分を分離，抽出するのが難しく，エキスとして売られていることが多い．主要色素はアントラキノン型のラッカイン酸である．

インド，中東で多く用いられてきたが，日本でも正倉院薬物帳に記載され，現品が同所に収蔵されている（紫鉱）．江戸時代には花没薬と呼ばれ，薬用に用いられた．

このラック虫から抽出された色素成分を直径 15〜30 cm の円形の薄い綿に染み込ませて乾燥させた燕脂綿（綿燕脂，胡燕脂とも称される）は，交易品として使われ，中国から日本へ輸入されて，絵画用の絵具，友禅，更紗の染料として用いられた．染色にはミョウバン媒染で青味のある赤色を得る．

染色布の日光堅牢度，洗濯堅牢度はともに大きい方である．　　（柏木希介・齊藤昌子）

A : R=CH$_2$NHA$_c$
B : R=CH$_2$OH
C : R=CH(NH$_2$)CO$_2$H
E : R=CH$_2$NH$_2$

ラック

ラッカイン酸

すおう（蘇枋, 蘇芳）
sappan, sappan wood

Caesalpinia sappan L.

インド，マレーシア原産のマメ科の植物で，心材を粉にして染色に用いる．薬用にも用いられ（蘇木），ヨーロッパでは葡萄酒の着色料としても使用された．主要色素はベンゾピラン類のブラジリン（brazilin）．

煎汁そのままでは黄褐色，ミョウバン媒染で赤褐色，灰汁で赤紫，鉄媒染で紫色．

飛鳥時代に中国を経て日本へ渡来したとされる．古代の服色では蘇枋色（紫味のある赤色）は上位の色とされた．平安時代には，装束の色名として使用された．江戸時代には，紫草で染めた本紫に対し，スオウとアイとの併用で紫色を染めたものが庶民の間で使用され，似紫（にせむらさき）と呼ばれた．また，赤系統の色としてベニバナや茜草の代わりとしても用いられたらしい．

色相が美しく，染色方法が簡単であるが，アカネ，ラックなどの他の赤色染料に比べ染色堅牢度が小さく，変退色が生じやすい．

（柏木希介・齊藤昌子）

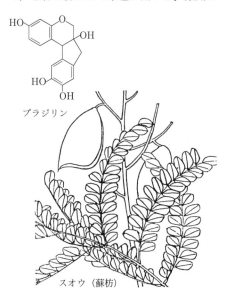

ブラジリン

スオウ（蘇枋）

うこん (鬱根, 通称ターメリック)
turmeric

Curcuma longa L.

インド, 中国, マレーシア, インドネシアなどの熱帯アジア原産のショウガ科の多年生草本で, 根の部分を染色, 薬用, カレー粉の原料, 沢庵などの着色料として用いる.

主要色素は橙黄色色素のクルクミン (curcumin, ケトン類).

水溶液に布を浸し, 梅酢, クエン酸で黄色に発色させる. ベニバナの下染めとしてクチナシとともに用いられた. 酸の代わりに灰汁などのアルカリを使うと赤味が強くなる. 木綿に染めた布 (うこん木綿) は, 殺菌, 防虫効果が大きいことから, 産着や胴巻, 風呂敷, 掛け軸, 茶道具, 陶器, 漆器などを包む布として用いられた. 日本では室町後期〜江戸時代ごろから使用されたとされている.

染色堅牢度は大きくなく, 特に光による退色が大きい. 木灰媒染布は鉄媒染布より堅牢度が小さい.　　　　(柏木希介・齊藤昌子)

クルクミン

HO—⟨ ⟩—CH=CH-C-CH$_2$-C-CH=CH—⟨ ⟩—OH
　　　|　　　　　　‖　　‖　　　　　|
　　　R$_1$　　　　O　　O　　　　　R$_2$

R$_1$	R$_2$	
OCH$_3$	OCH$_3$	curcumine I
OCH$_3$	H	curcumine II
H	H	curcumine III

ウコン (鬱金) の花と根

えんじゅ（槐花）
Japanese pagoda tree, Chinese scholar tree

Sophora japonica L.

中国原産のマメ科の植物で，古くから日本に渡来し，蕾の乾燥物を染色，薬用に用いた．現在，街路樹などに多く用いられており，7～8月ごろ，淡黄白色の花蕾を小枝の先につける．

ルチン

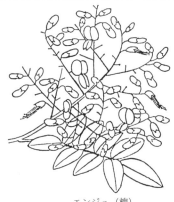
エンジュ（槐）

主要色素はフラボノイドの一種のルチン（rutin）で，ミョウバン媒染で黄色，灰汁や石灰で黄色ないし青黄色，鉄媒染で暗緑色になる．木綿にもよく染まる．

中国では古くから染色に用いられていたが，日本ではあまり使われなかった．

染色堅牢度はあまり大きくなく，光による退色が大きい．　　　（柏木希介・齊藤昌子）

(7) 日本の顔料
Japanese pigments

概論
outline

　顔料という名称はかなり広く用いられており，狭い意味では絵画用の材料のことになるが，さらに工業における用途もあり，また化粧品への応用もある．ここでは繁雑を避けるため，絵画用，特に日本画用の顔料について概説する．どの場合でもそうなのだが，材料はまず天然の，しかも入手容易なものから始まり，次いで入手困難なもの，そして人造のものと発展していく．つまり，土，岩，花などから抽出されたものが最初であろう．古代の人々の色彩システムを考えてみると，よく知られているのは，黒，白，赤，青，黄の5色が基本となっている．日本では後に黒→紫，青→緑のように変化してくるが，いずれにしても，われわれが比較的簡単に利用可能な有色物質のもつ色彩を単純化して分類列挙したものといえる．すなわち，赤は赤土の色あるいは血液の色，青は青空の色あるいは水の色，黄は土の色，緑は草木の色，などである．原始的な色材はこうした材料の根源的な属生と無関係ではない．

　分類は一覧表のとおり． 　　（杉下龍一郎）

表　顔料の分類一覧

白色顔料	白土 胡粉 鉛白 亜鉛華	黄色顔料	黄土 密陀僧 その他
赤色顔料	朱 べんがら 鉛丹	青色， 緑色顔料 紫色顔料 黒色顔料	群青， 緑青

白土（はくど）
chalk, China clay, *terra alba*

　よく出てくる顔料名だが，その意味はややあいまいである．白い天然の土ということだから，まず白亜を意味するが同時に白色粘土の意味にもなる．白亜は俗にいう白墨（チョーク）であって，海洋性微生物の遺体が堆積したもので，顕微鏡下でこうした微生物の存在を観察することができる．成分的には $CaCO_3$ と記述できる．

　白色粘土 $Al_2Si_2O_5(OH)_4$ はケイ酸マグネシウムないしアルミニウム塩鉱物である粘土のなかで，鉄などの有色性の成分を含まないもの，すなわちカオリナイト（kaolinite）を主成分とするものである．語源は中国語の高嶺土．陶磁器の原料でもあり，陶土とも呼ばれる．無機性の鉱物として石灰石があり，これも組成は同じである．まれではあるが，この石灰石をやはり白土と呼んだ例もある．

　ともに天然物質そのものであって，人工的に合成することはない．土質の微小粒子で構成されるからメディウムの吸収量は大きい．

（杉下龍一郎）

胡　　粉
gofun, whitewash

蛤粉とも書き，いずれもごふんと読む。大型の貝殻を粉砕して作成する。組成は上記の白亜と同じく$CaCO_3$で，白亜との区別は，顕微鏡観察によって海洋性微生物が存在するかどうかによる。なお，中世までは胡粉と書いて鉛白のことを意味したと思われる。

胡粉は入手も容易で廉価でもあるのできわめて有用な顔料といえるが，その屈折率が植物乾性油のリンシード油などのそれと近似しているため，油彩画の場合，メディウムと混合したとき半透明化してしまい使用できない。日本画では用いられるのに西洋画ではまれなのはこの理由による。

(杉下龍一郎)

鉛　　白（えんぱく）
lead white

通常，合成によって得られるもので，組成は$2PbCO_3 \cdot Pb(OH)_2$である。起源は古く，古代の中国でも製法が知られていた。3,000年ほどの歴史があるわけで，エジプトブルーと並び，最古の合成顔料の一つである。金属の鉛を原料（方鉛鉱PbSから得られる）とし，鉛の表面を酢酸蒸気で変化させた後，二酸化炭素に接触させることにより，塩基性酢酸鉛→炭酸鉛として合成する。近代的な工業生産においても原理は同じでこれを和蘭法（Dutch process）と呼んだ。鉛塩の塩基性水溶液に二酸化炭素気体を吹き込む方法もあり，これは仏蘭西法（French process）という。西欧ではシルバーホワイト（silver white），ブランダルジャン（blanc d'argent）といった。

合成法からもわかるように，塩基性なので酸には弱く二酸化炭素気体を放って溶解する。以前は合成後の精製が悪く，絵具として使用する際は，事前に灰汁抜きの処置をとらねばならなかった。江戸時代の技法書などにその処方が散見される。前述のように，中世まではこれを胡粉と呼んでいたようである。鉛の酸化物や硫化物は有色なので，画面上で黒変や褐変することがある。こうした変化の過程については諸説があるが，未だ不明の点が多い。(杉下龍一郎)

亜鉛華（あえんか）
zinc white

　金属亜鉛を焼くことによって生成する．亜鉛華は薬用の名称で，美術材料としてはそのままジンクホワイト（zinc white）ということの方が多い．歴史はそれほど古くなく，金属亜鉛自体が紀元前より知られているのにもかかわらず，顔料としての酸化亜鉛の使用は，わが国においてはたかだか江戸期からである．

　化学式は ZnO で酸には弱いが，鉛と異なって毒性はなく，薬用としての用途もある．化学変化によっても変色しない．多くの金属塩は硫黄との作用により，美しくない黒色ないし褐色となるが，亜鉛は白色のままであり特徴的である．　　（杉下龍一郎）

朱
vermilion, cinnabar, (minium)

　歴史上最も早くから知られている顔料である．バーミリオン（vermilion）というが，これはラテン語の *vermiculum*（小さな虫）を語源としており，コチニールの意味であって，その鮮紅色との類似から命名されたものであろう．

　組成は HgS で天然鉱物としても得ることができ，中国では辰砂と呼んでいる．古くは丹砂といい，特に辰州に産出するものが優品であるので，辰州の丹砂なので辰砂だといった．西欧社会では zinnabaris と表されることから，これが天然の HgS 鉱物 cinnabar の語源となった．中国の古書では「丹砂は荊州に産す」とあり，荊州は今日の湖南省に比定されるので，ほとんどの成書は辰砂の産地をここと述べている．事実関係は別として，荊州は古代中国の仮想的な地理として，中国全土九州のうち最南端に位置づけられており，また古代の色彩システムでは南方に朱色が当てられていたので，こうした観念的な理解から朱色の顔料である辰砂の産地として記述されたものと考えられる．

　合成法も古くからあり，まず金属水銀を硫黄と接触させると黒色の硫化水銀が得られる．これを ethiop と呼ぶが，さらにこれを昇華させ，次いで急冷すると赤色の安定な HgS となる．この処方は古くからよく知られており，明代の産業技術書『天工開物』にも記載がある．近代的な方法として，ethiop をつくった後，これを塩基性水溶液で処理するとやはり赤色の朱を生じる．

　不溶性で安定であり，よく鉛を含む顔料と接触すると反応して鉛顔料を黒変させるというが，これにはあまり根拠はない．
　　　　　　　　　　　　　　（杉下龍一郎）

べんがら
red iron oxide

弁柄は当て字．紅殻とも書く．インドの地名ベンガルから出たとよくいわれるが不明．Fe_2O_3で鉄の化合物（たとえば硫酸第一鉄）あるいは黄土を焼けば生成する．

朱に比べると安価なので古来多用された．絵画用だけでなく，工芸品あるいは建築にもよく用いられる．　　（杉下龍一郎）

◇コラム◇朱とべんがら――葬送に伴う赤色顔料

日本列島では，かつて葬送に朱やべんがらを使う時代があった．北海道の旧石器時代後半期（2万年前）や東北の縄文時代後・晩期（4,000～2,000年前）には墓からべんがらが出土する．この赤色の風習は日本列島の全域に広がるものではなく，下っても関東地方までであった．一方，東日本の風習とは別に，北部九州や近畿地方では，弥生時代早期（BC5～4世紀）以降の墓で遺骸の特に頭胸部周辺から少量の朱が出土する．弥生時代前期末～後期前半（BC3～AD1世紀）には青銅器やガラスと同じように朱は「威信財」の一つとして，北部九州地方の墳墓で遺骸そのものに大量に施された．眩い朱の赤と装身具の青に象徴される吉野ヶ里遺跡の甕棺内の情景が物語るとおりであろう．

倭国争乱～邪馬台国の時代（2～3世紀）の北九州地方では石棺の内側をべんがらで塗り，遺骸の頭胸部には朱を施す「朱とべんがらの使い分け」が盛況する．その後，古墳の営まれる地域全体で「遺骸には朱，埋葬施設にはべんがら」の方法が採用され，6世紀後半に終焉を迎えるまで日本列島の墳墓のなかは赤色の世界であった（写真1）．

朱は粒度による色の差異が顕著な顔料．特に弥生時代の墳墓出土朱は時期で粒度に違いがある可能性が高く，その色は大まかに赤系→オレンジ系→ピンク系と変化するようである．古墳時代の朱の粒度はさまざまで，写真のような粒度がほぼ一般的であろう．

べんがらは大きく鉄細菌系と非鉄細菌系に分かれ，千差万別の赤色をみせる．代表的な鉄細菌系のパイプ状べんがら（写真2）は，日本列島全域で縄文時代から使用されており，しかも特徴的な外観から識別しやすいので，分類の指標ともなる．

（本田光子）

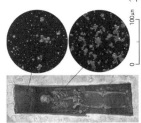

写真1　大分県宇佐市別府・折戸ノ上遺跡（古墳時代）（宇佐市教育委員会「宇佐地区遺跡群発掘調査概報XIII」）（口絵2参照）
左：壁面・非パイプ系べんがら，右：頭胸部・朱．

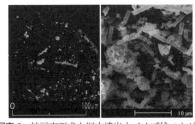

写真2　神戸市西求女塚古墳出土パイプ状べんがら（神戸市教育委員会提供）（口絵2参照）
左：光学顕微鏡写真，右：電子顕微鏡写真．

鉛　　丹（えんたん）
red lead, (minium)

　短縮して，丹ともいう．組成はPb_3O_4．オレンジ色〜赤色を程する．鉛白などの鉛化合物を強熱して製造する．丹砂（朱）と混同されやすい．

　古くは minium と呼んだが，これは朱のことをも意味するので注意が必要である．

　鉛の酸化物は酸化数が上昇すると暗色化するので，環境の変化によって，壁画の肌色をよく黒変させる．敦煌莫高窟の壁画面はそのよい例である．　　　（杉下龍一郎）

黄　　土（おうど）
ocher, ochre（英）

　西洋画でいうオークル（ochre）である．組成は含水酸化鉄 $Fe_2O_3 \cdot nH_2O$．天然の土を精製することによりつくっている．天然物質であるので純粋ではなく，主成分以外に Al や Si などを含有する．

　強熱すると結晶水を失い，ついにはべんがらを生成する．　　　（杉下龍一郎）

密　陀　僧（みつだそう）
litharge, massicot

　鉛の酸化物で PbO．鉛と酸素の結合比の微妙な差によって色調が変化し，金密陀（リサージ：litharge，やや赤）と銀密陀（マシコット：massicot，やや黄色）とに分かれる．無機化学の成書では金密陀をマシコット，銀密陀をリサージとするものもある．筆者（杉下）の管見によれば，リサージは lithos（石）＋argyros（銀）なのだから，銀密陀がリサージというべきであろう．

　顔料としてよりも，油の添加剤として使われたことが多く，奈良時代の密陀盆などはエゴマの油にこの密陀僧を加え，漆類似の技法で造形している．　　　（杉下龍一郎）

その他の黄色顔料
other yellow pigments

　雄黄，雌黄があるが，雄黄（鶏冠石粉末（realgar），石黄）As_2S_2 で有毒，雌黄（ガンボージ樹脂（gamboge），藤黄）は入手困難の理由でほとんど使われることはない．　　　（杉下龍一郎）

群青，緑青（ぐんじょう，ろくしょう）
azurite, malachite

　天然の含銅鉱物藍銅鉱（azurite）を粉砕して製する．今日では群青は全く異なる合成顔料ウルトラマリン（ultramarine）のことをさしており，厄介な混用がある．本項の群青は組成が $2CuCO_3 \cdot Cu(OH)_2$ で，混同を避けるため，しばしば特に岩群青という．なお，類似の名称で紺青があるが，これはプルシアンブルーすなわちフェロシアン化鉄 $KFe[Fe(CN)_6]$ で，今日の日本画では使われない．伯林青ともいい，江戸時代には洋ベロと呼ばれて使用されていた．ベロの語源は俗に伯林（ベロリン）から来たといわれているが，正しくはこの化合物のラテン語の学名 *Azurum berolinensis* に由来する．さらに，花紺青もあり，これはコバルトを含むガラス状の青色顔料スマルト（smalt）のことである．

　岩群青と組成がきわめて類似した緑色顔料があり，これが緑青 $CuCO_3 \cdot Cu(OH)_2$ である．天然鉱物の孔雀石（malachite）を粉砕してつくる．緑青は合成することもでき，銅金属あるいは銅合金を無機酸に浸すことで類似の顔料が得られる．大気中に長時間さらしても同様の反応が起こる．

　特殊なものとして本藍棒がある．藍を建てる場合，還元されてエノール型となった藍成分は液表面が空気と触れて酸化し，不溶のケト型となって析出する．これをすくい上げて乾燥させ，膠を加えて棒状に加工したものを本藍棒という．墨と同じ要領で水で溶き下ろして使用する．むしろ染料であるわけだが，江戸時代にはこれを胡粉に吸着させて青色顔料として用いたことがあった．
　　　　　　　　　　　　　　　　（杉下龍一郎）

紫色顔料
purple pigments

　紫色は日本人の国民的愛好色であるが，顔料としては目立ったものは存在しない．古く正倉院薬物帳にみられる「紫鉱」の名称はコチニールを意味しているし，江戸紫などは染色の名称である．中世には「紫土」が出てくるが，藍の液と朱とを混合してつくるもので，実験によれば得られる色彩はむしろ赤紫である．
　　　　　　　　　　　　　　　　（杉下龍一郎）

黒色顔料
black pigments

　種類は多くなく，ほとんどの場合，墨Cである．通常は木材の蒸し焼きにより得られるが，材料により，アイボリー＝ブラック（ivory black：真っ黒ではない），ボーン＝ブラック（bone black：つまり骨を焼いたもの）のように古い西洋画で用いられたようなものも存在する．古代の壁画（たとえばスペインのアルタミラ洞窟の壁画）においては，天然の二酸化マンガン MnO_2 の粉末も用いられていた．
　　　　　　　　　　　　　　　　（杉下龍一郎）

(8) 植物性材料

plant materials

ヒノキ
Japanese cypress

Chamaecyparis obtusa Endl.（ヒノキ科）

[分 布] 日本特産の常緑針葉樹の高木で，その天然分布は，南限は鹿児島県の屋久島（北緯30度15分），北限は福島県いわき市の赤井岳（北緯37度10分）から信越国境の苗場山（北緯36度50分）にかけてである．なかでも，北緯36度線付近に広がる長野県の木曽ヒノキと岐阜県の裏木曽ヒノキは，秋田スギ，青森ヒバと並んで日本の森林を代表する美林を形成している．また，紀伊半島中央部の高野山や高知県安芸郡の魚梁瀬山など，北緯34度付近にも天然林が残っている．

樹高は通常20〜30m，胸高直径50〜60cm，大きいものは樹高35m，胸高直径が1mをこえるものもある．

[性 質] 材の色調は産地によっても異なるが，ふつう辺材は淡黄白色，心材は淡黄褐色〜淡紅色である．早材から晩材への移行はゆるやか，木理は通直で，特有の香りと光沢がある．材は一般的に均質緻密であり，欠点は少ない．

材の構成要素は仮道管，樹脂細胞および放射柔細胞である．

[物理的性質] 全乾比重：0.31−0.40−0.49，気乾比重：0.34−0.44−0.54．

[機械的性質] 圧縮強さ（繊維方向）：350−400−500 kg/cm^2，引っ張り強さ（接線方向）：900−1200−400 kg/cm^2．

[加工的性質] 心材は保存性高く，よく水湿に耐える．材はやや軽軟で，切削その他の加工容易．割裂性大．乾燥容易．表面仕上げはきわめてよく，特有の光沢を現すことができる．

[用 途] 日本はもちろん，世界を通じて建築材その他として最も優秀な木材の一つである．遺跡出土例でみると，最も古いものは縄文時代晩期（石川県真脇遺跡）や弥生時代中期（史跡大阪府池上曽根遺跡）の柱材の使用例があげられる．建築材（特に高級なもの，柱・板・床まわり・縁甲板など），器具材，家具材，建具材，機械材，車両材，船舶材，土木材，電柱，枕木，木型材，曲物材，彫刻材，桶材など．著名な用途としては社寺建築材，磨丸太，蓄電池隔離板などがある．

（光谷拓実）

スギ
Japanese cedar

Cryptomeria japonica D. Don（スギ科）

[分　布]　ヒノキと並んで，日本を代表する常緑針葉樹である．有用樹種であるスギは，天然では青森県西津軽郡の下矢倉山の辺りを北限とし，南は鹿児島県の屋久島まで分布している．垂直方向では，北緯40度線付近では海抜300〜800mの辺り，北緯30度付近では海抜400〜1,400mの辺りにかけて分布する．そのなかでも，秋田県のスギの天然林は日本三大美林の一つとして有名であり，屋久島のものは屋久スギの名があって，樹齢1,000年以上のものも少なくない．なかには樹齢3,000年以上と推定されているものもある．屋久島でスギが多い森林は1200〜1700m付近に広がっている．

スギは高さ40m，直径2mに達するものもあるが，特に巨大なものになると高さ50m，直径5mあまりになるものがある．

[性　質]　辺材と心材の区別がきわめて明瞭である．辺材は白色，心材は淡紅色〜暗紅褐色で，なかには黒褐色を帯びるものもある．早材から晩材への移行は急で，木理は通直で，木目はやや粗い．

材の顕微鏡的な構成要素は仮道管，軸方向柔細胞（樹脂細胞）と放射柔細胞である．

[物理的性質]　全乾比重：0.27—0.35—0.41，気乾比重：0.30—0.38—0.45．

[機械的性質]　圧縮強さ（繊維方向）：210—350—450 kg/cm^2，引っ張り強さ（接線方向）：700—900—1200 kg/cm^2．

[加工的性質]　心材の保存性は中庸，材は比較的軽軟で，切削その他の加工容易．割裂性大．乾燥容易．表面仕上げの良否は中庸．防腐剤などの薬液浸透は辺材では容易であるが，心材に接する部分の白線帯は浸透困難．

[用　途]　建築材（柱，板，貫など）として最も広く用いられる．その他，建具材，土木材，電柱，船舶材，車両材，器具材，家具材，機械材，包装用材，桶樽材，下駄材，箸など．著名な特殊用途としては天井板（秋田スギ，屋久スギ，神代スギなど），磨丸太（京都北山産），酒樽，足場丸太，和船用弁甲材（飫肥産）などがある．

◇コラム◇登呂遺跡

遺跡から発見されたスギ材の使用例をみるのに，静岡県登呂遺跡が有名である．この遺跡は今から約2000年前の弥生時代の集落跡で，当時の稲作にかかわった人々とスギの利用を知るのに貴重な発見となった．そこでは，倉庫の壁板，ねずみ返し，各種の薄板，多種の木製品，水田の畦に打ちこまれた多数の矢板と杭，田下駄などがほとんどすべてスギ材であった．（光谷拓実）

コウヤマキ
Japanese umbrella pine

Sciadopitys verticillata S. et Z.（コウヤマキ科）

[分 布] 日本特産の常緑針葉樹である．天然のコウヤマキは，北限は福島県耶麻郡の九才坂峠と安座山（北緯37度37分）にあり，長野県から岐阜県にまたがる木曽地方，岐阜県飛驒地方，紀伊半島中央部，岡山県〜広島県西部，高知県西南部，宮崎県中央部の下三財川流域と，広く断続的に分布し，長崎県の北緯32度5分が南限となる．垂直方向では，北緯36度付近においておおよそ海抜700〜1500mにかけて生育する．

[性 質] 針葉樹材のうちではその重さ，硬さが中庸あるいはやや軽軟といった程度で，切削などの加工は容易であり，割裂性は大きく乾燥も容易である．一般的な材の保存性は中庸といったところであるが，水湿に接するものでは耐朽性がある．表面仕上げの状況は中庸としてよい．

[材の利用] 材質的には水湿に強いということ以外にはあまり特徴がなく，また全国的な見方では量的にまとまって出材されることがほとんどないので，地方的に適宜用いられている．

材の構成要素は仮道管，および放射柔細胞の2種類である．

[物理的性質] 全乾比重：0.32—0.39—0.47，気乾比重：0.35—0.42—0.50．

[機械的性質] 圧縮強さ（繊維方向）：250—350—500 kg/cm^2，剪断強さ：40—60—80 kg/cm^2．

[加工的性質] 材の保存性は中庸，ただし水湿によく耐える．材の重さ，硬さは中庸で，切削その他の加工は容易．割裂性大．乾燥容易．表面仕上の良否は中庸．

[用 途] 建築材では主に板類およびひき割り類，ときに天井板に用いられる．器具材では水湿に強いことから水桶，漬物桶，味噌桶のような桶類，浴槽用材，流し板として賞用され，そのほかには飯びつ，碁盤，将棋盤，種々の小物がある．また橋梁，杭のような土木用材，和船用材などもあげられよう．樹皮はマキハダと称し，船板，水桶の隙間充填物に用いる．

◇コラム◇千住大橋

江戸の千住大橋は文禄3（1594）年に架設されたものであるが，仙台の伊達正宗が南部地方から水に強くて朽ちにくい槇の材木を提供したとの伝えがあった．明治18（1885）年に洪水で橋が壊れたとき，その橋杭を調べたところコウヤマキで，まだ材としては健全であったという．つまり300年の寿命があることがわかった．なおコウヤマキは古い時代には棺材として用いられたことが近畿地方の弥生時代の遺跡からの出土例から明らかになっている．（光谷拓実）

ケヤキ
Japanese Zelkowa

Zelkowa serrata Makino（ニレ科）

[分 布] ケヤキの自然分布は本州，四国，九州の温帯から暖帯にかけてである．特に肥沃な谷間などに旺盛な生育木をみることができる．関東地方では，屋敷林のほか，神社や寺などの境内にも多く植えられており，大径木となる．

樹高は 35 m，直径 2 m にもなる高木で，落葉広葉樹のなかではきわめて均整のとれた樹形をしており，公園木としても好まれる．

[性 質] 材はやや重くて固いが，切削などの加工はそれほど困難ではない．比重に対応して強度も大きく，老齢木で年輪密度の高いものでは狂いが少ない．心材は水湿に対して保存性が高く，材の木目は粗いが，仕上げ面を磨くと光沢が出る．特に，明瞭な木目の美しさ，大きい強度，優れた耐朽性があり，広葉樹のなかでは一番の材であり，その用途は大変広い．

材の構成要素は，道管，繊維状仮道管，真正木繊維，柔細胞ストランドおよび放射柔細胞の5種類である．

[物理的性質] 全乾比重：$0.43-0.64-0.79$，気乾比重：$0.47-0.69-0.84$．

[機械的性質] 圧縮強さ（繊維方向）：$350-500-650$ kg/cm^2，引っ張り強さ（接線方向）：$850-1300-1700$ kg/cm^2．

[加工的性質] 心材の保存性は高く，水湿にもよく耐える．材はやや重硬であるが，切削その他の加工性は中庸．比較的曲木に適する．割裂性は中庸．乾燥の難易は中庸．表面仕上げの良否は中庸．

[用 途] 遺跡から出土した古い建築材の事例は，奈良県唐古・鍵遺跡や大阪府池上曽根遺跡（ともに弥生時代中期）の大型建物跡から直径 50〜60 cm の柱材がある．建築材としては柱，梁などの構造材，階段，棚，床板，門と扉，板戸，障子，ガラス戸の腰板，天井，床まわりなどの造作材，装飾材などに賞用される．他の用途としては，器具材，船舶材，車両材，土木材，機械材，枕木，旋作材，薪炭材など．特殊用途として電柱腕木，社寺建築材，車両の車網および輻，臼，杵，食卓，盆などがある．

(光谷拓実)

[文 献]
ヒノキ〜ケヤキ4項目については主に次の文献によった．
平井信二：木の事典，かなえ書房，1980．
日本産主要木材，社団法人日本木材加工技術協会，1960．

(8) 植物性材料

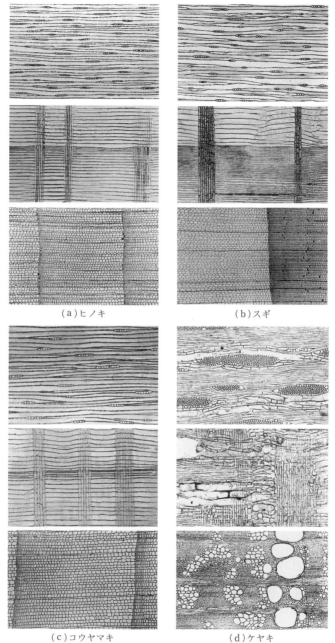

(a)ヒノキ　(b)スギ

(c)コウヤマキ　(d)ケヤキ

図　材の構造（平井，1980）
いずれも上から接線断面（×70），放射断面（×70），横断面（×50）．

漆
urushi, japan

漆とはウルシ科ウルシ属の植物が分泌する樹液である。それらの植物として，日本ではウルシをはじめヤマウルシ，ツタウルシ，ハゼノキなどが知られている。漆液の分泌量は樹種によって差があるが，ウルシの木が抜きんでて多い。しかしウルシの木1本からとれる漆の量は，現在行われている効率的な採漆法によっても，1シーズンを通して200gほどと少量である。加えて樹液の質をも考慮すれば，日本ではウルシの木以外から漆を採取して利用する必要性はなく，また実際上不可能でもある。

[地域分布] 植物学的にはウルシの木の原産地は中国で，日本には本来自生していなかったと考えられており，また中国，朝鮮半島，日本のウルシの木は同一種と見なされている。現在の日本では，九州南部から北海道の札幌付近まで生育可能であり，網走地方でも栽培されている。

[特性] ウルシの木は日なたを好み，適度な水はけと風通しを有する肥沃な土壌によく生育する。樹液を利用するうえでこれらは大事な生育要件であり，良質な漆液を得るためには下草管理なども重要視される。漆液は樹勢の活発な夏を中心に分泌され，特に盛夏のころの漆は質が高いといわれる。漆の分泌される時期は，当然その固化にも適しており，空気に触れると短時間で固化する。時期を逸すると，分泌量は少なく質も悪くなり，時には固化さえしなくなる。一度固化した漆はきわめて丈夫なものであり，あらゆる酸，アルカリ，溶剤に対して安定な存在となるが，紫外線による劣化がただ一つの弱点である。漆はウルシオール（図），ゴム質，水分などの混合物であり，常温ではラッカーゼという酵素の働きによって固化する。一方，酵素の働きによらない高温（100℃以上）での固化も生じる。漆塗装方法の一つに，この高温硬化による焼き付け法がある。ウルシオールによる，漆かぶれの存在も漆作業上考慮すべき点である。その程度は体質によっており，また徐々に慣れるともいわれるが，極度にひどくかぶれる事例も多い。

$$R = -(CH_2)_{14}CH_3$$
$$R = -(CH_2)_7CH=CH(CH_2)_5CH_3 など$$

図　ウルシオールの構造式

[漆の技術と文化] 漆は高機能性樹脂であり，接着剤，塑形材，塗料として幅広く使用できる天然の万能樹脂である。日本の漆技術・漆文化は，以上のようなさまざまな要因を内在しているのであり，それらを無視しての歴史的・文化史的議論，あるいは分析学的議論は困難である。

漆の使用はいつごろからか。漆技術は中国に発生し，ウルシの木とともに日本に伝わったのか。日本でも発生しえた技術なのか。豊かな自然環境を有する日本のどこかで，かつてウルシの木が自生しており，その利用に気がついたのか。これを漆技術，漆文化の発生起源の問題だとすれば，以降，技術的発展，文化的広がりについてさまざまな問題が派生してくる。漆技術細部の問題，時代的，地域的特質と変遷の問題である。日本での漆資料出土事例を参考に，これらの問題を考えてみる。

[事例1] 夫手遺跡（島根県松江市）出土

の漆液容器（写真1）

本容器は西川津式といわれる縄文時代前期に属する鉢形土器であり，その内面全体に漆が付着残存している．乳赤褐色〜褐黒色を呈してやや厚く付着しており，その性状と層断面の特徴からはクロメ（黒目）漆と判断される．ウルシの木から採取したままの水分の多い漆を生漆と呼ぶが，クロメ漆は，水分量を3％前後にまで逓減させた漆であり，撹拌しながらの調整作業であるため，同時に質の微細化と均質化が進む．本資料は，縄文時代前期にはすでに上塗り漆として漆の質を改善する知識を有していたことを示している．この漆の表面にはごく微量ながら発色の良好なべんがら（パイプ状）が付着しており，良質な赤色漆（べんがら漆）の存在をうかがわせる．当然ながら，これらの漆は刷毛や筆などの用具によって器物に塗られていたのであり，塗布の直前にはゴミをろ過していたことになる．この地の縄文人は，ある夏の日の朝早くに生活地の縁辺部に出かけ，植栽管理している多くのウルシの木からその日に必要な量の漆を採取し，必要な加工を施したうえで夕方までには使い終わっていたことになる．無論その日までには，漆製品

写真1　6,800年前の漆液容器（土器）（松江市教育委員会・(財)松江市教育文化振興事業団『夫手遺跡発掘調査報告書』2002）

製作に向けてのいっさいの準備が周到になされていたはずであり，漆を塗るための対象，すなわち優秀な木製品，土器，編組製品などが整い，刷毛や布などの各種用具が準備され，赤色漆のための純良な赤色顔料が入手されていたのである．天候の変化に左右されないクロメ技術，すなわち天日によらない火によるクロメ技術も獲得しており，漆作業全体がきわめて計画的，予定的に行われていたと考えざるをえない．漆は最良の^{14}C年代測定試料である．特に漆液容器に残る漆は，ある年の夏，しかもたった1日の人間の営みの記録である．この夫手遺跡の漆は，実年代に補正して今から約6,800年前のものとなった．これは西川津式土器の実年代でもある．当時，山陰地域においては前述のような状況が実現しており，おそらくそれと同等の水準で各種の文化が存在していたことになる．中国大陸出土の漆資料で最も古いものは，今から約7千年前とされる．夫手遺跡の漆資料はほぼこれと並ぶものであり，それなりに高度な漆技術をもっていることからすれば，この漆利用の段階に到達するまでになにがしかの時間経過を見込む必要はある．

[事例2]　垣ノ島B遺跡（北海道南茅部町）出土の漆製品（写真2）

これは縄文時代早期に属する土壙墓から検出されたもので，おそらく埋葬された一体の遺骸の要所に6点ほどが認められている．いずれも赤色漆塗りの装身具と思われ，漆塗りをした糸や紐などを構成素材として，面的あるいは立体的な広がりをもたせたものと理解できるが，製作技法の詳細は不明である．問題はこの資料に関する実年代である．この土壙墓に残存した遺骸に由来すると思われる有機質土壌などの^{14}C

写真2 9,000年前の漆製品（北海道南茅部町埋蔵文化財調査団『垣ノ島B遺跡』2002）

年代測定の結果，暦年代に補正して今から約9千年前のものと判明したのである．漆試料の測定は行われていないものの，前出の日本最古となる漆液容器から一挙に2千年あまりさかのぼる漆製品が出現したことになる．パイプ状を呈する良質なべんがらの使用でも注目されるが，上塗り塗料としての漆の利用としてそれに至るまでの前史をも考える必要がある．縄文時代を通して，漆製品を多く出土する遺跡では漆液容器や時には漆漉し布などの用具が確認できるのが通例である．一般に縄文時代の漆技術・漆文化は，ウルシの木を伴った在地の技術・在地の文化として成立していたことになる．9千年前の北海道には，漆技術・漆文化が根づいていたことを想定する必要があり，漆用具の出土も期待できる．

[漆の比較文化論] 事例2でみられるように日本の漆技術・漆文化は，現時点では中国よりも飛び抜けて古くから存在した可能性があり，このことを検証するためにも漆素材そのものを何らかの理化学的に信頼の置ける手法で同定分析する必要がある．これは，現在行われ始めている漆の熱分解物を質量分析する方法に期待するところでもある．なお日本の旧石器文化のなかでは，ごくまれではあるが石器の基部に接合痕跡を有するものが認められ，接着剤としての植物樹脂様付着物が残存している場合もある．これらの資料を調査していくことで，漆使用の起源に迫れる可能性がある．以降の漆ならびに漆文化の歴史は，縄文時代にはすでに確立されていた漆技術が，どのように変遷し，改変されてきたのか，また中国大陸の漆技術によってどのような影響を受けたのかを知ることである．

ちなみに，弥生時代の漆文化は縄文時代に比してはるかに貧弱であり，存在感も小さい．この事情については，中国大陸や，朝鮮半島の漆文化の状況を視野に入れながら，個々の資料についての検討を進めることで明らかにしていく必要がある．古墳時代は弥生的状況をおおむね踏襲しているが，古墳時代後期から古代前半にかけては，大陸からのより直接的な強い影響を受けているとの前提で理解していくのが自然である．古代後半あるいは中世初頭からは，日本独自の技術改変や加飾技法の広がり，商業的生産への移行など，美術史的観点や歴史的観点からの検討がよりいっそう重要になってくる．その典型例が，漆器生産への柿渋利用技術の導入である．すなわち，古代末ごろに始まり現代に至るまで連綿と続いている，普及品型漆器生産技術の核となった炭粉渋地の存在である．木炭粉末を柿渋に溶かして下地をつくる技法であり，その上に油で薄めた漆を塗ることで漆製品を完成させる．高価な漆の使用を極力避けるとともに，工程の省略をも図って量産を可能とした技術改変である．（永嶋正春）

[文　献]

伊藤清三：日本の漆, 1979.
小野陽太郎, 伊藤清三：キリ・ウルシ, 1975.
沢口悟一：日本漆工の研究, 1933；改訂版, 1966.

ワタ（綿）
cotton

Gossypium herbaseum，アオイ科．

多年生の木本もあるが，最も多く栽培されているのは1年生草本である．

茎は直立し，1〜1.5 mになる．葉は掌状で互生し長い葉柄をもつ．3〜5室に分かれた各子房に6〜9粒の種子があり，綿毛はその種子の表皮細胞が伸長したものである．綿花をとるために栽培されているワタ属の総称で，世界各地で原産地を異にする各種のワタが知られている．リクチメン（*G. hirsutum*, upland cotton），カイトウメン（*G. barbadense*, sea island cotton），アジアメン（*G. herbaceum*），アルボレウム（*G. arboreum*），ナンキンメン（*G. nanking*）．

[使用の歴史] 定説では，コットンのふるさとはインド地域である．モヘンジョ゠ダロでは紀元前3250〜2750年ごろの木綿織物が発見されており，前200〜後200年に成立した古代インドのマヌ法典では繰り返し木綿の糸と布についての言及がある．ローマ時代のヌビアから木綿布が出土しているのが，アフリカ北部における最も早い例である．

中国では古くは，パンヤに対して「木棉」の文字を，コットンに対して「草棉」の文字を当てていた．前4世紀のアレクサンドロス大王の侵略以前にペルシアに伝播し，マレーシアやインドネシアに伝播し，唐時代には，中国で使われていた．しかし，栽培が始まったのは，宋時代といわれている．インドシナ半島から広東，福建に至ったルートと，インドからトルキスタンを経て甘粛や陝西に達したルートの二つが知られている．そして元王朝は熱心に棉栽培を奨励し，棉に関する産業が確立した．

アメリカ大陸の綿は，旧大陸の種とは独立して栽培されていた．ペルー，メキシコのインカ族，アステカ族は相当古くからその用途を知っていたらしい．コロンブスが西インド諸島に上陸したときすでに綿が栽培されているのをみている．

延暦18（799）年に漂着した昆倫人が綿の種を伝え，紀伊，淡路，阿波，讃岐，伊予，土佐および太宰府に植えた（『類聚国史』巻199）が，その後の衣笠内大臣の歌「大和にはあらぬ唐人の植えてし棉の種は絶にき」（『夫木和歌抄』）にあるとおり絶えてしまったといわれる．しかし，その棉は現在のパンヤのことであるとの主張もある．

正倉院宝物名称中にみえる「木綿(ユウ)」は，大麻，苧麻，楮または三椏であると分析されている．ただし，1点だけ木綿と分析された「木綿(ユウ)」があり，舶来ではないかと推測されている．当時の中国では木綿の栽培は行われていないので，さらに遠隔の地から運ばれたものかもしれない．

法隆寺「流記資財帳」には，玄奘三蔵所用と伝える白㲲袈裟一領の記述があり，木綿を白㲲または白疊と呼んでいた．また，法隆寺伝来と伝える双鳥円文木綿裂は文様などから8世紀末ごろと推定されている．

鎌倉時代，元久元（1204）年石山寺文書には，木綿についての説明文がある．熊野速玉大社，国宝神服，衾七帖のなかに朽葉色蓮華人物文の繻珍があって，横糸に木綿が使われている．

室町時代には,「もめん座」「綿座」および文綿,木綿,きわた,もんめんなどの言葉が史料中に見出されることから,鎌倉時代にはすでに中国からの輸入がかなりあったのではないかとされている.14世紀には,朝鮮から綿布および綿紬が盛んに輸入された.いわゆる名物裂のなかにも,横糸に太い木綿糸を用いた黄綴と呼ばれる,白地桐唐草文銀襴などの布が含まれている.

室町時代に栽培されたのは薩摩がはじめといわれ,次いで三河,畿内,東海道の諸国の順に栽培が広まった.

本格的な栽培地の広がりは,江戸時代に入ってからであるが,継続して,更紗,縞模様の唐桟,桟留,占城(チャンパー)などが輸入され続け,日本の模様染め技法に多大な影響を与えた.

[地域分布] 元来熱帯植物である.

①アジアメン:古くからインドで栽培されていた東洋の在来種で日本や中国でもみられる.

②カイトウメン:熱帯アメリカ原産と推定されている.アメリカワタの別名をもち,現在はエジプトで盛んに栽培されている.

③リクチメン:古くからペルーやメキシコで栽培されていた晩生種で,北アメリカで多く栽培されている.

④ナンキンメン:原産地は不明だが,東アジアから東南アジアを経てアフリカまで広く栽培されている.

[特 性] 植物から得られる最も純粋なセルロースである.繊維長10〜56mm,繊維幅 $10/40\ \mu m$,形は扁平リボン状,よじれた管状,一端のみ円形,保温性と吸湿性が良好である.

木綿ラグの成分は,セルロース90.1%,リグニン0.3%,樹脂分1.2%,灰分2.3%.

[用 途] 綿糸,綿織物,布団綿,脱脂綿のほか,硝酸繊維素として火薬やセルロイドの原料となる.綿の種子からとれる綿実油は半乾性油で,食用,石鹸用として重要な油資源である.製紙用途としては,ボンド紙,図画用紙,筆記用紙などの高級紙.

◆トピックス◆綿布ぼろから手漉き紙

ヨーロッパの手漉き紙の原料の一つは綿布ぼろで,現在でも100%コットンはヨーロッパの高級紙のシンボルである.一方,日本,中国などの東アジアでもワタの栽培は行われてきているが,手漉き紙の原料とはならなかった.綿繊維は純粋に近いセルロースで叩解しにくいためである.

(増田勝彦)

[文 献]

Lucas, A.: Ancient Egyptian Materials and Industries, Edward Arnold Publishers, 1948.
守田公夫:裂地,茶道美術全集15,淡交社,1971.
Needham, J.: Science and Civilisation in China, Cambridge University Press, 1985.
西村兵部編:織物,日本の美術12,至文堂,1967.
西村兵部編:名物裂,日本の美術90,至文堂,1973.
小笠原小枝編:更紗,日本の美術175,至文堂,1980.
繊維材質調査目録並びに調査結果一覧表,正倉院年報16号,1994.
柴田桂太編:資源植物事典,北隆館,1961.

大　麻 (タイマ)
hemp

Cannabis sativa L., クワ科, 1年生草本, 雌雄異株, 茎は1～3m, 葉は対生し掌状. ヘンプ, 線麻, 火麻ともいう.

[使用の歴史] 中央アジアが原産といわれている. 中国に伝わった後, 紀元前1500年ごろスキタイ人の移住に伴ってドナウ川河口や小アジアにもたらされた. 紀元前450年ごろ, ヘロドトスは, 大麻の繊維と麻酔性について言及している.

布目順郎は, 縄文時代草創期の大麻製縄(福井県鳥浜貝塚出土), 同前期の大麻製編物織物を同定した経験から, 中央アジア原産の大麻が, 絹の伝来よりはるか昔に, 絹と同じような経路を経て, 日本に伝来したと推定している.

[用　途] 日本では, 大麻の繊維は神社の儀式, 蚊帳, 裃, 畳の縁, 鼻緒, 船舶用綱などに利用されていた. 中国で発掘された紀元前後の紙はすべて, 大麻を原料としている. 唐招提寺の鑑真和上像や興福寺の十大弟子像など奈良時代に多く制作された乾漆像は, 麻布を漆で数枚貼り重ねて体軀をつくっている. 日本壁では, スサとして利用される. 浜スサとは, 大麻の切り落としや麻の地引網, 古麻縄などを6～15mmに切断し, ほぐしてつくる. 奈良時代の麻紙は, 大麻が原料とされている.

種子は, オノミ, アサノミと称して食用に, 大麻油は, 臭気のある黄緑色の乾性油で, ペンキの混用, 石鹸製造用に利用される. 繊維をとった後の茎は, 苧殻(オガラ)として, 屋根葺き, 燃料として利用するだけでなく, 関東では, お盆に苧殻を焚いて祖霊を迎える習慣がある. 17世紀の中国の文献『天工開物』にも, 麻に関する記述があり, 「大麻の種子は油を絞っても多くはないし, その表皮で粗悪な紙をつくるが, その値段は大したことはない」とあまりよい評価を与えてはいない.

麻酔作用の強い成分を含むのは, インドタイマ (*C. s.* var. *indica*) である.

[繊　維] 土用前後に根から引き抜いて堆積した後で, 蒸気で蒸すか, 熱湯に漬けて木部から皮を剥離して粗皮を得る. 粗皮は木灰汁などで煮沸するか, 発酵法で精製する.

化学組成は, セルロース63.0%, リグニン12.8%, ペントサン18.4%, ペクチン4.8%, 樹脂分1.8%, 灰分2.0%. 繊維長6.5～37.2mm, 繊維幅15～46μm.

[地域分布] 1972年時点で, 大麻繊維の世界生産量の約半分は旧ソ連邦, その他イタリア, ユーゴスラビアで産出した. 日本では, 栃木, 長野, 広島, 熊本で栽培された.

(増田勝彦)

[文　献]
非木材パルプ特集. 研究所時報別冊, 印刷局研究所, 1976.
布目順郎: 目で見る繊維の考古学, 染色と生活社, 1992.

苧　　麻（チョマ，カラムシ）
ramie, China grass

　Boehmeria nivea，イラクサ科．宿根生草本（カラムシ）または半低木（ラミー），葉の形は料理に使われる大葉に似ている．互生し，上面はざらつく．ラミー，からむしのほか，まおとも呼ばれる．

　ラミーはからむしの変種（var. *candicans*）であるが，通常，ラミー，からむしの類を総称して上記の名で記す．

[使用の歴史]　布目順郎は，縄文時代後期の苧麻製アンギン様編物を調査している．正倉院には天平勝宝元（749）年に越後から納められたと記された苧麻布1反がある．『倭名類聚抄』(923～930)には，「加良無之」の名がみえる．

[用　途]　越後上布などの夏の衣料，テーブルクロスのほか，水にきわめて強いので，船舶用の綱，漁網，消火ホース，帆布など．

[繊　維]　当日収穫した新鮮な茎を数時間水に漬けて，皮を2枚に剝ぎ取り，小刀で粗皮や膠着物質を掻き取って，平紐状の繊維とする．平紐を細く割いて糸とし，結んだり撚り合わせたりして布を織るに必要な長さを得る．

　化学組成は，セルロース72.3%，リグニン2.5%，ペントサン16.3%，ペクチン8.3%，樹脂分1.5%，灰分1.4%．繊維長130～250 mm，繊維幅40～90 μm．

[特　性]　植物靭皮繊維中最も強度があるとされる．

　引っ張り強度の相対値は，ラミー100，大麻36，亜麻25，絹13，木綿12である．

[地域分布]　日本，マレーシア，インド，中国に野生または栽培される．暑くて多雨性の気候が栽培に適しているため，アジアでは，フィリピン，マレー半島，ジャワ島，中国，朝鮮半島，日本などでも栽培されるが，アメリカ南部，ブラジル，旧ソ連邦南部，南フランスでも栽培されている．

（増田勝彦）

[文　献]

非木材パルプ特集．研究所時報別冊，印刷局研究所，1976．

布目順郎：目で見る繊維の考古学，染色と生活社，1992．

鈴木寅重郎：越後上布・小千谷縮布，人間国宝シリーズ42，講談社，1978．

亜　　麻（アマ）
linen, flax

　Linum usitatissimum，アマ科，1年生草本，茎は直立して細長く1m内外．葉は細い竹の葉状で互生する．
[使用の歴史] エジプトでは，紀元前4000年から，ミイラの包装用に精妙な亜麻布が使われている．スイスの紀元前約8000年の新石器時代の湖上住居跡から亜麻の漁網，綱，狩猟用紐が発見されている．

　聖書には各所に，亜麻に関する記述がみられる．紀元前1000年ごろから栽培が始まり，ローマ時代にはヨーロッパに広がり，木綿が一般化するまでは，主要な紡績原料であった．わが国への渡来は元禄時代（1690年ごろ）で，製薬用の油，アマニ（亜麻仁）油をとるために栽培された．繊維用としての亜麻の栽培は，明治になってから開拓使によって北海道で初めて成功した．
[用　途] 種子から得られるアマニ油は乾性油なのでペンキ，リノリウム，印刷インキ，油絵具，油紙などの製造に利用される．繊維は衣服，布ホース，防水布，テント，パッキング，電線ケーブルの被覆などに，撚り糸は，靴縫い糸，漁網糸，釣り糸などに，繊維屑からは，たばこ巻紙，強度を必要とする薄様紙，航空便箋，証券用紙などに他のパルプと混合して利用される．
[繊　維] 7〜8月ごろ根引きして収穫し，地面で2〜3日間，台の上でさらに2〜3日間乾燥させ，種子を打ち出した後，畑地に積んで発酵させてから繊維を分離する．繊維だけを目的とする場合は，種子の成熟前に収穫する．化学組成は，セルロース（αセルロース）46.9〜47.5%，リグニン8.3〜10.2%，ペントサン6.8〜7.8%，ペクチン4.4〜4.6%，樹脂分2.9〜3.1%，灰分1.2〜1.3%．繊維長2.6〜30.7mm，繊維幅9〜30μm．
[特　性] 強さでは大麻に劣るが，柔軟で光沢が美しく，毛羽立たず，液体の吸収・発散ともに速く，熱に強く，熱の良導体であり，紫外線をよく通しかつ抵抗力が大きい．
[地域分布] 中央アジア南部，およびアラビア原産．繊維のためには，寒帯に近い温帯に産するものがよく，種子のためには，亜熱帯のものがよいとされる．

◇コラム1◇麻

　日本では，大麻，苧麻の区別をせずに，単に麻として両者を混同して用いることが多い．英語には麻に対応する言葉はなく，個別の言葉を当てなければならない．3種類の麻が主に使われているので，本書では個別に説明している．

◇コラム2◇フラックスとリネン

　flax fiber と linen yarn の使い分けで理解されるとおり，flaxの語は植物から繊維に至るまでをさし，linenの語は，糸から布に至るまでをさす．　　　　（増田勝彦）

[文　献]
CIBA Review 49, 1945.
Matthews, J.：Mauersberger H. R. ed., Matthews' TEXTILE FIBERS, Their Physical, Microscopical, and Chemical Properties, John Wiley & Sons, 1951.
布目順郎：目で見る繊維の考古学，染色と生活社，1992.
大槻虎夫：聖書植物図鑑，教文館，1992.
鈴木寅重郎：越後上布小千谷縮布の歴史と現況．越後上布・小千谷縮布，人間国宝シリーズ42，講談社，1978.

植物性接着剤（のり）
vegetable paste

[種　類]　植物から直接あるいは加工を経て得られる粘着物をのりとすれば，次のような種類がある．

小麦粉のり（wheat flour paste），米のり（rice paste），ダイズのり（soy bean paste）は全粒を使うが，一般的には，デンプンからのりをつくり，コムギデンプンの生麩のり（wheat starch paste）が最も代表的である．そのほかにも，米デンプン，馬鈴薯デンプン，コーンスターチ，ワラビデンプンなどが利用される．また，コムギグルテンやダイズカゼインからも，強力なのりがつくられる．その他，グルコマンナンが主成分の蒟蒻のり，ガラクタンが主成分のフノリ類，紅藻類，フクロフノリ，マフノリ，ハナフノリなどもある．

きわめて特殊なのりとしては，表具師が寒中に煮た生麩のりを瓶に蓄え，5～10年以上経過してから使用する，古のり（aged paste）がある．

植物ガムに含められるものは，タイにおけるタマリンシード，中国の桃膠があり，アストラガルス類の幹に傷をつけて得るトラカントゴムは，日本でも伝統的型染めの防染のりの増粘剤として重要なのりである．アフリカのアカシア類の木からとるアラビアのりのように，ヨーロッパではアフリカ，アジア地域の樹木から採取される多様な樹脂のうち，水溶性のものを，接着剤として利用している．

[使用の歴史]　植物から得る粘性物はすべて，のりすなわち接着剤として使われたと想像されている．

古代エジプトではアカシア類から得たガムが使用されていた．プリニウスやヘロドトスもエジプト産のガムに言及している．第4王朝，第18王朝の発掘では，ポットのなかに厚いacacciaガムすなわちアラビアゴムの層に覆われた顔料が発見され，絵画に使用されたと推測されている．ガムはミイラの包帯にも含浸されていたとする報告がある．

『延喜式』巻13図書式には，装潢料のなかに，ダイズ5斗が糊料として計上され，巻17内匠式には，屏風の場合，糯米8升が下張りとしての布を張る料，コムギ1斗が下張り，上張りの紙を張る料として計上されている．巻34木工式には，土工の項目において，方丈壁の表塗料のうちに，白土2石に粥汁料白米2升をあげ，『大日本古文書』第15巻にみえる石山寺文書では，下白米6升，3升白土5斗合料，3升赤土5斗合料，右仏堂塗料とある．

17世紀中国明代の文献『天工開物』（宋応星，1637）では，石灰には紙筋・糯米・粳米を加えて使用するとの記述がある．

『愚子見記』巻9「江戸御城万治二亥御作事壁方」の項に上塗り材料として，白土，㭆スサと並んで海羅があげられている．

（増田勝彦）

[文　献]

Lucas, A.: Ancient Egyptian Materials and Industries, Edward Arnold Publisher, 1962.

Masschelein-Kleiner, L.: Ancient Binding Media, Varnishes and Adhesives, ICCROM, 1985.

柴田桂太編：資源植物事典，北隆館，1961．

(8) 植物性材料

フノリ
gloiopeltis glue

通常はフノリ科（Endocladiaceae）．フクロフノリ（*Gloiopeltis furcata* Post et Rupr.），マフノリ（*Gloiopeltis tenax*），ハナフノリ（*Gloiopeltis complanata* Yamada）の3種の海藻をまとめて呼称する．

建築分野では，フノリという呼称で，スギノリ科（Gigartinaceae）のツノマタ類を含める場合がある．ツノマタ（*Chondrus ocellatus*），クロハギンナンソウ（*Chondrus yendoi*），アカハギンナンソウ（*Rhodoglossum pulcherum*）．

[使用の歴史] 中国から用法が伝えられたとされる．『延喜式』には，主膳式，大膳式のなかで，フノリが食料としてあげられているが，のりとしての記載はみられない．その表記も鹿角菜であり，布海苔ではない．山田幸一によれば，17世紀がフノリ類の漆喰壁混入の始まった時期とされる．

[地域分布] 『延喜式』には，フノリの貢納国として，遠江，参河，尾張，伊勢，志摩，紀伊，丹後，但馬，播磨，阿波，讃岐，伊予，土佐があげられている．

フクロフノリは，九州から北海道に至る地域で分布が確認されている．マフノリは，伊豆諸島四国以南の太平洋岸，九州全岸，ハナフノリは，松島湾以南の太平洋岸，山口県以西の日本海海岸に生育が確認されている．いずれも，干潮満潮の間の上部辺に群生する．

宮城県内のツノマタ主要採取地は，県北部太平洋沿岸の気仙沼，石巻地区で，北海道におけるギンナンソウの主な採取地は，太平洋岸の日高，十勝支庁管内であり，襟裳岬の東西海岸（門別，新冠，三石，浦河，様似，襟裳，広尾）の岩場に群生する．

[特性] 修復に使用する場合，フノリ液がきわめて低濃度で，高粘度な特性を利用して，デンプン糊や膠に粘度を与えながら濃度を低くするために利用されている．低濃度で使用するため，乾燥後の収縮を少なくすることができると同時に，処置した面につやを生じない．土壁や漆喰に混入すると耐候性が増すといわれている．

紅藻類細胞間物質として含まれるガラクタンを主成分とする．寒天のようにゲル化するものとフノリのようにゲル化しにくい性質は，多糖類中に含まれる硫酸エステルによる硫酸含量の多少による．

[劣化] 板フノリは，室内の高所に保存しておけば，数十年保存ができるが，フノリ液を，夏期に室内に放置すると容易に腐敗して悪臭を出し，粘度がなくなってしまう．

[使用法] 小量のフノリを切り取り，水に浸して1晩放置し，翌日加熱する．沸騰はさせない．木綿布で濾過し，適宜薄めて利用する．壁土にツノマタを混ぜる場合は，大釜で水と一緒に煮た後，網で濾して，土に混ぜる．

[用途] 絹織物の仕上げ，絹織物の洗剤，髪洗い，窯業で使用する絵具の接着剤，金銀箔押し，砂子撒き，紙の滲み止め，截金の接着，顔料の剥落止めのほかにも，砂壁に和紙を貼る，土壁，漆喰に混入して鏝捌きをよくすると同時に，壁の耐久

性を高めるなどがある．紙質文化財の修復では，生麩糊に混入して補紙の際に利用すると，水による隈ができにくい．『和漢三才図絵』巻97藻には，紙に塗布する，石灰に入れて壁に塗る，婦人洗髪用，織機にかけるときに糸に塗ればオサの通りが滑らかとなる，などの効能が書かれている．また，焼きフノリの法として，水に漬けたフノリを丸め紙に包んで熱し，柿渋と混ぜるとよいのりが得られると記されている．

◇**コラム1**◇フノリの製造

海岸で採集，乾燥され，フノリ加工所に運ばれる．昔は，自然発酵で，今では，苛性ソーダで軟化漂白する．紅藻類のフノリは漂白によって黄色くなる．原藻を水洗した後希釈した苛性ソーダで数分間もみ洗いし，ただちに2回水洗を繰り返す．水面に浮かべた，漉桁の上に水洗したフノリを入れ，手の先で平らにする．漉桁を水面から取り上げて地面に敷いたわらござの上にフノリ層を移す．小量の水を散布しながら直射日光で乾燥させるとフノリ同士が接着してシート状になる．また，乾燥途中の散水は日光漂白を促進する．夏期7～9月の3か月間のみ行う（東京，江戸川区での製造法，昭和50（1975）年当時）．

◇**コラム2**◇フノリのいろいろ

植物名としてのフノリだけでなく，フノリを煮て得た粘液もフノリと称する．建築用資材として使用される場合は，フノリ類，ツノマタ類を総称してフノリという場合がある．植物分類としてフノリ類をいう場合は，マフノリ，フクロフノリ，ハナフノリを総称してフノリという．万葉仮名では，「布乃利」または「不乃利」と記し，『和名抄』では「海羅」と記す．(増田勝彦)

[**文 献**]

阿部喜美子ほか：糖化学の基礎，講談社，1985.
文化財建造物修理用資材需給等実態調査報告書（2）鉱物性材料，文化庁，1982.
中村　伸：日本壁の研究，相模書房，1954.
新崎盛敏：原色海藻検索図鑑，北隆館，1964.
山田幸一：壁，ものと人間の文化史45，法政大学出版局，1981.

(9) 動物性材料
animal materials

絹
silk

[使用の歴史] 養蚕は中国に始まるが，今から7,000年以上前といわれる浙江省河姆渡遺跡から蚕紋の刻まれた象牙の小盃が出土したことからわかるように，その歴史はたいへん長い．日本では，縄文時代の遺構からも多くの出土例が認められ，そのはじまりまたは伝来の時期については未確定である．

[化学] 糸を吐いて繭などをつくる昆虫は多いが，繭を生産する目的で飼育されているのは数種類である．クワの葉を食べるカイコ（家蚕）とその他の植物の葉を食べて有色の繭をつくる野蚕があり，その吐糸はいずれも2本のフィブロイン（タンパク質の一種）をセリシン（タンパク質の一種）が取り巻いた形である．絹繊維として衣料に利用する場合には，膠質であるセリシンを溶かして取り除き，フィブロイン単繊維に精練して用いる．家蚕糸フィブロインの約80％の部分はグリシンGly，アラニンAla，セリンSerなどのアミノ酸がペプチド結合でつながったもので，きわめて安定な構造をもつ，高純度のタンパク質である．

[特性] 絹は，ウールや木綿・麻などの他の繊維素材に比べて圧倒的に繊維長が長く，1個の繭から利用できる生糸の長さは600～700mにも及ぶ．家蚕糸は伸びに対する抵抗力が大きいが，これは比較的小さな分子が整然と並んでいて歪みにくいためである．品種改良が加えられている家蚕糸に比べて，野蚕の糸は個体差が大きく，伸びに対する抵抗力の小さなものが多い．比重は1.3前後，伸度は元長の20～25％，張力はウール，木綿よりも大きく，大麻のおよそ半分である．吸湿性・透湿性に富み，20℃65％RHの環境下で乾燥重量の11％の水分を含む．シルクは酸性染料にもアルカリ性染料にもよく染まり，染織品としての利用に有利な素材である．

[劣化] 経年によりシルクは黄変するが，これは非結晶領域が結晶化するためで，一部で分子鎖の切断が起こり，伸びに対する抵抗力が下がる．黄変劣化の環境要因としては，湿度，温度，紫外線および酸素があり，これらの要因が複合することにより，劣化は加速される．酸に対しては綿より強いが羊毛より弱い．しかしアルカリに対しては綿より弱く，羊毛より強い．鉄やスズなどの重金属を添加した絹布は張りがあり，16～18世紀のヨーロッパでは衣料として利用するためにこの処理を行ったが，金属イオンの過剰な残留による劣化の促進例も報告されている．

[用途] 文化財における用途としては，いわゆる布としての利用（衣料素材・装飾品・袋物など）のほか，日本画の基材としたり（絵絹），琴糸などの楽器弦に用いる．

(佐野千絵)

皮革
leather

[なめし] 皮革製品は，天然物でなめしたものと化学製品に依存したものの二つに大別できる．天然物には石灰，脳漿，タンニン，魚油などを用いる．最も原初的な加工法は何らの添加物も用いず，硬い棒や石で叩く．化学なめしでは，昔から使われてきたクロム酸塩が環境汚染物質であることから，アルミ化合物やシリコン系物質が多く使われる．天然物によるなめし皮は感触や柔軟性に優れるが，耐水性や害虫の食害に対して難がある．一方，化学なめしはひとたび事故が発生すると再生，修理がかなり困難である．

[劣化と対策] 主な劣化・損傷は，経年変化に伴う硬化と，生物による被害である．硬化は皮を長期間放置しておいたとき，繊維組織が自らの膠着成分によって固まるためである．硬化した皮を甦生させるには，ラノリンと流動パラフィン，ワセリンなどの混合物をていねいに擦り込む方法が一般的であった．近年はシリコン系の樹脂をベースとした保革，軟化剤が市場に出ている．扱いやすく，防水を兼ねた再軟化の効果はあるが，長年月を経過すると樹脂の一部がクロスリンクし乾燥した油脂状になり，再び硬化が起こる．いったん硬化した樹脂は再溶解しないので除去が難しい．ラノリン系のものも経時変化で多少は硬化するが，その程度に応じて有機溶剤で除去できる利点がある．光沢仕上げ，ソフト仕上げしたものは有機溶剤に長時間浸さない方がよい．しかし，カビが発生したものはエタノール噴霧で除去する．著しい場合はいったん皮のなかの水分を徐々にアルコール置換し，最後に急速乾燥する．最終段階ではエタノール：グリセリンが1：9程度の混液を使うと，その保水効果によって長期間柔軟さを維持できる．この場合，1％程度のOPP（オルソフェニルフェノール）またはTBZ（チアベンダゾール）を数滴滴下しておくと防カビ効果がある．

[洗 浄] 皮は酸・塩基のいずれかに大きく偏ったものほど吸水性が高い．水洗は極力避けるが，ほかに方法がない場合は非イオン系の界面活性剤を使う．イオン系は皮革繊維と結合しやすいからである．表面の汚れはプラスチック消しゴムを軽く使ってとるのが安全であるが，残滓を完全に除くことを忘れてはならない．起毛のあるものはサンドブラストを軽く使ってもよいが，目立たぬところで予備試験する方がよい．染色のあるものには溶剤を使ってはならない．繊維を伝って染み込んだ溶剤が不規則な汚斑を残しやすい．表面が微妙な資料に対しては，ごく目が細かい紙やすりか硬質の紙の上で消しゴムを擦っていったん粉状にしたものを振りかけて，柔らかい筆か刷毛で軽く掃くようにすることを繰り返す．

[燻 蒸] 臭化メチルで複数回の燻蒸処理をした資料は，こまめに点検をする方がよい．硫黄化合物特有の悪臭があれば劣化が生じている．ガス濃度や処理時間，処置後の保存環境などの条件しだいで，著しい劣化につながる．燻蒸回数の多いものほど危険が高い．この劣化は十分な対策がないが，保革剤を含浸させて進行を遅らせることはできる．

（森田恒之）

毛 皮
fur

[性　質]　博物館資料に含まれる毛皮類は，民俗学関係の狩猟具，衣類ばかりでなく，自然史の動物標本（剥製）や現代美術の一部にも使われている．本来の獣毛は獣脂に覆われているが，通常の毛皮は製品化するまでに化学洗浄によってそれを除去してある．しかし民族（俗）資料で洗浄が不十分なものは収蔵庫や展示場で異臭を発する．残留している獣脂ばかりでなく，獣毛部分が汚れることはしばしばある．さわることのできる剥製標本なども手の汚れがつきやすい．使用した皮製衣類や付属品なども同様である．皮の部分はいったん水分を含むと強度が極端に低下し，ちょっとした力でも破れやすくなり，乾燥すると硬化や変形を起こしやすい．

[洗　浄]　毛皮の汚れを洗浄するには，事前に汚染物質の溶解試験を行う．水，エタノール，MEK，アセトンなどを用意し，溶解度の弱いものから順次，ろ紙に軽く湿して二つ折にし，毛の部分を軽く挟んで拭ってみる．汚れと同時に染料の溶出も確認する．試験結果に基づいて洗浄用の溶剤を用意する．水は避けた方がよいが，水以外に溶解しない汚れのときは，純水に30%くらいまでアルコールを添加して乾燥時間をなるべく短縮する．酸やアルカリを帯びた水は絶対に使用してはならない．

毛皮は，水はもちろん溶剤でも液体に浸すのは危険が大きい．洗浄には，清浄なおが屑，トウモロコシの芯やクルミの殻の粉末など（吸収材）を用意する．小さな資料なら細かく刻んだ厚手のろ紙も有効である．これらに，あらかじめ非イオン系界面活性剤や溶剤を吸わせておき，大きめの容器またはプラスチック製の袋に入れて口を封じ，毛皮全体にまぶすように攪拌する．汚れが移った吸収材を櫛などでていねいに除去する．有機溶剤は毛の脱脂を促すので，使用に際しては念入りな予備実験が必要である．

[劣化と対策]　獣毛はイガ，コイガの幼虫が好んで食害する．幼虫は暗所を好むので光が届かない毛の根部をまず襲う．被害にあうと毛が束になって落ちることがある．食害にあっても切れた毛が周囲の毛に差し込まれたような状態で残ると，被害の発見が遅れやすい．50日齢前後の幼虫だと直径3cm程度の範囲を1晩で食害する．防虫にはプレート状のピレスロイド系の防虫剤を使用するのが簡便である．パラジクロルベンゾールも有効であるが，薬剤ガスの濃度が低下すると逆に誘引作用が生じるので，補充を怠らない注意がいる．低温倉庫で保管するのもよいが，湿度の低下には十分注意する．プラスチック製の防虫袋に脱酸素剤とともに保管するときは，袋が大気圧で押しつぶされて毛を圧迫しないように注意がいる．防虫染料のミチンFF水溶液を薄層クロマト用霧吹きで噴霧した後，60℃，10分程度の加温定着を繰り返す方法もあるが，完全ではない．

[保存環境]　獣毛は過度に乾燥すると弾力を失い，折れやすくなる．特に高温での乾燥状態を経験すると含水量が急に低下し，復旧に長時間を要する．強い白熱灯照明下の長期間展示は避ける．

（森田恒之）

膠（にかわ）
glue

[定義] 獣皮を煮沸抽出したもので，主成分はコラーゲンほかの良質タンパク質である．原料となる動物皮の種類は特定しないが，脂肪の多いものは嫌われる．日本で生産される膠のほとんどは牛皮を使う．古くから皮屑や使い古した皮革製品の再利用が多い．平安時代の国語辞典『和名類従抄』には「煮皮之造」とある．皮を煮るから「にかわ」という．別名を「にべ」または「阿膠（あきょう）」といい，前者は弓師，後者は墨，漢方薬等関係で使われている．

[製法] わが国には，膠の製法に二つの流れがあり，伝統的な手工業による製品を和膠，工業化されたそれを洋膠と呼ぶ．製法は和膠，洋膠とも原則的な差はない．まず皮屑を細かく刻む．なめし皮はなめし剤を，生皮は付着した脂肪を除去するために石灰水で前処理する．抽出を容易にするために希硫酸浴を通すこともある．いずれも中和後に十分に水洗した原料に多量の水を加えて加熱する．60～70°Cで数時間抽出をする．抽出液を濃縮する．和膠は，90°C以上で煮詰めるが，長時間になるほど不純物が抽出され，かつタンパク質の分解も進む．適宜に水を加えながら何回にも分けて濃縮液を汲み上げる．濃縮時間の短いものほど高純度，良質のものとなる．自然冷却でゲル化し，所定の大きさに裁断して乾燥する．洋膠の製法は，60°C前後で低温抽出した液を低濃度のまま取り出す．保温したまま550 mmHg前後に減圧して水分を除き，30％程度の高濃度液を得た後，冷却してゼリー状にする．抽出液のろ過方法で品質が決まるが，概して高純度，高接着力である．抽出液に含まれる不純物のリン，ナトリウム，カリウムなどが，保水（吸水）能力を左右する．手工業関係者は，水加減しやすいので不純物の多い和膠を好む傾向がある．

[種類] 和膠の形状は5 mm角，長さ20 cm程度の「三千本」が一般的である．洋膠は20 cm角，厚さ5 mm前後の板膠，これを粉砕した粉膠，冷却したドラムの上に濃縮液を滴下して固めた粒膠，冷たい溶媒のなかに泡状に噴射して固めたパール膠などがある．「鹿膠」の名前で市販されているものは，工業用の洋膠に防腐剤と保水剤を添加して固め直したもので，添加剤の種類と量の差で各種のものが市販されている．

[用途] 主たる用途は接着剤である．20世紀後半に合成樹脂系接着剤が出回るまでは，「そくい」（米飯をていねいに練りつぶしたもの），「漆」と並ぶ木材用強力接着剤の代表であった．そのほか，顔料と混ぜて塗料の展色剤として利用する．代表的なものは日本画の彩色絵具，墨である．江戸時代以来20世紀前半まで，粗製の膠液と油煙を混ぜた灰墨が各地の商店で多用された．菰（こも）包みの荷物の表面に宛名書きをするためである．明治以降の最大の用途はマッチの原料であった．不純物が多いと吸水性が生じマッチの軸頭や擦板が緩んで着火が悪くなる．輸出用紙や擦り原料としても多用されたがやはり湿気を嫌った．耐水性のある高純度の膠を得るための努力が，やがて写真フィルムや薬用カプセル，ファインケミカル用マイクロカプセルなどの原料と

しての高純度ゼラチンの技術に結集している．

[ゼラチン]　膠とゼラチンの差はその純度である．ほとんど不純物を含まないものをゼラチンと呼ぶ．膠は水溶性かつ可逆性があるので，膠液が乾燥すると強い接着力を示すが再び水分を与えると容易に剝離できる．膠液は水分が凍結しない限り，それぞれ濃度に応じて一定の温度以下ではゼリー状（ゲル状態），以上では液状（ゾル状態）になることを繰り返す．ゾル-ゲルの変移点は温度を上げるときと下げるときで差がある．膠液を一定の温度以下に下げればゲル化して固まるので，接着剤として利用するときは乾燥固化するまでの仮固定が容易になる．合成接着剤が樹脂の反応速度や分散液の蒸発を待つ間，固定を必要とするのに対して，膠は液を塗布した面と対応する面を少し冷やしておくと固定なしでも接着できる．この特異な作業性のために，木工職人のなかには今日でも愛用者が多い．

[使用法]　乾燥した膠はあらかじめ水に浸して膨潤させておいたものを加温して膠液とする．20℃前後でいかなる濃度のものも液状になる．つまり十分に膨潤させてあれば20℃以上の加温で液化できる．高濃度の膠液を必要とするときは4℃以下の低温水のなかでゆっくり膨潤させる．実用的には水に浸した膠を冷蔵庫内で1昼夜置く．膨潤した膠をろ紙かティッシュペーパーの上に置いて余分な水分を除くと，自重の約3〜4倍の水を含むので，これを基準に好みの量の水を加えて加温すると濃度がわかる膠液が得られる．膠液は70℃以上の高温で長時間加熱すると，タンパク質が分解して接着力が落ちる．木工職人の使う膠鍋は湯煎ができる2重鍋であり，日本画家の膠鍋は厚手の土鍋であるのはいずれも急激な過熱を避けるためである．前掲の鹿膠は水溶性の保水剤を添加しており，いったん溶かした膠液を何回も加水しながら加熱溶解を繰り返すと，保水剤が蒸発する水とともに失われ，乾燥後の膠塗膜が硬いものになりやすい．高温加温を避け，なるべく新しいものを使うのがコツである．製造後に日数を経た膠は表面，特に隅の部分の乾燥が進んで吸水しにくくなることがある．昔は2年以上経過したものを「ヒネ」と称して価値が下がったが，最近は膠の需要減に伴って古いものも市場にある．溶液を布でこして使えば問題ないが，古い製品は溶けない塊が残ることがある．

[注意事項]　膠液に微量のホルマリンを加えると急速に固化するが，可逆性が失われるばかりか塗膜の弾力性がなくなる．木工で接合面の一方に膠，他方に希ホルマリン液を塗布して重ねる工法使うことがあるが，この方法は以後の修理がきかない．麻紙の日本画にホルマリン液をスプレーする例があったが，こうした作品は画面が割れたり剝げたりしやすいが，対処する方法がない．同じ理由で，湿度が高くかつホルマリンガスを発生する危険がある合成樹脂製品や家具類の近くに膠を使用したことが明らかな製品を保管することは決して好ましいことではない．

（森田恒之）

(10) 人 工 材 料
artificial materials

合 成 樹 脂
synthetic resin

[歴史と定義] 従来，象牙でつくられていたビリヤードの球を，同様の性質をもった別の素材でつくった者に賞金を出すとの懸賞が引き金となり，1869年，セルロイドがアメリカで発明された．それは木綿など天然高分子物質を硝酸と塩酸の混合液に漬けてニトロセルロースをつくり，樟脳と混合して透明な塊としたものであった．1890年，タール分留物の低分子の2種の化学反応（重合）によりクマロンインデン樹脂が，さらに1907年，フェノール樹脂が発表された．それらは外観・性質が天然樹脂のマツヤニやシェラックに似ていたので，synthetic resin と名づけられた．セルロイドのような天然高分子物質を原料とし，化学処理によって得られた樹脂を半合成樹脂と称し，クマロンインデン樹脂やフェノール樹脂のように低分子のものを化学反応により高分子としたものを合成樹脂と呼ぶ．一般的にはこれらを合わせてプラスチックともいう．天然樹脂がいずれも低分子化合物であるのに対し，合成樹脂が高分子化合物であることが判明したのは1930年代になってからである．また，『広辞苑』（岩波書店）では「合成高分子の中で繊維，ゴムとして利用されている以外のものの総称．天然樹脂に対比してつくられた語．熱可塑性樹脂，熱硬化性樹脂に二大別される」としている．現在合成高分子の種類は20万種以上にも上る．

[分類と特徴] 合成樹脂は単一，または2種，3種の低分子化合物（分子量が数百までのもの）を化学反応（重合）により長い鎖状や網目状に結合させて高分子（分子量が1万以上〜数百万）化合物としたものである．大きく次の2種に分類される．

①熱可塑性樹脂：常温では弾性を有し変形しないが，適当な加熱により柔らかくなり成形が可能．冷却すると弾性が戻り硬くなる．その間，分子構造など化学的変化は生じない．一般に1次元の線状分子である．その一例は，後述するアクリル樹脂のように，液体の低分子のメチルメタクリレートモノマー（単量体）が触媒を添加することにより次々と重合して線状に並んだ高分子のポリメチルメタクリレート（アクリルガラス）となり固体となる．これに適当な溶剤を加えると，それぞれの分子が他分子との絡み合いから解放され，バラバラになって溶剤に溶け，繊維状にあるいは糸毬状になって溶剤のなかに広がり浮遊する．溶剤が蒸発すると固体になる．

②熱硬化性樹脂：加熱により温度が上がると，流動性を示すと同時に化学反応によって分子間に橋を架ける架橋結合を生じ，3次元の網状の構造となり，硬化して溶剤などに不溶不融となる．これらを再び加熱しても軟化せずもとに戻らない性質をもつ．一例はエポキシ樹脂で後述するような重合をして3次元の網目構造となり，丈

夫な安定した樹脂を形成する．

[構成材料] 一般にはウレタン樹脂とか，ポリビニル樹脂とか表現しているが，基本となる分子をモノマーといい，使途に合わせてこれらを反応させ，中間体としたものをプレポリマーと呼び，それらに触媒や硬化剤を加えてさらに高分子（ポリマー，多量体）とする．モノマーの種類は各種あり，その選択や組み合わせによって樹脂の性質が変わり，同じアクリル樹脂といっても熱可塑性アクリル樹脂と熱硬化性アクリル樹脂という全く性質が異なるケースさえある．合わせて，用途に応じて合成樹脂には可塑剤，安定剤，改質剤，UV吸収剤，体質顔料（着色用ではなく，性質改善や増量のために入れる顔料），顔料，マイクロバルーン，つや消し剤などが含まれる．

合成樹脂と一言でいうが，その外見は，①固体（板状，ペレット状，フレーク状），②半固体（練り物状，クリーム状），③液体（溶液やエマルション），と製造方法や用途に応じて各種ある．溶液は溶剤に合成樹脂を溶かしたもので，溶剤中に合成高分子が鎖状や球状の状態で浮遊してい る．一方，エマルションは水や有機溶剤中に，高分子のいくつかが塊となって浮遊しているもので，溶液中の高分子に比べて非常に大きな塊である．この状態を安定に保つために界面活性剤や増粘剤を入れたり，水系エマルションの場合は防腐剤を入れ，カビ発生を防ぐ処置がとられている．また，チキソトロピー（等温状態で，変形のために見かけ粘度が一時的に低下する現象）を起こすような性質を付与するために薬剤を加える場合がある．

[平均分子量] 合成樹脂の性質を左右する最も大きな要素は分子量である．低分子のものは固有の分子量をもつが，高分子である合成樹脂の場合，平均分子量という言葉が使われる．すなわち，ある分子量をピークとして幅をもった分布をしている．それはモノマーの結合数（重合度）が必ずしも一定でないからである．一例として出土木材や出土繊維の保存処理に使われるポリエチレングリコール（PEG）を表に示す．

一般に分子量が高いほど強靭で丈夫になるが，溶剤に溶かす場合，粘度が増し，溶けがたくなる． (増澤文武)

表 ポリエチレングリコール（PEG）の分子量による特性の違い

PEGの種類	外観	平均分子量	融点（℃）	比重（25/25℃）	吸湿性*
200	透明液体	190〜210		1.124	70
400	透明液体	380〜420	4〜8	1.125	55
600	透明液体	570〜630	18〜22	1.126	40
1000	ロウ状固体	950〜1,050	35〜39	1.117	35
1500	ワセリン状	500〜600	37〜41	1.200	35
1540	ロウ状固体	1,300〜1,600	43〜47	1.210	30
2000	ロウ状固体	1,800〜2,200	49〜53	1.210	
4000	フレーク状	2,700〜3,400	53〜57	1.212	1
6000	フレーク状	7,400〜9,000	56〜61	1.212	1
10000	フレーク状	9,300〜12,500	56〜61		
20000	フレーク状	18,000〜25,000	56〜62		
	粉末	100,000以上	65〜67	1.13〜1.26	

*グリセリンの吸湿量を100としたときの値．

合成樹脂の文化財への応用
application of synthetic resins to cultural property

　合成樹脂が文化財の保存処理に使われたのは1930年からで，1932年にはハードボード上の麻布に描かれたフレスコ画の色材の接着剤としてポリビニルアセテートが使われている．

　わが国では，第二次世界大戦下の1942年秋から1943年春にかけて実施された重要文化財霊山寺（奈良県）三重塔内部の本尊後壁五大明王像，柱絵，後壁の裏面，涅槃像の例が最初である．アクリル樹脂の一つであるポリメチルメタクリレートの注入とスプレー噴霧が実施された．1943年には京都二条城襖絵を皮切りに多くの障壁画の修理がなされたが，土壁や板壁のようなものに対しては，ポリメチルメタクリレートの一部をメチルアクリレートに置き換え，柔軟性をもたせたものを用いている．さらに西本願寺智積院所蔵の花鳥図盛り上げ彩色の場合，膠が老朽化していないために，有機溶剤に溶かした合成樹脂では，接着剤にならないことがわかった．そこで，ポリビニルアルコール（PVA）水溶液を注射針で滴下して顔料層を軟化した後に，表面から顔料層を押さえて襖面に圧着して接合し，かつアクリル樹脂溶液を吹きつける方法がとられた．これは有機溶剤では顔料のカールした状態を戻すことができないが，水溶液では膠を溶かすことができることを利用したものであった．

　霊山寺の壁画は，9年後の1952年，経時変化を調査し，浮き上がっている箇所，3か所を確認しているが，光沢も生じず，変色もなく良好であった．1964年，PVAとアクリル樹脂による保存処置がなされたが，その理由は，過去の処置により顔料層は強化されたが素地への密着が不十分であったので再びめくれ上がる傾向を生じたためであった．霊山寺壁画の現状を写真1に示す．

　1965年以降，建造物の関係などで，エポキシ樹脂およびそれにフェノール系マイクロバルーンを混合したものが多用された．その一つが元興寺の五重小塔であった．1967年の解体修理の際に傷んだ部分を本樹脂で補塡し，表面を他の部分の色に合わせて古色仕上げをしている．以来，鉄筋コンクリート製の収蔵庫に展示を兼ねて置かれており，平日は北側正面の鉄扉が開けられた状態にあるが，肉眼でみる限りにおいては全く異常が生じていない（写真2）．一方，同様の樹脂を外部建造物に用いて古色仕上げをしたものであるが，長期屋外曝露によりエポキシ樹脂の表面が灰白色紛状に変わる現象，すなわちチョーキングを生じ，表面の彩色もはげ落ち，灰色の紛状に変化している例がある（写真3）．これは典型的な芳香族系エポキシ樹脂の例であって，屋内外でこのように異なる状況を生じている．

　合成樹脂による保存処理例としては，1961年アクリルアミドのモノマーを用いた元興寺出土納骨五輪塔の保存処理がある．以後，1960年代に現在の基礎となったアクリル系の水系エマルション，および非水系エマルションの出土金属器への応用があり，分子量3,000余のPEG含浸による出土木材の保存処理があった．

　文化財の保存処理・修復上，最も大切な

(10) 人工材料

写真1 重要文化財霊山寺三重塔内部後壁，柱絵，長押の絵画
わが国最初の合成樹脂を用いての処理（1942〜1943）による．なお本写真は1997年現在の状態．
(a)全体，(b)柱絵の一部．

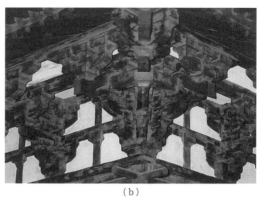

写真2 元興寺所蔵五重小塔（屋内に展示されているエポキシ樹脂の補填部分）
1965年，フェノール系マイクロバルーン混合エポキシ樹脂による修理．(a)全体，(b)部分．変色など全く生じていない．

写真3 屋外の木造建築の柱におけるエポキシ樹脂の補填箇所

紫外線などによるチョーキングで表面の古色仕上げの色材が失われ、灰色化し、ひび割れている。

ことは、使用した合成樹脂をはじめとする薬剤の一般名のみならず、商品名を含めて、必ず報告書に記録し残すべきことであると思われる。文化財の場合、長期にわたって、保存と展示がなされ、次の保存処理・修復に際して、良きにつけ悪しきにつけ影響を及ぼすためと、薬剤の経年耐久性についての評価を兼ねているからである。

現在、文化財への合成樹脂の利用は、大きく分けて次の6タイプに分類される。

①接着剤・補填剤：剥落止めや、土器片などの接着、欠損部分の復元など、②文化財の強化・防錆樹脂：多孔質のさびと化したもの、虫食い・腐朽木材などの含浸強化、防錆または保護膜としての塗装、傷みの激しいものの裏打材など、③展示ケース・展示台、保管台など：文化財に直接、合成樹脂を施すことはないが、クッションや台として接触する場合、ケースのように密閉型のもので文化財の環境を規定するもの、④梱包・包装用樹脂：遺跡の一部を切り取る際の保護用発砲ウレタンや、梱包用パッキング材のポリスチロール、エアキャップなど、⑤レプリカ作製用樹脂：レプリカ作成のための雌型およびレプリカ原料としての合成樹脂、⑥機能性高分子：文化財の処置のために用いる純水製造のためのイオン交換樹脂。なお、合成樹脂は、溶液やエマルションタイプで使われることが多く、使用時には、安全衛生面と危険物取扱い上の安全性が求められ、製品安全データシートを参考に安全を確保すべきである。
(増澤文武)

[文 献]

阿知波毅：修羅、藤井寺市郷土研究会、pp.38-45、1994.

Brommelle, N. S. : Introduction. Preprints of the Conservations to the Paris Congress, 2-8 September 1984, Adhesives and Consolidants IIC, pp.3-4, 1984.

Clydesdale, A. : Chemicals in Conservaion, SSCR Burmingham, 1982.

De Witte, E. : Bull. K. I. K., XVI, 120-130, 1976/1977.

De Witte, E., Florquin, S. and Goessens-Landrio, M. : Influence of the modification of dispersions on film properties, Adhesives and Consolidants, IIC Congress, pp.32-35, 1984.

Feller, R. : Standards in the evaluation of thermoplastic resins, ICOM-Committee for Conservation, 1978.

フローリ、P. F.（岡 小天、金丸 競訳）：高分子化学史、高分子化学、丸善、1955.

五嶋孝吉、黒田俊二：出土木製品の化学的保存処理について、元興寺極楽坊総合収蔵庫建設報告書、1965.

濱田青陵：通論考古学、pp.208-209、1948.

樋口清治、青木繁夫：保存科学、**9**, 61-68, 1972.

樋口清治：保存科学、**10**, 37-72, 1973.

樋口清治：国宝高松塚古墳壁画―保存と修理―、文化庁、pp.150-152, 1987.

筏 義人：高分子とは何か、高分子刊行会、1987.

今津節生：日本文化財科学会第8回大会要旨集、

pp.81-82, 1991.

岩崎友吉：東京国立文化財研究所受託研究報告 保存科学部, No.7, 1-2, 1962.

岩崎友吉, 樋口清治：木製品の保存処置（第2報）―木造文化財の保存処置における充填, 整形用樹脂について―. 保存科学, **6**, 13-24, 1970.

化学大辞典編集委員会編：化学大辞典, 縮刷版第7刷, 共立出版, 1969.

化学工業日報社編：新化学インデックス1996年版, 化学工業日報社, 1995.

川本耕三, 尾崎誠, 塚本敏夫, 増澤文武, 畑中良昭：日本文化財科学会第12回大会研究発表要旨集, pp.72-73, 1996.

川野邊渉：天然高分子と合成高分子. 文化庁文化財保護部美術工芸課研修レジメ, 1995.

高分子学会編：高分子辞典, 朝倉書店, 1980.

増澤文武, 広瀬棟彦：元興寺仏教民俗資料研究所保存科学研究室紀要, **6**, 4-8, 1977；昭和51年度国庫補助による民俗資料等保存処理調査研究報告書, 元興寺仏教民俗資料研究所, pp.6-15, 1978.

村橋俊介, 小田良平, 井本稔編：改訂新版プラスチックハンドブック, 朝倉書店, 1970.

奈良国立文化財研究所埋蔵文化財センター編：埋蔵文化財ニュース, **28**, 1-8, 1980.

日本塗料工業会編：塗料原料便覧第6版, 日本塗料工業会, 1993.

西浦忠輝, 江波隆, 大石不二夫, 車塚哲久：第16回古文化財科学研究会大会講演要旨集, pp.64-65, 1994.

大石不二夫：高分子材料の耐久性. リサイクル時代の寿命とその予測, 工業調査会, 1993.

沖津俊直：接着剤の実際知識, 東洋経済新報社, 1994.

沢田正昭：考古学研究, **17**(4), 66-88, 1971.

沢田正昭：奈良国立文化財研究所編, 研究論集1, pp.3-38, 1972.

沢田正昭, 肥塚隆保, 村上隆, 田崎陽子, 吉田秀男：日本文化財科学会第7回大会研究発表要旨集, pp.80-81, 1990.

櫻井高景：古文化財の科学, **2**, 29-31, 1951.

鈴木重夫, 安田友子：第18回文化財保存修復学会講演要旨集, pp.74-75, 1996.

Thickett, D., Cruikshank, P. and Ward, C.: *Studies in Conservation*, **40**(4), 217-226 IIC, 1995.

東京国立文化財研究所修復技術部編：保存修復材料, 東京国立文化財研究所, 1989.

内田俊秀, 伊藤健司, 小森尚義, 北野信彦：元興寺文化財研究, **13**, 1-8, 1983.

渡辺智恵美：出雲神庭荒神谷遺跡第4冊（史跡整備・保存修理報告）, 島根県古代文化センター, pp.38-71, 1995.

アクリル樹脂（熱可塑性）
thermoplastic acrylic resin

化学式の一例（メタクリル酸エチルとアクリル酸メチルの共重合体）．

$$-[-CH_2-\underset{\underset{COOC_2H_5}{|}}{\overset{\overset{CH_3}{|}}{C}}-CH_2-\overset{\overset{COOCH_3}{|}}{CH}-]_n-$$

n：分子量10,000以上の場合，54以上の数．

アクリル展示ケースで代表される無色（またはわずかに黄褐色）透明で変色や失透が最も少ない樹脂．文化財に直接利用されるものとしては，アメリカ Rohm & Haas の paraloid B-72（エチルメタクリレートとメチルアクリレートの共重合体）など溶液型のもの，エマルションタイプでは，水系のプライマール MV 1 や非水系の paraloid NAD-10 などがある．水溶性アクリル樹脂の場合，温度や光により架橋する場合があるので注意を要する．アクリルモノマーの種類により硬いものから柔らかいものまで各種ある．透明なガラスのように利用される MMA（メチルメタクリレート）の重合体は硬いが，メチル基の代わりにエチル基やブチル基などになると柔らかさを増す．架橋型タイプを除き，有機溶剤に可溶である．

種類によって性質が異なるので注意を要する．特にブチルメタクリレートは耐光性が劣る．paraloid B-72 は最も安定した樹脂である．paraloid NAD-10 はアルコール可溶性であり，出土銅剣の裏打ちに用いられたものが10年後にもエタノールにより取り除くことができ，可逆的であることが判明した．次のような応用例がある．

① 出土金属器や腐朽した木部，わら製品への含浸強化，表面塗布（溶剤系溶液），② 内部保管の壁画や脆い石造文化財の強化や剝落止め（溶剤系溶液），③ 土器など胎土強化（溶剤系，ならびに水溶液），④ 琥珀の接着と固化，⑤ 絵馬など板絵の剝落止め（水系エマルション），⑥ 補塡部分などへの補彩用，あるいは古色仕上げ用絵具．

以下に上述の用途の番号に対応して，使用された樹脂名を記す．（　）内は製造元または販売元を示す．

① 出土金属用：primal MV-1 (Rohm & Haas), paraloid NAD-10 (Rohm & Haas), Incralac（トーアペイント），劣化木質部分：paraloid B-72，同 64 (Rohm & Haas)，わら製品：paraloid B-66, paraloid C-10 (Rohm & Haas), ② paraloid B-72 (Rohm & Haas), ③ paraloid B-72 (Rohm & Haas), バインダー 17，同 18（アクリル水溶液），④ paraloid B-72, primal AC-61, 同 3444, 同 34, primal ASE-60 (Rohm & Haas), ⑤ アクリル絵具：アクリラ，アクリルガッシュ（ホルベイン），リキテックスカラー（バーニーコーポレーション）．

アクリル樹脂そのものの取り扱い上の問題はないが，溶液やエマルションの場合，使用される有機溶剤により，それに基づいた取り扱い（排気などの環境整備，火気注意など）が要求される． 　　（増澤文武）

シアノアクリレート（熱可塑性）
cyanoacrylate

$$CH_2=C\begin{smallmatrix}CN\\COOCH_3\end{smallmatrix} \longrightarrow -[-CH_2-C-]_n-\begin{smallmatrix}CN\\COOCH_3\end{smallmatrix}$$

シアノアクリレートのモノマー（左項）が塗られた表面の水分が触媒となって反応して右項のような高分子となる．

無色透明液体．

粘度が低く浸透しやすい．従来多孔質のものには適さなかったが，近年粘度の高いものが開発され，木材などの接着も可能になった．浸透性が著しくよく，粉部分の移動を生じないため出土銅剣の粉化した部分の形状確保と固定に利用される．なお固化したものはアセトンで膨潤させて取り除くことが可能である．応用例として，①出土金属器・出土木器の接着，②仏像の破片の接合などがあげられる．

具体的商品名としては，アロンアルファ（東亜合成化学），アルテコ（アルファ技研），セメダイン3000（セメダイン）などがあげられる．

冷暗所に保管し，蒸発ガスが目や鼻を刺激するので使用時には換気を十分に行う．

(増澤文武)

酢酸ビニル樹脂（熱可塑性）
vinyl acetate resin, PVAc, polyvinylacetate

$$-[-CH_2-CH-]_n-\\COOCH_3$$

無味無臭・無色透明．

古くは，障壁画の接着，剥落止めなどに使用，エマルションタイプ（乳白色液体）の木工用接着剤．水系エマルションは，添加剤により黄変化が起こったり，耐湿性の落ちることがある．

商品名は，ボンドCH（コニシ）．

(増澤文武)

ブチラール樹脂（熱可塑性）

polyvinylbutyral, PVB

① ブチラール

$$-[CH_2-CH-CH_2-CH-\cdots\\ \quad\quad\quad |\quad\quad\quad\quad\quad\quad |\\ \quad\quad\quad O-CH-O\\ \quad\quad\quad\quad\quad\quad |\\ \quad\quad\quad\quad\quad\quad C_3H_7$$

② ビニルアルコール　　③ 酢酸ビニル

$$CH_2=CH-\cdots\quad\quad -CH_2-CH-]_n\\ \quad\quad |\quad\quad\quad\quad\quad\quad\quad\quad\quad\quad |\\ \quad\quad OH\quad\quad\quad\quad\quad\quad\quad\quad OCOCH_3$$

①～③が重合したもの．ブチラールが全体の約60～70%を占め，酢酸ビニルはわずかである．$n=200$～1500．

3種のモノマーの配合比により，物理的・化学的性質が異なる．各種有機溶剤，特にエタノールに可溶．無色透明，耐薬品性，低温での衝撃性に優れ，強靱でガラス・皮・木材・金属への接着性に優れる．

木質文化財の虫穴をブチラール樹脂と砥の粉との混合物で埋め込み，ガラスをはじめとする各種材料の接着剤として使用する．火気厳禁．

製造元は，積水化学，電気化学工業．

（増澤文武）

ポリビニルアルコール（熱可塑性）

polyvinylalcohol, PVA

ポバール．

$$-[-CH_2-CH-]_n-\\ \quad\quad\quad\quad |\\ \quad\quad\quad\quad OH$$

水に可溶，吸湿性の白色粉末．有機溶剤に不溶．可溶性塩類の存在により架橋し不溶性となる．

1970～1985年に接着剤と含浸用樹脂として使用された．わが国では障壁画の修復ならびに彩色剝落止めに用いた．

（増澤文武）

ポリエチレングリコール（熱可塑性）

polyethylene glycol, PEG

ポリエチレンオキシド．

$$-[CH_2-CH_2-O-]_n-$$

非常に安定な樹脂であるが，長期の加温により酸化され，分子の分解と重合が進み，分子量分布の幅が広がる（「合成樹脂」の項の表参照）．同時に酸化され，カルボニル，カルボキシル基をもち，また低分子のギ酸や酢酸，アルデヒドなどを生じる．

用途として，①出土木材の寸法安定性確保のための含浸樹脂（ただし，分子量6,000まで），②切り取った遺構，土つきの植物性遺物の含浸処理，③分子量200,000のものは出土繊維の強化用，④型取りの際の離型剤．

商品名は，①②④ PEG 200，同400，同4000，③ polyox-N 80，アルコックス（明成化学）．

可燃性．粉末消化器，多い場合は放水．

（増澤文武）

ポリウレタン樹脂（熱硬化性）
polyurethane resin

分子のなかに-(-NH-CO-O-)-の結合を有する樹脂．

① 一液型ポリウレタン樹脂：
$OCN-(CH_2)_6-NCO+H_2O \longrightarrow$
$OCN(CH_2)_6NH-[-CO-CNH(CH_2)_6NH]_n-$
$\qquad\qquad\quad \underset{O}{\|} \quad \underset{C}{\|}$
$\cdot -CO-CNH(CH_2)_6NCO$
$\underset{O}{\|} \underset{O}{\|}$

② 二液型ポリウレタン樹脂：
$OCN-(CH_2)_6-NCO+HO-(CH_2)_6-OH \longrightarrow$
$OCN-[(CH_2)_6-NHCO-CNH]_n-(CH_2)_6-OH$

透明または褐色液体．芳香族系イソシアネートの場合，光による黄変化を生じる．脂肪族系イソシアネートは黄変しない．

主剤・硬化剤の2液を混合してスプレーするか，あるいは振りかけるなどにより硬化と同時に発砲して，硬質ウレタンフォームとなる．これにより脆弱な遺物や切り取った遺構を包み込んで保護するのに利用．ウレタンフォームに孔や隙間をつくらず，包み込むことができれば輸送はもとより，4～5年屋外に放置しても遺物を保護できる．最初に使われた例は，1973年大阪府藤井寺市三つ塚古墳出土「修羅」の輸送である．既製の軟質ウレタンフォームは，梱包の際のパッキング材として，あるいは柔らかい変形しやすいものの台に使用される．次のような応用例がある．

① クッションを付加した文化財の展示台（ウレタンラバー），② レプリカの原料，③ 木材強化用，木材含浸用樹脂，仏像の虫食汚損部の強化：PSNY6，同10（寿化工），④ 土つき遺物の取り上げの保護材（硬質発砲ウレタン），土壌断面剥ぎ取り用：タケネートRIA，タケラックRIB（主剤），タケネートM402（硬化剤）（武田薬品），ハイブロックスRP-993M，SP-299（硬化剤）（大日本インキ），エアライトフォームHN-13030FBT（主剤），同NH-13030FBR（硬化剤）（日清紡），サンプレンWE（三洋化成），サンコールSK50（ミタニペイント）．

主剤は，容器の蓋を十分密閉して外気を遮断する．火気のない冷暗所に保管する．水酸化ナトリウム，アンモニア，アミン類，水と一緒にしない．吸入すると呼吸困難となる．換気のよいところで，フッ素ゴム手袋，保護メガネ，マスク着用．皮膚に付着した際には石鹸でよく洗う．眼に入ったときは洗眼後，ただちに眼科医へ．

（増澤文武）

フッ素樹脂（熱可塑性）
fluoropolymer resin

化学式の一例.
$-[CF_2\text{-}CFX\text{-}\cdots CH_2\text{-}CH\text{-}\cdots\text{-}CH_2\text{-}CH]_n-$
　　①　　　　　　｜　　　　　｜
　　　　　　　　OCOCH₃　　OH
　　　　　　　　　②　　　　　③

①トリフルオロオレフィンにXはハロゲン，②酢酸ビニル，③ビニルアルコール

フッ素置換アルキル基の共重合物で，フッ素含有率が25〜32％を占める．

有機溶剤に可溶．耐候性が著しく優れる．一般クリアが20〜30μmの塗膜を生成するのに対して2〜3μmの膜厚で同等の性能を有する．

脱塩処理を実施し，かつアクリル系樹脂含浸を繰り返しても崩壊の止まらない出土鉄器の処理に適す．ただし，分子内に有機結合しているハロゲンのなかに塩素があるがこのままの樹脂は非常に安定である．

商品名はVフロン1液マイルドクリア（大日本塗料）．

溶剤がナフサで，換気と火気には十分注意すること．
　　　　　　　　　　　　　（増澤文武）

硝酸セルロース（熱可塑性）
cellulose nitrate

化学式を下欄に示す（構造式a）．

セルロースを化学的に変性させたものとしては，このほかに，酢酸セルロース，エチルセルロース，メチルセルロースなどがある．

無色透明．ケトン類，エステル類に可溶．アルコール類には一部可溶．

ラッカーとして土器，木器，金属器など多種の文化財への接着剤になる．

商品名はセメダインC（セメダイン）．

火気厳禁．
　　　　　　　　　　　　　（増澤文武）

（構造式a）

[構造式：硝酸セルロースの化学構造]

エポキシ樹脂（熱硬化性）
epoxy resin

化学式の一例を下欄に示す(構造式b)．

最も一般的なタイプは，上述のようなエポキシ基 $CH_2\text{-}CH\text{-}$ を末端にもつもので n
$\quad\quad\quad\quad\quad\quad\diagdown O \diagup$
の数が大きくなるに従い，液体から固体までであり，粘度が低いものから高いものまで各種ある．これらと硬化剤のポリメルカプタン，芳香族ポリアミンなどを混合することによって，反応が進み硬化する．

上述の化学式のなかの反応にかかわる部分を抜き出し，他の部分を……で表現した際の反応は下欄の構造式cのように進み，網目構造をつくっていく．

主剤と硬化剤の2種の混合により硬化させる．エポキシ基を有する主剤は無色透明または薄い黄褐色透明で粘性のある樹脂．文化財に使用するものは，マイクロバルーンや，顔料などを混合したり，また硬化剤との混合状態をみるため，着色されているものもある．耐薬品性，物理的性質に優れ，特に硬化した際に収縮が少なく，寸法安定性に優れる．一般的によく使われている芳香族系エポキシ樹脂は紫外線により，黄変化とチョーキングを生じる欠点がある．脂肪族エポキシ樹脂は黄変化しない．

用途には，次のようなものがある．

① 出土金属器，木器などの接着剤：熱硬化性樹脂のため，硬化後剝がしたり，接着箇所が外せない心配が常にあるが，出土遺物の場合，熱可塑性樹脂が含浸されているため，その樹脂が溶解することで取り外し可能である．仮に直接接着した場合も，

キシレンなどの溶剤につけることにより，界面部分で剥離したり膨潤してとりやすくなる．②出土鉄器，木器，土器，民俗資料の欠損部分の補塡用樹脂，また建築材の傷みの激しい部分を取り除いた後の補塡用樹脂（人工木材とも呼ばれる）：この場合は，市販品のアラルダイトSV 426 のように，モデリングしやすくし，また成形のための切削ができ，生成物は比重が 0.7〜0.8 と軽量化するために，フェノール系マイクロバルーン（熱硬化性フェノール樹脂の細かい風船状の中空の粒子）をあらかじめ混合したものもある．あるいは，エポキシ樹脂に，ガラスマイクロバルーンや，木粉などを適量混ぜ合わせ，切削性など作業性，色調，質感などを調整して用いる．芳香族エポキシ樹脂が従来使われているが，博物館などの屋内に置かれ，直接日光などが当たらないものについては，黄変やチョーキングは認められていない．③遺構などの剝ぎ取り．④石造文化財の強化・接着：接着力が強いため，接着剤として適する一つである．接着面に直射日光が当たらないこと，また，表面に露出した場合も岩石が灰色系統のものであり，かつ光沢のないものの場合は，チョーキングによる灰色がかった粉状の状態は，むしろ本体の質感になじむ場合もある．⑤仏像の金属部の接着．⑥レプリカ，展示・保管用台などの作製用：樹脂として適度な粘性が得られ，寸法安定性に優れる．

上記に使用された樹脂の商品名は，次のとおりである．

①アラルダイトラピッド GY 1252 （主剤），同 HY（硬化剤）（日本チバガイギー），セメダインスーパー（セメダイン），②アラルダイト SV 426，同 XN 1023，同 XN 1026 A（チバ・スペシャルティ・ケミカルズ），ダイナミックレジン P 362 R（主剤），同 362 H（硬化剤）（大日本色材），ダイナミックレジン P 118 R（主剤），同 118 H（硬化剤）（大日本色材），セメダインスーパー（セメダイン），エポニクス PR（大日本塗料），③トマック NR-51（三恒商事），④アラルダイト CV 230（主剤）（チバ・スペシャルティ・ケミカルズ），エポメート A-002 W（硬化剤）（味の素），⑤エピコート 828（主剤）（油化シェル），エポメート LX 1（硬化剤）（油化シェル），⑥アラルダイト XN 1023（主剤），同 XN 1026 A（硬化剤），同 LV 554（主剤），同 T 387（硬化剤）（チバ・スペシャルティ・ケミカルズ）．

硬化剤は激しく皮膚と粘膜の炎症，結膜炎，鼻炎，喘息，アレルギー皮膚炎を起こす場合がある．したがって，硬化剤と未硬化の樹脂にはできるだけさわらないこと．また，作業に当たっては，手術用の手袋着用，皮膚についた樹脂は水で洗い落とし，クリームで洗浄し，再び石鹸水で洗うこと．

(増澤文武)

不飽和ポリエステル樹脂（熱硬化性）
unsaturated polyester resin

化学式の一例を下欄に示す（構造式 d）．

このプレポリマーをスチレンに溶かした溶液に，使用直前に触媒として，メチルエチルケトンパーオキサイドのような過酸化物などと混ぜ合わせ，化学反応を起こさせて，硬化させ，固体とする（下欄構造式 e）．

用途としては，次のようなものがあげられる．

① 出土木器など，出土品の保存処理時の保護用 FRP（ガラス繊維，ガラスクロスを並べそれに不飽和ポリエステルなどの樹脂をしみ込ませ固めたもの）作成用，② 大仏などの裏打ちによる強化，③ レプリカ作製用．

商品名は，ポリライト TP-123，ディックライト TP 400（大日本インキ化学）．

可燃性・引火性あり．特に過酸化物の触

（構造式 d）

$$\text{C-CH=CH-C} + \text{HO-C-CH}_2\text{-CH}_2\text{-OH}$$
（O O O / CH$_3$）

$$\downarrow$$

$$\text{HO-[CH-CH}_2\text{-O-CH-CH}_2\text{-C-CH=CH-C-O]}_n\text{H}$$
（CH$_3$　CH$_3$　O　　　　O）

（分子量 800〜2,000）

（構造式 e）

$$\text{HO-[CH-CH}_2\text{-O-CH-CH}_2\text{-C-CH=CH-C-O]}_n\text{H} + \text{C-}\bigcirc$$
（CH$_3$　CH$_3$　O　　O　　CH$_2$）

$$\downarrow$$

$$\text{HO-[CH-CH}_2\text{-O-CH-CH}_2\text{-C-CH-CH-C-O]}_n\text{H}$$
（CH$_3$　CH$_3$　O　　　　O）
HC-◯
CH$_2$
$$\text{HO-[CH-CH}_2\text{-O-CH-CH}_2\text{-C-CH-CH-C-O]}_n\text{H}$$
（CH$_3$　CH$_3$　O　　　　O）

（構造式 f）

~O-Si-O-Si-O-Si-O-Si-O-SiOH
(CH$_3$ CH$_3$ CH$_3$ CH$_3$ CH$_3$ / CH$_3$ CH$_3$ CH$_3$ CH$_3$)

→　過酸化ベンゾイル

~O-Si-O-Si-O-Si-O-Si-O-SiOH
(CH$_2$ CH$_3$ CH$_3$ CH$_2$ CH$_3$ / CH$_3$ CH$_2$ CH$_2$ CH$_3$ CH$_2$)
CH$_3$ CH$_2$ CH$_3$ CH$_3$ CH$_2$
~O-Si-O-Si-O-Si-O-Si-O-SiOH
(CH$_2$ CH$_3$ CH$_3$ CH$_2$ CH$_3$)

媒を硬化剤として使う際には保管・取り扱いに注意のこと．冷暗所保管，触媒は冷蔵庫へ．換気のよいところで扱い，保護手袋，有機ガス用マスク，ゴーグル着用．眼に入ると腐食し，吸入すると目眩，頭痛を生じる．吸入の際には空気の新鮮なところに移し，皮膚に付着の際には石鹸水で洗浄，眼に入った際には即座に十分な水で洗い，眼科医へ．

(増澤文武)

シリコーンゴム（熱硬化性）
silicone rubber

化学式の一例を前ページに示す(構造式f)．

無色透明または乳白色か灰色の液体．反応時，発熱がない．耐熱・耐寒・耐水・耐化学薬品性に優れる．流動性に優れ，硬化後は収縮率少なく，寸法安定性に優れる．柔らかく伸縮性が大きい．レプリカなど型取り用には，縮合型のシリコーン（silicone：オルガノポリシロキサン類の総称）ゴムが用いられる．理由は付加型の場合，触媒毒により硬化しなかった場合には文化財を汚損するなど問題が生じるためである．

用途としては，次のようなものがあげられる．

①有機質考古遺物の保存処理，②レプリカ作製時の型取り用樹脂：東芝シリコーン TSE 350 RTV（主剤），キャタリスト CE 621（硬化剤）（東芝シリコーン），③文化財の保管台，展示台の雌型による安定化とクッション材，展示ケースのシール材：Elastsil L 4503（ドイツ Wacker Chemicals），キャタリスト1（東レダウコーニング）．

(増澤文武)

シリコーン樹脂（熱硬化性）
silicone resin

化学式の一例を次ページに示す(構造式g)．

テトラエトキシシランなどのアセトン溶液として浸透性が著しくよい．耐候性，発水性に優れる．また，実際に使用する時点では有機化合物であるが，生成物は無機の酸化ケイ素となる．

石造文化財，磨崖仏，石造建築物などの強化，発水性付与に用いられる．

商品名は，Wacker OH (Wacker Chemicals)，SS-101（日本コルコート）．

労働安全衛生法有機溶剤中毒予防規則，消防法危険物取扱規則に則った処置が必要．換気を十分に行い，火気に気をつけること．

(増澤文武)

積層フィルム
laminated film

① 2軸延伸ビニロンフィルム：ポリビニルアルコールを延伸したものを塩化ビニリデンで被覆し，3層としたもの．

② セラミック蒸着系フィルム袋：外側からポリエチレンテレフタレートフィルム，シリコン蒸着，ポバール，低密度ポリエチレンフィルムの4層による積層フィルム．

表に，市販されているフィルムの水蒸気透過量と酸素透過量の比較例を記す．一般に使われているポリエチレンフィルムに比べ，2軸延伸ビニロンフィルムは水蒸気透過量で1/3，酸素透過量では3桁低く，セラミック蒸着フィルムでは，水蒸気透過量が1/200，酸素透過量は5桁低い．

外気との遮断を目的としたもので，前者がフィルム内に調湿剤などを入れて，湿度コントロールをしたり，外部からの虫や，カビなどを予防する手段として，後者は脱酸素脱有害ガスの薬剤を入れて，無酸素状態にして金属器の防錆性を付与した保管に用いられる．

(増澤文武)

表 フィルムの特性

性質	単位	ポリエチレン	2軸延伸ビニロンフィルム	セラミック蒸着フィルム
厚さ	μm	25	15	112
水蒸気透過量	g/m²/24 hrs 40°C90% RH	16〜20	6	0.4 (95% RH)
酸素透過量	cc/m²/24 hrs 20°C0〜100% RH	5300	0.5〜2	0.01 (25°C60% RH)

(構造式 g)

$$\begin{array}{c} C_2H_5O \quad C_2H_5O \quad C_2H_5O \\ C_2H_5O-Si-O-Si-O-Si-OH_5C_2 \\ C_2H_5O \quad C_2H_5O \quad C_2H_5O \end{array} \xrightarrow{H_2O} \begin{array}{c} \sim O-Si-O-Si-O-Si\sim \\ |\quad|\quad| \\ O\quad O\quad O \\ \sim O-Si-O-Si-O-Si\sim \\ |\quad|\quad| \\ O\quad O\quad O \\ \sim O-Si-O-Si-O-Si\sim \end{array} + C_2H_5OH$$

石　膏
gypsum (plaster of Paris)

[材　料] 原料としては，天然の石膏原石も用いるが，現在では肥料工場などの副産物である化学石膏が主に用いられている．原料石膏は107℃前後より結晶水を放出し始め，120～150℃，最高190℃ぐらいまで焼いて焼石膏（半水石膏）となる．200℃以上の高温で焼くと硬石膏（無水石膏）となる．無水石膏の性質は焼成温度によって異なり，190～200℃では可溶性無水石膏というきわめて高い水和性を有するものとなり，200～1,000℃では死焼石膏というほとんど水和性のないものとなる．1,000℃以上になると天然産無水石膏と同じように全く水和しないものとなる．焼石膏（半水石膏）は著しく水和し凝結，硬化する（下欄の式参照）．

焼石膏の凝結硬化機構は複雑で未だ完全には解明されていないが，半水石膏の溶解と二水石膏の再結晶でおおよそは説明できる．焼石膏の最大の特徴は凝結，硬化の際，わずかに膨張することである．しかしこれは物理化学的な膨張ではなく，水和により生成した微細な針状結晶が相交錯し合っての見かけ上の膨張である．焼石膏は凝結硬化が急速なので，これを遅くして作業性を上げる目的で，混和材としてフノリ，ツノマタ，ゼラチン，デンプンなどの有機物，ホウ砂，リン酸ソーダなどの無機化合物が用いられる．

[用　途] 文化財にかかわる用途は，建造物用プラスター，石膏像などのほか，レプリカ作製用型取り材料などである．また，土器や陶器の修復材料として，欠失部の充填形成に広く用いられている（写真）．しかし，硬化前の石膏はペースト状であって，粘土状にはならないため塑形性がよくなく，使いこなすには技術と経験を要する．また，石膏自体の強度（特に曲げ強度）は低いので割れやすい，基体との接着性が必ずしもよくないので時間が経つと成形部が突然脱落する，着色性が悪く調色がしにくいなどの欠点が指摘されている．そこで，最近では新しい成形材料も一部で用いられているが，依然として石膏が主流である．

[劣化と保存] 石膏は，室内環境では安定しており，その劣化はきわめて軽微である．しかし，石膏はわずかながらも水溶性であるので，水の影響を大きく受ける．したがって，屋外環境下ではもちろん，建造物の内装に用いられている場合でも水の影響があると，劣化はかなり急速に進行する．保存方法としては，防水対策が第一であり，劣化が進んだものについては合成樹脂などの含浸処理による凝集力の付与が必要となる．

$$CaSO_4 \cdot 2H_2O \xrightarrow{107～190℃} CaSO_4 \cdot 1/2\, H_2O \xrightarrow{190℃以上} CaSO_4$$
　　原料石膏　　　　　　　　　焼石膏（半水石膏）　　　　　　硬石膏（無水石膏）

$$CaSO_4 \cdot 1/2\, H_2O \xrightarrow{水和} CaSO_4 \cdot 2H_2O \;\langle凝結硬化\rangle$$
　　焼石膏（半水石膏）　　　　　　石膏（二水石膏）

写真　石膏による土器の修復

◇コラム◇　石膏の歴史（古代〜中世）

　石膏は石灰とともに人類の歴史における最も古い構築材料の一つである．紀元前3000年ごろの古代メソポタミア文明では，日干しレンガ（煉瓦）積み用，内装壁や床用に用いられ，紀元前2500年ごろの古代インダス文明では内壁や床に，紀元前2000年ごろの古代エジプト文明においては，ピラミッドの石材の目地，石灰プラスターの上塗り，棺の装飾などに用いられていたことが知られている．この技術はギリシアに伝えられ，モルタル，プラスターとして広く用いられたほか，マスク作成用型取り材料として使われた．古代ローマ時代には，石灰ストゥッコや火山灰石灰モルタルなどが開発され，石膏は内装用に用いられた．ルネッサンス期に装飾壁が盛んにつくられるようになり，フランスにおいて石膏プラスターが用いられた．これが非常に美しいものであったので，たちまちのうちにヨーロッパ中に広まった．このときにつけられた"plaster of Paris"の名は，現在でも石膏プラスターの代名詞となっている．

（西浦忠輝）

石灰・漆喰
lime, lime plaster (stucco)

[石 灰] 原料としては，天然の石灰岩のほかに二枚貝（ハマグリ，アサリ，カキなど）の貝殻が用いられる。石灰岩，貝殻中の炭酸カルシウム $CaCO_3$ は焼成により分解し，炭酸ガス CO_2 を放出し酸化カルシウム CaO となる。分解温度は約900℃である。石灰岩（貝殻）を900～1,200℃で焼き，生成した灰白色塊状のものを生石灰と呼ぶ（貝殻を焼いたものは貝灰と呼ばれる）。生石灰は CaO であるが，不純物として SiO_2，Al_2O_3，Fe_2O_3 などが含まれ，また若干の CO_2 の残留がある。不純物や CO_2 の残留が少ないものほど高級とされる。生石灰に水を加えると水和し，発熱を伴って反応して白色粉末状の消石灰となる。これを消化という。消石灰は水酸化カルシウム $Ca(OH)_2$ であるが，不純物として SiO_2，Al_2O_3，Fe_2O_3 などはそのまま残る。消石灰は水分の共存下で急速に炭酸化し凝結硬化するが，この際乾燥に伴って著しく収縮する（下欄の式参照）。

[石灰モルタル] 消石灰：砂＝1：5（重量比）程度に混合し水を加えて練ったもので，別名石積み用石灰とも呼ばれる。古く先史時代から用いられており，特に石造，レンガ造建造物の目地，内・外壁などに世界的に広く用いられてきた。しかし，わが国においては，石灰にのり材とスサを加えた「漆喰」が用いられてきた。

[漆 喰] 漆喰は石灰が訛ったものとも，中国広東語で石灰を "suk wui" と発音することから，中国から伝わった言葉ともいわれている。消石灰にツノマタなどののり材を水で煮てつくった粘稠な液と麻などの繊維質のスサを加えて練り，コテで塗りつけるものである。下塗り，中塗りでは砂を加える。古くはもっぱら貝灰（貝殻からつくった消石灰）が用いられており，最近でもふつうの消石灰に30～70％の貝灰が加えられている。のり材は漆喰に粘稠性を付与し，塗りつけの作業性を上げるために加える。海草の一種であるツノマタが主に用いられるが，そのほかに海草類であるフノリやギンナン草も用いられ，最近ではポリビニルアルコールやメチルセルロースなどの合成高分子材料も使われる。スサは麻，紙，わらなどの繊維を短く切断し，もみほぐしたものである。これは漆喰を塗りつけるときの落下を止め，乾燥時の収縮による亀裂の発生を防止するために加えられる。麻ロープ，ジュート麻袋の故品，和紙の裁断屑，わら縄・むしろ，かますなどわら製

$$CaCO_3 \xrightarrow{焼成（900～1,200℃）} CaO + CO_2 \uparrow$$
石灰岩（貝殻）　　　　　　　　生石灰　炭酸ガス

$$CaO + H_2O \xrightarrow{消化} Ca(OH)_2 + 15,540\,cal$$
生石灰　水　　　　消石灰

$$Ca(OH)_2 + CO_2 \xrightarrow[水の存在下]{再炭酸化} CaCO_3 \langle 凝結硬化 \rangle$$
消石灰　炭酸ガス

品の故品などが用いられる．調合は昔から種々行われているが，厚さ 18 mm の壁の施工についての日本建築学会標準仕様書は表のとおりである．

表

	塗厚(mm)	消石灰	砂	ツノマタ	スサ
下塗り	2.5	1	0.1	5.0×10^{-2}	4.5×10^{-2}
むら直し	7.0	1	1.0	4.5	4.0
鹿子ずり	2.5	1	0.2	4.0	3.5
中塗り	4.5	1	0.7	3.5	3.5
上塗り	1.5	1	—	2.5	2.0

[劣化と保存]　石灰モルタル，石灰プラスター，漆喰の劣化は石灰岩系の石材の劣化に準じて考えることができる．通常の室内環境下での劣化速度はきわめて小さいが，屋外環境下では多量の水分の存在下で塩類風化を受けやすい．石造，レンガ造建造物の外装壁では，基体との接着力の低下による剥離，剥落が起こりやすい．また微生物の繁殖も顕著である．内装の場合も微生物の繁殖による汚れが問題になっている．保存方法としては，クリーニングによる微生物の除去，風化し凝集力を失った部分への樹脂含浸による強化，剥離剥落部への石灰モルタルや合成樹脂の充填などがある．

◇コラム◇　石灰（漆喰）の歴史

石灰は先史時代から用いられた最古の建設材料の一つである．最近，中国の紀元前5000～4000 年の居住跡で石灰を用いた床が発見された．古代エジプト文明期においてはすでに，石造構築物の目地や壁，床の材料として広く用いられている．古代ギリシア，ローマ時代には石灰に大理石粉を加えて叩きしめ，コテでなでたストゥッコ仕上げが，建物内・外の壁に盛んに用いられた．ローマ時代後期に，生石灰と火山灰を混ぜて固めると水中においても崩壊しないことが見出された（ローマンセメント）．この技術はローマ帝国の拡大とともに世界に広まり，現在も各地に残存するローマ時代の水道が建設されたのである．ローマ帝国の衰退とともにこの技術は失われ，単純な石灰モルタルが塗り壁，レンガ積みなどに用いられた．18 世紀に水硬性石灰，新ローマンセメントが発明され，石灰モルタルとともに広く用いられた．しかし，19 世紀にポルトランドセメントが発明されるとしだいに取って代わられるようになり，併用の時代がしばらく続いた．その後，ポルトランドセメントの品質の向上に伴い，石灰の使用量は大きく減少し現在に至っている．わが国においては，中国・秦の時代に渡来人によって貝灰の製造技術が伝えられたといわれているが，定かではない．石灰石を焼いて石灰をつくるのは，文書記録によれば慶長年間（約 400 年前）にはすでに行われていた．竹と木の編組に泥を塗る土蔵の壁体構成や丸太材を支柱として石，瓦を泥で積み立ててつくる築地塀が，戦国時代の築城に取り入れられ，美観と偉容を誇る漆喰塗りの白壁の城郭がつくられた．築城によって石灰の製造が盛んになり，また町屋への塗り壁が広まった．城下町の発達，富の上昇，さらには町屋の防火策として瓦ぶき，塗り壁が推進されて，漆喰塗りが一層盛んになった．明治時代に入って洋風建築がつくられるようになり，石灰はレンガ積みモルタル，外壁ストゥッコ，内装壁仕上げなどに盛んに用いられた．しかしポルトランドセメントの普及とともにその地位を奪われ，また内装仕上げも石膏プラスターや新建材に取って代わられることとなり，現在，石灰を用いる漆喰塗りは衰退の道を歩んでいる．　　　　　　　（西浦忠輝）

III. 文化財保存の科学と技術

(1) 保存環境の科学
science for conservation environment

展示の保存環境
environment for display

[概　要] 文化財を傷める要因としては温度，湿度などの環境因子から，盗難，戦争などの人的因子までさまざまであるが，大まかに表1のように分類することができる．一般に保存環境といえば，温度，湿度，光，生物などだけを考慮しがちであるが，表1にあげた地震，火災などに対する防災や，盗難，人的破壊などに対する防犯も含めて考えられる．ここでは，温湿度，光，空気汚染の問題について解説する．

[温度・湿度] 文化財の劣化は化学的にみると，金属の酸化やセルロースやタンパク質の分解である．これらの化学反応は温度が高いほど速く進む．このため温度が低いほど文化財は長い間よく保存されるが，観客を考慮して博物館，美術館など文化財公開施設では，温度設定を20℃前後にし，温度の変化幅を小さく抑えるようにする．

湿度については，水分が多いほど加水分解などの反応が起こりやすく，カビやさびも発生しやすい．しかし巻物や書物のような紙資料は，乾燥するとしなやかさが失われるために亀裂が生じやすくなる．板絵も絵具層と木材との接合部が乾燥によって剥離するなど，展示や保存のためにはある程度の湿り気が必要である．

資料保存の温湿度については国際的に表2のような値を基準とすることを，アイ・アイ・シー（IIC：国際文化財保存学会），イコム（ICOM：国際博物館会議），イクロム（ICCROM：文化財保存修復研究国際センター）などで勧めている．ただしこれらの条件を適用するに当たっては，保存環境の履歴や気候を十分考慮しなければならないとされる．多くの資料について温度20℃前後，湿度55～65％の間で保存し展示することが勧められているが，年平均湿度が80％以上もあるような寺社から仏像

表1　文化財の劣化要因

要因	内容	具体例
湿温度	温度，湿度，水分	
光	人工照明	蛍光灯（白色,昼光色,電球色），白熱灯（白熱電球,ハロゲンランプ）
	自然照明	
空気汚染	大気汚染	硫黄酸化物，窒素酸化物，塩化物，オゾン，硫黄・硫化物
	室内汚染	塵埃，有機酸（ギ酸，酢酸など），アルデヒド類，アルカリ物質
生物	微生物	カビ，コケ，地衣類
	動物	昆虫（シロアリなど），鳥（ハトなど）
	植物	樹木
震動・衝撃		
火災・地震		
盗難・人的破壊		

表2 材質に応じた温湿度条件

温度		約20℃（人間にとって快適な温度）
		フィルムについては，黒白フィルム21℃，カラーフィルム2℃（ISO規格）
湿度（相対湿度）		
高湿度	100%	出土遺物（保存処置前のもの，防カビ処置が必要）
中湿度	55～65%	紙・木・染織品・漆
	50～65%	象牙・皮・羊皮紙・自然史関係の資料
	50～55%	油絵
	45～55%	化石
低湿度	45%以下	金属・石・陶磁器（塩分を含んだものは先に脱塩処置が必要）
	30%	写真フィルム

や襖絵などを運んできたときには，ただちに湿度50%程度の会場で展示すると乾燥によるひび割れが生じる．このような心配があるときには梱包したまましばらく置いて，周囲の温湿度への慣らしを行う．

現在，ほとんどの博物館・美術館では機械空調が行われているが，家庭用空調機のように温度だけを調節し湿度は制御できない機器もあるので，文化財用には必ず相対湿度も調節できる機器を使用し，収蔵庫と展示室の空調系統は分けるようにする．可能な場合には，絵画・染織品のように細かな配慮が必要なものから土器・陶磁器のように比較的温湿度に神経を使わないですむものなどに分けた，収蔵目的別の空調系統にすることが望ましい．収蔵庫の壁は2重とし，壁の間にも空調した空気を室内と同様に流す．内壁には木材や調湿ボードのような調湿効果のある材料を用いる．その際，脂の多い木材を用いたり，経年変化して表面が粉化しやすいボードを用いると，後に述べる室内汚染の原因となる．また空調空気はダウンフローとし，収蔵・展示する文化財の場所をあらかじめ考慮し，直接風が当たらないような位置に吹き出し口を数多く分散して配置する．風向も拡散できるような吹き出し口の構造とし，風速は吹き出し口から20～35cm離れた点で，1m/秒以下になることが望ましい．

さまざまな湿度条件を実現するために，展示ケース内の湿度を一定に保つ方法も利用されている．展示ケース内の空調は，(a)自然換気方式，(b)調湿剤を用いる方式，(c)空調機を用いる方式の3種類がある．(a)については展示室内の空気をケース内に流すので，展示室内の塵埃などがケース内に入らないよう空気取り入れ口にフィルタを用いなければならない．それでも見学者の出入りによる室内の温湿度変動がケース内にそのまま伝わる欠点があるので，空調の不完全な展示室では自然換気方式は勧められない．(b)は密閉度の高いケースを用いるので，あまり大きな展示ケースでは実現が困難である．ときどき調湿剤を交換する手間はあるが，汚染物質など外界からの影響を受けにくいので重要な文化財を展示するときにはこの調湿剤を使った方法が用いられる．ただし使用する材料や使用前の換気に注意を怠ると，かえって内装材からの汚染物質で資料を傷める危険があるので注意を要する．(c)は調湿剤では調節しにくい壁つきの大きなケースなどに利用されている．空気はケース前面のガラスに沿って上から下へ緩やかに流すように

する．下から上へ流す場合は，品物に直接風が当たったり埃を吹き上げたりしないように注意を要する．空調機を用いる方法は展示品に応じて内部の湿度を変更できる利点があるが，湿度を保つため恒常的に空調機を運転させなければならないなどの欠点がある．また設計上は24時間空調の予定であっても，経費がかかるので将来の維持管理面での負担をあらかじめ十分に考慮しておく必要がある．

このほか，空調機や自然換気を用いる方法ではしばしば，外からみえない展示ケース下の床下からの埃や汚染を拾っていることがあるので注意を要する．特に展示ケース下の床はコンクリートがむき出しになっていることが多く，そこから発生する埃や湿気，アルカリ物質の影響が展示ケース内に強く現れる．施工のときには展示ケース下の床や2重壁の外壁で内側に面した部分など，外からみえない部分も丁寧にコーティングして，室内に影響が出さない注意が必要である．

［光］　光による退色の大きさはブルースケールなどの標準資料を用いて測定され，波長ごとにハリソンの損傷係数が与えられている．それによれば紫外線はエネルギーが大きく退色の主要な原因であり，可視光線は紫外線に比べて退色は引き起こしにくいものの，紫や青など波長の短い光による影響は無視することはできない．また赤外線による退色はごく小さいが，長時間当てることにより漆など表面が黒色の資料の温度を上昇させて乾燥の原因をつくる．対策としては可視光の一部だけを除去すると色味が損なわれてしまうので，目にみえない光は除去し，目にみえる光は総量を規制する方法がとられる．すなわち博物館や美術館の展示には赤外線や紫外線を出さない照明を用い，照度をおおよそ150 lx以下に抑えるようにする．照度を下げることにより，普通の照明では青白い感じになってしまうので，色温度の低いやや赤味を帯びた光を用いるなど鑑賞に配慮した工夫が行われている（表3）．

最近はデザインを重視して展示照明に外光を取り入れる施設もあるが，外光を取り入れると会場が明るくなり，展示ケース内の照明が基準以上になる．また窓ガラスに紫外線除去処置を施していても，その効果がどれだけの年数持続するかという点や，

写真　煙を利用した展示室内での空気の流れの調査

将来，保守管理をどうするかといった問題がある．外光の取り入れはロビーなど展示品のない部屋を対象に設計されるべきで，外光を取り入れた場所と貴重な資料を展示する部屋とは隔絶して，展示室へ向かってしだいに照度を落とすなど，観客の動線を考慮した照明設計がなされるべきである．

[**空気汚染**] 空気汚染は，屋外に発生源がある大気汚染と室内に発生源がある室内汚染とに分けられる（表4）．マンションなどにおける問題と同様，博物館・美術館でも構造材や内装材に用いている材料から発生する微粒子や揮発性ガスが大きな問題となっている．室内汚染は特に新築の施設で問題になるが，既設の施設であっても増改築したときに対策をとる必要が生じる．また特別展などで仮設の展示ケースを使用する場合には，展示ケースの内装材から発生するアルデヒド類や酢酸などが，文化財に影響を与える場合があるので注意を要す

表3　博物館・美術館における展示照明の推奨照度（lx）

資料	イコム（1977）の基準	照明学会（日本）(1999)の基準
光に非常に敏感な資料 　染織品・衣装・タペストリー 　水彩画・日本画・素描 　手写本・切手・印刷物・壁紙 　染織した皮革品・自然史関係標本	50 できれば低い方がよい （色温度　約2,900 K）	50 （1日8時間，年300日で 積算照度 120,000 lx・h）
光に比較的敏感な資料 　油彩画・テンペラ画 　フレスコ画・皮革品・骨 　角・象牙・木製品・漆器	150〜180 （色温度　約4,000 K）	150 （1日8時間，年300日で 積算照度 360,000 lx・h）
光に敏感ではない資料 　金属・ガラス・陶磁器・宝石 　エナメル・ステンドグラス	特に制限なし ただし300 lxをこえた照明を 行う必要はほとんどない （色温度　約4,000〜6,500 K）	500

表4　博物館・美術館における空気汚染因子

発生源	汚染因子	発生源の物体・材料
屋外	硫黄酸化物	工場など（硫黄を含む燃料の燃焼）
	窒素酸化物	自動車など
	塩化物	海塩粒子
	オゾン	自動車など
	硫化水素	火山ガス
	粉塵	自動車，工場など，火山，海浜，土埃など
屋内	アルカリ物質 （アンモニアなど）	コンクリート（骨材中の不純物，セメントの添加物など）
	アルデヒド類	ホルマリン（木材用防虫剤）， 尿素系やフェノール系ホルムアルデヒド合成樹脂（パーティクルボード，繊維板，ベニヤ合板などの接着剤） 紙などのコーティング
	有機酸	酢酸ビニル（板や布，紙などの接着剤），木材
	硫黄，硫化物	合成ゴム，接着剤
	炭酸ガス	人間，開放型の燃焼器具，たばこ（一酸化炭素）

る．

　表4で屋外の発生源としてあげた大気汚染の影響については，屋外に展示された石・金属製の彫刻，石造建造物などにSO_2が重大な影響を与えることはよく知られている．屋内の文化財についてはオゾンのほか，NO_2による染織品の変退色，特に綿布への影響が指摘されている．これらの大気汚染物質はフィルタで除去・低減できるので，空調設備が完備した施設内では重大な問題とはならないと思われるが，粉塵除去フィルタのなかには静電式フィルタのようにオゾンを発生するものがあるので，使用を避けなければならない．

　これに対して屋内に汚染源がある場合，たとえば展示ケースや収納棚にマツ材やヒノキ材を使用したため資料の表面に木の脂が付着したなど，屋内からの汚染は物にごく近い場所から発生するだけに影響が大きい．このほか，展示ケースにホルマリンを多く含んだ合板を用いると，表面に吸着された水分とホルムアルデヒドが反応してギ酸ができ，金属を腐食したり顔料の変色を引き起こす．また加湿に石灰分の多い水を用い，白い斑点が文化財に付着することはよく起こる問題である．

　新築時の建物の問題として，新しいコンクリートから発生するアルカリ物質によってアマニ油が黄褐変し，けん化して油絵の表面に白い粉を生じたりする．アルカリ物質はコンクリートに含まれるカルシウム，マグネシウムなどの無機炭酸塩，塩基性炭酸塩や，クリンカーの粉砕補助剤や骨材が原因となって発生するアンモニアがその主成分であり，コンクリート中の水の蒸発に伴ってアルカリ物質も放出されると考えられている．新築施設について，インドフェノール法で測定するとアンモニア濃度は100 ppb前後で外気の10倍程度に上ることがある．

　屋内汚染への対策としては，使用する材料を厳選することが第一である．内装に用いる木材は樹脂分の少ないもので，アルデヒド類を出さない材料を用いるべきである．アルカリ物質の除去については，特級試薬を用いてつくったセメントからはアンモニアが発生しないので，コンクリート調合の段階から材料を厳選すればアルカリ物質の発生を抑えることは可能である．またあらかじめ打設して養生後加熱処理を行ったプレキャストコンクリートの使用やガス吸着剤の使用など施工方法の改善も行われている．このほか，ゼオライトや活性炭などを用いた吸着フィルタや吸着シートによるアルカリ物質の除去も効果がある．

　しかし室内汚染はさまざまな要因が複合して起こるので，結果をあらかじめ予想して対策を立てることが難しい．そのために竣工後1年までは1か月に1回，竣工後2～3年では6か月に1回経過を観察するなど，建物内の空気環境のモニタリングが何よりも重要である．変色試験紙を用いた調査でアルカリ性側に偏る場合，コンクリート軀体からアンモニアなどのアルカリ性物質が放出されていることが予想される．室内の湿度は空調で調節できるのに対し，コンクリート軀体から放出されるアルカリ物質の減少はコンクリート軀体の乾燥の程度と結びついているため，館内環境の安定を図るうえで欠かせない指標である．もしいつまでも環境データが改善されない場合には，コンクリート軀体や施工不良による雨漏りや地下水脈からの漏水も疑われる．反対に酸性側に偏る場合には，使用木材や接

着剤など内装材料に原因があることが多く、その場合は十分「枯らし」をせずに施設を使用しているためであることが多い。特に最近は密閉度の高いケースを用いることが多いので、ごくわずか汚染物質が放出されても時間とともにケース内に蓄積し、高い汚染物質濃度になる。合成のりや新建材からのホルマリンなどによって有機物系の汚染物質が出ていると判断される場合は、通風を促すことによって汚染物質の濃度を下げる方法をとるが、すでに文化財が納められている場合には、新鮮空気を取り入れて換気することが難しく、解決に時間がかかるので、事前の「枯らし」をぜひ重視したい。

多くの文化財公開施設における調査結果から、環境が安定するまでにはコンクリート打設後20か月程度かかることが統計的にわかっている。施設が竣工しても急いで資料を新築の建物内に持ち込まず、環境のモニタリングと換気を行いながら屋内環境が安定するのを待つようにしたい。またそれができる時間的余裕を、設計の段階からとっておくことが文化財施設の設計には必要とされる。

以上は、新築ないし増改築した施設において生じる室内汚染であるが、このほかにも仮設展示ケースの問題がある。近年は文化財の活用が強調され、展覧会が頻繁に催されるようになった。既設の展示ケースだけでは間に合わないので、仮設の展示ケースがしばしば用いられ、展覧会終了後にはその収納場所がないために取り壊して、次の展覧会ではまた新たな仮設ケースを作成して利用するということが繰り返される。これらの仮設ケースは展覧会直前に作成されてほとんど「枯らし」の時間をとらずに使用されるために、人間の健康に影響があるとされる0.1 ppmをはるかにこえる高いホルムアルデヒド濃度にケース内がなっているなど問題点が多い。仮設ケースの使い捨てはやめて再利用を心がけたり、既設のケースを有効利用したりする方向で展覧会を運営すべきであろう。

◇コラム◇調湿剤

毛細管中の水蒸気圧はその直径によって決まるので、もしさまざまな径の毛細管を数多く集めて、ある相対湿度下に置いておくと、ある太さの毛細管まではその多くが水で満たされた平衡状態になる。次にそれらの毛細管の集まりを低い相対湿度に置くと、太い毛細管から水分が放出されて新たな平衡状態に移る。このとき、放出される水分で空気の相対湿度は上がるので、もし空気の容積に対して十分な量の毛細管の束を用意しておいたなら、ほんの少し相対湿度が下がるだけで、見かけ上空気の相対湿度は一定に保たれているようにみえる。湿度が高くなった場合は反対に毛細管が水分を吸収し、相対湿度の上昇を小さく抑える。これが調湿剤の原理であり、正しくは湿度変化を緩和する働きをしている。またここでいう毛細管の束は実際には、表面の細かな穴がたくさんあいた多孔質の材料でつくることができる。

調湿剤として利用するには、小さな径から大きな径まで一様に数多くの穴をもって、しかも文化財の材質に影響を与える恐れのない多孔質材料でなくてはならない。現在では、シリカゲルやゼオライトが調湿剤として用いられている。その他、これらを和紙や不織布に漉き込んだ製品や、類似の性質をもった材料をボードにして、壁や天井の建材として利用できるようにしたも

のも市販されている．

使用している間に調湿効果が落ちた場合でも，水分を補給あるいは除去してやることにより，何回でも使用することができるが，実際には埃やアルデヒド類の揮発性ガスもよく吸着するので，長期間使用した調湿剤は時期をみて交換することが望ましい．なお，一般に乾燥剤として用いられているシリカゲルは，径の小さな毛細管しかもっていないので，調湿剤としては利用できない．

◆トピックス◆モナ＝リザ展

ルーブル美術館の所蔵するレオナルド・ダ・ヴィンチ作の「モナ＝リザ」は1974（昭和49年）4月20日から6月10日まで，そのX線写真や「フランソワI世の肖像」（伝ヴァン・クレーブ作）などとともに東京国立博物館で展示された．門外不出とされていたモナ＝リザの展覧会は，前年に行われた田中角栄総理大臣とポンピドー大統領の会談で最終決定をみたもので，総入場者数1,505,239人（1日最高61,466人）と大変な数の観客を集めた国家的大行事であった．

展示に当たってフランス側が提示した条件は，温度18〜21℃，湿度50±5％，紫外線を含まない演色性の照明を用いて，照度200 lx以下という，現在から考えるとごく普通の条件であるが，今のように密閉展示ケースも小型の温湿度計も市販されていない当時は大変であった．当時の東京国立文化財研究所保存科学部長であった登石健三が密閉展示ケースを特別に設計し，石川陸郎研究員や筆者が温湿度を毎日点検するなど，高松塚古墳保存施設の建設と並んで，当時の保存科学部の総力を挙げた事業であった．密閉展示ケースはこの後，日本で広く普及することになるが，フランスに帰ったモナ＝リザもケース内で展示されるようになり，それまで直に鑑賞できていた人々からは，日本の展覧会のせいで鑑賞しにくくなったといわれたことを覚えている．ただ，その後起こった「ピエタ」（ミケランジェロ作，ヴァチカン蔵）や「夜警」（レンブラント作，アムステルダム国立美術館）の破壊などをみると，いつかはモナ＝リザもケースに入れて展示しなければならない運命だったのだと思う． （三浦定俊）

収蔵の保存環境
environment for storage

[概　要]　博物館が収蔵する歴史・考古・民俗資料および美術・工芸作品の保存と劣化に深くかかわる要素として，温度，相対湿度，光放射，有害気体，害虫や菌などの生物，地震や水害などの自然災害などがあげられる．形状や寸法の変化などの物理的な安定性は，相対湿度の変動による材質の含水率変化，温度変動による熱膨張や収縮，地震や移動の際に発生する振動や衝撃などに依存する．化学的な安定性は相対湿度，作品表面に照射される光，大気汚染が原因の有害気体あるいは展示ケースや収納箱などの収納容器が放出する汚染気体などに依存する．生物的な安定性は，虫やカビに対する作品の感染の程度，空気中に漂う真菌類の種類や数量，そしてそれらを生育させる温湿度条件に依存している．

異なる環境で，長期間にわたり保存されてきた資料の安定性は，決して同じではない．保存場所の環境条件と作品の劣化状態との関係に常に注目し，異常を感知できる態勢を整えておく必要がある．最近の博物館施設では機械空調設備による温湿度および清浄空気の管理を行うことが一般的であるが，機器設備による保存環境づくりは，文化財が伝来した歴史の長さからいえばごく最近のできごとである．

[問題点]　現在，屋外では自動車の排気ガスや工場の煙突から放出される窒素酸化物 NO_x，硫黄酸化物 SO_x，オキシダントなどの大気汚染，屋内ではアンモニア，カルボニル化合物，有機酸など建材から放出される気体による室内汚染が進行している．これらの劣化要因を除去して安全な環境を実現するために，機械空調設備を用いた環境調節に頼らざるをえないのが現代の状況でもある．

しかし一方，エネルギーの効率的利用の点からみると，たとえば相対湿度（図1）を一定に保つためには気密性の高い建物，高い能力をもつ空調設備，大量の電力消費など経済的な負担が増大する．ところが，文化財の多くは蔵や保存箱のなかの変動する環境下で長期間保存されてきたのであり，エネルギー消費量の小さな収蔵が昔から行われてきた．現在，材料の物性試験および歴史的かつ伝統的保存施設における環境の再検討を通じて，許容できる相対温度の変動幅を明らかにして，多量のエネルギーを必要とする一定の相対湿度環境に代わる相対湿度調節法の開発研究が始められている．

合成樹脂を用いた新建材の利用が，新たな問題を博物館に持ち込んでいる．合板に使用された尿素系樹脂が放出するホルムアルデヒド HCHO，コンクリートから放出されるアンモニア NH_4 などはその代表的

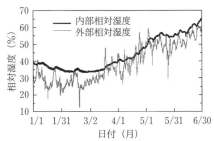

図1　普通の室内に置いた検屯蓋の箱内外の相対湿度変化の様子
箱の内部の日変化は小さいが，季節変化には追随している．

なもので，室内汚染と一般には呼ばれる．博物館施設内における汚染気体に関しては，対象となる有害気体が明確でない，低濃度を測定できる簡易な装置が少ない，収蔵施設での長期の測定事例が少ない，作品に対する影響の評価方法が明確ではないことなどの理由により，現在のところ具体的な指針が存在しない．近年，ディフュージョンサンプラなどの利用による窒素酸化物濃度などの継続的な測定が容易に行えるようになってきている．

[科学的解析]　温湿度の計測には，アスマン通風乾湿球計，露点計，毛髪自記温湿度計，データロガーと組み合わせた電気抵抗式湿度計などを使用する．電気抵抗式湿度計の感湿素子としては，半導体，セラミック，金属酸化物，高分子化合物の膜，塩化リチウムなどを混ぜた高分子化合物の薄膜などがある．

有害気体は，イオンクロマトグラフィー，高速液体クロマトグラフィー，吸光光度法などによって定量が行われる．オキシダント，ホルムアルデヒド，ギ酸，酢酸などの定量下限を 10 ppb，その他の因子は 1 ppb 程度に設定する必要がある．銀板などの金属の腐蝕量を自動測定しながら，環境内に存在する有害気体の濃度を推定する腐蝕モニタなども開発されている．

空気中の真菌調査は，サンプラを通して 80 l の大気を吸引し，採取後にサンプラのろ紙に培地を注入し，室温で培養してろ紙に発生したコロニーを数える．

収集した温湿度のナマのデータを時系列に並べることによって，時間変化に対応した温湿度変化の傾向（トレンド）を求めることは，変化を生じさせた要因の発生時刻を把握するためには重要なことである．たとえば，温湿度の最大値および最小値となる時刻，変動の周期性，空調設備の運転開始時に発生する瞬間的な湿度変化，作品の輸送による急激な環境変化の発生時刻などである．

トレンド表示に対して，環境変動のばらつきを表示する方法が考えられる．第一は，期間内の総データの算術平均と標準偏差を用いて，平均値から外れた位置にあるデータの存在確率を表示するものであり，温湿度などの環境データが正規分布を示すことを前提としたものである．第二としては，中央値と四分偏差を用いて，中央値から外れた値をもつデータの存在域を四分偏差によって表示する方法もある．

[環境保全の方法]　収蔵スペースは，屋外環境の影響を受けにくい場所に設定する必要がある．収蔵庫入口には前室を設け，さらに入口の開閉を減らすことによって，汚染気体やカビなどの侵入が軽減できる．屋外から侵入する大気汚染は，化学吸着フィルタを使用することによってある程度は除去できる．また，塵やカビの胞子などの微小な物質は微細なメッシュの高性能フィルタを用いて除去が可能である．収蔵庫内の空気は新鮮空気の割合を小さくし，できるだけ内部循環させて空気を清浄に保つことが重要である．

環境のコントロールを機械設備によって積極的に行う方法をアクティブコントロール（active control）という．すなわち，加湿器や除湿器，空気調和装置などの機械設備を使用して，空気の熱力学的な状態を積極的に変化させる調節方法を意味する．一方，資料の近傍に位置する諸材料の性質を利用して，環境をコントロールする方法をパッシブコントロール（passive con-

表1　材質別の相対湿度の推奨値

材質	解剖学標本	篭細工	象牙・骨製品	漆製品	皮革製品	フィルム
推奨相対湿度 (RH %)	40〜60	40〜60	50〜60	55〜65	45〜60	30〜45

trol）という．吸放湿量が多くかつ反応が速い木材などの材料を収蔵庫内の壁面や収納箱に用いることによって，相対湿度変動の安定化を図ることができる．

最適な相対湿度の範囲は材質により異なる．表1は各種の材料に対して示された湿度範囲である．収蔵庫内部を材質に応じた湿度帯に分割し，材質ごとに保管しようとする試みは現在までいくつかの実施例はある．しかし，多くの文化財が幾種類かの材質からなる複合体であるために，それぞれを分離して保管しなければならず，実際的には困難である．したがって，環境を分けるならば60％前後の中湿度帯，40％前後の低湿度帯の2種類程度に分けるのが一般的であり，安全である．

収蔵スペースで使用する諸材料は，有害気体を放出するかどうかを事前に確認しておかなければならない．合板などの使用は，ホルムアルデヒドなどカルボニル化合物や酢酸などの有機酸の放出を招く恐れが高いので注意が必要である．日本では天然木材をパッシブな調節のための材料として利用するが，欧米では木材の抽出成分には酸性物質が含まれていることから，日本ほど積極的に利用されない．

地震などの物理的な衝撃と揺れによる落下や衝突から作品を保護するために，収蔵棚には滑りにくい表面をもつ材料を用いること，作品同士の衝突を避け，落下した場合に衝撃を和らげるために，作品は箱に入れて棚に置くこと，棚板から作品が落下し

ないように棚には落下防止の工夫を施すことが必要である．これらの点は，キリやスギなど伝統的に使用されてきた木材を使用することにより，相当程度の改善が見込まれる．

収蔵庫内の作品を定期的に観察して，カビの発生や変形などの劣化の進行を確認する必要がある．毎年行われる虫干しなどは一種の作品点検であるともいえる．

［ケーススタディー1］　1995年1月17日午前5時46分，淡路島北部野島崎の深さ14 kmを震央とする地点でマグニチュード7.2の地震が発生した．阪神・淡路大震災と命名されたこの地震災害によって，博物館・美術館施設に展示・収蔵中の作品のなかには，落下や転倒などの際の衝撃によって破損したものが少なくない．ある美術館では，床や棚に収納していた陶磁器類の多くが修復不可能なまでに破損してしまった．ところが同じように棚から落下したり，転倒しても無傷のままで残った博物館もある．陶磁器を収納箱に入れていたかどうかが，両者の分かれ目であることが後で判明した．また，スチール製の棚板に比べて，摩擦係数が大きい木材板に載せた作品は落下しにくいことも明らかとなった．地震多発国としての長年の経験の蓄積も，木製収納箱の利用を生み出した原因の一つであろう（写真）．

［ケーススタディー2］　空気環境の影響によって数年後あるいは数十年後に徐々に現れる劣化がある．明治以降の近代産業の発

（1） 保存環境の科学

写真　落下したキリ製保存箱

表2　ある博物館におけるNO_x, NH_4, HCHO の分布（1995年6月）

	収蔵庫 B2庫内	収蔵庫 2F庫内	収蔵庫 2F前室	収蔵庫 5F庫内	第4 展示室	第3 展示室	密閉型展示ケース	換気型展示ケース	屋　外
NO_x(ppb)	5.6	3.9	8.8	8.0	33	—			26
NH_4(ppb)	23	9.0	18	0.31	0.49	—	—	—	0.40
HCHO(ppb)	10未満	15	17	10未満	10未満	29	530	62	10未満

表3　東京郊外の博物館におけるNO_2の分布（1995年6月）

測定位置	屋外	第3展示室	第2調査室	1F収蔵庫 エレベーター室	1F収蔵庫 前室	1F収蔵庫 庫内
NO_2 (ppb)	10.2	6.1	5.2	6.9	2.8	1.3

展とともに生み出された窒素酸化物，硫黄酸化物，オゾンなどの大気汚染物質が，作品の腐蝕や変退色を早める要因となっている．

表2および表3は，1995年に実施したある博物館における空気環境の測定結果の一部である．窒素酸化物濃度は，屋外から収蔵庫の庫内に向かって緩やかに減少していることから，空調設備による空気浄化が効果を上げていることがわかる．アンモニア濃度は，壁面がコンクリート仕上げのままの状態の収蔵庫地下2階，収蔵庫2階前室では高く，壁面が木材あるいはその他の内装材で厚く覆われた収蔵庫5階庫内および第4展示室内では低くなっている．こうした傾向はその他の場所でもみることができ，コンクリートから放出されるアンモニアが内装材によって遮断あるいは吸着されているものと考えることができる．生物環境では，空気中の真菌は，夏期に多く，冬期に少ない傾向があることがわかる．真菌の数は屋外の量に比較して，エレベーター室，収蔵庫前室，収蔵庫内の順に数量は小さくなり，100分の1程度の量に減少している．

内部に電気的な空調設備をもたない展示ケースの環境を比較すると，展示室，換気型展示ケース，密閉型展示ケースの順に二酸化窒素NO_2の濃度が減少しており，密

閉型ケースの濃度はほとんど0に近い。このことから、換気回数を減少させることが、汚染物質の除去につながるものと考えられる。一方、密閉型展示ケース中のホルムアルデヒドの濃度は、換気型ケースおよび展示室の空気に比較して高い。ケースの内装材料に使用される合板の接着剤などから発生したホルムアルデヒドが、気密性が高いために高濃度のままケース内に閉じ込められているものと考えられる。

表3に示したように、東京郊外に位置する博物館では、周辺の屋外から密閉度の高い収蔵庫や密閉型展示ケースに場所が移動するに従って窒素酸化物濃度は低下する傾向にある。都心にある美術館でも郊外の施設と同様な傾向にあるが、濃度の絶対値は後者の方がはるかに高い。大気汚染濃度が高い地域に所在する博物館施設ほど、より高性能な空気浄化設備が求められる。数値の根拠は明らかではないが、イギリスのNational Galleryの基準値は5.3ppb、アメリカ商務省公文書保存基準は2.6ppbを提示している。

◆トピックス◆校倉造

倉と保存といえば、正倉院の校倉造が思い浮かぶ。建築物自体に使用された大量の木材が生み出す水分の拡散現象が、倉に箱と同様の緩和効果を与え、それによって内部の相対湿度は安定していたと考えられる。さらに、2重3重の箱に収納されることによってその効果は一層高まっていたものと思われる。木材の利用によって相対湿度を安定させることはできるが、相対湿度の平均値は屋外とほぼ等しくなるものと考えられる。事実、正倉院の校倉内部の測定によれば、屋外の日変動が内部では10%程度の大きさに抑えられているが、70%をこえる相対湿度で常に安定していることが報告されている。京都の冷泉家が所有する時雨亭文庫を納める土蔵でも、内部の相対湿度の変化に正倉院と同様の傾向がみられる。700年の歴史をもつ時雨亭文庫を納めた現在の土蔵は、1606年ごろに建造されたものと考えられ、今も倉として立派に機能している。保存環境としての相対湿度に対する一般的なガイドラインは60%であり、正倉院の校倉および冷泉家の土蔵のように70%をこえる値は、カビが発生しやすい相対湿度条件として、博物館施設では避けられている。しかし、時雨亭文庫には過去に一度も修理を受けることなく、今日まで完全な形で伝えられた作品が数多く存在している。

(神庭信幸)

[文 献]

Grzywacz, C. M. and Tennent, N. H.: Pollution monitoring in storage and display cabinets: Carbonyl pollutant levels in relation to artifact deterioration. Preprints of congress of IIC on Preventive Conservation, Ottawa, 1994.

神庭信幸:相対湿度変化に対する収納箱の緩和効果. 古文化財の科学, **37**, 1992.

小塩良次:新美術館でのアルカリ汚染対策. 古文化財の科学, **37**, 1992.

黒坂五馬:コンクリートから発生するアンモニアの発生機構の研究. 古文化財の科学, **37**, 1992.

Thomson, G.: The Museum Environment, 2nd ed., Butterworths, 1986.

吉田治典:御文庫と御新文庫の保存環境. しくれてい, **10**, 1984.

輸送の保存環境
environment for transportation

[概　要]　輸送中の梱包ケース周辺の環境は，急激な温度および気圧の変化など，短時間に大きく変動する．こうした外的要因が箱の内部に伝達されて内部の温度と相対湿度は変動する．また，輸送手段固有の振動や不注意な取り扱いによる落下によって発生する衝撃など，梱包内部の文化財は物理的な危険に常にさらされている．

梱包ケース内環境のもう一つの特徴は，内部に収納された作品，包装材料，固定するためのパッキング材などが大部分の空間を占めるために，ケース内の空気量が非常に少ないことである．極端な場合は，空間がほとんどないことも考えられる．空気量が少ないことが，ケース内環境の特性を左右する要因となる．

文化財輸送の梱包ケースに求められる保存科学的条件としては，次の3点が要求される．①ケース内では環境の変化をできるだけ緩和すること，②作品の含水率を一定に保つこと（作品の寸法を安定に維持する），③振動や衝撃から作品の破損を防ぐことなどである．

[問題点]　1940年代から半世紀以上にわたる梱包ケースに対する保存科学的研究により，温度，相対湿度，衝撃，振動に関する基礎的研究は高い水準に達している．

しかし，密閉空間内における物質間での水分移動については，まだ完全に理解されたとはいえず，材質の吸放湿特性あるいは，重量などが微量な空気を介した水分の授受にどのように影響するのか検討する必要がある．それによって，梱包ケース内での調湿剤の利用の功罪が一層明確になるものと考えられる．また，環境の変化が与える影響の測定とその評価は，現在研究が最も遅れている分野であり，研究の早急な着手が望まれる．梱包ケースの設計，輸送手段について世界共通となる指針をまとめ，それらの普及および梱包ケース内環境の特殊性に対する啓発を図る必要がある．

[梱包ケースの気密性]　梱包ケースに収納された作品は，作品周辺の空気および梱包材料との間で水分の交換を行う．ケース内に外部から空気の侵入がなければ，全体の水分量は保存され，3者の間だけで水分の交換が行われる．したがって，作品の乾燥や湿りを防ぐにはケース自体が十分な気密性をもつことが基本条件となる．また，ケースが雨などに濡れても，水が内部に浸透しないよう耐水性をもたせなければならない．

[作品の寸法の安定性]　ケース内に木材片と大量の調湿剤を密封したものと，木材片だけを密封したものとを比較すると，後者の方が木材寸法の安定性が高くなる．急激な温度変化が起こる航空輸送などの場合，温湿度が同じ方向に同時に変化し，両者の変化の割合が一定値となる状態のとき作品の含水率が一定に維持される．その理由は，緩やかな温度変化のときに比べ，含水率の温度依存性がより支配的になるからである．変化の割合は材質によって多少異なり，天然セルロース系の材料では，ほぼ $\Delta H / \Delta T = 0.4$ である．ただし，ΔT は温度の変化量，ΔH は相対湿度の変化量である．空気量が少ない密閉空間では，自動的にこの値に近づく．

密閉空間に吸放湿性能の高い木材などの物質が存在するとき，空間内の温湿度変化は空気量に対する吸放湿物質の重量に依存することを Thomson (1964) は明らかにした．密閉空間内では空気および物質中の水分量の和が常に保存されることから，温度変化に対する相対湿度変化は式(1)で表される．

$$\Delta H = -\frac{\left(\frac{\partial M}{\partial T}\right)_A + \left(\frac{\partial M}{\partial T}\right)_W}{\left(\frac{\partial M}{\partial H}\right)_A + \left(\frac{\partial M}{\partial H}\right)_W}\Delta T \quad (1)$$

ここで，$(\partial M/\partial T)_A$：空気の含水量変化の温度依存分，$(\partial M/\partial T)_W$：木材の含水量変化の温度依存分，$(\partial M/\partial H)_A$：空気の含水量変化の相対湿度依存分，$(\partial M/\partial H)_W$：木材の含水量変化の相対湿度依存分．

空気量が極端に少なくなると，$(\partial M/\partial T)_A$，$(\partial M/\partial H)_A$ の項が0に近くなり，木材の含水量変化に関する項が支配的になる．木材の温度に対する含水量の変化は，空気のそれとは増減の向きが反対なので，木材の分量が一定量（空気100 l あたり1 kg）をこえると温度と相対湿度が同じ向きに変化する．Thomson (1964) はその変化の割合が

$$\Delta H = 0.39\Delta T \quad (2)$$

になることを示した．気密性が高く，空気量が少ない梱包ケース内に温度変化が生じたときの相対湿度変化を予測する場合，これらはきわめて重要な関係式となる．

Stolow (1966) も同様に，水分量が密閉ケース内では保存されることから，空気量が極端に少なく，木材とシリカゲルが存在する空間内の温湿度変化の関係を式(3)のように示した．

$$\Delta H = \frac{0.063 W_W}{0.18 W_W + 0.6 W_S}\Delta T \quad (3)$$

ここで，W_W：木材の重量 (kg)，W_S：シリカゲルの重量 (kg)．係数の0.063 (% EMC/°C) は木材の等湿吸放湿曲線の傾き，0.18 (% EMC/% RH) は木材の等温吸放湿曲線の傾き，0.6 (% EMC/% RH) はシリカゲルの等温吸放湿曲線の傾きを表す．ここで，EMC は平衡含水率である．シリカゲルがなければ，

$$\Delta H = 0.35\Delta T \quad (4)$$

となり，Thomson (1964) の示した値とほぼ同程度の値になる．木材と同量のシリカゲルがある場合には，

$$\Delta H = 0.08\Delta T \quad (5)$$

となり，相対湿度変化を温度変化の1/10以下に抑えることができる計算になる．

熱的な膨張収縮は含水率変化による膨張収縮に比べて小さいので，作品寸法の安定性は主に作品の含水率に依存し，含水率が一定に近づけば寸法変化も小さくなる．梱包された作品の含水率を安定に保つには，上記のように作品周辺から水分の交換を行う物質と空気をできるだけ排除することである．ケース内の隅々を梱包材料で満たすことや，作品を囲むシート内の空気を追い出すように封をすることによって，比較的簡単に空気量を少なくすることができる．

作品よりも強い吸放湿特性をもつ調湿剤のような物質は，含水率の温度依存性が極端に小さいために，空気量が少ない空間で起こる急激な温度変化に対しても，相対湿度を一定に維持しようとする働きが強い．したがって，空気量が極端に少ない場合，調湿剤は作品と同じ空間で使用しないことが重要である．しかし，シートの外側，あるいは内箱と外箱の間など作品と異なる空間に調湿剤を設置して，外気の侵入に対する緩衝効果をもたせることは有効であろ

う．特に，船舶による海上輸送や梱包ケースのままでの保管が長期にわたるときには，ケース内，箱内の環境が外気の環境に馴化するのを避けるために調湿剤の使用を考える必要がある．航空輸送の場合でも，何らかの原因によって作品が梱包ケースに収納された状態が長く続く可能性もあり，その場合には調湿剤の利用は有効であろう．その場合の使用量は，気密性の程度によるが展示ケースでの使用量（1～20 kg/m³）から判断して 10 kg/m³ ぐらいであろう．また，作品表面がシートや梱包材料と接触して摩耗するのを防ぐために，作品と同程度の吸放湿特性をもつ薄葉紙あるいは木綿などセルロース系の材料を用いて，作品を包んでおくことは重要である．

[断熱性と結露] 輸送中の梱包ケースは激しく変化する温度環境を通過する．そのときのケース内部で生じる温度変化の程度は，ケースの断熱性能に応じて異なるが，温度変化による熱膨張および収縮による変化も大きいことが明らかになっている．40℃の温度変化による変形は，約 14～20％ RH の相対湿度変化による変形に相当すると考えられる．断熱性が高まるに従って，熱的影響による変形の問題も解消されていく．

外気温の急激な低下は，ケース内部における結露の発生につながる．最も可能性が高いのはケース内の内壁面である．ケースの断熱性能は梱包材料の熱伝導率 λ と厚みから求めた熱通過率によって決まり，内部温度の変化はケースの熱通過率 U, 表面積，収納物の重量と比熱に依存する．最大でも 40℃程度の温度変化が予想される航空機輸送では，ケースの熱通過率が少なくとも $U = 0.6 W/(m^2 \cdot K)$ 程度以下であれば輸送中の結露は防ぐことが十分に可能であり，50 mm の厚さの発泡スチロール（$\lambda = 0.043 W/(m \cdot K)$）をケースの内側に貼ればそれを実現できる．ここで，W はワット（J/s）である．ケースの内部温度は表面積が小さい方が変化しにくいので，立方体に近い形状をもつケースの方が断熱効果は高くなる．断熱性能の向上とともに，梱包ケースの開梱時における結露発生の危険性が高まる．内容物の重量と比熱にもよるが，上記の条件を備えた梱包ケースの温度半減期は 4 時間程度またはそれ以上となるので，到着後 12～24 時間は博物館の環境に馴化させた後に開梱する必要がある．

袋状のポリエチレンシートで密封する場合は，資料表面の保護のために用いる薄葉紙あるいは木綿などの材料が結露の発生防止にも役に立つ．セルロース系の材料は温度変化に対する水分吸放湿速度が速いため，それらの材料を含む空間の相対湿度変化も速くなる．

[易損度（こわれやすさ）] 工業製品に関しては，衝撃に対するこわれやすさを示す易損度（fragility）があり（表 1），それから輸送中に発生しうる衝撃の大きさの許容限界を見積もることができる．文化財では，作品の劣化状態はさまざまで，工業製品のような易損度の規格化は困難であるが，目安として用いることはできる．文化財作品にとっては最大衝撃加速度は 20～30 G 付近が許容される限界であると考えられる．また，運搬時の作業についても，重量ごとに落下する高さも表 2 のように，工業製品については見積もられている．

[衝撃] 動的衝撃特性曲線（dynamic cushioning curve）（図 1）を用いて見積もることができる．クッションの厚みや密

表1 各種品目の易損度 (Staniforth, 1984)

レベル	G値	品目
極度に脆弱	15〜25	精密機械
たいへん壊れやすい	25〜40	電子器機
壊れやすい	40〜60	レジスターなど
比較的壊れやすい	60〜85	テレビなど
比較的丈夫	85〜115	冷蔵庫など
丈夫	115〜	その他の機械類

表2 梱包ケースの重量をもとにした想定される落下高度 (Marcon, 1991)

梱包ケースの重量 (kg)	取り扱い方法	落下高さ (cm)
0〜5	1人で投げる	120
5〜10	1人で投げる	105
10〜20	1人で運ぶ	90
20〜45	1人で運ぶ	75
45〜115	2人で運ぶ	60
115〜	重機で運ぶ	45

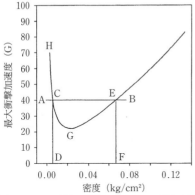

図1 10 cm の厚さの発泡スチロールに対する動的衝撃緩衝特性曲線 (Richard, 1991)
落下高さ 75 cm, 密度 33 kg/m³.

度は，たとえば，資料を納めた内箱の形状が立方体で，全体の重量が 15 kg，高さ 75 cm から落下するおそれが大きいと仮定する．また，資料がどれだけの衝撃にまで耐えられるか（最大衝撃加速度）を 40 G と仮定する．厚さ 10 cm のポリウレタンフォームのクッション（密度 3 kg/m³）を使用するとして，図1の縦軸の 40 G から水平に線を引き，曲線と交わる点の静的応力の値を横軸から求める．D と F の 2 点間の静的応力が，落下高さが 75 cm のときに，資料保護に必要なクッションの条件となる．D-F 間で最も小さな衝撃加速度 G に対応する横軸の応力 0.025 kg/m² (25 g/cm²) が最適なクッションの条件を与える．したがって，重量 15 kg を 25 g/cm² で割り，面積 600 cm² のクッション（厚さ 10 cm）を用いれば，75 cm からの落下に対して衝撃加速度を最も小さくすることができる計算となる．

[座屈現象] 衝撃加速度-静的応力の関係を示す動的緩衝特性曲線を用いたクッションの見積もりを行うときには，座屈現象 (buckling) を考慮しなければならない．面積に対して厚さがありすぎると衝撃がクッションに均等に吸収されずに片寄りが起

こり，十分な効果が得られない．座屈現象を避けるためにKerstnerの定義による最小面積（minimum loading bearing area）の計算式があり，これより広い面積のクッションを用いる必要がある．

$$MLBA > (1.33d)^2$$

MLBA：最小面積（m²），d：クッションの厚さ（m）．

[共鳴] 合板，発泡スチロールの断熱材，ポリエーテルのクッションを使用した梱包ケースに対する実験から，木枠に貼ったキャンバスは10 Hz付近の低周波に共鳴し，外力の5倍近くの力が働く（図2）．そのため，10～20 Hz近傍に振動の周波数をもつトラックに積載すると共鳴して力がかかる危険性のあることが示されている．美術品専用トラックの振動測定では，進行方向よりも上下，左右方向の振動が大きく，上下方向は10 Hz以下，左右方向は10～20 Hzの振動が生じる．これらの振動は路面状態に依存しない．共鳴を避けるためには，作品自体や木枠に処置を加えてキャンバスの張力を高くする必要がある．また，人間の取り扱いがキャンバスの振動には最も危険であるとされている．実際に，博物館施設内で作品を移動しているとき最も大きな加速度を受け，3Gをこえる加速度の報告例もある．このように，振動による影響はキャンバス絵画に特に著しく，十分な注意が必要である．

[気圧変化] 気圧変化が作品に及ぼす影響も考えられる．絵画が密閉したアクリル容器に収納され，梱包されている場合，アクリル容器の内外で気圧の差が生じ，着陸時にアクリル板が絵画に向かってたわみ，絵画表面と接触する可能性があることが指摘されている．

[ケーススタディー] 1990年にアメリカのテネシー州立博物館，1992年にドイツのチュービンゲン美術館で開催された特別展に油彩画作品が輸送される機会に，輸送用梱包ケース内の温湿度環境の改善を目的として，輸送中のケース内外の温湿度ならびに気圧変化の測定を実施した（写真1）．

輸送に当たっては，国立歴史民俗博物館が1988年に行った小袖衣裳の航空輸送によって得られた知見を参考にした．その第1点目は，1988年の輸送では，相対湿度安定のために梱包ケース中に入れた2 kg/m³の調湿剤は全く機能しなかったので，

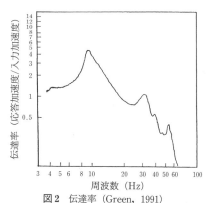

図2 伝達率（Green, 1991）
試験用の梱包ケース内のキャンバスの木枠の振動．

写真1 油彩画の額縁の裏側に取りつけた温湿度データロガーとセンサ

調湿剤を梱包ケース内に入れることの是非と、入れる場合の調湿剤の量を検討すること、第2点目は、梱包ケース内の温度変化が大きかった点から、断熱材の使用量について検討すること、第3点目は、ケース内で生じた急激な相対湿度変化は、外部との空気交換が原因と考えられたため、ケースの密閉性を改善することなどであった。これら3点の指摘をもとに、美術館と運輸会社が梱包ケースを設計製作し、美術館が輸送中のデータの収集を行った。

ケースの気密性に関しては、作品をアルミコーティングシートで風呂敷のように包み（写真2）、密封することによって気密性がかなり改善され、空気量の少ない密閉空間内で生じる温湿度変化に近い変動を示した。

断熱性に関しては、断熱材の厚さを従来の梱包方法に比べて2倍にした結果（写真3）、ケース内の温度変化はかなり緩和された。ただし、このときの梱包ケースとしてはまだ十分なものであるとはいえず、さらに断熱性の向上を図る必要があると考えられた。方法としては、使用する材料の厚さを増すこと、より熱伝導率の小さな材質を選択して用いることの2通りの方法があるが、後者が優先されると思われる。また、どの程度の断熱性をケースに要求するかについては、ケース内での結露の可能性と合わせて検討する必要がある。

断熱性の高い梱包ケースの場合、開梱時にケース内と外での温度差が大きいことが十分に予想され、その結果作品表面に結露が発生することもありうるので、ケースは目的地に到着後1日程度の馴化を行ってから開梱した方が安全である。

調湿剤の使用量の増加に伴ってケース内の相対湿度はより安定する傾向があることは明らかである。図3には調湿剤を入れない場合のケース内の温湿度変化を示した。温度変化に伴って相対湿度はある一定の割合で変化し、その割合は約0.4前後の値と

写真2　アルミコーティングシートの耳の部分

写真3　梱包ケース外箱の内側の様子

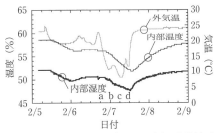

図3　調湿剤を入れない梱包ケース内部の温湿度変化
a：2月6日16時44分ニューヨーク離陸、b：2月7日0時3分給油のためアンカレッジ着陸、c：1時32分離陸、d：8時30分成田着陸。

なった．この割合で温湿度が変化する限り木材，紙，布などの有機質材料の含水率はほぼ一定に維持され，膨潤収縮などは起こりにくい．調湿剤を加えた方は，温度変化にもかかわらず，相対湿度がほぼ一定に保たれたために，かえって資料の含水率が変化したと考えられる． 　　　　（神庭信幸）

[文　献]

Green, T.：Vibration control. Art in Transit：Studies in the Transport of Paintings, National Gallery of Art, Washington D. C., pp.59-66, 1991.

神庭信幸：古文化財の科学, **34**, 31-37, 1989.

Kamba, N.：Variations in relative humidity and temperature as measured in a packing case. Preprints of the 9th Triennial Meeting of ICOM Committee for Conservation, Dresden, pp.405-409, 1990.

神庭信幸，田中千秋：古文化財の科学, **38**, 28-36, 1994.

神庭信幸，田中千秋：古文化財の科学, **39**, 8-18, 1994.

Marcon, P.：Art in Transit：Studies in the Transport of Paintings, National Gallery of Art, Washington D. C., pp.121-132, 1991.

Richard, M.：Art in Transit：Studies in the Transport of Paintings, National Gallery of Art, Washington D. C., pp.269-278, 1991.

Richard, M.：Preprints of the IIC Congress on Preventive Conservation, Ottawa, pp.185-189, 1994.

Saunders, D., Sitwell, C. and Staniforth, S.：Soft pack, the soft option. Art in Transit：Studies in the Transport of Paintings, National Gallery of Art, Washington D. C., pp.311-321, 1991.

Sitwell, C.：Preprints of the 8th Triennial Meeting of ICOM Committee for Conservation, Sydney, pp.601-596, 1987.

Staniforth, S.：The testing of packing cases for the transport of painting. Preprints of the 7th Triennial Meeting of ICOM Committee for Conservation, 84/12/7, Copenhagen, 1984a.

Staniforth, S.：Packing：*National Gallery Technical Bulletin*, 8, 53-62, 1984b.

Stolow, N.：Controlled Environment for Works of Art in Transit, Butterworths, 1966.

Thomson, G.：*Studies in Conservation*, **9**, 153-169, 1964.

屋外文化財の環境
environment for open-air cultural property

[概　要] 彫刻，絵画，古文書，考古資料，民俗資料などの有形文化財は，金属，石，木，繊維，紙，皮などの単一もしくは，複数の素材を組み合わせてつくられていて，温度・湿度の変化や紫外線，カビ，虫などによってしだいに腐食や劣化が進み，やがて消滅する．このような自然環境を原因とする文化財は，伝統的修理や合成樹脂を使った科学的保存処理を行い，適切に管理することによって損傷を防止することができる．

とりわけ，建造物，記念碑など屋外の文化財は，急激な温度・湿度の変化や強い日射，風雨など過酷な環境に曝されつつも，さまざまに保存・修復の工夫がなされて現在まで継承されてきた．しかし，近年，ヨーロッパや日本など先進諸国のみならず，地球全体に大気汚染が著しくなり，大気汚染が原因の文化財の傷みが急速に進んでいることが明らかになってきた（表1）．

[金属文化財]　イタリア・ローマ市役所前のカンピドリオ広場に建つ，青銅のマルクス・アウレリウス帝騎馬像は，2世紀につくられ16世紀にミケランジェロによって修復されて現在地に置かれ，その美しい姿を保っていたが，1980年ごろから亀裂・欠損・腐食が甚だしくなり鍍金も多くが失われた（写真1）．

イタリア・フィレンツェのシニョーリア広場に建つ，16世紀につくられた青銅のペルセウス像は，凹部は煤塵に黒く汚れ，凸部は鮮やかな塩基性硫酸銅や塩基性炭酸銅などと思われる黄緑色のさびに覆われて，痛ましい姿を曝している．

韓国・慶州市の国立慶州博物館の庭に野外展示されている青銅の聖徳大王神鐘は，天女のレリーフ像や竜頭の縁に塩基性硫酸銅などのさびが発生している．いずれもが大気汚染に起因する損傷である．

わが国の文化財に目を転じると，東大寺大仏殿正面の金銅八角灯籠は1300年間，風雨に曝されながら黒灰色や濃緑色・濃青色の落ち着いた姿を保ってきたが，最近30年間に色調が黄緑色に変化してきた（写真2）．1998年のさびの分析によると，塩基性硫酸銅（ブロカンタイト $CuSO_4 \cdot 3Cu(OH)_2$，アントレライト $CuSO_4 \cdot 2Cu(OH)_2$），および塩基性塩化銅（アタカマイト $CuCl_2 \cdot 3Cu(OH)_2$）が検出され，大気汚染による腐食であることが実証された

表1　文化財に影響を与える主な大気汚染因子

文化財の種類	主な大気汚染因子	文化財の変化
石造文化財	酸性雨，酸性霧，SO_x, NO_x, Cl^-など	溶解，劣化
金属文化財	酸性雨，酸性霧，SO_x, NO_x, Cl^-など	腐食，変色など
木造文化財	酸性雨，酸性霧，SO_x, NO_x, Cl^-など	劣化，変色など
壁画・顔料	酸性雨，酸性霧，SO_x, NO_x, Cl^-など	剥落，変色など
油彩画	アンモニア	油劣化，ニス白濁
染織品	SO_x, NO_x, Cl^-, O_3など	変色，退色，劣化
紙，皮革	SO_x, NO_x, Cl^-, O_3など	変色，退色，劣化
ガラス	SO_x, NO_x, Cl^-, O_3など	白濁

（1）保存環境の科学

写真1 イタリア・ローマのマクルス・アウレリウス帝騎馬像（馬淵撮影）

写真2 奈良・東大寺の金銅八角灯籠火袋羽目板および扉（奈良国立博物館特別展図録『天平』より）

写真3 奈良・東大寺の金銅八角灯籠（青銅鍍金）

（写真3）．

鎌倉大仏でも同様に塩基性硫酸銅や硫酸鉛が検出され，京浜工業地帯から飛来する硫化物や海塩中の硫化物などの大気汚染によるものと推測されている．

また，京都国立博物館のロダン作「考える人」は水筋に沿って塩基性硫酸銅と塩基性塩化銅と思われる黄緑色のさびが発生し，全体の半ばを覆うほどになった．京都国立博物館は工場，自動車の排気ガスが吹き溜まるところにあり，原因は大気汚染にあること明らかである（表2（a））．

[石造文化財] ギリシア・アテネでは，1970年ごろに，大理石でつくられたパルテノン神殿のフリーズの彫刻やエレクティオン神殿のカリアティード（女神像柱）の表面のディテールが失われつつあることが認識された．大理石（炭酸カルシウム $CaCO_3$）のカルシウムが酸性雨や酸性大気によって溶け，表面で硫黄と反応して石膏（硫酸カルシウム $CaSO_4 \cdot 2H_2O$）が生成されて，剥落するなどの損傷が著しくなり，建物全体も薄黒く汚れていた（写真

写真4 ギリシア・アテネのパルテノン神殿（大理石）

写真5 韓国・ソウルの敬天寺十層石塔（大理石）

4）．

　ドイツ・ケルン市の大聖堂は，4世紀から9度の増改築を経て14世紀にゴチック様式の現在の形がほぼでき上がった．その石材は砂岩，粗面岩，石灰岩，玄武岩など8種以上にのぼる．大聖堂の砂岩製の壁や彫刻の表面には汚染大気によって方解石（$CaCO_3$）や白雲石が生じ，剥離やチョーキング，カリフラワー状の傷みとなって破損をもたらしている．

　韓国・ソウル市の景福宮にある14世紀の敬天寺大理石十層石塔は，汚染大気によって黒く汚れ，仏像，菩薩像，天人像，蓮華文などの彫刻の表面が溶解して不鮮明になり，剥落や隅の欠け落ちなどの傷みが著しく進んでいる（写真5）．中国・北京市の紫禁城や天壇を飾る大理石龍頭樋も同様に傷みが著しく進んでいる．

　奈良と大阪の府県境にある竹之内峠のかたわらに，奈良時代創建の鹿谷寺跡の凝灰岩十三重層塔は塵埃に黒く汚れ，各層の屋根先端は欠け落ち表面の至るところが剥落・溶解するなど，大気汚染による損傷の典型がみられる（写真6）．大阪の大気汚染が西風に乗って，濃度を高めつつ竹之内峠を通過し奈良盆地に広がっていることが判明している．

　京都国立博物館の庭の中国・遼代（907～1125）の石灰岩多宝千仏石幢は，1927年から45年間風雨に曝されて表面が溶解し，銘文や文様が判読できなくなった．1972年に白色析出物が分析されて硫酸カルシウムであることが判明し，大気汚染の

写真6 大阪・鹿谷寺の十三重層塔（凝灰岩）

被害であることが確認された．

愛知県犬山市の明治村の聖ヨハネ教会堂の煉瓦壁が大気汚染，酸性雨に起因する硫酸ナトリウムなどの結晶の生成によって表面の剝落が進み，大分県の安山岩や凝灰岩の石塔，石仏も大気汚染，酸性雨による硫酸ナトリウムや硫酸カルシウムなどの結晶の成長によって表面の剝落が進んでいることなどが報告されている（表2（b））．

[ケーススタディー1] 奈良の環境

奈良大学が1987年より行っている奈良盆地北部の大気汚染と文化財保存の調査・研究では，東大寺，春日大社，平城宮跡などの文化財所在地9地点で二酸化硫黄 SO_2，二酸化窒素 NO_2，塩化物イオン Cl^- の濃度を測定するとともに，文化財の代替サンプルとして金属板と彩色板を大気曝露しその変化を測定した．また，奈良公園・奈良町では，1992年から2001年までに5回にわたり二酸化窒素測定を行っている．

2000年の観測データによると，二酸化硫黄の高濃度域は工場群に一致し，主として工場排ガスが発生源であること，二酸化窒素の高濃度域は国道の交差付近で，主として自動車排ガスが発生源であること，塩化物イオンは，奈良山丘陵付近に高濃度域があり，ごみ焼却場の排煙によること（表3，図1），また，奈良公園・奈良町の二酸化窒素濃度は，交通量の多い道路沿いで40～50 ppbに達し，駐車場もその周辺より高濃度を示し，発生源は自動車排ガスであることなどが明らかになった．

そして，大気曝露した金属板の表面さびに含まれる硫黄と塩素の量（表4）および彩色板の色彩変化について，時間経過と観測地点間の差を比較・検討した結果，大気汚染濃度の高低と文化財代替サンプルの変化には明らかな相関関係があることが判明し，実際の金属製文化財，彩色文化財にも同様の変化を及ぼしていることが明らかになった．

[ケーススタディー2] 東大寺経庫の環境

正倉院の宝物が1300年後の今日まで原型を保つすばらしい状態で保存できたのは，校倉建物と唐櫃の調温・調湿の効果であるといわれている．東大寺経庫（校倉）の調査でも，温度の日較差は，校倉外部は14℃，校倉内部は4℃，櫃内は2～3℃，湿度の日較差は，外部は55％，校倉内部は15％，櫃内は1～2％と，櫃内ではほと

表2
(a) 金属文化財の大気汚染による被害（例）

文化財の名称		大気汚染による生成物または検出物
イタリア・ローマ	マルクス・アウレリウス帝騎馬像	（塩基性硫酸銅・塩基性塩化銅か？）
イタリア・フィレンツェ	コジモⅠ世騎馬像など	（塩基性硫酸銅・塩基性塩化銅か？）
イタリア・ヴェネツィア	4頭の青銅馬など	（塩基性硫酸銅・塩基性塩化銅か？）
アメリカ・ニューヨーク	自由の女神像	ブロカンタイト $CuSO_4 \cdot 3Cu(OH)_2$，アントレライト $CuSO_4 \cdot 2Cu(OH)_2$，キュプライト Cu_2O
大韓民国・慶州	聖徳大王神鐘（エミレの鐘）	（塩基性硫酸銅・塩基性塩化銅か？）
栃木県	東照宮御旅所本殿銅板葺き屋根	ブロカンタイト
東京都	東京国立博物館表慶館銅板葺き屋根	ブロカンタイト
東京都	赤坂離宮銅板葺き屋根	ブロカンタイト
神奈川県	高徳院阿弥陀如来座像（鎌倉大仏）	ブロカンタイト，アタカマイト，硫鉛 $PbSO_4$
京都府	平等院銅鐘・阿弥陀堂扉金具	ブロカンタイト
京都府	浄瑠璃寺三重塔青銅製相輪・九輪	ブロカンタイト
京都府	京都国立博物館「考える人」	ブロカンタイト，アントレライト，アタカマイトなど
奈良県	東大寺青銅八角灯籠	ブロカンタイト，アントレライト，アタカマイトなど
岡山県	宝福寺三重塔	アントレライト アタカマイト
島根県	日御崎神社銅製飾金具	塩化第一銅 $CuCl$

(b) 石造文化財の大気汚染による被害（例）

文化財の名称		大気汚染による生成物または検出物
ギリシア・アテネ	パルテノン神殿・エレクテイオン神殿	硫酸カルシウム $Ca_2SO_4{}^2$
イタリア・パドヴァ	スクロベェニ礼拝堂フレスコ画	硝酸カルシウム $Ca_2(NO^3)_2{}^2$，硫酸カルシウム
イタリア・ヴェネチア	サンマルコ教会大理石像・壁	硫酸カルシウム
ドイツ・ケルン	ケルン大聖堂	炭酸カルシウム（方解石 $CaCO_3$），白雲石
ドイツ・ウェストファリア	石製彫刻	硫酸鉄
インド・アグラ	タージ=マハル大理石外壁	（硫酸カルシウムか？）
中国・楽山市	石像大仏	硫酸鉄
中国・北京市	故宮博物院石樋・天壇石樋	（硫酸カルシウムか？）
韓国・ソウル市	国立博物館石塔	（硫酸カルシウムか？）
愛知県	明治村聖ヨハネ教会堂煉瓦壁	テナルダイト Na_2SO_4，アフシタイト $K_3Na(SO_4)_2$，トロナ $Na_3H(CO_3)_2 \cdot 2H_2O$，サーモナトライト $Na_2CO_3 \cdot H_2O$
京都府	京都国立博物館石灰岩多宝千仏石幢	ジプサム $CaSO_4 \cdot 2H_2O$
大分県	別府市美術館安山岩塔（五輪塔など）	NO_3, Ca など
大分県	別府市国東塔・石製灯籠（安山岩）	$SO_4{}^2$, Na など
大分県	普光寺不動明王磨崖仏（凝灰岩）	Ca, $SO_4{}^2$ など

表3 大気汚染測定値
(2000年1〜12月の日平均値)

観測地点	二酸化硫黄(ppb)	二酸化窒素(ppb)	塩化物イオン(μg)
般若寺	3.3	10.0	4.3
東大寺	3.2	8.6	3.5
正倉院	3.3	8.8	3.5
興福寺	3.2	10.9	2.5
春日大社	3.1	8.0	1.9
十輪院	3.7	11.1	6.0
平城宮跡	3.5	11.6	6.7
薬師寺	3.4	10.9	5.5
奈良大学	3.7	11.5	8.5

μg＝μg/100 cm²/day, ppb＝ppb/day.

表4 金属板テストピースのさびに含まれる大気汚染物質の量（6月曝露後）

観測地点	硫黄 (mg/100 cm²)				塩化物イオン (mg/100 cm²)			
金属板	銀	銅	鉛	スズ	銀	銅	鉛	スズ
東大寺	2.0	5.4	7.7	0.1	7.9	2.9	3.3	0.7
興福寺	1.3	3.0	7.3	0.1	5.1	1.7	1.6	0.6
春日大社	1.6	3.3	7.3	0.1	4.1	0.9	1.1	0.4
平城宮跡	1.7	3.3	6.6	0.3	8.1	3.6	3.4	1.0
薬師寺	2.1	3.6	8.6	0.3	7.1	2.6	2.7	0.9
奈良大学	2.3	7.0	11.1	0.4	10.4	3.7	3.9	0.9

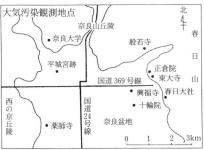

図1 奈良盆地北部の大気汚染濃度分布
(2000年1〜12月の日平均値)

んど変化しないといってよい．日射の紫外線が届かないことや，定期的な虫干しと点検，防火・防災など日常の管理の果たした役割も大きい．

さらに，大気汚染値に注目すると，二酸化窒素は，校倉内部は外部の1/2，櫃内は外部の1/200に，二酸化硫黄は，校倉内部は外部の1/11，櫃内は外部の1/100に，塩化物イオンは，校倉内部は外部の1/4.3に，櫃内部は外部の1/9に減少している．校倉の外部と内部と櫃内に置いた金属板と彩色板のテストピースの色彩変化が，外部は大きく内部は小さく，櫃内はほとんど変化していないことからも，木造の校倉や木櫃が大気汚染物質の内部侵入を防ぎ，汚染大気を浄化する効果の大きいことがわかる（表5，図2）．

[ケーススタディー3] 奈良公園の環境

また，奈良公園・奈良町（元興寺周辺の旧市街）の調査においても，樹木が同様な温湿度調整と大気汚染浄化の機能を果たしていることが判明した．春日大社原生林中の温度の日較差は平均7.5℃，湿度の日格差は平均35％なのに対して，奈良山丘陵の疎林に囲まれた奈良大学の温度の日較差は平均9.2℃，湿度の日較差は平均36％で，鬱蒼とした原生林中の方が温湿度変化がわずかながらも小さいことがわかる．

奈良公園の二酸化窒素の分布においても，県道高畑−紀寺線沿いに対して飛火野の芝地は約21％減，春日大社参道周辺のマツ，ヒノキなどの植栽疎林中は約33％減，マツ，クヌギ，シイ，アセビなど針葉樹と広葉樹渾然とする原生密生林は約54％減と，樹木の種類が豊富で深い森林であるほどに汚染大気の流入が少なく，かつ，汚染大気を浄化する力の強いことがわかる．原生林の大気汚染防除効果は，東大寺経庫や十輪院本堂よりも大きく，興福寺国宝館と同程度である（表5参照）．

さらに，伝統行事である東大寺盧遮那仏

表5 木造建物，校倉，原生林，鉄筋コンクリート建物の大気汚染防除効果
（2000年1〜12月の日平均値）

観測地点		二酸化窒素 μg(ppb)	減少率(%)	二酸化硫黄 μg(ppb)	減少率(%)	塩化物イオン μg	減少率(%)	備考
東大寺経庫(校倉)	外部	38.6(8.6)	100.0	10.0(3.2)	100.0	3.5	100.0	8世紀の高床校倉建物
	内部	99.6(5.9)	51.0	0.9(<2.8)	9.0	0.8	23.0	
	内部櫃内	0.2(<3.3)	0.5	0.1(<2.8)	1.0	0.4	11.0	
十輪院本堂	外部	57.4(11.1)	100.0	19.2(3.7)	100.0	6.0	100.0	12世紀の木造建物
	内部	33.6(8.3)	59.0	1.2(2.9)	6.0	0.8	13.0	
春日大社	駐車場	40.5(9.0)	100.0	10.6(3.2)	100.0	3.2	100.0	鉄筋コンクリート建物
	原生林内	31.3(8.0)	77.0	7.4(3.1)	70.0	1.9	59.0	
	宝物館内	14.8(5.2)	37.0	0.8(<2.8)	8.0	0.9	28.0	
興福寺国宝館	外部	56.1(10.9)	100.0	9.1(3.2)	100.0	2.5	100.0	鉄筋コンクリート建物
	内部	25.3(6.7)	45.0	0.9(2.8)	10.0	0.9	36.0	
奈良公園	高畑紀寺線沿	105.1(15.7)	100.0	—	—	—	—	2000年5月の二酸化窒素測定カプセル（24時間曝露）で測定
	芝生地	83.1(13.1)	79.0	—	—	—	—	
	植培林内	72.0(11.8)	67.0	—	—	—	—	
	原生林内	48.3(9.0)	46.0	—	—	—	—	

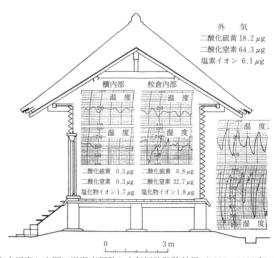

図2 東大寺経庫と木櫃の温湿度調整と大気汚染防除効果（1995〜1996年の日平均値）

（大仏）や薬師寺金銅薬師三尊仏の「お身ぬぐい」は，大気汚染物質を含む塵埃を毎年一度取り除きさびを防ぐ，合理的な保存管理方法の一つともいえよう．

[屋外文化財の保存環境] 現代社会にとって石油系燃料は不可欠であり，そこから発生する大気汚染を削減するのは容易ではない．たとえ微量の大気汚染であろうと，回復力のない文化財は影響を受け続け積み重ねる．厚さ0.5mmの銅屋根がわずか10年足らずで使えなくなるように，自然の数十倍〜数百倍の速度で文化財は傷み，まさ

に消滅する危機にあるのが現状である．

　文化財を大気汚染から守るには，工場や自動車，ゴミ焼却などから発生する汚染を削減し，文化財保護のための環境基準を策定して汚染を遠避けることはいうまでもなく，四周に樹木帯を設ける，風雨から保護する覆い屋を設ける，収蔵庫や収蔵箱に保管する，科学的保存処理を行うなど，さまざまな保存法を活用するとともに，常に管理を徹底することが重要である．

（西山要一）

[文　献]

江本義理，門倉武夫：文化財保存環境としての各地の大気汚染度の測定結果．保存科学，第3号，1967．

江本義理：大気汚染による文化財に対する影響調査研究報告書，京都市衛生局，1969．

井上　正：遼代多寶千佛石幢，1973．

環境庁大気保全局大気規制課：I 金属腐食に関する大気管理目標検討の基本的考え方．大気汚染による金属材料の腐食測定法指針，1988．

古賀文敏：石造文化財の保存に関する研究（第一報）―大気汚染が石材劣化に及ぼす影響―．文化財の虫菌害，No.23，1992．

古賀文敏：石造文化財の保存に関する一考察．大分県立宇佐風土記の丘歴史民俗資料館，大分県内石造文化財の現状と課題―保存のための基礎調査概報―，1994．

朽津信明：博物館明治村で観察された蒸発岩．岩鉱，87(9)，1992．

黒川弘毅：京都国立博物館蔵ロダン『考える人』保存について．文化財保存修復学会第20回大会講演要旨集，1998．

松田史朗，青木繁夫：高徳院国宝銅造阿弥陀如来座像の表面に生成する腐食生成物の解析．保存科学，第35号，1996．

松田史朗，青木繁夫，川野邊渉：東大寺国宝金銅八角灯籠の表面に生成する腐食生成物の解析．保存科学，第36号，1997．

Ministry of Culture : Committee for the Preservation of the Acropolis Monuments : Conservation of the Acropolis Monuments, 1994.

奈良市アイドリングストップ条例（2000年4月施行）．

大阪管区気象台：正倉院の気象，1960．

Tabasso, M. L. and Marabelli, M. : Il Degrad die Monumenti in Rome in Rapporto all'Inquinnamento Atmosferico, 1992.

Vaccaro, A. M. : The equestrian statue of Marcus Aurelius. Oddy, A. ed., The Art of the Conservator, 1992.

Wolff, A. : Le conseguenze dell'inquinamente atmosferico nella Cattedrale di Colonia, Montanari, A. and Petraroia, P., Citta Inquinata i Monumenti, 1989.

古墳の環境
environment in tumuli

　文化財保存の環境づくりは，文化財資料の材質や保存状態に応じて理論的に適切な条件を設定し，人工的に制御することである．同時に長年にわたって文化財資料がなじんできた環境，それが理論的に決して好ましくなくても当座の措置としては適切な場合もある．さらには，理想的な環境づくりをしようにも地球環境が劣悪化するなかでは，環境保全の策を講じることは当然だが，同時に共生していくことも検討しなければならない．文化財保存の環境づくりには，こうしたもろもろの課題に柔軟に対応しなければならない．

[古墳の環境] 奈良県明日香村所在の高松塚古墳やキトラ古墳などのように，土を叩き締めながら積み重ねて墳丘を版築し，その中に石槨（墓室）をつくっている古墳の内部は，外気温の影響を受けつつも，高湿だが石槨独自の安定した環境を形成している．たとえば，奈良地方における月平均気温の年間変動幅は，およそ25℃である．しかし，墳丘に封じ込められた石槨内部では，5～6℃程度にすぎない．閉塞状態が良好であれば，2～3℃にも下がる．中国では，数千年前の古墳が信じられないほど良好な状態で発見される例がたびたび報じられている．それは，墓室が地下10m以上もの地下深くにあって，地下水に浸かった場合も含めて，環境条件はほとんど変動することなく安定した状態だからである．農林水産省が農業気象資料として調査した奈良県橿原市内の地中における年間変動幅は，地下3mの地点では約13～20℃，さらに5mでは15～18℃であった（図参照）．

古墳の位置がさほどの深さになくても，墳丘が良好な状態を保っていれば，そして石槨の閉塞状態もよければ，古墳環境は安定する．つまり，外気温は古墳を覆う封土と石室に遮られて，あるいは熱吸収されて内部温度の変動幅が鈍くなる．古墳内部の環境を人為的に安定させている例の一つに奈良県所在の高松塚古墳がある．同古墳は7世紀末から8世紀初めにかけてつくられた古墳で，極彩色の壁画をもつ．石室は凝灰岩を組み合わせて構築し，内部を漆喰で塗り固め，壁画を描いている．最近はファイバスコープや小型カメラで調査され，極彩色の壁画が発見されたキトラ古墳（写真）なども同類の構造をもっている．高松塚古墳の石槨における年間を通じた温度変化は，1983年に保存施設が設置された後では14.5～17.5℃となり，よく安定している．さらに，外気温は7月から8月にかけて最も高く，1月から2月にかけて低い．石槨の内部では11月から12月にかけて最も高い温度を示し，5月に最低温度を示し

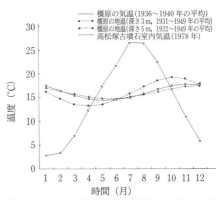

図　高松塚古墳石槨内部の温度変化（三浦，1987）

(1) 保存環境の科学　213

写真　キトラ古墳内の壁画

ている．すなわち，石槨内部の温度は外気との間でおよそ4か月程度のズレが生じている．そして，両者の温度が同一になる時期が4月と10月である．古墳環境と同じには扱えないが，正倉院では，古来，この時期に宝物の点検，いわゆる虫干しが行われてきたし，各地で開催される展覧会もこの時期に集中しているのは，内外の気温差が最も小さくなるという点で興味深い現象といえよう．

[古墳の空気]　被葬者が安置され，副葬品が納められた墓室や棺などの内部では以下のような化学的変化が生じていることが想定できる．そして，その現象が微妙に墓室や棺などの環境に関与するものと考えられる．まず，棺に遺体が横たわる．死者のために衣類・装身具・武器なども副葬されたであろう．あるいは，木の実や魚介類などの供物が器に盛られる例もありえよう．副葬品や遺骸を納めるまでの間は，内部は外気と通じており，空気の流出入がある．墓室が閉じられ，密封状態になると墓室内部は空気が希薄になる．内部ではバクテリアなどの微生物が発生し，遺体や有機質の副葬品などを分解することが予想される．その雰囲気は，空気の量が減少するばかりで，微生物の発生により遺体や副葬品が分解され，二酸化炭素・アンモニア・アミン・メタンなどが生成する．木製や漆塗りの棺ならば，それも含めてやがて腐朽し，棺と墓室の空間は一体化することになる．古墳内部の環境は，長い時空を経て還元状態に移行していく．千数百年もの長い年月の間には，雨水や地下水が浸入することもあろうし，古墳の立地条件にもよるが，植物の根や小動物の侵入もありうる．こうした現象は多少の空気の補給を意味しており，やや酸化の方向に逆行することもあろうが，長い年月の間には密封された内部はしだいに還元的な雰囲気に移行し，やがてある種の平衡状態に到達するものと推定できる．こうした環境条件のもとでは，二酸化炭素濃度は高くなり，密閉度がよければ大気中濃度の30～50倍にもなる．閉鎖系の古墳環境では，こうした化学的現象を想定することができるが，密閉度が悪ければ二酸化炭素濃度は周辺外気のそれに近づき，低くなる．古墳の保存管理のために，あるいは壁画などの保存修理のために古墳内部に出入りすることになれば，二酸化炭素濃度は一段と低くなるが，再び閉鎖すると一夜でもとの濃度に逆戻りする．古墳内部の事前調査は，遺物の保存状態のみならず，古墳の保存環境に関する情報も得られる．表は，高松塚古墳をはじめ，藤ノ木古墳，キトラ古墳，愛媛県松山市所在の葉佐

表 二酸化炭素濃度からみた古墳環境
（重量比：%）

種類	二酸化炭素
大気組成 （『広辞苑』より）	0.03% （現在 0.032%）
高松塚古墳 （奈良県）	0.22〜0.3% 外気の約7〜10倍
藤ノ木古墳 （奈良県）	0.052〜0.07% 外気の約1.7〜2.3倍
キトラ古墳 （奈良県）	0.34% 外気の約10倍
葉佐池古墳 （愛媛県）	1.3% 外気の約43倍
虎塚古墳石室 （茨城県）	1.80% 外気の約60倍

池古墳，そして茨城県勝田市所在の虎塚古墳における石室などの内部の二酸化炭素濃度の測定結果を示す．完全に閉塞された石室や密閉状態の石棺を発見することはきわめて珍しく，したがって，通気性があれば，それは外気の空気組成と同じはずである．過去の分析例をみると，高松塚古墳では二酸化炭素濃度が 0.22〜0.3% で，外気の約7〜10倍であった．この数値は，すでに開口した後の数値であり，発掘調査以前の数値ではない．開口前の空気の測定例としては，葉佐池古墳群3号墳の測定結果がある．二酸化炭素濃度は1.3%で，それは外気の約43倍に相当する．そのほか，1973年8月に発掘調査が行われた虎塚古墳は，二酸化炭素濃度は1.80%で，外気の約60倍に相当する．

[古墳の保存対策] 古墳環境の保全や出土遺物の保存修復のためには，古墳内部の微気象，空気組成などを測定し，遺物についてはその保存状態に関する情報を収集する．また，古墳内部への地下水の浸入状況を克明に調査し，その要因を確定し，保護対策を講じる．外気の影響を受けにくくするためには，古墳においては十分な層厚の封土で被覆されていること，横穴ならば入り口が閉塞されていること，洞窟ならば入り口までの距離を長くし，あるいは外気が洞窟内部に直接及ばないようにすることである．高松塚古墳のように，壁画の修理や定期的な点検を行う施設では，外気に通じる空間との間に緩衝空間を設け，必要時にはその緩衝空間の温度を古墳内部のそれに合わせて制御する．他方，古墳の保存環境は発掘調査後埋め戻して現状維持を原則とすることが多いのだが，埋め戻す際には封土の原状復帰とその崩壊防止のための工法検討，石槨などの内部におけるカビや微生物の発生防止のための処置，雨水や地下水が浸入しないような保存対策，古墳周辺の植生に関すること，古墳周辺の交通事情による振動の回避，さらには遺跡の保存と同時に公開と活用が問われる今日の社会情勢にも傾注すべきである．古墳の保存に関して，温湿度の急激な変化や空気の流動現象がみられない場合でも地震による震動や周辺に生える巨木が強風に煽られてその根に振動が伝わり，古墳に深刻な影響を及ぼすことがある．こうした周辺の環境整備が第1段階の保存策である．また，樹木の伐採や剪定に配慮し，流出した封土の盛り直しや灌木の植栽による石室内への外気の影響を緩和することも重要である．地下水の浸入を防ぐための防水対策は基本的な重要課題である．第2段階の整備では，高松塚古墳にみられる前室の環境を制御するための空調機器を装備した保存施設などの設置である．ただし，施設の機能や効果を重要視

するあまり，古墳の外観を損ねるようなことは厳に慎むべきであろう．開口状態の古墳においては，石材表面の風化・破損，目地や積み石の隙間を埋めている粘土の欠落による石室などの緩みが危惧される．彩色壁画をもつ古墳では，顔料の退色・摩耗，彩色の剥落，壁画の基盤となる漆喰層の劣化・変質，石材からの析出物，地下水の流入による壁画面における鉄分の沈着による汚損，さらには微生物・藻類による影響に対しては，その実態調査をふまえた保存対策を講じなければならない．

[壁画などの保存] ヨーロッパにおけるかつての例では，フレスコ画を剥ぎ取り，博物館に持ち帰って保存していた．中国・陝西省では，唐代の古墳壁画を現地保存するには種々問題があるとして，やはり壁画を剥ぎ取り，博物館に持ち帰って保存している．理想的には現場で保存することが望ましいが，現実にこれをもとの位置で保存し，さらには公開・活用するにはいくつかの課題を解決しなければならない．中国・敦煌では，壁画や塑像をもつ洞窟内の保存環境を制御するために，目下窟内環境の観測を継続している．わが国では，高松塚古墳のように保存施設を古墳の前庭部に設けているほか，古代文字を刻んだ洞窟の保存例がある．北海道所在のフゴッペ洞窟や手宮洞窟では，洞窟の全体を覆う保存施設を設け，見学者との空間を板ガラスで隔離して保存公開している．また，彩色顔料の退色を抑制するために照明や投光方法に関する研究も行われている．また，古墳壁画の基盤となる漆喰は，当初の強さを保持しているとは考えにくく，その強化が先決の課題となる．漆喰には湿気を吸収したり放出したりする性質があり，それこそが壁画保存のために重要な役割を担っていると考えられる．つまり，壁画表面の含水率が急増するようなアクシデントが発生しても漆喰がこれを吸収して，被害が直接壁画に及ぶのを緩和する．したがって，漆喰の強化に際しては本来もっている吸放湿性を保持することが重要なポイントであり，合成樹脂でがっちりと固めることのないように注意したい．壁画面は，石槨内への漏水がもとで，表面に鉄分や土砂が流れ込み，汚損している．こうした汚れを除去し，あるいは壁画顔料の崩落防止のためには，むやみに化学薬品に頼るのではなく，日本古来の伝統的技術や環境にやさしい保存材料を使用するように心がけるべきである．剥落止めの処置に関しては，日本絵画の表装や修理に応用される日本古来の装潢(こう)技術が有効である．剥離した顔料の1粒を膠やフノリなどの接着剤で固定するような修復技術は，顔料の剥落を止める処置はもちろん，漏水によって汚れた壁画面の洗浄などにも応用できる．最も難しいことの一つが，壁画顔料の退色防止に関する方策である．理論的には，退色の要因となる光や空気から遮断すればよいのだが，色鮮やかな古代壁画を色褪せることのないように現状の雰囲気のままに維持することはきわめて難解な最重要課題である．　　　　　　　　　　(沢田正昭)

[文　献]

三浦定俊：文化庁編，国宝高松塚古墳壁画―保存と修理―，pp.167-178，1987．

成瀬正和：正倉院宝物の保存修理．文化財保存修復学会編，文化財の保存と修復，1999．

登石健三，江本義理，見城敏子，新井英夫，門倉武夫：勝田市教育委員会編，史跡虎塚古墳，pp.24-26，1985．

沢田正昭，肥塚隆保，村上　隆，高妻洋成：キトラ古墳における保存環境の測定．キトラ古墳学術調査報告書，1999．

出土遺物の保存
conservation of archaeological objects

[出土遺物] 日本における遺跡の数は，30万とも40万ともいわれる．国土開発行為ともあいまって発掘調査の件数が急激に増え，近年では年間3万件もの発掘調査の届け出がある．調査に伴って発見される遺物もまた膨大な量になる．出土する遺物は，保存修理の観点から有機質と無機質のものに分けることができる．有機質遺物には，木製品，漆製品，竹製品，動物・植物繊維類の編物や加工品，そして皮革製品などが，無機質遺物には，金属製品，土器・瓦，石器，ガラス製品などがある．これらの遺物は，遺跡の現位置で恒久的に保存することが難しく，通常はすべてを取り上げ，研究室内に持ち帰る．激しく劣化した遺物は素手でもてないほどに脆くなっているので，発掘現場から搬出する際には，合成樹脂などを利用して仮強化し，あるいは支持台などを添えて取り上げる．この段階では安全に搬出することを第一義に考えて処置し，後に最適な保存処理の方法を検討する．

[有機質遺物] 有機質遺物のうち，最も大量に出土するのは木製品である．それらは砂漠のような乾燥地から出土するものと，湿潤な遺跡から出土するものがあり，両者に対する保存処理の方法は全く異なる．日本では，前者の出土例はきわめて少なく，後者の例が圧倒的に多い．前者の遺物に対しては，すでに乾燥しているために適切な合成樹脂（イソシアネート系，アクリル系合成樹脂など）の溶液をダイレクトにしみ込ませて強化できる．しかし，湿潤な遺跡から出土した木製品をはじめとする各種の有機質遺物は過飽和に水を含んでおり，それらは何らの処置なしに放置すれば，ひび割れが生じ，激しく収縮し，もとの形がわからなくなるくらいに変形してしまう．出土木製品を安全に保存処理するには，過飽和に含む水分を他の安定した物質に置き換えてしまうか，木材を変形させることなく不安定な水分を強制除去することである．出土木材保存の研究は1960年代になって本格化する．含有水分に代わる安定した物質にポリエチレングリコール（PEG）が利用されるようになった．そして，1980年代後半からはスクロース（sucrose）などの糖類水溶液や糖アルコール（水酸基2基以上をもつ多価アルコール）を含浸する方法が実用化されている．さらには，高級アルコール（セチルアルコール）$CH_3(CH_2)_{14}CH_2OH$，脂肪酸エステルなども応用されるようになってきた．木材を変形させずに水分を強制除去するには，真空凍結乾燥法が有効である．真空凍結乾燥法による収縮・変形を避けるためには，事前にPEGの溶液をしみ込ませる．墨書がある木簡（写真1）をはじめ，比較的小型の木材の保存処理に有効である．編み物類や繊維の加工製品などは，基本的には木材の処理方法を踏襲するのがふつうであるが，本来は遺物の材質や保存状態に応じて処理方法を採択し，あるいは新たに検討すべきである．漆製品に対しては，特別に処理方法が開発されているわけではない．漆製品の素地が木材であることが多く，木材のための処理方法を適用しているのが現状である．素地の木材部分が朽ちて消滅しても，依然

写真1 真空凍結乾燥した木簡

として堅牢な漆膜が遺存している例は多い．保存状態が良好で完全な形状を保持した漆製品の場合，長年の時間をかけて浸透した水分を短時間で，堅牢な漆膜を通して乾燥除去させることも，保存のための薬剤をしみ込ませることも容易ではない．電子線などを照射して漆膜に肉眼ではみえない微小な穴を穿ち，水分を乾燥しやすく，あるいは薬剤を浸透しやすくするなどの手段を講じることは可能だが，保存を目的とする観点からすれば，まだ実用化の域には至らない．竹製品は，通常の木製品と同じ手法で処理することができる．繊維製品は，アクリル系の合成樹脂を塗布して強化したり，樹脂に埋め込んで保存する．今後の課題は，竹製品を処理することによって，本来もつ弾力性を再現する，あるいは建築部材を再構築できるような強度を付与した保存処理技術の開発である．さらには湿潤な遺跡のなかにあって，出土木製品を出土時のままに露出展示するために，たとえば木材を無機質の物質に置き換えてしまう，いわば木材を化石化するなど，発想を転換した保存技術の開発が期待される．

[**無機質遺物**] 無機質遺物のうち，土器・瓦，石器，ガラス製品などは，透明性が高く，しかも耐候性のよいアクリル樹脂の溶液をしみ込ませて強化するのが一般的である．湿潤な遺跡から出土した，水分を大量に含む遺物でも，石器や土器の場合は自然に乾燥させても変形することはほとんどない．したがって事前に乾燥させてから強化のための樹脂溶液を容易にしみ込ませることができる．破断した遺物の接合にはエポキシ系の接着剤が効果的である．大量の土器や瓦を強化処理する場合には，水溶性のアクリル樹脂をバケツなどに入れ，これに遺物を浸ける．十分にしみ込ませた後，表面についた樹脂溶液を丁寧に拭き取れば土器表面に見苦しい光沢が残らない．また，風化したガラス製品や層状に剥離した貝製品などは，アクリル樹脂の溶液を塗布し，強化する．金属製品のうち，最も多く出土するのは鉄製品と銅・青銅製品である．まれに，金・銀・鉛・スズ・亜鉛，あるいはそれらの合金がある．なかでも，鉄製品の出土件数は群を抜いており，保存の観点からしても，最も不安定な状態にある出土品の一つである．鉄製品はすでにさびているのがふつうだが，放置すればさらに腐食が進行し，しまいには酸化鉄の塊片と化してしまう．保存処理の方法は，さびの要因となる塩化物イオンを抽出（脱塩処理）し，アクリル樹脂をしみ込ませて強化し，同時に樹脂塗膜によって遺物を外気と遮断して防錆効果を高める．金属製品を恒久的に保

存するためには，塩化物イオンをいかに完全に抽出除去するか，あるいは塩化物イオンの活性化をいかに抑制するかにかかっている．すなわち，金属製品の保存処理は脱塩処理の技術，防錆剤や合成樹脂の含浸技術，そして処理後の保管環境の安定化を図ることがキーポイントとなる．まずアルカリ溶液を準備し，これに金属製品を浸して脱塩するのが簡便な方法である．アルカリ溶液には，水酸化ナトリウム NaOH，炭酸カリウム K_2CO_3，セスキ炭酸ナトリウム $Na_2CO_3 \cdot NaHCO_3 \cdot 2H_2O$ などの水溶液を利用する．水酸化リチウム LiOH のアルコール溶液は，鉄製品の処理に効果的である．そのほか，電気分解還元法や化学電解還元法などを応用して脱塩することもある．

[復元と保存] 一般に，文化財資料の保存とは原状を維持し，むしろ資料の劣化を抑止するために環境保全を優先する．補修に際しては最小限の補強を行うことがあっても，むやみに欠損部分を復元したり，必要以上に補填・整形すべきではない．

◆トピックス◆稲荷山古墳出土鉄剣の金文字象嵌

1895年，ドイツの物理学者レントゲンによってX線が発見され，今日，医学分野をはじめ工業分野などで大いに応用されている．X線が発見されてからわずか40年後には，文化財の分野でも応用されていた．大阪府所在の阿武山古墳出土の，麻布を漆で張りつけながら幾層にも重ね合わせてつくった棺（挟苧棺）をX線透過撮影し，棺内を調査している．鉄製の遺物はすでにさびているのがふつうで，鉄さびが表面を覆い隠し，もとの形状がわかりにくくなっている．まずX線写真を撮って原形を確認し，あるいは異質の素材が組み込まれていることなどを確認する．

1978年，X線写真撮影によって埼玉県稲荷山古墳出土の鉄剣（写真2）に金象嵌による115文字が発見された．稲荷山古墳は，埼玉県行田市に所在する5世紀末に築造された古墳で，1968年に発掘調査が行われていた．年号は辛亥年と記されており，それは西暦471年と判読解釈された．文献がほとんどない時代の115文字は，古代史研究分野でもはかり知れないほどの貴重な文字資料となった．鉄剣の長さは，73.5 cm．剣の両面にさびがついており，3層に剝がれつつあった．両面にびっしりと金文字の象嵌があり，レントゲン写真では文字が重なって写り，判読しにくい．発見当初，まずレントゲン写真の表裏の文字を分離することから始めた．さび取りに際しては，金文字の表面に傷をつけることの

写真2　金文字象嵌が施された鉄剣の部分（口絵5参照）
左：X線写真，右：披瀝した金文字．

ないように表面のさびをとる必要があった．さび取りを担当した西山要一は，金文字を覆う鉄さびをグライダで削り取り，金文字が披瀝する一歩手前で止め，竹べらを使ってごく薄くなったさびを押しつけるようにして割り，取り除いたという．こうして金文字の表面を損傷することなく，さび取りが行われた．

貴重な文化財資料の材質分析は，非破壊的な手法によることが望ましい．蛍光X線分析法は，文化財の分野では有力な分析法の一つである．しかし，鉄剣の金文字表面の状態は均一ではないので，複数箇所の測定を行い，統計処理上信頼できる数値をセレクトして解析した結果，金濃度は72％であった．他方，放射化分析では73％という数値を得た．金成分以外では銀，銅などが含まれているのだが，ほとんどは銀成分と見なしてよい．金工家によれば，この70数％という金濃度は象嵌加工するには軟らかすぎて，細工が難しいとのことであった．古代の金工技術は現代のそれとはまた違った一面をもっているようである．

貴重な鉄剣は，保存管理についてもユニークな手法が検討された．鉄がさびる要因の一つは空気（酸素）と水であり，閉鎖系の展示ケースのなかに窒素ガスとともに封入して酸欠状態にし，さびの進行を抑止する方法がとられた．この保存法は20年が経過した現在でも継続されており，鉄剣の保存状態も良好である．その維持管理には手間を要するものの，防錆対策の新手法として注目された． 　　　　　（沢田正昭）

[文　献]

美術工芸品の保存と対策，フジ・テクノシステム，1993．

文化財保存修復学会編：文化財の保存と修復2，クバプロ，2000．

沢田正昭：文化財の保存科学ノート，近未来社，1997．

水中遺物の保存
conservation of underwater objects

水底にある遺跡や遺物を対象とした考古学的研究分野を水中考古学（underwater archaeology）と呼んでいる．水中考古学の本格的な始動は1960年ごろからで，アメリカ，フランスなどの研究者による海底遺跡や沈没船の調査が行われ，数多くの水中遺物を発見している．わが国における本格的な水中考古学研究の事例は，1972年に開始した北海道江差町港湾に沈む木造軍船・開陽丸の発掘調査で，数多くの水中遺物を発見し，保存・公開している．

[船体の保存] 水中遺物の代表例は，海底に沈没した船体である．その保存例の一つがスウェーデンのストックホルム湾内で発見された木造軍船バーサ号である．1628年，進水直後にバランスを崩して沈没した，全長72mの船体である．その保存処理には，木材工業の分野で利用される，木材の寸法安定化のために用いられるポリエチレングリコール（PEG）HO-(CH_2CH_2O)-H_nをしみ込ませることにした．PEGは分子量の大きさによって，その状態が異なり，液状を呈するものから固形を呈するものまであり，分子量の小さいものほど吸湿性が大きい．吸湿性の大きいPEGを木材にしみ込ませることによって木材中の水分の乾燥を緩慢にし，収縮・変形を最小限に抑制することができる．バーサ号は，およそ30年間低分子量のPEG-200の5％水溶液を散布し続け，木材にしみ込ませ，その後冷風を送り込みながら時間をかけて余分の水を除去した．低分子量・低濃度水溶液の散布方式は，吸湿性のあるPEGを利用して徐々に乾燥させて収縮・変形を最小限に抑止させようとするもので，比較的保存状態のよい木材の処理に有効である．

他方，固形を呈する高分子量のPEGをしみ込ませて，木材を硬化する方法がある．デンマークで発見された8艘のバイキング船は，保存状態が悪く，固形を呈するPEGでがっちりと硬化する必要があった（写真1）．PEG-4000は融点が約55℃なので，加熱可能な水槽に入れて液状にして船体を浸し，時間をかけてしみ込ませる．

写真1 展示保管中のバイキング船

最初は低濃度（20%）の水溶液に浸し，溶液の濃度を徐々に上昇させ，最終的には 80〜90% の PEG 水溶液を船体部材にしみ込ませる．ただし，バイキング船については，途中から真空凍結乾燥法を新たに開発し，処理方式を切り替えている．すなわち，含有水分を予備凍結した後，高真空のもとで昇華させる方法で，木材の形状を変えることなく乾燥処理できる．乾燥後の木材になお適度の強度を付与するために，事前に PEG 溶液をしみ込ませておく．PEG 溶液には，第三ブチルアルコール$(CH_3)_3COH$（融点約 25℃）を使用することで，木材中にもともと含まれている水と PEG・第三ブチルアルコールの共晶点が比較的高くなり，より効率的に凍結乾燥することができ，また処理過程での変形も少なく，仕上がりの色調も良好である．しかし，沈没船などのように大型水中遺物の保存には，大がかりな保存施設が求められるのがふつうだが，現実にはバーサ号の保存例のように PEG 溶液を散布する方式にすれば，簡便な設備でも間に合う．しかし，その分だけ処理期間が長期に及ぶことになり，合わせてカビや菌の発生という問題も起こってくる．

イギリス南部のポーツマス港では，16世紀初頭の海底出土船体マリー・ローズ号が引き上げられ，PEG 水溶液の散布による保存処理と展示を同時に行っている．ここでは，当座の対応策として，室内を冷蔵庫のように低温に保つことで，カビや細菌の発生を抑止し，生物的な被害を回避している．その他，より安価な保存処理の方法を追求して，ドイツ，東ヨーロッパ，そして日本などではスクロースなどの糖類の水溶液，あるいは糖アルコールを使う方法を考案している．この方法は，常温でも所定濃度の水溶液をつくることができるので，簡便な保存施設があればよい．引き上げられた水中遺物は，室内でいかに保存処理するかが研究課題であったが，北海道江差沖に沈む江戸幕府最後の軍船・開陽丸の場合は，経済的な裏づけや保存管理体制が整うまでの間，海底に沈んだままで保護している．現状は，船食い虫が銅イオンを嫌うことを利用して，船体に銅製の網をかけて船体を保護している．この処置は，実験の結果からも効果があることがわかっており，開陽丸の船体は現在も海底で発掘調査される日を待っている．

[金属遺物]　沈没船の船体ばかりが保存の問題を抱えているわけではなく，それが軍船ならば，砲弾や砲台が搭載されているし，船員たちのあらゆる生活用品が発見される．金属製品は，鉄・銅・青銅・真鍮・鉛・スズ・銀など，多種多様である．これらの遺物は基本的には陸上の出土品と同じ処置をすればよいのだが，特に金属遺物の腐食要因となる塩化物イオンの除去が最大の課題となる．軍船の場合には，大量の砲弾が発見されるし，砲台や碇（いかり）などの大型の遺物も発見される．通常では，水酸化ナトリウム NaOH の 5% 水溶液に浸けて塩化物イオンを抽出する方法がとられるが，数多くの大型出土品に対しては多量のアルカリ溶液を必要とするので取り扱いには厳重注意を要する．ヨーロッパでは，古くからワックスで遺物を硬化する保存処理が実施されている．ワックスの種類には，クリスタルワックス，マイクロクリスタルワックス，ビーズワックスなどがあり，それぞれを使い分けたり混合したりして利用する．最近では，ワックスに代えて合成樹脂を利

用することも多く,少なくともわが国ではワックスよりも合成樹脂を利用する頻度が高い.特殊な保存方法には,スウェーデンのバーサ号から発見された砲弾のために特別に開発された灼熱還元脱塩法がある.水素ガス,および窒素ガスのなかに砲弾を封じ込め,1,200℃で灼熱して還元し,脱塩し,最後にはワックスで硬化するユニークな方法である.また,デンマークでは,鉄製品を800℃で熱した後,炭酸カリウムK_2CO_3のアルカリ溶液に浸して脱塩し,さらにワックスで硬化する方法もある.含有する塩化物などの灼熱と同時に脱塩処理を行う特殊な例として注目される.大型の鉄製遺物を大量に処理する簡便な方法として,開陽丸の砲台・砲弾・碇などの処理例がある.水酸化ナトリウム水溶液による脱塩処理の後,タンニン酸を混ぜたグリース状のものを塗布する方法である.タンニン酸は,鉄と反応してタンニン酸鉄という安定した膜を形成するので,鉄の防錆剤として知られる.他方,帆やロープの保存処理は,合成樹脂による強化処置が一般的である.やきものに貝殻状に付着したカルシウム系の物質は強酸で溶かして除去するのがふつうだが,酸に侵されやすいやきものの素材もありうるなど,その取り扱い方に問題がある.通常では工具を使って削り取るなどの物理的な処置にとどめる.

◆トピックス◆難破船・開陽丸の発掘調査と保存

北海道檜山郡江差町の沖合にカモメが翼を広げたような形をしたカモメ島があり,その両翼に守られるように小さな良港がある.その港湾に,幕末に活躍した木造軍鑑・開陽丸が沈んでいる.榎本武揚が率いた幕府軍が函館の五稜郭を占領し,次に松前藩最後の防波堤ともなる江差攻撃を画策して江差沖に向かった.しかし,1868年11月15日,暴風雨のために座礁沈没した.その後,船体に付随する遺物の引き上げが何度も試みられてきたが,1975年に本格的な発掘調査が開始された.こうした水底にある遺跡や遺物を対象とした調査研究を水中考古学と呼んでおり,この分野の研究が本格化したのは1960年ごろである.開陽丸の発掘調査は,海底地形図や実測図の作成,水中カメラによる撮影や記録など詳細な学術研究が行われ,わが国の水中考古学を大きく発展させる契機となった.

発掘調査では,大砲・砲弾をはじめ軍艦の機関部品や船員の生活用品など,大量の遺物が発見された.特に,膨大な量の大砲・砲弾は100年以上も海底に沈んでいたものであり,脱塩処理((2)章の「金属文化財の保存修復」の項参照)という保存科学的な処理が必要であった.砲弾などは水酸化ナトリウムNaOHの2%水溶液におよそ1年間浸す方法で脱塩処理が行われた(写真2).脱塩後,アクリル系合成樹脂を減圧方式で浸み込ませるのが一つの保存処理方法であるが,大量の砲弾などを扱うには保存設備があまりにも大がかりになるので,これを指導した樋口清治はタンニン酸を含むグリース状の防錆剤(デンソーペースト)を塗り付ける方法を提案した.ペーストに含まれるタンニン酸が鉄と反応して遺物表面にタンニン酸鉄の皮膜を形成し,防錆効果を発揮する.地下に埋設するガス管や水道管を保護するために利用されている.塗るだけでは効果が上がらない場合,ペーストを120℃に加熱して液状にし,遺物を浸してしみ込ませ,保存効果を向上させた.

写真 2 海底から引き上げられた大量の砲弾と脱塩処理のための水槽

　この発掘調査では，開陽丸の船体はもちろん，なお数多くの遺物が海底に沈んだままになっている．保存のための経費や保存調査の体制など環境条件が整うまでの間，船体は海底で保存されることになった．船体はフナクイムシやキクイムシに侵されないように養生しなければならない．一般に，木造船の保護対策の一つは船体に銅板を張りめぐらすことである．ここでは船体と同一の樹種を試験片にして，銅板を巻きつけた暴露実験を試みた．防除効果を確認できたので，作業性を考慮して銅板ならぬ銅網を船体にかけて当座の海底保存を図っている．

(沢田正昭)

文化財の災害対策
risk preparedness for cultural property

[概　要]　文化財は温度・湿度・光・空気汚染などの影響を受けてゆっくりと劣化していくが，一方で地震や火災などの災害によりある日突然失われることがある．そこで空調や照明に対する改善のほかにも，表1にあげた災害に対する備えを欠かすことはできない．とりわけ日本は世界的にみても台風や火山・地震などの災害が多い国であり，昔から文化財は多くの被害を受けてきた．近年でも平成3（1991）年の台風19号による厳島神社の倒壊，平成7（1995）年の兵庫県南部地震（阪神・淡路大震災）による被害，平成10（1998）年の台風による室生寺五重塔の被害など，いくつもの被災例をあげることができる．

表1　文化財の災害

自然災害	台風，豪雨などによる風水害
	地震
	火山
人的災害	放火，失火，漏電による火災
	盗難，盗掘
	戦争，暴力，事故，いたずら（落書き）

[問題点]　自然災害や火災が起こる確率は小さく，日常の管理のなかでは忘れてしまいがちだが，一度起こると文化財に壊滅的な破壊を与えるものなので，施設・設備のハード面と管理のソフト面の両方から備えておくことが重要である．なかでも地崩れや高潮，地震による液状化，火山などの危険は施設の立地条件によって決まることで，設計段階からの配慮が必要である．

表1の人災のなかで盗難や戦争による被害は，国際的な対策をどのように講じていけばよいか近年論じられるようになった．イコム（ICOM）のニュースには毎号盗難美術品の手配写真が掲載されているし，警備が手薄な開発国の遺跡で盗まれた文化財が先進国のマーケットに現れて新聞をにぎわすたびに，その速やかな返却と防止策が論議される．文化財の破壊はvandalismと呼ばれ，昔から異質な文化がぶつかり合う時代や場所ではしばしば起こってきた．たとえば中国西域の仏教遺跡は異民族の支配下で破壊を受けているし，日本でも明治の初めには廃仏毀釈によって多くの寺院が打ち壊された．現在でもバーミヤンの石仏が砲撃によって破壊されたように，民族紛争によって文化財は大きな被害を受けている．歴史を振り返るならば，文化財が失われた最も大きな原因は人間の起こした戦争であることがわかる．そこで現在，イコモス（ICOMOS）などが中心になって戦争から文化財を守ろうという趣旨のもと，ブルーシールド（青い盾）というキャンペーンが行われている．これはその名のとおり，重要な遺跡や記念物に青い盾のマークのシールを貼って，たとえ戦争が起こっても双方の当事者が配慮して文化財に被害を及ぼさないようにしようという運動である．

遺跡へのいたずらや落書き，博物館や美術館内の作品へのいたずらや破壊も，公共の場でのモラルの欠如として，早急な対策が望まれている．日本では鎌倉大仏（高徳院国宝銅像阿弥陀如来坐像）がペンキでいたずらされた例があり，外国ではオランダ国立美術館の所蔵するレンブラントの「夜警」が薬品をかけられる被害にあい，ヴァチカン寺院ではミケランジェロの「ピエ

タ」が破壊された．このようなことが起こったときに，どのような対応をとるべきか，外国の美術館などでは細かくマニュアルが定められ，応急処置のための薬品を含む緊急セットまで備えられている美術館もあるが，わが国ではそこまで準備を整えている施設はない．vandalismに対する災害対策は今後の大きな課題となっている．

[**危険の解析**] 個々の劣化要因によって文化財が受ける影響の大きさは，地震による倒壊のように甚大なものから，光による退色のように短時間ではそれほど目立ちにくいものまでさまざまである．また，被害を起こす事象の発生確率も多様である．たとえば大きな地震は，地域によって異なるがわが国では数十年～100年に1度程度の発生確率である．一方，展示物は1日のうち，約8時間は光を受けているし，空調がなければ夏の間は高い温度や湿度にさらされる．そこで劣化要因が文化財に被害を及ぼす危険度は，それぞれの劣化要因によって引き起こされる被害の大きさ（資料の災害敏感性）と，事象の発生確率との積であると考えることができる．

博物館や美術館における劣化要因の危険度を，ある施設について表2に示した．過去，現在，未来に区別して評価した理由は，文化財を収蔵する建物が木造から鉄筋コンクリートづくりに変わって火災が減少したように，事象の発生確率は時代によって変化するためである．もちろん表2に示した発生確率は各施設によって異なるものであり，災害敏感性もその施設がどのような資料を所蔵しているかによって異なってくる．たとえば金属品や土器，陶磁器などを主に所蔵する施設ではカビや虫の被害は少なく災害敏感性は低いし，染織品や民俗資料を所蔵する施設はその逆である．

災害対策は，表2のように各施設におけるさまざまな危険度とその順位を予測し，人的・財政的制約条件があるなかでまずどこから手をつけていくべきか，対策の優先順位を決めることから始まる．

[**防災対策**] 防災対策は，事前の対策と災害発生時の対策の二つに分けられる．

①事前対策：地崩れ，高潮，洪水などによる被害の有無は施設の立地条件によるところが多いので，事前の対策でも施設をどこに建てるかというところから災害対策は始まっている．また設計段階においても，地下に収蔵庫や展示室を配置する場合には浸水による被害が起こりやすいこと，展示室内に柱などによる死角があると盗難やいたずらの危険があることなどを十分考慮すべきである．

事前の防災対策には次のような事柄が含まれる．

（a）所蔵資料の目録作成（被災後の修復を考慮するとカラー写真を整備しておくことが望ましい），（b）災害発生時の対応マニュアル作成，（c）情報連絡体制の整備（消防，警察，文化庁・教育委員会など監督官庁への連絡方法も含む），（d）災害訓

表2　博物館における資料劣化要因の危険度評価例

劣化要因	災害敏感性/発生確率			総合的危険度
	過去	現在	未来	
温度・熱	小/大	小/大	小/大	小
湿気・水分	中/大	中/大	中/大	中
光	大/小	中/大	中/大	大
大気汚染	小/なし	小/中	小/小	小
室内汚染	中/小	中/大	中/小	大
カビ・虫	大/大	大/中	大/中	大
振動・衝撃	中/小	中/中	中/中	中
火災	大/大	大/小	大/小	中
地震	大/小	大/小	大/小	小
盗難・破壊	大/中	大/小	大/小	小

練，(e)入館者への周知（避難路や避難方法の明示），(f)災害発生時に必要な資材の備蓄（備蓄場所の周知と日常的な点検・補充を含む），(g)日常の安全点検，(h)施設設備の改善．

② 災害発生時の対策：災害発生時には，まず災害の状況を写真，ビデオ，図面などでできるだけ詳しく記録しておく．これは後からどのような原因で被害を生じたか，解明する手がかりになる．阪神・淡路大震災では，神戸市立博物館が被災の状況を詳しく記録し，震災後もできるだけ現場を保存して専門家が視察できるようにしたので，その後の展示施設の改善に大きく役立った．ただし，災害発生後に建物が倒壊する危険性がある場合には安全を確認のうえ，文化財をほかの施設に避難する必要がある．そのような場合，どこの施設に依頼できるか，日ごろから互いの協力関係をつくっておくことも防災対策の一つである．

損傷した文化財の取り扱いについては，特に火や水による損傷は一刻も早く処置すべきであるが（たとえば水に濡れたフィルムの場合，48時間以内に処置する必要があるとされている），専門家による処置が必要な場合が多いので対応マニュアルを用意し，必要な連絡体制がとれるようにしておく．転倒や落下によって破損した場合には，状況を記録した後，破片をもれなく集めて各個体ごと別々の容器に収納して，資料名を収納容器に明示しておく．

大規模災害発生時には，当事者は周囲への対応に追われて文化財まで手が回らなくなる．そのためにボランティアが役立つが，誰もが文化財の救援活動に携われるわけではなく，信頼の置ける専門家を活動の中心にしなければならない．このためにも関係者同士のネットワークを，日ごろからつくっておくことが重要である．

[阪神・淡路大震災による文化財の被害]

1995年1月17日に発生した阪神・淡路大震災による，文化財施設内の展示・収蔵品の被害を分析してみると，次のように分類することができた．

① 1次的被災：(a)移動（滑り）による被害，(b)転倒（傾き）による被害，(c)落下による被害，(d)揺れによる被害．

② 2次的被災：(a)冠水，(b)火災．

次に，建物内のどこで地震の被害が多かったのか調べてみると，文書館では常識どおり下の階より揺れの大きい上の階で被害が多かったのに，博物館などでは必ずしもそのような傾向はみられなかった．その理由として，文書はどこでも同じ形態で収納されるのに対して，博物館資料は絵画，彫刻，工芸，考古とその資料の多様性からさまざまな形態で収納されているからと考えられた．つまり地震による被害の多少は揺れのわずかな大小より，展示・収蔵の形態によるところが大きい（写真）．そのことは収蔵庫と展示室で被害の程度にほとんど差がなかった事実とも関係している．

単純に考えれば収蔵庫では資料はていねいに梱包され，展示室ではむき出しである

写真　地震による被害

表3 地震に対する安全対策

安全対策	資料周辺用具など	展示ケース，収納棚など
施設・管理の設備 　設計・設備の検討 　防災マニュアルの作成・訓練 展示・収納機器の改良 　転倒防止 　落下防止 　破損防止	免震装置，支持棒，低重心台 吊り金具（フック，S環など） 緩衝材，保存箱	免震装置，引き出しの施錠 木製棚板，飛び出し止め，照明器具固定 合わせガラス，飛散防止フィルム，エアバッグ
作品固定 　可逆的方法 　非可逆的方法	テグス，ワイヤ，ピンなど ワックス，粘着マット	

から，地震による被害は展示室の方が多そうである．しかし展示室では安定の悪い彫刻などは観客に対する安全を考えて十分な固定をしているので，かえって地震に対しても安全であることが多い．反面，収蔵庫は学芸員など限られた人しか出入りしないために，「一時的に」あるいは「とりあえず」むき出しのまま仮置きすることがしばしばある．よい例が彫刻など立体展示物に生じた被害で，その半数以上が意外にも収蔵庫内で起こった．またマップケースに鍵をかけていなかったために引き出しが飛び出してバランスを崩して倒れた例や，収蔵庫の棚の上に何段も重ねて資料を積み上げていたために，収納箱が滑り落ちた例など，安全より取り扱いの便利さを優先していたために起こった被害である．これに対して，壊れやすい土器や陶磁器であっても，面倒がらずに箱に収納してあった作品はそのほとんどが，たとえ箱が落下した場合でも無事であったことが報告されている．すなわち地震に対する対策のポイントは，作業や収納の効率，見栄えのよさだけを考えた展示収蔵方法を見直し，日ごろから安全へ配慮する気持ちを忘れず，面倒がらずに人手をかけることである．

もちろん防災のためのさまざまな技術手段について考慮することも忘れてはならない．表3に示すように，S環やワイヤなど絵画の吊り金具の改良，ストッパや滑りにくい材質などを用いた収納棚の改良，免震装置の導入などをあげることができる．また合わせガラス・飛散防止フィルムなど展示ケースにガラス破損防止を施すことも，観客に対する安全の面から重要なことである．特に阪神・淡路大震災ではたまたま地震の発生した時間が早朝であったために，観客への被害はなかったが，日中の観客の多い時間帯であったなら，人への被害も避けられなかったと思われる．　（三浦定俊）

[文　献]

文化財保存修復学会編：文化財は守れるのか－阪神・淡路大震災の検証，クバプロ，1999．

文化財公開施設設計の計画に関する指針．文化財保護行政ハンドブック，ぎょうせい，pp.192-210，1998．

文化財（美術工芸品等）の防災に関する手引き．文化財保護行政ハンドブック，ぎょうせい，1998．

小川雄二郎：古文化財の科学，No.37, 80-83, 1992．

van Nispen, L. : Saito, H. ed., Risk Preparedness for Cultural Properties, Chuo-Koron Bijutsu Shuppan, pp. 65-73, 1999.

(2) 保存・修復の材料と技術
materials and techniques for conservation

金属文化財の保存修復
conservation treatment of metal objects

[**種類・特性**] 金属の種類は多いが，歴史的に重要な役割を担ったのは，金，銀，銅，鉄，鉛，スズであり，そのなかでも銅と鉄であった．これらを単体金属，あるいは2種類以上の金属元素を混ぜ合わせ合金をつくり，素材とした．

装身具，武器，道具，彫刻などの金属文化財は，金属を溶かして鋳型に流し込み型をつくる鋳金，熱して柔らかくした金属を叩いて成形する鍛金，鏨(たがね)などを使用して金属表面に模様を彫ったり埋め込んだりする彫金，金属表面に他の金属を鍍金するなどの技術を駆使して製作されている．

[**腐　食**] 金属が，化学的または電気化学的反応によって変質破壊される現象を腐食といい，できた金属表面の生成物がさびである．腐食現象は，大気中，土中，水中など，それが置かれた環境によって影響を受け，腐食速度やさびの種類は大きな違いが出てくる．さびはその進行に伴い亀裂，膨張などを繰り返し，形を変形あるいは崩壊させてしまう．一般的に金属文化財にみられるさびの種類は，表のようなものがある．

[**保存修復の方法**] 文化財は，歴史的，技術的な情報を豊かに内包している．修復に当たっては，過去の使用方法や機能などを知る根拠となる形状や製作技法の情報を損なわないように修復内容に注意を払わなければならない．修復過程はすべて「修復記録」に記録されなければならない．

金属文化財の主な劣化の原因はさびの進

表　一般的に金属文化財にみられるさびの種類

金属	腐食生成物	化学式	鉱物名	特徴
鉄	オキシ水酸化鉄	$\alpha\text{-FeOOH}$	針鉄鉱	茶褐色～黄褐色
	オキシ水酸化鉄	$\beta\text{-FeOOH}$	赤金鉱	赤褐色，塩化物イオンにも基づくさび
	オキシ水酸化鉄	$\gamma\text{-FeOOH}$	鱗鉄鉱	茶褐色～黄土色
	四三酸化鉄	Fe_3O_4	磁鉄鉱	黒色，安定したさび
	酸化第二鉄	Fe_2O_3	赤鉄鉱	赤色，べんがらともいう
銅	塩基性炭酸銅	$CuCO_3 \cdot Cu(OH)_2$	孔雀石	濃緑色，安定したさび
	塩基性炭酸銅	$2CuCO_3 \cdot Cu(OH)_2$	藍銅鉱	群青色，安定したさび
	塩基性塩化銅	$CuCl_2 \cdot 3Cu(OH)_2$	緑塩銅鉱	白緑色，粉状，孔食性さび
	塩化第一銅	$CuCl$	ナントコ石	白緑色，ブロンズ病のさび
	塩基性硫酸銅	$CuSO_4 \cdot 3Cu(OH)_2$	ブロシャン銅鉱	緑青色，大気中で生成
	塩基性硫酸銅	$CuSO_4 \cdot 2Cu(OH)_2$	アントレライト	緑青色，酸性雨の影響の指標になる
	酸化第一銅	Cu_2O	赤銅鉱	赤褐色の薄い酸化膜
銀	硫化銀	Ag_2S	輝銀鉱，針銀鉱	灰黒色
	塩化銀	$AgCl$	角銀鉱	灰色
	酸化銀	Ag_2O		暗褐色

行であるが，そのほか物理的あるいは構造的な欠陥による損傷がある．保存修復に当たっては，それを正確に把握する調査を行い，症状を詳しく診断し，その結果に基づいて修復計画を立案し，適切な治療を行う必要がある．調査項目は，付着物や劣化状態などの外観，付着物や特徴的な劣化状態の顕微鏡調査，さびなどで覆われた内部構造や亀裂の有無，構造的損傷をX線透過撮影によって調査する，蛍光X線分析などによる材質分析およびX線回折分析によるさびの同定，そのほか必要に応じて他の自然科学的な手法を用いることもある．これらの調査は，非破壊的手法によることが基本的条件である．

出土金属遺物の保存処理は，一般的に，①修復前調査，②クリーニング，③さびの安定化処理，④強化処理，⑤復元処理，⑥保存管理の工程で実施される．

出土金属遺物は，さびで覆われ原形が損なわれていることが多い．クリーニング（さびの除去）は，遺物の形や機能をわかるようにすることが目的である．クリーニングには，エアブラシなどを使用した機械的な方法と化学薬品を使用した化学的方法とがある．化学的方法は，使用した薬品が完全に除去できない場合は，かえって劣化を促進することがあるので注意しなければならない．

さびの安定化処理は，さびの誘因となる塩化物イオンを抽出・除去すること，つまり脱塩処理が主体となる．蒸留水などで洗浄する方法や水酸化リチウム法など，さまざまなアルカリ溶液で遺物中の塩化物イオンや硫化物イオンなどの除去を目的としている．

強化処理は，可逆性のアクリル樹脂を減圧方式でしみ込ませて補強し，同時に樹脂膜を形成するので外気と遮断され，防錆効果が増す．

破片をエポキシ系や繊維素系接着剤で復元接合し，塑形性の合成樹脂を使用して欠失部を補修する．

なお，屋外に展示されているブロンズ像などの場合，酸性雨などの影響を受けて安定したさびが水に溶解しやすいさびに変化する腐食が多い．保存処理は，表面の汚れや悪性のさびを除去した後，アクリル樹脂やワックスなどを塗布して表面に保護皮膜をつくり腐食を防止する．

[アフターケア]　保存処理が終了した金属文化財をよりよい保存状態で活用していくためには，相対湿度40％以下の乾燥環境中で保存することが望ましい．脱酸素剤などを併用するとさらに効率よく保存管理することが可能である．

屋外に展示されているブロンズ像では，付着した環境汚染物質を蒸留水などで定期的に洗浄し，降雨や結露後は，ただちに表面についた水を拭き取ることが必要である．

[ケーススタディー]　象嵌遺物からは，銘文などが発見されることがある．しかし通常はさびのなかに埋もれているためそれを除去しなければならない．一般的に遺物を強化後，グラインダなどを使用してさびを削り取り象嵌を露出する．この方法では，慎重に象嵌表面を削り出したとしても，どうしても傷をつけ製作技法情報などを喪失する危険がある．

象嵌遺物を真空高電圧下で水素プラズマ処理すると表面を覆っていたさびが緩み，顕微鏡下でメスなどで頑固なさびを簡単に取り除くことができる．この方法によれ

写真　プラズマ処理前(a)と後(b)，象嵌の表面状態(c)

ば，製作技法情報を失うことなく処理することが可能である．

写真にプラズマ処理前・後を示す．

[**問題点**]　出土金属遺物は，保存処理後新たなさびの発生をみることがある．現在，いくつかの脱塩処理法が開発され実用化されているが，いずれの方法も完璧とはいえない．また保存管理方法についても必ずしも適切でないことが多い．処理後の遺物について経過観察をふまえた評価方法を検討し，新しい処理方法の開発に資することも必要である．

（青木繁夫）

大量紙質文化財の保存修復
conservation treatment of mass paper

[**特 性**] 紙質という点では，共通であっても，図書のように複数大量のものと，文書のように，1点物ではあるが，群として高い価値と意味をもつもの，美術品のように1点物であって，単独でも価値が認めやすいもの，江戸時代以前と明治以降，すなわち少量手工業製品と大量大規模工業製品とで，保存修復に対する，考え方，取り扱い方法，コストに対する考え方の違いがある．

近年，大量保存と大量修復のとらえ方に発展があり，戦略的な保存手法が開発され，収納方法の重要度が増すとともに，その手段の開発が促進されている．

大量の紙質文化財を対象とした戦略的保存，総合対策とは，限られた予算，スタッフ，施設，設備で，長期的に最大効果を上げることを目標に計画を立て，実行することである．

ここでは，複製やメディア変換などによる保存には触れず，現物保存の立場に立って説明をする．

[**劣化要因**] 劣化は，少量であろうと大量であろうと質的な差はない．生物的劣化としては，虫害とカビ害が大きい原因であり，化学的劣化としては，酸性紙が，物理的劣化としては過乾燥，裂傷，擦傷，汚染があげられる．

最も大きな劣化促進要因は，人による取り扱いである．取り扱いの必要性は，管理，研究，展示のためであるが，管理体制の見直し，収納方法施設の改善，出納用具，施設と出納技術の改善，研究者の史料取り扱い技術の研修指導，展示方法，施設，展示環境の改善と展示期間の設定，制限などによって，取り扱いによる物理的損傷を大いに軽減できる．また修復必要度も低めることができる．

紙自体に関する事項としては，酸性紙問題があり，肉眼観察では判定できない項目なので，酸性度調査が必要となる．

紙の酸性化の原因は，酸性物質のミョウバンや硫酸アルミニウム（バンドと略称することも多い）である．中国の画伝書『芥子園画伝』(1701)には，絹に対して，膠1.5％，ミョウバン0.6％の混合水溶液ドウサ（礬水）を塗布すると記載され，狩野派の伝書では，紙に対して膠2.1％，ミョウバン1％のドウサを塗布すると書かれている．絵師が塗布するドウサは必ずしも深刻な酸性化を起こすとは限らないが，修復のつど表具師によって塗布されたドウサが，掛け軸などに装丁された絵画や書跡などを酸性化している例は多い．

特に19世紀以降，木材パルプから工業的につくられた紙の滲み止め用ロジンの定着剤として添加された硫酸アルミニウムは，木材パルプ紙の自己劣化を促進し，膨大な量の図書，文書の寿命を短縮している．この100年間に蓄えられた人類の知識が，図書，文書の劣化とともに失われるとして問題となっている．

虫による被害は，シバンムシ，キクイムシ，ゴキブリ，シミ，シロアリなどによるが，カビの害に一番敏感なのは，なかでも絵画，版画類である．黒カビなどの湿性のカビは85〜100％RHで生育が盛んであり，茶褐色のキツネ色からフォクシングと

呼ばれる乾性のカビは，60～95% RH でも生育が盛んである．カビが生育するような高湿度環境は，上記の虫にとっても生活しやすい．また，ネズミその他の動物が住み着くと，排泄物などで部分的に高湿度環境を形成し，カビや虫による害がともにみられる．

紙は災害には弱く，浸水，高熱，焼損によって失われる．水害は，台風，洪水や火災だけでなく配管からの漏水によっても引き起こされる．温度湿度調節用機器の故障による過剰加湿・乾燥もある．

紙の文化財は一般的に，乾燥により破損しやすくなる．酸性紙が冬期の暖房による乾燥を受けると，紙の繊維中に過乾燥を引き起こし，硬く脆くなり深刻な強度劣化をもたらす．

[保存と修復] 大量の紙質文化財の戦略的保存では，収納の技術が中核となる．そして，その技術が，高度な専門的修復技術者の手を必要とせず，研修を経た文書館員などによって行われる点が，画期的である．安定した材料の容器へ大量の資料を収納することは，劣化要因から資料を保護すると同時に損傷の進行を防ぐ直接的な効果がある．箱，フォルダ，封筒，包装紙，折り帙などの形態の容器が，文化財に応じて選択され，館員によって作成される．専門家に依頼する仕事を軽減し，全体が有機的に進行するよう，予防的な方策が優先してとられる．

調査は，必要と判断し全体計画のなかに位置づけたうえで行う．劣化の程度を質的，量的に把握して初めて，保存と修復の手だてが決定される．環境に関する調査事項としては，汚染大気，高温，高湿と低湿，虫害，カビ害などが対象となる．

調査結果をふまえて，温度，湿度，収納施設などの環境を整えるとともに，庫内清掃，定期調査，殺虫，殺カビ処置によって虫カビ害を予防する．

保存容器の整備，保存容器に収納することを前提とした出納管理，劣化の進行を防ぐ手段としての脱酸性化処置，破損部分の補強処置としての漉き嵌め法，それらの作業を有機的に行うための保存情報記録の整備などがある．

なかでも，酸性紙の大量脱酸性処理法の開発は緊急課題として各国で推進されてきているが，日本でも東京農工大学のグループによるアンモニア酸化エチレン法の開発が，事業化された．

保存調査では，無作為抽出による調査で，基本的な歴史的，書誌的情報のほかに，紙質の状態，酸性度，補修の必要度などの保存情報を収集し，保存のための作業に必要な経費事業規模査定の根拠とする．

[災害対策] 災害による大量の損傷は，短時間に起こり，緊急な対策が必要とされる点で，通常の保存対策とは異なる．洪水や豪雨などによる水害や火災，盗難，紛争などの人為的な要因による災害を予測して，被害程度の査定がしやすい保存体制，分散疎開などの手配と手段の決定，援助チームの組織，連絡の手筈，マニュアルの整備，非常手段に対する研修など，災害が起こる前にしておかねばならない．　（増田勝彦）

[文　献]

安江明夫，木部　徹，原田敦夫編著：図書館と資料保存　酸性紙問題からの10年の歩み，雄松堂出版，1995．

国立国会図書館編：蔵書の危機とその対応．資料保存シンポジウム第1回講演集，日本図書館協会，1990．

石造文化財の保存修復
conservation treatment of stone

［概　要］　石造物の保存で，まず基本として考えるべきことは，石の寿命であり，次の三つの因子によって決定される．第一は石の「物性」である．具体的には鉱物組成，密度（空隙率）などが物性を決定する．第二は石の置かれている，また，置かれていた環境である．特に水の影響が大で，その他，大気汚染，気象条件，生物の繁殖などがある．第三は「処置」，すなわち人工的延命処置である．合成樹脂などを含浸して凝集力を増加させるのは，その石の物性を改良することであり，覆屋を設けたり，水分を遮断したりするのは環境を改善することである．しかし，場合によっては誤った処置によって，かえって寿命を縮めてしまうこともある．

［分　類］　ここでは，石造文化財を，石および類似材料からなる文化財の総称とすることとし，レンガ（煉瓦），瓦，コンクリートなどを含む．これらの石造文化財は建造物，美術工芸品，史跡，考古遺物に大別することができる．建造物としては明治建築に代表される石造建造物，レンガづくり建造物，石造構築物である五輪塔，宝篋(きょう)印塔などの石塔，石橋，石牆，墓石などがあり，また，木造建造物の部材としての瓦，礎石なども含まれる．美術工芸品としては，石彫像が代表的で，石燈籠，石碑なども含まれる．石臼や道具類などの民俗資料もこの範疇に入れられる場合が多い．史跡としてはまず磨崖仏があげられる．このほかに石造建造物遺構や木造建造物跡の礎石などがある．考古遺物としては発掘された古瓦，磚，石櫃などがある．

［劣　化］　構造体としての全体の形の変化については，建築学，構造力学あるいは土木工学的問題である．ここでは，素材すなわち石材（石および類似材料）の劣化原因，過程について述べる．

石材の劣化は非常に複雑で，未解明の点が多いが，劣化要因をあげれば以下に示すとおりである．

①石材が潜在的にもっている内部応力：石の生成過程に起因するもの，採石過程で起こるもの，また石造物への加工過程で起こるものなどがある．石窟や磨崖仏などでは岩体に龕(がん)を穿ったことにより岩体内における応力バランスの乱れが生じる．

②外的応力：特に構造物の場合に問題となるのが機械的過負荷である．石材は圧縮応力に対しては強いが引っ張り応力には弱いので，曲げ過重によって破壊しやすい．風砂による摩耗，温度変化に伴う膨張，収縮，人為的毀損も外的応力に含まれる．

③塩結晶化破壊：塩類風化とも呼ばれ，劣化要因のなかで最も深刻なものとされている．石材中および地中水に含まれる可溶性塩類（$CaCO_3$，$CaSO_4$，$NaCl$，Na_2SO_4など）が石材中の水に溶け込み，この塩の水溶液が水の蒸発に伴って濃縮され，やがて石材の空隙内に塩の結晶が生成される．この塩の結晶は徐々に成長し，しだいに石材の空隙内壁に対し圧縮応力が生じ，ついには石材を破壊に至らしめる．

④大気汚染：塩結晶化破壊と特に深い関係がある．大気中のSO_xは水分の存在下で，石の成分である$CaCO_3$を$CaSO_4$に

変える。$CaSO_4$が空気中の煤煙などの浮遊汚染物質を取り込みながら石材表面で結晶化し、黒い石膏 $CaSO_4 \cdot 2H_2O$ の皮殻となって石材の表面を覆う。この皮殻が塩結晶化破壊によって破裂し離脱するという形で劣化が内部へと進んでいく。

⑤ 凍結劣化：石材中の水が凍結することにより石材を破壊する現象である。以前は、水が氷に変化する際の体積膨張によるものと考えられていた。しかし、現在では、石材中の空隙内における氷の結晶の成長によるものであることが明らかにされている。

⑥ 高等植物（木，草）の根による石材の破壊：磨崖仏や遺跡などで多くみられる。特に東南アジアの熱帯多雨地域の遺跡ではこれが劣化の主要因になっている。

⑦ 藻類、蘚苔類、地衣類の繁殖：石造物の美観を損ねるばかりでなく、繁殖部分で石材に食い込み凝集力を低下させる。

⑧ 土壌微生物：土壌微生物のうちの硫黄酸化細菌（*Thiobacillus*）は、土中の硫化物を硫酸に変える性質をもっており、石材の侵食や塩結晶化破壊を促進させる。

⑨ 動物の繁殖：直接的に石材を毀損することがあるほか、死体や糞の堆積による菌の繁殖は石材の劣化を早める。

[保　存] 石材の寿命を延ばす方法は二つに大別することができる。環境の改善および石材そのものの改質である。

環境の改善策として、覆屋、庇の設置は、屋外の石造物に対して、可能な限り、まず第一に行うべき方策である。風、雨、日射から護り、温度、湿度の変化を小さくすることができる。特に凍結劣化が起こる場合には、断熱性をもたせた覆屋により内部温度を0℃以下にならないようにすることはきわめて効果的である。

石材の劣化には、ほとんどの場合、水が密接に関与している。石材への雨水の直接の浸透は、覆屋、庇の設置あるいは撥水剤の塗布によって防ぐことができる。しかし、地中水の浸入や雨水の間接的な浸透を防ぐ方策はいくつかあるが、決定的な方法は未だ確立されていない。グラウティング（地中にセメントや合成樹脂などを圧入する工法）により石材中ないしは土中に不透水層を形成し、石造物への地中水の浸入を防止する方法は、理論的にはよい方法であるが、実用上多くの問題があり、応用例は少ない。側溝を掘ることにより水位を下げて、石造物への地中水の浸入を減少させる方法は、水量が多い場合には効果的である。土中に水抜き孔をつくりパイプを挿入して水をドレインする方法は、造成地などでごく一般に行われているが、石造文化財の保存においても有効である。特に地中水の水道(みち)に水抜き孔が連結された場合に効果が大きい。

藻類、地衣類、コケ類の除去、堆積物の除去による微生物増殖の予防、表面皮殻の溶解除去による噴状剝離の予防などによって劣化原因を除去することができる。堆積物の除去、皮殻の溶解除去は水洗が原則であるが、界面活性剤などをゼリー状の物質や粘土などで混ぜたペースト状のものを張りつけて湿布するようにして洗浄する方法もある。生物の除去には生物を殺す薬剤を適宜使うことがある。薬剤の使用においては、それが石材に悪影響を与えないかどうかに十分な注意が必要である。

劣化し凝集力を失って崩壊しつつある石材に凝集力を付与してその石材の形を保たせるためには、樹脂を含浸して強化する方

法が最も効果的であり，世界的に広く行われている．この場合，処置に伴う石材の色や質感の変化は最小限にとどめなければならない．

現在，石材強化含浸用樹脂としては，シランが最も多く用いられている．メチルトリメトキシ（エトキシ）シラン，テトラエトキシシラン（エチルシリケート）がその代表的なもので，モノマーあるいはオリゴマーの有機溶媒溶液で用いられる．これらシラン溶液の特徴は，① 低粘度で浸透性がよく比較的深い含浸が得られる，② 最終生成物がシリカ，あるいはアルキルシリコネートで耐久性に優れている，③ ケイ酸塩質の石材とは同成分であり化学的にも結合しうる，④ 空隙充塡性が小さく，石材中からの水分の蒸発を大きくは阻害しない，⑤ 外観，特に質感の変化がほとんどない（暗色化は経時的に回復する）などである．しかし，シラン溶液は初期接着力，充塡効果が小さいので，凝集力をほとんど失っている状態の石材については強化しきれず，このような場合にはアクリル樹脂やエポキシ樹脂，あるいはそれらの混合物や共重合物が用いられる．含浸処理方法としては，塗布法，スプレー法，浸漬法，湿布法，現場減圧含浸処理法などがある．

水酸化バリウム $Ba(OH)_2$ は炭酸ガスと反応して安定な炭酸バリウム $BaCO_3$ となる．この炭酸バリウムが結晶化する段階で石材のカルサイト $CaCO_3$ の結晶間を再接着し，その石材の凝集力を回復させる方法がある．しかし，この方法はカルサイト系の石（石灰岩や大理石）でなければ効果は小さい．また炭酸バリウムは白色なので白色系の石にしか応用できない．

石材に直接処置を施して劣化要因から保護する方法としては，脱塩処理と防水処置が代表的なものである．脱塩処理は，石材中に含まれている可溶性塩類を除去して塩結晶化破壊を予防するもので，ふつうは流水中に浸漬する．この際，石材中にきわめて多量の可溶性塩類の結晶が含まれている場合には，水中浸漬によって塩結晶が急速に膨張あるいは溶解することにより石材が崩壊することがあるので注意が必要で，このような場合には予備強化を行う必要がある．防水処置は雨水の直接の浸透を防ぐ目的で多く行われる処置で，撥水剤（シリコーン系樹脂が多く用いられる）を石材表面層に含浸させる方法をとる．しかし撥水剤含浸処置は，磨崖仏や石造建造物基底部など，常に内部から水が浸入し，それが表面から蒸発している状態にある石材の場合は，表面の撥水剤含浸層の下で塩類の結晶化が起こるため，石材の劣化をかえって著しく早めることがあるので特に注意が必要である．

[修　復]　構造物の積み直しや構造補強などは構造力学の問題であるので，ここでは，破損したり汚損した素材としての石材の修復について述べる．

割損した石材の接合に用いる接着剤はエポキシ樹脂が有効である．この場合，接着面が密着せずかなりの間隙があいていることが多く，接着剤の粘度を適当に調整する必要がある．屋外条件下におけるエポキシ樹脂の接着耐久性には当然限界があり，ステンレス網の柄(ほぞ)を入れるなどの機械的結合を併用する．

割れ目，亀裂あるいは小間隙部を再結合させるためには，その部分に樹脂を注入して硬化させる方法を用いる．低粘度エポキシ樹脂が多く用いられるが，最近はシラン

やケイ酸塩などの無機系樹脂も応用されるようになってきた．

　欠失部の補塡，成形は，現在では新石材を接合することによって行うのを原則としている（母石材と新石材との接合の問題は割損部の接合と同様である）．したがって，現在では擬石による欠損部のモデリングは原則として行われない．しかし，新石材接合部位の割損部接合部位の成形，孔状欠損部の充塡などには擬石が用いられる．擬石は，修理対象と同質の石の粉とエポキシ樹脂などを混ぜ合わせて石に似せたものである．

　修復を目的としたクリーニングでは，石材表面の堆積物については当然除去すべきである．しかし，経時的変化いわゆる古色については，これをクリーニングしてフレッシュな石材表面状態に戻すべきかどうかは，修理哲学にもかかわる問題で意見の分かれるところである．石材に含まれる溶解性塩が石材表面で再結晶する段階で，空気中の煤煙などの汚れを取り込み，石材表面を黒く汚すというのが最も多くみられる汚損である．この汚れを除去するには，石材表面に形成された溶解性塩の結晶層を再溶解して除去しなければならない．この塩の結晶は石膏 $CaSO_4 \cdot 2H_2O$ あるいはカルサイト $CaCO_3$ の場合が非常に多く，水に易溶ではないから，水で再溶解させるためには水と長時間接触させる必要がある．強酸（硫酸，塩酸などの水溶液）を用いれば，きわめて容易にこれら塩結晶を溶解除去できるが，同時に石材そのものを傷めることになるので文化財に用いられることはない．水溶解法のほかに，ケイ石などの微粉末を高圧ガスで噴射したり，レーザを利用して汚れを取り除くなどの方法もある．

　鉄化合物が関与する石材表面の汚損はよくみられる現象であり，リン酸水素二アンモニウム $(NH_4)_2HPO_4$ の水溶液ゼリー状物質を張りつけて湿布するようにして洗浄する方法などによりある程度の除去は可能である．文化財でない一般の石造建造物に効果的に用いられている化学クリーニング剤は，大抵の場合フッ化水素酸系の強力な薬剤で，石材表面部を化学的に溶解して削り取るタイプのものである．このタイプのものは石材そのものを傷める恐れがあり，文化財石造物に用いるのはかなり危険と考えるべきである．石材表面で徐々に形成された塩結晶層，特にカルサイト $CaCO_3$ の層は，石材の表面状態を変化させると同時に石材を保護する働きをしている場合も多い．したがって，クリーニングによってこの層を除去した後は，何らかの保護処置を施すことが必要である．

　なお石造文化財の保存，修復処置は多分に臨床的，応急的なものにとどまっているのが現状であり，安易に処置（特に科学処置）を施すべきではない．　　　（西浦忠輝）

[文　献]

Centro Cesare Gnudi ed.: The Conservation of Stone I, 1976.

Centro Cesare Gnudi ed.: The Conservation of Stone II, 1981.

IIC ed.: Adhesives and Consolidants, IIC London, 1984.

IIC ed.: Case Studies in the Conservation of Stone and Wall Paintings, IIC London, 1986.

東京国立文化財研究所編：石造文化財の保存と修復，1985．

土器・陶磁器の保存修復
conservation treatment of earthenware and ceramics

［伝統的修復技法］　陶磁器の伝統的な修理方法には次のようなものがある．

① 焼き継ぎ：破損した陶磁器を，低火度の媒溶剤である白玉粉などを用いて熱して補修する．磁器がまだ高価なものであった江戸時代の1790年ごろには，これを商売にするものが江戸に出現している．日常的容器の実用的な補修方法としては最も一般的なものである．

② 共繕い（共直し）：他の個体の破片を用いずに，破片ともすべてその器物だけで補修するもので，接合には漆接ぎなどを行う．

③ 呼び継ぎ：全く別の器物の同型・同色の破片を利用して補修する．磁器などの数もので同種の製品が多いものなどで用いられる．なお，意識的に陶器の補修に磁器の破片を用いたりする場合もある．

④ 漆接ぎ（漆繕い）：特に茶器などの器では，実用性も加味して，破損箇所をまず刻芋漆で継ぎ合わせたり埋めたりし，後からさらに黒漆や赤漆で塗りを施して補修する．この場合は，十分に実用に供することができる．

⑤ 金継ぎ（金繕い）：漆接ぎの表面に金を施して補修し，あたかも金で接いだようにもみえる．なお，金の代わりに銀を用いる場合もある．

［土器の保存修復］　今日では，劣化した素焼き土器（土製品を含む）にはアクリル系の樹脂などを含浸して強化した後，接合復元を行う．接合に当たっては，かつては古くからの膠・漆・のりが使われていたが，近年は各種合成樹脂が発展し，一般的な接着剤として定着してきている．なお，この場合注意すべきことは，接着効果が高すぎるものは避けることである．これは，あまり強固な接着剤は本体の接着面を傷める危険性が多くなり，また将来再復元を考えて必要な場合には取り外せるようにしておく必要があるためである．

一般的に土器の応急修理では，接合にはセメダインが，破片間の空隙や欠失部は石膏によって充塡されている場合が多い．このセメダインや石膏は器胎の素材である粘土より強度があるため，接合面を外す場合，無理に力を加えると胎土が付着して剥がされることが多く，ひどい場合には新たな割れを引き起こすこともある．接着剤の接合面を剥がすには，可能な限り用いられた接着剤を特定し，それに適した溶剤を用いなければならない．資料保護の観点からいえば，器胎より軟質の合成樹脂により接合・充塡すべきである．

考古資料などの出土品は，土中に埋蔵されていたため器胎が極端に脆弱になっている場合もある．これは胎土の混和剤（植物繊維・砂・砂利など）に起因する場合，胎土に用いた粘土そのものの質に起因するとき，焼成温度が低く焼結が弱い場合などがある．特に使用粘土の質に起因する場合にはみた目にはしっかりしていても，外圧を加えただけで最悪の場合には粉々になってしまうこともある．この場合には，解体・組み立て以前に器胎を強化させるアクリル系樹脂などの薬剤を用いて強化し，その後に解体・組み立てを行う必要がある．

国指定文化財の土器（土製品を含む）に

おいては，一般的に以下のような手順により修理を実施している．

[国指定文化財の土器]

① 修理前の一般的な状況：欠損部分は石膏により充填・復元されている．接合部は，ずれや接合が顕著となる．器胎の表面は風化が激しく脆弱となる．

② 修理の一般的な仕様：

（ⅰ）修理前に現状の応急修理箇所などの調査を十分に行い，写真撮影をする．

（ⅱ）筒体を慎重に解体し，既存接着剤を除去し，破損断面を洗浄する．解体する前に，必要があれば破損が大きくなるのを防ぐために補強剤（ハイドロサーム HS など）を塗布し，器胎の強化を図る．

（ⅲ）ハンドミニタやカッターなどを使用して補填に使われた石膏などを慎重に除去する．応急修理の際に土器表面に付着した絵具類は，エタノール・綿棒を用いて除去し，土器を解体する．

（ⅳ）再接合は，セメダインやパラロイド B 72 などの樹脂系の接着剤を用いて行う．

（ⅴ）文様や装飾などの欠失部については，必要に応じて復元する．なお人的行為によると考えられる破損は修理の対象外とする．欠失部分の空隙充填には，マイクロバルーンを混和したアラルダイトやハイスーパー 5，ハイスーパー 30，エポニクス PR 剤などの充填剤を用いる．

（ⅵ）復元部や空隙充填部の表面に，顔料・アクリル絵具・リキテックスなどを用いて彩色を行う．博物館や美術館で展示品として公開活用する場合には，全体の色調と違和感のないように仕上げる場合が一般的である．学術資料としての観点からすれば，残存部分との差異を明確にするため，色調を変えて仕上げることも考えられる．

（ⅶ）保管場所の状況などを考慮して，必要があれば保存箱を新調する．

（ⅷ）修理後の写真撮影を行う．

(齊藤孝正)

[文　献]

文化庁文化財保護部美術工芸課編：平成 6 年度〜平成 10 年度　指定文化財修理報告書　美術工芸品篇，1996〜1999．

文化庁文化財保護部美術工芸課編：文化財（美術工芸品）取扱いの手引き，1997．

全国国宝重要文化財所有者連盟編：文化財保存・管理ハンドブック　美術工芸品篇，1997．

染織品の保存修復
conservation treatment of textiles

[種類]　染織，すなわち染物と織物。織物は，繊維を用いて糸とし，この糸を経糸と緯糸（横糸）にして，さまざまな技法で織り出したもの。染物は，その織物に染料や顔料で加工を施したものである。これらに使用される繊維は，大きく分けると天然繊維と化学繊維（ここでは取り扱わない）がある。天然繊維には，麻（大麻や苧麻など）や木綿などの植物繊維と絹や羊毛などの動物繊維が含まれる。

[特性]　日本では，麻の織物は縄文時代晩期ごろには織られていたようである。この繊維は，虫の害にはほとんど侵されないが，カビや酸に弱い。しかしアルカリには強い性質ををもっている。

一方，わが国の染織品に多用されている絹織物は，弥生時代前期にはすでに織られていたことが報告されている。この繊維は，アルカリに弱く，虫の害も受けやすいが，カビには比較的強い。しかし，保存方法が悪ければその限りではない。

[保存修復の方法]　染織品は，光（特に紫外線）や温度・湿度の変化に非常に弱い。このため，保存・展示に際しては，紫外線をカットした照明器具を使い，温度・湿度を一定に保つようにする。また，虫の害を防ぐには定期的な燻蒸も必要である。そのうえで，長期の展示を避け，それ以外のときは光を遮断してキリ製の箱や箪笥に収納して十分に休ませる必要がある。作品の収納は，なるべく折り畳まないようにするのはもちろんであるが，やむをえず畳む場合には，細い枕のようなものをつくって挟むと畳み癖などを防ぐのによい。

修復は作品の状態や展示方法などに大きく左右される。

次に，上代（飛鳥～奈良時代）を代表する法隆寺献納宝物（以下，献納宝物）の染織品と近世の服飾品を例にとって説明する。

[献納宝物の修復]　献納宝物の染織品は，仏事の荘厳具である幡や敷物の褥，僧侶の袈裟など比較的形をとどめているものもあるが，多くは残欠として遺されている。残欠のように比較的小さな裂であれば，ガラスに挟んで保存することもできる。しかし，ガラスの重みで繊維がつぶれ，長い間には裂に負担がかかり，結果的には繊維を傷めることになる。また，損傷が著しい場合には，薄い和紙で裏打ちして現状をとどめる処置を講じなければならない。

かなり傷んでいる大型の幡や褥などの場合，痛みの激しい部分は，裂が裂けたり遊離しかけており，非常に危険な状態になっていた。これまでの修理は，絹の台裂に細かく綴じつける方法を用いていた。当然のことながら，損傷が顕著な部分は，裂が遊離しないようにより細かく縫われていた。しかし，年月が経って裂の劣化も進み，針孔周辺では裂が崩れ，損傷部分は一部が粉状になり，このままにしておくことができない状況になってきた。そこで，今後の修理は，いかに現状をとどめるかに主眼が置かれた。ところが，幡や褥は大型で，何枚もの裂を重ねて縫い合わせて仕立てており，裂が幾重にも重なって複雑な様相を呈している。このため，全体を一度で裏打ちすることができない。なぜなら，和紙に接

した裂は裏打ちされるが，ほかの部分の裂（表面や内部）は浮いた状態になってしまう．当然のことながら，浮いた部分は，いずれそこから崩れてくる．そこで一旦，各部分ごとに慎重に解体し，仕立てる前の状態に戻した．その際，当時の縫い糸は可能な限りもとの場所に遺すように務めた．解体した裂は，皺を伸ばし，水を含ませた筆で経糸・緯糸の糸目を1本1本ていねいに揃えて形を整えた．そして，各部分の裂ごとに，ごく淡い淡茶色に染めた薄和紙（染めた和紙の方が白い和紙より裂本来の色を損なわないため）で裏打ちした．裏打ちに際しては，明らかに当初の形がわかる場合に限り，欠失している部分を裏打ち紙で復元的につくった．こうして復元した幡をさらに台紙の上に載せ，キリ製の収納箱に納めた．

[近世の服飾品の修復] この時代の服飾品には，小袖や能・舞楽などの装束類がある．これらのなかには，度重なる使用や経年による脆弱化で，襟をはじめ肩山(かたやま)や裾が擦れて薄くなったり，裂けて切れたりしている部分もみられる．また，縫い糸も弱り，そこから綻びも生じてくる．

服飾品の場合，単(ひとえ)もあれば，裏地をつけた袷(あわせ)仕立てのものもある．いずれの場合も，前記の幡と同様，一旦解体し，仕立て前の状態に戻した．そして，裂けた部分をなるべくもとに戻し，裏側から裂に応じた色に染めた補修裂を当て，ごく細い同色の縫い糸で細かく縫って繕いを施した．さらに，損傷部分が多い場合，全体に薄い裂を当ててこれに綴じつけ，補強した．

袷の場合は表裂同様，裏裂も縫って繕いをしたうえで，同様に裂による補強を行った．そのうえで，形を整えもとの状態に仕立て直した．仕立て上がった作品は，キリ製の収納箱や箪笥に納めて保存した．なお，補修用の裂と縫い糸は，作品の裂と同じように植物染料で染めることが望ましい．修理に際しては，修理前，途中の状況，修理後の写真を撮影し，詳細な記録をとっておくことが非常に重要である．

[アフターケア] 作品は修理をしたからといって完全にもとに戻ったわけではない．とりわけ劣化しやすい染織品は，絶えず作品の損傷具合をチェックし，早めに対処しなければならない．

[問題点] あまり劣化が進んでしまい繕いや裏打ちで修理できなくなってしまった作品（特に鉄を媒染材に使ったものなど）は，樹脂で固める方法もあるが，裂としての風合いがなくなるうえに，後日，もとの状態に戻すことができない．このため染織品に関しては，現状ではまだ樹脂による方法は得策ではない．

◇コラム◇上代染織品の修理

1200年以上も経った上代の染織品は，保存状態の比較的よいものもあるが，その多くは破損・欠損がみられ，修理をしなければならない状況である．とりわけ劣化が進んでくると，和紙で裏打ちすることになるが，こうすると裂の裏をみることができなくなってしまう．しかし，現状ではこの方法がベストといわざるをえない．この利点は，今後よい方法が確立されたときにやり直しが可能ということである．やり直しのできない修理は，極力控えることが望ましい．

(沢田むつ代)

[文　献]

・法隆寺献納宝物の染織品修理は，修理完了の翌年に"MUSEUM"へ詳細な修理報告を発表している（21回）．

沢田むつ代：*MUSEUM*，374(1982)，382(1983)，396(1984)，408(1985)，429(1986)，435(1987)，442/446(1988)，460(1989)，472(1990)，483(1991)，496(1992)，512(1993)，522(1994)，534(1995)，546(1997)，552(1998)，558(1999)，564(2000)，574(2001)，582(2003)．

沢田むつ代：法隆寺献納宝物の染織品とその復元．日本の国宝，**43**，1997．

沢田むつ代：文化財染織品の保存と修理．文化財を探る科学の目，国土社，1999．

沢田むつ代：上代裂集成―古墳出土の繊維製品から法隆寺・正倉院裂まで，中央公論美術出版，2001．

・近世の服飾品修理について

中谷路子，中口千恵子：染織文化財の修復について．柏木希介編，染織の美と技術，丸善，1996．

羊皮紙の保存修復
conservation treatment of parchment*

*通常は，パーチメント（parchment）がヒツジやヤギからつくった皮紙を，ベラム（vellum）が子ウシや子ヒツジ，子ヤギの皮紙を意味するが，calf parchment, kid parchment という記述もみられるとおり，parchment は皮紙全般を示すために使用される．日本の文献のなかには，なめし皮と混同している記述がみられるが，羊皮紙はなめしていない．

[歴　史] 今日パーチメントといっている獣皮を処理して書写の用に供する紙状のものの発明は，ペルガモ（Pergamum）のエウメネス 2 世（Eumenes II：紀元前197～159 ごろ）とされている．伝説では，エジプトのアレキサンドリアにプトレマイオス 1 世（Ptolemaios I）が建設した大図書館と，ペルガモのエウメネス 2 世が建設した図書館の間の確執から，エジプトがペルガモへのパピルスの輸出を禁止したことから，パピルスの代わりに羊皮紙を発明したとされている．しかし，紀元前 2 世紀以前の羊皮紙の例が報告されているとおり，エウメネス 2 世が羊皮紙の発明者ではないようである．ラクダなどその他の獣皮のパーチメントがつくられたともいわれている．現在ヨーロッパでは，きわめて少数の工房で生産されるのみである．

[羊皮紙の製造] 羊皮紙をつくるには，水酸化カルシウムと炭酸カルシウムが混合した水（石灰乳）に 1～4 週間，原料の毛皮を浸けて，毛穴が緩んだところで，まず毛をこそげ取り，次いで裏側の脂肪や筋肉の残りを除去する．皮の両面から余分な部分を除去して，乳頭，真皮部分だけにする．

乳頭，真皮部分には網状にコラーゲン繊維があり，皮の強さを支える組織となっている．

琴の板のような形をした作業台に，柔らかくなった毛皮を置き，まず，毛をこそげる．次に，脂肪などをこそげ落とすには，両端に取っ手があり湾曲した内側に鈍い刃がついたナイフを用いる．その後，枠に張り込み，さらに両面から削り，厚さを薄くすると同時に均一にする．版画でみると，平たいドーナッツ状の刃物や，下端が弧を描く撥のような形をしたナイフが使用されている．

白亜などの粉末を十分に擦り込むように塗布し，乾燥させる．

このように，羊皮紙の製造工程には，なめしの工程はない．生皮に近い性質はこの工程から由来している．

[特　性] 生皮に近いので，乾湿による伸縮が大きい．熱に弱く 50℃ くらいからゼラチン化してしまうので，羊皮紙を煮ると容易に膠を得ることができる．機械的強度と経年性では紙をはるかにこえるが，熱と水分に関しては，紙より敏感に損傷を受けるといえる．張力を与えながら乾燥しているので，組織の配向性がよく，適度の柔軟性と剛性，表面の平滑性をもっている．

また，ウシ，ヒツジ，ヤギの死産児や新生児，胎内児の皮からつくられたベラムがその緻密な肌をもって最高級とされている．

[保存修復上の注意点] 湿度変化に敏感に反応し激しく伸縮するので，湿度管理がきわめて重要である．通常 0～20℃ で，50～

60％RH が適当とされる．羊皮紙を専門に修復している工房では，所蔵展示している館と同じ湿度に工房内を調整して修復作業を進めている．

修復にはデンプンのりによる全面裏打ちは禁物である．裏打ちののりに含まれる水分で極端な伸縮を引き起こすだけでなく，乾燥後は羊皮紙本来の柔軟性を失い，剛直な皮となってしまう．また，アイロンで伸展しようとすることも，きわめて危険である．部分的にゼラチン化して透明性と剛性を増し，折れ曲がりに弱くなる．

羊皮紙は伸縮が大きいので，欠失部に補修するには，できるだけ羊皮紙・羊皮紙膠・箔打ち皮など伸縮の似ている素材を使用して，異種素材の使用による伸縮の不連続線を避けたい．人工素材である場合でも，伸縮の特性が似ていることを確かめる．

修復をした場合は，修復工房と同じ湿度環境で運送，保存，展示などを行う．

1枚物であれば，周囲を固定せず，ある程度の伸縮が可能な，装丁法を選ぶことがよい．冊子であれば，ある程度の圧力で押さえながら保管する．

[ケーススタディー：ローマ市公民権証書の場合] ローマ市公民権証書（重要文化財・慶長遣欧使節関係資料，仙台市立博物館蔵）は，68.5 cm×88.5 cm の矩型で，門字状に彩色装飾をめぐらし，中央に金泥にて主題と本文が書かれている．昭和40年代の修理の際，なめし皮と誤解され，裏全面に和紙となめし皮とでデンプンのりによる裏打ちが施され，額装として保管展示が行われていた．羊皮紙自体の反り返りや波打ち，収縮が激しくなったので，再修理が行われた際，裏打ち紙の除去には水を使用せず，欠損部の補修に羊皮紙を羊皮紙膠で接着した．また，キリの平箱など開放型のケースに静置して保存し，公開時には低角度に置いて陳列に供することとした．

◇**コラム**◇羊皮紙膠と箔打ち皮

羊皮紙膠とは，羊皮紙を溶解して種々の添加物を加えた膠液で，通常修復家が自分で必要量だけを調製するものであり，市販はされていない．一方，箔打ち皮とは，ヨーロッパで金箔製造の際，金箔を挟んで打つために用いるウシの内臓膜であり，毛の生えた表皮部分ではない．薄く均質で毛穴などがないために用いられる．いずれの材料も羊皮紙の修復に欠かせないものである．

(増田勝彦)

[文　献]

Reed, R.: Ancient Skins Parchments and Leathers, Seminer Press, 1972.

Waterer, J. W.: A Guide to the Conservation and Restoration of Objects Made Wholly or in Part of Leather, G. Bell & Sons, 1974.

木質文化財の保存修復
conservation treatment of wooden cultural property

[木質文化財] 木質文化財の一つは，湿潤な遺跡などから出土した，過飽和に水分を含む木材である．写真1は，奈良県・山田寺跡から東回廊が倒壊したままの状態で出土したもので，連子窓がもとの形状をとどめていた．しかし，これらの木材は構築部材としての強度がすでに失われていた．もろくなった木材の形状を維持するためには科学的な保存処理が必要となる．他の一つは，古代社寺や民家などの木造建築の部材など，木彫像や木製の工芸品などである．これらの修理に当たっては，伝統的な保存材料や技術を使う宮大工，仏師，漆芸家などの専門技術者が担当するので，修理技術分野に関しては保存科学分野からの役割はあまりないようである．しかし，部材が虫食い状態で，しかも構築部材としての強度が失われつつある場合，イソシアネート系やアクリル系の合成樹脂などを木材にしみ込ませて強化する．合成樹脂をしみ込ませただけでは所定の強度に達しない場合，構築部材の芯になる新たな補強材を内部に嵌め込み，合成樹脂などで接合し，全体を一体化する強化工法がある．また，屋根の垂木や柱材などのごく一部分が虫害や腐朽のために欠損している場合，その部材を丸ごと取り替えるというようなことはせず，欠損部分にいわゆる擬木を補填して整形する．擬木とは，木材に似せた樹脂製品で，一つにはエポキシ系樹脂に球体をなした微粉末を混ぜてペースト状にしたもので，塑形性があり，いかなる形状にも加工することができるので木目を表現したり，木彫像の補修などにも利用することができる．硬化後は，球体状の微粉末が弾力性を呈し，したがって釘を打つことも可能になる．木質文化財の修理には伝統的な技術と材料が主に応用されるのだが，補助的な手段として保存科学的手法が使われる．

写真1 山田寺跡から出土した東回廊連子窓

[虫害とその防除] 木質文化財の保存に関する課題として，昆虫による被害の実態を調査し，どのような昆虫が害虫になるかを究明しなければならない．屋外にさらされる木造建造物，博物館や美術館に収蔵されている比較的小型の木質文化財は，常に害虫の生息や繁殖を可能にする条件にさらされる．また，文化財に対して害を及ぼしている昆虫を駆除し，それ以上の被害を阻止するには，即効性の燻蒸剤が求められる．それは，人体には低毒性でなければならない．また，地球環境の汚染につながる素材は避けなければならず，防虫剤の選定も重要である．従前から酸化エチレン $(CH_2)_2O$ と臭化メチル CH_3Br の混合液がガス燻蒸剤として，殺虫・防カビの両面で効果を発揮してきた．しかし，「オゾン層を破壊する物質に関するモントリオール議定書」に従い，2005年から臭化メチルの生産と消

費が全廃されることになっている．現状では，虫害処置として低酸素濃度法や温度処理法などの代替法の開発，あるいは環境管理を通じて虫害の発生を抑制することを提唱しつつある．すなわち，害虫の進入路の遮断，虫害の早期発見，そして定期的な資料点検と生物被害調査を積極的に行うなどである．

[出土木材の保存修理] 1961（昭和36）年，奈良県・元興寺極楽坊境内の発掘調査が行われ，納骨時に納められた大量の木製塔婆が発見された．それは湿潤な土中に埋もれていたもので，大量の水を含んでいた．自然に放置すると乾燥してひび割れが発生し，収縮が起こり，さらに乾燥が進むともとの形がわからなくなるくらいに変形するので，高分子の合成樹脂（アクリルアミドの過酸化水素溶融液）をしみ込ませて強化することになった．日本における出土木製品の最初の化学処理の例である．このころ，ヨーロッパでは天然樹脂のロジン（マツヤニ）やダンマール樹脂などを木材にしみ込ませて強化している．そして，高分子物質のポリエチレングリコール（PEG）の水溶液をしみ込ませる方法が考案されるに至り，出土木材保存の研究が本格化する．1980年代後半には，PEGに比べてはるかに安価なスクロース（sucrose）などの糖類水溶液をしみ込ませる方法が開発され，さらに糖アルコール（水酸基2基以上をもつ多価アルコール）や高級アルコール（cetyl alcohol）$CH_3(CH_2)_{14}CH_2OH$，そして脂肪酸エステルなどを含浸する方法も開発されている．木材を変形させずに水分を強制除去するには，真空凍結乾燥法（写真2）が有効である．通常では，程度の差こそあれ，真空凍結乾燥法による多少

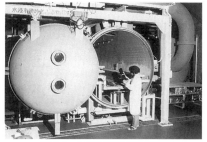

写真2　大型真空凍結乾燥装置

の収縮・変形は避けられないのだが，事前にPEGの第三ブチルアルコール溶液をしみ込ませると，第三ブチルアルコールの融点は低く（25℃），予備凍結が迅速に進み，木材組織を損傷することなく，乾燥時間を短縮することができる．また，収縮・変形が抑止され，木材の表面の仕上がり状態や色調もより良好となる．

[漆工芸品の修理] 出土する漆製品に関しては，漆膜に大量のクラックが入っていたり，いくつかの断片に分離している．これは含有水分の乾燥も強化用の薬液の浸透も容易なのだが，完形の漆製品の場合には堅牢な漆膜が障害となって乾燥しにくく，薬液は浸透しにくい．結果として，保存処理が順調に進まず，保存処理の仕上がりもよくない．また，強化のためにアクリル樹脂を使用すると，後で漆を使って整形加工しようとしてもその接合性はよくなく，漆としての機能を十分に発揮できないことがあるので注意を要する．基本的には，漆製品は漆を利用して修理するのが理想であるが，漆を扱う技術者がいない欧米の博物館などでは，合成樹脂など現代の保存材料を駆使することもやむをえないであろう．つまり，アクリル樹脂による漆製品の木質部分の強化，シアノアクリレート系の瞬間接

着剤などを利用した漆膜の素地への固定，欠損部に対する本来の色に似せた補彩などである．また，湿潤な遺跡からの出土品の場合には，水分を大量に含んでおり，これらはすでに漆や木材としての物性を失っており，高分子物質などの現代科学材料を駆使しての保存処理が求められる．美術工芸品の保存修理に関しては，修理基準や倫理の問題が重要となる．美術史，歴史学，建築史学などの専門分野との協議をふまえた修理方針を立案することが望ましい．

（沢田正昭）

東洋の絵画の保存修復
conservation treatment of far eastern paintings

a. 紙絹に描かれた絵画（paintings on paper and silk）

[保存上の特徴] 東洋の絵画（ただし，本項では特に日本，中国，韓国のものについて説明する）は，装丁と密接不可分であり，その保存と修復は装丁と一体として考えなくてはならない．したがって，修復専門家は装丁の種類とその材料などについても深い知識が要求される．また，巻子や掛け軸，屏風，画帖などの装丁は，展示，収納に際して独特の取り扱いを必要とし，取り扱い技術の巧拙が，保存上きわめて大きな要素となるので，学芸員など，直接絵画を手にする機会が多い職業では，取り扱い技術の研修が重要である．

中国・晩唐の張彦遠による『歴代名画記』には，書画鑑賞の前に，手を洗うこと，平らでしっかりした床と掃き清めた敷物を準備しその上に広げて鑑賞すべきこと，大きな軸物は架をつくってそれに掛けてみること，書画はときどき広げるようにすると虫や湿気が避けられることなどが書かれ，保存の際の留意点を述べている．

[構造上の特徴] 東洋の絵画は膠絵が基本である．すなわち，膠と顔料で描かれた絵画であり，顔料粒子の頂点同士が膠で点状に接着して多孔性の顔料層を形成して，絹あるいは紙，木を支持体として描かれている．したがって，紙や絹，木に対しても，多数の点で接着しているにすぎない．

油絵や漆絵のように顔料粒子が堅牢な油層や漆層のなかに埋没しているわけではないので，顔料同士の接着力，顔料と支持体との接着力も比較的脆弱で，顔料表面から支持体に至るまでの，相互の凝集力のバランスがとれていないと，接着力を上回る力によって，短期間で剥離，亀裂，反り返りなどの劣化が生じる．

漆喰壁に描かれた壁画も，膠絵であり，フレスコではない．あえていえばフレスコセッコと呼ばれる技法に近い．

このように顔料層は多孔質なので，顔料層だけを独立して取り扱うことは極端に困難であり，修復中は，養生のための仮の表打ちなど，常に何らかの支持体によって保持される必要がある．

[保存修復の方法] 古絵画の損傷と修復の基本的考え方は，画面の厚さを均一に，画面の部分同士の強度と性質（剛性，柔軟度，収縮性，平滑度，耐水性）を均一に保つことである．

古絵画は，ほとんどが数回の修復を経て現代に伝えられている．絹本では，画面の欠失部には，矩形の絹を裏に貼りつけて補修しているが，本紙の絹と補修の絹が重なる欠失部の周囲は，他の場所より1段高くなっている．掛け軸，巻子のように巻き納める装丁では，画面の一部が周辺より高いと，その部分で押しつける力が働き，摩擦による擦れも起こる．また，絹同士の接着は強くないので，重なっている部分では，裏に貼りつけた補修用絹の形どおりに本紙の絹が剥落してしまう．

そのため，画面欠失部の補修は精密に行われなければならない．欠失部分の形状どおりに補修用の絹を嵌め込み，周囲と重なりをつくらないことで，画面の連続性と厚さの均一性を維持する．この作業は，画面

にある欠失部の多少にかかわらず精密に行われる．その結果，大画面で欠失が多いと，複数の人が数か月間かかりきりになることが，ままある．

絹本の絵画では，裏面にも彩色することがよくあり，裏彩色と呼ばれる．従来の修復では，旧肌裏打ち紙除去の際に，裏彩色を損傷することが多かった．裏彩色を失うと表面の発色が減退して，絵画表現に大きな影響を与える．対処する修復方法としては，画面養生を行い，裏打ち紙の除去を精密に行うことが必要とされる．画面養生のためには，紙の選択と張りつけ，彩色層の強化などの補助工程が必要となる．

室町，江戸時代の紙本金地著色屏風などでは，厚塗り彩色がみられる．厚塗り彩色層の剝離を再接着するような修復では，画面の解体後は，必ず仮張りまたは張り枠に固定して，紙の伸縮による彩色層の剝離進行を防がなければならない．

すでに修復された絵画を修復するときの共通事項として問題になるのが，画面上の塗布物である．修復時の水，刷毛作業に耐えられるように，剝離している彩色層の固定のために，フノリ，寒天，膠などが繰り返し塗布されるが，ただ表面に塗布するだけでは，短期間に再剝離の原因となる．現在の修復では，旧修復時に塗布された余計な接着剤の除去と低減が必要な処置工程である．

[アフターケア] 修復の終わった絵画類は，新しい環境に慣らすためにできれば6か月程度収蔵庫に置いてから，陳列に出すことが望ましい．日本では，修復工房と博物館収蔵庫・展示室の環境は同じではないので，温度湿度に徐々に慣れさせるわけである．保存箱としては，十分に脂を抜いたキリの箱が望ましい．ヒノキは樹脂が多すぎてよくない．

[ケーススタディー] 平成6 (1994) 年度に修復されたアムステルダム国立博物館所蔵の絹本著色如意輪観音像掛軸の修理例をあげる．

① 損傷状態：本紙の欠失が多く全体面積の半分にも及ぶ．かつ本紙や顔料層の脱落欠失が進行中で，画面下部には1/4くらいの大きな補修絹が施されており，その部分の本紙脱落の危険が大きい．

② 修理工程：調査に続いて，解体前の顔料剝落止めを膠液で行った．解体をしながら，水で本紙の汚れを吸い取り紙に吸着させた．この本紙では，絹の欠失を補う補絹作業は，新規裏打ちの後で画面側から行った．画面の修理がすめば，掛け軸に仕立てるための裏打ちを重ね，裂を配して軸をつける作業が続くが，この修理の基本は，旧裏打ちと補修絹の除去に続く，精密な補絹作業である．画面の修復と並んで重要なのが，掛け軸としての形式である．仏画としての形式をふまえ，裂の選択と寸法，軸首などの部品にも配慮をした仕立てが行われた．

b. 板絵，絵馬など (paintings on boards)

[保存上の特徴] 板の上に描かれている板絵や絵馬は，伝統的に，神社や仏堂の内部小壁上や絵馬堂に掲げられる．それらの建築は開放的な構造なので，板絵や絵馬は，風や湿気にさらされ，鳥，コウモリなどの糞に汚されたり，ネズミなどにかじられたりしている．近年，各地の資料館，博物館などで絵馬などを収集保存して展示している例が多くなり，その場合は，安定した温

度湿度のもとで保管されることになる．

[構造上の問題］　紙絹に描かれた絵画と同様，膠絵が基本である．顔料粒子の頂点同士が膠で点状に接着した多孔性の顔料層が，木板に対して，多数の点で接着しているにすぎない．油絵や漆絵のように，顔料粒子が堅牢な油層や漆のなかに埋没し，板面に対して強力に接着しているわけではない．顔料層と支持体である木板面と接着力も比較的脆弱である．膠濃度が高すぎると，接着力を上回る膠の収縮力によって，短時間で顔料層の剥離，亀裂，反り返りなどの劣化が生じる．また，支持体である木板の収縮変形が急激であると，顔料層が追従できずに，剥離脱落している絵画が多い．

多孔質な顔料層だけを独立して取り扱うことは極端に困難であり，解体の衝撃などから顔料層の脱落を防ぐには，養生のための仮の表打ちなど，常に臨時の支持体によって保持される必要がある．

板に描かれた絵としては，宇治市の平等院鳳凰堂扉絵や，醍醐寺五重塔初層内陣板絵などをはじめとして，三十六歌仙額，杉戸絵，建築部材彩色，内陣来迎壁などとともに，きわめて多くの奉納絵馬がある．

［保存修復の方法］　ほとんどの場合，顔料層の剥落止めが主な作業となる．木部が損傷している場合は，新材で補填したり，割れの原因となっている鉄釘の除去などを適宜行う．

絵馬堂などの開放的な場所の空気は，ほとんど外気と同じように温度湿度が大きく変化する．絵画を支持している木板は，空気の相対湿度に応じて伸縮をする性質があるので，乾湿の差が大きいと，板の伸縮も大きくなる．短時間で大きな板の伸縮が起こると，顔料層の剥離が進行する．伸縮を軽減するために，安定な湿度の環境すなわち建物内部に収納するのが最も安全である．

板の伸縮がなければ，顔料層の接着力もそれほど大きく必要ではなく，修復の際も顔料層の再接着が容易になる．古絵画の損傷と修復の基本的考え方は，板絵でも絹本紙本においてもほぼ同様な考え方ができる．画面の各部分同士の強度と性質（剛性，柔軟性，収縮性，平滑度，耐水性）を平均に保つことである．

長期間の曝露によって顔料層が脆弱化している場合は，膠の劣化による場合がほとんどなので，薄い膠液の塗布も効果があるが，顔料層が反り返っている場合に，開口部からの浸透を期待しての表面塗布は，一時的な剥離止めとはなるが，短期間に再び剥離し，より一層きつい反り返りの原因となる．
　　　　　　　　　　　　　（増田勝彦）
[文　献]
張彦遠：歴代名画記，東洋文庫305，平凡社，1977.

油彩画の保存修復
conservation treatment of oil paintings

[概　要]　顔料をアマニ（亜麻仁）油などの植物性油を主成分とする展色剤（バインダ）で練り合わせてつくった絵具（油絵具）を用いて描いた絵画の，経年変化およびその他の原因による劣化，損傷に対する保存方法と修復処置について述べる。

油彩画は，板，布地などの基底材（支持体），その上に膠引きの後に施された地塗り層（ない場合もある），絵具層，そして表面の保護膜（ニス層，ない場合もある）と順次重ねられて構築される。それぞれの層が果たすべき役割をもっていて，それが十分に機能するようにするとともに，原作の材料そのものの性質に起因することの多い劣化崩壊を削減してやることが保存修復の目的である。この手当てによって画家が描いた当初の状態をできる限り保つ，あるいはその状態に近づけることができる。

[事前調査]　修復処置に先立って綿密で正確な観察と調査が不可欠である。斜光線下での観察は作品の表層の起伏の状態を明らかにし，作者の技法的特徴とともに損傷（絵具層などの亀裂，剥離，基底材の変形，損傷など）を把握することができる。さらに必要があれば顕微鏡を用いたり，紫外線，赤外線，X線などの光学的機器を用いて作品の構造と損傷部位を明確にし，写真などで記録したうえで，処置法を決定し，処置作業に入る。

[処置法の選択]　修復家は従来経験によって技法と材料の知識を身につけてきたが，今日では，対象作品の諸研究をふまえ，より厳密な科学的思考に基づいて診断し処置法を選択することが要求されている。修復家は発生した損傷からその原因を推定し，処置法や保存対策を案出する。絵画の「材料学」と「病理学」は「調査法」とともに保存修復の基礎である。

[修復の工程]　事前調査，診断を経て修復に移るとすれば，以下の工程が順次あげられる。

①絵具層の固定：絵画の芸術的表現の実体は絵具層にあるといえる。したがって剥離や亀裂を生じたオリジナルの絵具をオリジナルの基底材に固定（接着）することは，オリジナルの状態をできるだけ保ち，損なわぬようにするために最初にやるべき最も重要な工程である。後に続く工程をあらかじめ考慮したうえで，膠，蜜蠟，樹脂，エマルション系の合成樹脂などが接着材として選択される。修復のために輸送する前処置として固定されねばならない場合もあるし，次の基底材の処置（裏打ちなど）の前段階として画面全体に紙や布などを貼る表打ちとして絵具層が固定される場合もある。

②基底材（支持体）の強化・矯正：板絵の場合には，空気中の相対湿度の季節や毎日の変化に伴って，木材の含水量が変化し板の大きさが変動する。膨潤と収縮を繰り返す基底材の変化に対応する力を失った古く脆い絵具と地塗りは，板から浮き上がり，欠損・剥落へと至る。板絵の場合もキャンバス画の場合も，剥落の主原因は相対湿度の変動であり，空調によって空気中の湿度を安定させることが肝要である。反りを生じた板絵は板を薄く削って裏面に可動格子（パルクタージュ）を取りつけたり，

合板に貼りつけたりする方法もあるが、薄くなった板は割れを生じやすくなる。虫害によって甚しく劣化した場合、古い基底材から画面全面を切り離して新しい基底材に移し替える手段をとらざるをえない。18世紀から19世紀にかけて新しい基底材としてキャンバスが使われる場合があったが、今日では合板など板状のしっかりした材料が用いられる。移し替えは、ほかに手の施しようがないほど劣化した場合以外には行うべきではない。

布地の基底材の場合、損傷の多くは保存上の不適切な取り扱いによる。裂傷、孔、木枠から取り外し巻いて保管したこと、あるいは不適切な温湿度のもとに放置することなどに起因する変形や劣化である。従来、このようなキャンバス（麻布ないし綿布）の場合には「裏打ち」処置が施される。新しいキャンバスを原作の裏面に接着して補強し変形を矯正する。使用する接着材には、水性の膠やのりの混合物、熱可塑性のある蜜蠟・樹脂の混合物、あるいは合成樹脂がある。水性の接着材はキャンバスの伸縮を引き起こすという欠点がある。蜜蠟・樹脂の場合には滲透性があって裏から絵具層まで作用して浮き上がった絵具片を固定することができる反面、滲透した接着材で濡れ色になるために、地塗りを施していないキャンバス画に使用してはならない。合成樹脂のなかには、膜面を形成して滲透することなく、この膜を挟んで適度な熱で圧着させる方法をとることのできるものがあって、濡れ色を発生させず、したがって地塗りのない作品にも使用できる。ハンドアイロンやホットテーブルなど、加熱加圧の処置を伴うが、絵具層のオリジナルな起伏をつぶしたり変形させないようにすることが肝要である。

③画面の洗浄：画面の汚れや黄変ニスの除去のために洗浄が行われる。洗浄の方法、用いる溶剤の選択は、直接絵具層に影響を及ぼすので慎重を要する。過剰な洗浄や誤った溶剤による洗浄でオリジナルな絵具層や特にグレーズのような透明で薄い絵具の塗膜を取り去ってはならない。

④欠損箇所の充塡・整形：剝落などの絵具層・地塗り層の欠損箇所には、充塡とさらに補彩が施される。充塡材には白亜などの白色顔料を膠などで練ったもの、蜜蠟・樹脂の混合物、モデリングペーストのような合成樹脂で練ったものが用いられる。いずれの場合でもオリジナルをはみ出したりしてはならない。その表面を周囲の画肌に合わせて整形する。

⑤補彩：欠損箇所の周囲の色彩に合わせて色を差し、絵の図柄を補完する。洗い過ぎもこの工程で補正される。補彩は欠損箇所に限定し、恣意的に行ってはならない。かつて行われた油絵具での補彩は経年によって暗色化するので、補彩には水彩絵具やニスで練った絵具など、油分を用いていないもの、そして後年必要とあらばオリジナルを損なうことなく容易に除去できる素材と方法を選ばなければならない。

⑥保護膜塗布：ニスは絵具に深みと輝きを与えるだけでなく、最表層として画面を埃や大気の影響から保護する。近代以降の油彩画には、つや消しのニスを引いたもの、ニスを施させないものもある。したがって作者の意図する作品の見えに応じて光沢の度合いを変え、ニスなしの場合には額にガラスやアクリル板を入れて保護するなど、使い分けが必要である。

例として、コラッド・ジャクイント

写真 ジャクイント「磔刑」修復前（左）・修復後（右）（黒江旧蔵）（口絵4参照）
作品の上部は火災に遭ったために油絵具で恣意的に塗り重ねて補彩されていた．古い裏打ちを改め，古い補彩と汚れを洗浄し，欠損箇所を充填して補彩をやり直し，ニスを塗布して完成した．

(1690〜1765) による油彩画「磔刑」の修復前・後の写真を示す．

　絵画に限らず，美術品の保存と修復に関しては，修復の手を加えるのは最少限にとどめ（裏打ちをしないでキャンバスの平坦化や補強を行うなど），保存環境条件を良好に保つことが最も重要である．不要不急の修復を極力控え，修復処置が避けられない場合には，十分に経験を積んだ修復家の手にゆだねなければならない．　（黒江光彦）

壁画の保存修復
conservation treatment of wall paintings

[**特 性**] 壁画は,「絵画」であると同時に「建物(あるいは岩壁など自然の形態)の一部」であるという特殊性があるため,保存修復に当たっては壁画自体の状態とともに,周囲の環境も十分考慮に入れて行う.ここでは,特に西洋の壁画を中心に述べる.

[**技 法**]
① 絵画技術としては,板絵あるいはキャンバス画と同じ絵画技術も用いられるが,特筆すべき壁画固有のテクニックとしてフレスコ (fresco) がある.その起源ははっきりしないが,世界各地で事例が報告されており,特に中世からバロック期にかけてのヨーロッパ,それもイタリアで栄えた.フレスコでは,まず芯となる壁の表面に粗く準備した下地(アリチオ:arriccio)をつくり,下絵(シノピア:sinopia)を描く.その上にイントナコ (intonaco) と呼ばれる石灰を主成分としたモルタルを塗り,この層が乾かないうちに絵具を乗せる.他の絵画技術と大きく異なるのは,このとき用いられる絵具は顔料を水と混ぜただけのもので,のりの役目をする固着成分は加えられていない点である.塗りたてのモルタルに含まれている石灰水は,壁のなかを徐々に移動し,絵具層を通り抜け,表面に達する.空気に触れると,二酸化炭素と化学反応し,炭酸カルシウムの膜をつくる.顔料はそのなかに取り込まれることにより,壁面にしっかりくっつく.なお,フレスコで使用される顔料は耐アルカリ性のものでなければならない.イントナコが乾かないうちに絵具を乗せなければならないため,1日にできる仕事量は限られる.人間の背丈より高い壁画では,構図を水平方向に何段にも分け(ポンタータ:pontata),通常上から下へと作業を進める.複雑な構図の場合には,その日の仕事範囲(ジオルナータ:giornata)を輪郭線などに沿って決めることで,継ぎ目を目立たなくする工夫をする.

② フレスコとは逆に,壁面が乾いてから彩色する方法をセッコ (secco) と呼ぶ.この場合は,当然のことながら顔料は何らかの固着成分と混ぜてある.セッコは,細かい部分の描写などでフレスコと併用されることがある.

[**劣 化**] 壁画の劣化の原因としては光,埃,振動,建物内の暖房をはじめ,屋外(建物の周囲部分など)にある壁画の場合には,風の影響も考えなければならないが,なかでも水によって引き起こされる被害は多く,また損傷も大きい.水の起因は,風雨にさらされた壁,屋根からの雨漏りから,地下水の毛管上昇や壁面での結露などさまざまである.水には多くの物質が溶け込んでおり,それらは水の動きとともに移動する.壁面に達すると,水が蒸発する一方で,これらの物質は壁の孔内あるいは表面に取り残され,そこで結晶をつくる.その結果,壁面の表面が結晶で覆われたり,結晶化の際の体積増加によって絵具が剥離したり,ひどい場合には壁が崩壊する.

フレスコ画では,炭酸カルシウムが硫酸化することにより,表面に硫酸カルシウムの白い膜あるいは無数の小さな突起物がで

きることがある．硫酸化の原因ははっきりしていないが，空気中の硫黄分の影響が疑われている．

[壁画の保存修復] 壁画の保存修復は，保存環境を整えることから始まる．建物（あるいは岩壁）内部，そして外部の年間の温湿度変化を理解したうえで，壁画修復家，保存科学者，建築家をはじめ多分野の人々の共同作業となる．なかでも水の問題の解決は最優先されるが，しばしば大規模な工事が必要となる．もとの場所ではどうしても保存環境を整備できない場合に限り，絵具層，場合によっては壁の一部までを剝ぎ取り，新しい支持体に移す方法も可能性としてはある．この場合，新しい支持体には温湿度の変化で伸縮するような材質のものは避けると同時に，もとの形態をなるべく忠実に再現するものを選ぶ．しかし，壁画とは構造物の一部として存在する絵画であることを考えると，本来の場所から離さずに保存修復の処置をとることが何よりも優先されることはいうまでもない．

絵具層の固着あるいは支持体の強化には各種の接着剤が用いられてきた．蜜蠟，天然樹脂，カゼイン，膠などが従来から使われている一方，20世紀に入ってからは無機系の接着剤（水硬性石灰，水酸化バリウム，シリカ系など），1940年代以降からは合成樹脂（ポリ酢酸ビニル，ナイロン，ポリビニルアルコール，アクリル系など）が使用されることもある．いずれの場合も，壁画それぞれの現状を理解したうえで，最も適切な材料を選択していく．

壁画修復の歴史をみると，西洋では大幅に加筆（欠落した部分を補うという技術的理由，政治的・宗教的・道徳上の理由，時代の好みの変化などによる構図の変更）されることが多かった．何層もの壁画が積み重なっているのが発見される場合もある．あるいは，衛生上や宗教上の理由から壁画全体が白く石灰で塗りつぶされたこともまれではない．また，同じ壁画であっても，人物や風景というように物語を示唆する場面ではオリジナルが尊重されても，その周囲の装飾的要素の強い部分はなおざりにされる傾向があった．これら加筆部分や上塗りの下にオリジナル部分が残っている場合には，オリジナルを損なわずに加筆部分や上塗りのみを，メカニカルな方法あるいは化学的手段を用いて除去できるかという技術的問題が起こる．同時に，加筆部分や上塗りの歴史的価値を考慮に入れたうえで，除去するかどうかの決定が下される．壁画表面の洗浄の場合も同様で，やむをえず酸またはアルカリを用いるときはもとより，各種有機溶剤を使用するときでも，何を，どこまで除去するかは，技術的問題にとどまらず倫理的問題を含む．なお，壁画のような大画面になると，使用する有機溶剤も大量になりやすい．引火や爆発がないように安全を確保するとともに，排気設備を完備して作業に当たる人々の健康に留意する．

欠如部分の処置は，その位置，その大きさ，そしてその深さを考慮して決める．欠如していることはその壁画の歴史的価値の一つと判断して，現状のまま保存処理をすることが，まず考えられる．また，たとえ復元しないと決めた場合でも，充塡剤を壁と似た色にするなどして，欠如部分が残っている壁画の観察の妨げにならないようにするという方法もある．あるいは，たとえばモザイク状にオリジナル部分が残っており，当初の構図を疑う余地なく復元するこ

とが可能と判断される場合もある．そのときには，長期にわたる安定性を確かめたうえで，可逆性のある絵具を選択して補彩するという選択肢も出てくる．オリジナルと区別がつかないように補彩することもできるし，色の選び方や塗り方を工夫することで，ある程度離れるとオリジナルと区別がつかないが，近くでみると補彩部分が明確にわかるという方法もある．　　（園田直子）

[文　献]

Les anciennes restaurations en peinture murale. Journées d'études de la SFIIC, Dijon, pp. 25-27, 1993.

Mora, P., Mora, L. and Philippot, P. : Conservation of Wall Paintings, Butterworths, 1984.

森田恒之：画材の博物誌，中央公論美術出版，1986.

漆芸品の保存修復
conservation treatment of lacquer wares

[概　要]　東洋の工芸品である漆芸品は，蒔絵や螺鈿（らでん）などの装飾を伴うものが多い．長い間，博物館や美術館に保管されている漆芸品には，収蔵庫の状態により，木地の破損，塗膜の劣化，螺鈿の剥落など保存状態の悪い作品をみることがある．木工品や漆工品などの文化財は，収蔵庫内の空気の乾燥や展示場での紫外線照射などの原因で容易に破損する場合がある．そのために，作品の保存環境の整備や修復など適切な処置をとらない限り，文化財の保管は難しいといえる．

[保　存]　漆芸品の素材となる漆は，ウルシの木から採取した液体である．漆があるだけでは作品を製作することはできない．そのために，古代から漆器は，木地づくり，漆塗り，装飾の三つの工程に分けて製作されている．器胎となる素地には，木材を使った木地，麻布を漆で張り重ねた乾漆，竹を編んだ籃胎など使用する材料によって呼び方が異なっている．素地の違いによって漆塗りの方法も変化して，さまざまな漆器ができあがる．

漆芸品の劣化原因については，空気の乾燥と紫外線による塗膜の劣化をあげることができる．収蔵庫内の空気が乾燥すると，素地の収縮のために接合部分に亀裂ができるため，構造的な破損の原因となる．また，湿度の低下は，漆塗膜を硬化させ，蒔絵や螺鈿などの装飾にも影響を与える．特に金属や貝などの小片が塗膜表面から浮き上がり，亀裂や剥離などの表層的な破損の原因となる．古い時代の作品は，紫外線による塗膜の劣化で表面全体に細かい亀裂が生じるために，一見して剥離がないと思っても，表面のクリーニングと塗膜の強化を必要とする．紫外線による劣化は，塗膜だけに及ぶものではなく金属や貝の表面をも劣化させる．また，金を除く金属類は酸化されるために極端に高い湿度のなかで保管することもできない．これらの理由から，漆芸品は50〜60％の湿度で保管する環境をつくる必要がある．

[修　復]　漆芸品の修復には，修理と復元が必要である．旧来の修復の概念は，いったん剥がれたものを2度と外れないようにする強い接着や欠失部分の復元を行ってきた．しかし，現在では文化財そのものの姿を変えずに現状のまま未来に伝える現状維持の方針で修復を行っている．仮に，装飾の欠失部分を復元する場合でも文化財に直接行うのではなく，新たな部材に復元し，文化財と並べて展示を行うなどの方法をとっている．

[事前調査と記録]　漆芸品の保存と修復には，保存環境の整備と確実な修復計画が要求される．そのために，従来行われていなかった写真撮影，X線写真による構造調査，蛍光X線による材料分析など，非破壊で科学的な事前調査を行う必要が生まれた．また，修復方針では修復者1人の決定ではなく，多くの関係者による検討が行われることで，より客観的な方法を探ることが可能になる．従来，修復業界ではどの工程でどのような素材を使って修復したかなどの情報公表はタブーとされていた．修復工程記録の作成は，従来の概念から脱却し新たな意識改革としての未来につなげるべ

き貴重なメッセージでもある．漆芸品の保存修復は，今まさに新たな局面を迎えている．

[ケーススタディー] 海外の美術館が保管する漆芸品は，日本と比較して低湿度の環境で保存されてきたために，国内の漆芸品と比較にならないような破損状態を示す作品がある．そのうちの一つでドイツ・ドレスデン市郊外にあるピルニッツ宮殿に保管されている「楼閣山水蒔絵花瓶」1対の修復を紹介する．

・花瓶1（収蔵品番号49417）：口径30.7 cm，高さ65.5 cm．
・花瓶2（収蔵品番号41418）：口径30.9 cm，高さ65.3 cm．

この花瓶は，1721年にアウグストストロング1世が作成した収蔵品台帳のはじめに登場する作品である．木製，黒漆塗りの花瓶は，当時，ザクセン侯が盛んに輸入した磁器の花瓶をかたどっている．修復の事前調査で行ったX線撮影から，特殊な方法で木地を製作していることが判明した．口縁部，中央部，高台の3部分を別材でつくり，これらをつなぎ合わせて木地としている．口縁部は，4枚のヒノキ板を寄せ集め，ろくろにかけて挽き上げる．中央部は，8枚の板を寄せて筒をつくり，鉋(かんな)で内外を削っている．高台は，ほとんど無垢の状態でろくろ挽きを行っている．

修復前の状態は，口縁部がほとんど破損し，剝落片を集めても復元できない状態であった．また，表面にヨーロッパ製の塗料を塗って保存処理を行っているが，塗った塗料が劣化して汚れとなって広がっている．この状況から口縁部には一部に補材を含む復元が必要となった．この修復は以下のとおりに行った．

（1）保存修理：①塗膜の剝落防止のために雁皮紙の小片をのり貼り（養生）し，②表面の汚れを綿棒に含ませた水とアルコールで取り去る（クリーニング），③劣化した漆表面に生漆を浸透（塗膜の強化）させ，④塗膜の剝離部分を麦漆で接着する（塗膜の接着）．

（2）復元修理：①口縁の欠損部分から型をとるために内外を計測する，②側面のカーブに合わせてアクリル製の定規を作製し，③定規を使って粘土の内型と外型を作製し，④粘土型から石膏型を起こす，⑤十分に乾燥したヒノキ板を石膏の型に当てながら内外を削り，凹凸などに微調整を加えながら欠失部分の木地を作製する，⑥復元した小片を麦漆で欠失部分に接着し，⑦貼りつけた補材に刻苧と下地をつける，⑧補材の表面を研ぎ上げて黒漆を塗る，⑨黒漆の上に炭粉を蒔いて仕上げる．修復前・後の写真を示す．　（加藤　寛）

写真　「楼閣山水蒔絵花瓶」の修復前(左)・後(右)

記録史料の保存修復
conservation treatment of archives

[概　要]　記録史料は，絵画や仏像のように展示して利用するのではなく，利用者自身が情報へのアクセスのため，史料を直接手にとってページをめくり，モノ自体の情報を得ることを前提とする．保存状態は，それがつくられたときと同じように機能することが求められる．利用の実態に即して保存技術を選択し実践していくプロセスが重要である．そのため，保存・修復の原則は次の四つにまとめられる．

①原形保存の原則：史料の原形（束・袋などのまとまり，史料の包み方，折り方，結び方）をできる限り変更せず，保存手当・修復処置は必要最小限にとどめ，できるだけ原形を残す方法・材料を選択する．

②安全性の原則：史料に影響が少なく，長期的に安定した非破壊的な保存手当て・修復方法や材料を選択する．

③可逆性の原則：史料を処置前の状態に戻せる保存手当・修復方法・材料を選択する．

④記録の原則：保存の必要上，やむをえず原秩序や原形を変更する場合や修復処置を施す場合は，もとの状態がわかるよう，詳細な紙質調査と克明に修復技術・材料についての記録を残す．

これらの原則は，現在適用している保存・修復方法や技術が誤っていないかを見直すのにたいへん有用である．

欧米ですでに実用化されている，膨大な量の酸性紙に対応する大量脱酸技術は，1998年に日本においてもさまざまな問題を抱えながら開始された．記録史料においては，大量の文書群のなかにさまざまな劣化症状をみせる素材が混在し，保存課題が異なる材質を含むため，一気に大量処置をすることが困難である．しかし，今問われているのは，保存の対象史料の状態を正確に把握して，その困難さに立ち向かう努力を払うことである．これからは近世史料（和紙）重視から近・現代史料（洋紙・酸性紙）に重点を置いた保存方針への発想の転換が求められている．

[保存の項目]　記録史料の保存計画の項目は次のとおりである．

①保存環境・条件の整備，②史料を維持保存していくための保存容器への収納により防護する予防措置，③急速に劣化が進行している史料のマイクロ化や複製による代替化，④すでに劣化損傷した史料の修復，⑤保存を考えた利用のあり方．

こうした保存をめぐる問題は，これまで個別に論じられることが多かったが，総合的観点で記録史料の保存をとらえる必要性がある．

[保存管理の新しい考え方と試み]　保存というと，史料を裏打ちするなどの修復処置が強調されがちであるが，重要なポイントは，保存環境・条件の整備とともに史料の個性に合わせた保存処置を施すことにある．史料の修復は，最終手段としてもとの強度に復するか，さらに強化する処置であり，機能の回復のための処置・治療である．史料を維持保存していく，いい替えれば，劣化しないよう劣化を遅らせるよう予防処置を講ずることを第一に始めなければならないということも浸透してきた．

[大量保存，段階的保存の考え方]　少量を対象とした中世史料のような一点一点への保存から，近世古文書のように大量な文書群を対象とするとき，保存の考え方の転換が求められる．

まず，保存容器に入れ，次に簡単な補修を行い，本格的な修復へと移行するプロセスを踏んでいくのが段階的保存である．この場合，処置の優先順位を全体調査のうえで状態データをもとに決定し，保存プログラムを立てるという方法である．状態調査の結果によっては，部分的な損傷があっても十分に利用可能な現状ならばそのまま収納するにとどめるというもので，末梢的なこだわりを捨て，全体の保存状態の底上げを重要視するのである．

[予防的保存の実施]　保存・修復の原則における「原形保存」は，保存手当・修復処置を必要最低限に抑えることであり，つきつめれば直すことよりもより悪化させないことになる．治療よりも予防を優先すべきということになる．予防的保存とは，中性（弱アルカリ）保存容器の採用や初期段階の脱酸と代替化である．ここで，代替化とは，写真・マイクロ化による複製を利用して簡便性を図ることである．

予防的保存の主眼は，悪化させてしまって財源を必要とする処置を行わないよう，現時点で保存向上を図ることにある．経済性も考慮した効果的方法である．

[保存技術の実践]　予防的保存で触れた中性（弱アルカリ）保存容器の採用は，収蔵環境の制御が困難な場合には微小環境をよりよくできる簡単で効果的な方法である．段ボール箱への収納は，温度湿度の急変に対する緩衝効果が実証され（高瀬，1999），酸性化については中性（弱アルカリ）紙を用いればより効果的である．その包材や接着剤の安全性と適性については，史料（和紙・酸性紙）に対する保存包材としての適性試験は未確立であるが，国際規格ISO 9706：1994耐久記録用紙の要件は最低限満たすことが求められる．なお，写真印画に対する適否試験を援用して判断材料とすることが可能である．現状では酸性物質の含有率が高くとも「中性紙」として販売しているので，接着剤などの保存関連用具も含めて情報を集め，慎重に選択する必要がある．

なお，伝統的な保存方法として用いられた一点ごとに木箱（キリ，スギなどの樹脂の少ない材質）に収納する方法も史料保存にはたいへん有効であるが，内張りには中性紙を用いることが求められる．

[修復処置]　すでに劣化損傷した史料に対しては予防的措置のみでは利用可能な状態を保証できない．史料の劣化要因は，①虫損：シバンムシ類の食害によって欠損したもの，②湿害：冠水や湿気によって密着したもの，③カビ害：カビ類などにより柔らかに脆くなり剝落・変色をしたもの，④破損：破れたり切れたりしたもの，⑤汚損：塵・泥などにより汚染したもの，⑥剝離：冊子の綴や巻子の表装崩れ，紙継ぎが剝がれたもの，⑦酸性化：酸性化した紙，染料やミョウバンなどにより脆くなったもの，に大別できる．著しく脆い状態の場合，数種の被害が複合しているが，古文書の劣化症例として最も多いのは虫損である．

紙史料の修復には，伝統的な裏打ちなどのほか，最新の技術として漉き嵌め法（リーフキャスティング），ペーパースプリット法（相剝ぎ）がある．

裏打ちは，古文書などの本紙の欠損部分を補強するため，和紙の別紙を裏全面に貼り合わせる方法であり，繕い（虫損直し・虫繕い）は虫穴や欠損部分に和紙の繊維を重ねて部分的に貼り込める技術である．

　漉き嵌め法は，水中に浮遊させた紙繊維を穴や欠損部に補塡する方法．ペーパースプリット法は，本紙を表裏2枚に剝がし，間に補強紙を入れてもとのように貼り合わせる技法である．

　裏打ちは伝統的な修復技術であり，経年的安定性が実証された技術で，最新の方法は大量修復に応えたスピードと紙厚が増えない点に長所が認められている．脆くなった酸性紙にはまず脱酸処置（弱アルカリによる中和）と汚染物質の除去のためにクリーニングを行い，補強のための修復処置を組み合わせることで，より長い保存と利用を保証することになる．虫損のひどい古文書や酸性紙で脆くなったものなど，材質や劣化損傷の程度に応じて修復技術を選定することが求められる．

［保存計画と保存管理担当者］　どれだけの予算が必要か，どのような組織でどれだけの人員を要するのかを把握し，具体的な方法を理解したうえで実践するため，個別の保存対策を総合化し，それぞれの施設に適合した総合的な「保存計画」と体系的な整備の進捗を見直し，評価する保存管理の担当者が必要である．保存管理担当者は，施設において収蔵史料・史料群全体の保存管理の望ましいあり方を考え，保存計画を練る．修復専門職（コンサバター）に対し，史料の劣化損傷程度に適した修復基準と方針を指し示す役割を担うことが求められる．保存の理念をもち，保存方針を示して保存計画を立案する能力が求められる．地道な実践を支える知恵と人が重要である．

（青木　睦）

◇コラム◇中性紙

　塡料として炭酸カルシウムを用いた中性紙は，たばこの巻紙用紙，辞書用紙としてつくられていたが，酸性抄紙の場合のロジン，硫酸アルミニウムによる内添サイズ法（繊維懸濁液に試薬を直接添加する滲み止め法）に代わる方法がなく，筆記用紙には使用できなかった．炭酸カルシウムはその含有紙の手触りがよく，また，他の塡料よりも安価である特徴をもつ．アルカリサイズが昭和50年代に各社に導入され，その後，「酸性紙」問題の高まりのなかで，「中性紙」への転換が図られている．pH 6.5以上を中性紙とする国立国会図書館の一般図書の調査では1986年に約50％であったものが，1991年には約70％となった．遅れていた官庁出版物の中性紙化も進み，1999年には全体として75％をこえた．

　中性紙の寿命は酸性紙の3倍以上は長いとされており，通常の環境で500年程度の寿命が期待できる．しかし，再生紙の場合は繊維原料の品質がよくないために，寿命はもっと短いと考えられる．保存用紙の規格としてはISO 9706：1994およびISO 11108：1996がある．そこではpH 7.5～10.0とされ，アルカリ含有量，引裂強さの最低値などが決められている．前者の規格を満たす用紙を使用した出版物には，円の内側に無限大を示す数学記号（∞）を配したシンボルマークを記載することができる．日本工業規格はまだないが，永年保存用資料への耐久性が保証された紙の使用の促進の面から早急な制定が望まれる．

　アルカリサイズ剤は高価であり，また，操業上の問題なども抱えている．ロジンサ

イズ剤を改良したロジンエマルションサイズ剤はpH 6.5〜7.3でも使えるので，このタイプの中性紙も市販されている．また，歩留まり向上の目的で中性サイズに硫酸アルミニウムを添加することもある．これらの種々の中性紙の保存性についての研究はほとんどない．筆者（稲葉）の研究グループでは酸性紙とアルカリ性紙を互いに接触させて促進劣化させた場合に，アルカリ性紙は酸性紙の強度維持には寄与しているようであるが，それぞれの紙単独での変色よりも互いに大きく変色することがあることを見出した．このような変色が紙に含まれているいろいろな成分とも関係するのか，単に紙のpHのみに依存するかなど，現在検討中である．鶏卵紙のようにアルカリに敏感な材質の包材としては無酸，無アルカリ紙の使用が従来から推奨されている．本来このようなカテゴリーに入る紙こそが「中性紙」であり，一般の炭酸カルシウムを含む紙は「アルカリ性紙」である．

(稲葉政満)

レプリカ
replica

[**種 類**] レプリカ（複製品）には実物と同じ素材と同じ製作技法による模写，模造のほかに，近年になって合成樹脂を使ったレプリカも盛んに製作されている。彫刻などの美術工芸品も考古遺物などは実物からシリコーン樹脂で型取りし，それをもとに合成樹脂で成形して精巧な彩色を施し，視覚的にはほとんど実物と見分けがつかないようなレプリカが博物館などで多くみられる。この樹脂レプリカは実物の材質や構造とは無関係に形態と外観だけを忠実に写したものである。

[**樹脂レプリカの役割**] 実物とは全く異なった物体であるが，外観は実物とそっくりなので，劣化など保存上の問題があって実物の展示，公開が難しい場合や，限られた場所でしかみられない貴重な文化財でも，レプリカとして広く複数の博物館などで展示資料として利用することが可能となる。

[**樹脂レプリカの製作**] 文化財に通常行われている方法の概略は次のとおりである。まず型取り用樹脂が原形（実物）に触れて汚損しないように，原形の全面に厚さ数 μm のスズ箔を貼りつけて保護する。この原形に型取り専用の常温硬化シリコーンゴムを 2～3 mm の厚さに塗りつけるが，後でシリコーンを外すときに破れないようにガーゼを積層して補強する。また脱型を容易にするために，分割ラインに沿って，薄いプラスチック板を使い，実物の形態に従って大小いくつかの型に分ける工夫がなされる。このシリコーン型だけでは形を保持できないので，この上にさらに石膏または強化プラスチック（FRP）の割り型を取りつけて補強する。以上の型取り方法は，スズ箔を貼りつけるので微細な表面を転写するには不利で，製作にも手間がかかるが，原形の汚損を防ぎ，また，型を外すとき原形に無理な力がかかることが少ないため，文化財の型取りに多用されている。

成形用樹脂は不飽和ポリエステル樹脂や硬化時に収縮の少ないエポキシ樹脂にガラス繊維，顔料その他の充塡材を混入する。これをシリコーン型の内面に適当な厚さに塗り込んで型を合わせ，樹脂が硬化した後，外型，内型の順に取り除き，成形品を取り出す。成形品の仕上げは実物と対比しながら細部を補刻，調整し，さらに実物にならってアクリル絵具などで精巧な彩色を施して完成品とする。また，住居跡など大型遺構のレプリカの場合には，遺構表面に直接シリコーン樹脂を塗布して硬化させ，石膏その他で外型をつくってから遺構表面の土をつけたままシリコーンを剝ぎ取る。この剝ぎ取った面をポリエステル樹脂FRPで補強してからシリコーンを外して遺構の樹脂レプリカとすることも行われる。

[**製作上の注意**] 文化財の型取りは熟練した技術で慎重に行い，いささかも実物に損傷を与えてはならない。養生のスズ箔が厚すぎると型が鈍くなるが，薄すぎると箔が破れて実物を汚すことになる。また，湿度の高いときに金属器に箔を貼ると，局部的にイオン化現象を生じてスズ箔が溶着することがまれにあるので注意を要する。表面が著しく劣化していたり，彩色層が脆弱な文化財の場合には，実物からの型取りは避けなければならない。

（樋口清治）

接着剤と強化剤
adhesives and consolidants

[定　義]　分離した同種あるいは異種の材料を機械的接合によらず結合させることを接着といい，接着を起こさせる材料を接着剤という．また，劣化し強度（凝集力）を失った材料に，強度を回復させる目的で含浸させる材料を強化剤という．接着剤を希釈したものが強化剤として用いられることも多い．

[分　類]　接着剤および強化剤は天然材料と人工（合成）材料とに分けることができる．これらは対象，状況に応じて使い分けられる．文化財の保存修復に現在用いられている，あるいは過去に用いられた接着剤および強化剤を分類し，表に示す．

[技　術]　文化財の素材に応じて使い分けることは当然であるが，それだけでなく，その劣化状態，処置後に置かれる環境，文化財としての仕上がり状態，再修理の可能性などを総合して検討し，最適な選択をしなければならない．そのためには，科学的な知識だけでなく，文化財そのものに対する知識と経験が必要である．また，実際に施工するに当たっては接着剤，強化剤の性質をよく理解し，正しい使い方をしなければならない．正しくない使い方をすると，十分な結果が得られないだけでなく，かえって劣化を促進してしまうことがある．文化財の特質を知り，また接着剤，強化剤の性質を十分に理解し，さらに状況に応じた施工技術について判断のできる技術者が必要になる．

(西浦忠輝)

[文　献]
美術工芸品の保存と保管，フジテクノシステム，1994．

表　文化財保存修復用の接着剤と強化剤（太字は主なもの）

	紙, 布	木, 竹類	皮革	金属	陶器, 磁器, ガラス類	石, レンガ, 瓦, 土器など	土, 砂
接着剤	①③④ A F G K	①②③⑤⑥⑦⑧ A C D E F G K L M	①⑥ A B F G J K	②⑧ A E J M	②⑤⑦⑧ A B E F H I J M N O P	⑨⑩ E F I J **M N O P** Q	① M P Q
強化剤	③④⑦⑧ E F G K R	①②⑦⑧ E I J L M **R**	①⑧ F G J K R	**E F M**	E N	E I M N O P	⑤⑧ E F J M N O P Q **R**

天然材料：① 膠（動物性，植物性），② 漆，③ デンプン類（米，ムギなど），④ 海藻類（フノリなど），⑤ タンパク質類（ダイズカゼイン，卵白，血液アルブミンなど），⑥ 天然ゴム，⑦ 天然樹脂（ダンマール，ロジンなど），⑧ 天然ワックス類（蜜蠟など），⑨ 天然瀝青，⑩ 硫黄．

人工材料：A 硝酸繊維素樹脂，B 合成ゴムラテックス，C レゾルシノール樹脂，D 石炭酸樹脂，E アクリル樹脂（溶剤型），F アクリル樹脂（エマルション型），G 酢酸ビニル樹脂エマルション，H シアノアクリレート樹脂，I ポリエステル樹脂，J ウレタン樹脂，K ポリビニルアルコール，L ブチラール樹脂，M エポキシ樹脂，N シリコーン樹脂，O ケイ酸塩（水ガラス）系，P 石膏・石灰，Q セメント，R ポリエチレングリコール．

防カビと燻蒸
prevention and fumigation for controlling fungi

[概　要]　カビは紙や木などの有機物でできた材質のみならず，金属やガラスなど無機物の表面についた手垢や埃などの汚れにも発生し，材質を劣化させる．カビの発生のしやすさを決める要因（温度，栄養源，水分，酸素濃度，pHなど）のうち，カビの胞子の発芽と生育を防止するうえで最も制御しやすく有効なのが水分である．カビは65％RH（相対湿度）以上の環境でしか発芽，成長しない．したがって，防カビは環境整備を行い，カビの生育しにくい湿度条件を整えることが第一となる．また，合わせてこまめな清掃を心がけ，カビの栄養源となる埃を取り除くことも重要である．

一方，発生してしまった大量のカビを殺菌するには，燻蒸が最も有効であるが，殺菌燻蒸剤は人体にも毒性が強いので，使用に際しては十分な注意が必要である．

[カビの形態・種類と水分要求性]　カビは，栄養分を吸収して発育するときに伸長する菌糸と，生殖細胞である胞子（あるいは分生子）を基本構造としてもつ．菌糸は，乾燥や高温，薬剤などに比較的弱いが，胞子は丈夫な膜に保護されているため，生存しやすい．したがって，カビが生育しにくい環境では，通常カビは胞子の状態で休眠し，再び環境が成長に好適な条件になると再発生する．カビは形態学的な分類（表）のほかに，水分要求性からも分類できる．すなわち，100％RHあるいはそれに近い相対湿度条件で発芽・増殖するグループと，85％RH以下で発芽・増殖できるグループに分けられる．Pitt (1975)は，水分活性（a_w，コラム参照）0.85以下の環境条件に生育できるカビを好乾性のカビ（xerophilic fungi）（写真）とした．さらに新井（1995）は，文化財から分離したカビを水分に対する挙動から三つのグループに分類した．

① a_w1.0の水分環境のみで発芽・増殖す

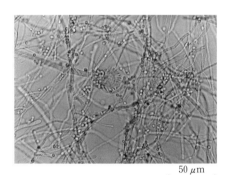

写真　好乾性のカビの一種の菌糸および分生子

表　カビの形態分類 (Ainsworth, 1973)

真菌門(Eumycota)	代表例
鞭毛菌亜門(Mastigomycotina)	Chytridium 属，Saprolegnia 属など
接合菌亜門(Zygomycotina)	Absidia 属，Mucor 属，Rhizopus 属など
子嚢菌亜門(Ascomycotina)	Eurotium 属，Chaetomium 属など
担子菌亜門(Basidiomycotina)	Serpula 属，Gyrodontium 属，Coriolus 属(いずれも木材不朽菌)など
不完全菌亜門(Deuteromycotina)	Aspergillus 属，Penicillium 属，Cladosporium 属など

るグループ：非好稠性菌（木材腐朽菌など），② a_w1.0 から a_w0.85〜0.95 に至る範囲の水分環境で発芽・増殖するグループ：条件的好稠性菌（*Cladosporium* 属など），③ a_w0.95 以下でなければ発芽・増殖できないグループ：絶対好稠性菌（*Eurotium* 属など）．

[文化財の被害例]　屋内で保存されている文化財材質のカビの被害は一般に好乾性のカビによる事例が多い．刀剣やガラスに *Eurotium* 属などの好乾性のカビが発生し，さびや曇りの原因となる場合がある．また，油彩画，書籍，日本画などにも *Eurotium* 属，*Aspergillus* 属などの好乾性のカビの発生が多くみられ，その一部のカビはフォクシングと呼ばれる褐色斑点の原因とされる．

木造建造物は，水漏れなどにより木材腐朽菌によって顕著に被害を受ける場合がある．木材腐朽には，褐色腐朽（brown rot）と白色腐朽（white rot）がある．褐色腐朽菌は主にセルロースを分解し，木材を褐色化させるもので，日本ではナミダタケなどによる被害が多く報告されている．白色腐朽菌は主にリグニンを分解するもので，アラゲカワラタケなどの被害例が報告されている．

漆喰壁や壁画などに *Cladosporium* 属のカビが発生し，黒色化や黒色の斑点を引き起こす場合がある．また，施設の被害としては，外壁に接して作品や展示ケースを配置すると，結露のためカビが発生する事例がきわめて多い．

[予　防]　カビの予防には環境を制御し，湿気を防止するのが最も効果的である．空間の相対湿度を60％以下に保ち，多湿な区画ができないように，適当な空気循環を行う．適切な空気調和設備がない場合には，除湿機とファンでも湿度を下げることができる．温度差のために結露する外壁，床，冷房の吹き出し口などには特に注意する．外壁は通路などに当て，直接作品や展示ケースを配置しないようにする．また，棚の下段は最低10 cmは上げ，直接床にものを置かないようにする．また，屋根，配管などの水漏れをすべて点検・修理し，冷水配管の結露も断熱材で予防する．床下の湿気対策にも留意する．また，こまめに清掃し，埃や手垢などカビの栄養源となる汚れを除くとさらに効果的である．カビ汚染を防止するためには，収蔵前に必ず作品を点検し，カビの発生したものを隔離して処置を行うようにする．

[カビ発生時の応急処置]　カビが発生した場合は，侵された作品をカビの胞子が飛散しないようポリエチレンなどの袋に封入して他の作品から隔離する．次に，湿気のもとを発見し，除く．カビに侵された作品は別の場所で風乾などで乾燥させ，除菌，修復などを適切に行う．大規模な被害の場合は，湿気のもとを取り除いて除湿するとともに，他の区画にカビが飛散しないようビニルシートなどを吊るし，専門機関，専門業者などに連絡をとる．

[除菌・殺菌の方法]　湿ったものはまず湿度の低いところで風乾する．作品の除菌および殺菌については専門の修復家などに相談する．一般に，エチルアルコールで損傷しない材質については，70〜100％エチルアルコールを含ませた脱脂綿などでていねいに拭って殺菌し，乾燥させる．アルコールが使用できない場合は，乾かした後，柔らかいブラシなどで払い落す．このとき室内にカビをまき散らさないよう，吸引ブ

ロワーなどを可動しながら行う。排気は屋外に出すか，HEPA フィルタ（high efficiency particle airfilter：防塵効率99.97%以上の高性能フィルタ）などを通して行う。作品内部までカビの被害が進行しているときには，現在のところ酸化エチレンによる燻蒸が最も有効である。酸化エチレンによる燻蒸は非常に殺菌効果に優れているが，この薬剤には発ガン性があるので作業は専門の業者に依頼し，燻蒸装置など所定の設備を用いて行う。チモールは，カビの菌糸を不活化するが，カビ胞子の完全な殺菌は困難である。パラホルムアルデヒドは，材質表面のカビの殺菌に有効であり，従来使用されてきたが，一部の顔料などに変色を及ぼすので，使用する材質には十分注意を要する。また，カビを吸い込むと，人体にアレルギーや日和見感染を起こすこともあり，またカビによっては病原性もあるので，大量のカビを扱う作業時にはカビを通さないマスクを着用し，手袋や作業着などを用いる。

◇コラム◇水分活性（a_w）

微生物の生育と水分との関係を表すのに最も適した指標といわれ，ある温度において物質の水分の得失がないときの周囲の雰囲気の相対湿度（RH）と物質の $a_w \times 100$ の値は等しくなる。　　　　（木川りか）

[文　献]

Ainsworth, G. C.：Ainsworth, G. C. *et al.* eds., The Fungi, An Advanced Treatise 4, A., Academic Press, 1973.

新井英夫：菌類研究法，共立出版，pp.279-283, 1983.

新井英夫：保存科学，**26**，43-52，1987.

新井英夫：空気調和・衛生工学，**69**，535-541, 1995.

Lord, A., Reno, C. and Demeroukas, M：Steal This Handbook！ A Template for Creating a Museum's Emergency Prepareness Plan, Southeastern Registrars Association, 1994.

Mold, Managing a Mold Invasion：Guidelines for Disaster Response, Technical Series No. 1, Conservation Center for Art and Historic Artifacts, Philadelphia, 1994.

大槻虎男：古文化財の科学，**35**，28-34，1990.

Pitt, J. I.：Duckworth, R. B. ed., Water Relations of Foods, Academic Press, pp.273-307, 1975.

Pitt, J. I. and Hocking, A. D.：Fungi and Food Spoilage, Academic Press, 1985.

Strang, T. J. K. and Dawson, J. E.：Controlling Museum Fungal Problems, Technical Bulletin No. 12, Canadian Conservation Institute (CCI), 1991.

Troller, J. A. and Christian, J. H. B.（平田　孝, 林　徹訳）：食品と水分活性，学会出版センター，1981.

Yamato, S. and Tsubota, T.：Research on the Causes and Countermeasures for the Blackening Phenomenon on the Plaster Earthen Walls in Himeji Castle, Biodeterioration of Cultural Property 2, pp.488-492, 1992.

防虫と燻蒸
insect pest control and fumigation

[文化財の主要害虫] 文化財を加害する昆虫の種類はきわめて多いが，現在のところ，昆虫分類学上，シロアリ目，コウチュウ目，チョウ目，ゴキブリ目，ハチ目，シミ目，バッタ目，チャタテムシ目，ハエ目の9目（orders）に属している．文化財の材質ごとに主要害虫とその主な特徴を記述すると次のとおりである．

木造建造物をはじめ，木彫仏像，屏風などの木質文化財の代表的な害虫としては，シロアリ類，シバンムシ類，ヒラタキクイムシ類，ナガシンクイムシ類，カミキリムシ類があげられる．文化財を加害するシロアリはヤマトシロアリとイエシロアリで，被害件数が多いのは前種で，いったん侵入されると被害甚大なのは後種である．ヤマトシロアリは北海道北部を除く日本全土に，イエシロアリは神奈川県以西の海岸線に沿った温暖な地域と千葉県の一部に生息している．前種は常に湿った木材や土中で生活しており，被害は腐朽と同時に起こることが多く，食痕は多湿で不潔である．後種は通常数十万匹の大集団で，乾燥した木材でも水を運んできて湿しながら食害するので，加害速度も速く，被害は激甚である（写真1）．シバンムシ類のうち，木材の代表的な害虫はケブカシバンムシ（写真2）で，木造建造物に大害を与えるほか，木彫仏像・絵画・屏風など美術工芸品まで甚大な被害を及ぼす．特に古材を好み，新しい材には産卵しない．シロアリ類とともに建造物の代表的な害虫にヒラタキクイムシがいる．本種は木竹材中のデンプンを栄養とし，原則としてデンプン含有量の多い広葉樹の辺材のみを加害する．主として幼虫が木材内部を食い荒らし，ひどくなると内部は全く粉状になってしまう．成虫が被害材の表面に直径1～2mmの虫穴を穿って脱出する際，微粉状の虫粉を排出する．

竹材を食害する昆虫としては，ナガシン

写真1　イエシロアリによる木造建築物の小屋組の被害

写真2　ケブカシバンムシの成虫

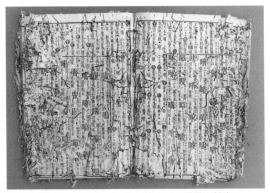

写真3　フルホンシバンムシによる書籍の被害

クイムシ類，ヒラタキクイムシ類，シロアリ類，タケトラカミキリ，ササコクゾウなどがあげられる．なかでも，文化財の竹材の被害例としては，ヒラタキクイムシのほか，チビタケナガシンクイとニホンタケナガシンクイによるものが多い．両種は4〜8月ごろ，成虫が被害材に直径2.5 mm内外の虫穴をあけ虫粉を排出して飛び出し，新しい竹材に産卵する．

　紙類を食害する昆虫としては，シバンムシ類，シミ類，ゴキブリ類のほか，チャタテムシ類，アリ類，シロアリ類，ヒラタキクイムシ類，チビタケナガシンクイなどがあげられる．なかでも，フルホンシバンムシ（写真3）とザウテルシバンムシによる被害が最も多く，被害も激甚である．シバンムシ類は書籍や古文書，掛軸などの表面に直径1 mm内外の丸い虫穴を穿ち，そこからトンネル状に貫通食害する．シミは紙の表面をなめるように食害するだけで穿孔することはない．ゴキブリ類（写真4）はかなり雑食性でかなり広範なものを加害するが，紙質文化財では書籍ののりづけした装幀の部分や屏風，掛軸などをかじることが多い．

写真4　ゴキブリによる屏風の被害

　乾燥した動物質のものを加害する昆虫としては，カツオブシムシ類とイガ類のほかに，ゴキブリ類，シミ類（写真5），チャタテムシ類があげられる．カツオブシムシとしてはヒメカツオブシムシとヒメマルカツオブシムシ（写真6）が文化財に対する被害が多く，よく知られている．両種は成虫は文化財を加害することはないが，幼虫が毛織物，生糸，羊皮紙，皮製品，乾燥動植物標本などの大害虫である．イガ類は文化財を加害するのは幼虫のみで，イガ，コイガ，ジュウタンガなどがあげられ，毛織物，毛皮，動物標本，書籍の装幀などを加害する．

写真5 ヤマトシミ

写真6 ヒメマルカツオブシムシの幼虫

　薬草・染料植物など乾燥植物や動植物標本類を加害する昆虫類としては，タバコシバンムシやジンサンシバンムシなどのシバンムシ類，カツオブシムシ類，ゴキブリ類のほかに，ヒョウホンムシ類とチャタテムシ類がいる．

　文化財を直接食害はしないが，営巣材料として泥を運んできて文化財に塗りつけたり，糞で汚染して，間接的に加害する昆虫として，シロアリ類，ゴキブリ類，シミ類，ハエ類，ジガバチ・ドロバチ類がいる．

[予　防]　害虫の防除は一般に予防より駆除に重点が置かれる傾向があるが，かけがえのない貴重な文化財の害虫防除に当たっては，特に予防が重要となってくる．まず定期的な清掃と調査によって被害の早期発見と適切な防除対策を早めに講ずることができる．次に，文化財が保管されている箇所の環境条件，特に温・湿度を害虫やカビが繁殖しにくい環境に保つことである．また樟脳・ナフタリン・パラジクロルベンゼンやDDVPあるいはピレスロイド樹脂蒸散剤などの防虫剤の使用も重要である．文化財建造物や文化財収蔵施設は害虫に侵入・加害されないようにあらかじめ薬剤や防虫網などで防虫措置を施しておく必要がある．

[駆　除]　文化財に虫害が発生した場合，ただちに駆除対策を講じなければならない．それには薬剤を使用しない方法，すなわち低酸素濃度処理，二酸化炭素処理，低温処理，高温処理などのほか，蒸散性薬剤の使用や殺虫剤の塗布や吹きつけによる駆除処理もあるが，文化財に種々の薬害を生ずる恐れがあるので，文化財に薬害が少なく，速効性で，殺虫効果も高く，短時間で処理できることから，現在のところ，燻蒸処理が多く行われている．

[燻　蒸]　文化財の燻蒸法は常圧燻蒸法と減圧燻蒸法に大別され，前者はさらに被覆燻蒸，密閉燻蒸，燻蒸庫燻蒸，包み込み燻蒸に分けられる．大型トラックに減圧燻蒸装置を搭載した移動燻蒸車もある．燻蒸剤としては，現在，殺虫の場合，臭化メチルかフッ化スルフリル，殺虫・殺カビの場合，臭化メチルと酸化エチレンの混合剤が多く使用されている．臭化メチルの2005年末全廃をひかえ，臭化メチルの代替薬剤

として，酸化プロピレン，酸化エチレン・フルオロカーボン製剤，ヨウ化メチルなどが現在，開発，実用化されつつある．

[問題点] 燻蒸処理は残効性がなく，予防効果はないので，施工後，予防措置を講じておくとともに，定期的に生物被害調査を行い，害虫やその被害の早期発見に努めることが肝要である．

◇コラム◇シバンムシの名前の由来

　シバンムシ（死番虫）は英語の dead watch beetle の訳名である．マダラシバンムシの成虫が頭部でコツコツと木を叩いて異性に信号を送る音を，迷信が渦巻いた中世ヨーロッパの人々は「死を予告する時計の音」と見なし怪談の正体となり，dead watch と呼んだ．日本語の死番は watch を「時計」ではなく，「見張り」の意に誤訳したことによる．　　（山野勝次）

◆トピックス1◆臭化メチルの使用規制

　文化財の燻蒸剤としてこれまで大量に使用されてきた臭化メチルが，オゾン層を破壊する物質の一つとして，世界的に使用規制を受けつつある．先進国では2005年1月に全廃されることが決まり，すでに1991年を基準値として臭化メチルの生産および消費量は削減されつつある．今後は臭化メチルの使用量の低減や，代替法の開発に努めるとともに，予防を主にした管理法を積極的に行っていかねばならない．

（山野勝次・木川りか）

◆トピックス2◆臭化メチル燻蒸の代替法

　臭化メチルの使用規制を契機に，今後は対処法の選択肢を広げ，方法を見直す必要がある．防除法については，世界各地で検討が進んでおり，やみくもに燻蒸剤だけに頼るのではなく，害虫などが発生しにくい環境をつくる環境的防除のほか，薬剤を用いない方法と薬剤を使用する方法を使い分けて対応する方法に変わりつつある．薬剤を使用しない方法として，低酸素濃度処理や炭酸ガス処理，低温処理などがあり，薬剤を使用する方法として，燻蒸処理や蒸散性薬剤などの使用がある．低酸素濃度処理は，酸欠状態で害虫を致死させる方法で，窒素やアルゴンなどの不活性ガスを用いる方法と，脱酸素剤を用いる方法，これらを組み合わせる方法があり，密閉空間内の酸素濃度を0.3%容量未満にまで下げる．長所は，人体や環境に安全であり，収蔵品にも安全性が高いことで，短所は，処理時間が長いこと，また高度の気密性が必要なため広域の被害には適用が難しいことである．炭酸ガス処理は，高濃度（約60%容量）の二酸化炭素の毒性により，害虫を致死させる方法で，低酸素濃度処理ほど高度な気密性が要求されないので，従来の燻蒸用テントに類似の二酸化炭素バリア性をもたせたシートが使用でき，殺虫に必要なガス濃度が，より簡単にまた安価達成できる．低温処理は，文化財の分野でも害虫が発生したときの殺虫処理に利用され始めた方法で，殺虫効果は高く，人体・環境にも無害であるが，適用できる材質は限定される．

（木川りか）

IV．文化財の画像観察法

(1) 表面状態の観察
observation of micro-structures

実体顕微鏡
stereomicroscope

[観察の対象] 染織，絵画，彫刻，工芸品などあらゆる文化財に対して，数十倍程度のマクロな領域での表面状態を立体的に観察するのに適した顕微鏡である．観察視野深度は生物顕微鏡と比較するとかなり深いので，表面状態が平滑である必要は全くない．染織資料は糸の撚りや布の組織，絵画の場合には絵具の剥落や汚れ，絵具の重なりなど，製作技術，材料，劣化状態などの観察に適している．

[原理] 実体顕微鏡には，Greenough system（図1）と呼ばれる二つの対物レンズで構成されるタイプと，common main objective system（図2）と呼ばれる一つの対物レンズで構成されるものとがある．前者は二つの全く異なる光路をもち，光軸の関係から拡大像と対象資料とは平行にならない．ただし，対物レンズが小さいので資料に近づけやすい利点をもつ．一方，後者は対物レンズが大きくなる欠点があるが，平行性を保てる利点をもつ．

[観察試料] 顕微鏡本体を対象物の観察位置に近づけることにより，対象物を非接触・非破壊で観察できるため，特に試料の調製をする必要はない．表面の状態がいかなるものでも観察が可能である．

[限界] 対象資料と対物レンズとの間の作動距離は倍率が高くなるに従って短くなる．観察をしながら対象物に対して何らかの処置をする場合には，100 mm 程度の十分な空間が必要となる，そのためには通常数十倍程度の倍率が限界である．作動距離を考えない場合には，100 倍程度まで倍率が得られるが，それ以上拡大しても解像力は上がらないので，生物顕微鏡などを利用しなければならない．

[応用例：上代裂の色彩測定] 国立歴史民俗博物館が所蔵する上代裂帳には，飛鳥・奈良時代の7～8世紀にかけて製作された染織品20点が収められている（写真1）．上代裂の多くは，1,000年近くの時を経ているにもかかわらず，当初の色彩に近いと思われる状態で染色が保存されている．これは，貴重な作品であるがゆえにほとんど光が当たらないように保存されてきた結果であろう．こうした上代裂に残された鮮やかな色彩は，飛鳥・奈良時代において嗜好された色彩感覚をたどるうえで重要な手が

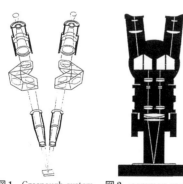

図1 Greenough system　図2 common main objective system

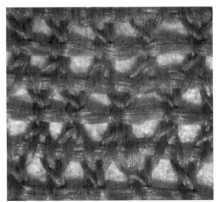

写真1　淡茶地羅裂

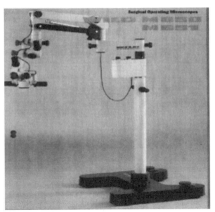

写真2　実体顕微鏡システム

かりを提供するものと考え，色彩の測定を実施した．

上代裂は製作後1,000年近くの歳月が経過しているため，絹の劣化が進み極度に脆弱な状態にある．また，染料は保存状態が良好であるので高い彩度を維持しているが，強い光の照射あるいは弱くても長時間の光照射によって容易に退色が進むことが十分に考えられる．色彩の測定のためには作品に対して非接触であり，短時間で分光スペクトル測定が可能な装置が必要である．そこで，実体顕微鏡と分光分析装置をガラスファイバで接続した装置（写真2）を用いた．

装置は，ガラスファイバで導いた可視光線をウィルド製実体顕微鏡（M-8）を通して被測定物に照射し，その反射光を同じ実体顕微鏡を通して，別のガラスファイバで大塚電子製の分光スペクトル装置（MCPD-110 A）に送り分光分析する．この装置の利点は，実体顕微鏡を用いて光照射および受光を行うために，どのような形状の資料にも適用できることと，顕微鏡の倍率を変化させることによって目的に応じた照射光の面積を得られることである．また，レンズによって収光されるため，比較的弱い光でも測定が可能なことである．

[応用例：文化財の修理]　鉄さびで覆われた鉄製遺物の象嵌部分を研ぎ出すときには，象嵌の表面のさびだけを取り除き，象嵌表面をできるだけ削り取らないように，実体顕微鏡を覗きながら作業を進める．絵画のワニスや補彩を除去するときも，オリジナル部分との識別が困難なときには，実体顕微鏡を覗きながらの作業になる．いずれの作業も拡大された像の上下左右が現実の状態と一致していなければ，スムーズで安全な作業は困難である．また，さまざまな道具を使用するため，対物レンズと対象物との間にある程度の間隔が必要である．この距離をワーキングディスタンスという．実体顕微鏡は両者の問題を解決できるきわめて有用な道具である．作業机の上に架台とともに乗せて使用するものと，大型の自在アームを備え，あらゆる形状と大きさに対応できるものとがある．　　（神庭信幸）

レーザ顕微鏡
laser microscope

[観察の対象] 試料表面の凹凸をレーザ光の反射から知ることができる装置である.

[原理] He-Neレーザ（発振波長633 nm, 赤色）を光源に用い, 共焦点型レンズで集光して試料上を走査し, 試料からの反射光をCCDイメージセンサで受光して結像, CRT画面上などで映像観察する. 単色のレーザ光を使用するため, 試料から色に関する情報は得られず出力画面はモノクロである. 共焦点型レンズは焦点位置において最大輝度が得られる特徴があり, そのため試料を高さ方向に移動させて得られる各画面での最大輝度信号を記憶させ, 集積画面に編集すれば, すべての深さで焦点の合った焦点深度の大きい画像を再構築できる. また各画面において焦点の合う高さ情報を記憶することにより, 表面形状の計測が容易に行える. レーザ光の波長が異なれば試料中への光の潜り込みが異なるため, He-Neレーザに加えてAr^+レーザ（発振波長515 nmと488 nmを利用）を備えて3波長で観察し, 薄膜中の異物を検出するためのカラーレーザ顕微鏡もある.

[装置] 通常の光学顕微鏡の写真撮影用アタッチメントに取りつけ可能な機種もある. レーザ光を集光して試料面上を走査し, 反射光をCCDセンサで受光する. 高さ方向を微小に変化させるためのモータやその制御系, 観察用画面, 記録用装置が必要である. 記録用装置には, 画像データの構築や計測データの算出のため, 通常はコンピュータを用いる.

[観察試料] 大気下で固体試料の拡大観察が可能（CRT画面上で数千倍まで）. 光学顕微鏡では観察が困難な厚みのある試料や透明試料（たとえば繊維など）を観察できる点が特徴. また, レーザ光を利用するため, 通常の可視光に比較して反射光での輝度が高く, 発光体の表面観察も可能である.

[限界] 解像度（測定再現精度）は約$0.03 \mu m$で, 光学顕微鏡より高く, 走査型電子顕微鏡より低い. 使用する光学顕微鏡により, ステージ上で観察できる試料の大きさ, 高さが決定される. 表面形状測定の限界は高さ方向を微小に変化させるための制御系に依存しているが, 通常は$600 \mu m$程度が限界である.

[応用例] 厚みがあり, かつ透明で, 光学顕微鏡での観察が困難な繊維やカビの胞子などの拡大観察に利用される.

[その他] 試料を拡大観察する道具を光源とその照射方法をもとに分類すると, 可視光を利用する実体顕微鏡や光学顕微鏡, 可視光のうち位相の揃った光を用いる偏光顕微鏡, 紫外線を利用する紫外蛍光顕微鏡, 赤外線を利用する赤外顕微鏡, 可視光のうち特定の波長の光を利用するレーザ顕微鏡, 電子線を利用する走査型電子顕微鏡などがある. 検出精度については光源に電磁波を利用している手法については, 光源の波長の1/2が限界となる. （佐野千絵）

偏光顕微鏡
polarizing microscope

[概　要]　自然光の振動は，ふつうは方向性をもたないが，ある特定の方向に振動が限られた光があり，それが偏光と呼ばれる．偏光顕微鏡は，偏光を用いて試料を観察するもので，透過型と反射型の2種類があり，前者は透明鉱物の観察に適し，後者は不透明鉱物の観察に適している．鉱物は，それぞれの結晶構造に応じた光学的特性をもっており，偏光顕微鏡下で鉱物を観察すれば，それぞれに固有の光学的特徴を観察することができる．つまり，未知試料の鉱物の同定が可能となる．

[文化財への応用]　偏光顕微鏡観察を行うことが有効な文化財試料として，岩石をあげることができる．岩石は，一般には鉱物の集合体であり，その状態を偏光顕微鏡で観察すると，岩石の成因や履歴を解明することができ，さらに，その岩石の産地を特定することが可能な場合もある．

岩石以外では，モルタル，日干し煉瓦，焼成煉瓦，ストゥッコ，土器，陶磁器，瓦，コンクリート，土壌，火山灰など，鉱物を含んだ物質に有効である．

[試料の調製]　文化財試料の場合には，透明鉱物の同定が要求されることが多く，透過型で試料を観察する場合が多い．透過型で観察を行うには，まず，試料を薄くして，光を通すようにする必要がある（岩石薄片製作）．薄片の製作は，ふつう，試料の片面を研磨してから，接着剤などでその面をスライドガラスに張りつけ，反対側の面を研磨して擦り減らしながら行う．試料の厚さは大体 30 μm 程度にして仕上げる．このため，偏光顕微鏡観察には，5 mm×5 mm×2 mm 程度の大きさの試料破壊が必要である．

反射型用の試料作成では，薄片製作の必要はなく，その代わりに，表面を研磨して，鏡面状に仕上げる必要がある．

[文化財試料の観察例]　石器や建築石材について，偏光顕微鏡観察によって産地推定を行った研究は多い．土器についても，含まれる鉱物を観察して，産地を推定した試みもある．一方，劣化した石材の断面を偏光顕微鏡観察して，劣化の進行度合いや劣化速度を考察した研究例もある．

◇コラム◇薄片製作のこつ

通常の岩石の偏光顕微鏡観察用の薄片製作は，水と研磨剤を用いてグラインダ上で研磨して行う場合が多いが，脆弱な試料は，あらかじめ樹脂などで固めてから研磨する必要がある．この場合には，あらかじめ樹脂に色をつけてから含浸させれば，試料内の空隙がもともとのものか，研磨中に崩落した部分であるかの区別が容易となる．粘土や岩塩など，水に溶解する試料では，水の代わりに油を使って冷却したり，紙ヤスリを使って液体を使わずに研磨したりすることによって，薄片製作が可能となる．

雪や氷の結晶などの試料は，冷凍室などで研磨を行い，そこに偏光顕微鏡を持ち込めば，溶けることなく観察を行うことが可能である．

（朽津信明）

X線分析顕微鏡
X-ray analytical microscope

[概　要]　蛍光X線分析装置の一種で，照射するX線のビーム径を絞り込むことによって顕微鏡サイズの試料の元素分析を可能にする装置である．したがって，名称としては微小部蛍光X線分析装置と呼ぶことも可能であり，機能的には，分析装置の一つとしてとらえるのが妥当である．

[分析可能な試料]　X線分析顕微鏡では，顕微鏡観察を行いながら，その微小領域の元素分析が行える．蛍光X線分析が有効な試料なら，原則的にどのような試料でも観察は可能であり，無機文化財，特に岩石，金属，ガラス，セラミックス，顔料，漆喰，煉瓦，モルタルなどの分析に適している．

[機器の特性]　X線分析顕微鏡では，試料をスキャンさせて計測することが可能なため，試料上のそれぞれの部分でのX線強度を測ることにより，元素の分布をマッピング分析することも可能である．元素のマッピング分析としては，EPMAが広く知られているが，X線分析顕微鏡では，比較的大きい試料（10 cm×10 cm×3 cm以内）でも測定可能である．また大気条件で測定可能なため，脆弱な試料や水を含んだ試料でも分析可能である．たとえば，試料の偏析や変質状況，染付や壁画片の文様部分などにおける元素の分布をみるのにも適している．

[分析法]　X線分析顕微鏡では，試料は前処理なしに，そのまま試料ホルダー（10 cm×10 cm×3 cm）に取りつけ，試料観察も大気条件のままで行う．顕微鏡の倍率は実体顕微鏡程度に相当し，ビーム径は10 μm と 100 μm の2種類がある．試料台はスキャンが可能であり，設定された速度で自由に動かすことができるので，目的に応じた精度で目的に応じた場所のマッピング分析が可能である．同時に31元素まで測定可能であるため，ある試料上で，さまざまな元素の分布状況を同時に観察することが可能である．分析後，試料はそのままの状態で回収できるため，他の分析に用いることができる．場合によっては採取前の場所に戻すことも可能である．

[文化財試料の分析例]　石造文化財表面の劣化状況の断面観察，壁画顔料の変色状況の断面観察，染付磁器の文様部分や浮世絵試料などで色の分布を元素の分布と比較して彩色の材料・技法を考察した例などがある．

◇コラム◇土器文様のマッピング分析

　文様の描かれた土器片などをX線分析顕微鏡でマッピング分析すれば，それぞれの文様部分にどのような元素が濃集しているかを簡単に調べることが可能である．ただし，その場合には，その土器片が試料ホルダー（10 cm×10 cm×3 cm）に収まるサイズである必要がある．つまり，文様のついた土器片が多数出土した場合には，接合して復元するよりも先に，破片の状態でそれぞれをマッピング分析し，その後で修復作業を行う方が試料採取の問題がなくなるので好ましい．破片ごとに測定された分析結果は，画像処理で容易に合成できるので，土器片全体の元素分布を展開図の形で表示することが可能となる．　　　（朽津信明）

電子顕微鏡
electron microscope

[観察の対象] 現在最もよく用いられているのは，走査型電子顕微鏡（SEM）による無機物・有機物資料のミクロ組織や構造の観察である．「低真空 SEM」と呼ばれる装置では動植物，微生物などを自然に近い状態のままで観察できる．

[原理] 真空中で試料面に電子線を照射すると，試料から 2 次電子，反射電子，特性 X 線などが発生する．また薄膜試料であれば電子の一部が透過する（図1）．平

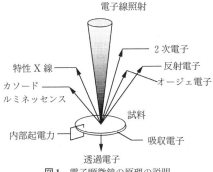

図1 電子顕微鏡の原理の説明

行電子ビームを試料に照射し，透過電子を電子レンズで結像させて試料の微細組織を観察するのが透過電子顕微鏡（transmission electron microscope：TEM）である．細く絞った電子ビームで試料表面をちょうどテレビ画面のように走査して各走査点から発生する 2 次電子，反射電子を検出し，その強度に応じてブラウン管の輝度を変調することによって走査像を観察する装置を走査型電子顕微鏡（scanning electron microscope：SEM）と呼ぶ．また，TEM や SEM の鏡体に半導体 X 線検出器（solid state X-ray detector：SSD）やエネルギーアナライザ（energy analyzer：EA）を組み込み，像の観察を行いながらミクロ領域の元素分析，構造解析や状態分析を行う機能をもった装置を分析電子顕微鏡（analytical electron microscope：AEM）という．SSD で特性 X 線を検出し元素分析を行う技法をエネルギー分散型 X 線分光法（energy dispersive X-ray spectroscopy：EDS）という．

[装置] TEM の本体は，電子線源から発生した電子線の加速部，電子線を平行ビームにするコンデンサレンズ，試料室，透過電子から結像を行うための対物レンズおよび拡大・結像レンズ系，像を観察する蛍光板と撮影装置からなる（図2）．組織を

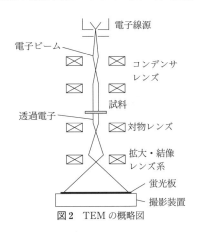

図2 TEM の概略図

全体として観察する明視野像，結晶内の局所的な異常を観察する暗視野像・弱ビーム法，物体の内部構造を原子尺度で観察する結晶格子像などの分析技法がある．

SEM の本体は，電子線源（通常タングステンフィラメント），加速部，細束電子

（1） 表面状態の観察

ビームを形成するコンデンサレンズおよび対物レンズ，電子ビーム走査系，試料室，2次電子・反射電子の検出器からなる．EDSによる元素分析を行う場合には，これにSSDを付設する（図3）．電子線を走

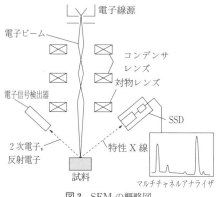

図3 SEMの概略図

査して元素の分布を調べる（マッピング分析）こともできる．低真空SEMと呼ばれる装置は低い真空度でも作動し，生体などの含水試料を濡れたままの自然に近い状態で観察することが可能である．また，フィールドエミッション型の電子線源を用いることによって高分解能で鮮明な画像が得られるようになった．

[観察試料] TEMでは，電子線が透過できるように観察対象試料を薄片（1μm以下）にする必要がある．最終研磨の方法として電解研磨，イオン研磨，化学研磨，ミクロトームによる裁断などがある．

SEMの場合は，原則として試料を樹脂に埋め込み，ダイヤモンドペーストなどで鏡面まで研磨する．電子線の帯電現象を回避するために，通常表面に炭素や金などを蒸着する．実際の文化財分析の現場では，表面状態を非破壊で観察するために，前処理をほとんど施さずに分析を行う場合も多い．

[限界] 元素の分析に使用されるSSDには，Si(Li)（リチウムをドープしたケイ素）半導体が使用される．通常は10μm厚程度のベリリウムを入射窓に取りつけたものが多いが，窓による低エネルギーX線の吸収のため，ナトリウムより小さな原子番号の軽元素の分析はできない．最近は入射窓に1μm以下の厚さの有機薄膜などを用いることによって，軽元素の検出を可能とした装置も多くなった．

[応用例] TEMを用いた文化財の分析例はほとんどない．TEMは生物学の分野で花粉分析，細胞壁・生殖細胞の構造解析，個体発生，特に花器官・種子・果実の発生過程の解析などに用いられており，この手法の文化財資料への適用などが特に期待されている．

ここではSEMによる解析例をあげる．

① 鉄滓の分析：鉄滓（岩手県気仙沼市細尾月立八瀬出土）の鉱物組織を観察した．鉄カンラン石の樹状結晶（図4の灰色部分）と自形のウルボスピネルの結晶（同図，白色部分）が検出された．この鉄滓は砂鉄を原料とした製鉄の製錬滓と判断された．

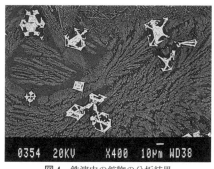

図4 鉄滓中の鉱物の分析結果

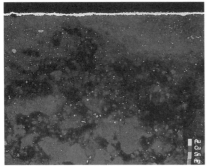

図5 小刀の金めっき層断面の分析結果（口絵7参照）

図6 大型資料分析用SEM

②小刀の金めっき層のマッピング分析：蕪木5号墳（千葉県松尾町）出土の小刀（長さ43.2 cm）の金めっき層断面をマッピング分析し，金を黄で，銅を青で，スズを緑で，銀を赤で表示した（図5）．色の濃さは元素の濃度に対応している．この資料は青銅に約 $10\,\mu m$ の厚さの金めっきが施されており，介在物中には銀が含まれている．

[その他] 文化財分析用のSEMには，日本刀や鉄砲のような大型資料が非破壊で測定できる試料室（内寸 $10\,cm\times 18\,cm\times 200\,cm$）を備えた装置（図6）もある．

(齋藤　努)

[文　献]

田口　勇，尾崎保博編：みちのくの鉄―仙台藩炯屋製鉄の歴史と科学―，アグネ技術センター，1994．

田口　勇，杉山晋作，齋藤　努：蕪木5号墳出土金銅製遺物の自然科学的研究．国立歴史民俗博物館研究報告，**45**，49，1992．

Takahashi, M.: Pollen morphology in the genus Erythronium (Liliaceae) and its systematic implications. *American Journal of Botany*, **74**, 1254, 1987.

中性子誘導オートラジオグラフィー
neutron activated autoradiography

[観察の対象] 油彩画，水彩画などの絵画に使われている顔料や絵具の塗り重ねなどを調査するために利用される．

[原理] 原子炉などを用いて測定したい試料に熱中性子を当てると，試料は放射化されて放射能をもつ．放射能の強さは照射する中性子束の密度や照射時間，含まれる元素の種類や量などによって変わるが，その強さは生成した放射性核種の半減期に従って時間とともに減少する．半減期の長い放射性核種ができた場合には，試料は長期間放射能をもち，逆に半減期が短い場合には短時間のうちに放射能はなくなる（V編（1）章の放射化分析の項参照）．中性子誘導オートラジオグラフィーでは試料を放射化させた後，適当な時間をおいて写真フィルムと密着させて撮影し，その画像の変化の様子から重ね描きを調べたり，絵画に使用されている顔料を推定する．オートラジオグラフィーによる調査を行うときには，絵画中のいくつかの箇所についてγ線スペクトロメータを用いてγ線エネルギーを調べ，元素を同定する．

[装置] 試料を放射化するにはサイクロトロン，線形加速器なども利用できるが，これまでは原子炉が用いられている．水彩画（グァッシュ，14cm×34cm）を調査した例では出力100 kWの原子炉を利用し，額から取り外した絵画を放射能汚染を防ぐためにポリエチレンシートでくるんで原子炉の開口部（直径7.5 cm）の前に置き，3時間15分かけて単位面積あたり2×10^{14} cm^{-2}の中性子を照射した．絵は開口部に向かい合うように置かれるので，絵の中心部に比べて周辺の中性子束密度は2〜3桁小さくなるが，得られる画像にはむらはほとんど生じていない．この例では，照射後半日〜420日まで露光時間を変えながら（表1），X線フィルムと密着させて暗室中で露光し，12回撮影している．

[観察試料] 非破壊であるが試料以外のものからの放射能の影響を避けるため，額や装飾品などをあらかじめ試料から取り除いておく必要がある．

[限界] 中性子を発生する原子炉など特別な装置を用いるために，取り扱い上，さまざまな制限があり，調査したい絵画なども装置のある場所まで持ち運ばなければならない．作品の大きさとしては，30 cm四方の照射口を用いて約1.4 m四方のかなり大きな油彩画を調査した例がある．

放射化された試料は放射能を帯びているため，放射能が規定値*以下になるまで管理区域の外に持ち出すことができない．こ

表1 オートラジオグラフィーの撮影

回数：12		1	2	3	4	5	6	7	8	9	10	11
放射化からの経過日数：420		0.5	1.5	3.5	5.5	11.5	17.5	22.5	27.5	52.5	240	300
露光時間（時間）：3,000		12	16	64	19	113	114	114	117	402	1000	1000
フィルムの種類：D7		D7	D7	D2	D7	D7	D7	D7	D7	D7	D7	D10
主に寄与する放射性核種		^{24}Na				^{46}Sc						
				^{140}La					^{110m}Ag			
							^{65}Zn					

表2 オートラジオグラフィーの撮影

回数：9	1	2	3	4	5	6	7	8
放射化からの経過時間：22日	5分	25分	4時間	5時間	1日	2日	4日	8日
露光時間：28日間	5分	10分	45分	19時間	24時間	2日間	4日間	12日間
γ線エネルギー測定：3回目		1		2				

表3 オートラジオグラフィーによって17世紀のオランダおよびフラマン派の絵画によくみられた元素および顔料

元素	関連の顔料	生成される放射性核種と半減期		最もよい画像が得られる放射化後の撮影時期
マンガン	アンバー，ダークオーカー	Mn 56,	2.6時間	0〜24時間
銅	岩緑青，岩群青，	Cu 66,	5.1分	0〜20分
	ヴェルディグリ	Cu 64,	12.8時間	1〜3日
ナトリウム	膠，メディウム，カンバス ウルトラマリン	Na 24,	15.0時間	1〜3日
ヒ素	スマルト，ガラス	As 76,	26.5時間	2〜8日
リン	ボーンブラック	P 32,	14.3日	8〜30日
水銀	朱	Hg 203,	48日	25日以上
コバルト	スマルト，ガラス	Co 60,	5.3年	25日以上

のため調査に長い期間を要し，調査後の公開に制限を受ける恐れがある．

*α線を放出する同位元素で3.7 kBqをこえるものは，放射性同位元素として日本国内で法律の規制を受ける．また放射線施設内の人が常時立ち入る場所で，人が触れるものの表面の放射性同位元素の密度限度は，α線を放出する放射性同位元素については4 Bq/cm²とされている．

[応用例] アメリカのメトロポリタン美術館ではオートラジオグラフィーを用いて，ファン・ダイク，フェルメール，レンブラントなどの作品の調査を行った．中性子照射にはブルックヘブン医療研究所の原子炉を用い，12インチ（30.5 cm）四方の中性子照射口から60 cmの距離に作品を置いて放射化した．平均中性子束密度は 1×10^{10} s^{-1}cm^{-2}で照射時間は90分であった（単位面積あたりの照射量 5.4×10^{13} cm^{-2}）．このときに作品が受けた線量は1,740 rad（=17.4 Gy）と推定された．また放射化された作品の放射能の強さは照射直後に2 mR/hで，調査終了時の50日後には0.1 mR/hに減衰していた．

撮影は放射化5分後から50日後まで9回にわたって行われ，その間にγ線エネルギー測定を3回行っている（表2）．

この調査では17世紀のオランダおよびフラマン派の絵画についてはマンガン，銅，ナトリウムなどを検出することにより，アンバー，緑青，群青，膠などの顔料やメディウムを検出することができたが，白亜，鉛白，オーカー，鉛錫黄，レーキ，インジゴなどはオートラジオグラフィーによる画像では検出できないとしている（表3）．　　　　　（三浦定俊）

[文　献]

Art and Autoradiography : Insights into the Genesis of Paintings by Rembrandt, Van Dyck and Vermeer, The Metropolitan Museum of Art, 1982 ; 2nd printing, 1987.

Wall, T., Bird, J. R., Brown, J., Maynard, N. and Kennard, C. : Pamela, A. E. and van Zelst, L. eds., The Research Laboratory Museum of Fine Arts Boston, pp.245-250, 1983.

# エミシオグラフィー
emissiography(electron radiography)

[**観察の対象**] 重い元素を含む顔料や象嵌などを非破壊で検出する，X線撮影法の一つ．絵画や象嵌のある工芸品，考古資料などの調査に用いられる．X線透過撮影法と異なり，資料表面の情報だけを得ることができるので，金箔や薄く塗り重ねた表面の絵具などを調べるために利用される．また被写体の表側に写真フィルムを置いて撮影するので，X線透過撮影ができない壁画などにも利用できる点が長所である．

[**原理**] 顔料や象嵌に含まれる鉛や水銀などの元素に，電子の束縛エネルギーより大きいエネルギーのX線が照射されると，光電効果により2次電子（光電子）を発生する．被写体表面にフィルムを置いて，被写体から飛び出してきた光電子をとらえ，それらの元素の分布に対応したX線画像をつくることができる．このとき，被写体の表面に置かれた写真フィルムが1次X線で感光しないのは，次の理由による．

銀塩写真フィルムは，ハロゲン化銀の微細な結晶をゼラチン中に分散させた乳剤をポリエステルなどでできた透明不燃性ベースに塗布してつくられている．写真フィルムに照射されたX線は，乳剤中のハロゲン化銀に当たり光電効果により光電子を発生して潜像をつくる．しかしX線のエネルギーが100 keV以上になると銀に対する光電効果が小さくなるために，高エネルギーX線は写真フィルムを感光させることなく，ほとんどそのまま透過する．

X線発生装置から照射される制動X線には低いエネルギーのX線も含まれているので，100 keV以上の光エネルギーのX線だけを被写体に照射するように，X線管球の前にX線フィルタを置く．X線フィルタとして，スズや銅でできたフィルタが用いられる．

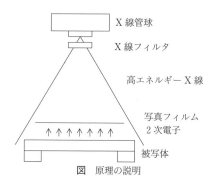

図　原理の説明

[**装置**] 管電圧200 kV以上のX線を発生できる工業用X線発生装置を用いる．写真フィルムとしては，片面だけに乳剤を塗った印刷用のフィルム（たとえば富士写植用フィルムPB-100）を用いる．X線ラジオグラフィー用のフィルムは，乳剤中の銀塩の量を多くし，ベースの両面に乳剤を塗布してX線に対する感度を高くしているので，1次X線に感光しやすく，カブリが多くなりコントラストが低下するためにエミシオグラフィーには適していない．

撮影に当たっては被写体から発生する光電子が微弱なため，フィルムの乳剤面を被写体に直接触れさせる必要がある．また照射X線中に含まれる低エネルギーX線による影響を防ぐため，高エネルギーX線だけを透過させるスズ（3 mm厚）や銅（10 mm厚）のX線フィルタを用いる．

[**限界**] 撮影時には，画像にボケが生じ

ないよう被写体とフィルムとを密着させる必要がある．このため絵具面が浮き上がっていて上から力をかけると損傷する恐れのある絵画などに応用するときは，あらかじめ剝落止めなどの処置をしてから撮影しなければならない．

[応用例] 縦51 cm，横67 cm，厚さ1 cmのスギの一枚板に，四季農耕図が描かれている明治初期の絵馬を調査した．写真1に示す部分をエミシオグラフィーで撮影したところ，頭巾の白や子どもの赤い服が黒く現れ（写真2），それぞれ鉛を含む鉛白と水銀を含む朱で描かれていると推定された．また輪郭の墨線も黒く現れていることから，鉛白で下書きをしているか，墨に鉛白のような重い金属を含む顔料を混ぜて輪郭線を描いていると推定された．この絵馬についてはX線分析により，鉛白と胡粉の2種類の白色絵具が用いられていることが明らかになった． （三浦定俊）

[文 献]
Bridgeman, C. F., Keck, S. and Sherwood, H. F.: *Studies in Conservation*, **3**, 175-182, 1958.
三浦定俊：古文化財の科学, **30**, 21-27, 1985.
三浦定俊, 神庭信幸：保存科学, **26**, 23-30, 1987.

写真1 絵馬（部分）

写真2 撮影結果（部分）

サーモグラフィー
thermography

[観察の対象] 主に遺跡や建造物などを観察の対象とする．表面の温度分布の異常を調べることにより，遺跡の所在の確認やその形状を調べたり，建造物では内部の空隙を調べたりする．

[原理] 物体はプランクの法則に従い，自身の温度に応じた電磁波を放射している．この電磁波は常温付近（20〜30℃）において波長10 μm 前後の遠赤外線（熱赤外線とも呼ばれる）である．赤外線の波長や強さ（放射エネルギー）は物体の温度によって決まり，温度が高くなるほど赤外線の波長は短くなり，放射エネルギーは大きくなる．これを利用して，赤外線画像センサで物体の表面温度分布を知ることができる．もし物体の内部が一様でなくて，空隙があって熱を伝えにくかったり，逆に金属のように伝えやすいものなどがその内部にあれば，表面の温度分布に異常が生じるので，その存在を知ることができる．ただし赤外線の放射エネルギーは物体の材質や表面の状態によっても変化するので，対象が一様な材質でできていて表面の粗さもほぼ同じであることを仮定する必要がある．

なお赤外線リフレクトグラフィーに用いられる赤外線は 0.8〜2 μm の近赤外線であり，サーモグラフィーに利用される 10 μm 前後の遠赤外線に比べて短い．

[装置] 熱赤外線に感じる赤外線撮像装置を用いる．赤外線センサとして CdHg-Te や InSb などのセンサと，走査鏡・チョッパを組み合わせたメカニカルスキャン方式の赤外線撮像装置（サーモグラフィー）が広く利用されてきた．最近ではスキャニング機構をもたないシリコンショットキーバリア固体撮像素子も開発され，利用されている．これらの撮像素子は雑音を減らすために超低温に冷却する必要があり，そのために液体窒素を用いたり，クーラーによって冷却したりする．装置としてこのほかに，画像観察用のモニタテレビも含まれるが，全体を1人で持ち運べる程度にコンパクトにまとめた装置もあり，液体窒素を用いる機種でも，長時間使用するのでなければ小さいボンベですむので屋外で使用することが可能である．

[観察試料] 原則としてそのままの状態で観察できる．表面温度は温度変化のサイクルに応じて連続記録して，試料の各部分が暖まる（冷える）速さの違いを，合わせて比較することが大切である．

[限界] 試料が周囲と熱平衡にあるときには表面に温度分布の異常は起こらないので，サーモグラフィーで観察しても有効な測定結果は得られない．物体の内部構造の違いによって表面温度分布に変化が起こるためには，物体内部と表面の間にまず一様な熱の流れを生じさせる必要がある．遺跡や建造物のように大きな対象物に，人工的に一様な熱流を生じさせるのは困難なので，測定の際には日照による温度上昇を利用することが多い．このときに樹木など周囲からの影があるとそこだけ陽が当たらずに温度むらが生じるので，正しい結果が得られない．また日照が弱いと十分な熱の流れが得られないので，たとえばよく晴れた日の朝に測定を行う必要がある．

原理で述べたように，放射される赤外線

のエネルギーは,試料の材質や表面の状態によって決まる放射率にも依存しているので,表面に汚れやコケなどがついていると正しく観察できない.可能な場合にはそれを取り除いてから観察する.もし取り除けない場合には,別途通常のカラー写真を撮影しておいて,サーモグラフィーの観察結果と比較する.サーモグラフィーの画像は肉眼でみる画像とは全く異なっているので,同じ角度から調査箇所の写真を普通写真で記録しておくことは重要である.

[応用例] 沢田(1997)らは,奈良県室生村にある大野寺石仏(写真1)の調査をサーモグラフィーで行っている.この石仏は,大野川に面した溶結凝灰岩の岩盤に刻まれた高さ14mの巨大な線刻像であり,近づいて調査は簡単にはできない場所にある.そこで,岩盤に剥離や亀裂が生じていないか,対岸からサーモグラフィーにより調査が行われた.調査は朝から夕方まで継続して行われ,画面(写真2)上の12か所の点でその温度変化を比較した(図).その結果,温度変化の少なかった測定点1では表面の岩の状態が良好で岩盤にしっかりついているが,最も温度変化の大きかった測定点3では岩の表面に形成された硬い表面層が層状に剥離して,岩盤から浮き上がっていることがわかった. (三浦定俊)

[文 献]
沢田正昭:文化財保存科学ノート,近未来社,pp.173-175, 1997.

写真1 大野寺石仏

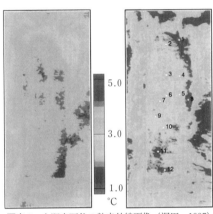

写真2 大野寺石仏の熱赤外線画像(沢田, 1997)
サーモグラフィーによる石仏温度分布図.左:午前11時の表面温度分布,右:午後2〜6時の表面温度分布.

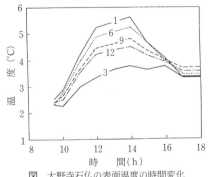

図 大野寺石仏の表面温度の時間変化
(赤外線画像からの読み取り)

(2) 内部状態の調査
looking at inner structures

赤外線(IR)写真撮影
infrared photography

[観察の対象] 絵画の下描きの調査や，発掘された木簡や漆紙文書に書かれた文字の判読，表面が汚れてみえなくなった絵画や棟札の調査などに利用される．

[原　理] 黄変したニスや漆膜は，可視光は吸収しても赤外光は比較的よく透過させる性質がある．また朱（バーミリオン）や黄土（シェナ）など絵具によっても，近赤外光をよく透過させる性質のものがある．このような材料で描かれた塗膜の下に，近赤外光をよく吸収する炭素で描かれた線があると，下地との反射率の違いで下描き線を検出できる（図）．

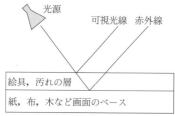

図　赤外線写真撮影の原理

[装　置] 感光材料として，赤外線領域まで感度をもった赤外線フィルムを用いる．赤外線フィルムには白黒とカラーの35mmフィルムと4×5判がある．カラーは近赤外光を赤色，赤色光を緑色，緑色光を青色に表した擬似カラーとして表現されるが，文化財調査用には白黒の4×5判が用いられることが多い．赤外線フィルムは可視領域の光に対しても感度があるために，白黒の赤外線フィルムは赤外線のみを透過させる赤外線フィルタないしは赤フィルタをレンズの前に取りつけて撮影する．コダックのWratten 92などのフィルタが利用される．

長波長の赤外線はガラスを透過しないが，赤外線フィルムが感じる程度の赤外線はガラスをよく透過するので，撮影機器には通常の写真用カメラとレンズを用いることができる．しかし赤外線は可視光線に比べて波長が長いために，ピントの合う位置が異なる．写真レンズによってはこれを補正するためのマークがついているものがある．赤外線光源としてはタングステンタイプの写真撮影用ランプ（カラー撮影用のブルーランプではない白熱ランプ）を用いる．屋外では太陽光を光源としてそのまま用いることができる．

絞りやシャッタースピードなどは肉眼でみただけでは決められないので，いずれの場合もテスト撮影して露出を決めた方が望ましい．それができない場合はおおよその露出値を目安にして，前後何段階か露出を変えて撮影する．赤外線フィルムは温度の影響を受けやすいので，撮影後はすぐに現像した方がよい．

[観察試料] 非破壊撮影法であるので資料をそのまま観察できる．ただし資料が水に濡れていると水による赤外線の反射や吸収があって観察できないので，資料の表面に

ついた水滴はあらかじめ拭っておく必要がある．

[限　界]　写真フィルムは乳剤に制限があるため，軍事用など特殊なものを除いてふつう700～900 nm の範囲の赤外線に対してしか感光しない．そのため2,000 nm 程度まで感度をもつ赤外線撮像管を用いる赤外線リフレクトグラフィーに比べて検出能力は落ちる．しかし解像度が高く細かな部分を鮮明に観察できるので，4×5 判など大判のフィルムが絵画の調査によく用いられる．

[応用例]　写真1は江戸時代～明治時代ごろの絵馬である．表面が汚れていて線描きがみえにくかったが，赤外線写真を撮影することによって，人物などが明瞭にみえるようになった（写真2）．

写真3は長年，屋根裏にあった棟札である．表面が燻煙で黒くなって字を読み取ることができなかったが（写真3左），赤外線写真（写真3右）を撮影することによって，その建造物の由来や施主などを知ることができた．なお，比較のために赤外線リフレクトグラフィーによる合成画像も示した．

（三浦定俊）

写真1　絵馬（部分）（口絵8参照）

写真2　写真1の赤外線写真（口絵8参照）

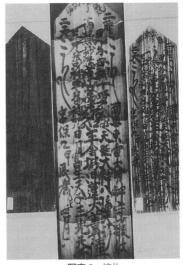

写真3　棟札
左：普通写真，中央：赤外線リフレクトグラム，右：赤外線写真．

赤外線リフレクト・トランスミッシオグラフィー
infrared reflectography, infrared transmissiography

[**観察の対象**] 赤外線写真と同様に，絵画の下描きの調査や，発掘された木簡や漆紙文書に書かれた文字の判読，表面が汚れてみえなくなった絵画や棟札の調査などに利用される．現像するまで像をみることができない，撮影条件を決めがたいことなど各種の制約をもつ赤外線フィルムに比べて，その場で簡単に赤外線画像をみることのできる特徴をもつこの手法は，大量の資料を短期間のうちに調べなければならない埋蔵文化財の調査などに広く利用されている．

[**原理**] 原理は赤外線写真と同じであるが，利用する赤外線の波長領域が赤外線写真より長いところにある．図は，各波長の光に対して下描き線がみえなくなるときの絵具層の厚さ（隠蔽厚み）を縦軸にとって，数種類の油絵具について理論的に計算した結果である．ほとんどすべての絵具で2,000 nm（2.0 μm）付近にピークがある．特に岩群青や岩緑青では，800 nm付近に比べて2,000 nm付近の隠蔽厚みは，約3倍にもなる．すなわち岩群青や岩緑青は，赤外線フィルムの感度が800 nm付近の赤外線より，2,000nm付近の赤外線をよく透過させるので，後者の波長に近い赤外線を用いた方が下描き線の検出力が向上する．通常は反射赤外線を観察する（リフレクトグラフィー）が，資料によっては透過赤外線を観察した方が下描きを読みやすいことがあり，その場合には透過光で観察（トランスミッシオグラフィー）する．

[**装置**] シリコンや硫化鉛，インジウム，ヒ素などをターゲットとした光導電型の赤外線撮像管（ビジコン）や，シリコンを用いたCCDカメラなどが感光素子として利用されている．なかでも光電変換面に酸化鉛を蒸着し，それに硫黄をしみ込ませた後，熱処理して硫化鉛を形成させた酸化鉛-硫化鉛ビジコンが最も広く利用されている．その理由は，上述のように2,000 nm付近の赤外線を用いれば下描き線の検出力が向上するが，酸化鉛-硫化鉛ビジコンは2,200 nmまで感度があること，また酸化鉛-硫化鉛ビジコンは室温でも動作するので，インジウム-アンチモン検出器などのように液体窒素による冷却を必要としないこと，ビジコンであるから走査ミラーなどの機械部分がなく，装置も小さく軽量で，比較的安価であるといったことである．

10 μm以上の熱赤外線を利用するサーモグラフィーでゲルマニウムなどの特殊な光学材料を用いる必要があるが，ここで利用する赤外線はたかだか2 μm程度までの波長なので通常の写真レンズに用いることができる．いずれの感光素子も可視領域に感度があるので，レンズに赤外線だけを透過させるフィルタを装着して用いる．

光源にはタングステンタイプの写真撮影

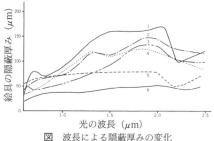

図 波長による隠蔽厚みの変化
1.ローシェナ，2.ローオーカー，3.岩緑青，4.岩群青，5.鉛白，6.朱．

用ランプを用いることもできるが、可視光線も多く発生して資料を退色させる恐れがあるので、赤外線フィルタをつけた専用の赤外線ランプを用いた方がよい。

[観察試料] 非破壊撮影法であるので資料をそのまま観察できる。ただし、水による赤外線の反射や吸収を防ぐために、資料の表面についた水滴はあらかじめ拭っておく必要がある。また観察する範囲に光を強く反射する金属などがあると、その影響で資料面の微妙な反射率の違いがみえなくなるので、そのような箇所はあらかじめ黒い布などで覆っておかなければならない。

[限 界] 赤外線の反射率の違いを検出する手法であるので、下描きを描いた顔料と下地との間に赤外線の反射率の差がない場合には、たとえ何か文様があったとしてもうまく検出できない。たとえば油彩画ではシェナやアンバーなど鉄系の顔料で下描きをしている場合や、墨書土器のように素焼きの上に文字を書いている場合には、反射率の違いが小さいためにうまく検出できないことが多い。また文様がかすれてみえなくなっている場合も、検出が難しい。

赤外線写真に比較すると検出力は大きいが解像度が落ちるために、細部の調査を行うときにはマクロレンズを用いて近接撮影する必要がある。全体像をみるためには何枚もの画像をつなぎ合わせて再構成しなければならないので、手間がかかることと歪みが生じやすいのが欠点である。また壁画などで木地が露出している部分など赤外線の反射が強い場所があると、ハレーションを起こしてその近くを観察することが難しいことがある。このほか可視光カメラに比べて応答が遅く、残像が生じるので資料を静止させて撮影する必要がある。

写真1 鶴林寺太子堂四天柱（東北柱）の調査風景

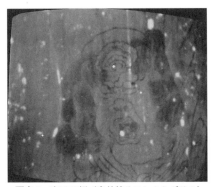

写真2 童子の顔（赤外線リフレクトグラム）

[応用例] 鶴林寺（兵庫県加古川市）にある太子堂のなかの四天柱は、長年にわたる燻煙のために、現在は表面がすっかり黒化して何もみえない。赤外線ビジコンを用いたテレビカメラで調査したところ、童子など、数多くの図像が現れた（写真1、2）。

(三浦定俊)

[文 献]

三浦定俊，石川陸郎：保存科学，第19号，21-28，1980．

van Asperen de Boer, J. R. J.: *Studies in Conservation*, **14**, 96-118, 1969.

紫外線蛍光写真撮影
ultraviolet fluorescence photography

[観察の対象] 油，膠，絹など有機質の材料で，紫外線を当てると蛍光を発生するものの検出に用いられる．

[原　理] 油や古くなったニスなどに紫外線を当てるとそのなかの電子が，基底状態から励起状態に遷移して，再び基底状態に戻るときに光を放出する．この現象を光ルミネッセンスという．放出される光は照射された紫外線より長い波長をもつ可視光線なので，肉眼で観察したり写真に記録することができる．紫外線の照射を止めてもしばらく光が減衰しない場合を燐光，すぐに消える場合を蛍光という．文化財の調査では蛍光が用いられ，蛍光色が物質によって異なるので，その材質が何か，ある程度類推することができる．たとえば絹は暗紫～黄色，膠は青白，荏油は黄色の蛍光を出す．また他の顔料と異なって岩緑青や岩群青は，油や膠と混合しても蛍光を発しないので，それが本当に岩緑青や岩群青であるか，それとも緑色や青色にみえる他の顔料であるかを判別することができる．

なお，警察の鑑識などに用いられる紫外線写真は，資料に紫外線を照射して反射してくる紫外線を撮影する方法で，この紫外線蛍光写真とは異なる．紫外線写真は指紋の検出のように資料のごく表面を調査することができるが，表面に汚れや埃がついたりした文化財の調査には適さない．

[装　置] 撮影にはブラックライトのように紫外線だけを出す光源を用いる（図）．フィルムはカラーでも白黒でもよいが高感度のフィルムを用い，画面から反射した紫外線によってフィルムが感光しないように，紫外線除去フィルタをレンズの前に取りつける．きわめて微弱な光による撮影なので撮影条件は経験に頼るしかないが，ASA 100程度のフィルムを用いて，レンズの絞りをF 8～11にすると，おおむね5分前後の露出となる．退色を引き起こしやすい紫外線を光源とするので，撮影に当たっては必要以上に資料に紫外線を当てないように注意しなければならない．また光源を直接のぞいたり，資料から反射する紫外線を長い間目に入れたりすると目に障害を起こすので，撮影時は紫外線防護用のめがねをかけておいた方がよい．

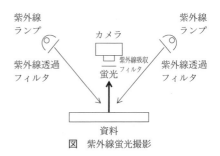

図　紫外線蛍光撮影

[観察試料] 非破壊調査法なので資料はそのまま撮影できるが，もしアクリルやガラスのケースなどに入っていた場合は，ケースから出して紫外線を当てる．また，資料からの蛍光はたいへん微弱なので調査する部屋を暗室にする必要がある．

[限　界] 資料から出る蛍光は微弱なもので，慣れないうちは誤って解釈しやすいので注意を要する．たとえば紫外線ランプには紫外線のみを透過させるフィルタが装着してあるが，それでもわずかに紫色の光が出ているので，その光が資料表面から反射

して，資料全面から青白い光が出ていると間違って判断することがある．

[応用例] 新しいニスは蛍光を出さないことから，油彩画の修理の有無を調べるときにしばしば用いられる．また顔料は漆と混合したときには蛍光を出さず，油と混合したときは岩緑青と岩群青以外の顔料が蛍光を示すことから，資料が漆を用いて描かれているか，油（密陀僧を加えて加熱し乾燥を早めた荏油）を用いた密陀絵であるか，判断するために用いられる．後者の例として法隆寺の玉虫厨子須弥座の絵が有名である．

ここでは，別な紫外線蛍光撮影の応用例を示す．軸物の隅に落款らしきものが認められたが（写真1），肉眼で正確に確認することができない．紫外線を照射してみたところ，朱肉に含まれる油分が蛍光を示したので，紫外線蛍光撮影を行った．その結果，落款を明瞭に読み取ることができた（写真2）．　　　　　　　（三浦定俊）

写真1　落款の普通写真

写真2　写真1の紫外線蛍光写真

[文　献]

山崎一雄：光学的方法による古美術品の研究, 吉川弘文館, pp.53-61, 1955；増補版, 1984.

山崎一雄：古文化財の科学, No.30, 37-40, 1985.

X線・γ線ラジオグラフィー
X-ray (γ-ray) radiography

[観察の対象] 外部からみることのできない文化財内部の欠陥や構造を知るために利用される放射線を用いた調査手法で,放射線透過撮影法とも呼ばれる.建造物や彫刻,絵画,工芸品,発掘遺物など広い範囲の文化財に対して用いる.利用するX線やγ線のエネルギーを選択することによって,木,紙,布のような密度の小さなものから,土,石,金属のように密度の高いものまで調査が可能である.

[原理] 発生装置から放射される放射線を被写体に照射して,透過した放射線をX線フィルムなどの感光材料に当てて撮影する.被写体の厚みに Δx の違いがあったとすると,フィルムの受ける放射線の強さの違い(被写体コントラスト)は Δx と,被写体が放射線を吸収する大きさ(線減弱係数 μ)に比例する. μ は放射線のエネルギーが小さいほど(X線の場合は管電圧が低いほど)大きくなる.このためX線ラジオグラフィーでコントラストのはっきりした写真が欲しければ,照射するX線の電圧を低くすればよい.しかしX線の管電圧を低くしすぎると,被写体の厚みのある部分をX線が透過できないので,適当な管電圧を選んで撮影することが必要である.X線管電流はカメラの絞りに相当し,撮影時間(X線の照射時間)との積が露光量に当たる.たとえば管電流を2倍にすれば撮影時間は半分になる.

γ線ラジオグラフィーでは線源の種類によって放射線のエネルギー(keVまたはMeV=1,000 keVで与えられる)が,線源の大きさ(ベクレル:Bqで与えられる)で単位時間あたりの放射線量が決まるので,撮影時には被写体に応じて撮影時間を変えることしかできず,X線ラジオグラフィーのような自由度は少ない.

X線とγ線との違いは,放射線の発生機構による.ラジオグラフィーに用いるX線は通常,制動X線と呼ばれる連続したスペクトルをもった放射線で,γ線は放射性同位元素の原子が崩壊するときに発生する単一スペクトルの放射線である.

[装置] 放射線発生装置と感光材料を用いる.X線ラジオグラフィーではX線発生装置として,管電圧が40 kV以下の軟X線の発生装置を紙資料,染織品,木造資料などの撮影に用い,100 kV以上の硬X線を発生できる装置は金属資料や石造資料に利用する.いずれも据置型と可搬型の装置があり,木造建造物や寺院の仏像など資料を動かすことのできない場合,現地調査用として可搬型の軟X線発生装置が広く用いられている.

γ線ラジオグラフィーではX線発生装置の代わりに,コバルト60(半減期5.3年)やセシウム137(半減期30年)などの放射性同位元素を密封した線源が用いられる.コバルト60からは1.17 MeVと1.33 MeVの2本のγ線が,セシウム137からは662 keVのγ線が放射される.

感光材料としては一般にX線フィルムが用いられるが,イメージインテンシファイアを用いたX線テレビカメラやレーザで読み出しをするX線感光プレートを用いる方法もある.X線フィルムは,厚さ約0.2 mmのポリエステルなどでできた透

IV. 文化財の画像観察法

表 X線撮影条件の例

試料	管電圧(kV)	管電流(mA)	照射時間	フィルム	増感紙
日本画（軸物など）	20	5	15秒〜1分	FR	なし
漆工芸品	20〜25	4	2分	FR	なし
油絵	30〜40	4	2〜3分	FR	なし
乾漆像	40〜45	4	5分	RX	なし
木彫像（寄木造）	45〜50	4	5分	RX	なし
（一木造）	55〜60	4	5分	RX	なし
建造物（土壁）	55〜60	4	5分	RX	なし
（柱）	70〜90	4	5分	RX	なし
考古金属製品	100〜200	5	5分	IX 100	鉛増感紙
金銅仏（薄手のもの）	200〜300	5	5分	IX 100	鉛増感紙
塑像（緻密なもの）	250〜300	5	5分	IX 100	鉛増感紙

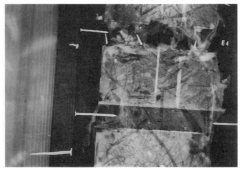

写真1 桂離宮茶室土壁のX線透視写真
土壁のなかにはわら（黒いたすき状）が混ぜられ，和釘と洋釘（白色）が混在している．

写真2 菩薩立像（愛知県西尾市修法寺蔵）
（口絵6参照）

写真3 写真2のγ線写真（口絵6参照）
Cs-137, 2 Ci (74 GBq)，距離1.2 m，照射7時間，富士IX 100フィルム．のどと右肩の部分に空洞がみえる．

明不燃性ベースに，ハロゲン化銀の微細な結晶をゼラチン中に分散させた乳剤を両面に塗布してある．医療用X線フィルムと工業用X線フィルムの両方が用いられていて，工業用X線フィルムには感度やコントラストの異なるさまざまな種類のフィルムがあり，被写体に応じて用いる．絵画などのX線撮影には軟X線用の工業用X線フィルム（たとえば富士FR），木造彫刻の撮影には医療用X線フィルム（たとえば富士RX），金属資料の撮影には中程度のコントラストをもった工業用X線フィルム（たとえば富士IX 100）と鉛増感紙を併用する（表）．

[観察試料]　非破壊撮影法．資料と感光材料はできるだけ近づけた方が鮮明な画像が得られる．

[限　界]　放射線のエネルギーを上げることによって大きな資料まで撮影可能であるが，放射線の防護を考えると実際的には等身大をこえるような塑像，石造彫刻，金属文化財を調査することは困難である．特に放射性同位元素を用いるγ線ラジオグラフィーでは法律上の規制があるために，現地で撮影するには専門の非破壊検査会社に依頼する必要がある．またX線発生装置や放射性同位元素の取り扱いには，X線作業主任者や放射線取扱主任者の国家資格が必要である．

[応用例]

① 桂離宮茶室の土壁のX線透視写真：

X線が透過しやすいところが黒く，透過しにくいところが白く写真上に現れる．壁土にわらなどが混ぜられていることがわかる．また和釘と洋釘が混在していて，土壁の固定には洋釘が用いられていることから，比較的新しい時代に土壁は修理されたこともわかる（写真1）．

② 金銅仏のγ線写真：写真2，3は像高約30 cmの金銅仏のγ線写真である．2 Ci（74 GBq）のCs-137を用いて，1.2 mの距離から7時間γ線を照射して撮影した．使用したフィルムは富士IX 100である．全体に細かなスがみられるほかに，のどと右肩の部分に空洞がみえる．別途，産業用X線CTによって調査したところ，首から上を後で鋳掛け直したのではないかと考えられた．

（三浦定俊）

X線トモグラフィー
X-ray tomography

[観察の対象] X線CTが普及する以前の断層撮影装置で，一般に医療用に用いられていた装置を文化財撮影用に改良したものである．重ね塗りされて厚い彩色層をもった油彩画や支持体に厚みのある板絵などの調査に利用される．

[原　理] 撮影中にX線発生装置とX線フィルムを反対方向にそれぞれ一定の速度で動かすと，フィルム上では被写体のある断面だけが明瞭な像を結び，その前後の像はぼけてしまう（図1）．その結果，フィルムには被写体の断層像が撮影されることになる．もし異なる断面の像を得ようとするときは，被写体をフィルムに対して前後させればよい．

[装　置] 幾何学的な位置関係を保ったまま一定速度でX線発生装置とX線フィルムの両者を動かすためには，かなり複雑な装置を必要とするので，ルーブル美術館にあるフランス博物館群研究所ではX線装置だけを，架台の下に取りつけた円弧に沿って動かす方式を用いている（写真，図2）．この装置の場合は円弧の中心に当たる絵画の表面の像だけにピントが合い，その周辺はぼけた像が得られる．その結果，板絵のように支持体に厚みのある絵であっても，円弧の中心に近い表面の彩色層の透過X線画像が得られる．

[限　界] X線CTとは違い，鮮明な像は得られにくい．また図2のような装置では，ピントが合う点が理論的には円弧の中心の1点だけであるので，絵画のごく小部分しか観察できない欠点がある．さらに装置の持ち運びは困難なので，観察したい資料は装置のある場所まで移動しなければならない． 　　　　　　　　　　（三浦定俊）

写真 X線発生装置

図1 X線トモグラフィーの原理

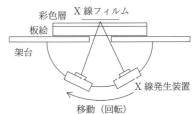

図2 絵画用X線トモグラフィー装置

X 線 C T（γ線を含む）
X-ray computed tomography

[観察の対象] 医療用に用いられているX線CT装置と同じ原理に基づく装置で，木造の仏像や発掘された金属品などX線を透過させる材料であれば，木材から金属まで立体物の内部構造を観察することができる．

[原理] 試料の周囲から細く絞ったX線を照射し，透過したX線を検出器で受けて，コンピュータで断層画像を再構成する．得られたCT画像は被写体の断層面におけるX線吸収係数の分布を表すことになる．X線発生管とX線検出器の組み合わせでいくつかの方式に分類することができる．最も簡単な第1世代の方式（translate-rotate方式）は1組のX線発生管と検出器の組み合わせで，資料を挟んで平行に移動（translate）しながら投影データを収集し，その後でわずかに全体を回転（rotate）させて異なる角度から投影データを収集する．これを繰り返すことによってすべての角度からの投影データを得て，断層後を再構成する（図）．この方法では画像データの収集に時間がかかるので医療用X線CT装置では，検出器の数を増やしたり，X線ビームの幅を広げたりして短時間で測定がすむように，改良が進んでいる．

[装置] 試料台とその両側にあるX線発生管（またはγ線発生装置）とX線検出器を備えつけたX線照射室，それにX線制御と画像再構成のための操作装置から構成される．医療用のX線CT装置では100 kV程度の管電圧のX線が使用されるが，文化財用では金属品にも使用するので産業用CTと同様に300 kV程度の高エネルギーX線が用いられる．また医療用の装置では患者に負担をかけないために，ベッドを固定してX線管とX線検出器を移動・回転させるが，文化財用の装置では産業用と同様に試料台を移動・回転する方式になっていることが多い．国立歴史民俗博物館の所有する装置では50 cmまでの大きさの資料を0.3 mmの解像度で撮影できる．撮影から画像の再構成までは3分程度ですむ．最近の装置では断層像だけでなく，少しずつ移動して撮影した断層像をつなぎ合わせて，3次元画像を表示することも可能になり，柄頭などの立体資料に施された銀象嵌の模様も詳しく観察できるようになった．

[観察試料] 試料台に固定できる大きさのものであれば，そのまま観察可能である．ただし試料台が上下左右に動いたり回転したりするので，転倒したりしないように資料を台の上でしっかり固定する必要がある．固定にはX線をよく透過させる発泡スチロールなどが便利である．

[限界] 収集した撮影データから画像を再構成するためには，X線管，資料，X

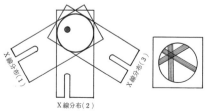

図 X線CTの原理
(左) 異なる角度からみたX線分布データの収集，
(右) X線分布に応じた濃淡の縞模様の重ね合わせ．

線検出装置の幾何学的な位置関係が厳密に同じ状態に保たれていなければならない．このために足場など設置条件に制約のある文化財用の可搬式装置を設計することはたいへん困難で，資料を現地から装置のある施設まで移動する必要がある．また測定できる資料の大きさにも制限があり，手足や膝の張り出した仏像の調査に応用することは限界がある．

[応用例]

① 木彫仏のX線CT像：平安時代末〜鎌倉時代ごろに製作されたと思われる，阿弥陀如来像のX線コンピュータ断層写真である（写真1）．ヒノキ材を寄せてつくった木彫像で，表面に金箔が押してある．解体修理のためにX線透視調査を行ったところ，後世に修理を受けたらしく，いくつもの後補材が重なり合って写った．X線コンピュータ断層撮影を利用することにより，後補材の位置や虫喰いによる被害の様子や，像内に納められている胎内仏の形を確認できた．この写真には胎内仏の断面が写っている．

② 鉄刀の円頭柄頭に施された銀象嵌のX線CT像：古墳時代の鉄刀の柄の飾り金具である．鉄製の円頭柄頭に銀の象嵌が施されていることはわかっていたが全体がさびに覆われていたために，その詳細は不明であった．奈良文化財研究所の所蔵するX線CT装置で調査し，再構成された3次元画像から銀象嵌の部分だけを抽出するような画像処理を行ったところ，きれいな銀象嵌の模様を得ることができた．さらにここで得られた3次元像を展開して模様を調査することも行われている． （三浦定俊）

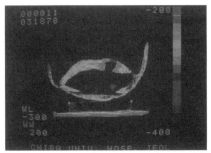

写真1 阿弥陀如来像のX線コンピュータ断層写真

写真2 銀象嵌のX線CT像

超音波CT
ultrasonic time-of-flight computed tomography

[観察の対象] 建造物の柱など立体物の断面を観察して，内部に虫害や腐朽などによる音速異常部があるかどうか調査する．木造の柱だけでなく，石やコンクリートなどX線が透過しにくい材料でも応用可能である．

[原 理] 資料内部にパルス状の超音波を透過させて，その伝搬時間を測って，断面像（音速の空間分布）を再構成する．原理的には，X線CT装置が資料のX線吸収係数の分布を求めているのと同じ手法である．山形大学の足立と田村らが開発した超音波音速CT装置（図）では資料の外周におおよそ10°おきに36個の観測点を設定して，音波伝搬時間を測定することで，音速分布を再構成している．

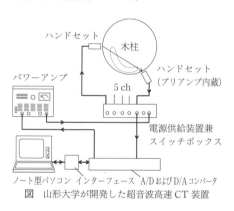

図 山形大学が開発した超音波高速CT装置

[装 置] 資料に密着させて，約60～70 kHzの超音波を資料内部に送り込む送波器と，資料内を透過してきた超音波を受ける受波器の二つの超音波プローブのほか，A/DおよびD/Aコンバータとデータ解析部から構成される．超音波プローブは資料との間に隙間ができないようにして，常に同じ力で押しつけるようにして音速を測定する．装置全体は人間が持ち運べる程度の大きさであり，X線CT装置とは違い現場に装置を持ち込んで測定できる点が大きな長所である．

[観察試料] 現場でそのまま測定できる．資料表面にポストイット（のりつきふせん）のような，跡が残らないもので，ほぼ等間隔に測定のための観測点を記す．画像を再構成するために資料断面の形状が必要となるので，別途計測し，観測点をその上に記しておく．

[限 界] 超音波が透過しないほど大きなものや減衰の激しい資料には適用できない．また結果として得られる資料の断面像は音速の大小の相対的な空間分布を表しているので，他の資料の画像と比較して互いの腐朽程度を論じることはできない．資料の断面の形状が円でなく四角形や八角形の形をしていても測定可能であるが，できるだけ正確な形や寸法を測定前に知っておく必要がある．さらに柱の一部が欠落していたり，周囲に配管があったりして，資料の全周にわたって測定できない場合には，画像の再構成方法を工夫しないときれいな断面像が得られない．参考事例を示すと，全く健常な木柱（ケヤキ）では直径60 cmくらい，鉄筋コンクリート柱では直径100 cmのものの音波伝搬時間のデータの採取が全周にわたって可能である．

[応用例] 東京都大田区池上にある本門寺の五重塔の柱を，足立らは調査している．その結果の断面像を写真に示す．黒い部分

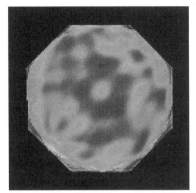

写真 本門寺五重塔初層床下の柱の超音波CT画像

が相対的に音速の大きくて健常だと思われる部分で,反対に白い部分が音速が小さくて腐朽または空洞になっていると思われる部分である.柱の芯のまわりを残して他の部分が空洞化または腐朽が進んでいると疑われる.この柱の根本がすでに腐っていたことから,木材の腐朽がこの部分まで進んできていると考えられた.

◇コラム◇超音波

人間の耳には聞こえない高い周波数をもった音で,普通16,000 Hz以上の音波を超音波という.コウモリが超音波を使って障害物の位置を検知し,暗いところでも自由に飛び回ることができるように,超音波には指向性があるので,電波の通じない水中の物体の位置を確認するために,ソナーとして古くから利用されている.第一次世界大戦のころ,フランスのランジュバンが水晶を使った超音波送受波器を開発したのが実用化のはじまりである.超音波発信器としては可聴域のようなスピーカーではなく,水晶振動子,ロッシェル塩結晶,強誘電体セラミックス,強磁性合金やフェライトなどを使った各種振動子が用いられ,連続波やパルス波として送信される.

工業分野では,金属内部の傷の有無や位置を非破壊で調べるために使われ,医学の分野でもX線と並んで,乳ガンなどの重要な診断法として用いられる.また強いエネルギーをもった音波を利用して,化学反応の促進,高分子の分解,洗浄,攪拌に使われている.超音波を利用した加湿器などはその一例である. (三浦定俊)

[文　献]

足立和成:第12回大学科学公開シンポジウム組織委員会編,文化財を探偵する,クバプロ,pp.84-99, 1998.

足立和成:足立和成,中條利一郎,西村　康編,文化財探査の手法とその実際,真陽社,pp.264-270, 1999.

中性子ラジオグラフィー
neutron radiography

[観察の対象]　X線やγ線ラジオグラフィーでの観察では不可能か困難なもので，金属類の器内部の有機物，玉類，ガラスなど，またはそれらが共存するもの，金属器の漆など天然樹脂や合成樹脂による接着部分や補填部分の状態，ならびに多孔質または粉状で水分吸着のあるさびなど．

[原理]　通常，ラジオグラフィーにはX線やγ線が用いられるのが一般的であるが，この手法は中性子を用いる．

X線ラジオグラフィーでは，図1の125 kVのX線の質量減弱係数（元素1gを透過する際，吸収や散乱により減衰する割合）が示すように，原子番号が増大するに従い，質量減弱係数はしだいに増加して滑らかなカーブを描く．この特徴は，単に125 kVのX線のみならず，エネルギーの異なるX線もγ線も同様の性質をもっている．これに対して，中性子の質量減弱係数は図1の○，●，▲，△で示すように原子番号に関係なく，それぞれの元素が特有の値をもつ．特に古文化財に利用されている金属元素の質量減弱係数は，有機物を構成しているそれらに比べ水銀を除いて小さい．すなわち，金，銀，銅，鉛，スズ，鉄の質量減弱係数は，水素，酸素，炭素，窒素に比べて小さい．また，重金属は，粘土鉱物や岩石を構成するケイ素，アルミニウムやアルカリ土類元素と比べても同程度か低い．

それゆえ，中性子は重金属類を透過する割合が大きいため暗い画像となり，一方，有機物あるいは酸化物の粘土鉱物や玉類，ガラスなどでは減衰が多いため明るい画像となり，X線ラジオグラフィーでは得られない画像をとらえることができる．多孔

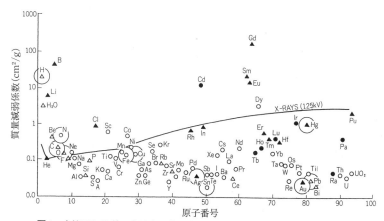

図1　中性子とX線の各元素の質量減弱係数（von der Hardt *et al.*, 1981）
熱中性子について，○：散乱と吸収による，●：主として散乱による，▲：主として吸収による，△：吸収のみによる減弱係数．大きな円は有機物を構成する元素と古文化財に用いられる金属元素．X線，———：125 kV．

質で水分を吸着しているさびはより一層明るい画像になる．

しかし，X線やγ線と違って，中性子はフィルムを感光させる能力をもたないため，中性子量に応じて発光するコンバータが開発された．それらはガドリニウム Gd を蒸着したものや，フッ化リチウム LiF を使用したもので，前者は解像度が高いが長時間の曝露が必要であり，後者は解像度は落ちるが短時間の曝露で画像が得られるという特徴がある．

[装　置]　中性子線源を必要とする中性子ラジオグラフィーは，原子炉やサイクロトロンなどの装置や，^{257}Cf などの放射性同位体から中性子を得る．これらの装置から発生する中性子は高速中性子であるが，重水やポリエチレンを通し減速された熱中性子を文化財には利用している．最近は高速中性子も利用されつつある．

一例として，京都大学原子炉実験所の中性子ラジオグラフィーの実験孔を図2に示す．原子炉の炉心で発生した中性子を重水のなかを通して中性子ラジオグラフィーの装置に導く．装置は長い導管（コリメータ）とシャッターからなる．長い導管によりできる限り平行な中性子とする．また，シャッターにより共存するγ線の除去と中性子の制御を行う．試料室に資料を置き，線源と反対側にコンバータとフィルムの入ったカセットを置き，中性子を照射してフィルムを感光させる．あるいは蛍光板を発光させ，テレビモニタにより画像を得る．

[観察試料]　青銅や金銅製の経筒内の経巻，合子内部のガラス玉や有機物，鏡表面でさびなどのなかにある裂．青銅内部のさび，特にブロンズ病などが効果的に観察できる．

[限　界]　装置が大型で，わが国には可搬式がなく，設置場所まで文化財を輸送せねばならない．照射日時が限定されることが多い．試料スペースにより資料の大きさが限定される．中性子の照射回数が多い場合，文化財が放射化される点を考慮する必要がある．しかし，通常はほとんど問題がない．また，放射化されることによる放射化分析への影響が懸念されるが，一般の放射化分析の際の中性子量が 10^{13}個/cm^2・s に対して 10^6個/cm^2・s 以下で7桁少なく，影響はほとんどない．さらにコンバータの選択，イメージングプレートの使用により照射時間を削減できる．むしろ試験後の放射化の有無のチェックの際，主元素の分析

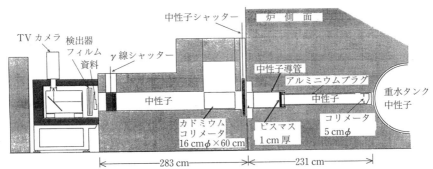

図2　京都大学原子炉実験所の熱中性子ラジオグラフィー装置

（2） 内部状態の調査

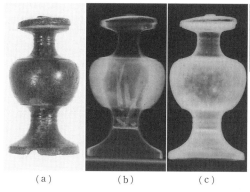

(a)　　　　(b)　　　　(c)

写真　和歌山県根来寺出土賢瓶（和歌山県教育委員会）（口絵9参照）
(a)実物，(b)中性子ラジオグラフ，(c)X線ラジオグラフ（比較），(d)取り出された内部の遺物．

を同時に行うことができる．

[応用例]　青銅製経筒のX線ラジオグラフィーでは，青銅の腐食状態や鋳掛け部分は観察できるが，内部の経巻の状態はつかめない．一方，中性子ラジオグラフィーでは経筒の厚み，組み合わせなどが鮮明であるが，さびの状況はつかみにくく，鋳掛けはコントラストが低いが画像を得ている．経巻については鮮明に画像として観察できる．銅製賢瓶のX線ラジオグラフィーも青銅製賢瓶のさびなどの状態を把握できるが内部の状態はつかめない．しかし，中性子ラジオグラフィーでは，内部にある香木や底にある真珠や粒状のものの画像を得ている（写真）．

1975年，世界で初めて文化財に中性子ラジオグラフィーの応用例が報告された．それは，2,000年前の中国の青銅器の脚部の粘土の茎，および800年前のインドのグプタ王朝時代の青銅製仏像内の茎と，修理に用いた木材や接着剤などの画像をとらえたものである．また，古代エジプトの青銅製フクロウの体内に挿入された骨を検出している例もある．

[その他]　中性子ラジオグラフィーと文化財の元素分析の同時の実施への試みの3次元表示などと中性子ならびにγ線ラジオグラフィーの同時試験による二つの画像の組み合わせによる成果が今後期待される．

　　　　　　　　　　　　　　（増澤文武）

[文　献]

Hilling, O. R.: Neutron Radiographic Enhancement Using Doping Materials and Neutron Radiography Applied to Museum Art Objects, ASTM Special Publication 586, ASTM USA, pp.268-276, 1975.

Jett, P., Sturman, S. and Weisser, T. D.: *Studies in Conservation*, **30**, 112-118, 1985.

増澤文武，辻井幸雄，藤代正敏，古田純一郎，桂山幸典，辻本　忠，米田憲司，岡本賢一，阪田宗彦，井口喜晴：第7回中性子ラジオグラフィー短期研究会報告（KURRI-TR-282），京都大学原子炉実験所，pp.97-100, 1985.

増澤文武：国立歴史民俗博物館研究報告第38集，共同研究「歴史試料の非破壊分析法の研究」，国立歴史民俗博物館，pp.37-53, 1992.

von der Hardt, P. and Roettger, H. eds.: Neutron Radiography Handbook, D. Reidel Publishing, 1981.

(3) 3次元の形状調査
visualization of three-dimentional figures

ホログラフィー
holography

[観察の対象] 物体の3次元の形状.

[原理] 光を当てると，フィルムの奥や手前に3次元の立体像が本物そっくりに写し出されたり，あるいは虹色に輝く美しい文字や図が浮かび上がったりする．これがホログラフィーと呼ばれる光学技術である．画像を記録したフィルムをホログラム，ホログラムの製作と3次元立体像の再生に関する技術の総称をホログラフィーという．ギリシャ語 holos は「全体」，gram は「図」を意味する．つまり，ホログラムとは物体の像を再現するために必要なすべての情報を含む図ということになる．

ホログラフィーについての研究は，電子顕微鏡の分解能を改良することを目的として始められ，1948年にハンガリー生まれのイギリス人物理学者D.ガボールが最初の論文を発表した．しかし当時は，光源として水銀灯がやっと利用できた時代であったためホログラフィーの理論を十分に視覚化できなかった．1960年代に入りレーザ光線が登場するに及んで，ホログラフィーの研究は飛躍的に進展し，1970年代にほぼ頂点に達した．

われわれが物体を観察するときには物体に光を照射し，その表面からの反射光を眺めている．これを物体光といい，物体の表面から反射されるふつうの写真は物体光の強弱，つまり影とか明るい部分とかをフィルム上に光のエネルギー分布として記録している．これは光を波として考えたとき，波の振幅を記録していることになる．ホログラフィーの場合には，伝わってくる物体光の波の状態そのものを記録する．波の状態とは，光の波面あるいは位相の分布のことで，位相と振幅が必要な情報である．単色のホログラムは1種類の波長を使用し，カラーホログラムの場合には3種の波長を使用する．ホログラムによって再現された像をみているときは，その像を記録したときに物体から放射された光波の状態と同じものが目に入り込んでいるのである．

[装置] ホログラフィーとは，被写体の像を光の干渉縞によって記録し，これを光で再生する技術である．ホログラムを記録するための典型的な光学系は図のようになる．レーザ発振器から発射された波長 λ（たとえば632.8 nm）の光を，反射と透過が同時にできる半透明鏡（ハーフミラー）と呼ばれる鏡によって2方向に分け，一方を物体に照射し，それから反射してくる光（物体光）にもう一方の光（参照光）を重ねて，そのときに生じる干渉縞により物体光の波面をフィルムなどに記録する．これがホログラムとなる．ホログラムは一種の回折格子であるので，これに参照光と同じ方向から同じ波長の光を照射すれば，回折作用によってもとの物体光と同じ波面が再生され，3次元像が観察できる．ホログラム上には複雑な縞模様が記録されているの

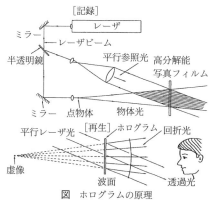
図　ホログラムの原理

みで，被写体となった対象物の形はみえない．ホログラムの製作には，Ar$^+$レーザやHe-Neレーザのように光を連続的に照射するレーザを使用することが多い．この場合，光のエネルギーが弱いので露光時間が数秒から数分に及ぶため，露光中に被写体やフィルムなどが振動して光学的な位置関係がずれないように細心の注意が要求される．最近では，人工ルビーを用いたパルスレーザが利用されるようになったため，露光時間が1億分の1秒と極端に短縮され，動く被写体でも記録が可能となった．

[応用例]　大英博物館の展示室には，イングランド中部の泥炭地帯から発見された西暦1世紀前後のものといわれるケルト人の遺体が展示されている．黒くなった上半身は皮膚の皺や毛穴まではっきりとみてとれるほど，ほぼ完全な人体の外観が保存されている．リンドウマンと呼ばれるこのミイラ状の遺体は，デンマークの湿地帯でも沢山発見されるボッグピープルと呼ばれる人体のミイラの一群である．泥炭地帯の土（ボッグ）はタンニン酸を多く含み，腐敗しきらない植物が混じり合っている．ボッグにはタンニン酸が多量に含まれているので，人体に侵入したタンニン酸によって自然にタンニンなめしが行われて，皮はなめし皮に変わる．その一方で，人体の骨格は酸のために溶け出し，最終的には骨はなくなる．なめしによって丈夫になった皮，そして酸によって失われた骨格，これがボッグピープルである．イングランドで発見された当時，ボッグピープルには毛髪や髭も残されていた．なめし皮になっているとはいえ，2,000年近く地中に埋もれていたものなので，緊急に保存処置を施さなければ発見当初の姿を残すことは困難である．発見後，マンチェスター大学付属博物館の保存科学者たちによって冷凍保存をされたボッグピープルは，大英博物館に運ばれ，ポリエチレングリコール含浸の保存処置が施された．こうして一応の安定性を確保した後に，一般公開が行われた．

この展示ケースの傍らにはボッグピープルのホログラムが展示され，実物のボッグピープルを覗くようにして，自分の頭を右や左，上下に動かしながら観察すると，それにつれて3次元の映像が立体感を伴いながら動いていく．目を近づけて細部を観察すると，顎から頬にかけて細かな髭がみてとれる．頭には頭髪が1本ずつみえ，ほとんど実物をみているのと変わらない印象を受ける．ホログラムに記録されたボッグピープルと実物とを比べてみると，実物の方にはすでに頭髪も髭もかなり消えてしまっている．ホログラムを記録した当時から比べると，保存処理したボッグピープルの細部には変化が現れてきている．しかし，発見当時の姿はホログラム中に3次元映像として確実に保存されている．　　（神庭信幸）

[文　献]

辻内順平，本田　夫：ホログラフィック・ディスプレイ，産業図書，1989．

モアレトポグラフィー
Moiré topography

[観察の対象] 物体の3次元の形状．

[原　理] 二つの規則的な強度分布を重ねたとき，両者の空間周波数の差によって生じる粗い縞模様をモアレ縞という．モアレ縞により物体の表面の形状を等高線によって表す方法がモアレ等高線法（モアレトポグラフィー）である．拡散物体の表面に等間隔の格子の像を投影し，物体表面の凹凸によって屈曲してみえる縞を他の等間隔の格子に重ねてモアレ縞をつくり，物体の等高線を求める方法である．

[装　置] 物体の前に格子を置いて点光源でその影を投影し，同じ格子を通して物体を投影する実体格子法，投影光学系によって格子像を物体に投影し，感光面の直前に格子を置いたカメラで物体を撮影する投影格子法，投影格子像のみを撮影し，後で格子を重ねる方法など，種々の方法がある．

(神庭信幸)

Ⅴ．文化財の計測法

(1) 元素・同位体分析法
element and isotope analyses

原子吸光分析
atomic absorption spectrometry

[計測の対象] 機器によって主成分元素および微量元素の組成を定量する，基幹分析法の一つである．対象は，金属器，陶磁器，土器，絵画，石器，骨角器などの無機物試料や，繊維，紙，木，樹脂，生物などの有機物試料など多岐にわたる．分析用試料を採取して溶液化できるものであれば，ほとんどすべての種類の文化財が測定対象となる．

[原 理] 金属の塩類を炎のなかに入れると，その金属に固有の波長をもった光を発する．この現象は炎色反応として知られている．これは，金属原子の外殻電子が炎からエネルギーを得て，基底状態から高いエネルギー状態に励起し，それがただちに基底状態に戻る際に励起状態からのエネルギー差に相当する波長の光を放出するためである．この発光量を測定して定量分析を行う方法は発光分光分析法と呼ばれる．これとは逆に，炎のなかに導入され，熱分解して原子状の蒸気になった金属塩は，固有の波長をもった光を吸収し励起状態となる．その波長は，上記と同様，基底状態と励起状態のエネルギー差に相当する．光の吸収量は導入された原子の量に比例する．したがって，たとえば溶液を炎のなかに噴霧して測定する場合，光の吸収量は溶液中の元素の濃度に比例することになり，定量分析が可能となる．

[装 置] 図1に，最も基本的なフレーム原子吸光装置の概略図を示した．装置は，光を照射するための光源部，金属塩類を熱分解する原子化部，分析目的の原子線を選択する分光器，光の強度を測定する検出器，およびデータ記録・処理部からなっている．

光源として連続光源と線光源があるが，後者が大部分である．線光源には，特定の波長の光を狭い波長幅で高輝度に発するホローカソード（中空陰極）ランプがよく用

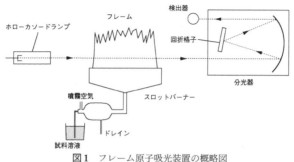

図1 フレーム原子吸光装置の概略図

いられる.

原子化部としては,フレーム(炎)またはファーネス(電気加熱炉)が用いられ,試料を2,000～3,000℃程度に加熱することによって原子化を行う.両者を切り替えて使用できる装置もある.どちらも一般には水溶液として試料が導入されるが,ファーネスではスラリーや固体での分析も行われることがある.フレームは初期から使用されている原子化部で,簡便で安価であるので現在も広く用いられる.試料溶液はネブライザを通して霧状になってフレームに導入され,原子化される.ファーネス(図2)は,試料溶液をマイクロピペットなどで黒鉛やタンタルでできた炉のなかに注入し,炉に電流を流して抵抗加熱することによって,溶液の乾燥,灰化,原子化が段階的に行われる.この方法は,試料が少なくてすみ(5～100 μl),検出限界も低いが,マトリックスによる干渉が大きいという問題がある.また,一般にはフレーム法よりも精度が悪い(フレーム法0.3～1%,ファーネス法1～5%).

最もよい検出限界が得られるのは,黒鉛炉を使用したファーネス法で,サブ $\mu g/l$(=ppb)レベルである.これは,フレーム法と比べて10～1,000倍感度がよい.

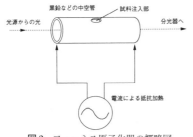

図2 ファーネス原子化器の概略図

計測部では,ダブルビーム法によって光源の光強度の変動と検出器の感度変化を補正している.バックグラウンドの補正法としては,重水素光源,ゼーマン法,スミス-ヒーフィエ(Smith-Hieftje)法などが用いられる.

[試 料] 試料は酸などで溶解し水溶液とするので破壊分析である.通常の元素の測定には水溶液をそのまま導入するが,ヒ素,アンチモン,スズなどは水素化物発生法,水銀は還元気化導入法を用いることで感度を上げることができる(検出限界:サブ $\mu g/l$).あらかじめ対象元素の濃度がわかっている標準溶液を測定し検量線を作成して,これと比較することによって未知試料中の元素濃度を求める.

[限 界] 光源として通常用いられるホローカソードランプの場合,測定対象元素ごとにそれぞれ違う光源が必要であるので,分析する元素がいくつかあるときはそのたびに光源を交換しなければならない(最近は複数の線光源を用いた多元素同時分析の装置も市販されている).また,測定する元素はあらかじめ決めておく必要があり,成分が未知の試料の分析には適さない.

[応用例]

①西洋金属糸の分析(榎本,佐藤,1992):フランスのSera Collectionの織物,刺繍品,レースに使用された金属糸について,各時代を網羅するように試料を選択して原子吸光法などで分析を行った.その結果,18世紀後期を境にして,金属組成(表)などの製作技法が大きく変化することがわかった.

◇コラム◇フラウンホーファー線と原子吸光分析

1814年,ドイツのフラウンホーファー

表 西洋繊維品に使用された金属糸の主成分元素組成（榎本，佐藤，1992）

試料番号	元素濃度（%）			製作年代
	Au	Ag	Cu	
01-1	6.6	65.9	27.5	15世紀中後期
02-1	2.2	78.0	19.7	16世紀後期〜17世紀前期
03-1	0.8	<0.01	99.1	16世紀後期〜17世紀前期
04-1	1.3	<0.01	98.5	17世紀前期
05-1	4.5	89.6	6.0	17世紀後期
06-1	0.2	1.1	98.7	18世紀中期
07-1	9.8	83.3	6.8	18世紀前期
08-1	1.6	0.8	97.7	18世紀前中期
09-1	15.0	75.0	10.0	18世紀中期
10-1	12.3	35.4	52.3	18世紀中期
11-1	5.2	75.8	18.9	18世紀中後期
12-1	0.5	0.8	98.6	19世紀
13-1	0.6	1.4	98.0	18世紀後期〜19世紀
15-1	0.3	1.9	97.8	18世紀後期〜19世紀
16-1	0.3	1.7	97.6	18世紀後期〜19世紀
17-1	0.3	1.3	98.4	19世紀後期〜20世紀初期
18-1	0.3	1.7	98.2	19世紀後期
19-1	0.1	0.4	99.4	19世紀後期
20-1	0.2	1.5	98.3	19世紀後期〜20世紀前期
21-2	0.1	3.5	96.4	20世紀前期

（J. von Fraunhofer）が太陽の連続スペクトル観察中に暗線（いわゆるフラウンホーファー線）を発見し，これが原子吸光現象に基づくものであることが，その後キルヒホッフ（G. Kirchhoff）によって立証された．しかし，適当な光源ランプを得ることが困難であったため，この現象が実際に化学分析に利用されるようになったのは，1955年以降のことである． （齋藤　努）

[文　献]

榎本　都，佐藤昌憲：15-19世紀・西洋金属糸の保存科学的研究．考古学と自然科学，**25**，31，1992．

蛍光X線分析
X-ray fluorescence spectroscopy

[計測の対象] 主として無機質資料中の元素の定性，定量分析に用いられる．土器，陶磁器，金属器，絵画，石器などに適用されている．組成の全くわからない資料について非破壊で元素組成のデータを得ることができるので，文化財調査の分野においては基幹的な分析法の一つといってよい．

[原　理] 試料表面にX線を照射すると，含まれている元素ごとに固有の波長（エネルギー）をもった特性X線（蛍光X線）が発生する．これは，照射されたX線によって原子の内殻から電子がはじき出されて生じた空孔に，外側の軌道から電子が遷移し，軌道のエネルギー差に相当するエネルギーをX線として放出するためである（図1）．発生する特性X線の強度は元素の量に依存するので，定量を行うことができる．ただし，定量精度を上げるためには，試料内での励起X線や特性X線のマトリックスによる吸収や励起などの影響を計算し，補正を行わなければならない．

[装　置] 試料はX線管球からの励起X線で照射され，特性X線が発生する．検出方式としては波長分散型（wavelength dispersive X-ray spectroscopy：WDS）とエネルギー分散型（energy dispersive X-ray spectroscopy：EDS）がある．

波長分散型は発生したX線を分光結晶によってスペクトル分離し，特定の元素の特性X線のみの強度を選択的に検出器で計数する方法である（図2）．検出器にはガスイオン化検出器，シンチレーション検出器が用いられる．多元素の分析の際は分光結晶の角度を変えたり，分光結晶の種類を自動的に切り替えて逐次計数を行う．最近はマルチチャネル型または同時検出型の多元素同時測定ができ，分析速度が大幅に向上した装置が販売されている．波長分散型の検出方式は，分解能が高く（10 eV程度），バックグラウンドが小さいので検出限界が低いという利点がある．ただし，分光結晶に特性X線を入射する際には平行成分のみを取り出さねばならず，スリットを使用する必要があるので，発生したX線の一部しか測定に使えず，効率があまりよくない．

エネルギー分散型では，試料から発生したX線は，Si(Li)（リチウムをドープした

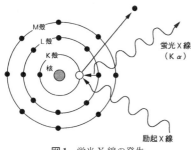

図1　蛍光X線の発生

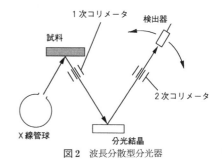

図2　波長分散型分光器

シリコン）半導体検出器によってエネルギーごとに分けられ，マルチチャネルアナライザによって強度が計数される（図3）．可動部分がなく，また試料からのX線をすべて検出器で受光できるため効率がよいので励起X線量が少なくてすむため，装置を小型化することができる．また，すべてのエネルギーのX線が同時に計測できるので，成分未知の試料について迅速に定性，定量分析を行うのに適している．ただし，検出器のエネルギー分解能が低く（150 eV程度），ピークの重なりがみられる場合がある．バックグラウンドは一般的に高いので，微量な成分の分析には適さない．なお，検出器は少なくとも測定時には液体窒素温度に冷却されている必要がある．最近は，液体窒素自体は不要な電子冷却方式の装置も市販されている．

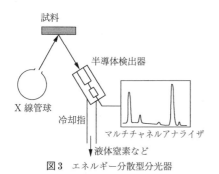

図3　エネルギー分散型分光器

通常の装置はスポット分析であるが，文化財分析のために，試料台を2次元的に動かし，元素の分布を調べることができる装置も開発されている．

[試　料]　分析に最も適した状態は，励起X線の照射される部分（照射領域は標準で径30 mmであるが，コリメータをつけてX線を絞る場合もある）が平滑な平面になっていることである．文化財分析では非破壊で組成を調べなければならない場合も多いが，試料の分析部位がこのような状態に近い場合は，完全非破壊でも定性，定量分析がある程度可能である．しかし，精度のよい定量分析のためには試料調製を行う必要がある．固体試料では，試料を粉砕してバインダと混合しプレス成形する錠剤法，試料をホウ酸リチウムなどの融剤とともに融解し円板状に固化成形するガラスビーズ法などが一般的で，金属の場合は表面を研磨する．

定量方法として，標準試料を用いた検量線による方法と補正計算を加味した方法とがある．標準試料は測定する試料の成分や組成になるべく近いものを選ぶ必要がある．市販品もあるが，自作あるいは特注でつくらせることも多い．最近の装置では，補正係数や計算法（ファンダメンタルパラメータ法など）が装置付属のコンピュータのソフトに組み込まれ，標準試料なしで定量分析を行うことができるものも多い．

[限　界]　定量分析のためにはある程度の試料量が必要である（標準的には0.5 g以上）．検出限界は，波長分散型のものでも，軽元素で0.1％，重元素で0.005％程度である．ベリリウム～フッ素の分析，希土類元素の分析は非常に難しい．

[関連分析法]　蛍光X線を検出する分析法としてこのほかに，励起源にシンクロトロン放射（synchrotron radiation：SR）を用いるシンクロトロン放射光蛍光X線分析（SRXRF），重い荷電粒子のビームを試料に照射して蛍光X線を発生させる荷電粒子励起蛍光X線分析（particle-induced X-ray emission：PIXE）などが文化財の分析に適用されている．前者は試料

に含まれる金属元素の価数を解析することができ，後者は軽元素を感度よく検出できるという特徴があるが，いずれも一般に大かがりな装置を必要とする．

◇**コラム**◇永仁の壺

文化財分析に蛍光X線分析が導入されるきっかけとなったのは，「永仁の壺」事件である．瀬戸飴釉永仁銘瓶子（胴部に永仁2年の銘あり）は鎌倉時代の作とされ重要文化財に指定されたが，真贋に疑問がもたれるようになり，ついには「あの壺はわたしがつくった」という人が現れて，偽作事件へ発展した．調査の結果昭和36(1961)年4月10日に指定を解除された．その調査方法の一つとして蛍光X線分析法が採用された．同法で「永仁の壺」と参考品のストロンチウムSrとルビジウムRbを定量しその比を求めたところ，「永仁の壺」では5.80〜7.22の数値を示し，鎌倉時代の作の数値（1.09〜2.70）とは異なっていることがわかった．　　（齋藤　努）

[文　献]

朝日新聞, 1990年2月10日．

江本義理：文化財をまもる, アグネ技術センター, 1993．

EPMA
electron probe micro-analysis

[計測の対象] 主として無機質資料のミクロ部分の主成分分析に使用される．軽元素のスポット高感度定量の方法としてはこの方法が最適である．

[原　理] 真空中で試料面に電子線を照射すると，試料から2次電子，反射電子，特性X線などが発生する．EPMAでは発生する特性X線を波長分散型の分光器で分け，特定の元素の特性X線のみの強度を選択的に検出器で計数し，元素の定性定量分析をする（図1）．2次元の元素分布を調べる機能をもつものもある．

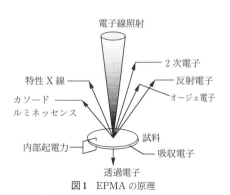

図1　EPMAの原理

[装　置] 真空の試料室，電子線銃，波長分散型分光器，検出器，制御・解析部分からなる．試料に照射される電子ビームの最小径は1μm程度である．検出器にはガスイオン化検出器，シンチレーション検出器が用いられる．多元素の分析の際は分光結晶の角度を変えたり，分光結晶の種類（TAP，PET，LIFなど）を切り替えて逐次計数を行う．

[試　料] 試料は通常樹脂に埋め込み，ダイヤモンドペーストなどを用いて鏡面まで研磨し，表面に炭素や金などを蒸着してから試料室に入れる．

[限　界] 正確に定量分析を行うためには試料面を研磨して平滑にしなければならず，一定の技術を要する．特に軽元素の分析の際には，研磨の際に表面の汚染が起こらないようにしなければならないので，前処理には熟練が必要である．

◇コラム◇鉄刃青銅製鉞

中国・西周時代の鉄刃青銅製鉞（図2，長さ17.1 cm，アメリカのフリーア美術館蔵）が華南省で出土し，中国の製鉄の歴史が西周時代に始まるのではないかと考えられたが，同美術館のGettens et al. (1971)が分析した結果，刃の部分は隕鉄であることがわかった．鉄の刃の一部を採取し，樹脂に埋め研磨して，220μmの間を鉄とニッケルについてEPMAで定量分析した結果，図3のようなラインプロファイルが得られた．金属鉄が残存しているところでニ

図2　鉄刃青銅製鉞（アメリカ・フリーア美術館蔵）

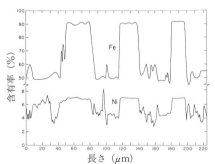
図3 鉄刃青銅製鉞の刃の部分の分析結果

ッケルの濃度が高い．やはり，製鉄の歴史は東周（春秋）時代に入ってからのようである．

［余 談］ 歴史的にみると，EPMA は，金属顕微鏡（400 倍）で観察される金属組織に対応する部分の 2 次元元素分布を調べることを主な目的として開発された．もともとは波長分散型の検出器がついたものを EPMA と呼んでいたが，最近はこれにエネルギー分散型の検出器を併設する場合も多くなった． （齋藤 努）

［文 献］
Gettens, R. S. *et al.*: Two Early Bronze Weapons with Meteoritic Iron Blades, Smithsonian Institution, 1971.

放射光蛍光X線分析
synchrotron radiation X-ray fluorescence analysis

[計測の対象] 物質に放射光X線を照射したとき発生する蛍光X線を計測することにより、試料の元素分析を行う方法である。通常の蛍光X線分析と同様な元素分析に加えて、試料の微小領域の分析や2次元分析、元素の化学状態の分析などが行える。分析できる元素は、大気中での測定では一般にアルミニウムより重い全元素で、真空中ではさらに軽い元素の分析も可能である。

[原理] 放射光蛍光X線分析は、試料に照射するX線にシンクロトロン放射光（通常は略して放射光）を使う蛍光X線分析であり、元素分析については、通常の実験室系の蛍光X線分析と原理的には同じである（蛍光X線分析の項を参照）。放射光とは、電子や陽電子を光の速度近くまで加速器で加速し、その進行方向を電磁石で曲げたときその接線方向に放射される強い電磁波のことをいう。

放射光は、赤外線から硬X線領域に及ぶ幅広い波長（エネルギー）分布をもつ連続（白色）光である。特にX線領域できわめて明るい光で、通常実験室で使うX線管球からのX線の1,000～100万倍も明るい。蛍光X線の強度は照射X線の強度に比例するので、放射光を蛍光X線分析に利用すると極微量の試料、たとえば1 pg（10^{-12} g）の元素も検出できる。

放射光は発散が小さい平行光で、100 m進んでも数mmしか広がらない指向性のよい光である。したがって試料に対してX線を離れた位置から照射できるので、仏像や絵画などの大型試料の任意の場所を非破壊で分析できる。また、X線ビームの大きさをスリットで制限するだけで100 μm径程度のX線が簡単に得られる。集光素子を使うと、数μm径のマイクロビームをつくることもでき、文化財の特定の微小領域の分析や2次元分析も容易である。

放射光は連続光であるので、可視光のプリズムに相当するモノクロメータ（分光結晶）を用いて光のエネルギーを選別（単色化）することにより、任意のエネルギーのX線を利用することができる。単色化するとSN（信号雑音）比のよい分析ができ、微量分析に有利である。また特定の元素のみを選択的に励起することもできる。

放射光のエネルギー可変性の性質を利用すると、構成元素の化学状態を知ることができる。物質を構成する原子のなかで、マイナスの電子はプラスの原子核と静電的に引き合いながら、特定のエネルギー状態の軌道を安定に運動している。ここで、一番エネルギーの低いK殻の電子が原子核と引き合う力を結合エネルギー E_b とする。今、この原子にエネルギー E のX線を照射すると、E_b より E が大きいとK殻の電子は光電子となって原子の外にはじきとばされ軌道に空孔が生じる。その後、エネルギー的に高い軌道の電子がK殻の空いた軌道へ遷移することにより原子は安定化し、余ったエネルギーが蛍光X線として放出される。今、試料に照射するX線のエネルギーを徐々に上げて、発生する蛍光X線の強度を観測したスペクトルを図1に示す。ここで図の縦軸 I_f/I_0 は照射X線

強度で規格化した蛍光X線強度．照射X線のエネルギー E が内殻電子の結合エネルギー E_b に等しくなると，X線は著しく原子に吸収され，その結果蛍光X線が発生する．このような立ち上がりをX線の吸収端といい，さらにX線のエネルギーを上げると，蛍光X線の発生確率は照射するX線のエネルギーによって変化するので，図1のように蛍光X線の強度は振動構造を示す．このようなスペクトルを蛍光XAFS (X-ray absorption fine structure: X線吸収微細構造) スペクトルという．着目元素の酸化数が高くなるほど，電子の結合エネルギーが大きくなるため，スペクトルは高エネルギー側にシフトする．これをケミカルシフトと呼び，いろいろな酸化状態の元素を含む標準試料のスペクトルとの比較により，未知試料の酸化状態が推定できる．このような分析を状態分析といい，釉薬に含まれる顔料やガラスの着色剤などに含まれる遷移金属元素の存在状態が分析できる．

[装 置] 通常の放射光実験施設の蛍光X線分析装置の模式図を図2に示す．連続X線を単色X線に変えるモノクロメータ，X線ビームを任意の大きさにするスリット，またはビームを絞る集光ミラー，試料に照射されるX線の強度を測定するイオンチャンバ検出器，試料を任意の位置に移動できるXYステージ，蛍光X線を検出する半導体検出器などからなっている．蛍光X線検出器より末端の計測器は市販の蛍光X線分析装置と基本的に同じである．

[試 料] X線を照射するので非破壊分析であるが，特にX線に弱い有機質のものなどでは，変色などの可能性もある．土

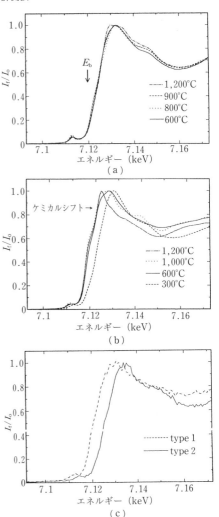

図1 種々の焼成条件で焼成した粘土と土器のFe K-XAFSスペクトル
(a)酸化雰囲気，(b)還元雰囲気，(c)遺跡から出土した2種の灰色土器のスペクトル．

器，金属器，ガラス器，石器，書画，やきもの，布などのすべての文化財の分析が可能といってもよい．

[限 界] 放射光を用いるので，限られた

（1）元素・同位体分析法

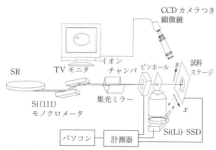

図2　放射光蛍光X線分析システムの模式図

場所でしか測定できない．日本で放射光蛍光X線分析のできる施設は，茨城県つくば市にある高エネルギー加速器研究機構放射光研究施設フォトンファクトリー（PF），兵庫県播磨科学公園都市にある高輝度光科学研究センター（SPring-8）のほか，立命館大学，広島大学などにも小型の放射光施設がある．

[応用例]　土器の分析

①組成分析：カマン・カレホユック遺跡（トルコ）出土の赤色塗彩土器の微細な文様の1 mm²領域からの蛍光X線スペクトルを一例として図3に示す．顔料に，有色元素のクロム，マンガン，鉄，ニッケルが含まれていることがわかる．極微量，極微小領域の試料について，高感度な元素分析が可能である．

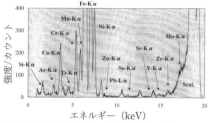

図3　彩紋土器の顔料の放射光蛍光X線スペクトル

②状態分析：土器に含まれる鉄の状態分析から，土器製造時の焼成環境の推定が可能である．酸化雰囲気（大気中）で種々の温度で焼成した土器は，焼成温度にかかわらず一様なXAFSスペクトルを与える（図1（a））．ところが，還元雰囲気（窒素気流中）では，図1（b）のように600℃以上では，鉄の還元により吸収端スペクトルは低エネルギー側にシフトし，1,200℃ではシャープなピークを与える．カマン・カレホユック遺跡から出土した灰色土器はフリュギア時代（紀元前9～4世紀）に特徴的な土器として知られているが，芯が灰色（type 1）のものと暗褐色（type 2）のものが知られていた．図1（c）のスペクトルと図1（a），（b）とを比較すると，type 1は600℃以上で還元焼成したものとよい一致を示したことから，還元焼成の土器であることがわかった．また，type 2に含まれる鉄のスペクトルは酸化焼成した土器のスペクトルとよく一致し，灰色を鉄の還元状態の色に原因を求めることはできない．表面に炭素を吸着させて灰色を出すなどの特殊な技法が用いられていると推察された．

(中井　泉)

[文　献]

松永将弥，松村公仁，中井　泉：X線分析の進歩，第28集，169，1997．

中井　泉，望月明彦，飯田厚夫，田口　勇，山崎一雄：シンクロトロン放射光蛍光X線分析法による歴史試料の分析．国立歴史民俗博物館研究報告，第38集，145，1992．

Nakai, I., Numako, C., Hosono, H. and Yamazaki, K.: Origin of the red color of copper ruby glass as determined by EXAFS and optical absorption spectroscopy. J. Amer. Ceram. Soc., 82(3), 689 1999.

日本物理学会編：シンクロトロン放射，培風館，1986．

PIXE分析
particle induced X-ray emission analysis

[概　要]　直訳すると荷電粒子励起蛍光X線分析であるが，一般には英語名の頭文字をとってピクシーと呼ぶ．1970年にS. A. E. Johansson らにより開発された．微小試料中の多元素を高感度に同時分析できる．通常の蛍光X線分析法（X-ray fluorescence analysis）は励起線源をX線とするが，PIXE法では陽子や重水素イオン，α粒子などを用いる点が異なっている．

[原理と特徴]　加速器で1～3 MeVに加速した陽子やα粒子などの荷電粒子を標的試料に照射し，発生する特性X線を測定して元素分析する．加速器としては，原子核研究用に設置されたタンデム型加速器がしばしば使用される．発生した2次X線は，通常Si（Li）半導体検出器で検出される．試料は，10^{-5} mmHg（Torr）程度の真空系に入れる．発生する特性X線は，軽元素ではエネルギーがきわめて小さいので，空気があると吸収されて測定ができなくなるからである．実際には，ガラス玉のような小型の試料は，支持体に10～15点の複数の分析試料を取りつけて，真空を破ることなく連続的に測定する．特性X線のエネルギーから元素の種類を同定し，そのスペクトルのピーク面積から試料の元素濃度を求める．定量は，濃度既知の標準試料のX線ピーク面積と分析試料のそれとを比較して行う．ナノグラム（ng＝10^{-9} g）以下の超微量元素でも高感度に分析できるので，分析試料は，ごく微少量でよい．化学的に前処理なしで，軽元素から重元素まで，15～20種類の元素を同時に分析可能である．原子番号20～30と80付近の元素については，特に高感度で分析できる．

[限　界]　(1)PIXE分析で計測される試料部分は，きわめて表層である．数 MeVのイオンビームでは，実際に測定される有効な深さはたかだか数 μm である．(2)形状が不定な文化財試料では，精度の高い測定は困難である．PIXE分析では，厚さが数 μg/cm^2 以下の薄い粉体試料がよいとされている．十分に薄い試料では，バックグラウンドが小さくなり分析感度が高くなる．さらに，薄い試料では，元素含有量とX線のピーク面積に比例関係が成り立つとされている．試料を粉末にせずに塊（bulk）のまま分析すると，自己吸収やパイルアップ現象などがみられ，X線強度と元素含有量との相関が失われる．照射ビームは，通常，直径数 mm 以下の円形の粒子束に制御されるので，局所領域のピンポイント分析が可能である．形状が大小さまざまな立体試料の測定では，ビームの照射面に位置が試料ごとに異なってしまい，検出器の幾何学的条件を同一にすることが難しい．

[応用例]　わが国で出土したガラスや陶磁器について，PIXE分析法が応用された（図）．古代エジプトの壁画顔料や古代ギリシアのコインなどの分析も行われている．

（富沢　威・馬淵久夫）

[文　献]

Johansson, S. A. E. and Campbell, J. L. : PIXE—A Novel Technique for Elemental Analysis, John Wiley & Sons, 1988.

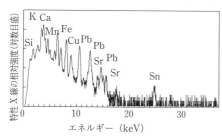

図 鉛ガラス玉のPIXEスペクトル(富沢ほか, 1989)
福島県福島市月ノ輪山1号墳から出土した古墳時代後期の緑色をした鉛ガラス玉のPIXEスペクトル．スペクトルには，鉛ガラスの主成分であるケイ素，鉛，カルシウムやカリウム，および着色剤として作用する銅や鉄などの明瞭なピークが認められる．

鍛冶東海，吉原賢二：日本化学会編，荷電粒子励起蛍光X線分析，実験化学講座14核・放射線，丸善，1992．

Kallithrakas-Kontos, N., Katsanos, A. A., Aravantinos, A., Oeconnomidou, M. and Touratsogglou, J.：*Archaeometry*, **35**, 440, 1993.

富樫雅彦，徳沢啓一，小泉好延，小林紘一，富沢威：東日本弥生文化終末期のガラス小玉の研究―東京都新宿区下戸塚遺跡出土のガラス小玉の再評価―．日本考古学協会第64回総会，1998．

富沢 威，富永 健，小泉好延，馬淵久夫：福島県福島市鎌田字月ノ輪山1号墳で出土したガラス玉の材質分析．月の輪山1号墳発掘調査報告書，福島市教育委員会，1989．

ICP発光分光分析
inductively coupled plasma atomic emission spectrometry (ICP-AES)

[計測の対象] 機器によって主成分元素および微量元素の組成を定量する，基幹分析法の一つである．対象は，金属器，陶磁器，土器，絵画，石器，骨角器などの無機物試料や，繊維，紙，木，樹脂，生物などの有機物試料など多岐にわたる．分析用試料を採取できるものであれば，ほとんどすべての種類の文化財が測定対象となる．

[原　理] ICP (inductively coupled plasma：誘導結合プラズマ) とは，トーチと呼ばれる石英製の3重管から吹き出すArガスに，誘導コイルに高周波電流を通すことによって生じる誘導電場をかけて，放電をさせたものである．原子またはイオンの軌道電子は，外部からのエネルギーによって，定常状態から励起状態に移るが，10^{-5}〜10^{-8}秒程度の短い時間でより低いエネルギーに移る．このときに，そのエネルギー差が光として放出される．固体または液体状態の試料から遊離原子を生成し励起するためのエネルギー源として，高温（発光観測部で5,500〜7,000 K）のICPを使用するのがICP発光分光分析法である．それぞれの元素の発光量は導入された原子の量に比例する．したがって，たとえば溶液を炎のなかに噴霧して測定する場合，発光量は溶液中の元素の濃度に比例することになり，定量分析が可能となる．

[装　置] 装置には，シーケンシャル（多元素逐次分析）型とマルチチャネル（多元素同時分析）型の測光方式のものがある．シーケンシャル型は検出器が一つで，モノクロメータと呼ばれる分光器の回折格子をステッピングモータで回転することによって，測定したい波長の強度を検出器で測定する（図1）．通常，測定しない波長部分は高速で，目的元素の分析線近くでは速度を遅くして掃引する．マルチチャネル型はポリクロメータという分光器のなかに回折格子が固定されており，測定元素の発光線位置に検出器が並べられている（図2）．光路調整に時間がかかるので検出器の追加や位置変更は通常行われないため，測定する元素は装置ごとにあらかじめ決めておかなければならない．最近ではこの短所を補うために，フォトダイオードなどを利用した面検出器を用いて，広い波長領域のシグナルを同時に測光できる装置も開発されている．

[試　料] 通常は試料を溶液化してネブライザによってICP中に導入される．溶液の導入法としては電気的加熱気化法，ヒ素，セレンなどの水素化物発生法なども利用される．あらかじめ対象元素の濃度がわ

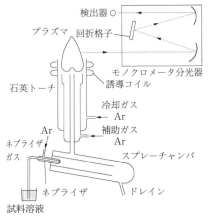

図1　シーケンシャル型装置の概略図

(1) 元素・同位体分析法

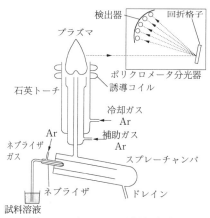

図2 マルチチャネル型装置の概略図

表 銭貨の分析結果（佐野ほか，1983）

貨幣名称	元素濃度（％）		
	Cu	Pb	Sn
開元通宝（中国：621年）	84.4	1.3	13.8
	63.0	30.9	0.1
	68.4	19.9	11.2
至道元宝（中国：995年）	71.5	14.6	12.4
	69.8	24.7	5.1
	73.9	17.8	7.8
	66.1	23.9	9.6
永楽通宝（中国：1411年）	73.7	18.1	7.9
	74.3	20.7	3.8
	77.2	17.6	3.9
	70.7	19.9	8.1
朝鮮通宝（朝鮮：1423年）	71.2	20.3	7.1
	95.9	0.1	3.4
	97.7	0.1	1.1

かっている標準溶液を測定し検量線を作成して，これと比較することによって未知試料中の元素濃度を求める．また，固体試料の直接導入法として，アークまたはスパーク法，レーザ蒸発法などがある．しかしいずれの場合も一般に，ネブライザ法より測定精度が悪い．

[限界] 発光スペクトルが複雑なので，発光線の重なりによる分光干渉を補正することが必要であり，成分の組み合わせによっては測定技術などの熟練を要する場合がある（鉄，ニッケル，希土類元素など）．

元素分析法として本法と同様によく用いられる原子吸光分析法と比較すると，多元素同時分析で成分未知の試料でも元素の検出が可能であり，またマトリックスの影響が小さいことは利点である．ただし，検出限界はフレーム原子吸光分析法とほぼ同じレベルで，ファーネス原子吸光分析法よりも劣る．

[応用例] 銭貨の分析

中国および朝鮮の青銅貨について，主成分元素濃度を測定した例を表に示す．測定資料は平均的な組成が得られるように，銭貨の3か所から5mgずつ金属片を切り取り，合わせて酸溶解したものである．

[その他] 1855年にブンゼン（R. W. Bunsen）が製作した，高温で着色の少ない炎が得られるブンゼンバーナーによって発光分光分析の研究は大きな進歩を遂げた．Rb, Cs, Li, Na, Ga, In, Tlなどは，この「炎光法」の研究によって発見された元素である．1920年代からは，発光分光分析の励起源としてアークおよびスパーク放電が利用されるようになった．ICPなどのプラズマ励起源は1960年代半ばに開発され，1970年代半ばから装置が市販されるようになった． (齋藤 努)

[文献]

佐野有司，野津憲治，富永 健：古文化財の科学，**28**, 44, 1983.

ICP質量分析
inductively coupled plasma mass spectrometry (ICP-MS)

[計測の対象] 微量元素の組成を定量する分析法の一つである．ICP発光分光分析法では検出限界が，溶液中の濃度としてサブppb程度であるが，本法ではより低濃度（ppt以下）まで検出可能である．測定対象は，金属器，陶磁器，土器，絵画，石器，骨角器などの無機物試料や，繊維，紙，木，樹脂，生物などの有機物試料など多岐にわたる．分析用試料を採取できるものであれば，ほとんどすべての種類の文化財が測定対象となる．

[原　理] ICP中で生成したイオンを真空中に引き込み，イオンレンズで加速すると同時に収束し，質量分析部に導入する．ここで質量数の違いによってイオンを分離し，2次電子増倍管などでイオン強度を測定する．あらかじめ濃度のわかっている標準試料で検量線を引き，これと比較して濃度を求める．

[装　置] ICPは大気圧下で作動し，質量分析計は通常10^{-5}Torrよりよい真空度を要するので，ICP内で生じたイオンを真空中に引き込む仕組み（差動排気）が必要である．それは，中央に0.5〜1mm程度の穴が開いた，ICPと接触するサンプリングコーンと，数Torr程度の真空度の空間を挟んでその後ろに配置されたスキマーコーンによって達成される（図1）．二つのコーンを通過し，イオンレンズで加速されたイオンは高真空（10^{-7}〜10^{-5}Torr程度）の質量分析部に導入される．

質量分析部としては，4重極質量分析計と，磁場と静電場を組み合わせた2重収束型磁場質量分析計の2種類がある．前者の方が安価で高速で掃引できる利点があるので，こちらを用いた装置が多く普及している（図2）．ただし分解能が低く，分析対象イオンに同一の質量をもった多原子イオンが重なるために，質量数12〜81の範囲では分析の困難な元素がある．これを解消するために，高分解能の2重収束型磁場質量分析計を設置した装置が開発された（図3）．この装置ではたとえば，同じ質量数

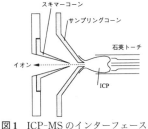

図1　ICP-MSのインターフェース

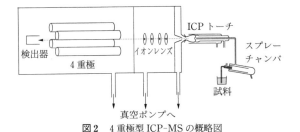

図2　4重極型ICP-MSの概略図

56 の Fe^+ と ArO^+ とを分けることが可能である．掃引は磁場を変化させて行うので時間がかかることが欠点であったが，最近磁場と加速電圧，静電場を同調して変化させて高速掃引のできる装置が開発された．イオン源を交換してグロー放電質量分析装置（GD-MS）として使用できる機種もある．

検出器には2次電子増倍管が使われるが，分析目的によってファラデー検出器やデイリー検出器を付設することもある．通常検出器は一つであるが，同位体比の高精度測定を目的として，複数個の検出器で目的同位体のイオン強度を同時測定する装置もある．

[試　料]　通常は試料を溶液化し，ネブライザによって ICP 内に導入される．その他，ICP 発光分光分析の項で紹介したような試料導入法は，ICP-MS においても実施されている．

[限　界]　イオンの強度がマトリックスによって変化するマトリックス効果の存在が知られている．このため，高濃度（一般に 1 ％以上）のマトリックスを含む溶液は分析に適さない（マトリックス 0.1 ％程度であれば補正できることが多い）．

高感度装置であるため，試料の前処理の段階においてコンタミネーションが起こらないように注意を払わねばならないこと（高純度試薬の使用，クリーンな処理スペースの確保など），装置が高価であること，装置の稼働・維持に熟練を要することなど，装置を使いこなすために，一定程度の専門知識が要求される．

[応用例]　文化財への適用例はまだ少ないが，有用な微量成分分析法として期待されている．

① 砂鉄の分析：日本各地の砂鉄を酸分解し，元素分析を行った．結果の例を表に示す．

② レーザアブレーション試料導入法による金貨の分析：試料表面に Nd:YAG レーザ（0.3 J）を照射し，表面の 0.1 mm 径，深さ 0.1 mm 程度の部分をエアロゾル化してプラズマ部に導入し測定を行った．カナダのメイプルリーフ金貨とオーストラリアのカンガルー金貨の分析例を図4に示す．微量元素の組成が異なっていることがわかる．

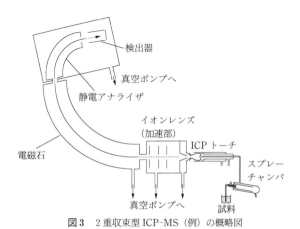

図3　2重収束型 ICP-MS（例）の概略図

表 日本の砂鉄の分析結果（田口，尾崎編，1994）

採取地	元素濃度（%）											
	SiO₂	Al₂O₃	MgO	CaO	MnO	TiO₂	K₂O	P	S	V	Cu	T.Fe
常呂(北海道)	3.43	1.80	2.43	0.55	0.86	21.64	0.023	0.28	0.013	0.25	—	50.01
大槌(岩手)	25.95	4.53	4.16	3.95	0.33	1.06	0.575	0.114	0.008	0.14	0.002	41.04
内野(岩手)	4.09	0.88	0.57	0.50	0.37	2.65	0.052	0.054	0.005	0.29	0.001	65.10
多賀城(宮城)	7.97	1.84	2.39	0.43	0.69	26.13	0.050	0.031	0.010	0.30	0.008	44.01
荒砥川(群馬)	7.67	2.78	3.71	0.74	0.40	9.29	0.058	0.071	0.014	0.40	0.007	54.10
長良川(岐阜)	2.85	2.85	2.55	0.82	0.42	12.80	0.087	0.203	0.007	0.36	0.007	53.50
斐伊川(島根)	1.65	0.84	0.45	0.46	0.51	4.94	0.065	0.083	0.005	0.22	0.003	65.25
種子島(鹿児島)	0.35	2.26	1.61	0.52	0.66	11.22	0.006	0.32	0.025	0.31	—	60.12

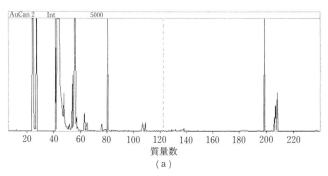

(a)

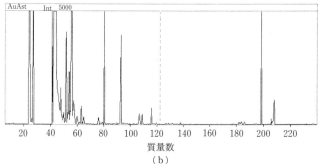

(b)

図4 金貨の分析結果
(a)メイプルリーフ金貨，(b)カンガルー金貨．

[その他] プラズマ中に導入した溶液内で生成したイオンを質量分析計のなかに引き出し，高い検出限界が得られ同位体比測定が可能であることを初めて報告したのはグレイ（A. L. Gray）であった（1975年）．

（齋藤 努）

[文 献]

田口 勇，尾崎保博編：みちのくの鉄—仙台藩銅屋製鉄の歴史と科学，アグネ技術センター，1994.

Young, S. M. M., Budd, P., Haggerty, R. and Pollard, A. M.：*Archaeometry*, **39**, 379, 1997.

放射化分析
activation analysis

[計測の対象] あらゆる文化財の元素含有量（ただし，表2に示す元素に限る）．

[概　要] 元素（厳密には原子核）に特定のエネルギーをもった中性子，荷電粒子（α線，陽子線，電子線など）あるいは光量子（光子）を照射し，原子核反応を起こさせ，生成した放射性核種の放射能測定によって，元素の定性分析あるいは定量分析を行う．放射能測定において，放射線のエネルギーまたは放射性核種の半減期を測定することにより定性分析を行い，放射性核種の放射能強度を測定することにより定量分析を行う．この放射性核種を生成させることを放射化と呼び，この分析法の名前がついている．

[種　類] 照射する放射線の種類により区別され，主に中性子放射化分析法，荷電粒子放射化分析法，光量子放射化分析法がある．また，照射後，照射した試料を化学的処理をしないで直接放射能測定する場合には，機器放射化分析法という．

文化財を含めて一般に広く利用されている方法は，機器中性子放射化分析法である．

[照射システム] 放射線の発生源となる照射システムは，使用する放射線の種類によって異なる．

広く利用されている中性子照射には，高い中性子束密度を得る研究用原子炉がほとんどの場合使用される．加速器や放射体中性子源も使用できるが実例は少ない．

荷電粒子照射には，サイクロトロンなどの加速器が利用され，数 MeV 以上のエネルギーの陽子，重陽子，α粒子，^{3}He 粒子などを用いる．

光量子照射には，ライナック（線形加速器）で 10～30 MeV に加速した電子ビームを白金板などに照射し，発生する制動放射線（光量子）を用いる．

[原　理] 最も一般的な中性子放射化分析法について説明する．分析目的元素（ターゲット原子核）に中性子を照射すると，原子核は中性子を吸収し，不安定な励起（放射性）原子核になる．励起原子核は安定な状態になるため，外部にβ線やγ線を放出しながら壊変する．このγ線のエネルギーとその強度を測定してターゲット元素の分析をするのが本法の原理である（図）．生成する放射能 A は，$f\sigma(WN_A\theta/M)\{1-(1/2)^{t/T}\}$ で示される．ここで f は中性子束密度，σ は放射化断面積，W は試料重量，N_A はアボガドロ数，θ は放射化され

(照射)

(放射化・γ線測定)
図　放射化分析の原理

る原子核の同位体存在度，M は分析元素の原子量，T は生成原子核の半減期，t は照射時間である．f や σ の正確な値を決定するのは困難であるので，通常標準試料と分析試料とを一緒に照射し，放射能の比較から分析試料中の元素量 W_X を算出する．すなわち，$W_X = W_S A_X/A_S$ となる．S は分析試料，X は標準試料を示す．

[装　置] 放射能測定システムには，主に，γ線スペクトロメトリーが使用される．このシステムはγ線を検出する高分解能 Ge 半導体検出器とスペクトルを収集する 4,096〜8,192 チャネル波高分析器とγ線スペクトルを解析するコンピュータから構成されている．最近では波高分析器とパーソナルコンピュータが一体となったものが市販されている．Ge 半導体検出器は環境からの自然放射線を遮蔽するため，鉛材あるいは鉄材で覆われている．γ線スペクトル解析では，γ線エネルギー，γ線ピーク面積，ピーク計数率，核種同定，元素含有量，元素濃度，検出限界値などが算出される．表1に，わが国で中性子放射化分析法に利用できる研究用原子炉および主な照射設備を示す．

[試　料] 特別な場合を除き，厳密な意味での非破壊分析法にはならない．しかし，分析試料を化学処理しないで固体の状態で分析できることでは非破壊分析法の範疇にも入る．通常，試料量数 mg〜数百 mg を使用して数十元素の分析が可能である．試料のマトリックス元素により試料量，分析元素数，分析感度の制限を受ける．

[特　徴] 原子核反応に基づいた原理で分析しているので，分析感度が非常によい．一例を表2に示す．また，放射化後の操作中での汚染による分析値への影響が全くないので，微量・超微量元素の分析には適している．さらに，中性子放射化分析法では中性子が多くの原子核と反応しやすいので多元素同時分析が可能である．

[限　界] 照射システムは，放射体線源を

表1　わが国で中性子放射化分析法に利用できる研究用原子炉および主な照射設備

原子炉名	所属	所在	最大熱出力 (kW)	主な照射設備	熱中性子束密度 ($n \cdot cm^{-2} \cdot s^{-1}$)	高速中性子束密度 ($n \cdot cm^{-2} \cdot s^{-1}$)	カドミウム比
京大炉 (KUR)	京都大学原子炉実験所	大阪府熊取町	5×10^3	水圧輸送管 傾斜照射孔 黒鉛熱中性子柱 圧気送管-1	8.2×10^{13} 3.9×10^{12} 9.3×10^{10} 1.9×10^{13}	3.9×10^{13} 4.4×10^{11} —— 3.2×10^{12}	4 11 10,400 7
JRR-3M	日本原子力研究所東海研究所	茨城県東海村	20×10^3	水力照射 HR1 垂直照射 RG 放射化分析用 PN3 気送照射 PN1	1.2×10^{14} 2.0×10^{14} 1.9×10^{13} 6.0×10^{13}	1.7×10^{12} 1.0×10^{14} 6.0×10^9 1.7×10^{11}	5 4 300 26
JRR-4	日本原子力研究所東海研究所	茨城県東海村	3.5×10^3	T パイプ S パイプ 気送管	6.0×10^{13} 5.0×10^{13} 4.0×10^{13}	1.3×10^{13} 5.5×10^{12} 7.5×10^{13}	4 5 4
JMTR	日本原子力研究所大洗研究所	茨城県大洗町	50×10^3	HR-1 HR-2	1.1×10^{14} 1.3×10^{14}	8.8×10^{12} 2.1×10^{13}	—— ——

(1) 元素・同位体分析法

表2 中性子放射化分析法での分析感度

分析感度（μg）	元素
$1\sim3\times10^{-6}$	Dy
$4\sim9\times10^{-6}$	Mn
$1\sim3\times10^{-5}$	Kr, Rh, In, Eu, Ho, Lu
$4\sim9\times10^{-5}$	V, Ag, Cs, Sm, Hf, Ir, Au
$1\sim3\times10^{-4}$	Sc, Br, Y, Ba, W, Re, Os, U
$4\sim9\times10^{-4}$	Na, Al, Cu, Ga, As, Sr, Pd, I, La, Er
$1\sim3\times10^{-3}$	Co, Ge, Nb, Ru, Cd, Sb, Te, Xe, Nd, Yb, Pt, Hg
$4\sim9\times10^{-3}$	Ar, Mo, Pr, Gd
$1\sim3\times10^{-2}$	Mg, Cl, Ti, Zn, Se, Sn, Ce, Tm, Ta, Th
$4\sim9\times10^{-2}$	K, Ni, Rb
$1\sim3\times10^{-2}$	F, Ne, Ca, Cr, Zr, Tb
$10\sim30$	Si, S, Fe

熱中性子束密度：1×10^{13}n・cm^{-2}・s^{-1}，照射時間：1時間．

用いる場合を除いては非常に高額で，大規模施設が必要である．また，放射線あるいは放射性物質を扱える施設と，放射能を取り扱う技能が要求される．中性子放射化分析法では周期表 Ne 以下の軽元素および γ 線を放出しない原子核と極短寿命核種に基づく元素（Si, P, S, Pb など）の分析が困難である．

[応用例] 材料に関する産地推定には数多く利用され，土器・陶磁器の胎土や黒曜石などを分析して，原料の産地推定，流通経路，製品の異同識別などを行っている．ガラスについては製造技術の時代的変遷，国別の差異，製造年代，流通経路の発見，原材料の産地推定を行っている．金属器では，青銅器，銅器，鉄器などが分析対象となり，金属器の製造技術の解明，保存・修復のための腐食物の特定，原材料の産地推定などが行われ，特に，貨幣では時代的変遷や摸鋳銭（中国銭などを日本で模倣して鋳造した銅銭）との異同識別なども行われている．その他，壁画顔料，建造物の塗料，和紙などが分析され，塗装技術，使用者の権力の動向，材料の製造技術などの解明を図っている．

◆トピックス◆鉄器のルーツ

弥生時代から古墳時代にかけて日本列島で使用されていた鉄器のルーツは，考古学の大きな話題である．

最近，鉄器の原材料（砂鉄）の産地推定に砂鉄と製鉄遺跡から出土する鉄滓の Ti/V 比から，また，製錬滓と精錬滓の区別に V と Ti 濃度から判別の可能性が示されている．さらに，鉄器関連遺物での As/Sb 比から，鉄器の原材料（鉄鉱石・砂鉄）の産地推定の可能性が示唆され，As/Sb 比が1以下の鉄器では朝鮮半島産のものと推測される． (平井昭司)

[文 献]

平井昭司：中性子放射化分析法による歴史資料の分析．国立歴史民俗博物館研究報告，第38集，1992．

平井昭司：中性子が探る古代の鉄器．*Isotope News*, No.5, 1995．

鈴木章悟：放射化分析―微量元素の定量―．ぶんせき，No.11, 1996．

富沢 威：考古学，人文科学における放射化分析．*RADIOISOTOPES*, **43**(6) 1994．

即発γ線中性子放射化分析
prompt γ-ray neutron activation analysis (PGA)

[計測の対象] 原子核が中性子を捕獲する際に放出する即発γ線をオンラインで測定して，試料中の元素を定量する方法．得られる分析値は，表面や局所だけではなく，試料内部の組成も含めたものである．H, B, C, N, S などの軽元素や岩石・土壌の主成分元素 Si, Na, Mg, Al, K, Ca, Ti, Mn, Fe を非破壊で多元素同時定量できる点に特徴がある．一般には微量成分元素の定量には適していないが，Sm, Eu, Gd, Cd, Hg などの元素に対しては感度が高い．

[原理] 陽子数 Z，質量数 A の原子核 (Z, A) が中性子を捕獲すると，高励起状態の原子核 $(Z, A+1)$ が生成する．この状態は非常に不安定で，即座 (10^{-12} s 以内) に数種類のエネルギーのγ線 (即発γ線) を次々に放出して基底状態になる．1 回の中性子捕獲あたり，ある特定のエネルギーのγ線が核 $(Z, A+1)$ から放出される割合 η は決まっている．試料を中性子束 ϕ で t 秒間照射すると，試料中に m g 含まれる目的元素 (原子量 M) の同位体 (存在比 b，中性子捕獲断面積 σ) からある特定のγ線が放出される．それを効率 ε の検出器で測定すると，計数される光子数 n_γ は次式で表される (N_0 はアボガドロ数)．

$$n_\gamma = [(m/M)N_0 b]\sigma\phi t\eta\varepsilon$$

実際の分析では比較法を用いて定量する．

[装置] 試料の照射は，原子炉からの強いγ線の影響を避けるために，炉外へ導出した中性子ビームで行うことが多い．わが国では，日本原子力研究所の原子炉 JRR-3 M の冷中性子および熱中性子導管の中性子を用いた即発γ線分析装置が開発されている．この装置の中性子ビーム特性は，中性子束が約 1×10^8 s^{-1}・cm^{-2}，ビームの広がりは 20×50 mm^2，平均エネルギーは，熱中性子が 15 meV，冷中性子が 3.0 meV である．試料はヘリウムガスで満たした試料箱中で照射すると，γ線バックグラウンドを低く抑えることができる．γ線測定は，純 Ge 半導体検出器を BGO シンチレータで取り囲んで，同時・反同時計数などの多モード形式で行う．

[試料] 原子炉外で照射するために，試料の形状・安定性などについての制約が少なく，完全に非破壊な状態で元素分析を行うことができる．また，照射後の残留放射能は通常試料では極微量で法律の規制値以下である．したがって，貴重な考古学試料や美術品などの分析に適している．

[限界] 土器・石器・陶磁器・ガラスなどの試料では主成分の Na, Mg, Al, K, Ca, Ti, Mn, Fe と微量成分の Sm, Gd, B 元素などの含有量が求まる．青銅などの試料では主として Cu と Sn の含有量が求められるが，含有量が多ければ Pb の量も求められる．

[応用例] 古い陶磁器の碗を小さく砕くことなく，そのままの状態で元素分析し，Na, K, Ti, Sm, Gd, B などの元素含有量の相関から，産地推定を行う試みがなされている．

(中原弘道)

[文献]
Sueki, K. et al.: *Anal. Chem*., 68, 2203, 1996.
Yonezawa, C.: *Anal. Sci*., 9, 267, 1993.

オージェ電子分光分析
Auger electron spectroscopy

[原 理] 物質に高エネルギーの粒子などを衝突させたとき,その表面から発生する低エネルギーのオージェ電子を検出して物質を分析する手法.1923年フランスのオージェ(Pierre Auger)によって,原理が実験的に確認された.内殻電子をはじき出すに十分なエネルギーをもった粒子などの1次励起源を試料表面に照射すると,原子の内殻準位に生じた空準位を埋めるために上の準位から電子が落ちる.このとき生じた準位間のエネルギー差は,特性X線として放出されるか,または上準位の他の電子に与えられ,その電子が放出される.この過程をオージェ遷移,放出された電子をオージェ電子と呼ぶ(図1).オージェ電子のエネルギーは元素固有の値をとるため,試料から放出されたオージェ電子のエネルギー値を測定できると,試料の組成元素の同定が可能となる.物質の極表面に対する分析手段として,現在最もよく用いられる手法の一つである.

[特 徴] 試料表面の数原子層(10 nm以下)の極表面と,微小領域(数十nm程度)における組成分析が可能である.内殻電子が関与するため,水素,ヘリウムの分析は不可能であり,リチウムより原子番号が大きい元素の組成分析が可能となる.検出濃度の限界は,0.1 at%程度とされる.イオンスパッタリングにより,数nm分解能でμmオーダの深さ方向分析(デプスプロファイル)が可能となる.組成分析が基本であるが,得られたピーク形状の違いから化学結合状態が区別できる場合もある.

[装置の構成] 電子線を励起源とした走査型オージェ電子顕微鏡(SAM)が最近では一般的である.これは,走査型電子顕微鏡(SEM)の機能をもつとともに,オージェ電子像とオージェスペクトルによるマイクロビームアナリシスが可能となる.装置の構成は,電子銃,試料室,電子エネルギー分光器,イオン銃,データ処理部に大きく分かれる.微弱なオージェ電子を検出するためには,試料室内を少なくとも10^{-6}Pa以下のいわゆる超高真空に保つ必要があり,装置には一般のSEMにはみられないさまざまな工夫が要求される.試料表面にAr$^+$ガスなどを照射するためのイオン銃を備え,試料表面にイオンをスパッタリングすることで,試料表面の汚れ(コンタミネーション)を除去するとともに,試料表面が少しずつ露出するように削っていくことで深さ方向分析を可能としている.

図2に,測定で得られるオージェスペクトルの一例を示す.エネルギーそのものの

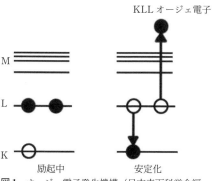

図1 オージェ電子発生機構(日本表面科学会編,1994)
●電子,○空準位.

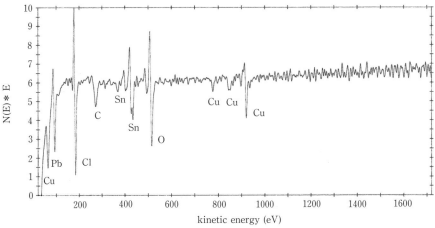

図2 古代青銅器に対するオージェスペクトル（村上，未発表）

分布を示す積分形とその微分形の表現があるが，微分スペクトルの方が一般的である．

[文化財試料の分析のための留意点と分析事例] 試料ホルダーの大きさに限界があるので，測定可能な試料の大きさと形状は必然的に限られ，大きな試料では部分的にサンプリングを行うことが必要となる．また，分析前に試料に油や汚れがつかないようにするなど，試料の取扱いにも細心の注意が要求される．文化財資料のなかでも，考古遺物のように履歴のわからないさまざまな汚染物質が付着している可能性のある資料の場合には，特別の注意を要する．また，オージェ電子の励起に電子線を用いるために，試料がチャージアップすると測定が不可能となる．このチャージアップの軽減も実際の測定の際の大きな課題であるが，一般に用いる銀ペーストなども溶媒による試料室の汚染など，測定に悪影響を及ぼすために使用を避ける必要がある．

オージェ電子分光法が，これまでに文化財の調査研究に用いられた事例として，ニューヨークの「自由の女神」の腐食の研究や，金属製出土遺物の腐食研究，日本で出土した青銅鏡の表面層の研究など，金属製文化財の表面分析を中心に数例の応用例があげられる．

オージェ電子分光法に適した試料を文化財資料から直接サンプリングする機会が増えるなど，測定に供する試料選択の自由度が高くなると，この分析法の特徴を生かした成果が文化財の調査研究に大きく貢献するものと期待できる．なお，他の表面分析法である ESCA や SIMS，さらには EPMA に至るまで視野に入れて，得られた分析結果のクロスチェックを行い，総合的な判断を下すことに十分配慮しておく必要があるだろう． （村上　隆）

[文　献]

日本表面科学会編：表面分析図鑑，1994．

固体質量分析
solid mass spectrometry

[計測の対象] 青銅器，釉薬，土器，陶磁器，石器などを対象とし，なかに含まれる鉛，ストロンチウムなどの同位体比を測定して，原料の産地推定を行う．

[原　理] ^{206}Pb, ^{207}Pb, ^{208}Pb, ^{87}Sr は，それぞれ放射性核種^{238}U, ^{235}U, ^{232}Th, ^{87}Rb の壊変で生成する（図1）．したがって，試料の原料が生成された地質中の U/Pb, Th/Pb, Rb/Sr 比と，その地質年代に応じて，鉱床・岩石・鉱物などのなかの鉛，ストロンチウムの同位体比はその産地に固有の値をとる．

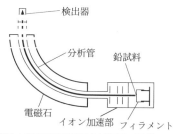

図2　表面電離型質量分析装置の概略図

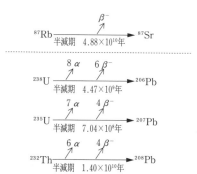

図1　ルビジウム Rb，ウラン U，トリウム Th の壊変

[装　置] 分析には表面電離型質量分析装置を使用する（図2，写真）．イオン源に，分離した試料を塗布したフィラメントをセットする．鉛はリン酸，シリカゲルを一緒に塗布したレニウムシングルフィラメント，ストロンチウムはタングステンダブルフィラメントを用いるのが一般的である．これに電流を流して抵抗加熱し，真空中で蒸発とイオン化を行う．発生したイオンを 8 kV 程度の電場によって加速し，電磁石

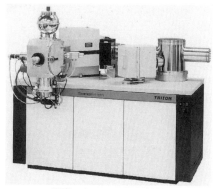

写真　サーモクエスト社製

によって同位体ごとに質量分析し，各同位体のイオン強度を計測する．最近は，装置の制御，測定，計算は，コンピュータによって行われ，10〜15試料が連続的に自動測定されるようになっている．また，測定精度の向上と測定時間の短縮の目的で，複数の検出器で対象とする同位体を同時に計測する装置が主流になっている．測定時間は1試料1時間程度，測定精度は 0.002% 程度である．

[試　料] 鉛，ストロンチウムとも，資料の一部を採取し，対象元素 50〜300 ng を採取試料から化学的に抽出して測定する．

したがって破壊分析であるが，試料採取量は青銅器中の鉛同位体比を測定する場合で数 mg，土器，陶磁器，石器中のストロンチウム同位体比を測定する場合で 100 mg 程度である．最近，土器中の鉱物を分離して分析する方法も試みられているが，その場合は目的鉱物として 20〜30 mg 程度が使用されている．

鉛の分離法としては，高周波加熱分離法，電気分解法，陰イオン交換樹脂法，溶媒抽出法などが，ストロンチウムの分離には，クラウンエーテルイオン交換樹脂法，陽イオン交換樹脂法などが用いられる．

[限 界] 文化財自体の分析データからは，資料のグルーピングとある程度の原料産地の推定は可能であるが，原料の鉛鉱石を採取した鉱山や石器原材の採取地などを特定することはできない．それを特定するためには，鉱山や原材産地から鉱石や原石の試料を採取し，分析してデータを比較検討する必要がある．しかし，その文化財が製作された当時に稼働していた鉱山などは現在では場所がわからなくなっていることも多く，鉱山や原材産地などの詳細な特定まではできない場合もある．

[応用例]

① 地中海地域黒曜石のストロンチウム同位体比測定結果：地中海地域の 13 の主要な産地の黒曜石を分析した．ストロンチウム同位体比にルビジウムとストロンチウムの濃度を組み合わせて解析してグルーピングし（図 3），この分類に照らし合わせて，6 地域からの 17 黒曜石製品の産地が推定された．

② 日本古代青銅器の鉛同位体比測定結果：弥生時代〜奈良・平安時代にかけて日本で製作された青銅器および日本産の鉛鉱

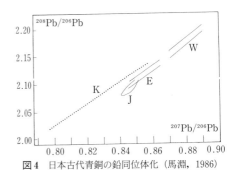

図 4　日本古代青銅の鉛同位体化（馬淵, 1986）

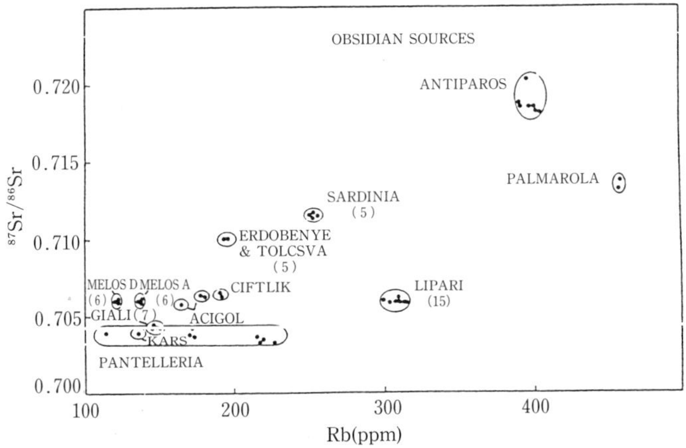

図 3　地中海地域黒曜石のストロンチウム同位体比（Gale, 1981）

石を分析した．その結果，これらが図4のように大きく四つのグループに分かれ，時代とともに原料鉛の産地が朝鮮半島（K），華北（W），華中〜華南（E）と変遷し，日本産の青銅器（J）は遅くとも8世紀初めには使用が開始されていることがわかった．

[**データ表示方式**] 地質学や地球化学などで鉛同位体比によって地質年代，地殻の成長・進化を解析する際には，^{206}Pb/^{204}Pb-^{207}Pb/^{204}Pb のプロットが用いられるが，文化財科学の分野で青銅器などの原料の産地を解析する際，鉛同位体比の分析結果は，図4のような ^{207}Pb/^{206}Pb-^{208}Pb/^{206}Pb のプロットを用いることが多い（後者をA式図，前者をB式図と呼ぶことがある）．これは，^{204}Pb の存在度が小さいため，前者よりも後者の比のとり方の方が数値の精度が高く，より精密なグルーピングができるためであるが，最近は装置の性能が上がり，前者のプロット法による議論も可能になってきた．

なお，日本の鉱床から産出した鉛であっても，別子型鉱床や神岡鉱山などの特殊な鉱床では，図4のJの範囲からは外れているので，データの解析の際は上述の両プロット法を組み合わせるなどして総合的に判断する必要がある． （齋藤　努）

[**文　献**]

Gale, N. H.：*Archaeometry*, **23**, 41, 1981.

馬淵久夫：馬淵久夫，富永　健編，続考古学のための科学10章，東京大学出版会，p.129, 1986.

齋藤　努，馬淵久夫：国立歴史民俗博物館編，科学の目で見る文化財，アグネ技術センター，p.207, 1993.

(2) 化合物分析法
analyses of chemical compounds

赤外吸収分光分析
infrared absorption spectroscopy

[計測の対象] 染料，樹脂，油脂，接着剤，塗料，繊維，紙，皮革など主として有機質材料（天然・合成）を対象とするが，目的によっては一部の顔料（絵具）などの赤外領域に吸収をもつ無機質材料からも意味あるデータが得られる．

[歴　史] 19世紀末から20世紀初めにかけて，特定の官能基をもつ化合物は一定の波長域に赤外吸収を示すことが知られ，赤外吸収スペクトルが測定されたのが本法の実際的な端緒である．

赤外分光分析の実用性が注目され始めたのは，自記記録式の装置が登場した1950年代に入ってからで，プリズムや回折格子が分散型分光器として使われ，各方面の材質研究に盛んに応用されてきた．

1970年代に入り，コンピュータ技術の急速な発展とともにフーリエ変換赤外分光光度計（FTIR）が市販され，赤外吸収分光分析の測定法に画期的な進歩が訪れた．このような傾向はFTIR装置の小型化・安価化として現在にまで続いている．

[原　理] 試料物質に可視光よりも波長の長い赤外領域の光（約 $2.5 \sim 25 \mu m$）を当て，分子の双極子モーメントの変化に起因する振動（赤外吸収）スペクトルを測定し，分子が固有にもつ官能基を定性分析することにより，その物質を特徴づけることができる．さらにこの結果をもとにして材質（化合物）の同定や変質状況の解明を行う．

特定の分子振動に基づくピーク位置は原子団特有のものとなることが知られており，このピークの有無が原子団の存在を示す．これによって官能基の定性分析が可能である．また，個々の有機物は「指紋領域」に固有の吸収を示すので相互の判別が可能であるばかりか，スペクトルライブラリーから類似性の高いスペクトルを検索・対照することにより化合物の同定も行うことができる．

[装　置] 赤外吸収スペクトルを測定する装置を赤外分光光度計と呼ぶ．赤外分光光度計には分散型と干渉（フーリエ変換）型の装置があり，現在は後者の方が，優れた特徴や機能を兼ね備え，利用度が高い．

分散型赤外分光光度計は赤外光をプリズムや回折格子を用いて分光し，この分散した光の各波長における試料の光吸収の強さを測定する装置である．光吸収の強さは試料へ入射する光と試料から出射する光の両方を計る必要があり，両者の比を記録することで試料の赤外吸収スペクトルが得られる．赤外部に吸収をもつ水蒸気や二酸化炭素など空気中に含まれる成分の妨害を避け，各波長での吸収の強度比測定を同時に行うために複光束（ダブルビーム）方式の装置（図1）が一般的である．

図2にクルミ油の赤外吸収スペクトルを示す．ここでは横軸は波数（cm^{-1}），縦軸

は透過率（％）表示となっているが，目的に応じて横軸に波長，縦軸に吸光度が採用されることもある．

[試　料]　固体を対象とした赤外吸収分光分析では，通常，最低数 mg 程度の試料の採取を必要とする．透過スペクトル測定の際には，試料の性質に応じた適切な試料調製が行われる．試料が粉砕可能で臭化カリウム KBr と反応せず，吸湿性がない場合は KBr 錠剤法が選択される．これは KBr 粉末が加圧により赤外領域に透明な錠剤状になることを利用したもので，乾燥した純度の高い KBr 粉末が使われる．

粉末状態の試料（0.5～1 mg）をメノウ乳鉢で細かく粉砕した後，KBr（約 150 mg）を少しずつ加え十分粉砕混合し，むらのない錠剤を作製する．この試料を錠剤成形器に入れ加圧し錠剤を作製するが，加圧には油圧器やハンディープレス器が用いられる．良質な KBr 錠剤は透過率 85％ 程度を示す．錠剤はホルダーで固定し装置の試料光路側へセットする．対照側には KBr のみの錠剤を置き，透過スペクトル測定を行う．

[限　界]　分散型赤外分光光度計は，赤外分光法を世に広める大きな役割を果たした装置であるが，感度や分解能，信頼性などの基本性能において不十分であったし，コ

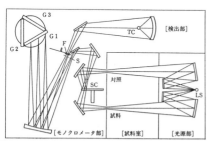

図1　分散型赤外分光光度計の光学系（田中，寺前，1993）
LS：光源，SC：セクター，S：スリット，G1～G3：回折格子，F：フィルタ，TC：真空熱電対．

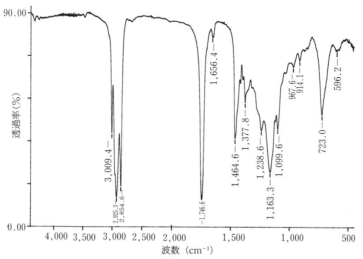

図2　クルミ油の赤外吸収スペクトル

ンピュータによるスペクトルの解析ができないなどの欠点があった。これはFTIRにおいて改善されている。

文化財試料において構成材質が局在している場合、極微小部からの試料採取は不純物混入の危険性がある。分析目的とする材質以外の成分を計測しないよう試料採取には注意を要する。

◆トピックス◆赤外吸収スペクトルライブラリー

文化財を対象とした赤外吸収スペクトルライブラリーがアメリカのゲティー保存研究所（The Getty Conservation Institute）から発行され、材質の同定に際してライブラリーサーチがコンサバター（conservator：保存科学者、保存担当学芸員）や研究者に利用されている。しかし、これを入手するためには新規材質のスペクトルを提供し、ライブラリーに貢献することが条件となっている。日本でも同様の文化財資料を対象としたスペクトルライブラリーが必要であるが、これには複数の機関や研究者の参加が不可欠であることはいうまでもない。国際赤外分光分析利用者グループ（IRUG）の研究集会も数年おきに開催されている。

（松田泰典）

[文　献]

Derrick, M. R., Stulik, D. and Landry, J. M. : Infrared Spectroscopy in Conservation, The Getty Conservation Institution, 1999.

伊藤祥美、松田泰典、塚田全彦：文化財保存修復学会誌，**40**, 72-79, 1996.

田中誠之、寺前紀夫：赤外分光法，共立出版, 1993.

田隅三生：FT-IRの基礎と実際，東京化学同人, 1986.

フーリエ変換赤外分光分析
Fourier-transform infrared spectroscopy (FTIR)

[計測の対象] 分散型赤外吸収分光分析と基本的に同じ（赤外吸収分光分析の項参照）。

[原　理] 測定原理においてFTIRは，分散型による赤外吸収分光分析とは大きく異なる．フーリエ変換とは数学的な操作であり「時間領域のスペクトルと周波数領域のスペクトルを結ぶ関係」のことをいう．分散型装置が回折格子などの分散素子を用いて波長の関数（周波数領域のスペクトル）として光の強度を測定しているのに対し，FTIR装置では光の干渉を利用し干渉曲線（時間領域のスペクトル）を測定する点が異なる．干渉曲線はコンピュータでフーリエ変換することにより周波数領域のスペクトルが得られる．フーリエ赤外分光法の特徴の一つは全波数領域のスペクトルを同時に測定できる点である．

[装　置] 図のように光源から出た赤外光は干渉計（インターフェロメータ）に導かれビームスプリッタにより二分され，片方は固定鏡，片方は時間とともに移動する走査鏡で反射し位相の異なる光が干渉し合ってインターフェログラムを形成する．インターフェログラムは二つの経路をたどる光の光路差の関数となる．この光路差を正確に決定するためにHe-Neレーザが設置されている．これによりレーザ光のインターフェログラムを生じさせ，光路差の物差しとして用いる．白色光のインターフェログラムも同時に測定し，サンプリング指示に利用する．このようにして得たインターフェログラムをフーリエ変換すると通常のスペクトルが得られることがわかっており，この操作をコンピュータが実行することでスペクトルが出力される．

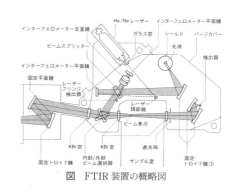

図　FTIR装置の概略図

[測　定] 錠剤法など分散型と同様の試料測定（透過法）ができるほか，FTIRが暗い光の測定に適している利点を利用し，反射法，顕微法，ダイヤモンドセル法などの種々の測定法での応用がきく．また測定が迅速であるので各種分析法とのオンライン結合が可能である．一方，この方法は原理的にシングルビーム式であるので光学系内の水蒸気，二酸化炭素による妨害があることに注意を要する．

（松田泰典）

化学発光（ケミルミネッセンス）
chemiluminescence

[概要] 化学発光は，過酸化物の分解や電子移動など，化学反応に伴う発光をさす．ホタルの光のように酵素が関与する強い発光を生物発光と呼ぶが，これも化学発光の一種である．極微弱の化学発光は生物発光より発光効率が 10^{10} 倍以上も低いが，酸化反応，酵素反応などの生命現象と密接に結びついており，近年注目されている．

[原理] 化学反応により分子が励起されて励起状態になり，そこから基底状態に戻る際に発光する，あるいは共存する蛍光物質に励起分子のエネルギーを移行させて蛍光物質を励起し，その励起蛍光物質が発光する2経路がある．たとえば，鑑識化学の重要な反応の一つである血痕の鑑別に用いられているルミノール法は，血液から形成されるヘミンを触媒としてルミノール（5-アミノ-2,3-ジヒドロ-1,4-フタラジンジオン）が青白い発光を生じる現象で，前者の反応経路の代表である．後者の代表としては過シュウ酸エステル化学発光反応系が実用化されており，非常用ライトや各種イベント用ケミカルライトは，シュウ酸誘導体，触媒，蛍光物質が入っている容器内で過酸化水素アンプルを壊して混ぜることで発光が始まるように工夫されている．

一方，発光強度が 10^{-14} W 以下の化学発光では，有機物に熱・光・放射線・外力などが加わり生じる励起カルボニルや励起1重項酸素，分子鎖切断で生じたラジカル，過酸化物ラジカルなどが主たる発光種である．

[装置] 化学発光は一般に紫外部から近赤外部にわたる．この計測には 10^{-14} W/cm^2 以下の極微弱光を検出できるフォトンカウンタが必要となり，通常は冷却して熱ノイズを減少させた光電子増倍管を使用する．市販の装置では，試料室内に直径5 cm のセルが用意され，計測データはコンピュータで解析する．また，試料室内の温度・湿度制御が重要であり，温度・湿度の測定機器のほか，これらの制御系を組み込んだ装置も市販されている．酸化反応の研究のためには試料室内の雰囲気を一般大気から窒素などの不活性雰囲気に変更するためのアクセサリーが必要である．

発光効率の高い蛍光物質を利用してオゾンや窒素酸化物の検出，あるいは HPLC や GC などの分離機器と組み合わせて蛍光法による高感度検出が達成されている．

[試料] 固体，液体，気体のいずれも測定可．専用のセルを要する．

[限界] 化学発光を計測する際は，振動や熱で発生するノイズや温度・湿度の影響が大きく，実測には困難が多い．試料は大きいほど計測に有利であるが，面積が大きくなると計測効率が中心部と周辺部で大きく異なる点に注意を要する．一般に大気中ではさまざまな励起発光種が生じるため，化学発光の計測だけで化学反応の解析を進めることは困難である．

[応用例] 油画展色剤の酸化劣化，プラスチックの酸化劣化・耐候性の研究，プラスチック抗酸化剤の活性評価，和紙の劣化，セルロースパルプの劣化評価，写真用基材の劣化予測，タンパク質の劣化研究などの応用例がある．

（佐野千絵）

紫外線蛍光検査法・蛍光分光分析
fluorescence spectroscopy

[計測の対象] 文化財材質を対象とした定性分析では，常温で観測できる最低限の蛍光性をもつことが必要である．しかし，蛍光がないことも材質の特徴として読み取ることができる．

[歴 史] 紫外線灯が商業的に生産・販売され始めた1925年ごろから蛍光現象による非破壊検査法が古い絵画の調査に使われ出し，1928年にはハンブルグにおいて美術品の真贋をめぐる裁判が行われたとき，後世における署名の処理をするのに紫外線検査灯が初めて応用された．わが国にもその後程なくして導入され，染織資料の染料同定，正倉院の密陀絵や法隆寺の玉虫厨子などの絵画・工芸資料の制作技法，材料の鑑定，真珠・螺鈿の母貝鑑別などに応用されてきた．欧米では陶磁器やガラスをはじめとして多くの美術品の鑑定や修復に活用され，実績を上げている．特に油彩画，西洋楽器などの表面に施されたニスが発する蛍光の色調・強度を経験的な知識として，過去の修復箇所の特定やニスの判別に援用する技術は広く受け入れられてきた．その後，1970年代から分析機器の発達とともに，より感度・精度の高い蛍光分光分析技術が開発された．励起光源に水銀灯輝スペクトルや紫外線レーザを用いたり，キセノン（Xe）ランプ光を分光することで広い波長領域の光を照射できるような改善が図られ，蛍光の励起波長依存性の検討がなされてきた．1980年代からはこれらの技術も文化財資料へ応用され多くの成果をあげてきている．

[原 理] ある種の物質は，紫外線や可視光線などの光のエネルギーを吸収して再び光を放射する．この蛍光と呼ばれる現象は，光の吸収によって物質を構成する原子や分子に引き起こされる電子のエネルギー準位の変化，すなわち電子遷移にかかわる現象と理解される．光の吸収により過剰なエネルギーをもった分子が励起状態から安定な基底状態に戻る失活過程において，蛍光が放射される．蛍光を各波長に分光して得られる蛍光スペクトルと物質の間には密接な対応関係が認められることが多く，これを利用して定性分析が試みられている．

非破壊分析であり，試料採取は行わず測定できるのが本法の有利な点である．紫外線蛍光検査法は暗室において紫外線灯を試料へ照射し，蛍光を観察する簡易な方法である．蛍光分光分析は装置試料室の大きさの関係で制限されるが，文化財資料のような固体試料であればそのままの形状で測定できる．

[装 置] 蛍光分光分析には分光蛍光光度計（図1）などの装置を必要とする．分光蛍光光度計は，基本的には光源，励起光側分光器，ビームスプリッタ，試料室，蛍光側分光器，光検知器，データ処理部および記録計からなる．蛍光スペクトルと励起スペクトルの両方を観測するためには連続光が必要であり，光源には高圧キセノンランプが用いられることが多い．また，輝線光源として水銀灯や窒素レーザなども使用できるが，この場合には蛍光の励起波長依存性は観測できない．単色光を取り出すための分光器として回折格子などが使われる．光電子倍増管は微弱な蛍光を検知し，印加

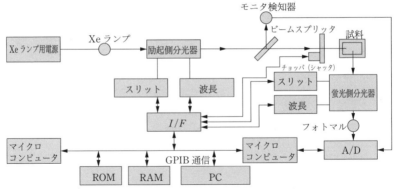

図1 分光蛍光光度計の構成図（日立 F-4500 型）

電圧の調整により光電流の増幅を行う．装置からの試料測定データとして蛍光スペクトルなどの情報が出力される．

◆トピックス◆

最近はコンピュータ技術の急速な発展とともに励起波長と蛍光波長を同時に高速で掃引できる装置が開発され，3次元蛍光スペクトルが測定でき，天然染料をはじめとする文化財材質の同定に応用されている．天然樹脂の測定例を図2に示す．(松田泰典)

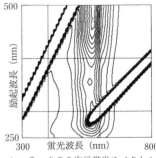

図2 シェラックの3次元蛍光スペクトル

[文　献]

松田泰典：東北芸術工科大学紀要, **4**, 42-51, 1997．

松田泰典：文化財保存修復学会誌, **41**, 54-63, 1997．

西川泰治, 平木敬三：蛍光・りん光分析法, 共立出版, 1984．

山崎一雄：古文化財の科学, 思文閣出版, 1987．

メスバウアー分光分析
Mössbauer spectroscopy

[計測の対象] 原理を発見（1958年）したR. L. Mössbauerの名を冠した分析法で，無反跳核γ線共鳴を利用して価数や配位子を調べる方法．ピーク位置から価数などの電子状態が，ピークの間隔から配位子場の情報など，メスバウアー核種周囲の電場や磁場の影響がわかる．鉄やスズなど，メスバウアー核種の価数，配位子の情報などが得られる．

[原理] 励起状態にある原子核から低い状態に遷移する際にγ線が放出された場合，通常は，γ線の放出時に原子核にいくらかのエネルギーを与えて原子核を運動（反跳）させるため，そのγ線のエネルギー量は励起状態と低い状態のエネルギー差よりも原子核の運動エネルギー分だけ小さくなり，同種の核種に吸収されても低い状態から励起状態への遷移を起こすには不十分となる．しかし低温下などの原子核が結晶内に堅く縛られた状態になると，γ線の放出・吸収時に原子核は運動しない（無反跳）ため，核γ線蛍光共鳴が起こりやすくなる．

[装置] 一定の線速度を線源に与えてγ線のエネルギーを微小に変化させるための駆動モータ，γ線計測用検出器として主にNaIシンチレーションカウンタや比例計数管が用いられる．試料の形態は，通常は1 cm^{2}程度の断面に成形するが，散乱電子を利用する測定では検出器に固定できれば測定可能である．低温での測定の方が無反跳の効率が高くなるため，何らかの無振動の冷却装置と組み合わせて用いられることが多い．

[試料] 原則として固体試料のみ測定が可能であり，溶液の場合には凍結して測定する．鉄やスズの透過測定の場合，試料量として数mg/cm^{2}を要する．

[限界] 使用するγ線エネルギーよりもやや低いX線吸収端をもつ元素が試料中に共存すると，γ線はその元素に吸収されてスペクトル上にピークが認められなくなる．妨害する共存元素として，^{57}Feに対しては臭素，セレン，ヒ素，ビスマス，鉛，タリウム，水銀，金，白金，イリジウムなど，^{119}Snに対してはロジウム，ルテニウムがある．また生体試料のようにメスバウアー核種の量が著しく少ない場合には，非メスバウアー吸収が高くなり十分なSN（信号雑音）比が得られず，同位体濃縮が必要となる．

^{57}Coや^{119m}Snなどの密閉線源を取り扱うので放射線管理区域内での作業となり，線源の種類や量によっては，文部科学省による認可，放射線取り扱い主任者による管理を要する．

[応用例] 土器の焼成温度と土器中の鉄の電子状態の相関についてモデル実験を行った事例が報告されている．また，出土青銅遺物中のスズの電子状態の測定事例がある．

（佐野千絵）

電子スピン共鳴
electron spin resonance (ESR)

[計測の対象] 常磁性物質中の，電子のスピン（自転）に起因する現象をとらえる方法．磁場のなかに置かれた不対電子が二つの準位に分裂し，その分裂に等しいエネルギー差の電磁波を吸収したときに，ESRが観測される．生体の老化に伴って生じる活性酸素種や酸素分子のような常磁性物質のほか，有機物に電磁波・外力などが加わって生じた有機ラジカルや化学反応中間体，Cu^{2+}，Mn^{2+}，Fe^{3+}などESR活性の遷移金属イオンの検出や構造，反応研究に用いられる．

[原理] 通常，原子の一つの軌道には，互いのスピンに基づく磁性を打ち消し合うように，スピンの向きが互いに逆向きの2個の電子が存在する．しかし軌道に，1個の電子のみが存在する場合（不対電子），スピン（自転）しながら原子核のまわりを軌道運動することによって磁界が生じ（アンペールの法則），電子は小さな磁石としての性質をもつ．

不対電子は周囲に磁場のない状態では物質中で無秩序に存在する．磁場を一定方向にかけるとコマのように磁場の方向を中心軸とする歳差運動をしながら，磁場に対して平行か逆平行か，いずれかの向きに磁石の向きを揃える．このとき，磁場に対して平行な向きの方がエネルギー的には安定であり，平行か逆平行かの二つのエネルギー準位が現れてくる（ゼーマン分裂）．ESR装置では，この分裂のエネルギー差に等しい電磁波（マイクロ波）を照射すると，安定なスピンが不安定なスピンに反転する現象を観測している．

[装置] 装置は大別して，試料を据える空洞共振器（キャビティー），ゼーマン分裂を起こすための電磁石装置，電子スピンに共鳴遷移を起こさせるためのマイクロ波発生装置，マイクロ波吸収の交流信号を増幅するための磁場変調，検出器，その他操作系で構成される．空洞共振器はマイクロ波の強度を増幅する作用をもち，低温・高温測定のための温度可変装置や光化学反応の追跡用の照射用窓をもつものなど，目的に応じてさまざまなものが用いられる．測定に用いられるマイクロ波の周波数帯は四つあり，それぞれL-バンド（周波数1.0 GHz），X-バンド（周波数9.5 GHz），K-バンド（周波数24 GHz），Q-バンド（周波数35 GHz）と呼ばれる．一般の測定にはX-バンドが用いられ，ESRイメージングにはL-バンド，詳細なg値（ESR計測で得られる常磁性種固有のパラメータ）測定や高感度測定にはK-バンド，Q-バンドが用いられる．また，ESRスペクトルは検出感度を上げ，精度を良好にするため，微分形で記録される．

[試料] 試料の形態としては，固体，液体の測定が可能である．

[限界] ESR活性の元素しか計測できない．水など誘導率の大きな溶媒中では誘電損失が起こり，試料量を少なくしないとESRを測定できないことがある．

[応用例] 年代を求める手法（(4)章電子スピン共鳴年代測定法）のほか環境汚染物質による顔料の変色機構の研究など，劣化反応の研究にも用いられる． （佐野千絵）

核磁気共鳴
nuclear magnetic resonance (NMR)

[**計測の対象**] 測定原理から磁気モーメントを有するすべての原子を対象としうるが，核磁気共鳴現象そのものを研究する目的以外では，^{1}H, ^{13}C, ^{15}N, ^{19}F, ^{31}Pなどいくつかの元素に限られる．近年，フーリエ変換NMR (Fourier transform-nuclear magnetic resonance：FT-NMR) の登場によって従来に比べて著しく分解能が向上した．装置と測定データの蓄積などの制約により，水素および炭素原子を対象としたNMR測定法が文化財への応用を考えうる状態にあるといえる．主に測定の対象となるのは，染織品，皮革，漆，膠，染料，繊維，接着剤などの有機質文化財である．

コンピュータトモグラフィー (CT) を用いたNMRイメージング（医用分野では体内の水分子を対象としたイメージングで効果を上げている）を用いて水漬木材の内部構造と強化処置の効果などに関する研究も行われている．

[**原 理**] 核磁気共鳴とは，原子に電磁波を照射したときに特定の周波数で電磁波の吸収が起こる現象をさす．この周波数 ν は，静磁場 H_0 中で磁気回転比 γ と遮蔽計数 σ から次式によって与えられる．

$$\nu = (1/2\pi)\gamma H_0(1-\sigma)$$

この共鳴周波数は，同一の原子でもその原子の周辺の環境によって異なり，これは化学シフトと呼ばれる．また，近接する各種の原子の影響によって単一の原子のシグナルが特徴的なパターンで分裂し，そのパターンが当該原子の結合状態に関する情報を与えてくれる．これをシグナルの多重度と呼び，その大きさを結合定数とする．従来のNMR装置では周波数を一定として磁場の強度を変化させて測定を行う．

これに対して，FT-NMR装置では，強いパルスを照射して分子中のすべての測定対象となる原子核を励起させ，FID信号を取り出し，フーリエ変換することによりそれぞれの原子核のNMR信号を測定する．

[**測 定**] 図に示すのは一般的なNMR装置である．磁場を発生させるための電磁石（強力なものは超電導磁石）で回転する試料管を挟み込み，磁場に摂動を与えることによって共鳴周波数の測定を行う．

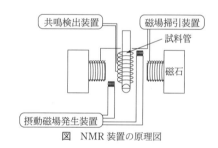

図 NMR装置の原理図

[**試 料**] 原理的には非破壊的な分析方法であるが，実際には，試料を直径数mm～10数mmのガラス管に挿入して測定を行うので，その際に試料を機械的に破壊したり，一部を採取する必要が生じる．このため，液体や柔軟性の大きな布の小片などのように限られた試料に対してのみ文字どおりの非破壊分析が可能となる．もちろん，測定された試料は加熱や酸化などを受けていないので，他の分析のための試料として

用いることが可能である．

[限　界]　このような対象の同定方法としては，先にあげた赤外吸収スペクトル法などが用いられてきている．核磁気共鳴法が赤外吸収スペクトル法に比べて有利な点は，混合物の定量が容易なこと，分子構造に関する情報が得られること，測定精度が高いことなどがある．

[応用例]　藤原三代のミイラとともに採取された絹製品のNMR測定が行われた．このデータより個々の試料に含まれる絹を構成するポリペプチドの立体的な構造についての情報を得ることができた．具体的には，絹のタンパク分子がとりうる代表的な2種類の立体構造，αヘリックス構造とβシート構造の比率が測定された．この比率は，現生のカイコのつくり出す絹の研究から，そのカイコが生息する気候によって変化することが知られている．これらのことから藤原三代の試料の絹が生産された時代の気候に関する情報を得ることができた．この結果は，デンドロクロノロジー（年輪年代法）による気候推定でも同様の傾向が認められることから，裏づけられている．

　核磁気共鳴法は，試料の分子構造に関する情報を得るために有効な方法であるので，この例に限らず，気候や生産条件の復元などにより文化財を分子レベルから理解する手段として，フーリエ変換赤外分光分析や紫外可視分光分析などと並んで多くの利用分野が期待できる．

◇**コラム**◇文化財におけるMRI

　FT-NMRは，化学においては，分子の構造や反応機構を探るために用いられてきた．医学の分野では，生体内の水の水素原子を測定対象としてコンピュータトモグラフィーの手法を合わせて，身体の内部の3次元情報が得られるきわめて重要な診断手段として知られている（MRI）．

〈川野邊　渉〉

ガスクロマトグラフィー質量分析計
gas chromatography-mass spectrometer (GC-MS)

[計測の対象] ガスクロマトグラフィーの検出器に質量分析計を採用した装置のこと．略称GC-MS．任意の分画成分の分子量情報から目的成分の分子構造推定が可能であり，また少量の有機化合物試料で定性・分離定量可能な点が，GC単体より格段に優れている．4重極型質量分析計を使用した場合，分子量約300までの比較的小さな有機化合物が測定可能である．文化財試料の場合，特に絵画のメディウムの分析例が多い．また，室内汚染物質の定量などの環境分析でも威力を発揮する．

[原　理] ガスクロマトグラフィーとは吸着体などを詰めた固定相（カラム）に混合物試料を通して，分離用のガス（キャリアガス）で一定流速で押し流し，吸着体（充填カラム）や固定相液体（キャピラリーカラム）などと各化合物との親和性の差を利用して分離する方法である．GC-MSはガスクロマトグラフィーを質量分析計に直結し，GC分画成分に熱電子を衝突させる（electron impact），あるいは反応しやすい低分子物質を衝突させる（chemical impact）などの何らかの方法でイオン化し，質量数情報を得る．図1に装置概略を示す．熱分解炉を試料導入口につけた場合のGC装置にはボンベが直結され，試料導入口，分離カラムが直列に接続されている．移動相には目的に応じてヘリウムや窒素などのガスを用いる．分離カラムは恒温槽中に設置され，任意の温度に設定できる．また，試料導入口の温度も設定可能である．分離カラムを出た分画試料は，インターフェース（温度設定可能）を経て質量分析計に導入

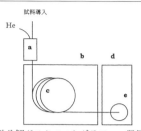

図1　熱分解ガスクロマトグラフィー質量分析計の構成（キャリアガスがHeの場合）
a：熱分解炉（パイロライザ），b：ガスクロマトグラフ，c：カラム，d：質量分析計，e：4重極型の検出器部分．

される．4重極型質量分析計の場合，試料室温度などを目的に合わせて適宜設定する必要がある．解析にはコンピュータの支援が不可欠で，溶出時間（リテンションタイム）と強度の関係を示すトータルイオンクロマトグラム（TIC）のほか，特定の質量数成分を溶出時間に対してプロットした質量クロマトグラムを得ることができる．

[装　置] ガスクロマトグラフに使用するカラムの種類や温度条件を変えることにより，さまざまな混合物を分離できる．

気体試料や液体試料（使用できる溶媒は制限あり）はそのまま，固体でも揮発性のある試料は直接導入できる（導入口の変更が必要な場合もある）．揮発性のない試料をガスクロマトグラフに導入するには，揮発性のある化学形に前処理して変えて導入する，あるいは高温熱分解して低分子化させ強制的に導入する，2方法がある．

測定試料の形状が多様であり，またその性質も多岐にわたるため，さまざまな目的に合わせた導入装置が開発されている．たとえば，少ない試料を分析するにはスプリ

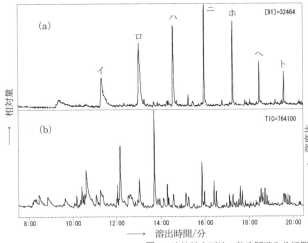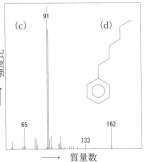

イ：ブチルベンゼン，ロ：ペンチルベンゼン，ハ：ヘキシルベンゼン，ニ：ヘプチルベンゼン，ホ：オクチルベンゼン，ヘ：ノニルベンゼン，ト：デシルベンゼン．

図2　油性鉛白下地の熱分解導入分析例
(a)質量数91のマスクロマトグラム，(b)トータルイオンクロマトグラム，(c)溶出成分ハに含まれるフラグメントのマスパターン，(d)溶出成分ハの同定結果ヘキシルベンゼン．

ットレス法で全量導入するのに対して，熱分解導入のように多量の試料を導入する場合には，分離能力を妨げないために一般的にスプリット法（試料の一部のみ装置に導入する方法，分離比が大きいほど導入される試料量は少ない）が用いられる．また，いかに定量的に装置内に混合物試料を導入するか，また分離を完全に行うかが定量分析の精度を決定するため，さまざまな濃縮導入装置が接続でき，環境水からの農薬分析や環境大気分析に利用されている．緩やかな熱分解を進めるための工夫（反応熱分解など），溶媒を除去する手法（クールオンカラム導入）などが利用される．図2に油性鉛白下地の熱分解導入分析例を示す．

[試　料]　完全な破壊分析で，導入した試料は回収不能（分取は可能な場合あり）．ただし分析に必要な試料量は100%目的成分の固体の場合μgオーダの微少量である．

[限　界]　移動相からの汚染のため，炭酸ガスの質量数44以下の分子の測定は容易ではない．4重極型質分析計の検出器内では，イオン化にある程度の温度が必要なため，熱に弱い試料は定量的な分析が困難である．また，膠やのりなど，タンパク質やデンプンなどの大きな分子は，揮発性がないためそのままでは分析できず，また定量的に低分子化するのが難しい．分離定量を確実に行うためには前処理を必要とする場合が多く，化学的な知識が十分に必要である．また汚染を防ぐためには，装置の操作に熟練を要する．

◇コラム◇漆塗膜の樹種推定

現在世界中で使用されている漆樹液は，*Rhus vernicifera*（日本，中国），*R. succedanea*（ベトナム），*Melanorrhoea usitata*（タイ，ミャンマー）の3種類の樹種から分泌されるといわれるが，漆樹液は各種の有機化合物の混合物であり，各樹液に含まれる成分がいくらか異なることを利用して，熱分解GC-MSでその樹種の特定ができる．　　　　　　　（佐野千絵）

液体クロマトグラフィー質量分析計
liquid chromatography-mass spectrometer (LC-MS)

[計測の対象] きわめて極性の高い化合物や熱に不安定な化合物，分子量の大きな化合物など，通常のガスクロマトグラフィ(GC)では分析しにくい化合物の分離・分析が可能である．化合物の分子量や分子式を求めるほか，化合物の構造についての手がかりも得られるため，ガスクロマトグラフィ質量分析計（GC-MS）と同様，化合物の分離・同定に利用できる．

[原理] 溶媒に溶かした試料を，液体クロマトグラフィー(LC)によりカラムで分離した後，順次，質量分析計(MS)で検出する装置である．すなわち，LCのカラムの充填剤（固定相）との相互作用が強い化合物，あるいは溶離液（移動相）との親和性が弱い化合物は固定相にとどまる時間が長く，溶出が遅れる．この充填剤への滞留時間の差によって試料の分離が行われる．MSでは高真空状態で溶出液の脱溶媒と化合物のイオン化を行い，生成したイオンの質量分析を行う．

[試料および装置] 試料をメタノールなどの溶媒で抽出し，溶けた成分を試料として分析に供する．装置の例を図に示す．

[限界] LC-MSの場合，MS導入部での溶媒の除去の難しさに加えて，極性の大きな化合物や高分子化合物などのイオン化にも高度な技術が要求される．このため，現段階の技術では，LC-MSの一つのイオン化方式で全領域の化合物を処理することは不可能である．したがって，混合試料の分析においては，複数のイオン化方式の併用が必要な場合もある．

◇コラム◇エジプトミイラの樹脂

天然の樹脂がそれぞれ数種類の特徴的なテルペン酸(terpenoic acids)を含むことを利用して，樹脂の原料を同定することができる．イリノイ大学所蔵のエジプトミイラ（推定1～2世紀）から採取された樹脂片から有機酸を抽出し，FAB (fast atom bombardment) LC-MSで分析した．その結果，マツ科植物のマツヤニの主成分であるアビエチン酸（abietic acid）の酸化生成物であるジテルペン酸3種が検出されたため，この樹脂はマツヤニであると同定された．

(木川りか)

[文献]

Proefke, M. L., Rinehart, K. L., Raheel, M., Ambrose, S. H. and Wisseman, S. U. : *Analytical Chemistry*, **64**(2), 105A-111A, 1992.

図 LC-MSの装置の例

X 線 回 折
X-ray diffraction

[原　理]　X線は，物質のなかを通り抜ける際に，その物質の結晶構造に応じた角度方向に折れ曲がる（回折）．このため，ある物質にX線を照射し，回折したX線の特徴を調べれば，その物質の結晶構造を解明できる．

[分析可能な試料]　結晶質物質の分析に適している．この場合の結晶質物質とは，無機鉱物のほか，結晶性の有機化合物をも含む．文化財試料では，岩石やその近親物質，金属，顔料などがあげられる．

[得られる情報]　物質の元素組成ではなく，物質の存在状態がわかることになる．たとえば，顔料であればその顔料鉱物そのものを同定でき，金属であればそのさびの状態を知ることができ，岩石であればその風化度合いなどを解明することができる．

[分　類]　X線回折分析は，X線回折写真法とX線分光分析法とに大きく分類される．X線回折写真法は，写真乾板やフィルムを使って写真に回折線を記録する方法で，未知物質の同定よりは，むしろ細かい結晶構造を解析する際に多く利用される．X線分光分析法は，分光計を用いて回折スペクトルを描き，それをスタンダード試料のスペクトルと比較して解析する方法で，未知試料の同定に広く用いられている．通常の文化財試料の場合には，結晶系の解析よりも未知試料の鉱物同定を行うことの方が多いので，ここでは，代表的なX線分光回折分析法について述べる．

[X線粉末回折]　最も一般的な方法で，試料を粉末状にして試料ホルダーに詰め，分光計で回折スペクトルを得て解析を行う．試料は，最低でも耳かき1杯分は必要であり，その分の試料の破壊を伴う方法であるが，粉末化によって試料の均質化が図られるため，分析精度は最もよい．したがって，岩体や土壌など，サンプリングが許される不均質な試料の分析に適している．図に粉末回折のチャートを示す．

[非破壊X線回折]　試料台をもたず，試料面に向かって直接X線を照射できるため試料採取を行わずにX線回折分析が行える方法である．主として文化財の分析に用いることを目的に開発されたため，文化財X線回折とも呼ばれる．照射部位の大きさは直径数mm程度で，大きな試料のなかの一部分だけに照射することもできるが，一般にX線粉末回折に比べると，試料の均質化がなされていない分だけ得られるスペクトルの精度は低い．比較的均質で，サンプリングの許されない試料の分析に適している．

[微小部X線回折]　照射するX線の径を極端に絞り込み，検出器の範囲を広げることによって，極少量の試料でX線回折分析が行える方法である．試料台そのものは数cm程度の大きさで，試料をそのまま試料台に乗せて測定するためサンプリングの必要があるが，照射X線径は$500\mu m$から$10\mu m$まで変えられるため，目にみえるかみえないかくらいの大きさの試料で分析が可能である．また測定後には試料を回収できる．測定中に試料自体を揺動させて等方化を図るため，非破壊X線回折に比べれば一般には精度はよいが，X線粉末回折には及ばないことが多い．壁画の顔料な

（2） 化合物分析法

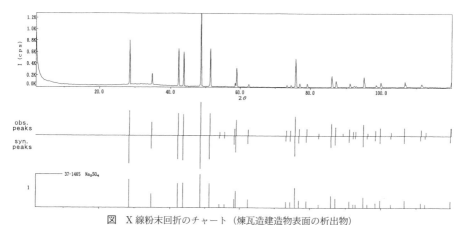

図　X線粉末回折のチャート（煉瓦造建造物表面の析出物）
未知試料のパターン（obs. peaks）は，Na_2SO_4（37-1465）と酷似し，析出物はテナルダイトという鉱物（硫酸ナトリウム）と同定される．

ど，極微量の試料の採取しか許されないか，あるいは分析後に，試料をもとの部分に戻す必要がある場合に有効である．

[X線回折による分析例]　岩石試料について，X線粉末回折によって鉱物組成を明らかにし，岩石そのものの同定を試みた研究もあるが，岩石の性質は鉱物の組み合わせだけでなく，その鉱物同士の結びつき方によって全く異なってくるので，偏光顕微鏡観察などの方法を併用しないと，X線回折分析だけで岩石を同定するのは難しい．これに対し，石造文化財の表面の変質物質を同定し，石材の劣化状況などを記載する研究は数多くある．

金属試料では，表面のさびの同定に利用される．特に，金属遺物の保存処置が行われる際に，表面のさびを放置しておいてもよいかどうかを判断するために分析が行われることが多く，試料量が多い場合にはX線粉末回折が，少ない場合には微小部X線回折が使われている．

絵画などの鉱物顔料は，X線回折によって鉱物同定されることが多い．一般には顔料採取は困難なため，微小部X線回折や非破壊式X線回折が用いられる場合が多い．また，絵画顔料の変色について，変色粒子ともとの粒子をそれぞれ微小部X線回折で分析し，顔料の変色を議論した研究例もある．

◆トピックス◆非破壊分析とは

文化財試料では，「非破壊分析」が要求されることが多いが，この言葉の意味には注意が必要である．たとえば非破壊X線回折では，試料採取はないが，X線は試料の一定範囲に照射されるため，ダメージが全く与えられないかどうかは別の議論となる．これに対して微小部X線回折では，試料採取は必要だが，その採取された微小部分以外にはX線が照射されることはない．このように，分析法を考察する際には，単に試料採取のあるなしではなく，試料全体への影響を考慮しながら，検討されるべきである．
（朽津信明）

(3) 生体関連物質分析法
analyses for biological matter

アミノ酸分析法
amino acid analysis

[計測の対象] アミノ酸を含む試料すべてが対象となる。代表的なものとしては、タンパク質をはじめとするペプチドを含む動植物およびそれらを原料とした文化財の多くがアミノ酸を含んでいる。主にタンパク質を構成するアミノ酸組成は、動植物種に固有であるので、この組成によって試料の原料に関する情報を得られることが多い。素材の由来などのほかに、絹など動物質の文化財の劣化状態や経年変化に関して分子レベルでの情報を得ることもできる。現在地球上に生息している動植物の多くはL型アミノ酸で構成されている（一部のD型アミノ酸を含む生物が知られている）。これらの生物の死後L型アミノ酸の一部はD型アミノ酸に変化していく（ラセミ化）。

[原理] 現在一般的には、高速液体クロマトグラフィー（HP-LC）を用いて分離同定を行っている。試料を加水分解し、イオン交換樹脂カラムで分離同定する。従来は、塩基性アミノ酸と酸性アミノ酸を個々の溶出液によって分離する方式が一般的であったが、現在は一つのカラムを用いて溶出液の成分を変化させながら溶出する方式に変わってきている。カラムからの溶出液にニヒドリン溶液あるいはフルオレサミンオルトフタルアルデヒドを加えて発色させ、比色によって個々のアミノ酸の同定と定量を行う。

この方法では生体アミノ酸のうち、すべてのトリプトファンとシスチンおよび一部のシステインが分解され定量できないことに注意すべきである。トリプトファンについては、ノイバウアー-ロード反応などで独立に、シスチンとシステインはサリバン反応などの呈色反応か過ギ酸により酸化してシステイン酸として定量する。

別に、分析前に種々の光学的特性を備えた誘導体を合成してその後にカラムを用いて分離するプレラベル法と呼ばれる方法もある。

[装置] ここでは高速液体クロマトグラフィーを用いた装置の概略を図1に示す。特に医家向けに、血液などを自動的に分析する専用装置も開発されているが、原理はここに示すものと同様である。

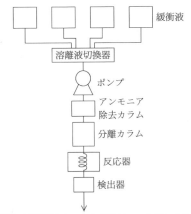

図1 高速液体クロマトグラフィーを用いた装置の例

[試料] 試料は，できるだけ分析対象となるアミノ酸のみを含む状態で分析を行うことが望ましい．文化財関係の試料は，生化学・医学などの分野の試料に比べて多くの場合，不純物を含むので，分析対象となる試料に含まれる不純物に適した精製方法を用いて十分な前処理を行うことが再現性のよい結果を得るために大切なことである．たとえば，染織品などから得られた絹などの試料では，大部分が分析対象であるタンパク質であることが期待されるので，精製水による洗浄後，加水分解，濾過，pH調整などによって分析試料を得ることができる．日本画の絵具試料などは，顔料と接着剤である膠が主成分と考えられるので，用いられている顔料の種類により温水で抽出するかもしくは直接加水分解を行った後，濾過およびpH調整を行い，分析試料とする．発掘された試料などのように多量の不純物を含むと考えられる場合は，土中の微生物由来のタンパク質による汚染が生じるので，対象となる試料の周辺から多数の土壌試料を採取し，ブランクの分析結果を得ておく必要がある．

[限界] 文化財そのものから採取される試料は，タンパク質やアミノ酸などのアミノ酸分析の対象にある成分に比べて，それ以外の種々の不純物の濃度が高く，多くの場合，試料に占めるアミノ酸量を推定しにくい．さらに多くの場合，分析試料はカビ，微生物などによって汚染を受けているので，その程度によっては，アミノ酸分析値に影響を与えることがある．特定のカビや微生物の影響が考えられる場合には，それらを別に分析して分析値同士を比較検討することも有効である．

[応用例] 絵具の膠着剤としての膠の原料がウサギであるのか牛皮であるのかなどの同定，文化財の接着剤が膠かそうでないかの判定に用いられることがある．

注意すべきことは，試料が原料より加工される過程，その後の保存状態などによってアミノ酸鎖が切断・分解することである．通常の大気中の環境下でアミノ酸の分解速度は，温度・湿度などの影響はもとより，よりマクロな分子近傍の環境にも左右され，アミノ酸の種類による速度差も大きい．このため，アミノ酸組成の単純な比較だけでは，標準試料と分析試料とが同一であるかどうか判断することが難しくなる．個々の例で異なるが，特徴的ないくつかのアミノ酸の比率の変化，特徴的なアミノ酸の存在などで同定を行うことが可能である．

これらのことを十分考慮したうえで，対象となる試料と既知の標準試料とを同一条件下で加水分解し，アミノ酸組成を測定することによって，特異なアミノ酸の存在，いくつかのアミノ酸同士の比率の類似などにより，試料の同定を行うことができる．

◇コラム◇ L-アミノ酸

分子の絶対配置がL型のアミノ酸を呼ぶ．アミノ酸の不斉炭素を中心として，左にアミノ基，右に水素，上にカルボキシ炭素が配置されるような図2左のような立体配置をとる場合，L-アミノ酸と呼ばれる．大部分の生体アミノ酸はL体である．

(川野邊 渉)

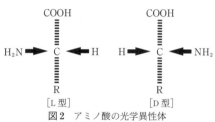

図2 アミノ酸の光学異性体

DNA分析法
DNA analysis

[対象] 動植物遺物（骨，皮膚，歯，種子，花粉など）に含まれるDNAの塩基配列情報を調べることにより，生物種を同定したり，さらには同一生物種内の種族や品種などについて情報を得たりすることができる．古代試料としての分析の対象は，ヒト以外にもマンモスなどの絶滅種や，琥珀に閉じ込められた昆虫，あるいは栽培植物など，多岐にわたるようになってきた．ただし，古代試料に含まれるDNAは，一般に損傷・断片化が進んでいるため，分析可能な試料かどうかは試料の保存状態に大きく依存する．また，損傷・断片化の進んだDNAを調べるときには，核DNA上の遺伝子配列を調べるよりも，細胞内に同じ配列が数千コピーも存在するミトコンドリアDNAの塩基配列を調べる方が，ポリメラーゼ連鎖反応（PCR）法で増幅しやすいという意味で圧倒的に有利である．このため，古い試料のDNAの分析例は，現段階ではミトコンドリアDNAに関するものがほとんどである．

[DNAとは] DNA（デオキシリボ核酸）は，A（アデニン），G（グアニン），C（シトシン），T（チミン）の4種の塩基のいずれかと，糖（デオキシリボース），リン酸からなる4種のヌクレオチドが結ばれ重合した長い鎖状のポリヌクレオチドである．DNAは，水溶液のなかでは通常2重らせんの形をとっており，別々の鎖上のAとT，GとCが水素結合による相補的塩基対をつくっている．DNAは遺伝子の本体として，親から子への情報の伝達に関与する．

動植物の細胞に含まれるDNAの大部分は，細胞の核のなかに存在する（核DNA）．哺乳類の核DNAの場合，片方の親から受け継ぐ塩基配列は約30億塩基対である．このほか，細胞のエネルギー生産工場であるミトコンドリアにも少量のDNAが含まれている（ミトコンドリアDNA）．核DNAの遺伝子は，一つの細胞あたり通常2コピーしかないのに対して，ミトコンドリアDNAは，一つの細胞に数千コピーもの均一な配列として存在する．

[どのようなDNA領域を調べるか] 一口にDNAの塩基配列といっても，各生物種間でほとんど配列に差異がない領域がある一方で，個体レベルでもかなり配列が異なる領域もある．そこで，何を知るかという目的に応じて，調べるDNA領域を選ぶ必要がある．

DNAの塩基配列のなかには，生命活動に重要な働きをもつ生体分子の設計図になっている遺伝子領域がある．そのような遺伝子領域はさまざまな生物が共通にもっており，その塩基配列も似通っている．そこで，各種の生物が共通にもっている遺伝子領域の塩基配列のデータベースをつくり，互いの配列を比較することができる．この知見を利用すれば，生物種が不明なときに，適当な遺伝子領域を選んで調べれば，大体どのグループに属する生物か，分類や同定を行うことも可能になってきた（例：ミトコンドリアDNAのチトクロムb遺伝子，核DNAのリボソームRNA遺伝子など）．

一方，同一種内の個体間でもDNA塩基

配列に顕著な多様性がある領域がある。このような多型性に富む領域を利用して、その個体が属する民族集団などを推定したり（例：ミトコンドリアDNAのDループ領域など）（Ⅵ編（2）章の人骨DNAの項参照）、個人の判定や血縁関係の判定を行うことも可能である（例：核DNAのMHC遺伝子領域、ヒトの核DNAのマイクロサテライト領域など）。

[**DNA増幅装置**] 古代試料から分離・抽出したDNAは、絶対量が非常に少ないので、DNA増幅は分析を行ううえで必須のステップである。すなわち、DNA増幅によってその塩基配列のコピーを多量に産生させ、塩基配列の決定などの分析に必要な量を確保する必要がある。PCR法は、きわめて微量のDNA塩基配列から十分な量のDNA分子を増幅できる手法であり、DNA増幅装置でこれを行うことができる。3段階（DNA2本鎖の変性、プライマーのアニーリング、DNA相補鎖の伸長）からなるDNA合成反応を繰り返して行い、連鎖反応的にDNAを合成することによって、20〜30サイクルの反応の後には莫大な数のDNA分子が得られる。

[**試 料**] DNAを抽出するので、原則として破壊分析である。材料は、皮膚などの軟組織から骨などの硬組織まで多岐にわたる。試料の保存状態にもよるが、現状ではDNA抽出のためには、g（グラム）オーダの試料から出発するのが一般的である。

[**限 界**] 一般に古代試料からDNAを回収すると、微生物やヒトなど他生物のDNAが混入していることがほとんどであり（コンタミネーション）、分析結果の信頼性に大きく影響する。特に古代試料の場合、抽出可能なDNA量が非常に少ないうえ、抽出されたDNAは通常かなり断片化されているため、PCR法で増幅されにくい。この意味で、現生の生物由来のDNAのコンタミネーションはときとして致命傷となる。結果の信頼性を増すためには、コンタミネーションを防ぐ最大限の努力をするとともに、独立に実験を反復して毎回同じ分析結果が得られることを示す必要がある。

また、抽出したDNA溶液にPCRの酵素反応を阻害すると考えられる不純物が含まれていることも多く、DNAが増幅されてこないこともしばしばである。こうしたことから、古代試料のDNA分析の成否は、個々の試料の状況に大きく依存するといえる。

◇**コラム1**◇古人骨間の血縁関係の検証

黒崎、松下、植田（1993）は、佐賀県・花浦遺跡より出土した古人骨2個体が親子かどうかを検証するために、七つのマイクロサテライト領域を調べた。その結果、両者の親子関係を否定する結果が得られた。

◇**コラム2**◇ケナガマンモスの系統学的研究

野呂、増田ら（1998）は、ケナガマンモスの筋肉からDNAを抽出し、ミトコンドリアDNAのチトクロムb遺伝子および12SリボソームRNA遺伝子の全長の塩基配列を調べた。配列の比較から、ケナガマンモスはアジアゾウよりもアフリカゾウに、より近縁であるという結果が得られた。

その他に関しては、Ⅵ編（2）章の人骨DNA、植物のDNAの項参照。（木川りか）

(4) 年代測定法

chronology（年代学），dating（年代測定）

放射性炭素（^{14}C）法
radiocarbon dating

[測定の対象] ^{14}C年代測定に用いられる試料は炭素を含有する物質であり，生物に由来する有機物や無機物が多い．たとえば，陸生動植物の残存物として，木片，植物片，木炭，堅果物，種，泥炭，動物の角・牙・皮，昆虫，ヒトや動物の歯・骨・毛・血液残存物・筋肉組織，土壌有機物など，海生動植物の残存物として，サンゴ，貝殻，魚類の骨，有孔虫などのプランクトンの死骸，海洋堆積物有機物などである．また，考古学・文化財関連試料として，加工品である和紙，羊皮紙，絹糸，綿糸，麻糸，ロープ，木製品，布製品，鉄製品，漆などがある．生物に由来しない無機物であっても，大気中の^{14}Cと平衡状態にある炭素を取り込むことが確かであれば年代測定に利用できる．たとえば，建材として用いられるモルタル，海洋水・湖水・地下水中に溶存する無機炭酸，南北極域の厚い氷床にトラップされている過去の大気に含まれるCO_2などである．

[原 理] 天然の炭素は^{12}C，^{13}Cそして^{14}Cの三つの同位体からなる．主に99％の^{12}Cと1％の^{13}Cから構成され，^{14}Cの存在度が最も高い大気中のCO_2でさえ，^{14}Cは^{12}Cの1兆分の1しか存在しない．^{12}Cや^{13}Cは安定して存在するが，^{14}Cは放射性であり，β線（e^-）と反ニュートリノν_eを放射して，安定な窒素^{14}Nに変わる．^{14}Cは半減期が$5,730\pm40$年と比較的短く，古い地質時代の試料には含まれない．

^{14}Cは，大気上層，主として成層圏下部と対流圏上部で，宇宙線の作用でつくられた中性子がその周囲にある窒素原子と原子核反応を起こして生成される．生成された^{14}Cは，1か月程度かけて徐々に酸素と結合して$^{14}CO_2$を形成する．$^{14}CO_2$は$^{12}CO_2$や$^{13}CO_2$と大気中でよく混合し，これらのCO_2は，海洋水中に溶解し，光合成過程や食物連鎖によりあらゆる植物や動物体内などいわゆる生物圏内に取り込まれる．炭素を貯蔵するリザーバとしては，大気，生物圏，陸上堆積物，化石燃料，海洋表面海水，海洋深層水，海洋堆積物の七つに細分されるが，^{14}Cはこれらの炭素リザーバに均一に行き渡るわけではない．^{14}Cの半減期は5,730年と短いため，^{14}Cの生産現場である大気との炭素交換が活発な地域にはより高濃度に存在する．すなわち，炭素循環の進行過程や進行速度に依存してリザーバ間やリザーバ内で^{14}C濃度に不均一が生じる．この不均一は，^{14}C濃度のリザーバ効果として知られ，正確な^{14}C年代を決定する場合の問題点となっている．

もし，ある期間^{14}Cの生成率が一定であれば，^{14}Cの生成と崩壊の間に動的な平衡状態が形成され，リザーバ内の^{14}C濃度は一定に保たれる．すなわち，ある期間，生きている生物の^{14}C濃度は一定に保たれる．ここで^{14}C濃度とは，^{12}Cまたは^{13}Cに

(4) 年代測定法

対する^{14}Cの存在比を意味する．生物が死ぬと，それはもはや大気圏や生物圏と炭素の交換を行わなくなり，^{14}Cを新たに取り込まない．そこで，死んだ生物の^{14}C濃度は放射壊変の法則に従って，時間の経過とともに一定の割合で減少する．この法則では，時間0のときの^{14}Cの個数をN_0とすると，t時間経過した後の個数Nは次式で与えられる．

$$N = N_0 \cdot \exp(-\lambda t) \quad (1)$$

expは指数関数を示す．λは壊変定数で，平均寿命τの逆数に等しく，半減期$T_{1/2}$は平均寿命と次のような関係をもつ．

$$T_{1/2} = (\ln 2)\tau \quad (2)$$

lnは自然対数である．半減期はそれぞれの放射性同位体に固有の値であり，^{14}Cでは$T_{1/2}$の最も確からしい値は$5,730\pm40$年である．しかしながら，歴史的な理由により，^{14}C年代測定ではLibby (1955)の半減期$5,568\pm30$年を用いることが国際的な慣習である (Godwin, 1962)．半減期5,568年に対応する平均寿命は8,033年である．^{14}C年代tは，式(1)を書き直して次式で与えられる．

$$\begin{aligned}t &= -\tau \ln(N/N_0) \\ &= -(T_{1/2}/\ln 2) \cdot \ln(N/N_0) \\ &= -8033 \ln(N/N_0) \quad (3)\end{aligned}$$

N, N_0は，放射性同位体の個数とした．式(3)を実際の年代測定に適用する場合には，N, N_0は，放射能測定では測定試料の単位重量あたりの放射能の強さ（比放射能）に，加速器質量分析による測定では安定同位体に対する放射性同位体の存在比に置き換えられる．式(3)を用いる^{14}C年代の算出では，試料の初期^{14}C濃度N_0は常に一定であったと仮定して，標準体の^{14}C濃度にある常数を積して用いられる．アメリカNISTが供するシュウ酸標準体SRM-4990では，その^{14}C濃度を0.95倍した値が1950年に対応する^{14}C濃度であると定められている．^{14}C年代は，1950年から過去へ遡った年数として，BP（コラム参照）を後につけて示される．

式(3)が，ある試料について適用でき，正確な年代が得られる条件として次の3項目があげられる．

① 試料が外界から隔離された際の試料中の^{14}C濃度（式(3)のN_0に相当する）が正確にわかっていること，② 試料が外界から隔離されてから年代測定に供されるまでの間には，外界との炭素の交換は全くなく，閉鎖系に保たれていたこと，③ ^{14}Cの半減期が正確にわかっていること．

上の条件のうち，③以外は，測定対象となる試料自身の属性であり，試料の年代が古くなるほど，初期^{14}C濃度は不確定になるし，試料が自然環境中に置かれていた間に②が満たされていたか否かは，より不明確になる．さまざまな種類の試料について，その初期^{14}C濃度を正確に決めることは一般に不可能である．まだ完璧ではないが，試料の炭素同位体分別の補正や樹木年輪データを用いて^{14}C年代から暦年代への較正を行うことにより，信頼度のより高い年代を得る試みが進められている．また，②に関して，風化や損傷の著しい試料では，試料から耐風化の強い炭素含有成分を選んで抽出して^{14}C年代測定に用いることが肝要である．

［測定法の概要］ 炭素試料の^{14}C濃度は放射能測定あるいは加速器質量分析（accelerator mass spectrometry：AMS）により測定される．放射能測定では，^{14}Cが放射壊変する際に放出されるβ線を，比例

計数管や液体シンチレーション計数装置などの低バックグラウンド放射線計数装置を用いて計測して，試料の単位重量あたりの^{14}Cの放射能の強さを定量する．しかし，^{14}Cの半減期は5,730年と比較的長いため，^{14}Cの定量は効率があまりよくない．すなわち，年代測定用の標準体（1950年に相当する）の炭素1mgには6×10^7個もの^{14}Cが含まれているが，1時間あたりに崩壊する^{14}Cの個数は計算上わずか0.8個にすぎない．このため放射能測定では，炭素の量を数gにして，^{14}Cの計数を増やす．

AMSでは，炭素1mgにつき6×10^7個もある^{14}C原子そのものが直接計数される．すなわち，試料炭素を原子ごとにバラバラに分割して負イオンに変え，それを高エネルギーに加速し，エネルギー分析・質量分析を行った後，最終的には重イオン粒子検出器を用いて^{14}Cイオンを識別し，選別してその個数を直接数える．

[放射能測定による方法Ⅰ：気体計数法]
 Libbyによって1947年から開始された環境中の^{14}C測定では，0～156keVの連続した低いエネルギーをもつβ線を計数するためにscreen-wall counterと呼ばれるガイガー-ミューラー（GM）計数管が用いられた．しかし，GM計数管法は，数gの固体状の無定形炭素を測定試料として取り扱うため，1950年代後半から本格化した大気圏内核兵器実験による放射性降下物（フォールアウト）による汚染が，試料調製や固体炭素を計数管壁に塗布する際に深刻な問題となり，1960年代には気体計数法に切り替えられるようになった．

気体計数管システムでは，炭素含有試料から合成されたCH_4，C_2H_2，C_2H_6なども使用されるが，多くの場合はCO_2が用いられる．CO_2は有機物の主たる燃焼生成物であり，容易に調製できるが，CO_2を用いる比例計数管では空気，ハロゲン，SO_2などの不純物気体を完全に除去する必要がある．また，試料が気体であるため有感領域の容積が大きくなりバックグラウンド計数率が高いという欠点をもつ．鉛や鋼鉄製の遮蔽とともに反同時計数の機能を有するガードカウンタを用いて，バックグラウンド計数率を低減する必要がある．

[放射能測定による方法Ⅱ：液体シンチレーション計数法] 1970年代になって，液体シンチレーション計数装置が普及した．この方法の利点は，測定試料が液体であるため取り扱いが楽であること，また気体比例計数管に比べて試料が占有する容積が小さく，このため，検出器の有感領域の容積に比例するバックグラウンド計数率が小さいことである．さらに，測定試料は運搬ベルトにより計数領域に運ばれ，複数個の試料が交互に繰り返して測定される．こうして，宇宙線によるバックグラウンド計数など，時間的に変動する効果からの影響を小さくすることができる．測定試料としてC_6H_6やCH_3OHが主として用いられる．

[加速器質量分析（AMS）] AMSでは$^{14}C/^{12}C$，$^{13}C/^{12}C$比を測定する．

1996年に名古屋大学に設置された最新型の^{14}C測定専用のタンデトロンAMSの構成を図に示す．

タンデトロンAMSによる$^{14}C/^{12}C$，$^{13}C/^{12}C$比の測定の方法を例にとって，各部の働きを以下に示す．59個の試料ターゲットを同時に装填して次々と測定できる多試料装填式セシウムスパッタ負イオン源が用いられる．このイオン源を用いて，セシウムの陽イオンで炭素固体試料を照射

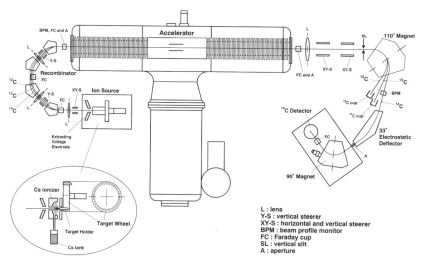

図　オランダのハイ・ボルテージ・エンジニアリング・ヨーロッパ（HVEE）社製のタンデトロン放射性炭素年代測定システム（Model 4130-AMS）の構成図

し，固体炭素を原子レベルでバラバラに分割して炭素原子の負イオンをつくり，それを静電場でイオンビームとして引き出す．この負イオンを構成する質量数12，13，14のイオンを，4台の電磁石で構成されるリコンビネータを介して同時に加速器へ導入する．はじめの2台の電磁石によりイオンビームを90°曲げて，質量数12，13，14のイオンを選別するとともにそれぞれ別々のビーム軌道に分割し，質量数12のイオンビームについては，その軌道上に設置された回転スリットを用いてビーム強度を1/100に減ずる．残りの2台の電磁石により質量数12，13，14のイオンを再度結合して，まとめてタンデム加速器へ入射して加速する．加速電圧2.5 MVのタンデム加速器では初段の加速管で負イオンが加速され，加速器の中央点にある荷電交換キャナルで負イオンから軌道電子が剥ぎ取られて陽イオンに変換され，陽イオンは後段の加速管でさらに加速される．こうして数MeVのエネルギーに加速された陽イオンについて，電磁石を用いた質量分析によって進行方向を110°曲げて，$^{14}C^{3+}$，$^{13}C^{3+}$および$^{12}C^{3+}$を選別して別々の軌道に振り分ける．$^{12}C^{3+}$および$^{13}C^{3+}$はそれぞれ内側の軌道に分離された後，それぞれの軌道に設置されたファラデーカップ（^{12}C cup，^{13}C cup）を用いて電流として定量される．$^{14}C^{3+}$と思われるイオンは中央軌道を通って静電型デフレクタに導かれ，そこでエネルギー分析により＋3価のイオンが選別される．次に，重イオン検出器へ導かれ，そこで最終的に$^{14}C^{3+}$であることが確認され，その個数が1個1個計数される．こうして未知試料および^{14}C濃度が既知の標準体について炭素同位体比 $^{14}C/^{12}C$，$^{13}C/^{12}C$比が得られる．$^{13}C/^{12}C$比は炭素同位体分別の補正に用いられる．標準体の炭素同位体比が既知であることから，未知試料の

$^{14}C/^{12}C$ 比が算出される.

[放射能測定と AMS の比較] 最新型のタンデトロン AMS による ^{14}C 年代測定を, CO_2 ガス比例計数管を用いた放射能測定(浜田, 1981) と比較すると, 次のように特徴づけられる.

① 炭素試料の量が放射能測定の 1/1,000 以下ですむ. 放射能測定では 1～5 g の炭素が必要であるが, タンデトロン AMS では 0.2～2 mg の炭素で測定できる.

② 測定可能な年代の上限が改良される. 放射能測定では 3～4 万年前までが測定可能な古い年代の限界となっているが, タンデトロン AMS では約 6 万年前に遡って年代測定ができる.

③ 放射能測定では 1 試料を約 20 時間かけて測定している. 一方, タンデトロン AMS では, 1 試料の測定時間は 20～40 分であり, 59 個のターゲットの測定が 2 日間程度で測定可能である.

タンデトロン AMS による年代測定の誤差は, 2 万年前までの比較的新しい試料で $\pm 20 \sim \pm 50$ 年 ($\pm 1\sigma$), それより古い試料では数百年程度に大きくなる. しかし, 試料が十分にあり, かつ若い年代である場合には, 放射能測定においても数 g の炭素試料を用いて測定時間を長くとることにより, その測定誤差は容易に ± 80 年以下にできる. AMS が利用できる施設は今のところ数が限られており, 試料の条件に応じて, 両方法の使い分けが好ましい.

[試料調製 (破壊か非破壊か)] ^{14}C 年代測定では, 試料から測定用の炭素含有物質が調製されるため, 測定に供された試料は破壊される. 放射能測定および AMS による ^{14}C 年代測定のそれぞれについて, 測定に必要な生試料の量を表 1 に示す. 比較的大量に採取できる木片, 木炭, 泥炭, 土壌, 貝殻, サンゴなどを除くと, 他の試料の年代測定は AMS の開発によって初めて実用可能になった. あるいは容易に実施できるようになった.

表 1 ^{14}C 年代測定に必要な生試料の量のめやす

試料の種類	加速器質量分析(AMS)法	放射能測定法
骨・歯・牙化石	0.2～ 5 g	100～500 g
貝・有孔虫・サンゴ化石	30～100 mg	50～100 g
繊維 (絹・毛)	50～100 mg	10～ 50 g
和紙	10～ 30 mg	10～ 30 g
木炭	10～100 mg	5～ 10 g
樹木・植物片	10～300 mg	10～ 80 g
泥炭	100～500 mg	50～200 g
堆積物土壌	1～ 5 g	100～500 g
海水 (溶存炭酸)	50～200 g	100～200 kg
地下水 (溶存炭酸)	200～300 g	200～500 kg
氷 (含有 CO_2)	5～ 20 kg	非現実的

基本的には, 生試料は最低必要量以上に多く採取して, それから選別される最適成分から必要量を使用するのがよい. これは, 試料の汚染を防ぎ, たとえ汚染があっても相対的にその寄与を小さくするためである.

放射能測定の場合と同様に AMS においても, 採取した生試料を直接測定に用いることはできない. 正確な年代を得るためには, 最も耐風化性の高い炭素物質を生試料から物理的・化学的に選別, 抽出して, AMS のイオン源に用いるグラファイトを調製する化学操作が不可欠である.

[試料の選別・採取における注意点] ^{14}C 年代測定の対象となる試料は生物遺体など有機物試料がほとんどなので, 試料採取, 保存, 前処理に当たっては, 変質, 腐敗させたり, 他の炭素によって汚染させないように注意する必要がある. 試料を綿や紙でくるむのは現代炭素による汚染を引き起こすことになる. ポリ袋に入れた後, 破損し

ないように処置して冷暗所に保存すべきである．また，骨，軟組織，泥炭などカビが発生しやすい試料では，保存薬品を使わずに冷凍保存を心がける必要がある．

[適用年代範囲]　測定可能な古い年代の限界は，試料調製操作における汚染の程度と，測定装置自身のバックグラウンド計数率に存在する．放射能測定では，^{14}C を含まない炭素から調製した測定用の炭素化合物を用いて計数装置のバックグラウンド計数率を推定する．バックグラウンド計数は，放射線検出器を囲む物質に含まれる放射性物質からの放射線や宇宙線によるものであり，検出器の有感領域の容積に比例して増加するが，遮蔽の厚さが増すと減少する．^{14}C 濃度測定では，試料の計数率からバックグラウンド計数率を差し引いて真の計数率が得られる．放射能測定では 3～4 万年前までが測定可能な古い年代の限界とされている．AMS のバックグラウンド計数率は，石炭や亜炭から人工的に合成されたグラファイトおよび天然の鉱物グラファイトなどを用いて推定できる．名古屋大学に 1982 年に設置された AMS では，見かけの ^{14}C 年代値の平均値は，人工グラファイトについて 66,340 BP，鉱物グラファイトについて 65,080 BP と得られた．測定可能な古い年代は約 6 万年前までとされる（中村，中井，1988；中村，1995）．

　測定可能な ^{14}C 年代の下限は特にないが，現代に近い過去では，^{14}C 年代と暦年代とのズレが大きな問題となる．樹木年輪を用いた ^{14}C 年代から暦年代への較正において，1660 年から 1940 年にかけては，一つの ^{14}C 年代値に対して複数の暦年代が対応するやっかいな期間の一つである．これは，この期間に太陽活動強度の変化により ^{14}C の生成率が変動したこと，さらに化石燃料の消費の増大により ^{14}C 濃度が薄められたこと（スース（Suess）効果）による．この 1660～1940 年の期間は，^{14}C 年代測定からは正確な暦年代を得ることができない．

[限界]　正確な ^{14}C 年代を得るためには，初期 ^{14}C 濃度が正確にわかっている必要がある．この初期 ^{14}C 濃度には地域差と経年変動があることが知られており，正確な ^{14}C 年代を得るうえで大きな障害となっている．地域差については，場所や炭素含有物質の種類を変えて，^{14}C 濃度の測定データが蓄積されつつあり，リザーバ効果の補正方法がいくつか提案されている．他方，経年変動に関しては，樹木年輪データ（INTCAL 98）(Stuiver et al., 1998) を用いて ^{14}C 年代から暦年代への較正が実施されているが，まだまだ問題がある．たとえば，過去の大気中の CO_2 の ^{14}C 濃度が一定ではなく，変動したことから，^{14}C 年代と暦年代との対応関係が一意的には決まらない．これが歴史時代の文化財試料の正確な暦年代を ^{14}C 年代測定法から決定する場合の問題点となっている．文化財試料では，ある 1 人の作家・書家の作品か否かを決定したい場合には，その人物の活動期間である 20～30 年の暦年代の範囲で作品の年代を求めることが期待される．最新型のタンデトロン AMS を用いると，^{14}C 年代測定での測定誤差は 1σ で±20～50 年程度あり，測定誤差を±10～15 年まで小さくすることは決して不可能ではない．しかし，^{14}C 年代から暦年代への較正により，暦年代の不確定の幅がさらに広がる．^{14}C 年代から暦年代への較正曲線は，年輪年代法で暦年代のわかった樹木年輪について放

射能測定により^{14}C年代測定を実施することによってつくられたが，年輪の^{14}C濃度を±0.1〜0.2％まで精度よく測定するために，一般に連続する10年あるいは20年分の年輪をひとまとめにしてその平均的な濃度値が測定されたにすぎない．このため，^{14}C年代-暦年代較正曲線には1年の分解能はない．さらに，過去の^{14}C濃度変動により，一つの^{14}C年代に対して二つ以上の暦年代が対応することがある．こういった問題のため，文化財試料への^{14}C年代測定の利用には限度があるが，近年では，この問題に積極的に対応しようとする動きがある．それは，AMSにより，樹木年輪を1年ごとに分析する計画である．すでに1510年以降では，1年ごとの測定が実施されており，^{14}C年代-暦年代較正に利用されている．最新型のタンデトロンAMSでは，わずか数mgの炭素で±20〜±50年の誤差による年代測定が可能となってきており，その利用とデータの蓄積が期待される．また，樹木年輪については，年輪一つ一つの^{14}C年代と較正曲線との相関を調べる^{14}Cウイグル・マッチング法により，樹木の伐採年代を高い精度で決定できるようになっている．

[応用例] 測定の対象が幅広いことからさまざまな応用が可能であり，文化財科学に限らず考古学，人類学，地質学，地理学，堆積学，古環境学，海洋学，地震学，活断層科学，雪氷学，水理学などの分野における編年の解析に^{14}C年代は欠かせない．また，測定法として，放射能測定に加えて，近年AMSの利用が急速に拡大している．AMSでは，測定に必要な試料の量が従来の約1/1,000の1〜2mgですむため，応用の範囲がさらに拡大している．表2に応用分野と研究目的を示す．

表2 ^{14}C年代測定の応用分野と研究目的

応用分野	測定試料	研究目的
文化財科学	古代鉄製品，スラグ 古文書・絵画関連資料 （和紙，絹，皮など）	生産・伝搬の履歴 歴史資料の検定・真贋判定
考古学・人類学	遺跡遺物 獣骨・人骨 貯蔵食物・食物残滓	遺跡の編年 動物・人類の進化および移動 食文化史
地質学・地理学	動物化石 堆積物土壌 火山灰関連試料 活断層関連試料	動物の進化および移動 堆積速度および堆積年代の推定 火山灰編年および噴火予知 地震イベントの年代推定と地震予知
海洋科学	海水溶存無機炭酸 海水溶存有機物 海底堆積物の有孔虫 サンゴ礁	海洋深層水の大循環 海洋水の上下混合 海洋の堆積速度 完新世海水準変動
氷河学・雪氷学	氷中の空気のCO_2 永久凍土	極域氷床の形成速度 古気候変動
水理学	河川水の溶存炭酸 地下水の溶存炭酸	起源・移動速度 起源・移動速度

◆トピックス◆『今昔物語集』鈴鹿本

『今昔物語集』鈴鹿本全9冊は,在京都の鈴鹿家(鈴鹿紀氏)より京都大学附属図書館に寄贈されたものであるが,傷みがひどく破損を恐れて閲覧がはばかられていた.このため1991〜1992年度に鈴鹿本の修補が行われたが,その際に不要となった10本の綴じ糸がAMSを用いて年代測定された.測定に必要な和紙はわずか数十mgであるが,物語が書写されている美濃紙は残念ながら提供してはもらえなかった.しかし,綴じ糸について得られた^{14}C年代から較正した暦年代はたいへん興味深い結果を示した.『今昔物語集』は院政期の1120〜1125年に成立したと推察されている.一方,鈴鹿本の10本の綴じ糸の暦年代は,1018〜1940 cal BPの範囲で大まかに四つの期間のどれかに入ることが示された.この結果から,今回のような本の修補のたびごとに,新しい綴じ糸が使われるとすれば,最低3回の修補が行われたことが推察される.また,『今昔物語集』の成立年代を含む最も古い時期に入る二つの綴じ糸は,鈴鹿本が書写されて製本された際に使用されたものがそのまま残った可能性が示唆される.すなわち,鈴鹿本は『今昔物語集』が成立した後の早い時期に書写され製本された可能性が高い(小田ら,1997).

綴じ糸の年代は,旧型のタンデトロンAMSを用いて誤差を小さくするように長時間をかけて測定されたものであるが,なお1世紀近い誤差範囲をもつ.したがって,^{14}C年代測定により鈴鹿本の書写・製本の暦年代を数年の誤差で決定することは不可能である.しかし,^{14}C年代測定により,上述の修補の様子など,資料に関するある種の情報を導き出すことができる.鈴鹿本は1995年に国宝に指定された.

◇コラム◇ BPとcal BP

^{14}C年代は,1950年から遡った年数にBP(before presentの略)をつけて表す.^{14}C年代は,閉鎖系開始時の初期^{14}C濃度を一定値と仮定し,現在の^{14}C濃度が,その初期濃度から減少した割合から算出される.しかし,試料の初期濃度が一定であった保証はない.実際,暦年代が明白な樹木年輪を用いて,年輪の原料となる大気中二酸化炭素の^{14}C濃度が経年的に変化したことが確かめられた.初期濃度の経年変化のため^{14}C年代は暦年代とは一致しない.そこで,測定された^{14}C年代は,^{14}C年代-暦年代較正データ(INTCAL 98)を用いて暦年代に換算される.これを較正年代といい,cal BPの記号をつけて表す.calはcalibratedの略.　　　　　(中村俊夫)

[文　献]

Godwin, H.: Half life of radiocarbon. *Nature*, **195**, 984, 1962.

浜田達二:馬淵久夫,富永　健編,考古学のための化学10章,東京大学出版会,pp.69-90, 1981.

Libby, W. F.: Radiocarbon Dating, University of Chicago Press, 175pp., 1955.

中村俊夫,中井信之:地質学論集,No. 29, 83-106, 1988.

中村俊夫:第四紀研究,**34**(3), 171-183, 1995.

小田寛貴,中村俊夫,古川路明:鈴鹿本今昔物語集-影印と考証-,京都大学出版会,1997.

Stuiver, M., Reimer, P. J., Bard, E., Beck, J. W., Burr, G. S., Hughen, K. A., Kromer, B., McCormac, F. G., v. d. Plicht, J. and Spurk, M.: *Radiocarbon*, **40**, 1041-1083, 1998.

ルミネッセンス年代測定法
luminescence dating

[**測定の対象**] 天然か人工的かを問わず，400℃以上の熱作用あるいは地表面での太陽光による光曝を受けた白色鉱物を含む地層・岩石や，考古遺物ならびに生物起源物質が対象となり，土器・陶器・煉瓦・ガラス・火打石・窯跡・変成岩・隕石・火山灰・火成鉱物・堆積地層・風成塵・骨歯貝類の化石などに年代測定が試みられてきた．測定年代値としては，試料が最後に400℃以上の熱作用あるいは光曝を受けた時点や化石化以降の年代を与える．

[**原 理**] 放射線と物質との相互作用に基づくルミネッセンス現象の発光機構を図1の単純なバンドモデルで説明する．鉱物のような絶縁性物質での電子のエネルギーレベルは，結合に関与している価電子帯と電気伝導に関与する伝導帯およびそれらの中間に電子が存在しがたい禁制帯から成り立つ．絶縁性物質では，この禁制帯幅が大きいため伝導帯に電子が存在せず電気伝導を示さない．

放射線が鉱物に作用したとき，価電子帯にエネルギーを与えイオン化（電離）過程により，鉱物中に電子と正電荷をもつイオン（正孔）とを生成する（図1(a)）．イオン化で伝導帯にまで励起されたごくわずかの電子は，禁制帯レベルに存在する欠陥部位や不純物原子にとらえられて，準安定な状態 T で捕捉電子（trapped electron：TE）として存在する．一方，電子の抜けた正孔も，電子レベル上では禁制帯の L の位置に相当する場所で準安定化する（図1(b)）．TE と正孔の数は吸収した放射線総吸収線量に比例する．逆に，これら TE は，鉱物結晶の加熱や可視光や赤外光の照射により伝導帯まで励起され，伝導帯を移動し，脱励起して正孔 L と再結合する際に光を放出する．このときの発光が熱ルミネッセンス（thermoluminescence：TL）や光励起（刺激）ルミネッセンス（optically stimulated luminescence：OSL）として観察され（図1(c)），これら TL や OSL 量は過去に吸収した放射線総量に比例することになる．TL や OSL 強度をもとに，鉱物試料が過去に天然放射線で吸収してきた蓄積線量（PD）は，図2に示すように既知の放射線量を付加的に照射して TL や OSL を測定し，未来におけるルミネッセンス強度の成長予想に基づいて過去に外挿することで求める．

一方，自然界で鉱物中に TE を生成する放射線源としては，ウランやトリウム系列に属する諸核種および ^{40}K など天然放射性核種由来の α，β，γ 線に加えて宇宙線があげられる．これら放射線源からの吸収線量率（年間線量 Da は1年間あたり試料が受ける放射線の強さ）は試料採取現場での放射線量測定，あるいは一定量の試料の

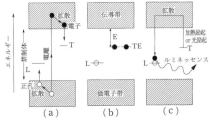

図1 バンドモデルに基づく絶縁体からのルミネッセンス過程
(a)照射, (b)保存, (c)加熱/光励起.

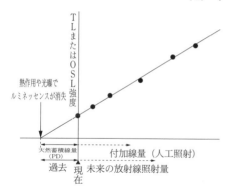

図2 付加線量によるルミネッセンス強度の成長概念図

γ線スペクトル測定や放射化学分析からの放射性元素分析結果に基づき見積もる（図4参照）．ルミネッセンス測定より求めたPD値は試料がその場で吸収してきたDaと経過年代Ageの積となる．したがって，次式により鉱物生成または加熱や光曝終了後のAgeが求められることになる．

$$\text{Age} = \text{PD}/\text{Da} \quad (1)$$

[**適用年代範囲**] 石英からの赤色TL（RTL）の330°Cピーク解析から，TL年代測定法の適用の限界は100万年程度までと見積もられている（Hashimoto *et al.*, 1993）．OSL年代測定の限界もTL年代測定法と同程度と考えられている．測定年代の下限としては，ルミネッセンスの測定感度の向上により，おおよそ100年前まで測定可能となるであろう．

[**装　置**] 天然蓄積ルミネッセンス量はごく微弱であるため，光検出効率の高い光子計数法を用いてできるだけSN（信号対雑音）比を上げる測定装置が基本となる．図3にTL測定システムの概念図を示しておく．TL測定では再現性と定量性を保つため，試料加熱の温度制御を定速昇温で行うことが大切である．OSL/TL両仕様の測定装置では，加熱試料部位に励起光としてハロゲンランプに代わって，発光ダイオード素子（LED）を使用した機器が主流になってきている．

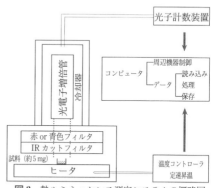

図3 熱ルミネッセンス測定システムの概略図

微弱ルミネッセンス測定のためには，光子計数用光電子倍増管を冷却し，熱雑音をできるだけ除去した方がよい．TL測定では400°Cまでの加熱の際に黒体放射を伴うため，冷却以外に赤外線カット光学フィルタとルミネッセンス波長域に選択的な光学フィルタの使用が不可欠である．

従来のアナログ出力に比較して光計数法ではデジタル出力であるため，デジタル温度出力を併用すればパソコンでのデータ保存や温度に関するTL強度を表すグロー（発光）カーブ（図5参照）の作成などの処理が容易となる．

[**試料調製**] TL年代測定に最適な鉱物は白色鉱物の石英であり，OSL年代測定には石英以外に長石も用いられている．

石英粒子を用いたTL年代測定法として，粗粒子法と微粒子法が知られている（市川ら，1988）．前者は直径約0.1 mmの石英粒子を使用し，β，γ線のみ作用した

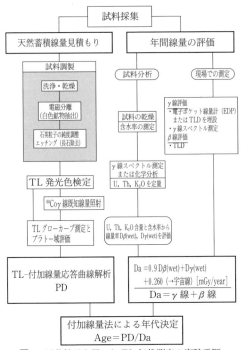

図4 石英粒子を用いたTL年代測定の実験手順

部分からのTL測定を行うために, α線が作用する表面層(約0.03 mm)をエッチング処理して除去した後, ルミネッセンス測定試料として用いる. 一方, 後者では, α, β, γ線の照射をほぼ等しく受けてきた石英微粒子(直径約0.03 mm以下)を用いてTL測定する方法である.

多用されている石英粗粒子法を用いたTL年代測定のための実験手順を図4にまとめておいた. 単離した白色鉱物粒子を使用するため本質的に破壊法である.

火山灰層から抽出分離した石英粒子からのRTLグローカーブの例を, 図5に示す. 人工的にγ線照射を施した試料も天然試料からのグローカーブとも, 250℃以上で発光し始め340℃付近にピークをもつ, ほぼ同様なピークパターンを示している. 付加線量とTL応答性ができるだけ比例する領域(プラトー域)を積算したTL値をもとに図2に基づくPDの評価を行う.

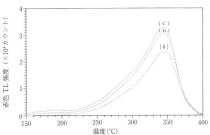

図5 付加線量に伴う熱ルミネッセンスグローカーブの変化(試料:鵙目火砕流より抽出した石英試料)
付加線量:(a)天然線量のみ, (b)60 Gy, (c)200 Gy.

[限　界] 放射線量のTLに関する応答性の良好な鉱物試料の単離と年間線量の評価が信頼性を左右し，前者では低線量でのスープラリニア（超直線）性が存在しており，前歴を一旦熱処理で消去後，付加線量で線量応答性を調べるリジェネレーション（再現）法で補正する必要がある．また，ルミネッセンス検出の波長域が重要であり，青色TL (BTL) 石英以外に火成起源のRTL石英が見出されて以来，火山灰地層や人工的加熱を受けた土器や窯跡類の年代測定にはRTL年代測定法が行われており，RTL現象発見以前のBTL年代値は再評価が必要となっている．

一方，年間線量評価では含水量・放射平衡関係・β線の寄与・宇宙線の評価などに課題が残っている．OSL年代測定法では太陽光の光曝でのゼロセッテング確認と経過年代に伴うフェーディング（消光）の問題が未解決である．

これらの結果として現在のところルミネッセンス年代測定法の結果には最低でも5%内外の誤差が避けられない．

[応用例] ルミネッセンス現象の考古学への応用は，土器や関連する火山灰層などの年代測定はもとより，窯跡の使用温度推定や土器など，考古遺物の真贋判定・産地推定など多様に応用されている．

[その他] 今後とも発掘・保存後にルミネッセンス年代測定を行う必要性が出てくることが予想される．そのために，遺物とともに発掘箇所の地層試料をできるだけ冷暗所に保存しておくことが必要である．

◆トピックス◆高感度ルミネッセンス (OSL/RTL/BTL) 自動測定システム開発

太陽光曝や焼成作用によるゼロセット（ブリーチ）を利用し，石英粒子には青色（交通信号の青色相当）を，長石粒子には赤外光を，発光ダイオードを用いて照射し，紫色と可視光域でそれぞれOSL測定して，OSL年代値を評価する方法が，RTL年代法とともに近年注目されている．さらに，ルミネッセンス測定では，単一の試料分画（約5 mg）を，ルミネッセンス測定と人工照射を定位置で繰り返し行う単分画再現 (single aliquot regeneration: SAR) 法を適用し，測定ごとに一定の（テスト）線量で照射してOSL感度の補正を行い，ルミネッセンス測定結果の再現性の向上を図っている．

わが国の焼成考古遺物や考古学に関連した試料に単分画法を用いるTL/OSL年代測定を目指した，高感度ルミネッセンス自動測定システムを開発できた．照射源として小型X線発生装置を装備したので，繰り返し照射と測定が可能となった (Hashimoto et al., 2002). このシステムを用いて，5 mg程度の試料はもとより，石英粒子ごとのRTL/OSL測定も可能なことを確認できたので，TL/OSLでのクロスチェックとともに，5%以内の誤差での年代測定の達成を追究している． （橋本哲夫）

[文　献]

橋本哲夫，葉葺久尚，田辺和泉，坂井　正，高橋　敏：地球化学, **23**, 35-47, 1989.

Hashimoto, T., Kojima, M., Shirai, N. and Ichino, M.: *Nucl. Track Radiat. Meas.*, **21**, 217-223, 1993.

Hashimoto, T., Komatsu, Y., Hong, D. G. and Uezu, Y.: *Radiat. Meas.*, **33**, 95-101, 2001.

Hashimono, T., Nakagawa, T., Hong, D. G. and Takano, M.: *J. Nucl. Sci. Technol.*, **39**, 108-109, 2002.

市川米太，平賀章三：地質学論集，29号, 73-82, 1988.

フィッショントラック法
fission track dating (nuclear fission fragments track dating)

[概　要]　放射性核種を用いた年代測定法の一つで，火山灰鉱物ジルコンや自然・人工ガラス中の微量成分元素の一つ ^{238}U の自発核分裂壊変を利用する．1960年代にアメリカGE社研究所のR. L. Fleischer, P. B. Price, R. M. Walkerによって開発，実用化された．

[測定の対象]　火山灰鉱物の一つジルコン，遺跡出土の焼けた黒曜石，人工ガラスなど．

[原　理]　放射性核種を用いた年代測定法では，当該核種の（初期量），壊変量，現在量，壊変定数から年代を求める．フィッショントラック法では，^{238}U の壊変量として自発核分裂飛跡密度 ρ_s，現在量として ^{235}U の誘発核分裂飛跡密度 ρ_i と照射した熱中性子線量 ϕ および ^{238}U と ^{235}U の同位体比 I，および ^{238}U の自発核分裂壊変定数 λ_r を用いる．実際には，ϕ を直接測定する代わりにウラン含有量がわかっている標準ガラスの ρ_D および年代定数（ζ；λ_r, I を含む）を用いて年代 A を

$$A = \zeta(\rho_s/\rho_i)\rho_D$$

で算出する．

　また，核分裂飛跡はそれぞれの試料鉱物・ガラスに固有の温度-時間（黒曜石の場合は400°C-1時間）の加熱で消失する性質があり，遺跡出土の焼けた黒曜石の最終加熱の年代の測定に利用される．

[適用年代範囲と限界]　フィッショントラック年代測定法で測定する三つの飛跡密度のなかで ρ_s の測定が最も難しい．これは ^{238}U の壊変量に相当するから，時間の経過とともに蓄積される．したがって，文化財科学が対象とする年代範囲（約250万年前〜現在）ではまだ十分な数の飛跡が蓄積されていないからである．この結果，測定試料は，ウラン含有量が高い火山灰鉱物ジルコン（〜数万年前）か広い顕微鏡観察面積が得られる自然・人工ガラス（〜数千年前）に限られる．

[装置と試料調製]　フィッショントラック法は測定に用いる機器が安価であることが特徴である．試料調製法は手法や試料によって多様であるが，一般的な方法は，試料を二分し，一方に原子炉で熱中性子を照射（^{235}U の誘発核分裂）した後，両者をFEPテフロン（ジルコン），エポキシ系樹脂（ガラス質）に埋包し，研磨して鏡面に仕上げた後，飛跡を，それぞれNaOH+KOH（220°C-数時間），HF（48%，23°C-18秒）でエッチングし光学顕微鏡（400〜1,000倍）で観察・計数できる大きさに拡大する．標準ガラスの誘発核分裂飛跡密度については貼りつけた雲母に生じる誘発核分裂飛跡をHF（48%，23°C-25分）でエッチングし，計数する．

[応用例]　①人類進化-テフラ法と火山灰鉱物ジルコン：ホモ・ハビリス出土層位のクービフォラ層群のKBSタフ（c. 1.90 Ma，1Ma=100万BP）（Gleadow, 1980）やホモ・エレクトゥス出土層位のカブー層・プッチャンガン層（c. 1.5 Ma）（Suzuki et al., 1985）があり，いずれもカリウム（アルゴン）-アルゴン法の年代と整合している．

②焼けた黒曜石：中石器時代（Fleischer et al., 1965），土器胎土のなかに発見

された黒曜石（トーサムポロ遺跡）や火事で焼けた黒曜石（オンネモト遺跡）(Watanabe and Suzuki, 1969) などの例がある．

また，特異な例としてアメリカのCorning Glass Museum 所蔵の現代のウランガラスの測定例がある (Brill et al., 1964)．

[その他] 国際誌には Nuclear Tracks and Radiation Measurements (Pergamon Press)，国際研究集会には International Fission Track Dating Workshop があり，文献としては "Nuclear Tracks in Solids" (Fleischer et al., 1985) がある．

また，国際標準ガラスには，NBS（アメリカ商務省基準局：現 NIST）が調製したものが市販されている． （鈴木正男）

[文　献]

Brill, R. H., Fleischer, R. L., Price, P. B. and Walker, R. M.：*J. Glass Studies*, **6**, 151-155, 1964.

Fleischer, R. L., Price, P. B. and Walker, R. M.：Nuclear Tracks in Solids：Principles and Applications, University of California Press, p. 605, 1985.

Gleadow, A. J. W.：*Nature*, **284**, 225-280, 1980.

Suzuki, M., Wikarno, Budisantoso, Saefudin, I. and Itihara, M.：Special Publication of the Geological Research and Development Centre, Bandung, Indonesia, 4, pp.309-357, 1985.

Watanabe, N. and Suzuki, M.：*Nature*, **222**, 1057-1058, 1969.

古地磁気法，考古地磁気法
paleomagnetic dating, arch(a)eomagnetic dating

[**概　要**]　地磁気の方向と強さは時間とともに変化している．古地磁気法・考古地磁気法は，その変化を時計として年代を測る方法である．岩石や土には磁性鉱物が少量ではあるが含まれていて，岩石や地層，土層の生成時にそれらの鉱物が，そのときの地磁気と同じ方向に磁化し，その強さも地磁気の強度に比例する．そのときに作用している地磁気は，磁化の形で記録されることになる．この残留磁化（remanent magnetization）は，いわば「地磁気の化石」であって，過去の地磁気に関する情報を保有している．したがって，地層や岩石，土をサンプルとして採取し，その磁化を測ることによって，それらが生成した当時の地磁気の方向を知ることができる．このようにして，過去の地磁気の様子とその変動を明らかにする研究を古地磁気学（paleomagnetism）という．特に，岩石や地層など自然界で生成したものを試料として用い，遠い地質時代から第四紀に至る過去について，地球磁場の変動を明らかにするのを狭義の古地磁気学と呼び，昔の人々が残した土器や窯跡，その他の考古学的な遺物・遺構から試料を得て，歴史・考古時代の地磁気の変動を研究する考古地磁気学（arch(a)eomagnetism）とは区別している．

　もし，過去の地磁気の変動の様子が明らかになっていたとすると，岩石や地層，土層，焼土などの試料の残留磁化の測定結果を地磁気の変動に照らし合わせて，年代を推定することができる．これが，古地磁気法であり，考古地磁気法である．ただし，地磁気の変動そのものは規則的な周期性をもたないものが多いので，地磁気変動のみから年代を決めることはできない．特徴的な地磁気の変動が起こったときの年代を何らかの他の年代測定法で決めて，地磁気変動の時間変化を前もって求めておかなければならない．この点が放射性炭素法のような放射性元素の崩壊の速度を時計にした放射年代測定法と大きく異なる．

[**測定試料**]　岩石（火成岩，堆積岩），堆積土層，焼土など，磁性鉱物を含み，地球磁場中で高温から冷やされたもの，あるいは堆積したものであれば，何でもよい．冷却したときの年代，あるいは，堆積したときの年代を推定することができる．

[**日本における地球磁場の方向**]　地球磁場の方向は場所によって異なるが，日本のように北半球の中緯度では，おおよそ北を向いて，水平から約50°下に傾いた方向となっている．しかし，水平面に投影した磁北の方向は地理学的な真北をさしておらず，角度にして数度ずれている．真北と磁北のなす角を偏角（declination）といい，東へのずれを正にとる．日本では偏角は西偏しているのですべて負の値となる．また，水平面からの傾斜角を伏角（inclination）という（図1）．現在の日本付近の地磁気は，偏角も伏角も緯度方向に変化しており，同じ緯度線に沿っては大体同じ向きになっている．九州北部から瀬戸内，近畿を経て関東に至る地域では，偏角が−6.5°，伏角が48°くらいであるが，鹿児島では偏角−5.8°，伏角44.4°であり，北海道の稚内では偏角−10°，伏角58.6°である．

　地磁気の方向は，場所ごとに異なるばか

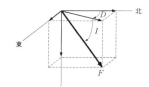

図1 地磁気の3要素
D：偏角，I：伏角，F：全磁力．

りでなく，時間的にも変化している．その地磁気の時間的な変動にはいろいろなタイムスケールのものがあり，その規模もバラエティーに富んでいる．太陽の活動度や地球と太陽の相対的な位置関係によって生じる．1日周期，1年周期，11年周期，22年周期など周期的な変動がある．振幅が非常に小さいので，精密な直接観測によらなければ検出できない．

数十年から100年という時間をかけると，かなり大きな地球磁場の方向の変化が認められる．1世紀で角度にして数度の変化である．これを地磁気永年変化という．日本では，明治16（1883）年から東京（1915年からは茨城県柿岡に移転）で継続的な地磁気観測がなされていて，100年あまりで3°近くの変化が検出されている．それ以前の時代については，偏角についてだけの観測記録がいくつかある．17世紀初頭（1613年）に九州の平戸で，イギリスの東インド会社の商船艦隊の船が寄港中に羅針盤の補正のために行ったものが，日本最古の観測記録である．したがって，明治初頭以前の時代については，偏角と伏角の両方がそろって初めて得られる地磁気永年変化は，観測記録からは求められず，考古地磁気学的手法によるしかない．考古地磁気測定によって得られたデータは，直接観測の記録ほど精度は高くないが，時代を大きく遡れるので，できるだけ多くのデータを得て，データの数で稼いで統計的に精度を上げるようにすればよい．永年変化は200〜300年で，変化の傾向が変わるものであるが，周期性のある変化であるのか不規則な変化であるのかはまだ明らかになっていない．もし，周期があるとすれば1,500年あるいはそれ以上のものと考えられている．西南日本各地の遺跡の焼土の考古地磁気測定から，過去2,000年間にわたる詳しい考古地磁気永年変化が得られている（図2）．これより古い時代については，データの数に対して対象となる年代の長さがあまりにも長いので，未だ永年変化曲線は作成されていない．最近，湖底堆積物のボーリングコアを調べ，1万年前ぐらいまで遡って永年変化を明らかにしようとする研究がなされており，これと考古地磁気学的データとを組み合わせれば，完新世（沖積世）の永年変化の詳細も近い将来に明らかになるであろう．

[地磁気強さの変動] 地磁気の強さにも永年変化があり，現在の地磁気強度の半分〜1.5倍の範囲で変動している．これもはっきりした周期は求まっていないが，7,000

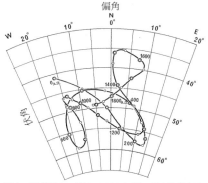

図2 西南日本の過去2,000年間の考古地磁気永年変化（広岡，1977）

〜8,000年くらいであろうと考えられている．過去の地球磁場の強度（古地球磁場強度）の永年変化は変動幅があまり大きくないのと，地球磁場の方向の変化に比べると変化の速度がゆっくりしているので，強度のみで年代を推定するのは年代幅が大きくなり，あまり実用的ではない．しかし，残留磁化の方向の測定と組み合わせれば精度は大きく向上する．日本では，約8,000年前までのデータが得られている（図3）．

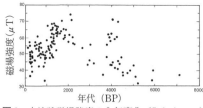

図3　古地球磁場強度の永年変化（Sakai and Hirooka, 1986に加筆）

[地磁気の長期変動]　もっとタイムスケールが長くなると，不定期ではあるが，数万〜10万年に1回ぐらいの割合で，短期間（数百年〜2万年程度）だけ地球磁場が大きく（100°以上）向きを変える変動がある．これは地磁気エクスカーションあるいはイベントと呼ばれるもので，有効なタイムマーカーとなる．地層の層序に従って細かく連続的に試料を採集し，層序学的に地磁気の変動を追うこと（古地磁気層序学という）によって，このような大変動が検出することができれば，第四紀の中後期の年代の推定に威力を発揮する．

最近の500万年間では，地磁気は約100万年ごとに逆転を繰り返してきており，78万年前の最後の逆転で現在の方向になった．地磁気の方向は，78万年を境に反転するので，これより前か後かについては，非常に感度よく決めることができる．古地磁気層序では，現在から78万年前までをブルネ正磁極期（Brunhes Normal Polarity Epoch）と呼び，78万年前から258万年前までを松山逆磁極期（Matuyama Reversed Polarity Epoch）という．

過去の地磁気の記録である残留磁化を測って，上記のような種々の地磁気の変動をうまくとらえることができれば，年代を推定することが可能となる．

[残留磁化]　岩石や土のなかには，磁鉄鉱 Fe_3O_4 や赤鉄鉱 Fe_2O_3 などの鉄の酸化物が1〜3%程度含まれている．これらの鉱物は磁気テープの材料と同じ仲間で，磁石になることができる磁性鉱物である．磁鉄鉱や赤鉄鉱の鉄原子が少量のチタン原子に置き換わったチタン磁鉄鉱 Fe_3O_4〜Fe_2TiO_4 やチタン赤鉄鉱 Fe_2O_3〜$FeTiO_3$ も磁性を示し，岩石や土に普遍的に含まれている．これらの磁性鉱物が，それぞれ保持している磁化をある方向にそろえることによって，岩石や土が全体として残留磁化をもつようになる．磁化獲得の機構には8種類ほどのものがあるが，岩石や土が地磁気の化石として獲得する残留磁化の主なものは二つである．火成岩や焼土のように，数百℃以上の高温の状態から地球磁場のなかで冷却された場合と，堆積岩（堆積土層）のように水が関与して堆積が行われた場合である．前者を熱残留磁化（TRM），後者を堆積残留磁化（DRM）と呼ぶ．

[熱残留磁化の原理]　すべての磁性体（磁石になることができる物質）は，たとえそれがどんなに強い磁石であっても，加熱し温度を上げていくと，その物質に固有の特定の温度に達すると，磁性を失ってしまう

という性質をもつ.その温度をキュリー点(Curie point)と呼ぶが,磁性体の種類によって変わる.磁鉄鉱では578℃,赤鉄鉱では670℃である.チタン磁鉄鉱やチタン赤鉄鉱では,チタンの含有量が多くなるほどキュリー点は低くなる.これらの磁性体を,キュリー点以上の温度で磁性を失った状態から冷却してくると,キュリー点を通過した瞬間から再び磁性が蘇り,磁石になろうとする.もし,このときに弱いながらある向きの磁場が作用していたとすると,磁性体はその磁場と同じ向きの磁化をもつようになる.キュリー温度の直下50℃ぐらいの範囲でその磁化は急速に強くなる.このようにして獲得されるのが熱残留磁化である.冷えて温度が低くなると,この磁化は非常に安定で,ほとんど永久にその方向と強度を保持し続ける.高温の溶けたマグマは当然,それに含まれる磁性鉱物のキュリー点以上の温度である.遺跡に残されている窯跡や炉跡などのような焼土も焼成中には磁鉄鉱や赤鉄鉱のキュリー点以上に熱せられているので,それらが地球磁場のなかで冷えると,そのときの地球磁場と同じ方向に磁化されることになる.こうして獲得された熱残留磁化は,その強度も作用していた磁場の強さに比例するので,後世までその当時の地磁気の方向と強さが熱残留磁化の形で,地磁気の化石として保存されることになる(図4).

[堆積残留磁化の原理] 地層や上層,堆積物の場合は,堆積する泥や砂粒のなかに,すでに残留磁化をもった磁性鉱物の粒子も含まれていて,それらが水に流されてきて堆積する.水中で静かに堆積する場合には,砂や泥の粒子は,水底に達するまでは水中で宙吊りのような懸濁の状態でいることになり,磁化をもつ磁性粒子は地磁気の影響を受け,地球磁場の方向にそれぞれの磁化が向くように回転する.磁石の針が北をさすのと同じ原理である.その向きを保ったまま水の底に着底すると,地磁気の方向に磁化の向きをそろえた磁性鉱物が多くなることになる.もちろん,水底に達したときに転がって,磁化の方向が地磁気から外れる粒子も少なくないであろうが,転がる方向はランダムであり,外れたもの同士は互いにキャンセルすることになる.また,地磁気と正反対方向に向く粒子はまれで,地磁気の方に向いた粒子の数と比較するとずっと少なくなるであろう.そのために,地磁気の方向に配列した磁性鉱物粒子

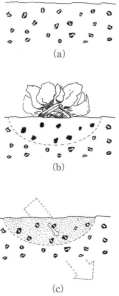

図4 TRM(熱残留磁化)の獲得機構
(a)焼かれる前の状態,磁性鉱物の磁化方向ばらばらの方向を向いている.(b)温度が上がった部分は磁化を失っている.(c)高温から冷えた部分の磁化は地磁気の方向にそろっている.

が多くなり,堆積物を全体としてみると,地磁気の方向の残留磁化をもつことになる(図5).これが堆積残留磁化である.

火山灰層や火山灰を多く含むいわゆるローム層のなかには,陸上で堆積した明らかなる証拠のあるものが多い.水中で堆積したのではないこれらの層も,測定してみると,きれいに地磁気の方向と思われる向きにそろった残留磁化を示す.この残留磁化はどのようにして獲得されたのであろうか.答えは,雨水である.水中ではないが,やはり水の力を借りて磁性鉱物が保有している残留磁化方向を一定方向に向けるように配列したのである.火山噴火によって空中に放出された火山灰は遠くに運ばれて陸上に降り積もる.このときは空隙がいっぱいの状態であろう.そこに雨が降って,雨水が積もった火山灰層に浸透していくと,粒の小さい磁性鉱物は空隙のなかで水に取り囲まれて,水中堆積のときと同じ状態になる.こうなれば,磁性粒子は自由に回転し,磁化を地磁気の方向に向けることができ,残留磁化を有するようになる.堆積残留磁化の一種と考えてよい(図6).風に運ばれ堆積したローム層の場合も同様なメカニズムで残留磁化を獲得する.

[年代の求め方] 熱残留磁化や堆積残留磁化を測定して,過去の地磁気の記録を読み取り,既知の地磁気の変動に照らし合わせて年代を求める.この場合,地磁気永年変化で年代推定ができるのか,地磁気エクスカーションを捕まえなければならないのか,地磁気逆転のタイムスケールを用いるのか,によって,推定年代の精度や年代幅(誤差)は大きく異なることになる.

過去2,000年間については,東海・北陸から九州北部までの各地の遺跡から採集されたサンプルについて考古地磁気学的測定

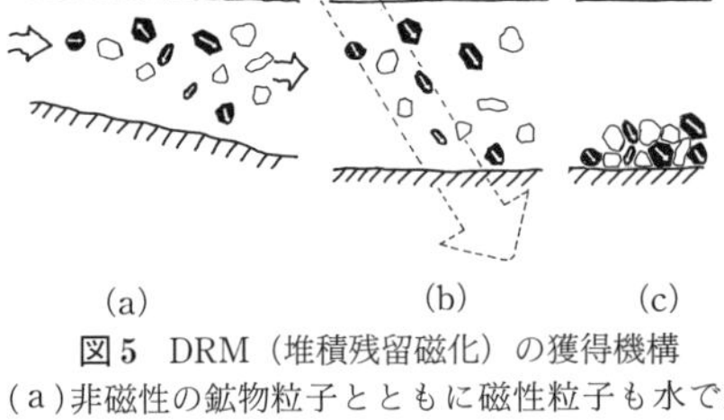

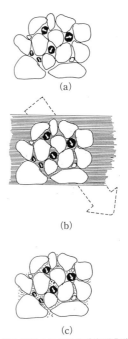

図6 陸上堆積のテフラの残留磁化獲得機構
(a)大きな非磁性の鉱物粒の間の空隙に小さな磁性粒子が堆積している.(b)雨が降り,水が浸透してくると磁性粒子は回転して磁化を地球磁場の方向に向けて配列する.(c)空隙を細かい粒子が埋め,磁性粒子は動けなくなる.

図5 DRM(堆積残留磁化)の獲得機構
(a)非磁性の鉱物粒子とともに磁性粒子も水で運ばれてくる.(b)水が淀んだところでは磁性粒子は回転して磁化を地球磁場の方向に向ける.(c)磁化方向を地磁気の方向にそろえて水底に堆積する.

が行われ，この期間の詳しい地磁気永年変化が明らかにされており，相当な高精度で年代を求めることができる．特に，3〜4世紀や7世紀，13〜14世紀，17〜18世紀は地球磁場が特徴的な方向になるので，年代が求めやすい（図2）．

対象となる年代が数万〜数十万年前の場合は，地磁気エクスカーション（イベントと呼ばれているものもある）をとらえる必要がある．

78万年前より古い時代になると地磁気が逆転していた松山逆磁極期になるので，ブルネ正磁極期か松山逆磁極期かの判定は容易である．また，松山期には，10万年程度の持続期間をもつイベントと呼ばれる地磁気反転が3回ある．99万〜107万年前のハラミヨイベント（Jaramillo Event），177万〜195万年前のオルドバイイベント（Olduvai Event），214万〜215万年前のレユニオンイベント（Reunion Event）である．したがって，詳しい古地磁気層序学的な研究を行って，どれかのイベントを検出すれば年代を推定することができる．

[装置] 残留磁化の測定は，試料の磁化がつくる磁場を磁力計で検出して，その磁化の方向とその強さを知ることによって行われる．火山岩や焼土は比較的強い磁化をもっているが，堆積層は非常に弱い磁化しか示さない．強いといっても，試料のつくる磁場は地球磁場の100分の1程度で，弱いものでは10万分の1以下になるので，地磁気の影響を消した状態にして非常に弱い磁場が検出できる特殊な高感度の磁力計が必要となる．磁気センサの種類や試料の測り方の違いで，何種類かの磁力計が市販されている．センサの種類でいえば，現在，最もよく用いられている磁力計は(1)フラックスゲートと呼ばれる磁気センサの横で試料を回転させて，試料がつくる磁場の変化を検出し，磁化の方向と強さを測るスピナ磁力計と，(2)超高感度磁気センサである超伝導素子を使った超伝導量子干渉磁力計（SQUID）である．

これら二つのタイプの磁力計は，通常，直径25.4 mm（1インチ），長さ24.0 mmの円柱状に整形した試料（コアサンプルと呼んでいる）を測定するようにできている．しかし，遺跡焼土のような不均質で脆くてくずれやすい試料の場合はコアにはできないので，現場で石膏で固めて方位を測定して持ち帰り，1辺34 mmの立方体に整形して測定試料とする．そのために，特別の試料装着台をもつ磁力計でなければならない．

[試料調整] 地層や土層，焼土など採取した試料がもつ残留磁化の方向を知ることが目的であるから，露頭や遺跡現場で地層中あるいは遺構中で，どのような方向に向いていたかが測られた定方位試料でなければならない．方位測定の誤差が大きいと推定年代値の不確かさが大きくなる．

また，残留磁化の測定のためには，磁力計の磁気センサ近くの決まった位置に試料を設置する必要があり，そのためには，試料の形と大きさも一定の限られたものに整形しなければならない．したがって，試料を作成するためには破壊が伴う．

測定データには誤差がつきものである．試料採取時の方位測定の誤差，磁化測定に伴う誤差，それに，試料自体が過去の地磁気の方向を忠実に記録していない場合，磁化獲得後に傾動や褶曲で向きが変わったなどが原因となって，いろいろな誤差が積算されたものが測定結果として出てくるの

で，同一層準，同一遺構からとった試料でも，全く同じ磁化方向を示す試料はないのが実情である．系統的に偏った結果とならないように，本来同じ磁化方向を示すはずである同一露頭や同一層準，同一遺構のいろいろな部分から複数個（7～15個）の試料を採取し，その平均値をデータとすることにしている．特に，変化量の小さい永年変化を対象にする考古地磁気の場合には，遺構の大きさにかかわらず1遺構から12～15個の試料を採取し，精度を上げる．

古地球磁場強度のための試料は，方位は関係ないので，なるべく厚さのあるよく焼けたもので，焼成後の冷中に動かなかったものであればよい．窯壁のよく焼けた部分や甕，擂鉢，焼石，匣などが適している．それを適当な大きさの立方体（1辺1.5 cm程度）に切断・整形して用いる．

[限界] 古地磁気法・考古地磁気法の最大の限界は，この方法だけで独立に年代を決めることができないことである．土器編年や化石を用いた生層序と同じく，相対年代測定法である．しかし，地磁気の変動の様子が調べられていて，それにどれかの年代測定法で年代が求められ，年代の目盛が入っていれば，その地磁気の変動を残留磁化の形で記録されているものすべてに適用できるという長所をもつ．

どのような地磁気変動を時計に用いるかで限界も異なる．すなわち，永年変化を用いる考古地磁気の場合，ブルネ正磁極期中の地磁気エクスカーションを用いて年代を推定する場合，あるいは，地磁気逆転の年代表を用いて更新世（洪積世）前期以前の年代を求める場合に分けられる．

地磁気永年変化を用いる場合には，詳しい永年変化がわかっている過去2,000年以内でなければならないし，考古地磁気データのほとんどない北海道や南西諸島では年代推定の精度が劣る．また，最近，日本の各地の考古地磁気データが増えてきた結果，同時代であっても，地域によって地球磁場の方向が相当異なる地域差が存在することが判明した．現在は偏角も伏角もおおよそ緯度の関数として南北に変化している．ところが，16～18世紀には，東西で偏角の差が大きかったし，6世紀後半から15世紀まで北陸地方は畿内と比較して伏角が数度深く，緯度の差を大きくこえる大幅な地域差が伏角に認められる（図7）．西南日本の考古地磁気永年変化曲線でみると，地磁気の変動量は，平均して1世紀で7.5°となるので，数度の差は，約1世紀の違いとなり，推定年代値にそれだけの系統的な誤差を生ずることになる．したがって，考古地磁気法の精度を上げるためには，各地域ごとに地域差を補正した永年変化曲線を作成する必要が生じている．

[応用例] 遺跡の焼土の考古地磁気学的な測定例は非常に多い．なかでも，陶磁器窯は強くてまとまりのよい結果を得ることができるので，考古地磁気永年変化の標準曲線を作成する際にも多くのデータが用いられた．須恵器窯については，陶邑古窯跡群をはじめとして，福岡県大牟田市から宮城県仙台市に至る各地の窯跡で多くの測定がなされている．中世の陶器窯に関しては，備前，越前，信楽，知多・常滑，美濃，瀬戸，加賀，珠洲など多数の古窯のデータがある．近世については，有田や古九谷の磁器窯や萩の深川窯，佐賀の皿山窯，波佐見の畑ノ原古窯，福山の姫谷焼の窯，豊岡の高屋古窯，瀬戸・美濃の元屋敷窯や赤重窯，その他の古窯で測定がなされている．

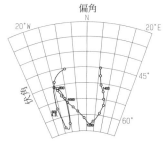

図7 6～16世紀の北陸版考古地磁気永年変化
(広岡, 1996)

かつては,近代のものが多くめぼしい遺物も出ないため,炭焼窯は埋蔵文化財としては軽視されていた.しかし,酸化鉄の還元剤としての鉄生産の際に用いられる木炭を生産する炭窯が多数発見され,最近,考古学的発掘の調査対象となってきた.高温まで焼かれていない場合が多いため,考古地磁気の試料としては陶磁器の窯のようなまとまりのよい結果が得られないこともあるが,よく焼けた部分を選んでサンプリングし,不安定な磁化成分を消磁実験によって丹念に消してやれば,結構まとまりのよい結果を得ることができる.考古地磁気学的には陶磁器窯と全く同じ方法で同じ永年変化曲線を用いて年代の推定を行うので,陶磁器の編年と対比することができる.

ここ数年で北陸地方での炭窯の測定例が飛躍的に増えたが,その結果をみると主に7～10世紀,12～14世紀,19～20世紀の三つの時期に集中している.19世紀以降のものは,燃料としての炭を生産していたのであろうが,前2者は製鉄炉を伴うものが多いので,鉄生産に関連した炭窯が主であると考えられる.

◆トピックス◆水田跡の年代測定

水田跡に残る堆積物は,水中で堆積が進行したと思われるので,堆積残留磁化(DRM)を保持していることが期待される.現在耕作されている水田で刈り取り後の土を測定したところ,確かに現在の地磁気の方向の残留磁化を有しており,DRMを獲得したことが証明されている.実際の遺跡で行った例では,兵庫県の玉津田中遺跡の弥生時代の水田跡の測定結果がある.この例でも,残留磁化は弥生時代の地磁気の方向を示しており,考古地磁気法は今後水田跡の年代推定の有力な方法となろう.

◇コラム1◇古寺の方位

飛鳥京や平城京,平安京など,都の条防制の区画や道路の方位は,非常に正確に真南北および真東西に向いている.この方位は太陽や星の天測によって決めたものであろうと考えられる.寺院の伽藍も南面して配置されているものが多く,伽藍配置の中軸線も南北を向いている.しかし,その中軸線が微妙に真南北からずれているものが相当数みられる.もし,寺域や伽藍の方位を決める際に方位磁石を用いたとしたら寺の中軸線の方位は,建立の時代の磁北の方向に向くので,地磁気の偏角の永年変化とともに寺の向きが変わることになる.6～10世紀の地磁気の偏角は西偏が著しく,13世紀以降は19世紀まで東偏の傾向が続く.したがって,磁石で方位を決めたのであれば,古代の寺院は中軸線が北から西へずれ,中世・近世の寺は東へ振れるはずである.各地の古寺の方位を調べたところ,奈良班鳩の法隆寺,法起寺,法輪寺は中軸線が西へ振っており,磁石が残存している各地の国分寺跡の向きは,真北に近い方位のものと数度西偏しているものの二つのグループに分かれた.これに対して,中世の寺院の場合は,この時代は寺が地形が険し

い山の中腹や山頂につくられるようになったためか，方位が東または西に大きく振れたものも多くあるが，播磨の鶴林寺や，陸奥の毛越寺などプランを自由にとれる平地に造営された寺院では東に振れた軸線をもつものが多い（図8）．この結果をみると，寺の向きを決めるのに磁気コンパスが使用された可能性が非常に濃厚であることを示している．もし，このことが真実であるとすると，寺院ばかりでなく，道路や条理などの方位も磁気コンパスで決められた可能性は十分考えられよう．

◇コラム2◇古地震の古地磁気学

富山県と岐阜県の県境付近に東北東-西南西方向に伸びている跡津川断層は，1858年に動き，跡津川地震を引き起こした．この地震に伴って噴き上がった噴砂の残留磁化を測定したところ，きれいに当時（19世紀中ごろ）の地磁気の方向に磁化していることがわかった．地震の際の振動と水の作用で，磁性鉱物の残留磁化がそのときの地球磁場の方向に再配列したためであると考えられる．このほか，丹那断層や京都府八幡市の木津川河川敷にみられた慶長伏見地震の噴砂などの測定例がある．一般に，噴砂は粗い砂が多いため，すべてのケースでうまくいくとは限らないが，なるべく細粒の噴砂を選んでサンプリングすれば，過去2,000年以内に起こった地震であれば，古地震の古地磁気学的年代推定が可能となる．　　　　　　　　　　　　　（広岡公夫）

[文献]

Hirooka, K.: *Mem. Fac. Sci., Kyoto Univ., Ser. Geol. Mineral.*, **38**, 167-207, 1971.

広岡公夫：考古学雑誌，**62**，49-63，1976.

広岡公夫：第四紀研究，**15**，200-203，1977.

広岡公夫：古文化財編集委員会編，考古学・美術史の自然科学的研究，日本学術振興会，pp. 98-100，1980.

広岡公夫：考古学研究，**28**(1)，69-78，1981.

Hirooka, K.: Creer, K. M., Tucholka, P. and Barton, C. E. eds., Geomagnetism of Baked Clays and Recent Sediments, Elsevier, pp. 150-157, 1983.

広岡公夫：北陸古代手工業生産史研究会編，北陸の古代手工業生産，真陽社，pp.225-284，1989.

Hirooka, K.: *The Quaternary Research*（第四紀研究），**30**(3)，151-160，1991.

広岡公夫：季刊考古学（特集・須恵器の編年とその時代），No.42，75-77，1993.

広岡公夫：日本第四紀学会編，第四紀試料分析法1，試料調査法，東京大学出版会，pp.66-68，1993.

広岡公夫：田口　勇，齋藤　努編，考古資料分析法，考古学ライブラリー 65，ニュー・サイエンス社，pp.100-101，1995.

広岡公夫：北陸中世土器研究会編，考古資料が語る中近世の北陸，桂書房，1996.

Sakai, H. and Hirooka, K.: *J. Geomag. Geoelectr.*, **38**, 1323-1329, 1986.

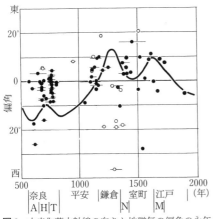

図8　古寺伽藍中軸線の向きと地磁気の偏角の永年変化（広岡，1976）
白丸は地形の険しいところに建てられた寺．A：飛鳥，H：白鳳，T：天平，N：南北朝，M：桃山．

カリウム-アルゴン法，アルゴン-アルゴン法
potassium-argon dating, argon-argon dating

[原理] カリウムから年代の経過とともに放射能起源のアルゴン ^{40}Ar が蓄積することを利用する．

天然のカリウムには，^{39}K(93.26%)，^{40}K(0.0117%)，^{41}K(6.73%)の3個の同位体がある．このうち，^{40}K が半減期12.77億年の放射性核種である．^{40}K は，その89.33% が β^- 崩壊をして ^{40}Ca となり，10.67%が電子捕獲により，また0.00103%が陽電子崩壊により ^{40}Ar に崩壊する．

[測定法] アルゴンは気体であるので，試料の鉱物を真空中で高温加熱してアルゴンを抽出する．抽出されたアルゴンは精製して質量分析計で同位体の存在比を測定する．アルゴンには，^{36}Ar, ^{38}Ar, ^{40}Ar の3個の安定同位体がある．アルゴンの収率と質量分析計の検出感度を測定するために，試料にはあらかじめ既知量の ^{38}Ar を加えておく．これをスパイクと称する．

試料中にはカリウムの崩壊によって生じたアルゴンのほかに，空気中のアルゴンも吸着されているのがふつうである．空気中のアルゴンの同位体組成は，^{36}Ar (0.337%)，^{38}Ar (0.063%)，^{40}Ar (99.60%)である．そこで空気中のアルゴンの混入は ^{36}Ar によって検出され，これから混入した空気中の ^{40}Ar の量を計算して補正を行う．年代が100万年以下の若い試料では場合により，この補正量が非常に大きくなって誤差が大きくなることがある．

年代を計算するためには，年間の ^{40}Ar の生成量を知る必要があるが，そのためには，試料中のカリウム含有量を測定する必要がある．それは，炎光光度法，原子吸光法などの通常の化学分析法で測定する．年齢の若い試料では，アルゴンの生成量は年代に比例するから，年代は，^{40}Ar の蓄積量を年間あたりの ^{40}Ar 生成量で割って算出する．古い年代の試料では，^{40}K の減衰を考慮する必要がある．

カリウム-アルゴン法の改良法としては，次に述べるアルゴン-アルゴン法があり，最近では，この後者の方法がもっぱら使用されている．

[アルゴン-アルゴン法] この方法は試料からアルゴンを抽出する前に，試料を原子炉に入れて，高速中性子で照射する．すると ^{39}K (n, p) ^{39}Ar の反応によって ^{39}Ar が生成される．^{39}Ar は半減期269年の人工放射性核種である．生成した ^{39}Ar の量は試料のカリウム含有量に比例するから $^{40}Ar/^{39}Ar$ 同位体比を測定することにより年代を知ることができる．この計算には原子炉の高速中性子の線束を知る必要があるが，このために，測定試料と同時に標準試料を原子炉で照射する．標準試料としては，年代の知られているカリウム鉱物を使用して，測定試料の年代は標準試料の年代から相対的に算出する．

原子炉で照射後にアルゴンを抽出するには，通常のカリウム-アルゴン法と同様に高周波誘導電気炉で加熱することもできるが，最近では試料をレーザ光で照射することも行われている．この後者の方法によれば，1粒の鉱物の年代を測定することができる．火山灰の堆積物では生成年代の異なる鉱物が混在している可能性があるが，このような場合には，レーザ光による方法は

1粒1粒についての年代を知ることができるので特に有効である．

空気中のアルゴンの汚染の影響を除去する方法としては，試料の加熱を階段的に行う方法が一般に行われている．試料に吸着されている空気中のアルゴンは，一般には低温で放出されることが多い．この方法は，カリウム-アルゴン法についてもアルゴン-アルゴン法についてもともに実施することができるが，アルゴン-アルゴン法では，カリウムから中性子の反応によって生成された ^{39}Ar は，当然，鉱物中においてカリウムの占める位置の近くにあり，この点，放射能によりカリウムから生成した ^{40}Ar と近い状態にあって，空気中から吸着されたアルゴンとは異なる．そこで，$^{39}Ar/^{40}Ar$ の比を測定するアルゴン-アルゴン法は原理的に，放射能起源の ^{40}Ar を選択的に検出するという利点がある．これが最近ではカリウム-アルゴン法が廃れてアルゴン-アルゴン法が好まれる理由の一つとなっている．

[**必要条件**] この方法では，カリウム鉱物の生成年代が測定されるが，鉱物の生成時に，アルゴンの脱ガスが完全に行われて，時刻0において，^{40}Ar の量が0であるこ

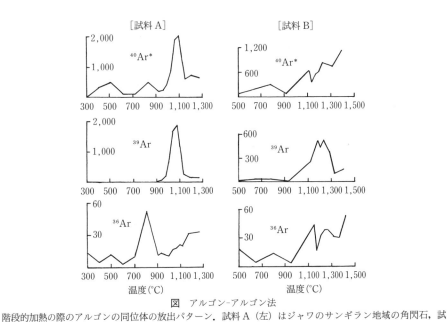

図 アルゴン-アルゴン法

階段的加熱の際のアルゴンの同位体の放出パターン．試料A（左）はジャワのサンギラン地域の角閃石，試料B（右）は同カブー地域の角閃石．横軸は加熱温度（°C），縦軸は放出強度（mV/°C）．図上段は放射能起源の $^{40}Ar^*$（すでに混在空気組成の ^{40}Ar を差し引いてある），図中段はカリウムの中性子照射で生成した ^{39}Ar，図下段は ^{36}Ar（空気の混在を示す）．試料Aでは，$^{40}Ar^*$ と ^{39}Ar の1,050°C付近の放出ピークが一致しているので，この温度で放出された $^{40}Ar^*$ は鉱物中のカリウムによることを示しており，年代測定が可能である．これに反して，試料Bは年代の若い試料で，放射能起源の $^{40}Ar^*$ の蓄積量が少なく混在空気の妨害が大きい．空気組成のアルゴンがすでに補正されているにもかかわらず，$^{40}Ar^*$ の放出パターンは，^{39}Ar のパターンと異なり，^{36}Ar のパターンに類似しており，空気組成のアルゴンの混在に対する補正が困難であることを示している．

とが必要である．マグマ中にはマグマ生成以前の地質時代から生成された放射能起源の ^{40}Ar が蓄積しているからである．この ^{40}Ar は，空気中のアルゴンとは異なり，^{36}Ar を伴わないから，その補正が困難となる．この点においても，アルゴン-アルゴン法によれば，階段的加熱の際の $^{40}Ar/^{39}Ar$ の放出パターンにより，鉱物生成後の ^{40}Ar とある程度の区別をすることが可能である（図）．

[測定限界] 試料のカリウム含有量や空気中のアルゴンの汚染量などにより異なるが，一般には数万年ぐらいより古い試料が測定の対象となる．数億年，数十億年の年代測定も可能であるが，この場合には試料からアルゴンが散逸されずに保持されていることが必要になる．

[適用範囲] 一般には，火山灰，火山岩中のカリウム含有鉱物が測定の対象となる．東アフリカのホモ渓谷，イタリア，インドネシア，日本などの火山地帯の古人類遺跡の年代測定に広く利用されている．これに反して，火山の少ない南アフリカやヨーロッパの大部分の遺跡では，カリウム-アルゴン法が適用できないという悩みがある．

(横山祐之)

ウラン-トリウム法
uranium-thorium dating

[測定の対象] この方法は，はじめサンゴの年代測定に使用された．その後，洞窟の石筍層，貝殻，動物骨，人骨などの年代測定に利用されている．

[原　理] 試料自身のなかにごく微量に含まれているウランの放射能を利用する．サンゴの場合を例にとって説明する．ウランには4価と6価の原子価があるが，このうち，6価の原子価のウランは水に溶けやすい炭酸錯塩をつくるので海水中には微量のウランが含まれている．サンゴの外殻は炭酸カルシウムであるが，サンゴが海水から炭酸カルシウムを摂取する際にウランも摂取されるので，サンゴには3 ppm程度のウランが含まれている（1 ppm：1 g中に100万分の1 gの含量）．

生成中のサンゴは，放射性系列の親に当たるウランを含んでいるが，その子孫である ^{230}Th と ^{231}Pa を全く含んでいない．それは，これらの子孫が不溶性で海水に含まれていないからである．しかしサンゴの生成後，時間が経つと，サンゴのなかでは，親のウランの原子核が崩壊するので子孫の量が増えてくる．この増加の速度は子孫の核種の半減期のみによって決まり，温度などの外界の条件にはよらないから，親子の核種の比を測定すれば，絶対年代が測定できる（図）．これがウラン-トリウム法およびウラン-プロトアクチニウム法の原理である．

もう少し細かい点をいうならば，ウランには ^{238}U, ^{235}U, ^{234}U の3個の同位体がある．ウラン-トリウム法に用いられるのは， ^{238}U を元祖とするウラン系列である

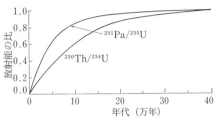

図　サンゴが生成したときから，そのサンゴ中の ^{230}Th/^{234}U の比と ^{231}Pa/^{235}U の比が，時間が経つのにつれて増加する曲線

^{234}Th の比を測定して，年代を出すのがウラン-トリウム法である．この方法による測定限界は精度にもよるが，35万年または50万年である．また ^{231}Pa/^{235}U の比を測定することによって年代を測定することもできる．これがウラン-プロトアクチニウム法である． ^{231}Pa の半減期が3万2,800年であるので，ウラン-プロトアクチニウム法は15万年以下の試料に適している．

が，この系列では， ^{238}U が崩壊して子孫の ^{230}Th に行く途中に，半減期がかなり長い ^{234}U を経過する．岩石が風化することによってウランが水に溶けるときに，崩壊生成物の ^{234}U の方が親の ^{238}U より水に溶けやすい．このために海水でも陸水でも， ^{234}U/^{238}U の放射能の比は1より大きい．そのため，ウラン-トリウム法では， ^{230}Th/^{234}U の放射能比のほかに ^{234}U/^{238}U の放射能比を測定する必要がある．

これに対しウラン-プロトアクチニウム法は ^{235}U を元祖とするアクチニウム系列を利用するが，親の ^{235}U と子孫の ^{231}Pa の間に半減期の長い核種がないので ^{231}Pa/^{235}U の放射能比を測定するだけでよい．

洞窟内の石筍層についても同じ原理が適用される．貝殻，動物骨，人骨の場合は，

それらが含有するウランの大部分の起源は生存中に摂取されたものではなく，埋没後の地下水中のウランの吸収によるものであるという違いはあるが，この点を除けば原理は同じである．

[測定法] 親子の核種はいずれもα線を放出するので，通常はα線検出器を使用して測定する．しかし，α線は物を透過する能力が非常に弱いので，試料をそのまま検出器にかけず，酸で試料を分解してウランとトリウムを抽出し，目にみえないくらいの薄い層にする必要がある．

もう一つの方法は，透過力が大きいγ線を利用するものである．この場合は試料を直接にγ線検出器の上に置いて非破壊で測定することができる．この方法は筆者(横山)によって開発され，古人骨の唯一の非破壊年代測定法として利用されている．^{234}U，^{230}Th，^{231}Paなどから出るγ線はその強度もエネルギーも非常に弱いので，その検出には低エネルギーのγ線に対して感度と分解能がよい半導体検出器を必要とする．また試料のウラン含有量にもよるが，数週間の長期の測定が必要である．古人骨のほかには，グラヴェット文化の時代の鳥の骨でつくったフルートなどの芸術作品の年代もこの方法で測定されている．

もう一つ，最近発展してきたのは，質量分析計を利用して^{238}U，^{234}U，^{230}Thを測定する方法である．この場合にも，酸で試料を分解してウランとトリウムを抽出する必要があるが，α線測定法に比べて少量の試料ですむこと，精度がよいことなどの特徴がある．

[測定限界] 測定の限界は半減期の約5倍であって，^{231}Paと^{230}Thは，その半減期がそれぞれ3万2,800年と7万5,200年であるから，年代の限界はウラン-プロトアクチニウム法で約15万年，ウラン-トリウム法で約35万年である．質量分析器による方法では精度がよいので約50万年まで測定可能とされている．

[測定精度] α線による方法では^{230}Th/^{234}U比の測定精度は通常±3％ぐらいであるので，10万年の年代について±6,000年程度の誤差がある．γ線による方法は，これよりかなり劣る．質量分析器を利用する方法では，10万年の年代を±500年の精度で測定できるといわれるが，これは理論的精度であって，実際には，天然の試料は風化作用などで汚染を受けているので，このような理論的精度を期待できる試料を入手する可能性は少ないと思われる．

次に貝殻，動物骨，人骨などの試料ではウランの吸着が埋没後に行われるが，この吸着は生物の死後，有機物が分解するときの還元性の環境で特に促進されると考えられている．そこで骨のウラン含有量は，埋没後，急速に増大し，その後はほとんど変化しないと考えられる．これが骨の年代測定に仮定される条件である．自然界で起こる現象は複雑であるから，この理想的な条件が常に実現されているとは限らないが，現在までに筆者が測定した多くの試料についてみれば，ヒトの頭骨に関してはこの条件はほぼ満たされているようである．動物骨については，遺跡によって違いはあるが，約半分の試料がこの条件を満足し，残りの半分の試料では，ウランの吸着が埋没後も長く続いていることを示している．この場合は，ウラン-トリウム法による年代は最低限の年代を示し，真の年代はこれより古いことになる．

(横山祐之)

電子スピン共鳴年代測定法
electron spin resonance (ESR) dating

[概　要]　物質内に年代とともに放射線損傷が蓄積する現象を利用する．この点で熱ルミネッセンス法と全く同じ原理に基づく．両者の違いは放射線損傷の検出法にある．

ここでいう放射線損傷とは，実は捕獲電子のことである．捕獲電子とは，放射線のイオン化作用により原子から放出された電子の一部が不純物中心などの「トラップ」に捕獲されたものである．捕獲電子は物質を加熱するとトラップから解放され，その際に光を放つ．この光を測定するのが熱ルミネッセンス法である．

電子スピン共鳴 (ESR) 法は捕獲電子が不対電子である場合に利用できるのであるが，常温（または低温）においてトラップにいるままの状態の捕獲電子を検出する．不対電子とは，通常の物質ではスピンの方向が反対の電子が，2個ずつ対をつくっているのに対して，対をつくっていない電子をいう．電子はわかりやすくいえば，自転している微小球体と考えればよく，この自転（スピン）のために微小な磁石となっている．通常の物質では，スピンの方向が反対な2個の電子が対になっているので，スピンによる電子の磁石は打ち消されて検出できないが，不対電子であるとスピンによる電子の磁石を適当な装置で検出できる．これが，電子スピン共鳴法である．

[原　理]　電子のスピンは外部の磁場がない状況では自由な方向を向いているが，外部から磁場をかけると，磁場の方向に向くか，あるいは磁場と正反対の方向に向くかどちらかになる．この二つの方向では，エネルギーが異なるので，両者のエネルギーの差に相当するマイクロ波を当てると，マイクロ波の吸収が起こる．これを電子スピン共鳴という．

[測定法]　熱ルミネッセンス法と同様に，試料を粉末として数個のアリコットに分割し，これを線量の異なるγ線で人工的に照射する．そして各アリコットを電子スピン共鳴分光器にかけて不対電子の量を測定する．不対電子の量をγ線照射量の関数としてプロットすると，熱ルミネッセンス法の場合と同様に成長曲線（または直線）が得られる．この成長曲線を不対電子の量が0となるところまで逆に延長すると，放射線の蓄積線量が得られる．蓄積線量を年間線量で割ると試料の年代を得ることができる．電子スピン共鳴法と熱ルミネッセンス法との違いは，捕獲電子の検出法が違うだけで，後の蓄積線量の求め方と年間線量の測定法および年齢の算出法は全く同じである．

[測定限界]　捕獲電子は常温においても非常に長く放置されれば，ひとりでにトラップから出る確率がある．このため捕獲電子には寿命がある．そこで，古い年代の試料を測定するためには，寿命の長い捕獲電子を選ぶ必要がある．電子スピン共鳴法では，トラップになっている不純物中心の性質や構造によって捕獲電子のシグナルの位置や形状が異なるので（図），寿命の長い捕獲電子を選ぶのに都合がよい．この理由で，電子スピン共鳴法は古い試料の年代測定に適している．その測定限界は，試料の性質にもよるが，一般に数十万〜数百万年

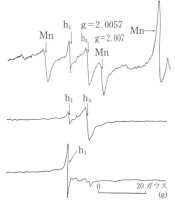

図 鍾乳石の電子スピン共鳴スペクトル

上はアラゴ洞穴の鍾乳石．中はヴァロネ洞穴の鍾乳石．年代測定に用いる吸収線は h_1 と h_3 である．このなかで，h_3 は常温で約20万年の比較的短い寿命をもつので，年代の古い遺跡の年代測定には用いられない．試料を180℃の温度に一晩放置すると図下のように，h_3 の吸収線は消滅して，その分だけ h_1 の吸収線が増大する．h_1 は長寿命であるので，年代の古い遺跡の年代測定に適する．なお，マンガンの不純物を含むと，アラゴ洞穴の鍾乳石のようにマンガンによる吸収線（図中のMn）が現れるが，これは年代測定の妨害とはならない．

までである．適当なシグナルを選んで数億年の地質時代の試料を測定した例もある．

これに反し，電子スピン共鳴法は熱ルミネッセンス法に比べて感度が劣るので，年代が数千年以下の試料に対する蓄積線量による年代測定には適さない．

[測定精度] 一般に，測定精度は±5％ぐらいが標準とされる．非常に古い試料ではシグナルの高さが年代の経つにつれて飽和する現象があるので精度が落ちてくる．

[必要条件] 年齢0の試料において，シグナルの高さが0であることが必要である．洞窟中の石筍層の生成年代，動物の骨の年代を測定する場合には，この条件は満たされている．石英などの鉱物中の捕獲電子が太陽の紫外線によって漂白されることを利用して，沈積物の年代を測定することができるが，このような場合には，漂白作用によって捕獲電子の量が0になるとは限らないので，何らかの方法で年齢0におけるシグナルの高さを推定し，これを差し引くことが必要である．これらの点は熱ルミネッセンス法と同じである．

[妨害元素] 特に妨害となる元素は鉄であり，鉄分の多い鉱物には適用できない．マンガンは常磁性体であるので，そのシグナルが電子スピン共鳴スペクトルに現れる．方解石はマンガンを不純物として含んでいるのでマンガンのシグナルがみられることが多いが，通常の含有量では妨害とはならない．

[適用範囲] 石英，方解石，アラレ石，リン灰石などの鉱物に適用できる．

◇コラム◇トータヴェル原人の年代測定

南フランスのアラゴ洞窟からはトータヴェル原人の頭骨が発掘されたが，それより上層にある石筍層の方解石の生成年代を電子スピン共鳴法で測定してトータヴェル原人の年代（の下限）が45万年前と測定された．また，原人と同じ地層から採取された石英から沈積物の年代が43万±8万年前と測定され，動物骨および歯のエナメル質の年代が45万年前と測定された．ヒトの歯に対して，非破壊の年代を測定する試みも行われている．断層が起こったときに，石英中の捕獲電子が漂白される現象を利用して，活断層が過去に活動した年代を推定することも行われている．（横山祐之）

年 輪 年 代 法
dendrochronology

[原 理] 年輪年代法の最も重要かつ基本的な作業は，年代を1年単位で割り出すことのできる長期の暦年の確定した標準パターン（暦年標準パターン）を前もって作成することである．この作成作業は，まず伐採年の判明している多数の現生木試料から年輪幅の計測値（年輪データ）を収集し，総平均する．それにより個体差が消去される結果，暦年標準パターンとなる．さらに古建築部材や遺跡出土木材を多数収集し，それから計測した年輪データを用いて作成した暦年未確定の標準パターンと上記の暦年標準パターンとを順次照合し，その重複位置で連鎖していくと長期に遡る暦年標準パターンが作成できる（図1）．こうした作業では，重複位置で連鎖するときに，決してボタンの掛け違いがあってはならない．次には年代不明の木材，たとえば遺跡出土木材を取り上げ，その年輪幅を計測し，試料の年輪変動パターン（試料パターン）を作成し，暦年標準パターンのなかで合致するところを探し求めれば，暦年標準パターンの暦年を試料パターンに当てることができる．このとき，試料材に樹皮が一部でも残存しているか，あるいは成長していた当時の最外年輪が残存している形状のものであれば，最外年輪の暦年をもって試料材の伐採年あるいは枯死年とすることができる．

[主要樹種の年輪ネットワーク] 暦年標準パターンの作成は，樹種別，地域別に作成することが望ましい．しかし，実際問題として，長期にわたる暦年標準パターンの作成は，試料収集の点で決して容易ではない．好個の試料の発見は偶然が多いため，長年月を要する．そこで検討しておくべき事項がある．たとえばヒノキの暦年標準パターンが他の樹種にも応用できるかどうか，また，地域的にどの辺りまで適用できるかどうかなどを前もって現生木で確認しておくことが重要である．つまり年輪ネットワークの構築である．

これまでのところ，木曽系ヒノキの標準パターンは，本州，四国あたりのスギやヒノキとも高い相関関係にあることが判明している．東北ではスギとヒバとが高い相関関係にある．九州では，屋久島産のスギの年輪パターンが，高知県魚梁瀬産のヒノキやスギとも高い相関関係にあることを確認している．このことは，ヒノキやスギの暦年標準パターンが，広域に応用できることを示唆している．

[樹種別の暦年標準パターン] 2003年現在，ヒノキが紀元前912年まで，コウヤマ

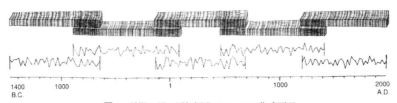

図1 長期に遡る暦年標準パターンの作成原理

キが後741年から後22年まで（ヒノキの暦年標準パターンを使ってコウヤマキの年輪パターンに暦年を確定），スギが現在から前1313年まで，ヒバが後1325年から後924年まで（東北地方のスギの暦年標準パターンを使ってヒバの年輪パターンに暦年を確定）が作成済みである．これまで実際に応用した地域は，大分県辺りから青森県までの各種木材で，その年代測定に威力を発揮している．

[試料の採取と調整] 年輪幅を計測する場合，試料から直接測る場合と，試料から採取した標本から測る場合とがある．円盤標本から計測するのが一番であるが，対象物が大きい場合などは，直径5mm～1cmの棒状標本を採取することもある．古建築部材などの乾燥材からはドリルを使った専用の標本抜き取り器（最大長30cmまで採取可能）を使う．また，発掘調査で出土した木材など湿潤状態にあるものでは，スウェーデン製の成長錐を使うと直径5mmの棒状標本を採取することができる．

採取した円盤標本は，測線部分に沿って表面をカッターナイフで薄く削り，平滑にしてから胡粉を塗布する．棒状標本であれば，木製の標本台（特注）に固定した後，ナイフで表面を削り，胡粉を塗布する．これによって，年輪境界が明瞭となり，計測が容易になる．

[計測対象としての適否] 長期の暦年標準パターンが作成されている樹種に限られるので，現時点ではヒノキ，スギ，コウヤマキ，ヒバの4種が適用可能である．したがって，年輪計測の前には樹種の同定が必要である．

（1）試料には，一応の目安として約100層以上の年輪が必要である．直径約20cm以上で樹心（髄）のないものがよい．樹幹の中心部に近い年輪（約100層分）は，若齢のころに形成されたものであるから，それ以後の老齢になって形成された年輪に比べて，個体的特徴があらわれやすい．したがって，樹齢が200年以上のものであれば，外側の100層分以上の年輪が有効データとなる．

（2）樹齢が200年以上あっても極端に狭い年輪（0.2mm前後）で推移しているものは，年輪パターンの照合が成立しにくい．

（3）同心円状に形成されず，不特定方向（らせん状）に幅が変化する年輪も年輪パターンの照合が成立しにくい．

[年輪読み取り器] 年輪年代法の基本は，双眼実体顕微鏡付きの専用の年輪読み取り器を使用し，0.01mmまで正確に計測することである．これ以外に4インチ×5インチサイズや8インチ×10インチサイズのカメラやデジタルカメラで撮影した年輪画像からの計測も有効である．

計測上の注意点は，偽年輪（重年輪）や不連続年輪を見分けて，正常な年輪のみを正確に読み取ることである．普通，偽年輪は成長のよい個体にみられ，不連続年輪は極端に成長の悪いものにみられる．

[年輪パターングラフ] 同年代に形成された年輪かどうかを調べるには，最初にコンピュータによる年輪パターンの照合によって重複位置を検出し，次には，その位置で2組の年輪パターングラフを透視台の上で重ね合わせて詳細にチェックする．年輪パターングラフは，横軸に5mm間隔で年代をとり，縦軸に年輪幅をプロットしてグラフ化したものである．目視による重複状況の確認作業は必ず必要である（図2）．

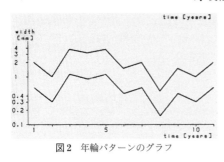

図2 年輪パターンのグラフ

[試料の形状と年輪年代] 年輪年代法では，下記のように試料の形状によって，年代値の解釈が異なる．

(1) 樹皮型：樹皮または最外形成年輪が完存しているか，あるいは一部でも残存しているもの．この場合，年輪年代は伐採年代か枯死年代を示す．

(2) 辺材型：試料の一部に辺材部をとどめているもの．このタイプの年輪年代は，伐採年代に比較的近い年代を示す．一応，年輪年代＋削除された年輪層数によって求められるが，正確な年輪総数を求めることはできない．

(3) 心材型：辺材部をすべて失い，心材部のみからなるもの．このタイプの年輪年代は伐採年よりかなり古い年代を示すので，解釈に当たっては注意を要する．

これ以外に，木材に由来する経歴事項として，再利用，廃棄までの使用期間なども考慮に入れて，総合的に年代の解釈をしなければならない．

[応用例1：池上曽根遺跡] 池上曽根遺跡は，大阪府和泉市池上町・泉大津市曽根町にまたがって所在する．遺跡の調査は，1995年から複数年にわたって実施された．

本遺跡は，近畿屈指の弥生環濠集落として著名であり，中期後半代では最大規模である．集落のほぼ中心部で，床面積約135 m²の巨大な掘立柱建物が発見され，断片を含めて18基の柱穴に柱根が遺存していた．建物の南面には，直径2m以上のクスノキの巨木をくり抜いて井戸枠にした，大型井戸が設けられていた．この建物は，短期間にほぼ同位置で3〜4回の建て替えが行われ，それに伴い大型井戸やその排水溝，周辺の区画施設もつくりかえられていた．大型建物は，このなかでの最終段階の建造物に当たる．

柱根は，直径が50〜60cmを測る．ヒノキの柱材16本のなかから，比較的遺存状態の良好なものを5本選定し，年代測定を行った．このうち柱No.12は樹皮型，No.20は辺材型である．計測は柱根の下部底面，No.12の柱根からは，棒状標本を抜き取った．

柱No.12とNo.20の年輪パターンとヒノキの暦年標準パターン（前614〜後46）との照合は成立し，No.12が前52年，No.20が前56年と判明した．

伴出遺物としては，柱根の伐採年の判明した柱穴No.12の掘形内から，Ⅳ-3様式（従来の畿内第四様式）を下限とする土器資料が出土した．この土器型式の年代は1世紀後半代と考えられていたが，この時点で約100年のズレが生じ，考古学関係者に大きな波紋を投げかけることとなった．

[応用例2：纒向石塚古墳] 纒向石塚遺跡は，奈良県桜井市にある．この遺跡の調査は，1989年度に行われた．全長93mの撥形に前方部を開く前方後円墳で埋葬施設は消滅していたが，周囲に掘られた濠のなかから，多量の木製品や土器片が出土した．築造時期は庄内式土器の時代で3世紀前半〜後半説があり，最古の前方後円墳の一つとみられる．

周濠内の最下層から鋤（柄付きとつかないものとの両方あり），横槌などの農工具，槽，板材，柱，削屑などの多数の木製品が出土した．なかでも農工具類の数は古墳周濠内出土数では最多である．このなかで，年代測定用に板材（タテ約30 cm，ヨコ約60 cm，厚さ約2 cm）を1点選定した．材種はヒノキで，形状は辺材型で，辺材部の幅は2 cmである．なお，この板は使用しない部分を切断し，投棄したものと思われる．

板材の計測年輪数は248層であった．この年輪パターンとヒノキの暦年標準パターン（前169〜後257）との照会の結果，後177年と確定した．残存している辺材部の幅は，2 cmである．このなかには38層分の年輪があった．削除されたと推定される約1 cmの辺材部のなかの年輪を正確に求めることはできないが，残存辺材部の平均年輪幅（0.53 mm）から推算すると，その伐採年はどうみても後200年を下ることはない．

この調査で出土した土器型式の年代観は3世紀後半説が有力である．となると，この板材の年輪年代とは半世紀近い開きがある．このように，現在，年輪年代と土器の年代観との間には大きな年代差が生じている．今後，この問題解決に向けては，各地で事例を増やすことが必要である．

◆トピックス◆滋賀県宮町遺跡は紫香楽宮跡と確定

滋賀県信楽町にある宮町遺跡では，昭和40年代前半に行われた圃場整備で3本のヒノキの柱根が偶然発見された．これを地元の老人が趣味の盆栽の台に使おうとして持ち帰っていた．研究開始から約6年かかって作成した約2000年間のヒノキの暦年標準パターンのうち，主に平城宮跡出土の柱根類で作成した前37年から後835年までのものを使って，柱根の年輪パターンと照合したところいずれも合致し，なかでも面皮を一部にとどめている1本の柱根の伐採年代が743年と確定した．

紫香楽宮（742〜745年）は，聖武天皇が742年から造り始めた短命の都であったが，この柱根の年輪年代は，まさに宮都造営期間中の年代を示した．

そこで，1985年11月にこの成果をもとに真の紫香楽宮跡は宮町遺跡であると発表した．その後，町教委は本格的な発掘調査を継続的に進めてきた結果，多くの木簡類や土器類などが出土し，もっぱら宮都の存在をうかがわせる遺物・遺構ばかりが出てきていたが，その存在を示す大型建物遺構が長年発見されなかった．ところが，2000年11月，ついに南北100 mをこす長大な大型建物跡と朱雀路の存在を示す橋脚遺構（新宮神社遺跡）が発見された．大正時代に国の史跡に指定された場所の北，約1.5 kmの宮町遺跡が真の紫香楽宮跡として考古学的に検証されたのである．柱根の年輪年代から宮町遺跡が紫香楽宮跡であると指摘してから，実に16年後のことであった．『続日本紀』の記述と年輪年代が一致したことは，長年かかって作成したヒノキの暦年標準パターンが年代的に間違っていなかったことを示す．それと同時に，ヒノキ年輪が一種の歴史年表となった瞬間でもあった．

（光谷拓実）

[文 献]

田中 琢，光谷拓実，佐藤忠信：年輪に歴史を読む─日本における古年輪学の成立─．奈良国立文化財研究所学報，第48，同朋舎出版，1990．

アミノ酸ラセミ化法
amino acid racemization dating

[測定の対象] 骨・歯，貝殻，卵殻，木材，有孔虫など，アミノ酸を保存している生物の遺体（化石）．生体組織を構成するアミノ酸の代謝が停止してからの経過時間，すなわち，タンパク質の形成時期や生物の死を意味する年代が推定される．

[原理] ほとんどの種類のアミノ酸には互いに鏡像の関係にある「光学異性体」があり，その立体配置によってL型（左配置）とD型（右配置）に分けられる．生物の身体を構成するアミノ酸が，細菌細胞壁などに含まれるごく一部の例外を除いて，みなL型であることはよく知られているが，骨や貝殻などの化石からはL型だけでなくD型アミノ酸も検出される．これは，L型のみであったものからその光学異性体のD型が生成し，時間の経過とともにD型が相対的に増加していき，最終的にはそれらの等量混合物（ラセミ体．通常，D型：L型＝1：1）へと変化していくラセミ化反応が，地質環境下でゆっくりと進行したためである．ラセミ化は可逆1次反応であって，

$$\text{L-アミノ酸} \underset{k_2}{\overset{k_1}{\rightleftarrows}} \text{D-アミノ酸}$$

と書ける．k_1，k_2 はそれぞれの方向への反応の速度定数である．生物遺体に残存する，ある種類のアミノ酸のL型，D型の濃度をそれぞれ L，D とすれば，L型に対するD型の存在比（D/L）と経過時間（ラセミ化年代値）t の関係は一般に次の式で表現される．

$$\ln\left\{\frac{1+D/L}{1-K(D/L)}\right\} - C = (1+K)k_1 t$$

ただし，$K = k_2/k_1$ で，通常 $K = 1$ であるが，イソロイシンなどでは1から少し外れた値となる．左辺の C は試料の分析処理過程で起こる少量のラセミ化に対する補正値であり，化石と同様に処理した現世（生体）試料の分析値から実験的に求められる．ラセミ化反応の速度は温度などの保存環境のほか，対照試料の種類（骨，卵殻，木材など），アミノ酸の種類・存在状態による．したがって，同じ遺跡または同様の保存環境から出土した年代既知の基準試料（骨の場合は骨）における D/L 比から，その地域における速度定数を逆算しておく必要がある．あるいは試料の平均的な保存温度が推定可能であれば，温度と速度定数との関係の実験データから，予察的なラセミ化年代値が算出できる．どの種類のアミノ酸に着目するかは，試料の種類や扱う年代範囲に応じて選ぶ．また，絶対年代を算出するのではなく，ラセミ化の程度を指標として，近接地域の層序対比に用いる適用法がある（コラム参照）．

[適用年代範囲] アミノ酸の種類と保存温度によって異なるが，一般にアスパラギン酸が数万～10万年前まで，イソロイシンがそれより古い年代（通常100万～200万年前までの範囲）に利用される．

[装置] ガスクロマトグラフまたはイオン交換クロマトグラフ（アミノ酸分析計）．

[試料調製] 化石類はなるべく保存のよいものを選ぶ．1～数gの試料を用意し，表面の汚染部分を削り取る．①蒸留水，アセトン，エーテルなどで洗浄後，粉砕する．②加水分解（例：6M塩酸，110℃，20時間）．③脱塩し，アミノ酸試料を得

る．必要に応じ，②の前にセルロースチューブ内で希塩酸で脱灰する過程，あるいは脱灰・遠心分離過程などを経て，化石などに残存するアミノ酸（総アミノ酸画分）を，存在様式（タンパク質，ペプチド，遊離アミノ酸）によって分画する．抽出したアミノ酸はガスクロマトグラフまたはイオン交換クロマトグラフに応じた前処理を施し，D/L 比を測る．

[限界] ①古くなるほど試料に残存するアミノ酸が減り，抽出が難しくなる．また，外部からの有機物の汚染による誤差が大きくなる．②ラセミ化反応速度は温度依存性が高く，4～5°Cの差で速度が 2 倍程度変化する．化石が過去にどのような温度で保存されてきたかを正確に評価するのは困難であるので，信頼性の高い年代推定には，未知試料と同様の保存温度履歴を共有する基準試料が欠かせない．③貝殻や有孔虫などでは，ラセミ化の速度に種特異性があり，用いる種類を選定する必要がある．④貝殻や有孔虫など炭酸塩からなる化石に残存する総アミノ酸画分では，ラセミ化が進行すると可逆 1 次反応のモデルに合わなくなる．

[応用例] 人類学・考古学関係では，中国の周口店（北京原人遺跡），タンザニアのオルドバイほか，世界のさまざまな古人類遺跡に適用されている．日本でも更新世の洞穴遺跡でのデータが集積しつつある．

◇コラム◇アミノ酸層序学

地層に含まれる生物遺体におけるラセミ化の進行程度を鍵として，地層の対比や編年を行う分野である．アミノ酸層序学では上記の年代既知の基準試料は必ずしも必要なく，一定の気候を共有する地域でアミノ酸 D/L 比を相対的な年代指標として地層をいくつかのアミノ帯に区分し，層序学的判定を進める．通常は，ある特定種類の貝化石中のD-アロイソロイシン/L-イソロイシン比が用いられ，更新世海成段丘の対比に有効性を発揮している．

◆トピックス◆加齢とラセミ化現象

体温が温かく保たれる恒温動物のうち寿命の長い種（例：ヒト）においては，眼の水晶体の核，脳の白質，歯のコラーゲンのように，代謝しない，あるいは代謝されにくいタンパク質中では，アスパラギン酸のようにラセミ化反応の速いアミノ酸のL型から in vivo（生体内）で生じた少量のD型が年齢とともに蓄積される．これらは水晶体の白濁化や脳の機能障害など，老化現象の解明に有益なだけでなく，歯については死体の年齢鑑定という法医学的応用もなされている（図）． (松浦秀治)

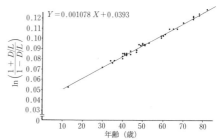

図 ヒトの象牙質（中切歯中央部縦断切片）におけるアスパラギン酸（総アミノ酸画分中）のラセミ化と年齢（大谷，山本，1987を一部改変）

[文献]

秋山雅彦, 下山 晃：アミノ酸のラセミ化による年代測定. 地質学論集, No. 29, 1988.

松浦秀治, 植田伸夫：化石骨のラセミ化年代測定. 考古学と自然科学, No. 13, 1980.

松浦秀治：加齢とアミノ酸のラセミ化現象. 化学と生物, 28(4), 1990.

フッ素法など化学成分分析による方法
fluorine dating and other relative dating methods by elemental analyses

[測定の対象] 堆積物から出土した骨（試料としては緻密質の部分が望ましいが、海綿質でも可能）や歯（象牙質）。それらの相対的な新旧や大まかな古さ、あるいは出土層準が推定される。

[原理] 骨（歯の象牙質も同様）の主成分はタンパク質のコラーゲンと鉱物のリン灰石である。堆積物に埋まった骨は化石化過程において多様な作用（続成作用）を受ける。たとえば、コラーゲンは自然の加水分解とそれに続いてアミノ酸やペプチドが骨外へ浸出することによって徐々に減少する。これは化石骨に残存する窒素Nの量を測ると、その減少程度がわかる。リン灰石にもさまざまな変化が起こる。生体骨の鉱物相は水酸リン灰石 $Ca_{10}(PO_4)_6(OH)_2$ を基本とし、不純物として、炭酸イオン、ナトリウムNaなどが少量含まれる。一方で、天然に産するリン灰石族では、カルシウムCaの位置には鉛Pb、ストロンチウムSrなどや希土類元素も、リンPの位置にはバナジウムV、ケイ素Siなども、水酸基OHの代わりにはフッ素Fや塩素Clなども置換して入っている。また、結晶表面においては、土壌や地下水中に存在する種々のイオン（たとえば UO_2^{2+}）に関して、周囲の地球化学的環境に応じた吸着現象が起こっている。堆積物中の骨リン灰石は天然のものと変わらず、その結晶化学的性質に従ってイオンの吸着や置換が進行するので、その結果、生体骨と比べてある成分元素は増加し、ある成分元素は減少していく。このような元素は上記の窒素とともにすべて化石骨の相対的な年代を判定する指標となる潜在性をもつ。なかでも、古くから注目され研究されてきたのはF含量の年代変化で（Fは生体骨にはほとんど含まれていないが、リン灰石のOHと交換し安定的に蓄積され、埋没骨中で増加する）、基礎データの蓄積やフッ素法の人類学・考古学・古生物学への応用例も数多い。

[適用年代範囲] 変化する各種成分の増加速度あるいは減少速度、骨中での飽和濃度あるいは極小濃度、また、分析の測定限界などによるが、少なくとも第四紀の範囲であれば一般的に利用可能である。

[装置] フッ素分析にはイオンメータとイオン電極が、Sr、Baなど各種の少量・微量成分の多元素分析にはICP（誘導結合型プラズマ）発光分析装置やICP質量分析装置が有用である。

[試料調製] 一般的には、骨緻密質の外表面から内表面に至る小横断片（0.1g以下でよい）を採取し、付着する異物を除去した後、メタノールで超音波洗浄し、メノウの乳鉢で微細粉にする。すでに清浄にしてある骨資料あるいは付着する異物のない資料部位では、歯科用ドリルで粉末試料を採取し、さらに細粉化してもよい。骨粉末試料は各分析装置に応じた前処理を施す。

[限界] どの元素がどの程度の速度で増減していくかは、骨の埋存条件によって左右されるので、古さを推定するための比較資料は同様な堆積環境から出土した骨であることが必要である（後述の化石骨の出土層準判定の場合は必要ない）。また、目的元素の骨内における分布の偏りなどについ

ても評価しておくことが重要である．

[応用例] ピルトダウン人（トピックス参照）はじめ，国内外のさまざまな化石人類に適用されている．本法の重要な応用面に化石骨の出土層準判定がある．人類化石が組織的調査によって発掘されることはまれで，地表で偶然発見されたり，もとの位置から移動した場所で拾われることがある．こうした場合に応用される（図）．

インドネシアの人類化石については，筆者（松浦）らによってFほか複数の元素を指標とした出土層準判定法が系統的に応用され，ジャワ原人化石の年代学的知見に大きく貢献している．

◆トピックス◆ ピルトダウン人捏造事件

ロンドンの南，サセックス州ピルトダウンの砂利採石場で，地元の弁護士のドースン（C. Dawson）は1908年から，古い動物化石や石器とともにヒトの頭骨破片を採集し，1912年には大英博物館の古生物学者ウッドワード（A. S. Woodward）を伴って頭骨破片の追加資料と大臼歯がついた下顎骨片を発見した．復元された脳頭蓋は大きくて現代人的であったが，下顎は原始的で現在の類人猿に似ていた．彼らはそれらを同一個体に属するものと考え，1912年に公表した．翌年には鼻骨や犬歯も出土した．一方で，これらの頭と顎の奇妙なセットは別の生物種に由来するという見解も出されたが，1915年に最初の発見とは約2マイル離れた地点から同様な形態的組み合わせの頭骨破片と大臼歯がドースンによって追加され，ピルトダウン人を少なくとも更新世の前期に遡る化石人類であると認める見解が主流となっていった．しかしながら，1920年代から始まるアフリカの猿人や北京原人などの発見によって，化石資料が徐々に充実していくと，人類の進化は脳の増大よりむしろ歯や顎の退化が先行するという様相がしだいに明らかとなり，ピルトダウン人は進化史における位置づけの困難な矛盾として残されるようになった．こうしたなかで大英博物館のオークリー（K. P. Oakley）とオックスフォード大学のワイナー（J. S. Weiner）らは，骨のフッ素・窒素分析のほか，放射能測定，X線撮影など多様な手段を用いて検討し，1953年にはまとまった成果が公表された．すなわち，ピルトダウン人骨は，同じ場所から発見されたとされる古い動物化石よりはるかに新しい時代のものであり，古そうにみえた人骨は着色されていて，歯などに

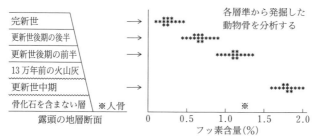

図 崖下で偶然拾われた人骨（※）が崖のどの部分に由来するかを調べるため，発掘を行い，得られた動物骨と問題の人骨の化学成分（この例ではフッ素）分析値とを比較することによって，人骨は更新世後期の前半に属するものと判定される

も加工の跡があった．結局，頭骨は現代人のもの，下顎骨はオランウータンを材料とした偽物で，その後，放射性炭素（^{14}C）法によって，頭骨は数百年前からせいぜい1,000年前，下顎骨は19世紀ころの標本ではないかと示唆されている．この贋作事件の犯人については，小説家のコナン・ドイル（A. C. Doyle）も容疑者となるなど諸説があり，未だに決着をみていない．近年では，事件当時大英博物館の研究員であったヒントン（M. A. C. Hinton）のトランクが1970年代に発見され，1996年に発表されたその調査結果から，少なくともヒントンは犯人の1人として関与していたらしいとされたが，最近はこの解釈も否定されている．

(松浦秀治)

[文　献]

松浦秀治：ジャワ原人化石のフッ素はその年代を語る．*Isotope News*, 10月号, 1995.

松浦秀治：化石骨の年代はどうやってはかるのか．化学, **51**(2), 1996.

松浦秀治，近藤　恵：日本列島の旧石器時代人骨はどこまでさかのぼるか―化石骨の年代判定法．馬淵久夫，冨永　健編，考古学と化学をむすぶ，東京大学出版会, 2000.

黒曜石水和層法
obsidian hydration dating

[判定の対象] 1960年,アメリカのI. Friedman と R. L. Smith により開発された,先史時代の黒曜石石器・剝片を直接対象とする年代測定法である。黒曜石(岩)は火山ガラスで,石器が製作された時点から,その剝離面には時間経過に伴いガラス内部に拡散した水による薄い水和層(H_2O^+ = 1.9～3.5%,日本の石器で層厚約1.0～11.0 μm)が発達している。同じ黒曜石で温度条件に変化がなければ,形成される水和層の厚さの2乗(μm^2)は経過時間(年)に比例する。このことから,石器の剝離面に直角に製作した薄片を高倍率(1,000×)で検鏡して水和層の厚さを求め,その剝離面がいつ形成されたかを測定する(薄片法)。

[原 理] 水和層の発達速度は,ガラス組成・浸透する水の組成・温度などの複雑な関数となる。Friedman et al. (1976) は,水和層の厚さ x と,水和を受ける時間 t との間に次式が成立するとした。

$$x^2 = kt \qquad (1)$$

ここに,t:10^3年,k:定数($\mu m^2/10^3$年)。k は温度 T(°K)との間に次の関係をもつ。

$$k = Ae^{-E/RT} \qquad (2)$$

これらの関係を使って,石器と共存した木炭などの ^{14}C 年代値,炉跡の焼けた黒曜石石器のフィッショントラック年代値および伴出した黒曜石石器の正常な水和層厚を上記薄片法,または後述の顕微分光光度計法(非破壊法)で精密測定する。上記の測定値を多数個用意して,水和層発達速度($\mu m^2/10^3$年)に関する検量線グラフを描き,年代未知の石器・剝片の絶対年代を決定する。日本の例では,水和速度は0.28～7.89 $\mu m^2/10^3$年となっており,効果温度(石器出土層の土壌平均温度)・産地別黒曜石の化学組成(主に K_2O/Al_2O_3)の違いで変化する。

[適用年代範囲] 日本の黒曜石石器への適用範囲は,約 $1×10^3$～$3×10^4$ BP で,特に旧石器の年代測定と編年に有効である。アメリカでは,石器の年代測定のみならず,天然の黒曜石(岩)の風化年代や玄武岩質溶岩の噴出年代測定にも応用され,適用範囲は約 10^2～10^6 BP で広い。

[装 置]
① 薄片法:三眼偏光顕微鏡または三眼生物顕微鏡にオリンパス製ディジタル測微接眼装置を接続し,総合倍率1000×で直接水和層厚をカウンタで読み取る(最小読み取り単位 0.1 μm)。

② 非破壊法の顕微分光光度計法:高感度タイプの顕微分光光度計(たとえば最小スポット径1～3 μm,水和層など薄膜厚さ1～20 μm 測定可能,最小測定単位 0.01 μm)の設置が必要である(写真)。

[試料調製]
① 薄片法:水和層保護のため,石器・剝片試料を透明ポリエステル系樹脂に封入し,剝離面に直交方向の薄片に研磨加工する。受託加工の仕様は,28 mm×48 mm のスライドガラスにマウントし,20～30 μm の厚さに仕上げ,24 mm×32 mm のカバーガラスで保護される。

② 顕微分光光度計法:石器・剝片試料は透明度の高いガラス質で,顕微鏡のステ

写真 U-6000形日立顕微分光光度計

ージ内に収まる小型のものが望ましい．

[限 界] 脱ガラス作用で微晶が非常に多い黒曜石や赤鉄鉱などが多く晶出し，透明度の低い試料は，水和層の発達が不規則，不明瞭なため測定ができない場合がある．

[応用例] 半導体分野で活躍している顕微分光光度計を用いて，黒曜石石器表面の水和層の反射スペクトルを測定し，年代決定を試みた．この新しい非破壊分析に用いた顕微分光光度計は，光学顕微鏡と干渉計を統合させたもので，石器表面の微小領域（径$3\mu m$）の水和層厚を測定することができる．表に示したように，置戸産黒曜石文化の石刃（水和層屈折率 $n=1.4982$）の測定結果は，先に薄片法で測定された年代値とほとんど一致することがわかった．

◆トピックス◆石鏃様石器

南関東の王子ノ台遺跡（東海大学湘南校舎敷地）では1990年の発掘調査により，約20,000 BPに遡る層位から縄文時代の石鏃に似た黒曜石石器が出土した．1991～1996年に原産地推定，水和層年代測定および石器出土層の^{14}C年代測定が行われた．問題の「石鏃様石器」は，北海道白滝産の赤色系黒曜石で製作され（石材の運搬距離約1,100 km），非破壊法による年代値は14,500±55 BP，伴出した白滝産黒曜石剥片の薄片法による年代値は15,500±1,400～24,900±600 BPを示し，石器出土層の^{14}C年代（暫定値）は，23,120±1,000～24,840±1,000 BPと報告されている．北海道と南関東の遠隔地同士の交易活動，「石鏃様石器」を日本旧石器時代にどう位置づけるか，考古学研究者の間でもまだ結論が得られていない． (近堂祐弘)

[文 献]

Friedman, I. and Long, W. D.: *Science*, **191**, 347-352, 1976.

近堂祐弘：考古学と自然科学, No.8, 17-29, 1975.

近堂祐弘, 松井 繁：*The Hitachi Scientific Instrument News*, **35**(3), 11-14, 1992.

表 水和層年代測定における顕微分光光度計法と薄片法の比較 （近堂，松井，1992）

遺跡名 (北海道)	石器の 種類	黒曜石 原産地	効果温度 (°C)	水和速度 ($\mu m^2/10^3$年)	顕微分光光度計法		薄片法（従来の方法）	
					水和層厚(μm)	年代値(BP)	水和層厚(μm)	年代値(BP)
北見市広郷20	石刃	置戸	8	1.50	4.02±0.07*	10,800±400	4.04±0.11	10,900±600
北見市川東羽田	石刃鏃	置戸	9	1.60	①3.95 9,800 ②3.99 10,000		3.70±0.19	8,600±900
木古内町新道4	石刃	赤川	10	2.30	①4.90 10,400		4.89±0.14	10,400±600
富良野市東麓郷2	尖頭器	白滝	8	1.60	①4.90 15,000 ②4.97 15,400		4.39±0.10	12,000±600
苫小牧市美沢10	剥片	白滝	8	1.60	①5.25 17,200 ②5.49 18,800		5.21±0.14	17,000±900

*同一石器表面のスポットの位置を8回変えて測定した平均値と標準偏差 (σ)．
水和層厚の測定値①，②は，石器表面のスポットの位置を変えて測定した．

テフラ（火山灰）編年法
tephrochronology

[概　要]　ギリシア語で「灰」の意味をもつテフラ（tephra）は，爆発的噴火により，火口からマグマが火山ガスとともにバラバラの固体として噴出し地表に堆積した火山灰，軽石，スコリア，岩片など全般をさす国際用語である．これらが地表に堆積するまでの過程は，①風によって運ばれて空中を飛翔し，終端速度に達して落下する，②地表または水中を流動し，谷間や平坦地，水底に堆積する，という二つの場合がある．前者は降下テフラ層，後者は火砕流堆積物を形成する．

個々のテフラ層はきわめて短期間（一般に数時間～数日）の激しい火山活動の産物で，多量で軽く細粒であればあるほど広く分布する．テフラが編年に用いられるのは，一層ごとに区別できることと瞬時に陸域，水域を問わず広域に広がって堆積する特性に基づく．このためテフラはさまざまな研究（火山学，地史学，第四紀学，考古学，土壌学，海洋学など）とかかわる．また，テフラをもたらす噴火は自然および文化に災害と変革の機会を与えるが，長期的にはポンペイ遺跡などのように遺物・遺構などを保存する地層となる．このため過去の文化などの復元に重要である．

[研究法]　テフラの研究は，まずテフラ層（1回の噴火産物）の単位を設定し，その特徴を明らかにし，分布地域の地層中に特定時間面を設定する．また分布と厚さ・粒度の地域的変化を調査して噴出源を特定する．個々の噴火には個性があるので，個々のテフラの特性を解明することによって各地で対比・同定できる．特徴づけには，鉱物組成や個々の鉱物の屈折率，化学組成，さらに層相，層序などの性質が役立つ．噴火・堆積の様式は産状，粒度組成，ふるい分けの程度などから判定する．種々のテフラのうち，広域で見出される細粒のケイ長質火山ガラスに富む降下火山灰層は，多くの場合カルデラをつくるような巨大火砕流噴火の産物なので，特に重要な時間指標層となる．

[日本のテフラ]　日本の場合，白頭山苫小牧火山灰（10世紀），鬼界アカホヤ火山灰（約7,200年前），姶良Tn火山灰（2.5～2.8万年前），阿蘇4火山灰（8.5～9万年前）などが広域に分布するものの代表例である．それらは給源から1,000 km以上の遠隔地でもはっきりした地層として認められ，各地で自然史，考古学編年確立のための基準層となる．

[テフラの年代]　テフラによる年代研究法は，上記のように，年代の絶対値が求められるのではない．テフラの噴出年代値を求めるには，まず地層中でのテフラの層位や産状から相対的な古さを判断し，新旧に応じて方法を選択する．歴史時代の噴火では，噴火記録や考古学遺物との関係から判断される．また火砕流堆積物中に保存のよい樹幹があれば，年輪年代学が適用されて，噴火の暦年や季節が求められる．最近の1万数千年間のテフラなら，考古学遺物との層位関係や ^{14}C 法が試みられる．^{14}C 法からテフラの年代を決定する場合，火砕流堆積物中テフラ層の直下の泥炭層や土壌などから有機物を採取し年代測定する．^{14}C 法の場合，約4万年前より新しいもの

については信頼度が高いが，それより古いと低くなる．また通常のβ法のほか，液体シンチレーション法やタンデム加速器質量分析器（AMS）を用いた方法が使われている．こうして求められた^{14}C年代は同位体分別効果やリザーバ効果を補正した後，暦年代に換算する必要がある．

数万年前以前の古いテフラの年代決定には，フィッショントラック法，ウラン系列法，カリウム-アルゴン法，アルゴン-アルゴン法，熱ルミネッセンス法などの放射年代測定法が適用できる．また，海底コア中のテフラの同定とそのコアの有孔虫殻の酸素同位体比測定によって，海洋同位体変動史上のテフラの年代（ミラコビッチないしSPECMAP年代尺度）が求められる．さらに最近極地における氷床コアの分析が進み，コア中のテフラまたは火山ガス由来の高酸性度のスパイクの層位からも噴火年代や地球大気に与えた噴火の影響などが論議されるようになった．

テフラによる年代研究は火山地域で最も有効だが，最近多くの広域テフラが知られるにつれ，適用地域が拡大してきた．

[世界のテフラの分布]　世界各地の海洋で堆積物の研究が進むにつれて，テフラは広大な海域にも分布することが判明してきた．図はこれまでに地層として判別できたテフラ層の分布域を示す．この分布域をこえた海域でも，地層中に分散する極細粒のテフラが固定されると，テフロクロノロジーはセミグローバルな地域に適用できることになる．

[氷床コア中のテフラ]　グリーンランドや南極の氷床コアのなかに，火山ガスの「化石」（高酸性のスパイク）のほかに，特定の火山ガラスが識別・固定されるようになった．その一つは1783年のアイスランド，ラキ火山のテフラで，火山ガラスは噴火直後に降下堆積したが，火山ガスは噴火後2年間あまりにわたって氷に蓄積されたこと（気候への影響の程度を示唆）がわかった．

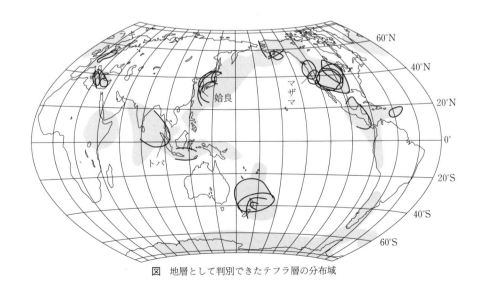

図　地層として判別できたテフラ層の分布域

氷床コアは年層を数えることで詳しい形成年代がわかる特徴をもっている．これを利用して，北米のマザマテフラが暦年で7,627±150年前（BP）に噴出したこと，第四紀最大のトバテフラ（スマトラ）が同位体ステージの5から4への移行期で，グリーンランド亜間氷期IS 20の末期（7万年前）に噴出したことなどが論じられている．

(町田　洋)

[文　献]

町田　洋，新井房夫：火山灰アトラス，東京大学出版会，276 pp., 1992.

地震考古学年代
seismoarchaeological chronology

[対象] 考古学の遺跡発掘現場で検出された地震の痕跡を対象とする．

日本は地球の表面を覆うプレートがぶつかり合うことによって形成された島国で，大地震の原因となる活断層が各地に分布している．一方，全国で行われている考古学の遺跡発掘現場には，さまざまな地震跡が顔を出しており，遺構・遺物との前後関係を考えることによって地震の発生した時期を限定できる．

[方法] 図1は，遺跡でみられる活断層と液状化現象の痕跡を模式化したものである．通常，活断層の活動によって激しい地震動が生じ，この震動によって液状化・地割れ・地滑りなどの地震の痕跡が発生する．だから，図中のaが地震動を発生させた原因，b〜fがそれに対応する現象といえる．

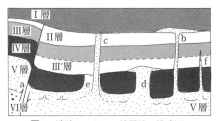

図1 遺跡でみられる地震跡の模式図

aに沿ってII〜V層が食い違っており，IV，V層の食い違い量（変位量）はII，III層の変位量の倍になっている．これは，活断層が2回活動し，その時期はIV層堆積後と，II層堆積後ということを示している．III'層は断層活動で地面が食い違った後，その段差を埋めるように堆積した地層である．

b〜fは液状化跡である．bとdの場合，地面に広がった砂（噴砂）が残っているので，この噴砂に覆われた地面が地震時の地表面となり，地震の時期を求めやすい．cとeは，地表に広がった噴砂が消失している．この場合，砂のつまった割れ目（砂脈）が引き裂く地層は地震より前に堆積し，砂脈を覆う地層は地震後に堆積したことになる．fのように地面まで到達していない砂脈もよくあるので，砂脈の先端が上の層に削られたものか，自然に消滅したものかの判定は重要である．

図1の場合，活断層が活動して地震が生じたのは，IV層堆積後でIII'層堆積前，II層堆積後でI層堆積前の2回なので，各層の年代が求まると地震の発生時期が限定される．もちろん，地震跡が遺構（埋土を含めて）を引き裂いたり，遺構に覆われたりしていると，地震の年代が精度よく求まる．有史以降の場合，地震史料との対比から地震発生の年月日を知ることができる．

[研究例] 1995年1月17日に発生した兵庫県南部地震（阪神・淡路大震災）は阪神・淡路地域に著しい被害を与え，大阪湾北部沿岸に液状化現象が発生した．一方，京都から大阪平野北部，そして，淡路島にかけての地域の遺跡発掘現場で数多くの地震の痕跡が見出されており，大部分が中世から江戸時代の初頭に至る時期に限定されている（図2）．たとえば，京都府八幡市の木津川遺跡（写真）や内里八丁遺跡では大規模な液状化現象が検出された．また，兵庫県尼崎市の田能高田遺跡では，液状化

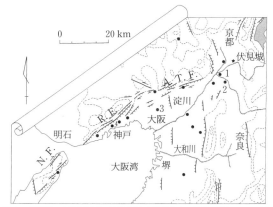

図2 京阪神・淡路地域の活断層と伏見地震の痕跡が見つかった遺跡
太実線が活断層で,ケバをつけた側が相対的に下降,黒丸印は遺跡.A.T.F.:有馬-高槻構造線活断層系,R.F.:六甲断層系,N.F.:野島断層.1:木津川河床(遺跡),2:内里八丁,3:田能高田,4:西求女塚古墳.

写真 木津川河床遺跡の液状化跡
砂脈が矢印より下の地層(地震前の地層)を引き裂き,上の地層(地震後の地層)に覆われている.1596年9月5日の伏見地震の痕跡である.

しがたいとされる砂礫層が液状化した痕跡が検出され,神戸市灘区の西求女塚古墳は墳丘の南西部が2mも滑り落ちた痕跡が認められた.

地震史料で検討すると,1596年9月5日に大地震の記録があり,遺跡で見出された多くの地震跡と対応する.この地震は,京都の伏見地区で伏見城や城下町が壊滅的な被害を受けたことから「伏見地震」と呼ばれるが,さまざまな史料には,京都盆地から淡路島に至る範囲で大きな被害が生じたことが記されている.当時,神戸の中心地であった兵庫津でも『言経卿記』に「兵庫在所崩了,折節火事出来候,悉焼了,死人不知数了」と記され,家並みが崩壊した後に火事で燃えてしまったことがわかる.

兵庫県南部地震発生後，通商産業省地質調査所（現 独立行政法人産業技術総合研究所地質調査総合センター）による活断層の発掘調査が大阪平野北縁の有馬-高槻構造線活断層系と，淡路島の活断層について実施された．この結果，有馬-高槻構造線活断層系と淡路島の多くの活断層が活動して，1596年の伏見地震を引き起こしたことがわかった．未調査の六甲断層系も，このときに活動した可能性が強い．一方，1995年の兵庫県南部地震を引き起こした淡路島の野島断層は，約2,000年前（弥生時代）に活動して以来，ずっと活動していなかったことが検証された．

このように，伏見地震については，原因となった活断層と被害・地変の様子がよくわかった．つまり，地震の全体像がおおむね把握できたことになる．この段階に至ると，京都から淡路島の範囲で伏見地震に対応するさまざまな地震跡に1596年9月5日の年代を与えることができる．逆に，未知の遺構について，地震跡との前後関係より，1596年9月5日より前か後かの判定が下せるようになる．

有馬-高槻構造線活断層系については，活断層の発掘調査から，もう一つ前の活動が縄文時代晩期ということがわかった．この地震に関する記録はもちろんない．しかし，近い将来，多くの地震跡が発見されて，一つ前の伏見地震の地震像も把握できるであろう． 　　　　　（寒川　旭）

[文　献]

寒川　旭：地震考古学—遺跡が語る地震の歴史，中央公論社，1992.

寒川　旭：揺れる大地—日本列島の地震史，同朋舎出版，1997.

宇佐美龍夫：新編日本被害地震総覧（増補改訂版），東京大学出版会，1996.

分 子 時 計
molecular clock

[原理] 遺伝情報はDNAの複製を通じて親から子へと伝達されるが，まれに突然変異によってDNAが変化する．こうした変異が子孫に伝達されるのは，生殖細胞に突然変異が起こった場合である．突然変異は多くの場合は有害であり，こうした変異をもつ個体の系統は，ふつうは数世代のうちに集団から消えてしまうが，まれには突然変異を受けた個体が子孫を増やし，長い時間のうちに集団全体に広まることがある．こうした過程は，分子進化の中立説によってうまく説明することができる．中立説によれば，ある特定の分子の進化速度は $v = f \cdot \mu$ として表される．ここで，f は中立な変異の割合，μ は一定の時間内に一つの遺伝子に起こる中立突然変異の数である．

f の大きさは，分子が同じなら異なる生物の間でもほぼ同じと見なせる．したがって，突然変異率が対象となる生物間で変わらない限り，ある分子の進化速度は一定になると期待される．実際に，DNAやタンパク質といった情報分子は時間の経過とともに一定の割合で塩基やアミノ酸の置換を蓄積する場合がある．これは時計が一定のペースで時を刻むのに似ていることから，この性質のことを「分子時計」と呼ぶ．分子時計を利用すると二つの生物種の間で，あるDNAやタンパク質分子の配列がどのくらい違うかを知るだけで，二つの種が進化の道筋でどのくらい前に分岐したかを推定することができる．ただし，分子が異なれば，一般に f の値が異なるので，進化速度は違ってくる．

[限界] 現在では，すべての分子に対して分子進化速度の一定性が成り立つとは考えられていない．分子によっては，変動が激しく，分岐時間と置換数の間の直線関係が成り立たないこともある．また，比べた種がどの程度，近縁の生物かという分岐時期によっても，一定性が崩れる場合がある．したがって，分子時計を使って，生物の分岐時期を推定する場合には，十分な注意が必要である．一般に，豊富な化石のデータが存在し，分岐時期と分子進化の一定性が確かめられた系統間であれば，信頼できる結果が得られる．

[応用例] V. M. SarichとA. C. Wilsonによるヒトの起源に関する研究（1967年）では，アルブミン分子の免疫学的解析から，チンパンジーやゴリラといったアフリカの類人猿の方が，アジアの類人猿のオランウータンよりもヒトに近縁であることが示され，アルブミン分子について分子時計を応用した結果，ヒトはチンパンジーやゴリラの仲間とおよそ500万年前に分岐したことが推定された．発表当時は激しい論争が起こったが，現在はこの説を支持する形で決着している． （木川りか）

◇コラム◇ DNA分子時計

1980年代になるとミトコンドリアDNA（mtDNA）の全塩基配列が決定され，分子時計として使われるようになった．寶来聰は，mtDNAのなかで進化速度の速いDループ領域を解析し，ヒト上科のなかでオランウータンが約1300万年前にゴリラ，チンパンジー，ヒトの共通の祖先から分岐したとすると（基準），ゴリラはチンパン

ジー,ヒトの共通の祖先と約660万年前に,チンパンジーはヒトと約490年前に,それぞれ分かれたという結果を得た(1995年).この手法は,現代人の起源は約20万年前(寶来のデータでは14.3万年前)のアフリカにいた1女性に帰するというアフリカ単一起源説や,日本人はヨーロッパ人と7万年前に分岐した,というような,ホットな話題を提供している(解析図参照).

(馬淵久夫)

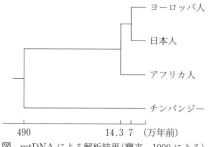

図 mtDNAによる解析結果(寶来,1999による)

[文 献]

寶来 聰:DNAで探る現代人の起源と進化.第13回「大学と科学」公開シンポジウム組織委員会編,遺伝子で生物の進化を考える,クバプロ,1999.

宮田 隆編:分子進化―解析の技法とその応用―,共立出版,1998.

(5) 材 料 産 地
provenance of materials

石 器 の 産 地
provenance of stone implements

[産地推定の考え方] 石器の産地推定の原則は，出土遺物と同類の岩石種を産出する原産地と考えられる場所から資料（原石）を収集し，それと出土遺物を比較することである．石器の場合，原石から加工を経て製品に至る移行は，ただその形態が変化するのみで，組成や物性の面で本質的な変化は生じていない．原石と石器の間には1対1の対応が存在することになる．土器づくりの化学に対し，石器づくりの物理学といわれるゆえんである．しかし，過去において存在した原産地が掘りつくされて現在は消滅してしまった場合，また，小規模なために現在その存在が特定できない場合もありえよう．実際，石器の産地を推定する作業で，原石の所在地が不明な場合も多々生じているのである．

比較の方法としては，岩石・鉱物学的，化学的な成分の検討を通して行われるが，その結果産地の推定が不可の場合はそのとおりといえるが，可の場合でも厳密にいえば考えられる可能性の一つにすぎないということに注意すべきである．

[分析法] 原石と遺跡出土資料との対比に用いられる方法としては，化学組成（元素含有量）によるのが一般的であり，現在わが国においても代表的石材である黒曜石，サヌカイトに関するデータは，少数の研究者によるが膨大な量が集積されつつある．それにはエネルギー分散型蛍光X線分析法（EDXRF）が用いられ，多数の資料の非破壊分析が迅速に行われている．本法は考古資料に対する最適の方法の一つであろう．

分析の手段としては，試料の蛍光X線スペクトル上のある元素間のピークの強度比をもとに（試料間の形状の差など測定のジオメトリーの問題が相殺される利点がある），それらを組み合わせた因子により判別図や判別分析などの統計的手法を用いて判定を下している（元素 Ca, K, Ti, Mn, Zr, Fe, Rb, Sr, Y, Nb など）．ただ，この方法の最大の問題点は各元素の定量値が示されていないので，第三者のデータとの比較検討が困難という点である（元素強度比は測定機器により異なる場合が多い）．最近では Rb, Zr, Sr, Y などのほか，主成分元素の定量値をもとに検討する方向も進展しつつあるので，ここでは日本を代表する石材といわれる黒曜石，サヌカイト，ケイ質頁岩のうち，黒曜石の化学成分の定量値を中心に考える．

[黒曜石の産地推定] 一般に黒曜石といわれるが岩石学的には黒曜岩が正しい．マグマの噴出で主に流紋岩が固結する際，急冷生成された黒色の火山ガラスが黒曜石であり，したがってその化学組成は流紋岩質のものが多い．それゆえ黒曜石は流紋岩岩体と共存する場合（互層など）が多く，またその生成条件が特殊なのできわめて限定さ

れた産出となり，石器の原材として探究する際に好適な目標となる．

黒曜石の産地推定には以前は石基に含まれる微小な晶子（クリスタライト，特定の鉱物種に属さない）の形態の相違が調査されたが，満足すべき結果とはならなかった．その後，化学組成（主成分・微量成分元素含有量）の検討が中心となった．フィッショントラック法や水和層による黒曜石の年代もその判定に加えられる場合もある．現在ではEDXRFが主流であるが，地球化学的見地などからは微量成分元素の検討が有効であり，それには中性子放射化分析法が用いられることが多い．

粉末試料を原子炉での中性子照射後，溶液として化学分離せず，そのままγ線スペクトロメトリーによる元素の定量が行われるので，機器中性子放射化分析法（INAA）といわれる．本法も多元素同時定量ができ，検出感度も高く，分析精度も優れている方法である．定量分析の比較標準としては，アメリカ合衆国地質調査所の標準岩石 AGV-1（安山岩），GSP-1（カコウ閃緑岩），G-2（カコウ岩）や地質調査所配布の岩石標準試料 JR-1, 2（長野県和田峠流紋岩）などが用いられる．

[黒曜石の元素組成] 原産地黒曜石の主成分元素組成の例を表1に示す．EDXRFによるもので，通常の化学分析による値よりも分析精度は低い．黒曜石の主成分元素組成は比較的類似しているが，箱根産のものはFe含有量が多いのが特徴的である．INAAによる微量成分元素組成の例を表2に示す．産地によりかなりの変動が認められ，隠岐道後・久見の場合は希土類元素（La, Ce, Sm, Eu, Yb, Lu）の含有量が特徴的である．

表1 黒曜石の化学組成（主成分元素）(%) EDXRFによる．

組成＼産地	1	2	3
SiO_2	76.0	74.6	76.6
TiO_2	0.2	0.7	0.3
Al_2O_3	13.2	12.7	13.1
Fe_2O_3	1.1	3.4	1.2
MgO	0.1	0.1	0.1
CaO	0.8	2.3	1.0
Na_2O	3.9	4.8	4.5
K_2O	4.8	1.3	3.3

1：長野県和田峠・小深沢，2：神奈川県箱根・畑宿，3：東京都神津島・恩馳島．

表2 黒曜石の化学組成（微量成分元素）平均値(ppm) INAAによる．

組成＼産地	1	2	3
Rb	270	70	210
Cs	21	2.7	2.3
La	21	20	110
Ce	45	37	190
Sm	6.8	3.6	14
Eu	0.23	0.61	0.08
Yb	4.3	2.2	4.7
Lu	0.83	0.41	0.69
Th	27	4.8	29
Hf	4.8	2.6	11
Co	0.3	0.4	0.2
Sc	5.6	3.6	2.4
Cr	3	3	5

1：和田峠北・小深沢，2：神津島・恩馳島，3：隠岐道後・久見．

[世界の黒曜石の産地] 黒曜石はその産出地が限定されるにしても，世界各地に広く分布する．黒曜石石器の原産地についてヨーロッパではフリントとともによく研究され，また北アメリカ大陸やニュージーランドなどの諸地域でも多くの研究がなされている．微量成分元素に基づく研究が主流であり，Sr同位体比研究なども加えられている．

わが国での代表的な黒曜石原石の産地としては、北海道白滝（赤石山）、長野県和田峠周辺、伊豆七島の神津島、島根県隠岐道後・久見、九州の腰岳、姫島などがあげられる。小規模な産地まで入れると現在70か所近く認められており、場所によってはさらに細分化もなされている。しかし、その産状、規模を考慮すれば、たとえば次のような分類基準の設定も必要となろう。

1次原産地：黒曜石露頭、岩体が確認されている。2次原産地：露頭は確認されていないが、ほぼ一系統の黒曜石よりなる。3次原産地：露頭が確認されず、複数系統の黒曜石を含む。わが国で大規模な露頭が認められるのは白滝赤石山、神津島砂糠崎などではなかろうか。中・小規模の露頭は多く、また転石を中心とする場所や2次的集積の海岸なども産地とされている現状である。最近では長野県鷹山遺跡群が石器時代の黒曜石採掘鉱山として注目されている。

江戸時代来日した（1823～1829）長崎出島のオランダ商館の医官シーボルトは多量の日本産出の岩石、鉱物資料をオランダに持ち帰ったが、そのなかに多くの黒曜石標本がみられ、信濃和田峠ホシクソ、隠岐島の馬蹄石などと記されている。

わが国で黒曜石器の原石問題に最初に注目したのは鳥居龍蔵、八幡一郎で、和田峠周辺の黒曜石から考察を進めている（『諏訪史』第一巻、1924）。

[データ解析法] 化学組成に基づく黒曜石の原産地推定において、主成分元素に加えてマグマから生成する際、特徴的な挙動を示す微量成分元素の利用はより有効であろう。図1には縄文時代草創期の長崎県泉福

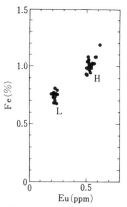

図1 黒曜石中の鉄とユウロピウムの関係（泉福寺洞穴遺跡出土）

寺洞穴遺跡出土黒曜石片のFeとEuの関係を示す。L群とH群に二分され、L群は漆黒色の石質のもの、H群は灰黒色のもので、黒曜石原産地が2か所存在することを示唆している。この表示に対応する原石としてはL群は佐賀県腰岳産、H群には長崎県東浜淀姫産が選択される。このように簡単な2元表示でも識別可能な場合もある。

これをさらに詳細にみたのが図2である。この希土類元素のコンドライト隕石規格化パターンはMasuda-Coryell diagramとも呼ばれ、化学的性質がきわめて類似している希土類元素群の出自など地球化学的挙動をみるのに用いられる。特にEuの負の異常は顕著である。L群の出土黒曜石片と原石（腰岳）、H群の出土試料と原石（東浜淀姫）における軽稀土類元素の傾き、Euの異常などそれぞれ良好な対応を示している。

原石や出土黒曜石の識別、分類には多変量解析のクラスター分析の適用も有力な手段である。原石のすべてと出土資料とのク

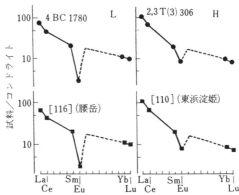

図2 希土類元素のコンドライト隕石規格化パターン（泉福寺洞穴遺跡出土黒曜石と原石）
横軸の元素は原子番号順に配列．

ラスター分析による樹形図は膨大複雑となるので，個別に検討した例を示す．図3は東日本の18原産地原石（平均値）と遺跡出土石器（静岡県河津町樫王-水神平遺跡，縄文中期）とのクラスター分析の結果で，本資料は神津島産であることが確認される．一般に併合距離の大きいほど類似度は低い．変数としてはNa, Fe, 微量成分10元素を用いている．このように，個別の検討をもとに遺跡出土黒曜石の原産地分布の例を示したのが図4である．試料は神奈川県上野遺跡第1地点（Ⅲ, Ⅳ, Ⅴ文化層，旧石器時代）出土62点で，変数として13元素を用いている．

◇コラム◇黒曜石は火山ガラス

黒曜石は英語 obsidian, ドイツ語 Obsidian (m), フランス語 obsidienne (f), ロシア語 обсидиан (m) など，ヨーロッパのほとんどで同じ語源を使う．プリニウス（大 Plinius, 23〜79）の『博物誌』によると, Obsius という人がこの火山ガラスを発見したとあり，この人名が語源となった．

ところで，日本には珍しい黒曜石の大規模な噴出がアメリカ西部，オレゴン州のカスケード山脈（火山帯）の東側にあるニューベリー・クレーターに存在する（写真）．二つのカルデラ湖のもとの火山は径20マイル，高さ4,000フィートといわれ，大黒曜石流（Big Obsidian Flow, 流紋岩質）の最大幅は1マイルに及び，先端の高さは約60フィート，時代は比較的新しく約1,400年前である． （大沢眞澄）

[文　献]

東村武信：石器産地推定法，考古学ライブラリー47，ニュー・サイエンス社，1986.

平尾良光，山岸良二編：文化財を探る科学の眼2，石器・土器・装飾品を探る，国土社，1998.

ジョーゼフ・B・ランバート（中島　健訳）：遺跡は語る―化学が解く古代の謎，青土社，1999.

日本文化財科学会：第11回大会研究発表要旨集（黒曜石シンポジウム，昭和女子大学），1994.

Renfrew, C. and Bahn, P.: Archaeology, 2nd ed., Thames & Hudson, 1996.

(5) 材　料　産　地

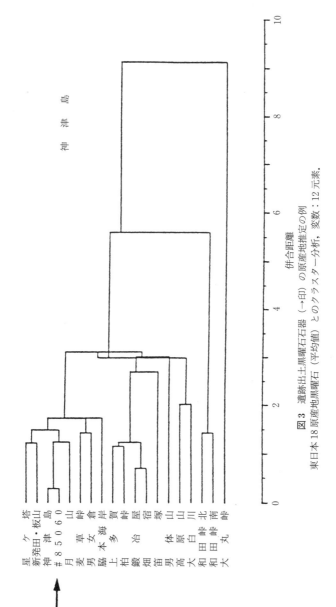

図3 遺跡出土黒曜石石器（→印）の原産地推定の例
東日本18原産地黒曜石（平均値）とのクラスター分析，変数：12元素．

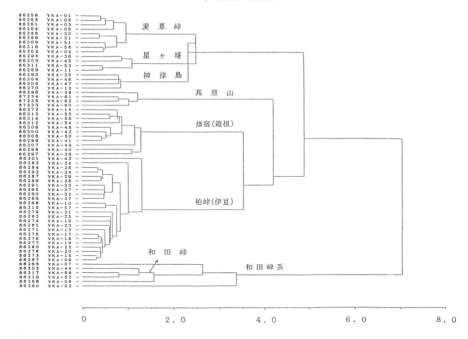

図4 遺跡出土黒曜石の原産地分布
上野遺跡第1地点,62試料,変数:13元素.

写真 ニューベリー・クレーター(口絵3参照)

石像の産地
provenance of stone sculptures

[石像の分析] 石像の分析は，とりもなおさず岩石の分析であり，石像のみに特別な分析法があるわけではない．ただし，通常の場合には石像の材料として用いられる石材の種類は非常に限られており，たとえば石器などの他の石造文化財の材料となりやすい石材とは異なっている．このため，ここでは，石像として用いられる場合の多い岩石の分析法ということで解説する．

[分析法] 石像の分析として通常要求されるのは，真贋鑑定，すなわちある石像が十分古い時代につくられたか，あるいは最近つくられたものかを判定することである．この場合には，石材の産地を特定し，それが古代に知られた採石地のものと一致するかどうかを調べることが有効な方法の一つとなる．ただし，材料的には古い石を用いて，その表面に近年に彫刻を施した偽物である可能性もあるため，厳密に真贋鑑定をするには，彫刻面そのものを詳しく分析する必要がある．こうした試みは，ギリシア・ローマ彫刻を豊富に有する欧米諸国で比較的発達しており，逆に日本など石像の少ない地域ではあまり行われていない．また，ギリシア・ローマ彫刻では大理石（以下，石灰岩も含む）の石像が圧倒的であるため，こうした分析は，主に大理石においてなされていて，他の石材における同様な研究例は少ない．

[原理] 大理石製の石像の産地を特定するには，そのなかに含まれている酸素や炭素の同位体存在比を分析する方法がよく知られている．これは，大理石中の当該元素の同位体比はその大理石の生成条件によって規定されているため，ある大理石中の同位体比は産地ごとに類似した値を示すことに基づく．このため，未知の石像の同位体比を図上にプロットすれば，どの産地の石材を用いているかを推定できることになる．ただし，真贋鑑定にはさらに，彫刻面の分析が合わせて必要になる．彫刻面にわずかに残る風下層（パティナ）において，同様な炭素・酸素同位体比を調べることにより，これが通常の風化に長期間曝された大理石表面の風下層の値と一致するか，あるいは薬品などの古色づけなどによって与えられるパティナの値と一致するかで真贋を判定できる．こうした分析は，通常は直径にして1cm程度の小片を採取することによって可能となる．

[実際の試料への応用] 日本での例はないが，古代ギリシアのクーロスやアキレス像などが上述の方法で分析され，その産地の論議が真贋鑑定に寄与している（図1, 2）．

今までのところ，石像の産地分析は，大理石像にほとんど限られているが，大理石以外でも石材の産地推定が可能な石材は少なくない．たとえば日本では，石像の材料としては大理石と並んで凝灰岩がよく知られている．こうしたものでも，たとえば偏光顕微鏡観察とか，あるいは微量元素分析などの方法を用いて産地ごとの特徴を分類できれば，未知石像の産地推定も可能になると予想される．　　　　　　　（朽津信明）

[文献]

マーゴリス, S. V.（馬淵久夫訳）：大理石彫刻の科学的鑑定法, 別冊日経サイエンス 考古学の新展開, pp.116-124, 1989.

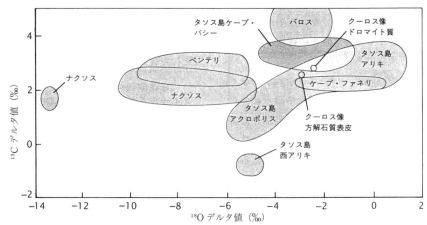

図1 各産地の大理石の同位体比の分布（マーゴリス（馬淵訳），1989）

図2 大理石の島々（マーゴリス（馬淵訳），1989）

土器の産地
provenance of potteries

[産地の意味] 土器の産地にかかわる場所として，①素材粘土の産出地，②粘土を焼成して土器を製作した場所が考えられる．一般に，粘土の産状は単純ではなく，また，ある程度の広がりをもっているので，産地としては漠然としている．これに対して，須恵器や中世陶器は1,000°C以上の高温で焼成するので，堅固に構築した窖窯が必要である．窖窯は残存している場合が多く，全国各地に多数の窯跡が見つけられている．一般に，土器の産地とは，素材粘土の産出地ではなく，土器を製作した場所，すなわち，窯跡である．したがって，土器の産地問題の主要な研究対象は窯跡が残っている土器である．土器の素材粘土は必ずしも窯のすぐ側に産出するわけではないが，窯から数 km の範囲内で粘土採掘坑が見つかる場合が多い．

[分析対象] 主要な分析対象は，須恵器と中世陶器である．土器の産地問題の研究の原点は窯跡出土須恵器にある．全国各地の窯跡出土須恵器片を大量に分析することによって，どの元素が有効に地域差を示すか，また，どのような地域差があるかといった基本問題が解決できる．窯跡出土須恵器の分析データに集中性があれば，混和剤などの土器製作時における面倒な問題を考慮に入れなくてすむ．筆者（三辻）が20年間にわたって全国各地の窯跡出土須恵器を分析した結果，例外なく，窯跡出土須恵器の分析データには集中性があることが判明した．これらを基礎データとして，須恵器の産地推定法は開発された．中世陶器の産地推定法もこれに準ずる．埴輪や土師器など，一部に窯跡が残っている土器は，その応用として研究対象になる．

[分析装置] 土器の産地推定の研究に適した分析法の条件として，①多元素同時分析，②完全自動分析，③試料処理・装置操作が簡便，④安定性・再現性がよい，などがあげられる．これらのすべての条件を備えたのが蛍光 X 線分析法である．

粘土は岩石と同様，多種類の元素からなる複雑な試料である．したがって，X 線管球で発生させた X 線を試料に照射すると，種々の元素の蛍光 X 線が発生する．この蛍光 X 線束を分光するのに，①分光結晶を使用する場合と，②半導体検出器と波高分析器を組み合わせて分光する場合とがある．前者を波長分散型，後者をエネルギー分散型という．スペクトル線の分解能がよく，強い強度の蛍光 X 線が得られるなど，一般に，分析能力の点では前者が勝るが，後者の2次ターゲット方式の装置を使用すると，連続スペクトルからなる大きなバックグラウンドを下げることができ，みやすい蛍光 X 線スペクトルが得られる．かつ，測定中，TV モニタ上に蛍光 X 線スペクトルを表示することができるので，指紋元素の探査に威力を発揮する．

[試料形態と分析法] 蛍光 X 線分析は表面分析である．発生した蛍光 X 線は表面を含めて，せいぜい 1/10 mm 以下程度しか試料部分を透過できないので，表面を含め近似的に均質と考えられる試料を作製することが必要である．そのため，土器表面を研磨し，灰釉などの表面付着物を除去した後，100 メッシュ以下程度に粉砕する．

粉砕して近似的に均質化した粉末試料は塩化ビニル製リングを枠にして高圧を加えてプレスし，一定形状の錠剤試料を作製して分析する．

蛍光X線分析は相対分析でもある．測定された蛍光X線強度から含有量を得るためには，すでに含有元素量がわかっている比較試料が必要である．これを標準試料という．標準試料としては蛍光X線分析上問題となるマトリックス効果を少なくするため，試料の主成分元素組成が類似したものが必要である．筆者は工業技術院地質調査所（現 産業技術総合研究所地質調査総合センター）から配布された岩石標準試料，JG-1 を使用している．そして，分析値は，JG-1 の各元素の蛍光X線強度を使って標準化した値で表示している．標準試料を間にかますことによって，X線管球からの入射X線強度の変動や真空系の劣化など，機械自身の変動を分析値がもろにかぶらないようにすることができる．数年前に測定した同一窯の同一試料の分析結果，化学特性に変動がないことが確かめられているし，また，波長分散型，エネルギー分散型の使用機種による影響もないことが確かめられている．さらに，地質調査所から配布されている約20種類の岩石標準試料を使って，JG-1 による標準化値と元素含有量の間に直線性があることも，K，Ca，Fe，Na，Rb，Sr について確かめられており，JG-1 による標準値から，％や ppm 濃度への変換も可能である．

[産地推定法] 全国各地の窯跡出土須恵器の分析データから，地域差を示す有効因子は K，Ca，Rb，Sr の4因子である．これらの元素は母岩中の，主として，長石類に由来すると考えられている．主成分元素の K-Ca 分布図と，微量元素の Rb-Sr 分布図上で定性的な窯間の相互識別はできる．同時に，遺跡出土須恵器を両分布図上で窯の分布領域に対応させて産地を推定することができる．定量的には選別された二つの母集団（窯または窯群）間の2群間判別分析を行い，両母集団の相互識別の可否を決めることができる．また，その際，求められた各母集団への帰属条件を使って，遺跡出土須恵器の産地を推定することもできる．

[応用例] この方法が最初に適用されたのは5世紀の古墳出土の初期須恵器である．福岡県甘木市の朝倉窯群周辺の古墳出土初期須恵器に，朝倉群／陶邑群間の2群間判別分析を適用した結果，地元，朝倉群産の須恵器のみならず，多数の陶邑産の製品を検出した．これらの須恵器はいずれも古墳での祭祀道具であり，陶邑の工人集団を配下に置く倭の大王と，朝倉群の工人集団を掌握する筑紫の君との間に何らかの政治的関連のあることが推察された．なお，朝倉群産の須恵器は筑紫の君の領国と推定される地域内の古墳からしか出土しない．これに対して，陶邑産の須恵器は全国各地の古墳から出土しており，しかも，その供給は一方的であることが確かめられている．倭の五王（5世紀代）の日本を考えるうえで，有用な情報である． （三辻利一）

[文　献]

三辻利一：初期須恵器の産地指定法．X線分析の進歩，**23**，1983．

三辻利一：蛍光X線分析法による古代土器の産地推定の開発．理学電機ジャーナル，**25**，1994．

陶磁器の産地
provenance of potteries and porcelains

[陶磁器の原料] 陶磁器を材質的に分類するとその境界は必ずしも明確でないが,自然科学の分野では,焼締まり,素地土(胎土)の吸水性,釉薬の有無,透光性などの性質により,土器,陶器,炻器,磁器に分離されている.しかし,人文科学での分類基準は,場合によっては性質以外に技術的要素が優先され,少なくとも複数の分類基準が並行し,その時期や地域なりの詳細な分類基準が存在している.陶磁器の原料に用いられている陶土と陶石(細かく砕いて粘土をつくる)の化学組成の一例を表1に示す.これらは,カコウ岩や流紋岩などのフェルシック火成岩類(felsic rock,ケイ長質岩)を母体物質として,さまざまな風化過程により生成したケイ酸塩粘土鉱物と石英,長石,鉄化合物などの非可塑性物質との混合物である.一般に,粘土とは粒径による区分で0.002 mm以下を示し,陶磁器の主原料となる粘土鉱物は粘土質物と呼ばれている.たとえば,カオリン粘土は,カオリナイトとハロイサイトというケイ酸塩粘土鉱物が主成分であるが,耐風化性の高い石英,長石,白雲母などケイ酸塩鉱物や赤鉄鉱など酸化物を含んでいる.一方,泉山や天草陶石は絹雲母(セリサイト:非常に細粒の白雲母を特にこう呼ぶ)と石英が主成分で,少量の長石を含む陶石である.粘土鉱物だけでは陶磁器にならないことはよく知られている.このため,水簸による必要な粒度をもった鉱物種の分離や調合という操作を行い,素地土を調製する.

粘土鉱物であるカオリナイトは,1,200℃以上の高温で焼成するとムライトやクリストバライトに変化する.さらに,共存するアルカリ金属元素の量に従って陶磁器の結合剤などの役割をもつガラス性物質が生成する.原料素地土の調製と焼成技術は大きく関連している.

[生産地推定の目的と方法] 生産地(窯跡)や消費地遺跡から出土する陶磁器には,過去の生産の実態やその時代の文化や

表1 陶磁器原料の陶土・陶石類の化学分析値(%)(素木,1993による)

	SiO_2	TiO_2	Al_2O_3	Fe_2O_3	CaO	MgO	K_2O	Na_2O	灼減	合計
1	51.37	n.d.	30.94	1.48	0.21	0.26	1.19	0.49	12.75	100.70
2	50.14	0.50	34.70	1.36	0.24	0.10	0.56	0.30	12.24	100.14
3	45.82	1.06	37.77	0.64	0.08	0.09	0.12	0.96	13.66	100.20
4	45.67	1.05	37.82	0.85	0.37	0.11	0.10	0.98	13.44	100.42
5	51.91	n.d.	10.60	25.83	0.41	0.49	4.17		6.59	100.00
6	56.37	n.d.	20.43	9.82	0.16	0.65	4.78		7.39	99.60
7	73.60	0.12	19.32	0.60	0.55	0.19	3.05		2.86	100.29
8	72.32	0.17	16.03	0.99	0.92	0.33	3.29	2.65	3.78	100.48
9	72.70	0.05	18.97	0.33	0.15	tr.	3.40	0.47	3.94	100.01

n.d.:分析せず,tr.:微量. 1:赤津木節粘土水簸物(愛知県),2:赤津蛙目粘土水簸物(愛知県),3:指宿カオリン(鹿児島県),4:指宿粘土(鹿児島県),5:瀬戸鬼板(愛知県),6:瀬戸黄土(愛知県),7:泉山一等石水簸物(佐賀県),8:波佐見弱石(長崎県),9:天草水簸物(熊本県).

社会のあり方，各地域の生活様式，年代の不明な多くの遺跡の存続年代の推定，遺跡やその地域の相互の文化的・社会的・政治経済的な関係や交易の実態，各地域相互の文化的交流の程度を伝えるという，さまざまな歴史的要素が含まれている．美術品として伝えられた多くの陶磁器からも多くの歴史を考えることができる．

消費地遺跡から出土した陶磁器の生産地推定に有効な情報を提供するのが，分析化学的手法で定量された胎土の元素存在量である．元素存在量に基づく陶磁器の生産地推定を行う場合，前述の陶磁器の人文科学的分類基準に立脚した生産地を代表する基準資料，特に古窯跡出土資料の体系的な分析結果の蓄積が重要である．各生産地での製品の元素存在量の違いにより生産地間相互の識別・分類が可能であれば，それらの元素存在量を基準として消費地遺跡から出土した陶磁器資料の分析結果を比較することにより生産地の推定が可能となる．

近年，最も用いられる方法は，陶磁器胎土の蛍光X線分析と機器中性子放射化分析である．蛍光X線分析は主成分元素（存在量が0.01%以上の元素）の定量に，また，機器中性子放射化分析は微量成分元素（存在量が0.01%以下の元素）の定量に，それぞれ優れている．これ以外に，ICP発光分光分析，ICP質量分析，放射光蛍光X線分析などが用いられているが，いずれも微量成分元素に着目した方法である．また，釉薬に着目して，製作技法の観点も含め，生産地を推定する方法（元素存在量，同位体比を利用）も試みられている．

蛍光X線分析としては，エネルギー分散型蛍光X線分析が広く用いられている．この方法は，非破壊で多量の資料の多元素同時分析が可能であるという長所を有している．しかし，陶磁器には釉薬が施されている場合が多いために，資料の採取や岩石切断器による切断した面の分析が必要となる．また，蛍光X線分析による陶磁器胎土の定量分析には多くの問題点があり，胎土の材質的な傾向をみる半定量分析としてとらえ，多量の陶磁器の分析により蓄積されたデータのなかから有効な情報を抽出するにとどめることが重要である．

機器中性子放射化分析は，極微量の試料で多元素同時定量が可能であることから，陶磁器の生産地推定に広く用いられている．この場合，微量とはいえ10〜20 mgの資料採取が必要となる．微量成分元素の存在量は，原料の陶土・陶石の生成過程や素地土の調製工程の情報を反映している．

[生産地推定の例] 生産地推定の一例として，放射化分析による諸種微量成分元素存在量を古窯跡と消費地遺跡から出土した陶磁器について求めた結果を表2に示す．定量された各微量成分元素存在量を比較検討することにより陶磁器資料の識別・分類が可能となる．その一例としてEu, Th, Scの3元素の散布図を図1，微量成分元素存在量を変数とするクラスター分析の結果を樹形図（横軸は併合距離を表し，距離が大きいほど非類似度が高い）として図2に示す．生産地資料（1）〜（12）は，生産地の特徴によりいくつかのクラスター（群）を形成し識別・分類されている．消費地資料（13）は天狗谷窯（6）と併合され，肥前有田地区での生産と推定される．

現在までに，陶磁器の生産地推定がさまざまな手法により行われているが，その実行に当たっては，目的に合致した分析法の

(5) 材料産地

表2 機器中性子放射化分析による生産地遺跡および消費地遺跡出土陶磁器の微量成分元素存在量（Na, Fe は%, それ以外は ppm）（二宮ほか, 1994〜1998）

	Na	Fe	Rb	Cs	La	Ce	Sm	Eu	Lu	Th	Hf	Co	Sc
1	0.47	0.67	50	5.1	40	62	7.5	2.1	0.6	7.0	5.9	1.8	25
2	0.08	0.40	50	3.3	31	52	4.5	1.1	0.3	7.0	4.6	0.5	9.6
3	0.44	2.60	80	8.2	30	55	4.3	0.88	0.3	12	5.9	7.2	28
4	0.20	1.66	120	9.8	35	61	4.3	0.82	0.5	16	6.9	5.7	16
5	0.82	1.14	280	13	39	63	5.5	0.36	0.56	25	4.1	1.4	3.9
6	0.70	0.69	160	8.5	29	48	4.3	0.23	0.4	10	3.0	0.9	3.1
7	2.00	0.49	150	5.9	36	62	5.4	0.48	0.4	18	4.4	1.1	5.7
8	0.87	0.86	170	5.8	50	75	4.5	0.61	0.33	20	4.4	0.8	3.1
9	0.50	0.65	180	9.4	61	76	8.3	1.5	0.45	10	5.2	0.9	8.4
10	0.22	0.76	110	4.8	31	55	3.7	0.67	0.5	13	4.6	4.0	11
11	0.20	0.37	120	2.0	32	56	4.0	0.45	0.5	12	3.8	4.5	6.6
12	0.11	0.57	330	61	11	17	4.4	0.35	0.4	7.3	2.7	4.3	2.7
13	0.82	0.71	180	11	34	51	5.0	0.24	0.44	21	3.3	1.6	3.3

1：陶器（鍋島藩窯 1660〜1690年代），2：陶器（内野山南窯 1600〜1630年代），3：陶器（山代再興九谷窯 19世紀前半，白土山陶土か），4：陶器（再興九谷松山窯 19世紀中ごろ，松山付近の陶土か），5：磁器（山辺田窯 1650〜1660年代），6：磁器（天狗谷窯 1650年代），7：磁器（吉田窯 1650〜1660年代），8：磁器（三股古窯 1610〜1630年代），9：磁器（九谷1号窯 17世紀後半），10：磁器（再興九谷松山窯 19世紀中ごろ，花板陶石に陶土混合か），11：磁器（山代再興九谷窯 20世紀前半，天草陶石か），12：磁器（景徳鎮 五代），13：色絵大鉢（東京大学本郷構内遺跡理学部7号館地点出土 1640〜1650年代）．

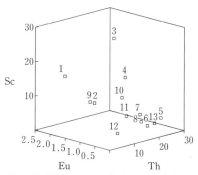

図1 陶磁器胎土の3元素（ppm）の散布図
図中の番号は表2に対応する．

選択と生産地の系統的な基準資料の選定が重要となる．また，消費地遺跡出土陶磁器の生産地推定の結果を蓄積することは，生産地遺跡の全容を解明するために必要不可欠な情報を提供することになる．

◇**コラム**◇古九谷伊万里焼論争：古九谷様式色絵磁器の生産地

「古九谷」と呼ばれる色絵磁器は祥瑞手，五彩手，青手の3タイプに分類され，石川県九谷古窯での製作と考えられていた．しかし，草創期の色絵磁器の実態が正確に把握できるようになると，これらの生産地が石川県加賀・山中町の古九谷窯か佐賀県肥前・有田町の諸古窯かが問題になった．

九谷焼のなかで最も古い時期（1655〜1720年ごろ）の彩磁器が古九谷である．九谷焼は，江戸時代のはじめ，加賀国江沼郡九谷村（現在の石川県江沼郡山中町九谷）で初めて焼成されたのでこう呼ばれる．古九谷開窯を企画したのは大聖寺藩初代の前田利治で，後藤才次郎に命じて肥前有田で製陶を修行させ，陶工を連れ帰って窯を築き，田村権左右衛門を指導して始め

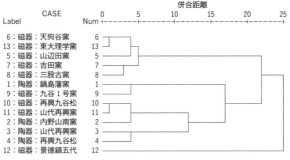

図2 クラスター分析による陶磁器の分類と生産地推定
変数：Na, Fe, Rb, Cs, La, Ce, Sm, Eu, Lu, Th, Hf, Sc.

たのが古九谷とされる。九谷1号窯の築窯は1670±30年とされ、2号窯の廃窯は1710±40年で、藩窯としての終末は元禄期である（古地磁気年代測定法）。1938年、北原大輔は、九谷古窯址の試掘で出土する陶片が伝世古九谷と相違することを見定め、「古九谷伊万里焼説」を開陳した。戦後、S.ジェニンズや山下朔郎らはこの説を継承し、1972年に発掘された有田町山辺田窯（山下が古九谷の焼造窯と発表していた）から300片に及ぶ古九谷様式の白磁の素地（色絵用の白素地）と6片の古九谷様式の色絵陶片が出土し、古九谷様式の色絵は素地づくりと上絵付工程を含め、伊万里で焼かれたとの根本資料を得た。さらに、1988年には、有田町赤絵の1660年代の赤絵業者の遺構から古九谷様式の色絵の陶片が出土し、色絵磁器の変遷が明らかになった。

最近、古窯址出土磁器片や消費地遺跡出土磁器片胎土の化学分析により、古九谷様式と呼ばれている伝世品の大部分が有田の初期色絵磁器であることが明らかになった（たとえば、東京大学本郷構内の旧加賀前田藩邸跡の遺跡から出土した多数の古九谷様式）。一方、九谷古窯址付近の九谷A遺跡から出土した数点の色絵磁器片が九谷古窯出土磁器片の化学組成と一致したことから、九谷古窯での生産も確認されている。

今後、九谷古窯での古九谷様式の色絵磁器製作の実像が明らかになり、有田地区での色絵磁器の変遷の様子との対比研究により古九谷様式と呼ばれる色絵磁器の製作の実態が解明されると思われる。　（二宮修治）

[文　献]

網干　守，二宮修治，大沢眞澄，山崎一雄：出光美術館館報，第103号，2-5，1998.

永竹　威，今泉元佑，嶋崎　丞：日本のやきもの4　有田・九谷，講談社，1991.

二宮修治，那須悦子，高橋孝一郎，網干　守，大橋康二，佐藤浩司：京町遺跡3，北九州市埋蔵文化財報告書，第147集，220-244，1994.

二宮修治，羽生淳子，大橋康二：田中　琢，佐原眞編，新しい研究法は考古学になにをもたらしたか，pp.286-305，クバプロ，1995.

二宮修治，小野拓人，網干　守：八間道遺跡，pp.241-249，加賀市教育委員会，1996.

沢田正昭：美術を科学する，日本の美術，No.400，pp.61-68，至文堂，1999.

素木洋一：陶芸のための科学　増補改訂版，建設綜合資料社，1993.

矢部良明：日本陶磁の一万二千年　渡来の業独創の美，pp.382-430，平凡社，1994.

矢部良明監修：日本やきもの史，pp.94-110，美術出版社，1998.

青銅器の産地
provenance of bronze objects

[概　要]　アナトリア，メソポタミア，黄河流域など，古代文明発祥の多くの地域で，金石併用時代または銅器時代を経て，紀元前3000～1000年の期間に青銅器時代を経過している．日本列島では明確な青銅器時代はなく，朝鮮半島および中国からの青銅器の流入をきっかけとして，弥生時代の前200年ごろから古墳時代の後7世紀ごろまでの間に，いろいろな種類の青銅器が使われた．世界の地域を問わず，青銅器が生活用具，装飾品，武器などとして使われた時代は，例外はあるが，1,000～5,000年前のことであり，現在みられるものはほとんどが出土品である．

[産地の意味]　産地という言葉の意味は曖昧で，青銅器の場合，製作地と原料の産地が無意識に混同されがちである．文化財科学の分野で産地という場合，原料産地を指すことが多いので，本項目ではその意味で用いる．原料産地と製作地には当然つながりがあるので，この種の研究には，過去の時代背景の知識は欠かせない．産地のもう一つの曖昧さは，どの程度の地理的広がりを指すかである．国・地方といった程度がわかればいいのか，あるいは金属原料がとれた鉱山を特定したいのか．研究者が想定する原料産地の意味はまちまちである．

[方法の種類と原理]　青銅（bronze）とは，銅と他の金属の合金である．他の金属としては，スズが最もふつうであるが，紀元前2000年紀のトランスコーカサス地方のようにヒ素が約10％含まれるものもある．東アジアでは鋳造の仕上げをよくするために鉛も加えられていた．古代の製錬技術では，銅などの鉱石に付随する微量元素を排除することができなかったので，青銅の主成分金属（たとえば銅-スズ-鉛）には多数の微量元素が含まれている．産地推定では，これらの元素（主成分と微量）や特定の元素の安定同位体比を指標にすることが試みられている．

（1）主成分元素含有量：　1798年，著名なドイツの化学者M. H. Klaprothが前3世紀シラクサ（シチリア）の銅貨を分析し，スズ4.9％，鉛7.5％のブロンズであることを示して以来，今日に至るまで，世界各地域の青銅の成分が分析されている．これら多数の分析の意図のなかには産地に関する情報を得ることもあったに違いない．しかし，多大の努力を払っても，銅やスズの原産地がわかることは原理的にありえず，文化圏や時代の違いによる成分調合法（鋳造技法）の違いがわかったことが最大の収穫である．

（2）微量元素含有量：　分析技術の進歩によって，ppmから1％程度の亜鉛（Zn），鉄（Fe），ヒ素（As），アンチモン（Sb），コバルト（Co），マンガン（Mn），ニッケル（Ni），金（Au），銀（Ag），セレン（Se）などが定量できるようになった．これらの含有量パターンから産地を推定する試みは多数行われているが，ほとんど成功していない．ある鉱山の鉱石の元素含有量に，たとえ特徴があったとしても，精錬のプロセスで失われるためと考えられる．

（3）鉛同位体比：　鉛の安定同位体比が，鉱床の前歴および生成年代によって変動している事実を利用して，産地を推定す

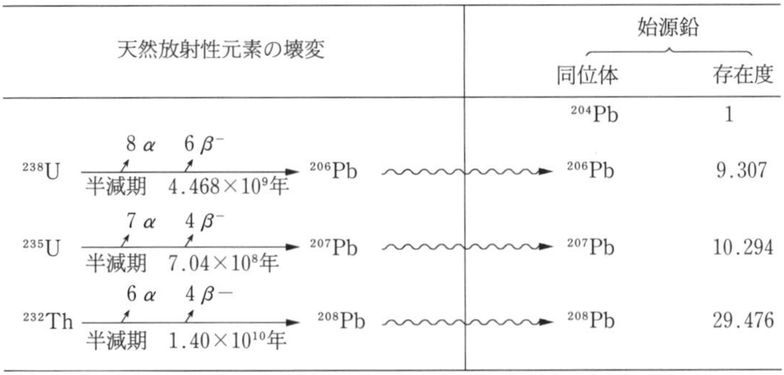

天然放射性元素の壊変	始源鉛	
	同位体	存在度
	^{204}Pb	1
^{238}U $\xrightarrow[\text{半減期 } 4.468\times10^9\text{年}]{8\alpha \quad 6\beta^-}$ ^{206}Pb ～～～→ ^{206}Pb	^{206}Pb	9.307
^{235}U $\xrightarrow[\text{半減期 } 7.04\times10^8\text{年}]{7\alpha \quad 4\beta^-}$ ^{207}Pb ～～～→ ^{207}Pb	^{207}Pb	10.294
^{232}Th $\xrightarrow[\text{半減期 } 1.40\times10^{10}\text{年}]{6\alpha \quad 4\beta^-}$ ^{208}Pb ～～～→ ^{208}Pb	^{208}Pb	29.476

図1 U,Th の放射壊変による鉛同位体の生成と付加
3種類の鉛同位体が U,Th の放射壊変により生成し,始源鉛に付加される.

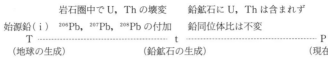

図2 鉛鉱石中の鉛同位体比が固定されるメカニズム(兼岡,1998 より)
T から t の間で,U,Th と Pb の存在比がどう変動するか,また t がいつになるかによって,鉛同位体比はさまざまな数値をとる.

る方法で,質量分析計の測定精度がコンピュータ化によって著しく向上した 1980 年ごろから,世界的に実用化した.鉛同位体比変動の原理は,地球の歴史のなかでウラン(U)とトリウム(Th)が壊変し続けてきたこと(図1)にあり,図2のようなモデルで説明される.

[データの解析] 産地推定の基本は,多数の試料間の相互比較である.グルーピングを見出すことと,標準(身元のよくわかった)試料との関係づけが重要である.

(1) 主成分元素含有量: 青銅の場合,数%以上含まれる元素は Cu,Sn,Pb で,例外的に As や Sb がある.因子が少ないので,データ解析には古典的な2元または3元グラフで十分である.ここで得られる情報は産地ではなく,時代や文化の違いによる製作技術の差である場合が多い.

(2) 微量元素含有量: 濃度分布の理論的根拠が不明なため,多変量解析により微量元素の総合的な近縁度をみることがしばしば行われる.しかし有意な差が認められるケースはまれである.

(3) 鉛同位体比: 鉛同位体比の表示には,図3の縦軸,横軸のように原理的に量が変化しない ^{204}Pb を分母にとるのが鉱床生成年代を推測するのに便利であるが,産地推定では,測定精度が高くなるなどの理由から ^{206}Pb を分母にとった3変数で表すのがふつうである.大半のグルーピングや異同は

^{208}Pb/^{206}Pb ∽ ^{207}Pb/^{206}Pb

の2次元プロットでわかるが,^{207}Pb/^{204}Pb ∽ ^{206}Pb/^{204}Pb(図3参照)で,鉱床の年代に大きな違いがないかどうかをみておく必要がある.

[装 置]

(1) 元素分析: 主成分元素も微量元

(5) 材料産地

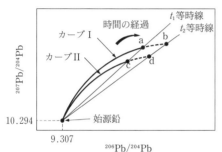

図3 鉛の成長曲線

U/Pb比を一定値にとったとき，放射壊変により始源鉛に^{206}Pb（横軸）と^{207}Pb（縦軸）が付加していく様子を表したモデル図．カーブIの方がカーブIIよりU/Pbが大きい．aとc, bとdはそれぞれ同じ時間（t_1とt_2）が経過したときの同位体比で，それらを結ぶ線は等時線（isochron）と呼ばれる．

素も，ICPや中性子放射化分析といった多元素同時分析装置を使うのが主流である．両者を併用すれば，片方の方法では低感度の元素を相補うことができるので，主成分元素を含めて15元素程度は定量可能である．

（2）鉛同位体比：有効数字が5桁ないと，この種の議論には使えない．表面電離型固体質量分析計が必須である（(1)章固体質量分析の項を参照）．

[鉛同位体比の測定誤差] 鉛同位体比は，1950年代から地球年代学の分野で測定されていた．世界の鉱山の鉛が測られていたが，コンピュータが発達してデータ読み取りによる高精度化が実現するまでは，3～4桁が精一杯であった．アメリカではNASAのアポロ計画で月の岩石試料の年代測定のために資金を投入し，1970年代はじめに高精度を達成した．わが国では，ほぼ1980年ごろに東京国立文化財研究所（現 独立行政法人文化財研究所東京文化財研究所）と工業技術院地質調査所（現 独立行政法人産業技術総合研究所地質調査総合センター）で5桁の計測値が出始めた．誤差が1桁大きいと，グラフ上で1cmのなかに収まるべき真の値が10cmの範囲に広がることからもわかるように，二つの物件の異同を論ずるような文化財の場合には，悪いデータを引用することは誤った推論の原因になる．

[試 料]

（1）元素分析： 10mg量の金属部分が必要である．分析値の合計が95％に達しない場合は，試料中に腐食された部分があると考えられ，データの信頼度を割り引く必要がある．

（2）鉛同位体比： 金属部分100μg程度あればよい．さび部分でも可能．化学処理によって，0.1～1μgの鉛を単離する必要がある．

[限 界] 容易には変わらないという安定同位体比の特徴のため，鉛同位体比は元素分析よりも明快な結論を出すことができる．しかし，次のような限界または制約を考慮に入れる必要がある．

（1）鉛が主成分として含まれる青銅については，得られる情報は鉛に関するものであり，銅やスズについてではない．

（2）純銅に近い青銅で，鉛が数％以下しか含まれない場合，その鉛は銅鉱石に付随するものと考えられ，その同位体比は銅の産地に関する情報を与える．

（3）一つの青銅器あるいは類似の鉛同位体比をもつ青銅器群を鉛鉱石と比べる場合，同位体比が近い鉛鉱石があっても，産地の候補ではあるが，そこが原産地とは限らない．地理的にかけ離れていても，鉛同位体比が似た値をもつ鉱山はありうるからである．むしろ鉛同位体比マップをつく

り，鉱山のモデル年代分布をつくってから判断すべきである．

（4）青銅器の製作時にはスクラップを混合することがある．その場合，鉛同位体比は混ぜた鉛の加重平均値になる．

[応用例]

（1）中近東や地中海地域の青銅器について，多数の鉛同位体比が蓄積されている．

（2）弥生時代から奈良時代までの日本列島で使われた青銅器については，おおむね，時代と種類別のグルーピングが確立されている（固体質量分析の項を参照）．特に，銅鐸については，弥生時代という大陸との間の特殊な時代背景もあって，型式（編年）と鉛同位体比パターンとの間に明確な相関がある．このような例は世界的にみても珍しい．

（3）1990年代以降，中国初期王朝である夏・殷（商）・周の青銅器についても成分分析と鉛同位体比測定が活発に行われている．

◇コラム◇青銅器とにせもの

古代の青銅器は美術品として研究され，鑑賞されることが多いので，当然のこととして模造品が出回る．そこで，科学的な検査でこれを鑑別できないかという要請が起こる．この要請に応えられるのは，産地の研究の成果である．まず，非破壊蛍光X線分析で主成分を調べる．多くの場合，これで十分であるが，なおも慎重を期したいときは鉛同位体比を測る．いずれも，正真のものとかけ離れたデータになるかどうかが判断基準である．東アジア青銅器の場合，亜鉛が主成分として検出されると，14～15世紀以後の製品と考えるのが常識である．しかし，これにも，「朝鮮半島の古い青銅器のなかには偶然まぎれ込んだ亜鉛を含むものがある」という情報もあるので，結論は慎重にしなければならない．

(馬淵久夫)

[文　献]

兼岡一朗：年代測定概論，東京大学出版会，1998．

馬淵久夫，富永　健編：考古学のための化学10章，東京大学出版会，1981．

馬淵久夫，富永　健編：続考古学のための化学10章，東京大学出版会，1986．

馬淵久夫，富永　腱編：考古学と化学をむすぶ，東京大学出版会，2000．

ガラスの産地
provenance of glass

[概　要]　ガラスには，通常の人造ガラスのほかに，黒曜石やテクタイトのような天然産のものがある．人造ガラスは，化学組成によってソーダ石灰ガラス，カリガラス，鉛バリウムガラス，鉛ガラスなどに分類される．ここでは，文化財としての価値がある人造ガラスについて記す．

[産地の意味]　古代メソポタミア以来4,000年の歴史を有するガラスは，世界の各地域でつくられ，実用品や装飾品として使われた．原料がケイ砂，天然ソーダ，石灰石など地表で産する鉱石類なので，技術さえあれば，どのような地域でも製作できたと思われる．したがって多くの場合，製作地と原料産出地はほとんど同地域と考えてよく，産地とは製作地を指すのがふつうである．

[方法の種類と原理]　ガラス製品は移動しやすいので，古い時代でも予想外のものが特定の地域に伝わっていることがある．そこで第一に必要なのは形状，色彩などの外観から，いつ，世界のどの地域でつくられたものかを判断することである．次に，完形品の場合には，蛍光X線分析のような非破壊的成分分析および比重測定でガラスの種類を分別し，外観の判断と一致するかどうかを確かめる．世界のガラスに関する情報とその分析データが整っていれば，以上の考察で産地の推定は通常十分である．ガラス破片やガラス塊（原料）が試料の場合には，少量の試料採取による定量分析で，より正確な推定ができる．鉛を含むガラスの場合には鉛同位体比法も援用できる．

[装　置]
（1）完形品には，大きな試料台をもつ非破壊分析用の蛍光X線分析装置が必要である．ナトリウム程度までの軽元素が測れるように，X線照射部位は真空またはヘリウム雰囲気に置換できるようにする．
（2）ガラス片の場合には，X線マイクロアナライザを装備した走査型電子顕微鏡でマッピング分析ができる．
（3）鉛ガラス片の場合（緑釉なども含む），表面電離型質量分析計を用いて鉛同位体比を測定するのも考察に役立つ．

[限　界]　伝世品の場合，ガラスは美術品であることが多く，科学検査は最低限にとどめる必要がある．蛍光X線の照射もガラスの変色に注意して，最少量にとどめなければならない．

[応用例]　正倉院に伝わる白瑠璃碗（はくるりのわん）（写真）
産地推定の代表的な例は，山崎一雄らによって調査研究された正倉院の白瑠璃碗である．1960年代はじめに開発されていた非破壊法である β 線後方散乱法により，山崎らはアルカリ石灰ガラスであると結論

写真　正倉院に伝わる白瑠璃碗

した．一方，深井晋司はイラン出土で，曲率半径の類似した切子碗を分析し，アルカリ石灰ガラスであることを示した．これらのことから，正倉院の白瑠璃碗はイラン北部のギラーン州と関連することが明らかになった．なお，正倉院の白瑠璃碗と同じ形状のガラス碗が江戸時代に安閑天皇陵から出土し，現在は東京国立博物館に所蔵されている．

◇**コラム**◇中国の璧と弥生時代の管玉

1934年にイギリスのセリグマン（C. G. Seligman）とベック（H. C. Beck）は，中国戦国時代の璧などの玉類が大量のバリウムを含む鉛ガラスであることを *Nature* 誌133巻に発表して識者を驚かした．バリウムは18世紀に発見された元素で，古代の人工物のなかにあることが異常と思われたのである．後に山崎一雄は，弥生時代の管玉などのなかに鉛バリウムガラスがあることを発見．分析した結果，化学組成も鉛同位体比も，璧と管玉が全く同類の原料でできていることを示した（表）．2,000数百年前の東アジアの情勢からみると，これは中国が元祖で日本列島に原料が持ち込まれたとみるのが妥当だが，鉛同位体比も中国産の鉛であることを示している．

(馬淵久夫)

表 中国戦国時代の璧と弥生時代の管玉の化学分析値（%）（山崎，1987による）

原料	中国長沙出土璧	唐津市宇木汲田出土管玉
SiO_2	36	38.9
Al_2O_3	0.36	0.56
Fe_2O_3	0.13	0.30
CaO	1.6	2.83
BaO	14	7.59
MgO	0.16	0.95
Na_2O	1.65	4.68
K_2O	0.26	0.21
PbO	46.1	43.5
CuO	0.88	0.42

[文献]

藤田 等：弥生時代ガラスの研究，名著出版，1994．
山崎一雄：古文化財の科学，思文閣出版，1987．

鉄器の産地
provenance of iron objects

[可能な対象] 文化財として調査の対象となる鉄器のほとんどは表面からさびが進行しており，金属部分が完全に消失していることも少なくない．現在のところ，化学分析によって鉄器から何かの情報を引き出そうとするときは，銑鉄中の片状黒鉛の検出など例外的な一部の場合を除き，さびの部分を避け，残存している金属部分を分析することが通常必要であると考えられている．これまでの報告例のなかには，さびの部分でも意味のあるデータが得られる，もしくは赤さびでなく黒さびであれば金属部分と同等かこれに準じる情報が得られるとしているものも見受けられるが，一般的な見解ではない．

[産地の範囲] 日本で出土する鉄器の場合，産地が日本国内であるか，大陸であるかが問題となることが多い．たたらに代表される日本の前近代製鉄においては，砂鉄が原料として使用された．一方，大陸では原料は通常鉄鉱石で，砂鉄は使用されなかった．このことから，原料などの判定によって上記の産地を大まかに判断する研究はすでにいくつか報告例がある．しかし，それ以上の詳細な産地の推定方法については，まだ有効と思われるものはない．

[方法の種類と原理] 鉄器の場合，製錬の過程で原料の鉱石と炉壁との反応が生じているので，鉄器中の元素組成がすべて原料鉱石のそれを反映しているとはいえない．これが，鉄器の産地推定を困難にしている原因の一つである．したがって，先述の，原料が砂鉄であるか鉄鉱石であるかの判定は，それぞれの鉱石中に比較的高い濃度で存在する（炉壁の粘土中にはあまり含まれていない）元素を指標として検出することによって行われている．大別すると，鉄器中の介在物などの化合物の分析（たとえば砂鉄（チタン磁鉄鉱）に由来する高チタンの酸化物の検出など）から判断する方法と，鉄器全体の元素組成（チタンのほか，ヒ素，アンチモンなどいくつかの特徴的な元素に着目）から判断する方法があり，両者を組み合わせて総合的に検討される場合もある．

[装置] 鉄器中の介在物などの分析にはEPMA，電子顕微鏡（元素分析装置付設）などが用いられる．鉄器全体の元素組成を求める方法としては，湿式化学分析法，ICP発光分光分析法，ICP質量分析法，放射化分析法，グロー放電質量分析法（GD-MS）などが用いられる．

[試料] 上記のいずれの分析においても，資料の一部を切断し，金属部分を抽出して解析を行うことが必要である．

[限界] 産地の範囲の項でも述べたとおり，まだ詳細な産地の推定法は確立していない．

[応用例]

① 日本刀の介在物の分析結果：走査型電子顕微鏡を使用し，日本刀（加州家次：室町時代）の酸化物系介在物を観察分析した（図1）．矢印の介在物の主な元素組成分析結果は，SiO_2 43.8%，Al_2O_3 10.7%，TiO_2 15.0%であり，原料は砂鉄と判断された．

② 鉄器の元素分析結果：日本で砂鉄を原料として作製された鉄器2点と，鉄鉱石

図1 日本刀の介在物の分析結果

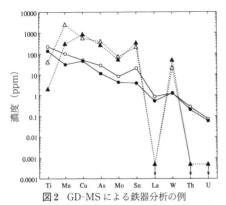

図2 GD-MSによる鉄器分析の例
―○―：日本刀(加州家次銘，室町時代，砂鉄原料)，
―●―：新薬師寺四天王のかすがい(1269年，砂鉄原料，東京国立文化財研究所提供)，
-△-：朝鮮半島渡来鉄器(弥生時代，鉄鉱石原料)，
-▲-：韓国忠清北海出土鉄器(紀元前3～1世紀，鉄鉱石原料).

を原料とする朝鮮半島製の鉄器2点をGD-MSで元素分析し，図2にプロットした．砂鉄原料のものと鉄鉱石原料のものとの元素組成は異なった．

[その他] 日本においても6～8世紀の近江地域など，鉄鉱石を原料とする製鉄が行われた例がある．また，中国でも砂鉄を原料として製鉄を行ったと推定される遺跡が最近報告された．

中国では紀元前9～8世紀に，人工的な鉄の冶金が始まり，それ以前は隕鉄が使用されていた．隕鉄製の鉄器は通常5～10%程度のニッケルを含有するので，元素分析によって比較的容易に判別することができる．

最近は，鉛同位体比の測定によって鉄器の産地を推定する方法も検討されている．

(齋藤 努)

[文 献]

平井昭司：平尾良光，山岸良二編，文化財を探る科学の眼 4，古墳・貝塚・鉄器を探る，p.34，1999.

韓 汝玢：文物，**1998**(2)，87，1998.

齋藤 努：現代化学，**1997**(2)，38，1997.

田口 勇，齋藤 努編：考古資料分析法，ニュー・サイエンス社，p.42，1995.

VI. 古代人間生活の研究法

(1) 遺跡の探査

archaeological prospecting

サーモグラフィー
thermography

[対 象] 主に遺跡や建造物などを観察の対象とする．表面の温度分布の異常を調べることにより，遺跡の所在の確認やその形状を調べたり，建造物では内部の空隙を調べたりする．

[原理][装置][特徴][限界] IV編（1）章のサーモグラフィーの項を参照．

[応用例] 群馬県北群馬郡子持村にある田尻遺跡を，1月の快晴の日の朝に探査した例をあげる．調査した日の気温は約5℃，相対湿度は約50%である．

気球に吊り下げたアームにカメラ類とモニタ用のカメラをとりつけ（写真1），モニタの画像をみながら，カラー写真，赤，緑，青の分光写真，近赤外線写真（写真2）のほか，熱画像（写真3）（サーモカメラ TVS-110，アビオニクス）を撮影した．気球の高度は約100 m である．

近赤外線写真，熱画像のいずれにも遺跡の形がよく現れ，地中レーダの探査結果（図）とよく一致している．それだけではなく，地中レーダに若干現れている東北と北側の遺跡の一部分と思われるところに対応して白っぽいマークも写真上には見受け

写真1 気球による田尻遺跡の光学探査

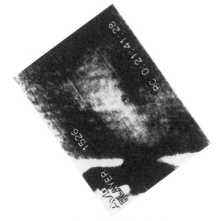

写真2 田尻遺跡の熱画像

写真3 田尻遺跡の近赤外線写真（コニカ750，赤外フィルタ Wratten 92）

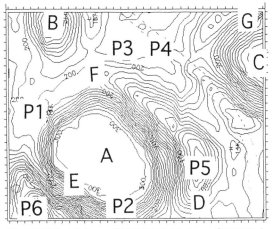

図　田尻遺跡の地中レーダ探査結果（パルスレーダ 300 MHz）

表　遺跡表面の土壌含水率

採取位置	A	B	C	D	E	F	G
含水率(%)	8.0	8.4	8.3	9.8	9.6	9.9	9.0

られる．

　別途，遺跡表面の温度を測定したが，遺跡のある場所の温度上昇が著しかった．また，遺跡のある位置の表面土壌の含水率（表）は，ない位置より約1％ほど低かった．土壌表面の温度上昇によって水分が蒸発して遺跡のある位置の土壌が乾燥し，このことにより，土の熱伝導率が低下して，さらに表面の温度が上昇したと考えられる．

(三浦定俊)

航空写真撮影
aerophotography

[探査の対象] 航空写真は発掘後の遺跡を図化するために用いられることが多いが，発掘前に地下の遺構の存在や広がりを確認するための探査手法として利用することもできる．

[原理] 地中に遺構があることにより地表面への熱や水の伝わり方に違いが生じて，気象や土壌などの条件がそろったときには，ソイルマーク，クロップマーク，シャドウマーク，雪・霜マークなどとして遺構の形が地表面に現れる．目にみえるマークが現れない場合でも，地表面の温度や土壌含水率に違いが生じて，サーモグラフィーなどを利用すれば遺構の形を熱画像で検出することができる．このような遺跡探査方法を光学的探査と呼ぶ．ヨーロッパやアメリカなどでは耕作地が広いので，航空写真で大きな遺跡が発見されることも多く，光学的探査は有用な手法として用いられている．

検出可能な深さは約10cm程度までであるが，条件によってはもっと深い位置にある遺構の存在まで明らかになることもある．

赤，緑，青などの波長に分けた分光写真は，画像間の相関が大きいために，一般にどの波長帯が遺跡探査に有利であるとは断定しにくい．しかし1種類の写真に限らず，カラー写真，近赤外線写真，熱赤外画像を撮影して結果を比較することは，単なる土質の違いなどに起因する誤った判断を防ぐためにも有効である．

[装置] 航空機に写真装置を搭載して撮影する．撮影する写真の種類はカラー写真のみであることが多いが，上に述べたように，近赤外線写真，熱赤外画像も合わせて撮影することは，探査の効果を高める．航空機の利用には経費がかかるので，広い面積を撮影しない場合には，ラジコン飛行機，気球，架台などを利用する場合もある．ただしラジコン飛行機や気球では多くの機材を持ち上げることができないこと，風の強いときには撮影できないこと，架台からの撮影では俯瞰位置からの撮影になってひずみのある写真になることなどの欠点があり，それぞれの遺跡の立地条件などによって適切な方法を採用することになる．

[特徴] 電気・磁気・地中レーダによる探査手法は比較的狭い範囲について遺跡探査を行うもので，広い地域について遺跡の所在を確認したり調査することは手間と時間を要する．これに対して光化学的探査は広い範囲を一度に探査できることが，その一番の長所である．

[限界] 多くのマークは，雨上がりや新芽の出る季節など限定された期間にしか現れないので，撮影には時期と時間を選ぶ必要がある．また遺構が水田になっている場合には，表面の水が地下からの影響を消してしまうので，この方法は応用できない．

[応用例] 群馬県北群馬郡子持村にある西組遺跡（写真）を探査した例をあげる．子持村は群馬県のほぼ中央部で，前橋市の北約15kmに位置する．遺跡の北には子持山，小野子山，東に赤城山，西に榛名山があって，三方を山に囲まれ，南側で村の東を流れる利根川と西を流れる吾妻川が合流する．6世紀に2回にわたって榛名山が噴

写真 子持村西組遺跡

火し,大量の火山灰や軽石が降り注いで当時の住居などが埋没した.

　航空機からの撮影はヘリコプターを使用して,冬の快晴の日（1994年1月26日）に高度約150 mから行った.撮影した近赤外線写真には黒い輪状のソイルマーク（古墳時代の竪穴住居跡）がいくつかみえる.この竪穴住居跡は1986年に発掘された後に,改めて埋め戻されたものである.

（三浦定俊）

[文　献]

三浦定俊：光学的探査.足立和成,中條利一郎,西村　康編著,文化財探査の手法とその実際,真陽社, pp.117-132, 1999.

電気探査
electrical resistivity survey

[概　要]　遺跡探査に用いる物理探査法の一つ．地面へ電流を流して，土質の違いや土層中にある「異物」が示す電気抵抗の違い（電位差）から，遺構や遺物の存在を推定する．一般に，溝や濠に堆積する湿った粘土では比抵抗が低く，石組み遺構などでは材質が高い比抵抗を示し，空隙があれば電流は流れにくいか流れない．このように，地中にある遺構とその周囲の土との差異を，電気抵抗の違う範囲として特定するのが基本である．わが国では第二次大戦直後に応用が始まっている．戦前からあった物理探鉱の技術を考古学へ導入したものである．

[測定法]　地面へ電流を流して抵抗（電位）を測るには4電極（C＝電流，P＝電位）を用いるがその方法には各種ある．ダイポール・ダイポール法（C, C, P, P），シュランベルジャー法（C, P, P, C），ウェンナー法（C, P, P, C），2極法などで，配置と間隔のとり方が違う．2極法は遺跡探査に応用されることが多いが，これでは電流電極の1（C_1）と電位電極の1それぞれを半無限大の遠距離に固定し，他の2電極（C_2, P_2）が電位を測る．

[測定感度]　電極配列の違いは，おのおのによって測定感度の鋭敏さが異なるという点にあり，上記の順に鈍くなる．遺跡探査で採用される方法が感度の鈍い方に属するのは，一般の地盤探査では，電極を一度打ち込むと固定して移動させないのに対して，測点ごとに電極を突き刺し移動するという手法の違いに起因している．すなわち，測点ごとに電極と地面との接地抵抗に差が生じやすいので，鈍い方が望ましいのである．

[測定の限界]　測定する範囲と深さは電極間隔に比例する．すなわち，間隔を広げるとそれだけ深い層位まで探れるが，周囲を平均した幅広い範囲の土壌情報となり，小さな対象物はとらえられなくなる．

[水平探査と平面探査]　ある測線に沿って電極間隔を逐次広げると「見かけの」断面が得られる．これを水平探査という．発掘における試掘トレンチの要領である．深さの情報がない場合にはこれをまず行う．対象地域全体を，一定間隔の電極で測定するのは平面探査あるいはマッピングと呼ばれる．電気抵抗の平面分布を求めることにより，遺構の位置，形態，規模を知るのが目的で，遺跡探査ではこれを採用することが多い．　　　　　　　　　　　　（西村　康）

[文　献]
亀井宏行，齋藤正徳，西村　康：日本文化財科学会第11回大会，1994．

図　福島県いわき市根岸遺跡の電極間隔1mの2極法による電気探査結果のマッピング（亀井ほか，1994）
比抵抗分布21〜86Ωm，等値線間隔3Ωm．

磁 気 探 査
geomagnetic survey

[原理] 磁気探査は，地球磁場の乱れを測定することにより地下構造を推定する手法である．一つの永久磁石が地表面にあると，その近傍で磁場を測定すると，地球磁場とこの磁石のつくり出す磁場の重ね合わせの磁場が観測され，周囲の何もない状況とは異なる測定値（これを磁気異常と呼ぶ）が記録される．観測された磁気異常分布を平面的に表示して遺跡・遺構の分布を推定するという初歩的なものから，最近では大きさ・形・埋没深度の推定，さらには3次元形状の復元まで試みられている．日本付近での地球磁場の大きさが約46,000 nT（nano Tesla）に対し，遺跡探査で観測される磁気異常は小さいものでは数nT以下，大きいものでは数百nTをこえる場合もある．

[探査の対象] 土や岩石中に永久磁石が生成される原因として，残留磁化がある．残留磁化にもその成因によりいくつかの種類があるが，遺跡探査では熱残留磁化と堆積残留磁化が重要である（V編（4）章の古地磁気法参照）．

熱残留磁化は，土中や岩石中の強磁性鉱物（主にマグネタイト Fe_3O_4 やマグヘマイト γFe_2O_3．どちらもフェリ磁性体）が，キュリー温度（Curie point：磁性が消失する温度．マグネタイトで585°C，マグヘマイトで675°C）以上に熱せられた状態から，外部磁界（ここでは地球磁場）のなかで冷却されていく段階で外部磁界の方向に一致した磁化を獲得してしまう現象である．よって高温の熱を受けた遺構，たとえば窯跡や炉跡など被熱遺構が熱残留磁化をもっており磁気探査の対象となる．また火成岩（カコウ岩や玄武岩など）も熱残留磁化をもつ．

堆積残留磁化は，磁化をもった火山灰などの微粒子が非常にゆっくりとした速度で沈降していく過程で，地球磁場の方向に配向して堆積することにより形成されるもので，特に静水中での沈殿による効果が大きい．よって堀や周濠などの磁気探査が可能となる．また堆積岩中にも存在する．

磁性体は，鉄などのように外部磁界のなかに置かれると磁化を有する性質がある．外部磁界に対するこの磁化の大きさの比を，磁化率（susceptibility：帯磁率）という．鉄や強磁性鉱物などの強磁性体は大きな磁化率をもっており，土壌や岩石中の強磁性鉱物含有率の差により土壌や岩石の磁化率が変わる．土壌や岩石の磁化率のコントラストが大きければ，地球磁場のために磁気異常が観測され，磁気探査が可能となる．純鉄が磁化率が最も大きいので，鉄製品の探査が最も簡単であるが，竪穴住居跡や溝，濠，石組み遺構なども探査できる．

[装置・方法] 磁場の測定には磁力計を用いるが，磁気異常を際立たせるために2台の磁力計を用い，その差動出力を取り出す方法がとられる．1台を固定点に，もう1台を移動させながら測定する方法と，50cmや1mの間隔で2台の磁力計を支持枠に固定し，支持枠ごと移動させていく方法の2種類がある．後者は，磁気傾度あるいは磁気勾配（magnetic gradient）を測定していることになるので，そのような形態の装置のことを磁気傾度計（グラジオメー

タ:gradiometer)と呼ぶ. 2台の磁力計の差をとることで, 2台の磁力計に均一にかかる地球磁場やその他の雑音を消去することができ, 磁気異常成分のみ検出することが可能となる.

磁気探査では, 地表を磁力計でスキャンすることになるが, その測線間隔・格子点間隔は以前は1m間隔が主流であったが, 最近ではより高密度の50cm間隔が主流になってきている. 磁力計には, ベクトル場である地球磁場の絶対値(全磁力)を測定するタイプのものと, ベクトル成分を測定するタイプの2種類がある.

前者の代表的なものとしてプロトン磁力計(proton magnetometer)がある. プロトン磁力計は, 構造が簡単で感度0.1nTと高いため最も古くから利用されている(アメリカGeometrics社製G-856など). 最近ではさらに高感度(感度0.01nT)のセシウム磁力計(caesium magnetometer: たとえばカナダScintrex社製Smartmag)やオーバーハウザー磁力計(Overhauser magnetometer: カナダGemsystem社製GSM-19)などがある. セシウム磁力計は, 1秒間に10回という高速測定が可能なので, 広い面積の探査が可能なヨーロッパでは最近盛んに使用されるようになった. 木製の台車上にグラジオメータを構成し引き回すという形で, 1日に3haもの面積を探査可能とのことである.

ベクトル成分計測の行える磁力計としてはフラックスゲート型磁力計(fluxgate magnetometer)が代表で, イギリスGeoscan社製フラックスゲートグラジオメータFM-18, FM-36は, 考古探査専用機として軽量コンパクトで取り扱いも簡単なことから世界的に広く用いられている.

この装置は50cmの間隔で2台のセンサを垂直軸上に固定したもので, 地球磁場の垂直方向成分の垂直方向の勾配を測定する. 感度は0.1nTである. ベクトル3成分すべてを同時計測しようと考案された装置が3軸グラジオメータ(three-component fluxgate gradiometer:日本トーキン製TRM-70D)で, 正確に軸合わせされた3軸磁力計が50cmの距離を置いて垂直軸上に取りつけられている. よって磁場3成分の垂直方向勾配が測定できる. 垂直方向以外の水平面内2成分が測定できたことにより, 近接する遺構の分離判別など容易になった.

[限 界] 磁気異常の大きさは, 孤立物体の場合, 距離の3乗に反比例する. よって間隔50cmのグラジオメータでは, 探査深度はたかだか3mとなり, それより深いところの情報は得ることができない.

◇コラム◇磁化率と磁気余効

地表面で磁化率分布を測定して遺構の分布を知ることも可能である. フィールドでの磁界率の測定には電磁誘導を利用した磁化率計が用いられる. イギリスBartington社製MS2型磁化率計は, 地表面に接触させる形のループ型センサと, 差し込める形の2種類のセンサが用意されている.

外部磁界を変化させたとき磁性体内の磁化の変化が磁界の変化に伴わず遅れを生じることがある. これを磁気余効(magnetic aftereffect), または磁気粘性(magnetic viscosity)と呼ぶ. 土壌や岩石中の磁性粒子の大きさに関係するものと考えられている. これを利用すれば土壌の分類が可能となり, 遺跡探査にも適用できる.

(亀井宏行)

音波探査
sonic survey

[概　要］　文化財調査に応用される音波探査は，地下を対象とする遺構探査，地上に遺存する石像・木造の建造物の内部診断，および水中探査とに分類できる．

[地下の遺構探査]　地下を探ることを目的に音波探査の方法が採用されることは少ない．音波の領域の振動波は減衰が大きく，深い層位が探れないからである．

[木造建築物の内部診断]　建造物における柱などでは，近距離が対象なので超音波も利用できる．木柱内部の風食の度合いなどを診断して，保存修復にかかわる情報を得るためには，CT の方法で 2 次元の断面画像を作成する．

[水中探査]　水中探査では，地上で用いる物理探査の方法のほとんどは有効でなく，音波の領域を応用する探査が主流となる．しかし，淡水であれば水中レーダや電気，電磁誘導などの探査も応用できる．海水の場合には，ほとんど音波探査に限定される．

音波による水中探査では，湖底あるいは海底の表面にある対象物を探るサイドスキャンソナーと，それよりも下部の堆積土層を探るサブボトムプロファイラがある．サイドスキャンソナーでは，装置を船が曳航しながら，垂直方向に扇状に広がった音波パルスビーム発射して，それが海底などから反射して戻ってくるものを受信する．100 m 程度の浅い水深で用いる周波数は，200 kHz 程度である．伝播時間から計算された距離と反射強度から，海底表面の様子を平面図化する．小型漁船程度の大きさの対象は十分に識別できる．

サブボトムプロファイラでは，海底下の堆積土を対象とするので数百 Hz～10 kHz 程度と低い周波数を用いることが多く，数十 m の深さまで探ることができる．得られるのは断面画像である．しかし，分解能が悪いので壺など小さな対象物の判別は期待できない．　　　　　　　　　（西村　康）

地中レーダ探査
ground penetrating radar (GPR) survey

[原理] 電波を地中に放射し，地中の物体により反射された電波を受信し映像化する．用いられる電波は，単純なパルス波形から各種変調をかけた連続波形まであるが，最も一般的なものは，単純なパルス波形か両極性1周期波形を用いたもので，これらを単にパルスレーダと称する．分解能は波長で決まるので高い周波数を用いる方が分解能は高くなるが，高い周波数ほど土や石などの損失媒質中での減衰は大きい．分解能と減衰の兼ね合いから，20 MHz～1 GHzの周波数が主に使用されている．

媒質中の電波の伝播速度 v は，真空中の光速を c とすると，$v=c/\sqrt{\varepsilon_r}$ となる．ここで，ε_r は比誘電率という媒質の電気的性質を表す係数である．誘電率は，媒質の電気分極の起こりやすさを表す係数で，真空の誘電率に対する媒質の誘電率を比誘電率といい，空気では1であり，真水では81（18℃）である．よって土の含水率が高くなるほど比誘電率は高くなり，乾燥した砂で3～6，関東ロームで19～25，カコウ岩で5～19という値をもつ．たとえば $\varepsilon_r=25$ のロームのなかでは電波の伝播速度は 6 cm/ns（1 ns=10^{-9} s）となり，周波数を 200 MHz とすると波長は 30 cm（真空では 1.5 m）となる．

1本の測線に沿ってアンテナを移動しながら電波の送受を繰り返し，それぞれのアンテナ位置での受信波形をグレイスケールやカラースケールで輝度変調をかけ，ブラウン管上に表示したりプリントしたりしてレーダ像ができあがる．よってパルスレーダではレーダ像は，横軸がアンテナの移動距離，縦軸が電波の反射時間となる．

[探査の対象] 電波の反射は誘電率の差が大きい境界面で生じる．土と空気（地中の空洞），土と石などの境界で強い反射が起こるので，古墳の石室や横穴，石造構造物などが探査の対象として適している．また，電気の良導体である金属は電波を完全に反射するので，金属遺物の探査にも向いている．土と土の境界でも誘電率に差があれば電波は反射するので，竪穴住居跡，堀・周濠，貝塚などの探査成功例も数多い．

地下遺構の探査ばかりでなく，建造物などの文化財の調査，たとえば壁面のなかの空洞調査，鉄筋や木舞の入り方などの調査に利用されている．これらは地下遺構に比べサイズも小さく探査深度も浅いので，周波数1 GHz近辺あるいはそれ以上の高い周波数のレーダが用いられる．

[装置・方法] パルスレーダでは，パルスが広帯域のスペクトルを有していることからアンテナも広帯域のものが要求される．代表的なアンテナは抵抗装荷ボウタイアンテナである．送信と受信を1個のアンテナを切り替えて用いるものと，送受別々のアンテナを用いる送受別体型のものがある．送受別体型のレーダでは，送信アンテナと受信アンテナの偏向方向を直交させ，地中をみるのに障害となる地表面からの反射波を抑制する技術も利用できる．また送信アンテナを1点に固定し，受信アンテナを移動させて反射波を受信し地下構造を推定する手法もある．アンテナの中心周波数が 20 MHz～1 GHz のものが主流で，それに

合わせてパルス幅も決められる．

　高速に周波数を連続的に変化させた信号（チャープ信号）を送信し，受信波との相関処理でパルス波形を得るチャープレーダ，擬似ランダム信号で変調をかけた信号を送信し同じく相関処理でパルス波形を得る符号化レーダ，階段状に周波数を変化させそれぞれの周波数での応答をフーリエ変換しパルス波形を得るステップ周波数レーダやパルス合成レーダ，三角波や鋸歯状に周波数変調をかけた信号を送信し，受信波と送信波との周波数差を検出し物標検出を行う FM-CW レーダなども考案されている．

　画像表示技術では，複数の測線のレーダ像から等しい深度のデータを集めて遺構の平面的分布を表示するレーダ平面図（タイムスライス：time slice）技術が盛んに用いられるようになってきた．また，3次元表示する手法も試みられている．

［限　界］　日本のように湿度の高い地域では地中への電波の浸透深度が低く，水田地域では探査深度が1m以下のところもある．関東ロームでも2m程度である．

　レーダ像は，アンテナの指向性の悪さから点物体でも双曲線状のパターンになり，さらにリンギングによるゴースト像が重なるので，判読に熟練を要するところがある．マイグレーションやパルス圧縮などの信号処理技術の導入により像の改善が図られている．

［応用例］　古墳の調査では，峰ヶ塚古墳，中山大塚古墳，行者塚古墳，千葉県栄町の浅間山古墳（図1），西都原の地下式横穴墓，岐阜県大野町の登越古墳（図2）など．大垣市長塚古墳ではレーダ平面図により削平された墳丘，周濠，陸橋が見事に描き出された（レーダ平面図の世界初の成功例）．そのほかでは黒井峯遺跡，加曾利貝塚，陸平貝塚などが有名である．(亀井宏行)

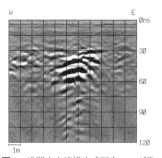

図1　浅間山古墳横穴式石室レーダ像

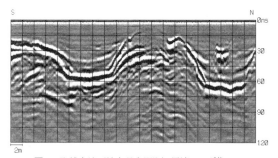

図2　登越古墳（岐阜県大野町）周濠レーダ像

リモートセンシング
remote sensing

[定義] 学問的に正確に定義されてはいないが，一般には「測定対象に直接触れずに対象物の形・組成・物性などを探査する非接触調査法」のことをさす．探査の手段としては電磁波が広く用いられ，そのなかでも可視光線（400～750 nm），赤外線（750 nm～1 mm），電波（マイクロ波：1 mm～数十 cm）の範囲の電磁波が一般に利用される．またリモートセンシングには，これらの電磁波を用いてデータを得る測定手法だけでなく，そのデータから有用な情報を抽出し，解析，評価する技術も含まれる．

測定対象は海洋や陸地，大気など広い範囲で，測定用センサは人工衛星や航空機に搭載される．リモートセンシングのための人工衛星として代表的なものは，アメリカのNASAによって打ち上げられた地球観測衛星（LANDSAT）で，2002年現在でLANDSAT 7号まで打ち上げられている．この衛星にはETM+（enhanced thematic mapper plus）と呼ばれるセンサが搭載され，可視光から赤外線まで広い範囲の波長域で観測データを収集して，地上局に送り届けている．

得られたデータは観測対象の各波長ごとの物体の反射特性（分光反射特性と呼ばれる）を表していて，その特性を調べることにより観測対象が何であるか推定することができる．たとえば森林の場合は800～1,100 nmの範囲の波長帯に特徴があり，裸地は700 nm付近の光の反射をみることにより，ほかと判別することができる．このようにしてリモートセンシングデータを用いて，土地利用図をつくったり，穀物の生育状況を調べたり，地下資源の探査を行ったりすることができる

[応用例] リモートセンシングは，地下遺跡の探査や遺跡の保存状況調査にも利用されている．一例として，タイのアユタヤ遺跡の例を示す．

アユタヤ遺跡はタイの首都バンコクの北方約70 kmにあり，1350～1767年の417年間，タイの都として栄えた．東西4 km，南北2 kmほどの敷地のなかに煉瓦づくりの寺院など，当時の建物が数多く残されている．10余年の間をおいて撮影された2枚の衛星画像が，その間に起こった遺跡の変化の様子をよくとらえていた．

写真1は1979年1月3日に，写真2は1989年12月14日にLANDSAT 5号によって撮影されたアユタヤ遺跡の画像である．もとの画像は近赤外を赤，可視の赤を緑，可視の緑を青に対応させて合成した擬似カラー画像で，植生が赤色，市街地が水色，裸地が白にみえる．1979年の画像（MSS：multispectral scanner）ではチャオプラヤ川に囲まれたアユタヤ遺跡の大部分が赤い植生に覆われているが，1989年の画像（TM：thematic mapper）では遺

表 地球観測衛星の例

人工衛星	高度（km）	周期（分）
ADEOS	800	101
ERS-1	777	100
JERS-1	568	96
LAND-5	705	99
MOS-1b	909	103
SPOT-4	822	101
LAND-7	705	99

写真1 LANDSAT衛星（MSS）によるアユタヤ遺跡の画像（1979年1月3日撮影）（口絵10参照）

写真2 LANDSAT衛星（TM）によるアユタヤ遺跡の画像（1989年12月14日撮影）（口絵10参照）

跡のなかを東西に走る道路がみえ，アユタヤ遺跡が整備された様子がよくわかる．

両画像の範囲はおよそ15 km四方で，アユタヤ遺跡の周囲の変化も調べることができる．特に画像の左手，西から遺跡に入ってくる道路は写真1ではみえないが，写真2ではTMの1画素が30 m四方と細かいこともあってはっきり認められ，詳細にみると新しくできた西からの道路につながっているチャオプラヤ川に架かる橋までも認めることができる．2枚の画像が撮影された10余年の間に，遺跡そのものだけではなく周囲の状況も大きく変化した様子を確認することができる．

今後は合成開口レーダによる画像を用いればさらに解像度の高い画像が得られ，しかも植生に覆われた遺跡も探査できるようになると予想される．遺跡探査への衛星画像の利用は，開発途上国の遺跡保存対策への寄与など，日本国内での航空機や気球からの探査とはまた異なった目的の利用も進んでいくと考えられる． （三浦定俊）

◆トピックス◆ボアホールレーダと合成開口レーダ

ボアホールレーダ（bore-hole radar）は大地に開けたボーリング孔にアンテナを挿入するレーダで，1本だけの孔を使うもの，複数の孔を用い相互の電波伝播を測定するものがある．地表面から観測できない深部構造を推定できる．合成開口レーダ（synthetic aperture radar：SAR）は，航空機や衛星に搭載したレーダで，飛行軌道上の各位置で得たデータを集めて等価的に大きな開口のアンテナを合成し，分解能を向上させるレーダで，砂漠などの電波の透過の大きい地域では，宇宙から地下の構造を探ることもできる．スペースシャトルに搭載したレーダでエジプト・スーダン国境の砂漠下の旧河道をとらえた例などが報告されている． （亀井宏行）

[文　献]

三浦定俊：光学的探査．足立和成，中條利一郎，西村　康編著，文化財探査の手法とその実際，真陽社，pp.117-132，1999．

(2) ヒトの生活と古環境の復元
investigation of ancient human life and environment

人骨DNA
DNA from ancient human skeletal remains

[原理] 1983年に開発されたPCR(polymerase chain reaction：ポリメラーゼ連鎖反応)法によって，ごく少量の鋳型DNAから標的とするDNA領域を増幅できるようになった．従来も考古学試料からDNAを増幅し，解析した例はあるが，凍結した軟組織やミイラ化した軟組織の場合がほとんどであった．しかし，現在まで残っているヒトの遺物の多くは骨に代表される硬組織であるため，これらからDNAを増幅して解析することができればヒトの進化や人種の多様化の過程について種々の知見が得られることが期待される．DNAを抽出するための試料の人骨は少なくとも1回の実験につき0.5～1g程度の重量を用いるのが一般的なようである．考古試料のDNA解析では，多くの場合，残っているDNA分子の断片化が進んでおり，量も少なくなっているので，およそ200塩基以下の領域しか増幅することができないのが一般的である．また現代人のDNAの混入を避けるために，厳密な実験管理が必要である．

[応用例] ミトコンドリアDNA (mtDNA)は，哺乳類などでは核DNAよりも5～10倍も塩基の置換速度が速いことが知られている．mtDNAにはDループ領域と呼ばれる領域がある．これは遺伝子をコードしていないため，ほかの領域よりも塩基の置換速度が速く，ヒトの個体間の変異を調べるのに非常に有効な領域である．寶来らは多くの人種のDループ領域の塩基配列を決定し，塩基置換が特に高い頻度で起こっている領域を考古学試料の解析に選んだ．寶来ら(1993)はこの領域について，縄文人骨5体と近世アイヌの人骨6体について塩基配列を決定し，ほかの現代人のデータとともに系統解析をしたところ，縄文人と近世アイヌは共通のクラスターのなかに入り，現代日本人とは系統的にかなり異なることが示唆された．また，mtDNAの塩基配列からみる限り，現代日本人は決して遺伝的に近縁な人々の集まりではないことが明らかにされつつある．現代の試料と考古学的試料の両方からmtDNAの多型系統解析を進めることによって，人類諸集団の拡散の歴史がより明らかになるものと期待されている．(木川りか)

◇コラム◇ネアンデルタール人のDNA

1997年，ドイツとアメリカの研究者グループは，1856年ドイツのネアンデル渓谷で発見されたネアンデルタール人第1号の化石骨からmtDNAを抽出，PCR法で増幅し，塩基配列を決定することに成功した．その解析結果によると，ネアンデルタール人と現代人の分岐は約60万年前であり，化石骨の出土層の年代7万5千年前(生息した年代)から考えると，われわれ現代人の系統とは関係ないということになった．

(馬淵久夫)

人骨形質
traits of human bones

[原理] 生きた人間の外見に差があるように，人骨の形状やサイズにも差異がある．そして，それらの差異には，人種や種族，血統・家系を示す遺伝的要因，性差や成長・老化の過程を示す生理的要因，発生から死亡までに受け続けるさまざまな環境的要因などに起因するものが含まれる．これらの要因に起因すると考えられる骨の形態的性状を形質と呼ぶ．しかし，形質の背後に何らかの要因を想定するだけでは仮説の提示にとどまり，研究の結果を保証しない．たとえば，かつてヨーロッパの新石器〜青銅器時代は短頭型と長頭型の2種類の人種が東西に分かれて分布し，青銅器時代の初期に短頭型の集団がイギリスへと移住したと考えられていた．しかし，今日では頭型は時代とともに変化することが明らかになっており，人種差を示す形質とは見なされない．したがって，形質が研究に有効なものと認められるためには，検証の手続きが必要である．そのため，通常は現代人集団を対象として要因の分析が行われる．古人骨を研究する際には，その結果を参照することになるわけである．これらの要因のうち，生理的要因や環境的要因は，現代人集団で検証することは比較的容易である．ところが，遺伝的要因については，人種のような遺伝的集団同士の差までは現代人集団で検証できるが，家系遺伝については現代人血縁者の骨格資料がきわめて少なく困難を伴う．ただ，歯牙は現代人血縁者から歯型を採取し，それを計測・観察すれば可能であり，遺伝性の研究例も多い．また，骨格の家系遺伝についても，血縁関係が明らかな古人骨資料の増加とともに，それらを用いた研究が行われつつある．

[計測と観察] 形質には，直線距離や周径・角度などで数値化できる計測的形質と，ある形質の存否や性状のカテゴリー分類に従って観察・記録される非計測的形質がある．形質を調査し記載するには，前者では各種の機器を用いて計測を，後者では定められたカテゴリーに従って観察を行う．

計測には頭骨・四肢骨や歯牙の計測があるが，それぞれ形態を効果的に情報化するために，縫合・関節部や最大・最小の部位などを考慮に入れた計測点と計測項目が設けられている（図1, 2）．これらの計測点と項目は，生物としての人類に共通したものであることが必要とされるため，さまざまな試案が出された結果，20世紀になってマルチン式計測法と呼ばれる形に体系化された．その後も計測点・計測項目は研究

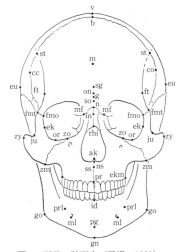

図1 頭骨の計測点 (馬場, 1991)

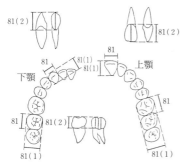

図2 歯牙の計測点（馬場，1991より一部改変）
81：近遠心径，81(1)：頬舌径，81(2)：歯冠長．

とともに追加されてはいるが，原則として世界的に共有されている．したがって，世界中どこの人骨でも，計測値さえ公表されれば，その形態情報を知ることができる．

非計測的形質も，同様に共通したカテゴリー分けに従って観察される．観察項目は，多くは頭骨・四肢骨・歯牙の突起・結節・隆起や頭蓋縫合の変異，頭骨・四肢骨の血管・神経を通す溝・孔の部位・数・形状などの変異である．観察項目は研究とともに順次追加されているが，研究者によってカテゴリーや等級分類に微妙な差が生じることもあり，計測値に比べて研究者の差が出やすいきらいもある．

[応用例] 人骨形質によって明らかになることは多い．現代人の人類学的研究においては，生体計測・観察や遺伝子分析，生態学的調査などが中心となるが，これらの情報が得られない原始古代人から近世までの過去の研究においては，人骨形質が主体となる．形質からは，骨盤や四肢骨の性的二型に基づく性判定，頭骨・骨盤の加齢変化や歯の咬耗からの年齢推定はもとより，出産歴・病歴，ある種の生業などの生活歴を推定することもできる．

しかし，人骨形質を用いた研究は古くから人種論がその中心であった．わが国でも日本人起源論において人骨形質が主要な役割を果たしてきた．わが国への稲作導入とともに渡来人の遺伝的影響を受け，日本人の原型ができあがったという金関（1966）による渡来混血説は，出土人骨の形質と考古学的展望に基づいたものであり，今日ほぼ定説化している．日本人起源論は，現在もさまざまな議論が行われているが，その中心的資料はなお人骨形質である．また，近年では遺伝的形質，特に歯冠計測値を用いて人骨の血縁関係を推定し，考古資料とともに総合的に論じることによって，原始古代人の親族関係も明らかにされつつある．さらに，人骨形質から明らかになる事実を，考古学や歴史学の資料として積極的に用いようとする気運も高まっている．

人骨形質は，生物学的手法による自然人類学の素材としては，やや新鮮味に欠けるという印象で語られることもあるが，過去の人類とその社会変化を考察するとき，一定の出土数による資料数の安定と定着した方法をもつという点で，依然として最も有効な素材の一つであるといえる．人骨形質は，今後もDNAや他の分析などとも組み合わせながら，人類学・考古学の主要な研究素材であり続けると考えられる．

（田中良之）

[文 献]

馬場悠男：人骨計測法．人体計測法，人類学講座別巻1，雄山閣出版，1991．

金関丈夫：弥生時代人，日本の考古学3，河出書房新社，1966；日本民族の起源，法政大学出版会，1976．

田中良之：古墳時代親族構造の研究，柏書房，1995．

古人骨病変
paleopathology

[古病理学的所見] 出土した古人骨からは実にさまざまな（その個体の）健康に関する情報，あるいは病的変化を見出すことができる．むしろ，全く病変を示さない人骨の方が珍しいともいえる．もちろん病変の程度や種類はきわめて多様であり，誰がみても明らかに異常だと判定しうるいわば顕著で大きな病変から，よほど古人骨病変に精通した研究者（古病理学者）でなければ観察・診断することの難しい病変まで存在する．さらに，古人骨に出現した病変は同じような形態学的変化を示していても，その原因となる疾病カテゴリーが全く異なる場合もあり，十分な注意が必要である．

[疾病の分類] 表1に掲げるのは筆者（鈴木）が古人骨を古病理学的観点から観察する場合に，チェックすべき疾病カテゴリーと個々の疾病のリストである．これらのリストに掲げられた疾病は，これまで古病理学の文献上見出された疾病のごく一部ではあるが，比較的出現頻度が高く，また形態学的異常がかなりはっきりとした疾患である．

表1に記載された数多くの疾病のなかで，特によく遭遇するカテゴリーはV-2）あるいは3）の退行性病変やⅧの歯牙・歯周疾患，さらにはⅠの外傷などがあげられる．しかし，ある時代のある地域のある集団によっては，Ⅱの感染症やⅢの腫瘍など，ある特定の疾病頻度が高く認められることがあり，伝染病の流行や遺伝的素因の問題とからんで興味ある情報を提供する．

さらに，表中には記載してはいないが，これらの疾病リストのなかで，明らかに生体において，（その病変がいかに小さかろうと）病的な症状がかなり著明に出現する（ときに致命的な）疾病もあれば，逆に加齢に伴う多くの退行性変化や比較的慢性に進展する疾病では，（その病変がいかに顕在化していようと）明らかな臨床症状をもたらさない（おだやかな）疾病もある．後者は特に近年よく古病理研究で話題となるストレスマーカーという疾病カテゴリーでまとめられている．それらは成長期の栄養不良や重篤な病気のために成長阻害の証拠として人骨に遺残する変化（たとえば歯牙でのエナメル質減形成や長骨骨端に形成されるハリス線，さらには眼窩上板でのクリブラ・オルビタリアなど）を意味しており，特に集団間での健康比較に有効な指標となる場合がある．

[同定の方法] これら古人骨に出現する古病理学的所見についての同定の大部分は肉眼的観察によっている．古人骨での病変自体，きわめて貴重であり，文化財的な価値も高い．したがって，そのような骨病変についてはその検査は当然，非破壊的検査が中心となる．現在，最も一般的な検査は肉眼的観察による病変の出現部位とその形態を正確に同定することから始まる．多くの場合，X線撮影による検索もなされる．特に病変が頭蓋板間層に限局するような症例（たとえば多発性骨髄腫）などでは，X線検査は有効な情報をもたらすことが少なくない．一方，病変部位での破壊的検査，たとえば脱灰による切片作成と顕微鏡による観察や人骨 DNA 抽出（PCR 法）による起炎菌などの同定は，先述のように，病

（2） ヒトの生活と古環境の復元

表1 古病理学上重要な疾病

カテゴリー		疾 病
I 外傷	1）骨折（変形や偽関節含む） 2）脱臼 3）戦闘および利器による外傷，骨損傷 4）（四肢の）切断 5）頭骨への人為的・外科的損傷（トレファネーション）	
II 炎症性疾患	1）非特異的炎症性疾患 2）特異的炎症性疾患	骨膜炎，骨髄炎（汚孔，腐骨形成含む） 結核性骨関節炎，梅毒性骨炎，ハンセン氏病，放線菌症，ブラストマイコーシス，ブルセローシス
III 腫瘍	1）良性(骨)腫瘍 2）中間性(骨)腫瘍 3）悪性(骨)腫瘍	良性骨腫，骨軟骨腫，類骨骨腫，多発性軟骨性外骨腫 孤立性骨嚢腫，骨巨細胞腫，線維性骨異形成症，骨組織球症X，傍骨性骨肉腫 骨肉腫，軟骨肉腫，骨線維肉腫，ユーイング肉腫，多発性骨髄腫，ガンの骨転位
IV 代謝性・内分泌疾患	1）クル病，骨軟化症 2）壊血病 3）副甲状腺機能亢進 4）ページェート病 5）脳下垂体機能亢進または低下症（巨人症または下垂体性小人症） 6）鉄欠乏性貧血（クリブラ・オルビタリア） 7）骨粗鬆症	
V 関節疾患および脊椎疾患	1）リウマチとその類縁疾患 2）退行性慢性関節疾患 3）脊椎疾患	慢性関節リウマチ，若年性慢性関節リウマチ，強直性脊椎炎 変形性関節症（変形性脊椎症，変形性膝関節症，変形性股関節症，変形性肩関節症，変形性肘関節症），痛風，神経病性関節症 腰仙移行椎，脊椎分離症，シュモール結節，脊椎管狭窄症，靱帯骨化症，シャウエルマン氏病
VI 先天性骨系統疾患・奇形症候群	1）骨軟骨異形成症 2）骨密度異常など 3）頭蓋骨変形 4）脊椎変形 5）股関節疾患	軟骨無形成症，鎖骨・頭蓋異形成症，変容性骨異形成症 骨形成不全症，大理石骨病 頭蓋骨縫合早期閉鎖，頭蓋底陥入症，後頭骨環椎癒合症，口蓋裂 歯突起形成不全，クリップル-ファイル症候群，脊椎被裂，半椎，側彎症（特に特発性） 先天性股関節脱臼，ペルテス病，大腿骨頭壊死
VII 麻痺性疾患	1）脳性麻痺 2）ポリオ 3）変性疾患	
VIII 歯牙・歯周疾患	1）先天的歯牙異常 2）齲歯 3）歯周疾患，膿瘍形成	
IX その他	1）分娩障害 2）大動脈瘤	

表2 縄文時代人の検診項目（全年齢層）

項目	疾患
1．低栄養（栄養不良，貧血を含む）	血中アルブミン，総コレステロール，赤血球など
2．寄生虫およびリケッチア疾患	回虫症，蟯虫症，恙虫病など，イヌ回虫症も要注意
3．一般的な細菌やウイルス感染	化膿巣の有無，白血球とその分画など，細菌性食中毒も含む
4．外傷（狩猟採集活動に伴う）	コーレス骨折，大腿骨骨幹部骨折など
5．妊産婦検診	児頭骨盤不均衡，産褥熱など

35歳以上の成人にはガン検診のオプションが望ましい．
小児にはポリオの生ワクチン投与による予防．

表3 弥生時代人の検診項目（縄文時代に加えて）

項目	疾患
1．外傷	特に戦闘による切創，刺創，打創など
2．在来型（縄文時代からの）感染症に加えて新たに伝播した感染症	結核，麻疹，天然痘など
3．ブタ，ウシなどの家畜との人獣共通感染症	寄生虫疾患など
4．農業活動，特に灌漑の発達による吸虫症	ミヤイリガイと日本住血吸虫など

たとえば，麻疹は年間平均3,000例以上の症例が発生しない限り，麻疹の集団内維持は不可能であり，そのためには約30万～50万人の人口規模が必要である．したがって，麻疹は定住・都市化を満たして初めてその流行を維持しうる．

変人骨自体が貴重な資料であることから，現在これらの検査を行うことは大きな障害と困難のあるのが実情である．

[関連分析法] 古代人の健康状況について，骨や歯などの直接的証拠から分析がなされるほか，最近では縄文時代人の糞石や平安時代のトイレの遺構での生活土層などから，彼らの排泄物を分析することにより，食生活はもちろん，寄生虫感染などの疾病をも解明することが可能となってきた．特に寄生虫は，たとえば肝吸虫は元来コイ科の魚から人体へ寄生したものであり，横川吸虫はアユなどから，さらにサナダムシはサケやマス類からというようにそれぞれ寄生する動物（宿主）が特定され，またそれら寄生虫に基づく消化器系の病気について，そのプロセスをある程度推定することが可能である．今後は，これらのさまざまな情報を総合的に復元することにより，古代人における健康状態をより一層明らかにしていくものと期待されている．

◆トピックス◆縄文時代人や弥生時代人の健康

これまで知られている縄文時代や弥生時代の人骨に出現したさまざまな疾病や健康に関連する変化などをまとめ，当時の実情に合わせた検診システムを構成すると次のようになると思われる．

縄文時代人の命を脅かす疾患は，なんといっても食物供給の不安定性からくる低栄養，今日の多くの未開発地域で頻発する寄生虫疾患，そして細菌感染であったろう．また，周産期死亡や乳幼児死亡も著しく高いと推定され，表2に示されるような検診項目が有効であったものと思われる．

弥生時代を特徴づける病変は，戦闘外傷

である．稲作農耕による定住化と富の蓄積，さらには個人レベルでも，集団レベルでもその富の分極化が背景となり，集団間での闘争が目立つ時代である．さらには灌漑施設をもつ水田の発達や農耕活動に伴って，水田地での寄生虫疾患（日本住血吸虫など）も新たに大きな問題となってくる．実際このような寄生虫は，その後長く日本人に巣食う病気となっていくのである．

また，大陸からの多量の渡来人たちは，おそらく結核や麻疹のような新顔の感染症ももたらしたであろう．したがって，このような弥生時代の人々の検診システムとしては，表3に示すような縄文時代からの項目に加え，新たに結核や麻疹や寄生虫に対するスクリーニングが有効となるであろう．

(鈴木隆雄)

珪　　藻
diatom

[特　性]　珪藻は単細胞の藻類 algae の仲間で，主に2分裂で増殖する．被殻がケイ酸質でできていることから，地層中に保存されやすく，また殻の大きさが 10～100 μm と小さいため少量の試料に数多く含有され，定量分析に適している．地層中に含まれる珪藻殻数は，細粒の試料（シルト層，泥炭層など）の場合は1gあたり 10^5～10^6個にも達する．

また，珪藻は地球上の水のあるあらゆる環境に生息し，pH や塩分濃度だけでなく，流水や止水などの水域環境によってもすみ分けている．その生態についても，浮遊生活をするものから，付着生の種群，底生種，それに通常は水分のほとんど存在しない水溜りや湿岩上に生活するもの（陸生珪藻）がいるなど，多岐にわたっている．

[珪藻化石の抽出と分析方法]　地層より珪藻化石を抽出し，分析する方法は種々考案されているが，ここでは比較的簡易な過酸化水素法を示す．1gの試料をトールビーカーにとり，過酸化水素水（35%）を加えて煮沸する（有機物の分解と粒子の分散）．岩片除去の後，水洗を4～5回繰り返しながら，同時に遠心分離を行う．次に分離した試料を希釈し，封入剤（マウントメディアなど）を用いて永久プレパラートを作成する．検鏡は 1,000 倍の光学顕微鏡を使用して 400 個体になるまで計数し，種ごとの相対頻度を求める．同定は適当な日本語の珪藻図鑑がないことから，海外の文献に頼ることになり，種名もその多くは学名のみである．

[海生珪藻から海進の時期を探る]　塩分濃度による珪藻のすみ分けは明瞭である．愛知県岡島遺跡では，ボーリング試料の深度 12～25 m のシルト層から海生の珪藻化石を多産した．本層中の珪藻殻数は平均 4.3×10^6 個/gにも達し，なかからは内湾性の *Cyclotella striata*, *Paralia sulcata* などを多産した．これに外洋から内湾にかけての水域に広く生息する *Thalassionema nitzschioides*, *Thalassiosira* spp., *Coscinodiscus* spp.などが随伴した．同じ地層からは縄文時代早期末に降灰したとされるアカホヤ火山灰層（6,300 BP）が検出されており，本層準における海生珪藻の多産結果より，縄文時代草創期から前期にかけてのころに著しい海面上昇（縄文海進）があったことが明らかになった（森，1995）．

[火山灰降灰に伴う水質変化]　珪藻は水域の物理化学的性質（水深，水温，流速，pH など）により，生息する種を異にする．火山噴火に伴う火山灰の降灰は，生態系に直接および間接的にさまざまな影響を及ぼしたことが考えられる．愛知県松河戸遺跡では，縄文時代後・晩期ごろに降灰した松河戸火山灰層（層厚2～7 mm）を挟んで，上下に堆積した泥炭層中から3 mm 間隔で試料を採取し，その間の珪藻分析を実施した．火山灰層の下位では底生種の出現率が高く，上位では底生種に代わって付着生種の出現率が急増する．種組成でみると，火山灰層の下位では浅い水域を好む底生の *Navicula* 属や *Pinnularia* 属が多く検出され，火山灰層を境にこれらの種群の出現率が低下し，挺水植物や抽水植物の茎などに付着して生活する *Eunotia pectinalis*,

Tabellaria fenestlata, *T. flocculosa*, *Synedra ulna* などの付着生種が増加した. このようにわずか 4 mm（平均）にも満たない火山灰の降灰により, 安定した止水域に突発的な異変を生じたことが, 珪藻分析によって確認された.

[珪藻が語る弥生時代の環境汚染] 愛知県朝日遺跡は弥生時代中～後期のころ, 中部地方屈指の環濠集落として栄え, 人口約 1,000 人を擁する弥生都市の一つであった. 珪藻分析では, 環濠内の堆積物から, *Nitzschia* 属, *Gomphonema parvulum* など水質汚濁に耐性のある種群（汚濁性珪藻）が多数検出された. 溝堆積物では, *Navicula menisculus*, *N. capitata*, *Cocconeis scutellum* などの富栄養型珪藻が多産した. 弥生時代に始まる人口集中と都市の出現は, 遺跡内部に多量の生活ゴミと汚物を蓄積させ, 周辺地域に著しい環境汚染を引き起こした. 朝日遺跡に認められた汚濁性珪藻と富栄養型珪藻の存在は, このような水質汚染を裏づけるものである.

[攪乱環境に進出したパイオニア] 水田は人間により管理され, 水位調整が行われる特殊な水空間である. ここにも珪藻類のいくつかが進出し, 限定された期間のなかで増殖を繰り返し種を存続させている. 安定した止水域に比べれば, 水田は珪藻にとって競争者の少ない環境であるが, 反面, 常に攪乱の危険をはらんだ水域でもある. 水田には現在でも好アルカリ・止水性で, 底生の珪藻群集が認められる. その大半は水温や溶存酸素の変動に強く, 水分欠乏に耐性のある水田指標珪藻である. 静岡県池ヶ谷・同御殿二之宮遺跡の弥生時代～中近世の水田耕作土からは, *Navicula cuspidata*, *Rhopalodia gibberula*, *Epithemia zebra*, *Stauroneis phoenicenteron* などの水田指標珪藻が優占して出現した. 畑作地では水分の枯渇はさらに著しく, 降雨と人為による不定期の灌水のみに頼り, わずかに陸生珪藻のみが生活している. 水田内や畑に進出した珪藻は, 人為による自然改変に伴って拡大した攪乱環境に適応した, μm 単位のパイオニア生物である.

◇コラム◇ 藻塩法を検証する

伊勢湾岸に位置する愛知県松崎遺跡では, 海水煎熬用の土器片がおびただしく出土し, 古墳時代から平安時代にかけて塩づくりが行われていたとされる. 製塩土器片を超音波で洗浄し, 器壁にこびりついていた珪藻を叩き出して顕微鏡下で観察すると, なかからは海藻に付着して生活する珪藻（写真）のみが多数検出された. この結果より, 歌によまれた「藻塩式製塩法」が, 海水濃縮の過程で実際に行われていたことが確かめられた（森, 1991）.

（森 勇一）

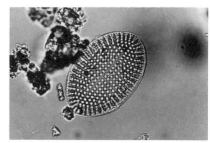

写真 海藻付着珪藻の顕微鏡写真（大きさ：40 μm）

[文 献]

森 勇一：考古学雑誌, **76**, 62-75, 1991.
森 勇一：新しい研究法は考古学になにをもたらしたか（改訂版）, クバプロ, pp.61-70, 1995.

貝
shellfish

[分 類] 色や形が変化に富み，美しい種類も多い貝（貝類）は，体が軟らかく外套膜に包まれている．大部分のものは，外套膜から分泌した石灰質の硬い殻をもっていて，軟体部を保護する役割をしている．貝類は殻をもつ軟体動物というグループに属し，無脊椎動物の一つの門である．体の仕組みや，貝殻の形態によって，無板類（殻をもたない仲間），多板類（ヒザラガイの仲間），単板類（ネオピリナなど1枚の貝をもつ仲間），腹足類（巻貝の仲間），斧足類（二枚貝の仲間），掘足類（角貝の仲間），頭足類（タコやイカ，オウムガイの仲間）の七つの綱に分けられている．

[化 石] 石灰質の貝殻は地層中で化石として残りやすく，多数の化石から貝類が地質時代にも大いに繁栄したことで知られている．そのなかで単板類が最も祖先的な形態を示し，古生代カンブリア紀初めに出現している．二枚貝類や，巻貝類，アンモナイトやベレムナイトなど頭足類のなかには，化石記録が特に豊富で，ある限られた地質時代にのみ汎世界的に繁栄したものが多く，進化学的にも生層序学的にも重要な示準化石となっている．

[分 布] 現生の軟体動物は世界中で10万種以上（一説には12万種以上）も知られ，節足動物に次いで種類数が多く，まだまだ多くの種が発見されずにいる．生息場所は地球上のあらゆる環境に適応し，深海から浅海域，河口から淡水域，陸上では森林や草原から乾燥地帯，さらに高山まで広い範囲にわたって分布し，繁栄をきわめている．特に浅い海には種類数も個体数もきわめて多くみられ，人類は古くから，食料として大量に利用するだけではなく，硬く厚い貝斧や貝篦，貝刃あるいは器などに使ったり，貝輪などの装身具や装飾品などさまざまに加工して利用してきた．それらの遺物が貝塚として残されている．

[貝 塚] 縄文時代は貝塚の時代といわれ，日本列島各地で約3,000か所に及ぶ多くの貝塚が形成された．これらの縄文貝塚から出土している貝類は，これまでに350種以上に達することが明らかにされている．そのうち大部分の種が食料資源として採集され，不要な貝殻は廃棄され貝塚を構成するものとなった．一方，地質古生物学では貝塚遺跡周辺低地に分布する海成沖積層（自然貝層）の貝類群集について，その種類組成を多数の資料と，^{14}C年代測定とを組み合わせて解析した結果，約1万年前の縄文時代草創期から現在に至る時期の内湾にみられる貝類群集の年代的・地理的分布の変遷が明らかにされている．それによると縄文海進により形成された内湾から沿岸水域に分布する貝類群集は，湖沼・河川の淡水域群集を含めて，河口などの内湾々奥から沿岸（外洋）に向かって，次のa～jの10群集に大別される．

①淡水域

a．湖沼や河川の砂泥底に生息する淡水域群集構成種：マシジミ，セタシジミ，イシガイ，マツカサガイ，オオタニシ，カワニナ，チリメンカワニナなど．

②内湾水域

b．海水と淡水が混じる潟や河口の汽水域に生息する感潮域群集構成種：ヤマトシ

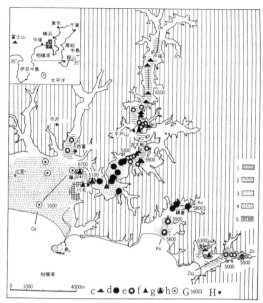

図 c〜g 貝類群集の水平的な分布（松島，1984）
縄文海進最盛期の三浦半島西岸・古大船湾およびその周辺の例．G：^{14}C 年代測定値，H：縄文時代の貝塚，
1：泥相，2：シルト相，3：砂相，4：砂礫相，5：埋没波食台．

ジミ，ヌマコダキガイ，フトヘナタリ，カワグチツボ，カワザンショウ，ミズゴマツボなど．

c．溺れ谷の最奥部の砂泥底に生息する干潟群集構成種：マガキ，ハイガイ，アサリ，オキシジミ，オオノガイ，ウネナシトマヤガイ，イボウミニナ，ウミニナ，ホソウミニナ，ヘナタリ，カワアイ，アラムシロガイ，ムシロガイなど．

d．湾奥〜湾央部の砂底に生息する内湾砂底群集構成種：ハマグリ，アサリ，カガミガイ，サルボウ，シオフキ，シオヤガイ，シラオガイ，アゲマキ，マテガイ，イボキサゴ，ツメタガイなど．

e．湾央部の泥底に生息する内湾泥底群集構成種：ウラカガミガイ，イヨスダレガイ，イタボガキ，アカガイ，トリガイ，ミルクイ，アカニシ，ヤカドツノガイなど．

f．湾内の岩礁に生息する岩礁性群集構成種：オオヘビガイ，マガキ，キクザルガイ，スガイ，カリガネエガイ，ウネナシトマヤガイ，ナミマガシワなど．

g．湾口部の砂礫底に生息する砂礫底群集構成種：イワガキ，イタボガキ，ウチムラサキガイなど．

③沿岸水域

h．湾外の沿岸部の砂底に生息する沿岸群集構成種：ベンケイガイ，チョウセンハマグリ，コタマガイ，ワスレガイ，サトウガイ，オキアサリ，ビノスガイ，バカガイ，ウバガイ，サラガイ，ダンベイキサゴ，キサゴなど．

i．湾外の沿岸部の砂泥底に生息する沿岸砂泥底群集構成種：イタヤガイ，ホタテ

表　内湾および沿岸における生息環境とb～i貝類群集の区分（松島，1984）

水域	沿岸水			内湾水					
地理的位置	湾の外側			湾口部	波食台	湾中央部		湾奥部	河口
底質	岩礁	砂泥質	砂質	砂礫質	岩礁	砂質	シルト～泥質	砂泥質	砂泥質

| 潮間帯 | | | | | | | | c.干潟群集
マガキ
ウネナシトマ
ヤガイ
ハイガイ
オキシジミ
イボウミニナ | b.感潮域群集
ヤマトシジミ
カワザンショウ
ヌマコダキガイ |

上部浅海帯　以下：

j. 外海岩礁性群集
　サザエ
　アワビ
　クボガイ
　バテイラ
　カコボラ

h. 沿岸砂底群集
　ベンケイガイ
　チョウセンハマグリ
　ダンベイキサゴ
　コタマガイ
　ワスレガイ

f. 内湾岩礁性群集
　オオヘビガイ
　キクザルガイ
　マガキ
　穿孔貝類

g. 砂礫底群集
　イワガキ
　イタボガキ
　ウチムラサキガイ
　イボキサゴ

d. 内湾砂底群集
　ハマグリ
　カガミガイ
　シオフキ
　イボキサゴ
　アサリ
　サルボウ

e. 内湾泥底群集
　ウラカガミガイ
　イヨスダレガイ
　アカガイ
　トリガイ
　シズクガイ

藻場群集
　チグサガイ
　シマハマツボ
　マキミゾ
　スズメモツボ

内湾停滞域群集
　シズクガイ
　チヨノハナガイ
　ケシトリガイ
　ヒメカノコアサリ
　マメウラシマ

i. 沿岸砂泥底群集
　イタヤガイ
　マツヤマワスレ
　スダレガイ
　ヤツシロガイ
　ナガニシ
　テングニシ

ガイ，フジナミガイ，ムラサキガイ，ウラシマガイ，ヤツシロガイ，トカシオリイレ，ミガキボラ，バイ，テングニシ，ナガニシ，ヒメエゾボラ，オオヒタチオビ，ツノガイなど．

j. 湾外の岩礁に生息する岩礁性群集構成種：サザエ，アワビ，クボガイ，ヘソアキクボガイ，ヒメクボガイ，クマノコガイ，コシダカガンガラ，バテイラ，イシダタミ，スガイ，レイシ，イボニシ，オオツタノハ，ゴホウラ，ボウシュウボラ，イモガイ類，タカラガイ類，オオヨウラク，チジミボラ，エゾチジミボラ，エゾアワビ，サルアワビ，ユキノカサ，イガイ，エゾイガイ，エゾキンチャクなど．

以上となり，内湾奥部から湾外の沿岸域にかけて分布するb～j貝類群集は，すべて潮間帯から上部浅海帯（水深20m前後まで）に生息する種で構成される．

これらの貝類群集の生態的特徴から，貝塚の組成種をみると，その立地や形成年代，地域によって特色をもって分布している．すなわち，溺れ谷や内湾沿岸に形成された貝塚は，ヤマトシジミ，マガキ，ハイ

ガイ，アサリ，シオフキ，カガミガイ，ウミニナなど感潮域・干潟・沿岸砂底群集の構成種よりなる．時代的にみると縄文早期～前期の貝塚は干潟群集構成種が，中期～後期は沿岸砂底群集構成種が主体になり，種組成に違いが認められ，内湾浅海底の環境変化の様子を反映している．外洋に面する沿岸に位置する貝塚は，早期～前期のものがまれで，主に中期以降のものが多く，そこでの貝類組成はベンケイガイ，チョウセンハマグリ，ワスレガイ，サトウガイ，バカガイ，ダンベイキサゴなど沿岸砂底群集構成種で占められる．特に，北関東以北ではホタテガイ，ウバガイ，サラガイ，ヒメエゾボラなどの寒流系種が含まれ，北海道ではこれら寒流系種が主体の沿岸砂底群集で占められる．岩礁海岸に立地する貝塚は，前面の岩礁帯に生息する岩礁性群集構成種よりなる．これらの種組成は，北海道では寒流系の岩礁性群集構成種からなり，琉球列島ではサンゴ礁やその周辺に生息する熱帯～亜熱帯種で占められ，各地域の特色を読み取ることができる．

貝の成長線から狩猟シーズンを決める科学的手法については，「動物遺体」の項を参照のこと． (松島義章)

昆　　虫
insect

[特　性]　昆虫は，節足動物門の昆虫綱 Insecta に属し，頭部・胸部・腹部の3部分よりなる．種数が多く，環境によるすみ分けが明瞭である．なかでも鞘翅目 Coleoptera はすべての昆虫のなかで最多の種数を誇り，硬化した外骨格を有するため土中に埋もれた後，保存されやすい．このため，遺跡中から産出する昆虫は鞘翅目を主体に，半翅目 Hemiptera，双翅目 Diptera などにより構成される．昆虫のほとんどは年一化ないし二化性であり，世代交代が速く，かつ歩行・跳躍に適した3対の脚と飛翔用の2対の羽根を有し，移動能力が高いこともあって環境変化に対する応答性が鋭敏である．また，他の微生物化石に比べて死後の移動が少ないことから，示相化石として重要である．

[試料の採取と保存]　昆虫化石（昆虫遺体ともいう）は，主に木製品・植物片などを挟在する泥炭層や腐植質シルト層などに含有される．昆虫分析用の試料は，層位ごとに10～15kg程度（湿潤重量）採取し，ビニル袋に入れ乾燥しないよう保存する．分析・同定後の標本は，エチルアルコール（50％）を十分噴霧した後，土ごと小型ケースに入れビニルテープで密封し，さらにタッパーなどの気密性の高い容器に収納して冷暗所に保管する．

[抽出および分析方法]　昆虫化石の抽出は，ブロック割り法（野尻湖昆虫グループ，1988），水洗浮遊選別法（宮武，1993）などにより実施する．ブロック割り法は，分析試料を細かく（薄く）割りながら昆虫を検出する方法である．水洗浮遊選別法は，試料（100～200g）を水中で泥化させ，これをバットにあけた後，水を注ぎ，浮遊する昆虫片をガーゼなどですくい取る方法である．いずれも昆虫の外骨格表面の金属光沢に注意しながら，単眼顕微鏡（20倍程度）などを利用して検出する．標本の同定は，実体顕微鏡下で現生標本と比較しながら実施する．解析には，以下に示したような指標昆虫に注意する．

[気候推定の指標昆虫]　第四紀更新世は気候の寒暖が著しかった時代に当たる．昆虫化石を利用した古気候についての研究は北ヨーロッパを中心に古くより行われ，多くの成果が得られている（Coope et al., 1971 ほか）．わが国でも，北海道の道東からサハリン・中国東北部にかけての亜寒帯地域に生息するクロヒメゲンゴロウ（近似種を含む）や，亜寒帯～冷温帯に分布するネクイハムシ類などが最終氷期の宮城県富沢・岩手県大渡II遺跡および前期更新世の三重県多度町の地層中より確認され，この時期の気候が寒冷であったことが推定されている（森，1999）．また，愛知県朝日・松河戸両遺跡の縄文時代中期（約4,500～5,000年前ごろ）の地層からは，長野県軽井沢を南限とする冷温帯性のコウホネネクイハムシを産出し，縄文中期の寒冷期の存在が明らかになっている．一方，温暖種については，北海道納内6丁目付近遺跡の縄文時代早期の地層から，主に暖温帯性のアカスジキンカメムシなどが知られている（八木ほか，1990）．

[植生環境の指標昆虫]　昆虫の大部分は植物に依存して生活している．食植性昆虫

は，植物を食する昆虫の総称であるが，このうち加害植物が広範にわたるものを広食性昆虫，特定の植物のみを食害するものを狭食性昆虫という．後者の場合は，発見された昆虫の種が同定されると，化石を含有する地層の古植生を復元することが可能となる．愛知県松河戸遺跡の縄文時代中期の地層からは，カナブン，コクワガタ，ハナムグリ亜科などの森林性の昆虫を多産した．また宮城県富沢遺跡の旧石器時代の地層からは，スジコガネ，キンスジコガネなどの針葉樹を食する昆虫化石が発見されている（森，1999）．このように食植性昆虫の存在は，過去の植生環境を考えるうえで重要な手がかりを与える．

[汚物集積の指標昆虫] 昆虫のなかには獣糞や人糞を餌として生活するものがいる．食糞性昆虫と呼ばれる虫がこれに当たる．食屍性昆虫は，腐肉，生活ゴミ，動物の死体などに集まる昆虫である．人間が集中居住していたとされる弥生時代の環濠集落内や奈良・平安時代の官衙跡などからは，しばしばこれらの昆虫を多産する．弥生時代の拠点集落として知られる愛知県朝日遺跡では，弥生時代中期の溝堆積物から食糞性昆虫を優占する昆虫群集が得られている．オオマグソコガネ，コブマルエンマコガネ，エンマムシ科などの食糞性ないし食屍性昆虫に加え，同じ地層から汚濁性珪藻や寄生虫卵なども多数検出された．このように朝日遺跡の昆虫組成は，人間を含め動物性の糞便や腐肉・生活ゴミなどに由来する，人為度の高い環境下に生息する昆虫群（都市型昆虫）で占められた．この結果，弥生時代中期の同遺跡周辺は過度の人口集中に伴う汚染度の高い人工空間であったことが明らかになった（森，1995）．

[栽培および農耕の指標昆虫] 人が農耕を開始して以来，自然界に生息する昆虫のいくつかは農業害虫として人類の敵に回ることになった．イネネクイハムシ（写真1）やイネノクロカメムシは，水稲を加害する稲作害虫として知られる．静岡県池ヶ谷遺跡では，弥生時代後期から江戸時代に至る数多くの水田跡が検出され，ここからは水田層を中心に多数の稲作害虫が発見された．イネネクイハムシは，池ヶ谷遺跡のみならず日本各地の水田層より産出しており，大阪府志紀遺跡では農耕開始間もない弥生時代前期に，本種がすでに水稲を加害していたことが明らかになっている（森，1994）．畑作害虫では愛知県大毛沖遺跡ほか（中世）より，おびただしい数のヒメコガネが捕殺され，畑の畝の周囲に穴を掘って埋められた状態で発見された．

写真1 稲作害虫イネネクイハムシの左鞘翅（4 mm）．愛知県大毛沖遺跡（古墳時代）

◇コラム◇ショウジョウバエの蛹と酒造
　青森県三内丸山遺跡は，巨大木柱や多数の建物跡が発見されるなど，従来の縄文観を書き換える大発見が相次いだ遺跡として

知られる．ここでは縄文時代の谷の堆積物中より，ニワトコやキイチゴなどの種子が密集した状態で検出され，これに混じって樹上性のショウジョウバエの蛹の抜け殻が多数確認された．ショウジョウバエは発酵した果実に集まる習性があることから，これらの種子は酒造に利用された可能性が高いと考えられる（森，2000）．

◆トピックス◆中世都市の穀倉を物語る貯穀性昆虫

愛知県清洲城下町遺跡は，織田信長の居城として有名な中世後期の清洲城を中心に，古代から江戸時代にかけての複合遺跡である．本遺跡の立地する五条川の河畔は，砂地盤で構成されており，そのため昆虫分析をはじめ古環境復元に有効な資料は従来乏しかった．このほど16世紀末～17世紀初頭の遺物を挟む円形土抗の埋土を水洗浮遊選別してみると，このなかに微小昆虫が含有されることが明らかになった．

これらの微小昆虫を詳細に調べた結果，コメやトウモロコシなど貯蔵された穀物を加害するコクゾウムシ（写真2）や，主に穀粉，菓子など穀粉加工品を食べるノコギリヒラタムシを中心に，各種穀類を加害するコクヌスト，コクヌストモドキなどの貯穀性昆虫が多数確認された（森，2001）．

清洲城下町は，この当時「関東の巨鎮」と呼ばれ，5万人とも10万人ともいわれる大人口を擁する中世都市であったとされる．人々の生活には，多量の食糧とそれらを運搬する陸路や水路，貯蔵施設の存在が不可欠であったに違いない．

江戸時代に描かれたとされる尾張名所図会によれば，五条川に面した堤防上に「クラヤシキ」という記述があり，こうした蔵屋敷に併設された穀物倉庫が実在した可能性も考えられる．穀物を食べるコクゾウムシやノコギリヒラタムシをはじめ多数の貯穀性昆虫の発見は，清洲城下町遺跡の町並み復元をはじめ，中世都市「清須」の実像を解明するうえで大いに期待されている．

（森 勇一）

[文 献]

宮武頼夫：第四紀試料分析法2．日本第四紀学会編，研究対象別分析法―昆虫類，東京大学出版会，pp.321-331，1993．

森 勇一：第四紀研究，**33**，331-349，1994．

森 勇一：新しい研究法は考古学になにをもたらしたか（改訂版），クバプロ，pp.71-84，1995．

森 勇一：縄文文明の発見，PHP研究所，pp.154-181，1995．

森 勇一：国立歴史民俗博物館研究報告第81集，国立歴史民俗博物館，pp.311-342，1999．

森 勇一：考古学と自然科学（日本文化財科学会誌），**38**，29-45，2000．

森 勇一：家屋害虫（日本家屋害虫学会誌），**23**，23-40，2001．

野尻湖昆虫グループ編：昆虫化石ハンドブック，グリーンブックス138，ニュー・サイエンス社，126 p.，1988．

八木 剛，大築正弘，昆虫研究会：深川市納内6丁目付近遺跡II，北海道埋蔵文化財センター，pp.277-288，1990．

写真2 コクゾウムシの左右鞘翅と，胸の部分（3 mm）．清洲城下町遺跡

動物遺体
animal remains

[概　要] 動物遺体には，ニホンシカやイノシシの獣骨，鳥骨，マダイやスズキなどの魚骨，アサリやハマグリなどの貝殻などあらゆる動物起源の遺物のほか，派生物の糞石や足跡なども含まれる．北海道から沖縄まで日本各地から出土し，狩猟採集民にとって貴重な食料資源としてさまざまな情報を提供している．

[動物遺体の発掘] 動物遺体の分析は，遺跡での発見状況の把握から始まる．まず出土層位を確認し，同一面から出土した一括遺物に特に注意する．自然堆積物である砂層の介在や，休止面の検出によって「廃棄単位」を推定することも重要である．貝層の場合には，貝殻成長線に基づく季節推定法により，貝層が堆積された季節を指標に，貝層の堆積速度を推定することもできる．

[種同定] 種の同定は生物学的・形態学的な基礎に立って行う．まず部位の同定をしてから，どの動物群（taxon）に相当するかをみて，次に種の同定を行う．同定に当たっては，できるだけ種名や産地の明記された現生骨格標本と比較参照する．あるいはE. Schmidの"Atlas of Animal Bones"や『古文化財に関する保存科学と人文・自然科学』などの図説に従う．学名のつけ方は，国際命名規約にのっとり，正確に記載する．また出土部位が限られ，種名を正確に決められない場合には，確実な段階，たとえば目や属まで明記し，sp.（speciesの略）とする方がよい．

出土数の記述は，ある種またはtaxonの出土数を，部位ごとに記載する．これを層単位ごとに集計するが，通常，最小個体数（MNI：minimum number of individuals）法が用いられる．このようにして数えられた個体数は，あくまで遺跡に残された最小値であり，貝合わせ法，またはペアリング法など，確率論的に保存率を算定して，当初遺跡に廃棄された個体数を算定する方法もある．

動物遺体には，その動物がどのように人間に処理されたか，捕獲・解体・調理・廃棄に至るまでの情報が記されている．たとえば，生前は骨同士が靭帯によって結合し関節を形成しており，死後そのまま放置されれば生前と同じ位置に発見されるが，解体すれば位置関係はバラバラなものになる．どのような過程で解体されたかは，各部位の集積の仕方や出土地点の違いによって，あるいは靭帯を切断する際に骨に残る解体痕からも推測できる．また，解体後どのように分配されたか，あるいは交易されたかを推測する試みもある．

関節部を伴う完形に近い標本の場合には，長さなどの計測を行い，サイズの時代変化・地域変化を調べる．計測法に関しては，von der Drieschの"Measurement of Animal Bones"が参考になる．サイズ変化には，環境要因のほか，捕獲圧も関連すると考えられている．雌雄を同定することは，性的二型をもつ動物の場合，外見的には明瞭であるが，骨標本からは困難な場合が多い．このような性判別や近縁種間の同定には，計測後，薄板スプライン関数法などの相対成長要因を加味した統計法によって区別する試みもある．

[齢査定] 遺跡出土の哺乳類の下顎を用いた齢査定には，観察法と年輪法がある．観察法の調査項目は，①歯の萌出・交換，②歯頸線の出現状況，③咬耗指数，④歯冠高の計測の4項目である．歯の咬耗はM1→M2→M3の順に進行し，おおよそM1は0.5〜4.5歳，M2は1.5〜8.5歳，M3は2.5〜18歳にかけて進行する．咬耗指数は，萌出直後を6（M1，M2）または7（M3）とし，歯冠部がほぼ消失した状態を0とし，その中間段階は咬合面（磨滅面）の象牙質の連続状況で判定される．年輪法は，歯のセメント質年輪，あるいは成長の速いものでは象牙質年輪を用いる．明瞭なセメント質年輪像を得るには，固くて透明感の残っている歯が適し，歯根表面がチョーク化している標本では困難である．透明層（年輪）は11月から沈着が開始され，3月末には約20〜30μmに達する．夏期のセメント質成長層は5〜10月にかけて200μm近く形成される．最外層の状況によって，死亡季節を推定することが可能である．

[貝殻成長線] 貝殻を切断し，切断面のエッチング（希塩酸による表面脱灰）を行い，顕微鏡下で観察すると，貝殻成長線が確認できる．この貝殻成長線の形成周期は，潮間帯上部に生息する貝では，潮汐が成長線形成に大きく影響するが，下部に生息する貝では，体内リズムをもとに成長線が形成される．ハマグリなどの貝殻の季節的な成長変化をみると，成長の速い時期には1日に100〜200μm成長するが，冬期になると15〜30μmの遅い成長が続き，明瞭な冬輪を形成する．この貝殻成長線は，貝殻の先端部の成長をみて，貝の採取季節が推定できる．純貝層など多量の貝を含む層では，採貝盛期は4〜6月に採取された貝が大半であった．またこの貝殻の示す季節性は，その貝層の堆積された季節を示すことになり，春〜夏および休止期を「年単位」として，生業日誌（exploitation diary）を推定する手段にもなる．

貝殻成長線は，酸素同位体比法による古海水温度測定にも応用されている．たとえば外洋性のチョウセンハマグリを用いた研究では，縄文時代早期前半に相当する9,000年前には海水温がかなり低かったがその後早期から前期にかけて現在よりも約3°C高い値を示した．一方，中期になると一旦海水温度が下がり，縄文時代がいつも温暖であったとは限らないことを示した．

[古代DNA] 化石包含層や考古遺跡から発見される骨化石を用いたDNA分析は，古代DNA（ancient DNA）と呼ばれ，近年よく報告されるようになった．遺跡出土の動物遺体は破片が多く，種同定が困難である．これに対し古代DNAによる種判別は正確で，さらに個体群レベルや個体レベルの遺伝情報の解析も可能であり，家畜動物の起源や有用動物の個体群動態などさまざまな先史生態学の新分野を展開している．DNA分析用試料のサンプリングの際は，サンプル間の混入が起こらないよう細心の注意が必要である．最も分析に適した部位は，周囲の堆積物からの混入も少ない「顎骨に挿入されていた歯」といわれている．以下，分析法の例の一つを紹介する．表面の汚れをデンタルドリルで削り落とし，EDTA溶液で洗浄する．次にデンタルドリルで歯根部の内部，あるいは歯根表面のセメント質を約200〜500mg削り取る．骨試料は，脱灰溶液としてEDTA，界面活性剤の10% SDS，タンパク質分解

酵素のプロテナーゼKを加えてローテイター上で攪拌しながら十分インキュベートする．骨試料からのDNAの抽出には，ガラスビーズを使い，カルシウム分や水溶性の不純物を避けDNAを吸着する方法が適している．前処理として，GuSCN（チオシアン酸グアニジン）溶液あるいはCTAB（セチルトリメチルアンモニウムブロミド）の分解を組み合わせることもある．ancient DNAキット（QBIOgene社製）として市販されているものもある．

[生業動態] 生業動態分析（exploitation dynamic analysis）は，先史時代人の人口状況と対象動物の変動を調べながら，動物資源の供給状況が先史時代人の生業活動にどのような影響を及ぼしたかを解析しようとするものである．その影響はまず，「食料の選択性」に現れてくると予想される．豊富な食料資源下の人々は，栄養価が高く美味な"favourite foods"や"primary foods"を主要な食料とする．primary foodsには，採取効率がよく資源的に安定しているシカ，イノシシなどが選ばれる．人口が増加し必要食料が環境収容力レベルに達すると，資源的には不安定でも一時的に高い生産量をもつものがより重要になってくる．このような"secondary foods"としては，多産なイノシシやタヌキ，キツネ，ウサギなどの小型獣，高い再生産力をもつ貝類や魚類が考えられる．環境収容力をこえてさらに人口が増加した場合には，"occasional foods"として，貯蔵用のトチの実やカエル，ネズミなど小型動物まで手をつけなくてはならなくなるであろう．このように当時の食料対象動植物リストを復元することは，生息環境が提供する食料資源をどの程度まで利用していたかを調べるにとどまらず，生業動態を探る重要な基礎的作業の一つとなる．

人口増加の影響が最も直接的に現れるのが，捕獲圧である．食料資源の豊富な時期では，ヒトの捕獲は対象動植物にそれほど影響を与えないが，特定種を過剰に捕獲すると若齢化の影響が現れてくる．このような捕獲圧は，前に述べた年齢構成を調べると正確に推定することができる．

生業の季節性も動物資源の利用状況によって大きく変わると考えられる．本来，捕獲季節は対象動物の生態的特徴に合わせて最も効率のよい季節に集中するものである．しかしながら特定種への依存度が高まると，より長期的にあるいは周年採集する傾向が現れる．たとえば古東京湾湾奥部に形成された黒浜期貝塚群の例では，黒浜初期のヤマトシジミは大型貝が多く捕獲圧はそれほど高くなく，採集季節は盛期の春～夏季のものが多かった．黒浜中期になるとヤマトシジミの採集季節は周年に及び，小型化し未成熟個体が大半を占めるようになり，乱獲状況に陥ったと推測される．このように捕獲圧と捕獲の季節性は相関することが多く，ヤマトシジミのような資源量の比較的小さい種では，地域絶滅に至るほど甚大であったことを示唆している．

（小池裕子）

[文 献]

Koike, H.: Prehistoric Hunter-Gatherers in Japan, The University Museum, The University of Tokyo, Bulletin, **27**, 27-53, 1986.

小池裕子：国立歴史民俗博物館研究報告，**42**, 1-30, 1992.

文部省科学研究費特定研究総括班：古文化財に関する保存科学と人文・自然科学，1984.

Schmid, E.: Atlas of Animal Bones, 159pp., 1972.

炭素・窒素同位体比による食性解析
dietary analysis using carbon and nitrogen isotopes

[対象試料] 人骨，獣骨，魚骨，植物遺体，現生の動植物．

[目的] 炭素は質量の異なる同位体として^{12}Cを98.9%，^{13}Cを1.1%含んでいる．窒素も^{14}Nを99.63%，^{15}Nを0.37%含み，いずれも生態系に広く存在している．人骨のコラーゲンに含まれるこれらの元素の同位体組成がもっぱら餌の同位体組成を反映して微少に変化することを用いて，利用した食物の種類や利用の割合を推定することが目的である．

[原理] 植物は炭酸同化型の違い，窒素吸収時の同位体分別の違いになどによってその炭素と窒素の同位体濃度が大きく異なる．動物も餌の種類が個体ごとに異なるうえ，食物を食べる過程でも同位体分別が起こるので同位体組成はさらに変化が増し，結果として生態系のなかには個体，種，食地位の違いにより同位体組成が異なる生物資源が多数存在する．人は何らかの形でこれらの生物資源を利用して生体の維持を行っているから，その身体の組織は，食物の違いに応じて異なる同位体組成を示す．そこで，人体組織の同位体組成を分析して，その個体が利用した食物資源の種類と利用程度を推定することが可能となる．

[対象試料] 骨や歯などを分析対象とし，特に部位は選ばないが，ふつう数g必要である．またその個体が生前に食物として利用した可能性のある主要な食資源の炭素，窒素同位体組成も復元しておく必要があるので，遺物試料や現代の野生動植物試料の可食部が研究対象となる．

[分析と装置] 人骨からコラーゲンを含むゼラチン画分を抽出し，その$^{13}C/^{12}C$と$^{15}N/^{14}N$を測定する．同位体組成の測定は気体用同位体比質量分析計で行う．試料中のタンパク質などを燃焼して炭素をCO_2，窒素をN_2に定量的に変換する．得られたガスを分析計に導入し，参照用の標準ガスと比較しながら同位体比を精密測定する．分析結果は以下の式を用いて国際標準物質に対するδ値として得られる．

$$\delta = \{R_{試料}/R_{標準物} - 1\} \times 1000$$

ここで，Rは$^{13}C/^{12}C$または$^{15}N/^{14}N$を表し，δの単位は千分率（‰：パーミル）である．標準物として炭素はPDB（ノースカロライナ州産のベレムナイト化石），窒素は大気中の窒素ガスを用いて算出する．

[食物資源のδ値分布] $\delta^{13}C$は大まかに4種類の植物資源を区別する．C3植物，C4植物，CAM植物，そして海洋プランクトンなどの水生植物である．また一般に植物の$\delta^{15}N$は大気の値に近いが，食物連鎖の上位にいる海産動物の$\delta^{15}N$は非常に大きくなる傾向がある．人が利用する動植物試料のδ値はさまざまであるが，一般的な$\delta^{13}C$，$\delta^{15}N$の範囲を示すと表のようになる．先史時代の食物の同位体組成をできるだけ正確に復元するためには，遺跡から出土する生物遺体（獣骨，魚骨，種子，食物残滓など）を分析するだけでなく，現在の自然資源を分析した結果を合わせて可能性のある資源全体のδ値を知ることが重要である．その際，現生の炭素は化石燃料起源の軽いδ値をもった炭素で希釈されていることや，生体組織によって同位体組成に違いがあることなどに注意が必要で

表 食物資源のδ値分布

食資源グループ	タイプ	代表的な資源	$\delta^{13}C$ (‰)	$\delta^{15}N$ (‰)
陸上植物	C3型	ドングリ, クリ, イモ, コメ, ムギなど	$-29\sim-25$	$-2\sim6$
	C4型	ヒエ, アワ, キビ, トウモロコシなど	$-9\sim-12$	$-1\sim5$
	CAM	サボテンなど	~-15	$5\sim6$
陸上動物	草食動物	シカ, イノシシ, ウサギなど	$-24\sim-21$	$3\sim6$
	肉食動物	イヌ, キツネ, ヘビなど	$-22\sim-19$	$5\sim8$
水生植物	海藻	コンブ, 藻類	$-18\sim-15$	5
海産動物	軟体動物	シジミ, アサリ, ハマグリ, タコなど	$-16\sim-13$	$6\sim10$
	魚類	サケ, マス, タイ, フナなど	$-14\sim-11$	$8\sim11$
大型海産動物	哺乳類, 大型魚類	アザラシ, オットセイ, イルカ, マグロなど	$-14\sim-10$	$13\sim19$

ある.

[利用食物のδ値の推定] 人骨の$\delta^{13}C$はだいたい$-21\sim-10$‰, $\delta^{15}N$は$6\sim20$‰の範囲をとる. これは利用された食物のタンパク質の一部が骨の構成に用いられたと考えることができる. そこで, 食資源のδ値と比較する前に, 食べられ消化された食物(本書では利用食物と表示する)の値を計算しておく必要がある. 現代人については以下の値が得られている.

$$\delta^{13}C_{食物}=\delta^{13}C_{骨コラーゲン}-2.8$$
$$\delta^{15}N_{食物}=\delta^{15}N_{骨コラーゲン}-5.2$$

これにより骨の分析値から骨の形成期間に利用された食物の$\delta^{13}C$, $\delta^{15}N$を推定することができる. 骨の形成や組織の更新には数年〜30年かかるといわれているので, ここに反映される食物は人の生涯のかなりの部分で利用された食物の平均像を意味すると考える. 人体組織として毛髪や爪を用いると, さらに短い期間(月単位)の食物の値を調べることができる.

[食性復元] このように推定された利用食物のδ値が, 特定の食物資源のδ値に近ければ, その資源を生前に利用していたと考えることができる. 縄文人の$\delta^{13}C$, $\delta^{15}N$は海産動物資源と植物資源の間にほぼ直線的に分布するが, その利用の程度は, 両資源の値にどれだけ近いかで特徴づけられる.

複数の食資源の利用割合を定量的に推定するために, モンテカルロ法を利用して確率論的に依存割合を求められる. この方法の手順は, ①人骨と食物資源のδ値を特定, ②仮想的な資源の摂取割合をランダム関数でつくり, 多様な利用組み合わせを与える. 得られる人骨の同位体をマスバランスにより求める, ③人骨の分析結果と計算による結果を比較し, 一致する組み合わせを選択, ④その組み合わせで得られる熱量/タンパク質の摂取比を計算し, 栄養学的に可能かどうかを判別する, ⑤可能な組み合わせの頻度分布を得る. これにより得られる結果は, 各々の資源のタンパク質の利用割合で得られる. これから食料の重量や熱量を換算するためには, それぞれの成分とタンパク質との換算係数を求め

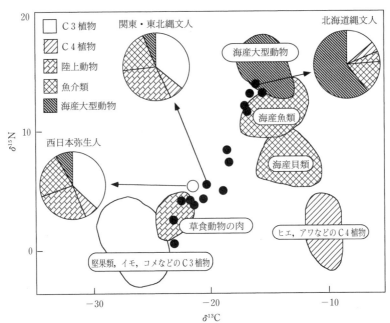

図 日本の先史人（●：縄文人，○：弥生人）の利用食物およびいろいろな食物資源の同位体組成 円グラフは同位体組成から復元した食物利用割合（タンパク質の利用源を％で表示）．

る必要がある．

[応用例] 本州縄文人，西日本弥生人，北海道縄文人について分析を行って求めた利用食物の $\delta^{13}C$，$\delta^{15}N$ を食資源の分布範囲とともに図示し，それから推定した食物利用割合をタンパク質の依存％で表した．

[課題と評価] 食資源の δ 値は試料ごとに大きくばらつくので，定量解析に用いる資源グループの代表値をどのように決めるかが重要な問題である．特定の調査地域の資源の実測値が小数であるときは，むしろその値にとらわれるより一般的な代表値を用いた方がより確度の高い結果となるかもしれない．そのグループのタンパク質と重量や熱量との換算係数をどのように選ぶかが難しい問題である．遺物の出土頻度から資源の構成で重みづけて平均値をとるなどの工夫が有効であろう．食資源が多数だと利用割合の推定値は誤差が大きくなる．しかし，個体間や集団間に見出される同位体比の差は正確に食性の違いを反映しているので，相対的な違いを論ずることはきわめて有効である．

（南川雅男）

プラントオパール分析
plant opal analysis

[原理] 人類の主食になる穀類はイネ科植物の種子である．イネはもとよりムギ類，アワ，ヒエ，キビ，トウモロコシ，モロコシなど各民族が主食として利用しているこれらの植物は，すべてイネ科植物に属している．

農耕の起源あるいは伝播にかかわる問題を実証的に追究しようとする場合，過去に存在したイネ科植物の痕跡を探索・検出する方法を確立することが必要である．イネ科植物はケイ酸植物といわれるほどケイ酸 SiO_2（ガラス質）を多く吸収することが知られている．吸収されたケイ酸の大部分は特殊な細胞壁に集中的に沈積する．この特殊な細胞を植物学では植物ケイ酸体と呼んでいる．このようなガラス質細胞はイネ科植物に多く含まれている．これらの草類は，他の植物がもつ木質部の代わりにガラス質細胞（植物ケイ酸体）をもっていて，これが植物体を支える骨の役割を果たしている．イネ科植物が枯死すると，やがて土中に埋もれ有機物部分は分解してしまうが，植物ケイ酸体は科学的に安定なケイ酸質であるため，長期間土中に残留して一種の土粒子（一種の微化石）になる．このような植物に由来する土粒子のことを土壌学ではプラントオパールと呼んでいる．植物ケイ酸体は細胞の一種であり，大きさは $50\,\mu m$ 前後と小さく肉眼では観察できない．この植物ケイ酸体のなかでも機動細胞ケイ酸体は比較的大型であり，ケイ酸の沈積層も厚い．さらにこの機動細胞ケイ酸体は特異な形状をしており，その形状が植物種によって異なることがわかった．プラントオパール分析法はプラントオパールの特性を利用し，古い時代のイネ科植生を解明しようとする新しい古代植生分析法である．

[土壌定性分析法] 定性分析法は，試料に含まれるプラントオパールの給源植物種を知る方法である．プラントオパール分析を効率的に進めるためには試料の濃縮を行う必要がある．機械的濃縮法は土粒子を粒径によって選別する．プラントオパールの大きさは $100 \sim 10\,\mu m$ の範囲に入るので，$100\,\mu m$ 以上の粒子と $10\,\mu m$ 以下の粒子を除く必要がある．この場合はストークスの法則を応用し，静水中で試料を沈下させることにより必要な粒径試料のフラクションを分離することができる．機械的濃縮を経た試料に，光学的濃縮を加える．これは，光学的処理により顕微鏡で観察したとき，不必要な粒子をみえなくする（マスキング）方法で，試料の偏光特性を利用する方法と封入剤の屈折率を利用する方法を組み合わせて行う．

[土器胎土定性分析法] 土壌を分析試料にする場合，その土層の堆積した時代を特定するのは意外に難しい．一般的には，土層の堆積状況，遺物・遺構の検出状況，さらに自然科学的な方法による絶対年代データを総合し，その土層の堆積年代を推定するしかない．放射性炭素などによる絶対年代測定法が確立される以前，考古学は層序学による比較文化学的方法で時代区分を行っていた．その際，基準になったのは土器である．現在でも，土器は各時代を決める指標であることに変わりはない．そういう意

味では，土器こそ時代（文化相）の決め手である．

土器はいうまでもなく土でつくられている．アジアの国々には，今でも土器をつくり，日常的に販売，使用しているところがある．その土器づくりをみると，胎土になる粘土は水田からとられている．当然，この土器胎土にはイネのプラントオパールが含まれている．土器と陶磁器の違いは，その焼成温度にある．陶磁器が 1,000℃ 以上の温度で焼かれるのに対し，土器の焼成温度は 500〜800℃ である．1,000℃ 以下の温度では，土のなかのガラスは溶融せず，ただ固結するだけで，いわゆる素焼きといわれる状態になる．この状態では，ガラスは溶融せず，したがってプラントオパールも，そのまま土器のなかに残っているはずである．土器胎土からプラントオパールが検出されれば，そのプラントオパールは土器がつくられる以前に存在していた考えるほかない．焼成温度が 500〜800℃ 以下の土師器，弥生式土器および縄文式土器の胎土からプラントオパールを抽出する手法は，出力の高い超音波を利用して行われる．

[定量分析法] プラントオパール分析により土壌中に含まれる植物種の同定だけでなく，その量的関係が把握できれば，古植生復元に関する情報量は飛躍的に増えることになる．プラントオパール定量分析方法の特徴は，プラントオパールと大きさ・比重が近似している人造ガラスビーズをあらかじめ試料に添加し，これをインディケータとして，相対的にプラントオパール密度を計測するところにある．

一方，植物体に含まれるケイ酸体の密度は，それぞれ一定の密度値をもっている．ケイ酸体密度の逆数は植物ケイ酸体係数と呼ばれ，機動細胞ケイ酸体 1 個に対する植物体重を表すことになる．イネの場合は地上部乾重に対して 6.3×10^{-6}g，イネ籾重に対して 1.3×10^{-7}g という値になる．土壌試料に含まれる各植物のプラントオパール密度が計算されると，その値に各植物のケイ酸体係数を乗ずることになり，その土層で生産された植物体量を求めることができる．この結果，たとえばイネが生産された土層を分析的に探査することが可能になり，合わせてそこで生産されたイネ籾総量の推定もできるようになった．

[生産址の事前探査] プラントオパール分析法の開拓により，考古学的試掘の段階で分析試料を採取し，水田址など生産址の包蔵域を事前探査することが可能になった．日本では 1980 年代以降，同分析法により，少なくとも縄文文化後期まで稲作痕跡が遡ることが明らかにされ，また遺跡の自然探査を行い，数多くの水田遺構が検出されるなど，古代農耕史の解明に成果をあげている．

◆トピックス◆

中国など国外でも，この分析法が注目されるようになり，稲作の起源や伝播に関する新しい知見が得られつつある．たとえば，1995 年，日中共同研究として行われた蘇州の草鞋山遺跡における馬家浜文化中期（紀元前 4000 年）の列状水田発掘はその成果の一つである． 〔藤原宏志〕

植物のDNA
DNA of plant tissues

[概　要]　植物の体は無数の細胞からなり，またそれら細胞の多くは同じDNAのセットをもっている．DNAは，植物の形態や機能を決める設計図のような役割を果たす高分子化合物で，自分と同じコピーを正確に複製する機能をもっている．DNAは細胞中の核にその大部分が集まっているが，核外のミトコンドリアや葉緑体にも一部が存在する．これらのうち，核のDNAは両親から均等に伝達されるが，核外のDNAはどちらか一方の親だけから子に伝達される．多くの高等植物では，それらは母親から伝達される．

[植物遺体のDNA]　考古遺跡から出土する種子，木片，葉などの植物遺体のなかには良好な状態でDNAを残しているものが多くあり，それを分析することで属，種，さらには品種レベルで解明できるようになってきた．また個体識別も可能となり，たとえば，2槽の丸木舟，2体の仏像が同じ材に由来するかどうか，といった分析も可能である．また技術の発達に従い，より微量のサンプルで分析ができるようになり，数 mg の遺物からでもDNAを取り出すことができるようになってきた．

同じ個体の細胞は，原則的に厳密に同じDNAのセットをもっているが，根，樹皮の直下の組織などからのDNAの抽出は避けた方がよい．種子の場合，多くがいわゆる炭化種子であり，あたかも燃えてしまったかのようにみえることがある．だが，炭化のメカニズムは不明で，炭化種子のすべてが燃焼によってできたわけではない．

抽出されたDNAは，それを鋳型DNAとしてPCR（ポリメラーゼ連鎖反応）で増幅させる．遺体に含まれるDNAはごく微量であるため，DNAの抽出・増幅にはさまざまな工夫や注意が必要となる．

[炭化米のDNA]　日本や中国の遺跡からは多数の炭化したイネ種子が出土するが，その多くは黒変の度合いが著しく，炭化米と呼ばれている．最近では炭化米からもDNAがとれるようになり，イネ品種の遺伝的特性が詳しくわかるケースが増えてきた．こうした炭化米1粒から抽出したDNAをPCRし，電気泳動して得たのが図（左）である．右から2番目のレーンには，葉緑体DNAにある69塩基の欠失（DNAの切り欠け）を含む断片が検出されている．この欠失はインディカ品種には90%近くの頻度でみられるが，ジャポニカ品種には数%しかみられない．これを利用するとインディカ，ジャポニカの判定ができる．図（右）に明らかなように，現存のインディカ品種（左から3番目のレーン）は，その欠失のために，現存のジャポニカ品種（左から3番目のレーン）より少し低い位置にバンドを産生している．また，図（右）右側3本のレーンに置かれた炭化米のDNAのバンドは現存のジャポニカ品種の位置と同じである．このことから，この炭化米はジャポニカのものであった可能性が高い．これら炭化米は中国の長江流域のものであり，古代の中国にはジャポニカだけが栽培されていたようである．

[植物遺体DNA分析の検証]　植物遺体のDNA分析で一番難しいのは，遺体それ自身のDNAと遺体の表面などについている

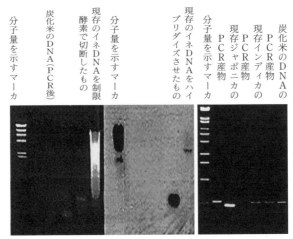

図　炭化米のDNA分析

　微生物などのDNAとの区別である．増幅されたDNAが真に目的とする遺体のDNAであることを確認するのに，サザン分析を行う．サザン分析とは，DNAが互いに相手を鋳型とする2本の鎖状の構造をもつのを利用して，2種類のDNAの相同性をみるための実験法である．これを使うことで，たとえば炭化米由来のDNAが真にイネのDNAかどうかを確かめることができる．実際には，以下のような手順を踏む．

　まず炭化米由来のDNAを化学的に1本鎖にしておき，薄い膜の上にしっかりとつけておく．これに発光色素をくっつけた現在のイネ由来の1本鎖のDNAを振りかける．1本鎖状態のDNAだけを洗い流した膜に写真フィルムをつけて感光させる．もし，炭化米由来のDNAがイネ由来のDNAで現在のイネと相同の構造をもっていれば，発光色素のついたDNAをしっかりと引き留め（ハイブリダイズするという）フィルム上に黒いバンドを残す．一方，炭化米由来のDNAが混入した外来DNAならば，発光色素をもったDNAはそれにくっつくことはなく，すべてが洗い流されてしまってバンドを現さない．

　図（中）は，サザン分析の実際を示す．これは図（左）に対応するもので，それぞれの右から2番目が炭化米からとられたDNAのバンドであり，しっかりしたバンドがみられる．図（下）の一番右のレーンは，現存のイネのDNAをばらばらに切断し，それに炭化米由来のバンドをハイブリダイズさせたもので，図（中）にも1本だけバンドを認めることができる．このことも，炭化米由来のDNAが真にイネ由来のものであったことを示している．

◆トピックス◆ジャポニカ長江起源説

　筆者（佐藤）らはDNA分析法で日本，中国および朝鮮半島の古代におけるイネ品種を調査しているが，今までに分析した20ほどの炭化米はすべてがジャポニカに属した．長江生まれのイネがジャポニカであったとする仮説が証明されつつある．

（佐藤洋一郎）

VII. 年　　表

世界文化史年表
chronological table of cultures in the world

　この年表は，文化財の研究者や鑑賞者が文化財を評価するときに必要な時代と文化の変遷を，東アジア；中央アジア；西アジア；南アジア・東南アジア；アフリカ；アメリカの六大地域に分けてまとめたものである．オセアニアについては，知られる歴史の多くが16世紀の西欧人による「発見」以降のものであるので，ここでは省略した．この種の表では世界の全地域を一つの基準で記載することは不可能である．原則，以下のような方針でまとめた．

1. 年代範囲は10000 BC～AD 1800 ごろとした．
2. 先史時代の時代や文化の名称は慣用を尊重したが，考古学的画期を意味する場合には「――時代」を優先した．例：縄文時代（縄文文化に代わり）
3. 歴史時代の帝国，王国，国，王朝，朝の命名には一定のルールはあっても，必ずしも統一されていない．主に文献（2）中の名称にならった．
4. 紀元後になると王国や王朝はどの地域にも多数が入り乱れて存在し，それらを表示するのは不可能である．歴史学者が記載する主なものをあげたにすぎない．
5. 原則として，年代の数字は，たとえば，画期の線と同レベルの数字は王朝交代の年，線の下の数字は新王朝の開始年，線の上の数字は王朝滅亡の年を表す（凡例参照）．
6. 不確実な年は数字の前にca.を付けたが，付いていない場合にも資料によって食い違いがあり，不確実なものがある．

（北野信彦・馬淵久夫）

■年代の画期線と数字の関係凡例■
(a) 王朝などが交替して連続性があるとき．
(b) 王朝などの開始年と滅亡年が判明しているとき．
(c) 先王朝および次王朝の滅亡年は判明しているが，次王朝開始年が不明なとき．
(d) 年代が正確にわからないときは，大体の位置に配置する．

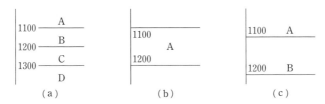

[参考文献]
(1) 青山和夫, 猪股　健：藤本　強, 菊池徹夫監修, 世界の考古学2, メソアメリカの考古学, 同成社, 1997.
(2) 樺山紘一, 礪波　護, 山内昌之編：世界の歴史1～23, 中央公論新社, 1998～1999.
(3) 早乙女雅博：藤本　強, 菊池徹夫監修, 世界の考古学10, 朝鮮半島の考古学, 同成社, 2000.
(4) 関　雄二：藤本　強, 菊池徹夫監修, 世界の考古学1, アンデスの考古学, 同成社, 1997.

東アジア

BC	中国	朝鮮半島	日本 沖縄	日本 日本本島	北海道
BC	旧石器時代			後期旧石器時代	
	中石器時代	旧石器時代			
10000	黄河 長江			草創期	
		新石器時代		縄文時代	
				7000 早期	
5000	4800 ―― 5100	ca. 6000		5000 前期	
4000	仰韶文化 河姆渡文化	櫛目文土器時代 （新石器時代）	貝塚文化 （前期）		
3000	3300 良渚文化			3000 中期	縄文時代
2500 龍山文化					
2000	2070 夏	偃師二里頭 青銅器時代		2000 後期	
	1600 商（殷）				
1000	1046	鉄器時代 ca. 1000		1000 晩期	
900	西周	無文土器時代 （青銅器時代）			
800	771				
700					
600	春秋 東周				
500					
400	―― 403	（箕氏朝鮮）		*	続縄文時代
300	戦国		（後期）		
200	221 秦 205 201	（衛氏朝鮮）		弥生時代 *開始時期は800 BCまで遡るとの研究発表もあり	
100	前漢	108 漢が4郡 （楽浪，臨屯，玄菟， 真番）を置く			

VII. 年表

年代	中国	朝鮮半島	日本(沖縄)	日本(日本本島)	日本(北海道)
100 BC	前漢	82 古朝鮮 / 三韓	貝塚文化(後期)	弥生時代	続縄文時代
AD	AD25 新 AD8	57 / 18 楽浪郡		57 金印	
100	後漢	56 仏教伝来 高句麗			
200	220 三国			239 卑弥呼遣使	
300	265 西晋 316	313		古墳時代	
400	五胡十六国 東晋 386 北魏建国 439	414 広開土王碑 高句麗 / 新羅 / 百済 / 加耶諸国			
500	南北朝 460 雲岡石窟 493 龍門石窟			538 仏教公伝	
600	589 隋 618			飛鳥文化 645 大化改新 (白鳳文化)	
700	唐	668 / 663		701 大宝律令 710 平城京 天平文化	
800		渤海		794 平安京 弘仁・貞観文化	
900	907	926		894 遣唐使廃止	オホーツク文化 / 擦文文化
1000	五代十国 キタン遼 北宋 979	918 高麗		国風(藤原)文化	
1100	1125 1126		グスク時代 / 古琉球文化	1126 中尊寺金色堂	
1200	金 南宋 1234 1279	1231 元侵入		1192 鎌倉幕府 鎌倉文化	
1300	元			1333 室町(南北朝)	
1400	1368	1392	三山 1429 第一尚氏	北山文化 1397 金閣寺 1404 勘合貿易	アイヌ文化
1500	明	李氏朝鮮	第二尚氏	東山文化 1483 銀閣寺 1543 鉄砲伝来 桃山文化	1456 コシャマインの戦
1600	1644		1609 島津侵入 第二尚氏後期 近世琉球文化(首里)	1603 江戸幕府 1639 鎖国令	前期 1669 シャクシャインの戦 後期
1700	清			元禄文化	
1800				化政文化 1868 明治維新	1789 国後・目梨戦

中央アジア

年代 BC	アフガニスタン 南	アフガニスタン 北	南ロシア	北部	アルタイモンゴル(遊牧民族)	極東諸民族(アムール)
					旧石器時代後期	
10000					中石器時代	
6000						
	新石器時代		タルドノワ文化 (中石器)		新石器時代	マリシェヴォ文化
5000						
4000	7000 ----					コンドン文化
3000	3300 ヘルマンド文化	青銅器時代				
2000	2500	2300 バクトリア文化		1800	金属器時代	
1500	1500		トリポリエ文化 (青銅器)	アンドロノヴォ文化	アンドロノヴォ文化 (青銅器)	
1000						
900	鉄器時代		ホトコルツァ文化			
800						(鉄器)
700			700 ----	700		
600			スキタイ文化			
500	550 アケメネス朝ペルシア			サカ(塞)	山地スキタイ系文化 (パジリク文化)	
400						
300	331 マケドニア(アレクサンドロス大王) 323 セレウコス朝シリア		300	大月氏		ポリツェ文化
200	256 マウリヤ王朝 184 グリーク王朝	バクトリア王国	サルマタイ	烏孫	康居	匈奴
100	140 インドスキタイ (インドパルティア)	150 サカ(塞) (スキタイ) 50				タシュトウイク文化

VII. 年表

年代	アフガニスタン 南	アフガニスタン 北	南ロシア	北部		アルタイモンゴル(遊牧民族)	極東諸民族(アムール)
100 BC	インドスキタイ	50 サカ 月氏(クシャン)	サルマタイ	烏	康	匈奴	
AD 100	ガンダーラ文化 クシャン朝			孫	居	115 鮮卑	
200	ハッダ文化						高句麗
300						275	
400	クシャノササン朝		フン			高 柔 車 然	
500	エフタル		アヴァール	エフタル		535	
600	563 西突厥	突厥		552 突厥 583 西突厥		575 突厥 東突厥	
700	583 イスラム ウマイヤ朝	661	ハザール	650 ブルガール	639 (吐蕃)	668 唐 698	
800	750	アッバース朝 (イスラム)		744 ウイグル		744 ウイグル	渤海
900	875 サーマン朝			870 910 カラ=ハン朝	西ウイグル	870 キルギス 940	926 907
1000	999			1038 1077 ホラズム 1124 朝	西遼 (カラ=キタイ)	キタン遼	キタン遼
1100					西夏	1125	1125
1200	1221			1220	1227	金	金(女真)
1300	モンゴル帝国		1299 モンゴル帝国	モンゴル帝国		1230 モンゴル帝国 (元)	1210 モンゴル帝国 (元)
1400	ca.1369 ティムール帝国			1368 北元 1388		1368 北元 1388 明	1368
1500	1501		オスマン帝国	ティムール帝国		1454 オイラート・韃靼	明
1600	サファヴィー朝			イスラム文化圏 (トルコ系)		1583 清	1645
1700	1736						1685 ネルチンスク条約
1800	アフガニスタン王国						清(女真)

西アジア

VII. 年表

BC	アナトリア	シリア・メソポタミア	レヴァント地方	イラン
	後期旧石器時代 —18000		ケバラー系文化	ザルジ文化
10000	続旧石器時代 —8500 無土器新石器時代	無土器新石器時代	—10000 ナトゥーフ文化 —8500 イェリコ原新石器文化	無土器新石器時代
6000	—6300 有土器新石器時代 チャタル・ヒュイク —5500	有土器新石器時代	—6000 有土器新石器時代	------6500 有土器新石器時代
5000		ウバイド期	—4500 シュメール都市文明	
4000		—3500 ウルク期 —3100	シュメール都市文明	タイム・イ・バクーン彩文土器文化
3000	—3200 アリシャル・ヒュイク文化 —2200 アッシリア都市文化 —1720 —1680 ヒッタイト王国 —1200	シュメール初期王朝 —2900 アッカド王朝 —2370 バビロン第一王朝 —1834 ハンムラビ即位 —1792 カッシート王朝 —1595 イシン第二王朝 —1155 バビロニア諸王朝 —1026	—2000 エジプト諸王朝の支配下	2100 エラム古王朝 1300 ゾロアスター
1000	フリギア王国		—1020 ヘブライ王国 フェニキア都市国家 1000 アルファベットの発明 —926 南(ユダ)王国 北(イスラエル)王国	エラム王国 (インド・イラン系)民族
900			814 カルタゴ	
800			—722 アッシリア一時占領	
700	—685 リュディア王国	625 新バビロニア —612	—625 新バビロニア —596 バビロン捕囚	—728 —640 メディア王国
600	—546	—539		—550
500	アケメネス朝ペルシア	アケメネス朝ペルシア	アケメネス朝ペルシア	アケメネス朝ペルシア
400				
	334〜323 アレクサンドロス大王東方遠征			
300	312 ペルガモン王国 コマゲネ王国 ポントス王国 ビテュニア王国 —133 —63	セレウコス朝シリア		243 アルサケス朝パルティア
200			—169 ナバテア王国	
100		ローマ領		

VII. 年　表

	アナトリア	シリア・メソポタミア/レバント地方		イラン
BC 100	ポントス王国 ビテュニア王国 コマゲネ王国 75 —47—	セレウコス朝シリア —63— 〔シリア〕 〔メソポタミア〕		アルケサス朝パルティア
BC/AD	27 ローマ領 34	27	27	
100	ローマ帝国属州	ローマ帝国属州	アルサケス朝パルティア	
200			—226	—226
300			ササン朝ペルシア	ササン朝ペルシア
400	—395—			
500	ビザンツ帝国 (東ローマ)			
600		632 ムハンマド没		
700		—651	ウマイヤ朝 —661 —750	
800		イスラム国家		
900			アッバース朝	
1000			—1038	
1100	1071 セルジューク朝		大セルジューク朝	
1200			—1194	
1300	1299		1258 モンゴル帝国	
1400			—1370 ティムール帝国 —1405	
1500	オスマン帝国		—1501	
1600			サファヴィー朝	
1700			—1732 アフシャール朝	
1800			—1779 カージャール朝	

南アジア・東南アジア

BC	インド亜大陸	ビルマ	タイ	カンボジア	ベトナム 南	ベトナム 北	東南アジア群島部
						後期旧石器時代	
10000	有土器新石器時代		ホアビン文化	ホアビン文化		ホアビン文化	
5000			ca. 5000				
4000							
3000	先インダス文化						
2800	原インダス文化						
2000	インダス文明						
1500							
1000	前期ヴェーダ時代		ca. 1000				
900			バンチェン文化				
800							
700	後期ヴェーダ時代			サムロンセン文化			
600	600 十六大国(北インド)						
500	480 ブッダ没					ドンソン(銅鼓)文化	ドンソン(銅鼓)文化
400							
	327 アレクサンドロス大王侵入		ca. 300				
300	317 マウリヤ朝						
	268 アショーカ王即位(石柱)		鉄器時代				
200	180 シュンガ朝					207 南越国	
100	68 カーンヴァ朝					111 漢の七郡	

VII. 年表

年代	インド亜大陸	ビルマ	タイ	カンボジア	ベトナム 南	ベトナム 北	東南アジア群島部
100 BC / AD	ca.23 カーンヴァ朝 (北) / (南) サータヴァーハナ朝			サムロンセン文化	ドンソン文化		ドンソン文化
100	128 / 129 カニシカ王 ガンダーラ文化 クシャーナ朝						狼牙脩国（マレー）
200							
300	320 グプタ朝			扶南			（ジャワ）諸薄国
400	マトゥーラ仏教美術 ヒンドゥー教美術	モン人の国	ピュー人の国	鉄器時代			グプタ文化
500	エフタル侵入						
600	606 / ca.640 ヴァルダナ朝						
700	ヒンドゥー教美術全盛期			前アンコール時代			シャイレンドラ国（ジャワ） 775 ボロブドゥル建設 シュリヴィジャヤ国（スマトラ）
800	中世インド諸王朝			802 アンコール王国	林邑（チャンパ）		
900							
1000		1044 パガン朝				1009 李王朝	1037 （ジャワ）クディリ王国
1100							
1200	1206 ムスリム「奴隷」王朝	1287	1238 スコータイ王国 スリランカから仏教伝来			1226 陳王朝	1222 （ジャワ）シンゴサリ王国
1300	1290 ハルジー革命						
1400	スルターン統治諸王朝	バゴー朝	1351 アユタヤ王朝 1378	1432 アユタヤ軍アンコール占領		1400 / 1428 黎王朝	ca.1400 マラカ王国（マレー）
1500	1526 ムガール帝国 (1600 英, 1602 蘭, 1604 仏 東インド会社)	1531 タウングー朝	1564 / 1584 ビルマ侵攻 日本人町				1520 アチェ王国（スマトラ） ジョホール王国（マレー） ポルトガル・オランダ進出
1600							
1700		1752				1789	
1800	1858 英国直轄植民地	コンバウン朝	1767 ビルマがアユタヤ占領	1863 フランスの保護国		1802 阮王朝	1799 オランダ領東インド

ヨーロッパ

BC	イベリア半島	中央部	地中海	ブリテン島	東部	ロシア	北欧
		グラヴェット文化 19000--------------					
		ソリュートレ文化 16000--------------					旧石器時代
		マドレーヌ文化					
10000		10000--------------				(タルドノワ文化)	
6000		アジル文化					エルテベーレ文化
5000				新石器時代(エルテベーレ文化)	新石器時代		
4000	新石器時代	新石器時代	新石器時代	ウインドミルヒン文化		新石器時代	
3000	2700 アルメリア文化(巨石文化)		3200 キュクラデス文化			ドナウ文化	
2000	1800	銅器時代	2700 ヘラディック文化 2800 ミノア文化	ピーターボロ文化	トリポリエ文化	ファティアノヴォ文化	巨石文化(先ドルメン文化)
1000	青銅器時代	青銅器時代	クレタ・ミケーネ文明 原幾何学様式期		フェルト文化 ウルネン文化	ホトコルツァ文化	
900			幾何学様式期			ハルシュタット文化	
800			753 ロムルス，ローマ建国(伝承)		エトルスク文化		青銅器時代
700			王政ローマ				
600				ギリシア・アルカイック文化		ギリシア・ローマ系文化	スキタイ文化
500		ケルト文化	509 ローマ共和政	青銅器時代			
400			エトルリア文化 共和政ローマ	古典期文化			鉄器時代
300				264 第一次ポエニ戦争			
200				219 第二次ポエニ戦争		ヘレニズム文化	サルマタイ文化
				149 第三次ポエニ戦争			
100				146 カルタゴ滅亡			

VII. 年表

年代	イベリア半島	中央部	地中海	ブリテン島	東欧 南 / 北	ロシア	北欧
100 BC		カエサル「ガリア戦記」	BC27 オクタヴィアヌスにアウグストゥスの尊称 29 イエス・キリスト没				
AD		ローマ帝国属州	ローマ帝政 / ローマ帝国属州	ローマ帝国属州	ローマ帝国属州		
100		ゲルマニア					鉄器時代
200					スラブ系文化	スラブ系文化	
300							
		375 ゲルマン民族大移動	392 キリスト教国教化				
400	415	395	395	(ギリシア)449	395		
	西ゴート王国	西ローマ帝国 481	西ローマ帝国 476 / 493 東ゴート王国 555 / 568 ロンバルド王国	ビザンツ帝国(東ローマ)	アングロ＝サクソン七王国		
500		フランク王国					
600							
700					ビザンツ帝国(東ローマ) 680		
	756	フランク王国 751 カロリング朝	756 774 フランク王国 843		829 第一次ブルガリア帝国		ヴァイキング文化
800	後ウマイア朝	西フランク王国 843 東フランク王国 962	イタリア 962		9世紀初 大モラヴィア国		
900	レコンキスタ		987				
1000	1031 アラゴン / 1086 カスティリャ	神聖ローマ帝国	ローマ教皇領(ヴァチカン)	イングランド王国	980 1000 ハンガリー王国 1018	キエフ・ルーシ時代	デンマーク王国
1100	1147 1143	カペー朝 1130	両シチリア王国		1120 1156 ボヘミア王国 1187 第二次ブルガリア王国		ノルウェー王国 フォルクング朝
1200	アラゴン王国 / カスティリャ王国		シチリア王国 1282		1204 ラテン帝国 1261	分領公国	
1300	ポルトガル王国 1479	ヴァロワ朝 1328	1442 ナポリ王国		ビザンツ帝国 1395 1453	1328 モスクワ大公国	1397 カルマル連合 1448
1400		1498	1503	1453			
1500	スペイン王国	1584 ヴァロワ・オルレアン朝 1589	スペインに併合	オスマン帝国	オスマン帝国	1523	デンマーク王国
1600		ブルボン朝 1701				1613 ロマノフ王朝	スウェーデン王国
1700		オランダ共和国 プロイセン	ミラノ公国				
		1789 フランス革命 1804 ナポレオン皇帝即位	1848 ローマ共和国				
1800							

アフリカ

BC	エジプト			北アフリカ	南アフリカ諸都市
		下エジプト	上エジプト		
				旧石器時代	
10000				↓ イベリアマウル文化	
				カプサ文化	
6000			新石器時代		
			ナブタ文化		
5000		ファイユームA文化	バダリ文化	有土器新石器時代	
	先王朝 (初期)	メリムダ文化	ナカダⅠ文化		
4000	先王朝 (中期)	ゲルゼー文化	ナカダⅡ文化		
	先王朝 (後期)		ナカダⅢ文化		
3000	初期王国	第1～2王朝(3000～2650)			
	古王国	第3～6王朝(2650～2180)			
	第1中間期	第7～11王朝(2180～2040)			
2000	中王国	第11～12王朝(2040～1785)		青銅器時代	
	第2中間期	第13～17王朝(1785～1565)			
1000	新王国	第18～20王朝(1565～1070)			
900	第3中間期	第21～24王朝(1070～750)			┬920
800				─810 カルタゴ	│
700					クシュ王国 (エジプト南方)
600	末期王朝	第25～30王朝(750～343)		ギリシア文明 フェニキア文明	│
500					│
400				↓360	│
300	334 アレクサンドロス大王エジプト遠征 301 大王の帝国分解			264 第一次ポエニ戦争	│
200	プトレマイオス朝 ヘレニズム文化			219 第二次ポエニ戦争 149 第三次ポエニ戦争	│
100	30 クレオパトラ自死			146 カルタゴ滅亡 共和政ローマ属州	┬120 アクスム

VII. 年表

年代	エジプト	北アフリカ	南アフリカ諸都市
100 BC	プトレマイオス王朝	共和政ローマ属州	アクスム王国 / クシュ王国
30 BC / AD		27 --------	
100	ローマ帝国属州	ローマ帝国属州	
200			
300			
400	395 ——— ビザンツ帝国領	ビザンツ帝国領	↓ 350
500	562 ササン朝ペルシア侵攻	ヴァンダル王国 (429〜534)	
600	601〜630 東ローマ帝国とササン朝ペルシアの戦い		↓ 572 エチオピア王国
	641		
700	ウマイヤ朝	ウマイヤ朝	
800	イスラム帝国 アッバース朝	789 イドリース朝	770 ガーナ王国(中西部)
900	910 ファーティマ朝 969 ファーティマ朝征服(カイロ建設)	910 ファーティマ朝	
1000		イスラム帝国	↓ 1056 1076
1100	1169 アイユーブ朝	1056 ムラービト朝 (ベルベル)	ムラービト王国(西サハラ)
1200	1250 マムルーク朝	(ムワッヒド朝)	1147 1240
1300		1269 マムルーク朝	マリ王国
1400			コンゴ王国(中西部) 14世紀 ベニン王国(西部)
1500	1517 ——— オスマン帝国	1517 ——— オスマン帝国	1473 ソンガイ王国
1600			16世紀 1580 モノモタパ王国
1700			
1800	1798 ナポレオンのエジプト遠征 1799 ロゼッタストーン発見 1811 エジプト独立	1923 トルコ共和国	

アメリカ

	北アメリカ		中央(メソ)アメリカ			南アメリカ	他地域
	西・西南部	東部	メキシコ高地	湾岸低地 (メキシコ湾)(太平洋)	ユカタン半島	アンデス (北部)(中央部)(南部)	
BC 10000		古インディアン文化	石期	石期	石期	石期	
			ca. 7000				
5000	デザート文化	中インディアン文化(アルカイック文化)	古期			ca. 5000	
4000			テワカン初期農耕遺跡群 アオハカ遺跡群	古期	古期	古期 初期農耕	
3000			オールドカッパー文化				
2000			ca. 2000			ca. 1800	
1000				1200			1300
900			形成期	形成期	形成期	形成期 チャビン・デ・ワンタル遺跡	チリパ文化
800							
700	コチーズ文化	ウッドランド文化		オルメカ文明		古代アンデス文明	
600		新インディアン文化(古墳文化)				クントゥル・ワシ遺跡	
500				500	500		
400				サポテカ文明	400 イサパ文化	マヤ文明(先古典期)	
300							
200							200 プカラ文化
150			150 テオティワカン文明				
100							

VII. 年表

	北アメリカ		中央(メソ)アメリカ			南アメリカ		
	西・西南部	東部	メキシコ高地	湾岸低地	ユカタン半島	アンデス (北部)(中央部)(南部)		他地域
100 BC	アナサジ文化（バスケットメーカー期）	新インディアン文化（古墳文化） ウッドランド文化	テオティワカン文明 形成期 古典期 ca.300 650	サポテカ文明 (メキシコ湾)オルメカ文明 (太平洋)イサパ文化 形成期 100 形成期 古典期 コツマルワパ文化	マヤ文明（先古典期） マヤ文明 古典期	モチェ文化 ca.550 ca.800	地方発展期 ナスカ文化 200 ワリ期 800	プカラ文化 ティワナク (ワリ文化) 文化
AD 100								
200								
300								
400								
500								
600								
700			750		700			
800			ca.900					
900	アナサジ文化（プエブロ期）	新インディアン文化（テンプル・マウンド文化） (ミシシッピー文化)	トルテカ文明 1000 後古典期 アステカ文明 1428 アステカ帝国	ミシュテカ文明	マヤ文明 後古典期 1375	シカン文化 ca.1400	地方王国期 インカ帝国期	文化 1000
1000								
1100								
1200								
1300								
1400								
1500	1540 スペイン入植	1492 コロンブス上陸 1532 1497 イギリス 1535 フランス 英仏衝突	1519 スペイン入植 1521 コルテスによる征服	1524 スペインによる征服	1527〜46 スペインによる征服	1532 スペイン人ピサロによる征服		1534 ポルトガル スペイン オランダ 入植
1600								
1700		1776 アメリカ独立宣言	1821 メキシコ独立	1823 中米連邦独立		1821 ペルー独立		1822 ブラジル 独立
1800								

人類史年表
chronological table of anthropology

[人類の起源] 人類は類人猿と共通の祖先をもつが、この両者がいつ、どこで分かれたかということについては、学者の間でも意見が一致していない。また、一つの遺跡の発掘により学説が覆されることもある。したがって、ここで述べることは現在の時

表1 人類史年表（馬淵作成）

年代 (万年前)	化石骨			DNA
	アフリカ	ヨーロッパ	アジア	
1,300	ケニアピテクス		ラマピテクス（オランウータンの先祖）	→オランウータンへ
900	サンブル・ホミノイド			
660				→ゴリラへ
600	アウストラロピテクス（猿人）			
500				（ヒトの起源）←→チンパンジーへ
440	ラミダス猿人			
320	アファール猿人（ルーシー）			
250	ホモ・ハビリス（ホモ・ルドルフェンシス）		ホモ・ハビリス?	
180	ホモ・エレクトゥス（原人） ホモ・エルガステル			
170		ドマニシ原人		
110			ジャワ原人	
80		アタプルカ原人		
65		ハイデルベルグ原人		
60			北京原人	
50		アラゴ原人		
20	ツルカナ新人			現代人の起源（アフリカ単一起源説）
15				
10		ネアンデルタール人		
9			カフゼ新人	
4			ソロ原人	
3.7		クロマニヨン人		

化石骨の年代は代表的な数字で、種別ごとに幅がある。

VII. 年 表

点で有力と思われる説である.

人類および類人猿の遠い祖先としては, ラマピテクスがある. ラマピテクスは最初インドで発見された化石種であるが, 今から約1,300万年前から800万年前にかけてアジア, ヨーロッパの各地に生息していた. アフリカでもこれと類似のケニアピテクスが発見されている. ラマピテクスははじめは人類の祖先と考えられたこともあったが, 現在は免疫学的研究からオランウータンの祖先とされ, また類縁のシバピテクスのメスとされている.

そこで, 今から約1,300万年前に, まずオランウータンの祖先であるラマピテクスが人類と類人猿の共通の祖先から分かれたことになる. 次にゴリラとチンパンジーの祖先が人類の祖先と分かれたのであるが, ゴリラとチンパンジーに関しては, その化石も, またそれらの祖先と考えられるものの化石も現在のところ一つも発見されていないので, 正確なことは不明である. ただし分子生物学の研究があって, それによれば今から約500万年前に「ヒト」の祖先とチンパンジーとが分かれたとされている. この年代において, ヒトの祖先と考えられているものは, アウストラロピテクス (「南のサル」を意味する) である. アウストラロピテクスは, 最初南アフリカ共和国で発見されたが, 現在はアフリカ各地において発見されている. 今から600万年前ぐらいから100万年前ぐらいまでの間に生息していたが, 現在は絶滅している. 骨盤の形状その他から2本足で直立歩行していたと考えられている. しかし足の指の骨はサルのそれに類似しており, 足の指で木の枝をつかむこともできて樹上生活をしていたという説もある. また, サルとヒトとを比較すれば, サルは足の長さに比べて, 手がかなり長いという特徴があるが, アウストラロピテクスにもその特徴がある. このような点で未だサルの特徴ももっており, 日本語では猿人と呼ばれている. アウストラロピテクスのなかで人類の起源を探るために特に重要な化石は, ルーシー (Lucy) の名で親しまれているアファール猿人 (約320万年前) と最近発見されたラミダス猿人 (約440万年前), オロリン猿人 (約600万年前), サヘラントロプス (約700万年前) である.

アウストラロピテクスが石器を製作したという説もあるが, 大部分の学者は否定している. アウストラロピテクスはアフリカ以外の地からは発見されていない.

アウストラロピテクスの後継者で人類の直接の祖先と考えられているものは, ホモ・ハビリスである. 最初に石器を製作し使用したのは, ホモ・ハビリスであると考えられている. 最も古いホモ・ハビリスの化石骨には, 今から約230〜250万年前の断片的なものがあるが, 典型的な頭骨は今から約190万年前のものである. また原始的な石器が今から約250万年前ごろの遺跡から発掘されるので, ホモ・ハビリスの起源もこの年代に遡ると思われる. 石器を製作・使用するのは, かなりの知能を必要とするので, 人間らしい人間はホモ・ハビリスから始まったといえる. しかしホモ・ハビリスには手が長いという原始的な特徴も未だ残っている.

アウストラロピテクスには約3種類の亜種があったが, ホモ・ハビリスにも大小の2種があり, 大型のものはホモ・ルドルフェンシスと呼ばれ, より原始的な別種とされることもある.

ホモ・ハビリスは最初アフリカで発見され、アフリカ大陸にしかいないと考えられていたので、これも人類のアフリカ起源の根拠の一つになっていた。しかし最近、中国においてホモ・ハビリスの下顎骨が発見されたので、人類のアフリカ起源説にも問題がないとはいいがたい。なおホモ・ハビリスに対する日本語の訳はない。

ホモ・ハビリスの後継者はホモ・エレクトゥスである。ここでいうホモ・エレクトゥスは、広い意味でのホモ・エレクトゥスである。日本語では原人と呼ばれる。アフリカでは今から約180万年前のホモ・エレクトゥスが発見されている。アフリカのホモ・エレクトゥスはアジアのものとは別種であるとして、ホモ・エルガステルと呼ぶ説が最近では有力である。

旧ソ連のグルジア共和国のドマニシ遺跡からは原人の下顎骨が発掘されていたが、1999年に発見された2個の頭骨はホモ・エルガステルに属するもので、年代も今から170万年前の古いものである。これは最初アフリカ大陸で生まれた原人が、非常に早い時期にユーラシア大陸に拡散したことを示している。

ホモ・エレクトゥスで歴史的に最初に発見されたものは、ジャワ島で19世紀に発見されたピテカントロプスである。最古のピテカントロプスは今から110万年ないし160万年前のものと推測されている。

20世紀初頭に中国の周口店で発見された北京原人もホモ・エレクトゥスに属する。北京原人は今から約60万年前のものである。日本では「明石原人」の発見が有名であるが、空襲で焼失したため年代測定を実施することはできず、また原人であるかどうかという点についても異説がある。

ヨーロッパでは、ドマニシ原人を別にすると、フランスのアラゴ原人（50万年前）、ドイツのハイデルベルグ原人（65万年前）、スペインのアタプルカ原人（80万年前）などが有名である。

火の使用はホモ・エレクトゥスに始まったもので、人類が寒冷な地方に進出できる根拠となった。

ホモ・エレクトゥスは、アフリカとヨーロッパでは今から約30万年前ないし10万年前に絶滅し、新人または旧人に代わられた。ジャワ島のソロ原人は、同じ地層から出たと思われる動物の歯の電子スピン共鳴法などにより、今から3万年ないし5万年前のものと推測されていたが、最近、筆者（横山）らのγ線によるソロ原人頭骨の直接年代測定によってこの年代が確認された。したがって、ジャワ島では、原人と新人が同じ時代にすんでいた可能性がある。

現在、地球上にすんでいる人類は、すべて人類学上ホモ・サピエンス・サピエンスと呼ばれる均一な種である。日本語では新人と呼ばれる。新人の起源についてはかなり議論がある。分子生物学によれば、この起源は単一で、今から約20万年前の「アフリカのイヴ」と呼ばれる一女性に遡るとされるが、これには異説もある。原始的なホモ・サピエンスの化石骨は、中近東やアフリカの各地で発見された。ツルカナ湖畔で地表に近い地層から発見された原始的なホモ・サピエンスは、筆者（横山）らのγ線による年代測定によれば、今から少なくとも20万年前のもので、分子生物学による「アフリカのイヴ」説を裏づけることになる。またイスラエルのカフゼ遺跡から出土したプロト・クロマニヨン人は、ヨーロッパの新人クロマニヨン人の祖先と考えら

VII. 年表

表2 先史時代の諸文化の年代表（横山，1992）

時代	文化	年代（万年前）	簡単な特徴	ヒト
前期旧石器時代	礫器文化	〜70	礫器	原人
	アシュール文化	70〜12	ビファース	
中期旧石器時代	ムスチエ文化	30〜4	破片製小石器	旧人
後期旧石器時代	シャテルペロン文化	3.6〜3.2	石刃	
	オーリニャック文化	3.5〜2.8	芸術の誕生	
	グラヴェット文化	2.9〜2.1	ヴィーナス像	
	ソリュートレ文化	2.2〜1.8	葉状石器	
	マドレーヌ文化	1.8〜1.2	洞穴壁画	新人
中石器時代	アジル文化など	1.2〜0.7	細石器	
新石器時代		0.7〜0.45	磨製石器	

年代は，人により意見が異なり，また場所によっても異なるので，ここには主としてヨーロッパにおける概略の値を示した．中期旧石器時代については，以前は今から約10万年前から始まると考えられていたが，最近の研究によれば今から約30万年前に始まるので，前期旧石器時代との区別が困難となった．

れるが，その年代は，熱ルミネッセンス法，γ線法などによれば今から約9万年前のものである．

クロマニヨン人は，今から約3万7,000年前にヨーロッパに出現したが，それ以前にはヨーロッパにはネアンデルタール人が住んでいた．日本語で旧人と呼ばれる．学名はホモ・ネアンデルタレンシスで，以前には原始的なホモ・サピエンスの一つの亜種と考えられてホモ・サピエンス・ネアンデルタレンシスと呼ばれていたが，最近では分子生物学の研究などによりホモ・サピエンスとは別種で今は絶滅した分枝と考えられている．死者を埋葬することはネアンデルタール人によって始められた．

[先史時代の文化年表] 先史時代の時代区分は，主として石器の形状によって文化年代を分けている．表2にあげたものは，ヨーロッパの先史時代のもので，他の大陸ではこれと一致するとは限らない．(横山祐之)

[文献]

横山祐之：芸術の起源を探る，朝日選書，1992．

VIII. 用 語 解 説

文化財科学
scientific study on cultural property

[名称の発祥] 昭和57（1982）年12月，日本文化財科学会（Ⅰ編（3）章参照）が設立されたとき，当学会の中心となる総括的研究領域の名称として「文化財科学」が初めて提唱された．したがって外来語の翻訳ではなく，日本独自の発想の用語である．

[内容] きわめて広く，文化財を軸として，関連する人文科学（考古学，美術史，建築史など）や自然科学（物理学，化学，生物学，工学，医学，薬学など）の学際領域として位置づけられる．日本文化財科学会では研究発表の際に，おおむね年代，古環境，生業，材質・技法，産地，探査調査法，保存修復と分類している．

[参考] 日本文化財科学会はその発足後ただちに，日本考古学協会など関連学会の協力のもと，「文化財科学」を文部省科学研究費補助金・複合領域の分科細目に位置づける運動を始め，まず1993（平成5）年度～1995（平成7）年度の3年間，時限つきで認められ，さらに1998（平成10）年度から恒常的に分科として認められた．

なお，文化財学という用語も類似の意味で使われるが，どちらかというと，人文系の要素を多く含むものとして受け取られている．

(馬淵久夫)

保存科学
conservation science

文化財は，建造物，美術工芸品，考古資料などのうち，芸術的・学術的に価値の高いものと定義されている．保存科学とは，これら文化財資料の調査研究やその保存修理のために応用する自然科学的な研究分野をいう．その基本的な研究課題の一つは材質分析である．貴重な文化財資料を損傷しないことが原則であり，X線を利用した分析方法が有力である．有機質資料の分析には，プラズマ誘導発光分光分析法，赤外線・紫外線分光分析法などが効果的である．さらに，文化財資料の構造調査には，赤外線，可視光線，紫外線，X線，γ線などの電磁波を利用する．赤外線や紫外線は，可視領域ではとらえることのできない表面部分の情報を引き出すことができる．また，肉眼ではみることのできない資料内部の構造は，透過力の大きなX線やγ線を利用する．日本で初めて文化財の分野にX線透過撮影が行われたのは，大阪府・阿武山古墳出土の棺に対してであった．X線が発見されて40年後の1935年のことである．赤外線写真の美術品への応用研究もまた1936年に遡る．顔料が剥落したり，劣化して肉眼ではみえにくくなった壁画の図柄を解明するには有効な手法である．文化財資料の保存対策の一つは，保存環境を良好な状態に維持することによって劣化を抑制することである．地球環境の劣悪化が問われる現況にあっては，これをいかに回避するかを研究することも重要だが，その逆境と共生する方策の検討もまた必要になる．地球上のあらゆる物質は，それを取り巻く環境に呼応しつつ分解し，変化する．

その保存対策は，水，空気，光，温度，湿度，空気中の汚染物質，そして害虫，ばい菌などの影響をいかに防除するかである．他方では，オゾン，炭酸ガス，窒素酸化物，硫黄酸化物，そして煤塵などをいかに甘受しつつ，いかに対応するかである．

日本における保存科学の発展は，明治時代の美術評論家・岡倉天心によるところが大きい．彼は，日本美術の重要性やその保護に多大な努力を払った．特に法隆寺（写真）金堂の壁画保存を提唱し，国をあげての法隆寺大修理が行われるに至った．法隆寺金堂壁画保存調査委員会が組織され，自然科学分野の研究者たちが参画して，保存のための照明問題，壁画を支える壁体の強化法などが検討された．これは，文化財の保存修理のために自然科学的手法を応用するという画期的なできごとであった．文化財資料の分析的研究もまた保存科学の発展に大いなるかかわりがある．たとえば，1872年，アメリカ人 H. S. Munro は，日本滞在中に銅鐸の分析を行い，アメリカの学会で発表している．他方では，1933年，東京大学の滝 精一が古美術に自然科学を応用する研究団体・古美術保存協議会を創設し，現在の文化財保存修復学会に発展している．1973年には，文部省科学研究費補助金・特定研究の交付を得て，文化財に関する総合的な科学的研究を行い，1982年，日本文化財科学会を設立した．これらの業績は，いずれも自然科学と人文科学との共同作業が中心になり，保存科学発展の大きな契機となった．保存科学は文化財の保存と修理のための必要が生み出した自然科学研究の領域であり，それは学際分野の研究である．保存科学というフレーズは，1952年に関野 克が命名し，それは単に文化財保存の科学というよりも地球規模で保存を考える科学でありたいといい，その英語名を conservation science とした．

写真　法隆寺の全景

(沢田正昭)

考 古 科 学
archaeological science

　考古学および人類学を，関連する諸科学を含む広い意味でとらえた分野名．science に archaeological という形容詞をつけただけなので一般用語として使われやすい．この言葉の使い始めは不明だが，国際誌 Journal of Archaeological Science によって定着したと思われる．日本でも最近よく使われるようになった．その主な研究課題として，次の5項目をあげることができる．①考古学でいう相対的な年代決定法に対して，絶対的年代決定を行うための自然科学的手法による研究，②考古遺物の生産地推定や製作技法解明のための材質調査や構造調査による研究，③古代の生活環境や食生活復原のために行う DNA 分析や花粉分析などの自然科学的手法による研究，④コンピュータグラフィックス利用の構築物や古墳などの形態学的研究，あるいは遺跡の探査法研究などのための計測考古科学的研究，そして⑤これらの研究の対象となる遺跡や遺物の保存科学的研究．

　　　　　　　　　　　　（馬淵久夫・沢田正昭）

考 古 化 学
archaeological chemistry

　考古学および人類学に関連した化学．アメリカ化学会が「考古学のための化学」を化学の1分野と定義し，1970年代からその刊行本「進歩総説シリーズ」のなかに Archaeological Chemistry I (1973), II (1978), III (1983), IV (1989) としてシンポジウム論文を出版したため，アメリカを中心にこの用語は広がった．日本ではこの概念は必ずしも公認されていない．

　　　　　　　　　　　　　　　　（馬淵久夫）

非 破 壊 分 析
non-destructive analysis

　調べようとする物体を傷つけたり，破壊しないで行う分析．文化財の分析の理想である．この用語は多くの場合，化学分析について用いられ，たとえば蛍光 X 線分析，PIXE，放射化分析などがこれに相当すると考えられている．しかし，これらの分析法はいずれも電磁波ないし粒子を資料に照射して行うので，微視的には原子・分子のイオン化など破壊が起こっていることが多い．文化財では，たとえ「非破壊」という触れ込みであっても，ガラスの変退色，染料・顔料の変退色，金属表面の酸化，紙布類の脆弱化などに注意すべきである．完全な非破壊分析としては，横山祐之によって開発された化石骨の年代測定（ウラン-トリウム法）があげられる．　　（馬淵久夫）

ARCHAEOMETRY

[名称の発祥] ギリシャ語のarkhaios（昔の）とmetron（尺度）に由来する英語の語幹を結びつけた造語．1958年にオックスフォード大学考古学・美術史研究所のM. J. Aitkenらが同研究所の紀要につけた*Archaeometry*が最初と思われる．この紀要は間もなく国際誌になったため，世界で広く使われる名称になった．

[内 容] 雑誌*Archaeometry*に掲載される論文の内容から推測すると，考古学・人類学・美術史の資料に関する年代，産地，物性などの測定および遺跡探査が主なる内容と思われる．

[参 考] この語は1990年代になって英和辞典にも現れるようになった．たとえば，小学館『ランダムハウス英和大事典』第2版（1994年）には「考古標本年代測定学」という訳語で掲載されている．確かに初期には年代測定が中心であったが，現在では美術品や遺物・遺跡のさまざまな種類の測定を扱う分野になっている．したがって，訳語をつけるとすれば「考古標本測定学」の方が適当であろう． (馬淵久夫)

CONSERVATOR

博物館に勤務する専門職の一つ．多くは自然科学の研究者で，展示作品の保存を担当する．博物館展示室や収蔵庫内の気象（温・湿度，空気の汚染度）の調整，作品の劣化を防ぐための照明の質や照度の検討・虫カビ害の防除などのほか，作品の材質分析，素材の劣化度の確認，作品の損傷の原因究明，作品修復のための科学的方法の開発など，各種の機器を用いた幅広い試験研究がconservator（コンサバター：保存科学者，保存担当学芸員）の職務とされる．一方，作品の構成素材の年代測定や産地の同定，放射線透視そのほかの光学的方法による作品の内部構造の確認などにも大きな成果が期待され，単に作品の保存だけでなく考古学，建築史，美術史などの専門家と協同して，作品の編年，再検証に大きな成果をあげ，これは作品修復の事前調査にも欠かせない方法として定着しつつある．日本の博物館ではまだconservatorの数はきわめて少ないが，保存科学に対する重要性が急激に高まりつつある現状といえる． (西川杏太郎)

RESTORER

　博物館に勤務する専門職の一つ．所蔵作品の修復を担当する専門家．欧米の博物館では所蔵する作品が多いため，必須の職種とされている．また一部では conservator と兼務させている館もある．

　日本では，専門職員として restorer（レストアラー：修理技術者，修復家）を常勤させる博物館はほとんどなく，コレクションの修復の必要がある場合は，主に外部の専門機関や修復工房に委託して行われている．

（西川杏太郎）

CURATOR，学芸員

　博物館に勤務する専門職員の職名．欧米の博物館では勤務する専門職の職種は多岐にわたるが，そのなかで curator（館によっては keeper ともいう）は，博物館展示資料の収集，コレクションの調査研究，その成果を公表する展覧会の企画，カタログの執筆，職員の研究指導・教育や外部大学への出向教授，学界での研究発表などを行う最高の専門職とされる．

　博物館には，このほか普及教育活動の専門家（curator of education, museum teacher），コレクションの保存を担当する科学者（conservator），修復家（restorer），コレクションの基本台帳整備・作品管理のための責任者（registrar），展示方法やレイアウトの企画担当者（designer），コレクションの収蔵保管・梱包・展示などの担当者（worker, courier）などの専門職がある．

　日本では博物館法で，学芸員は博物館資料の収集，保管，展示および調査研究，その他これに関連する事業についての専門的事項をつかさどる者とされているため，保存科学的な検討や作品の修復は外部専門家に依頼するほか，前記の職務のほとんどを行うこととなり，過重な責任を負わされる現状である．

　そのため，文化庁では公・私立博物館の若い学芸員を対象に，日本の脆弱な美術工芸品（特に国宝，重要文化財）をどう取り扱い，展示するか，また梱包をどう行うかなど基礎知識を教えるための講習会を 1950 年以来毎年行い，これらとは性格の異なる近現代美術作品の展示に関する講習会を 1984 年から行うなど，学芸員の資質向上を図っている．現在では，一部の博物館に普及教育を専門とする学芸員や，保存科学を専門とする学芸員を置き始め，博物館における専門職の明確化が行われ始めている．

（西川杏太郎）

ARCHIVIST

[定義] 文書館, 博物館, 図書館, あるいは企業や団体の文書管理部門などで, 記録史料の保存, 整理, 利用に関する専門的業務を担当する専門職のこと. 日本にも実質的に archivist (アーキビスト) の仕事に携わっている人たちはいるが, 制度的にも社会的にもまだ認知された存在になっておらず, 対応する適切な日本語もない.

[仕事] archivist は多面的な顔をもつ. 第一に,「文化財保存」の一端を担う専門職であるが, その対象は決して古文書に限定されない. 史料として保存すべき重要な記録ならば, 新しい文書はもとより, 写真記録や音声映像記録, さらには磁気テープやフロッピーディスクなどの電子記録も archivist が扱う対象となる. これらを総称して記録史料 (アーカイブズ：archives) または記録遺産 (アーカイバルヘリテージ：archival heritage) といっている.

第二に,「組織体の記憶」の守り手である. archivist は本来, 国や地方公共団体, 企業や団体, あるいは学校・病院などに個別に置かれ, その組織体が生み出す記録をいわば「組織体の記憶」として保存・管理することを任務とする. そして, 一方ではこれを組織内情報資源として活用するとともに, 他方では公共の情報資源として一般に提供し, 社会に貢献するのである. 記録史料とは, もともとそのような組織体単位の史料群のことを意味する概念だということも付け加えておこう.

第三に,「現代情報の管理者」である. 現代は情報化社会といわれ, 日々膨大な量の記録情報が発生している. これをすべて永久保存することはとうてい不可能かつ無意味である. たとえば1国の政府レベルでは, せいぜい1～5％を将来の史料として選別保存するのが適当だといわれている. したがって組織体ごとに情報選別プログラムをつくり, 科学的でシステマティックな保存と廃棄を実行することが現代の archivist のきわめて大切な任務となっている.

[世界の archivist] ヨーロッパでは, 1789年に始まったフランス革命後に近代的な文書館制度が導入され, archivist の専門教育もほぼ時を同じくして開始された. 現在では, 中国やアフリカを含め世界の多くの国で大学または大学院教育による archivist 養成が行われており, 政府や地方公共団体の文書館はもとより, 数多くの企業や大学で「企業 archivist」や「大学 archivist」たちが活躍している. archivist の国際的な団体としては ICA (International Council on Archives) がある.

[日本の archivist] 日本でも1987年に公文書館法が成立し, 文書館や公文書館の数が増加している. 企業や大学でも文書館類似施設を設けるところが現れている. そのような機関で実質的に archivist としての活動を行っている職員はいるが, まだ本格的な教育機関もなく資格制度も整っていないために, 専門職として認知された存在にはなっていない. しかし, 国立公文書館や国文学研究資料館史料館には短期の研修課程があり, さらにはいくつかの大学で archivist 養成のための高等教育課程を設ける構想が生まれている. 今後の進展が期待される.

(安藤正人)

保存科学用語集（英/仏/日）

*フランス語の基幹語（名詞）には，男性（m），女性（f）を付してある．

英　語	フランス語*	日本語
▶ A		
abrasion	abrasion (f)	摩耗，摩滅
accelerated ag(e)ing	vieillissement (m) accéléré	強制（加速）劣化
acid rain	pluie (f) acide	酸性雨
acrylic resin	résine (f) acrylique	アクリル樹脂
activated carbon	charbon (m) actif	活性炭
adhesive	adhésif (m), colle (f)	接着剤
adobe	adobe (m)	日干し煉瓦
ag(e)ing	vieillissement (m)	老化，経年変化
airbrasive	abrasion (f) par l'air	空気研磨
air-conditioned	climatisé	空調下の
airtight	hermétique	気密の
akaganéite	akaganeite (f)	あかがね（赤金）鉱，β-FeOOH
alga	algue (f)	藻類，海草
alloy	alliage (m)	合金
amalgam	amalgame (m)	アマルガム
amber	ambre (m)	琥珀
amino acid analysis	analyse (f) des amino-acides	アミノ酸分析
ammonia	ammoniac (m)	アンモニア，NH_3
amorphous	amorphe	非結晶質の，無定形の
anatase	anatase (f)	アナターゼ（白色顔料）
animal-skin glue	colle (f) de peau	膠（にかわ）
anoxia treatment	traitement (m) anoxique	無酸素処理法
anthropogenic	anthropogénique	人間起因の
anti-fungal agent	produit (m) anti-fongique	防カビ剤
antioxidant	antioxydant (m)	酸化防止剤
antiquities	antiquités (f, pl.)	遺物，古美術品
archaeologist	archéologue (m)	考古学者

archives	archives (f, pl.)	記録，文書
atacamite	atacamite (f)	アタカマ石，緑塩銅鉱，$CuCl_2 \cdot 3Cu(OH)_2$
atomic absorption	absorption (f) atomique	原子吸光
Auger spectroscopy	spectroscopie (f) Auger	オージェ分光法
autoxidation	autooxydation (f)	自動酸化
azurite	azurite (f)	藍銅鉱，岩群青，$2CuCO_3 \cdot Cu(OH)_2$

▶ B

bacteria	bactérie (f)	バクテリア
benzotriazole	benzotriazole (m)	ベンゾトリアゾール
β-backscattering radiography	β-radiographie (f) par rétrodiffusion	β線後方散乱ラジオグラフィー
biaxial stress tester	contrôleur (m) biaxial de tension	2軸伸展計測器
binder	liant (m)	接着剤
biocidal treatment	traitement (m) contre les microorganismes	殺虫殺菌処理
biogenic process	procédé (m) biogénique	生物起源の過程
bleaching	blanchiment (m)	漂白
bone	os (m)	骨
bone white	blanc (m) d'os	ボーン＝ホワイト
brass	laiton (m)	真鍮，黄銅
breaking strength	résistance (f) à la rupture	破断強度
brittleness	fragilité (f)	もろさ
bronze disease	maladie (f) du bronze	ブロンズ（青銅）病
browning	brunissement (m)	日焼け
brushing	brossage (m)	刷毛かけ
buffer solution	solution (f) tampon	緩衝溶液
building	bâtiment (m)	建造物
burial	enfouissement (m)	埋蔵

▶ C

calcareous	calcaire	石灰質の
calcite	calcite (f)	方解石，$CaCO_3$
canvas	toile (f)	キャンバス，画布

capillary	capillaires (m, pl.)	毛細管
carbon	carbone (m), charbon (m)	炭素，炭
carbon 14 dating	datation (f) par carbone 14	炭素14年代測定
carboxylic acid	acide (m) carboxylique	カルボン酸，RCOOH
cartonnage	cartonnage (m)	エジプトなどのミイラの棺
casein	caséine (f)	カゼイン
cast	couler	鋳造する
cast iron	fonte (f)	鋳鉄
catalyst	catalyseur (m)	触媒
cave	grotte (f)	洞窟
cement	ciment (m)	セメント
ceramics	céramiques (f, pl.)	セラミックス
cerussite	cérusite (f)	白鉛鉱，$PbCO_3$
chalk	craie (f)	白土，白亜，$CaCO_3$
charcoal	charbon (m) de bois	木炭
chelate	chélate (m)	キレート
chemicals	produits (m, pl.) chimiques	化学薬品
chloride	chlorure (m)	塩化物
chloride removal	élimination (f) des chlorures	塩化物除去，脱塩
chromatic alteration	altération (f) chromatique	色調変化
citric acid	acide (m) citrique	クエン酸
cinnabar	vermillon (m)	辰砂，朱，HgS
cleaning	nettoyage (m)	クリーニング
climate	climat (m)	気候，気象
coating	revêtement (m)	上塗り
cobalt blue	bleu (m) de cobalt	コバルト青
cochineal	cochenille (f)	コチニール
collagen	collagène (m)	コラーゲン
colloidal clay	argile (f) colloïdale	コロイド状粘土
colorfastness	tenue (f) de la couleur	耐退色性
colour space	gamme (f) des couleurs	色合い
complex	complexe (m)	錯体
complexing agent	agent (m) complexant	錯化剤
component	composant (m)	成分
conductometry	conductimétry	（電気）伝導度測定法
conidium	conidie (f)	分生子
conservator	conservateur (m), restaur-	コンサバター，保存修復家

	ateur (m)	
consolidation	consolidation (f)	強化
contraction	contraction (f)	収縮
copolymer	copolymère (m)	共重合体
copper	cuivre (m)	銅
corrosion	corrosion (f)	腐食
corrosion product	produit (m) de corrosion	腐食生成物
corrosion inhibitor	inhibiteur (m) de corrosion	防錆剤
cotton	coton (m)	木綿
cracking	craquage (m), craquelure (f)	クラック，ひび割れ
cross-linking	pontage (m)	架橋（反応）
crust	croûte (f)	皮殻
crystallization	cristallisation (f)	結晶化
cultural heritage	héritage (m) culturel	文化遺産
cuneiform script	caractère (m) cunéiforme	楔形文字
cuprite	cuprite (f)	赤銅鉱，Cu_2O

▶ D

damage mitigation	limitation (f) des dégâts	被害の緩和
dansyl amino acid	amino-acide (m) dansylé	ダンシル (DNS) アミノ酸
darkening	noircissement (m)	黒化
deacidification	désacidification (f)	脱酸反応，脱酸処理
deionized water	eau (f) déionisée	脱イオン水
deliquescent	déliquescent	潮解性の
dendrochronology	dendrochronologie (f)	年輪年代学
deoxyribonucleic acid	acide (m) désoxyribonucléique ADN	デオキシリボ核酸 (DNA)
desalination	dessalaison (f), dessalement (m)	脱塩
deterioration	altération (f), détérioration (f)	劣化
differential thermal analysis	analyse (f) thermique différentielle	示差熱分析
discolour	décolorer	退色させる
disinfect	désinfection (f)	消毒
display	exposition (f)	展示
display-case	vitrine (f)	展示ケース
dissolution	dissolution (f)	溶解

distilled water	eau (f) distillée	蒸留水
dithionite	dithionite (m)	亜ジチオン酸塩, $M_2S_2O_4$
drawing	déssin (m)	デッサン, 素描
drying	séchage (m)	乾燥
drying agent	desséchant (m), siccatif (m)	乾燥剤
durability	durabilité (f)	耐久性
dye	colorant (m), teinture (f)	染料
dyestuff	matière (f) colorante	染色剤

▶ E

earthquake	tremblement (m) de terre	地震
easy-to-handle tool	outil (m) facile à manier	簡便法
effervescence	effervescence (f)	沸騰
efflorescence	efflorescence (f)	白華, 塩の析出 (物)
egg white	blanc (m) d'œuf	卵白
egg yolk	jaune (m) d'œuf	卵黄
electrolysis	électrolyse (f)	電気分解
electron microprobe	microsonde (f) électronique	電子マイクロプローブ
electrophoresis	électrophorèse (f)	電気泳動
emulsion	émulsion (f)	エマルション
enamel	émail (m)	エナメル, 七宝
encaustic painting	peinture (f) à l'encaustique	焼き絵, ロウ画
en(in)crustation	incrustation (f)	(壁画の) かさぶた, 象嵌
endoscopy	endoscopie (f)	内視鏡検査法
energy-dispersive	par dispersion d'énergie	エネルギー分散型
enhancing effect	effet (m) promoteur	促進効果
environment	environnement (m)	環境
enzyme	enzyme (f)	酵素
epidermis	épiderme (m)	表皮
epoxy resin	résine (f) époxy	エポキシ樹脂
equilibrium	équilibre (m)	平衡
eradication	éradication (f)	根絶
erosion	érosion (f)	浸食
ethnographic collection	collection (f) ethnographique	民俗資料
ethyl alcohol	alcool (m) éthylique	エチルアルコール
ethylenediaminetetra-acetic acid	acide (m) éthylènedi-aminetétracétique	エチレンジアミン四酢酸 (EDTA)

ethylene oxide	oxyde (m) d'éthylène	エチレンオキシド，(酸化エチレン)，C_2H_4O
evaluation	évaluation (f), bilan (m)	評価
examination	examen (m)	検査
excavation	fouille (f)	発掘
exfoliation	exfoliation (f)	剥離
expansion	dilatation (f)	膨張
exposure	exposition (f)	(光，風に) 曝すこと
extract	extrait (m)	抽出物
exudate	exsudat (m)	滲出物 (液)

▶ F

fadeometer	fadéomètre (m)	退色計
fading lamp	lampe (f) décolorante	退色ランプ
fastness	solidité (f), résistance (f)	耐性
fat	matière (f) grasse	脂肪
feather	plume (f)	羽毛
fiberglass	fibre (f) de verre	ガラスファイバ
filiform	filiforme	糸 (繊維) 状の
filling materials	matériaux (m, pl.) de masticage	充填材料
filter	filtre (m)	フィルタ
firing temperature	température (f) de cuisson	焼成温度
fixative	fixatif (m)	媒染剤，定着剤，フィクサティーフ
flaking	écaillage (m)	剥落
foaming	en mousse	発泡性の
formaldehyde	aldéhyde (m) formique	ホルムアルデヒド，HCHO
formate	formiate (m)	ギ酸塩，HCOOM
formic acid	acide (m) formique	ギ酸，HCOOH
Fourier-transform IR	IR à transformée de Fourier	フーリエ変換赤外線 (FTIR)
foxing, fox spot	macule (f), piqûre (f)	フォクシング，汚点
free-radical	radical (m) libre	フリーラジカル
freeze-drying	lyophilisation (f)	凍結乾燥
freeze-thaw cycle	cycle consécutif gel-dégel	凍結・融解サイクル
fresco	fresque (f)	フレスコ画

frost-defrost cycle	cycle (m) gel/dígel	凍結・融解サイクル
fumigation	fumigation (f)	燻蒸
fungi	champignon (m)	カビ
fungicide	fongicide (m)	菌類駆除剤

▶ G

γ-ray	rayons (m, pl) γ	ガンマ線
gap-filler	mastic (m)	パテ
gas chromatography	chromatographie (f) en phase gazeuse	ガスクロマトグラフィー
gesso	*gesso*	ゲッソ
gilded (gilt) bronze	bronze (m) doré	金銅
gilding	dorure (f)	金鍍金
glass	verre (m)	ガラス
glaze	glacis (m)	釉薬
gold	or (m)	金
ground layer	couche (f) de préparation	基層，地塗り層
grout	mortier (m)	グラウト（建材の充填用セメント）
gypsum	gypse (m)	石膏

▶ H

haematite	hématite (m)	ヘマタイト, 赤鉄鉱, α-Fe_2O_3
half-life	demi-vie (f)	半減期
hardening	durcissement (m)	固化
hide	peau (f)	獣皮
holography	holographie (f)	ホログラフィー
hue	teinte (f)	色相
humidity buffering agent	régulateur (m) de l'humidité	調湿剤
hydrogen peroxide	peroxyde (m) d'hydrogène	過酸化水素, H_2O_2
hydrogen plasma	plasma (m) à hydrogène	水素プラズマ
hydrolysis	hydrolyse (f)	加水分解
hydrophilic	hyrophile	親水性の
hydrophobic	hydrophobe	疎水性の

▶ I

identification	identification (f)	同定

impregnation	imprégnation (f)	含浸
impurities	impuretés (f, pl.)	不純物
indigo	indigo (m)	あい（藍），インジゴ
inert atmosphere	atmosphère (f) inerte	低酸素濃度空気
infest	infester	（害虫などが）荒らす
infrared reflectography	réflectographie (f) à infra-rouges	赤外線リフレクトグラフィー，反射赤外線撮影法
infrared spectroscopy	spectroscopie (f) infra-rouge	赤外分光分析
inhibiting effect	effet (m) inhibiteur	抑制効果
ink	encre (f)	インク
inlay	incrustation (f)	象嵌
insecticide	insecticide (m)	殺虫剤
in situ	*in situ*	その場で
insulation	isolement (m)	絶縁
interferometry	interférométrie (f)	干渉計
inventory	inventaire (m)	目録
immunofluorescence	immunofluorescence (f)	免疫発光
ion-exchange resin	résine (f) échangeuse d'ions	イオン交換樹脂
IR, infrared ray	IR, rayons infra-rouges	赤外線
iron	fer (m)	鉄
iron artifact	objet (m) en fer	鉄器
irreversible change	transformation (f) irréversible	不可逆変化
ivory	ivoire (m)	象牙

▶ L

lacquer	laque (f)	漆，ラッカー
lake	laque (f)	レーキ
laminate	contrecollé, doublé	2枚の透明フィルムではさんだ
larva	larve (f)	幼虫
laser beam	faisceau (m) laser	レーザビーム
layer	couche (f)	層
lead	plomb (m)	鉛
leaded bronze	bronze (m) au plomb	鉛青銅
lead-tin yellow	jaune (m) de plomb et d'étain	鉛スズ黄
lead white	blanc (m) de plomb	鉛白，$2\,PbCO_3 \cdot Pb(OH)_2$
leakage	fuite (f)	（空気などの）漏れ

leather	cuir (m)	皮革
lichen	lichen (m)	コケ類
lifetime	durée (f) de vie	寿命
light fading	décoloration (f) à la lumière	光退色
light fastness	résistance (f) à la lumière	光耐性
limestone	pierre (f) calcaire (à chaux)	石灰岩
linseed oil	huile (f) de lin	亜麻仁（アマニ）油
linen	lin (m)	亜麻布，リネン
lipase	lipase (f)	リパーゼ（脂肪分解酵素）
liquid chromatography	chromatographie (f) liquide	液体クロマトグラフィー
longevity	longévité (f)	寿命の長さ
lost-wax process	procédé (m) à la cire perdue	ロストワックス（鋳造）法

▶ M

madder	garance (f)	あかね（茜）
magnesium nitrate	nitrate (m) de magnésium	硝酸マグネシウム，$MgSO_4$
malachite	malachite (f)	孔雀石，岩緑青，$Cu(OH)_2 \cdot CuCO_3$
manuscript	manuscrit (m)	手写本
marble	marbre (m)	大理石，$CaCO_3$
mastic	mastic (m)	乳香
mass spectrometry	spectrométrie (f) de masse	質量分析法
mercury	mercure (m)	水銀
metamerism	métamérisme (m)	異根同構
microanalysis	microanalyse (f)	微量分析
microbial activity	activité (f) microbienne	微生物活性
microclimate	microclimat (m)	微気象
microflora	microflore (f)	微植物
micro-organism	microorganisme (m)	微生物
minium	minium (m)	鉛丹，（朱），Pb_3O_4
mobile laboratory	laboratoire (m) mobile	移動実験室
Moiré fringe analysis	analyse (f) par Moiré de frange	モアレ縞分析
mold	moulage (m)	鋳型
molecular weight	masse (f) moléculaire	分子量
mounting	montage (m)	表具
mural painting	peinture (f) murale	壁画

museum	musée (m)	博物館，美術館
myrrh	myrrhe (f)	没薬（もつやく）

▶ N

natural dye	teinture (f) naturelle	天然染料
near infrared	proche infra-rouge	近赤外の
near ultraviolet	proche ultraviolet	近紫外の
nitrate	nitrate (m)	硝酸塩，MNO_3
nitrite	nitrite (m)	亜硝酸塩，MNO_2
nitrogen dioxide	dioxyde (m) d'azote	二酸化窒素，NO_2
non-destructive analysis	analyse (f) non-destructive	非破壊分析
non-destructive method	méthode (f) non-destructive	非破壊測定法
nuclear magnetic resonance	résonance (f) magnétique nucléaire (RMN)	核磁気共鳴 NMR

▶ O

oil painting	peinture (f) à l'huile	油彩画
orpiment	orpiment (m)	石黄，雄黄，As_2S_3
overpaint	repeint (m)	重ね塗り
oxalate	oxalate (m)	シュウ酸塩，MOOC-COOM
oxygen scavenger	agent (m) consommateur d'oygène	酸素除去剤
oxidation	oxydation (f)	酸化
oxygen	oxygène (m)	酸素

▶ P

painting in distemper	tempera (f)	テンペラ画
panel painting	peinture (f) sur bois	板絵
paper	papier (m)	紙
papyrus	papyrus (m)	パピルス
paramagnetic	paramagnétique	常磁性の
parchment	parchemin (m)	羊皮紙
particle induced X ray-emission	émission (f) de rayons X à particules induites	荷電粒子励起蛍光 X 線分析 (PIXE)
patina	patine (f)	古色（錆）
pentimento	repentir (m)	重ね塗り
permeability	perméabilité (f)	浸透性

pest control	contrôle (m) des infestations	虫害防止
petroglyph	pétroglyphe (m)	石彫，岩面陰刻
pewter	plomb et étain (m)	ピューター（鉛-スズ合金）
phase inversion	inversion (f) de phase	（重合体の）転相
pheromone	phéromone (f)	フェロモン
photooxidation	photooxydation (f)	光酸化
pigment	pigment (m)	顔料
plaster	plâtre (m)	漆喰，石膏
plaster of Paris	plâtre (m) de Paris	焼き石膏，$CaSO_4 \cdot 1/2\, H_2O$
plasticity	plasticité (f)	可塑性
pluviometer	pluviomètre (m)	雨量計
polar compound	composé (m) polaire	極性化合物
polarized light	lumière (f) polarisée	偏光
pollutant	polluant (m)	汚染物質
polychromed	polychrome	彩色された
polyethylene glycol	polyéthylène glycol (m)	ポリエチレングリコール (PEG)
polyethylene sheet	feuille (f) de polyéthylène	ポリエチレンシート
polymer	polymère (m)	重合体，ポリマー
polymerization	polymérisation (f)	重合
polyvinyl acetate	acétate (m) de polyvinyle	酢酸ポリビニル
porosity	porosité (f)	空隙率
porous	poreux	多孔質の
poultice	emplâtre (m)	パップ
powdering	efflorescence (f)	粉末化，風化
preservation	préservation (f), conservation (f)	保存，保護
protective layer	couche (f) protectrice	保護膜
protein	protéine (f)	タンパク質
pyrolysis	pyrolyse (f)	熱分解

▶ Q

quartz lamp	lampe (f) à quartz	石英ランプ

▶ R

radiation	rayonnement (m)	放射
radiocarbon dating	datation (t) pan carbone 14	放射性炭素年代測定

radiography	radiographie (f)	ラジオグラフィー, 放射線撮影法
rag	chiffon (m)	ぼろ
Raman spectrometry	spectrométrie (f) Raman	ラマン分光法
raw material	produit (m) de base	原料
realgar	réalgar (m)	鶏冠石, As_4S_4
recipe	recette (f)	処方
reconversion	restitution (f)	復旧
red ochre	ocre (f) rouge	べんがら（紅殻, 弁柄）
redox antioxidant	antioxydant (m) Redox	酸化還元・酸化防止剤
reducing agent	agent (m) réducteur	還元剤
reduction	réduction (f)	還元
reflectance	réflectance (f)	反射率
reflected light	lumière (f) réfléchie	反射光
reform	régénérer	再生する
refractive index	indice (m) de réfraction	屈折率
relative humidity	humidité (f) relative	相対湿度
relief (low)	bas-relief (m)	（浅い）浮き彫り
repair	réparation (f)	修理
replica	réplique (f)	レプリカ, 複製
repository	dépôt (m) d'objets	倉庫
resin	résine (f)	樹脂
restoration	restauration (f)	修復
restorer	restaurateur (m)	レストアラー, 修復技術者
retouching	retouche (f)	加筆, 修正
reversibility	réversibilité (f)	可逆性
rock art	art (m) rupestre	岩石芸術
room temperature	température (f) ambiante	室温
rubber	caoutchouc (m)	ゴム

▶ S

salt	sel (m)	塩
sample	échantillon (m)	試料
sampling	prélèvement (m) d'échantillons	試料採取
sandstone	grès (m)	砂岩
scanning electron micro-	microscope (m) électronique	走査型電子顕微鏡（SEM）

scope	à balayage	
scialbatura	*scialbatura*	（ローマ）石像の着色皮膜
scientific examination	examen (m) scientifique	科学調査
sculpture	sculpture (f)	彫刻
sealed package	paquet (m) scellé	封印荷物
secco painting	peinture (f) *a secco*	セッコ技法画
seismic activity	activité (f) sismique	地震活動
shipwreck	bateau (m) naufragé	難破船
shrinking	rétrécissement (m)	収縮
side-effect	effet (m) secondaire	副作用
silane	silane (m)	シラン
silica gel	gel (m) de silice	シリカゲル
silicone rubber	gomme (f) de silicone	シリコンラバー
silk	soie (f)	絹
silver	argent (m)	銀
silver thread	fil (m) d'argent	銀糸
sizing	collage (m)	ドウサ塗り
smalt	smalt (m)	スマルト（青ガラス）
soaking	trempage (m)	浸漬
sodium sesquicarbonate	sesquicarbonate (m) de sodium	セスキ炭酸ナトリウム, $Na_2CO_3 \cdot NaHCO_3 \cdot 2 H_2O$
solubility	solubilité (f)	溶解度
solvent	solvant (m)	溶媒
sorbent	substance (f) absorbante	吸着体
splitting	fente (f)	割れ目
spore	spore (f)	胞子
spot test	microtest (m)	スポットテスト
spray	pulvérisation (f)	噴霧
stability	stabilité (f)	安定性
stabilizer	stabilisant (m)	安定剤，安定装置
stain	tache (f)	汚点，しみ
stained glass	vitrail (m)	ステンドグラス
stainless steel	acier (m) inoxydable	ステンレス
starch paste	colle (f) d'amidon	デンプンのり
statue	statue (f)	像
steel	acier (m)	鋼
steel tank	bac (m) en acier	（PEG用）スチール槽

stoichiometry	stœchiométrie (f)	化学量論
stone	pierre (f)	石
storage	réserve (f)	収蔵庫
stratigraphy	stratigraphie (f)	層位，層位学
stress	tension (f)	応力
stucco	stuc (m)	ストゥッコ（化粧漆喰）
sublimation	sublimation (f)	昇華
substitute	substitut (m)	代替品
substrate	couche (f) de base	基層
sucrose	sucrose (m)	スクロース，$C_{12}H_{22}O_{11}$
sulphate	sulfate (m)	硫酸塩，M_2SO_4
sulphide	sulfure (m)	硫化物，M_2S
sulphite	sulfite (m)	亜硫酸塩，M_2SO_3
sulphur, sulfur	soufre (m)	硫黄
sulphur dioxide	dioxyde (m) de soufre	二酸化硫黄，SO_2
supercritical drying	séchage (m) supercritique	超臨界乾燥
suspended particulate matter	particules (f, pl.) en suspension	粉塵
swelling	gonflage (m)	膨張
synthetic resin	résine (f) synthétique	合成樹脂

▶ T

tapestry	tapisserie (f)	タペストリー，つづれ織り
taphonomy	taphonomie (f)	生物遺体学，化石生成論
tarnish	ternir	曇らせる
temperature	température (f)	温度
tenorite	ténorite (f)	黒銅鉱，CuO
tensile strength	résistance (f) à la traction	張力
terracotta	terre (f) cuite	素焼き（やきもの），テラコッタ
tessera	tesselle (f)	角石（モザイク用）
textile	textile (m)	染織品
thermal polymerization	polymérisation (f) thermale	熱重合
thermocouple probe	sonde (f) thermo-électrique	熱電対温度計
thermohygrograph	thermohygrographe (m)	温湿度グラフ
thermoluminescence	thermoluminescence (f)	熱ルミネッセンス
thermoplastic	thermoplastique	熱可塑性の

thin layer chromatography	chromatographie (f) en couche mince	薄層クロマトグラフィー
thin section	lame (f) mince	薄片
thread	fil (m)	糸
tile	tuile (f)	タイル
tin	étain (m)	スズ
tin bronze	bronze (m) pur	スズ青銅
tin pest	maladie (f) de l'étain	スズペスト
toxicity	toxicité (f)	毒性
trace amount (in)	l'état de traces (à)	微量（の）
transmitted light	lumière (f) transmise	透過光
treatment	traitement (m)	処理
tremor	secousse (f)	振動
trichloroethylene	trichloréthylène (m)	トリクロロエチレン
tristimulous colour analyzer	analyseur (m) de couleur à triple stimulation	3刺激値タイプ色彩色差計
turbidity	turbidité (f)	濁り度，濁度
turmeric	curcuma (m)	うこん（鬱根），ターメリック
tusk	défense (f)	（ゾウなどの）牙

▶ U

ultrasonic sound	ultrasons (m, pl.)	超音波
underdrawing	dessin (m) sous-jacent	下絵，下描き
underlying	sous-jacent	下層の
UV, ultraviolet ray	UV, rayons (m, pl.) ultra-violets	紫外線

▶ V

vacuum	sous vide	真空
vacuum freeze-drying	séchage (m) cryogénique sous vide	真空凍結乾燥
vacuum hot-table	table (f) chauffante sous vide	真空ホットテーブル
vandalism	vandalisme (m)	（芸術・文化の）破壊
varnish	vernis (m)	ニス
vat dye	colorant (m) de cuve	建染（たてぞめ）染料
vermilion	vermillon (m)	朱，HgS
verdigris	vert (m) de gris	緑青
viscoelastic	viscoélastique	粘弾性の

▶ W

wall painting	peinture (f) murale	壁画
washing	lavage (m), lessivage (m)	洗浄
waterlogged wood	bois (m) gorgé d'eau	水浸木材
watermark	filigrane (m)	（紙の）透かし
wax	cire (f)	ワックス
weathering	dégradation (f)	風化，劣化
wool	laine (f)	羊毛
work of art	œuvre (f) d'art	芸術作品
wrought iron	fer (m) forgé	鍛鉄

▶ X

xeroradiography	xéroradiographie (f)	ゼロラジオグラフィー
X-ray diffraction	diffraction (f) des rayons X	X線回折
X-ray fluorescence	fluorescence (f) X	蛍光X線

▶ Y

| yellowing | jaunissement (m) | 黄変 |

■解　説■
　この用語集は，文化財科学のなかで主要な部分を占める保存科学の分野で，国際的に使用されている学術用語および技術用語をまとめたものである．用語の選定に当たっては，この分野で最も評価の高いIIC（国際文化財保存学会）の定期刊行物 *Studies in Conservation* （1978～2002年）に発表された約600の論文を参照した．しかし，学際的分野でもあり，用語集としては下記の点で完璧ではないことを付け加えたい．
1. 全体的に欧米の文化財についての用語が多く，東洋，特に日本固有のものは少ない．
2. 近代的科学技術で保存修復を実施する際に使われる試薬類・修復材料などについては，数が多いため，国際的に汎用されているものだけを採用し，特殊なものは省略した．
3. 美術品と考古遺物，つまり動産に関する用語が多く，建造物や世界遺産のような不動産に関するものは少ない．
　歴史的文化財が豊かな国は多数あり，保存科学においても国際的に使われる言語は多いが，紙数の関係上，歴史的にこの分野で公用語的役割を果たしてきた英語・フランス語を基にし日本語を付けた．日本語は前2者と言語体系が異なるため，用語が1：1に対応しないことがある．その場合は複数の訳語を当てた．英語・フランス語間にもわずかながら同様な例がある．その場合は複数のフランス語を当てた．（馬淵久夫・三浦定俊・園田直子）

索　　引

α 線　327,366,383
α ヘリックス構造　346
α 粒子　320,327
β シート構造　346
β 線　327,357,366,423
γ 線　293,297,327,343,366,
　　383,384,487
γ 線スペクトロメトリー　328,
　　406
γ 線ラジオグラフィー　293

AATA　40,55
Ar$^+$レーザ　275,305
ARCAFA　42
archaeometry　494
archivist　496
^{14}C 年代測定　101,147,356,
　　394,396
^{14}C 年代値　395
CIN　56
conservator　494
courier　495
curator　495
D型アミノ酸　352,390
D ループ領域　403
DDVP　269
designer　495
DNA　354,403,441,458,465
EPMA　68,315,332,425
^{3}He 粒子　327
He-Ne レーザ　275,305,339
HEPA フィルタ　266
ICA　37,39,496
ICCROM　6,32,34,35,37,56,
　　185
ICOM　36,37,56,60,185,224
ICOMOS　6,8,34,56,224
ICP　68,392,421
ICP 質量分析　324,392,416,
　　425

ICP 発光分光分析　322,324,
　　325,416,425
IGO　31,35
IIC　40,185
IIC-Japan　41
IUCN　6,37
L型アミノ酸　352,353,390
LANDSAT　439
MMA　168
MRI　346
NASA　421
NGO　36,37,39
PCR　354,355,441,444,465
PEG　163,164,170,216,220,
　　245
pH　261
PIXE　68,115,313,320,493
PVA　164,170
registrar　495
restorer　495
SEAMEC　42
SEAMEO　42
SEAMES　42
SN 比　317,365
SPAFA　42,43
Studies in Conservation　40,
　　58
worker　495
X 線　250,293,297
X 線 CT　297
X 線回折　229,350
X 線吸収微細構造スペクトル
　　318
X 線トモグラフィー　296
X 線フィルム　295
X 線分析顕微鏡　277
X 線ラジオグラフィー　293

●――ア行

アイ　125,129,130,132
アイヌ　441
アウストラロピテクス　484,
　　485
亜鉛　71,422
亜鉛華　137
青色顔料　140
青色染料　125
アーカイバルヘリテージ　496
アーカイブズ　39,496
赤色顔料　137-139,147
赤色染料　122,123,129,130
アカガネアイト　68
アカネ　129,132
アーキビスト　39,496
アクティブコントロール　193
アクリルアミド　164
アクリル(系)樹脂　46,164,
　　168,172,216,217,222,229,
　　235,244,245,254,263
アクリル樹脂エマルション　46
麻　356
麻織物　239
アステカ　88,149,483
アスパラギン酸　390
アスマン通風乾湿球計　193
校倉造　196
アタカマイト　68
アタプルカ原人　484,486
アテネ憲章　8
アナトリア　419
アファール猿人　484,485
油絵　294
「アフリカのイヴ」　486
亜麻　153
アマニ油　153,189,250
アマルガム　16,76

アミノ酸　157,352,391,392,
　　403
アミノ酸層序学　391
アミノ酸分析計　390
アミノ酸ラセミ化法　390
アミン　213
アラゴ原人　484,486
アリ　268
アルカリ性紙　261
アルカリ石灰ガラス　423
アルカリ物質　185,187-189
アルゴン-アルゴン法　368,
　　379,398
アルタミラ　140
アルデヒド類　185,188,191
アルミニウム　317,330
アレクサンドロス大王　149,
　　472,474,476,480
安山岩　91,98,207,406
アンチモン　310
アンデス　123
アンモニア　189,192,195,204,
　　213

硫黄　263
硫黄化合物　233
硫黄酸化物　185,188,192,195,
　　204
イオンクロマトグラフィー
　　193
イオン交換クロマトグラフ
　　390
イオン交換樹脂　352
イオンスパッタリング　331
イクロム　6,12,32,34,35,37,
　　56,185
イコム　36,37,56,185,224
イコム日本委員会　36
イコモス　6,8,34,37,56,224
石山寺文書　154
遺跡　8,285,429,431,433
イソシアネート系樹脂　46,
　　216,244
板絵　248,296
稲荷山古墳出土鉄剣　50,218
伊万里　417
伊万里焼　110

イメージインテンシファイア
　　293
色絵　110
色温度　187
石見銀山　79
インカ　149
印刷術　81
インターネットミュージアム
　　61
インドフェノール法　189

ヴェニス憲章　8,11,37
浮世絵　277
ウコン　133
宇宙線　358,361
裏打ち　260
ウラン　333,383,420
ウランガラス　369
ウラン-トリウム法　382,493
ウラン-プロトアクチニウム法
　　382
漆　146,160,187,237,256,263,
　　287,345,348,356
ウルトラマリン　140
ウレタン樹脂　263

永仁の壺　17,314
液体クロマトグラフィー質量分
　　析計　349
液体シンチレーション計数装置
　　357
液体シンチレーション計数法
　　358,398
エジプト　88,113,116,122,
　　125,129,153,154,179,181,
　　320,474,480,481
エジプトブルー　136
エチルアルコール　265
エナメル質　385,444
エネルギー分散型蛍光X線分
　　析　278,405,416
荏油　291
エポキシ系接着剤　217,229
エポキシ(系)樹脂　46,164-
　　166,173,235,244,262,263,
　　368
絵馬　168,248,284

エミシオグラフィー　283
塩化ナトリウム　233
塩化物　185,188
塩化物イオン　68,204,207,
　　209,217,221,229
塩基　403
『延喜式』　80,154,155
塩基配列　355
塩結晶化破壊　233
エンジュ　134
猿人　393,484
鉛丹　139
鉛白　136,282,284
塩類風化　233

黄土　139,287
オキシダント　192,193
屋外文化財　204
オージェ電子　278,315,331
オージェ電子分光分析　331
汚染物質　347
オゾン　185,188,189,195,204,
　　340
オゾン層　270
オートラジオグラフィー　282
お身ぬぐい　210
オランウータン　394,403,484,
　　485
オロリン猿人　485
温度　157,185,192,204,225
温度処理法　245
音波探査　436

●——カ行

貝　382,383,390,391,450,457
絵画　186,247,273,281,283,
　　289,293,309,312,322,324,
　　347,351
カイガラムシ　123
回折格子　304,336
貝塚　450
貝紫　130
カオリナイト　110,135,415
化学シフト　345
化学発光　340
柿右衛門　110

索　引

核DNA　354
学芸員　36, 247, 495
核磁気共鳴　345
カコウ岩　92, 99, 406, 415
火山ガラス　395, 408
火山灰　364, 367, 374, 381, 397
可視光線　187, 341, 364, 439
ガスイオン化検出器　312, 315
ガスクロマトグラフ　390
ガスクロマトグラフィー質量分
　　析計　347
火成岩　91, 370
カゼイン　254
加速器　320, 327
加速器質量分析　357
刀鍛冶　67
カツオブシムシ　268
荷電粒子　327
荷電粒子励起蛍光X線分析
　　313
カビ　158, 185, 193, 204, 225,
　　264, 265
カビ害　231, 259
花粉　279, 354
鎌倉大仏　205, 224
紙　80, 151, 155, 204, 231, 259,
　　264, 268, 309, 322, 324, 336
　　──の年代推定　83
　　──のリサイクル　86
カミキリムシ　267
枯らし　190
ガラス　113, 170, 204, 264, 265,
　　277, 301, 318, 320, 329, 330,
　　341, 364, 368, 423
カリウム-アルゴン法　368,
　　379, 398
カリガラス　113, 117, 423
カリヤス　124, 128
カルサイト　236
カルボニル化合物　192
皮なめし作用　123
かわらけ　101, 102
環境分析　347
元興寺文化財研究所　50
干渉計　339
干渉縞　304
岩石　90, 276, 277, 350, 370

管理団体制度　3
顔料　135, 163, 173, 204, 215,
　　247, 277, 318, 336, 350, 353
黄色顔料　139
黄色染料　124, 126, 128, 133
機器中性子放射化分析　327,
　　406, 416, 417
気球　429, 431
キクイムシ　231
ギ酸　185, 189, 193, 352
寄生虫　446
擬石　236
キセノンランプ　341
気体計数法　358
キトラ古墳　212, 213
希土類元素　313, 323, 406
絹　151, 157, 231, 247, 274, 291,
　　346, 352, 356
絹織物　155, 239
記念建造物　8, 9
記念物　5, 13, 23
キハダ　128
擬木　244
キャンバス　201, 251
吸収端スペクトル　319
旧人　487
キュリー点（温度）　373, 434
凝灰岩　94, 207, 212, 286, 411
強化剤　263
強磁性鉱物　434
裂　240, 248
記録遺産　39, 491
記録史料　258, 496
金　78, 283
銀　79, 228
金印　16, 78, 471
金貨　78, 325
金工技術　67
近赤外線写真　429, 431
金属　65, 264, 277, 293, 297,
　　301, 350, 351
金属器　168, 173, 177, 309, 312,
　　318, 322, 324, 472
金属文化財　204, 208, 228
「金の六斉」　70, 73

空気汚染　188
グーテンベルグ聖書　89
グラウティング　234
グラジオメータ　434
クラスター分析　407, 416
グラファイト　360, 361
クリスタライト　406
クリーニング　229, 236
黒色顔料　140
黒色染料　123, 126
グロー放電質量分析装置　325
グロー放電質量分析法　425
クロマニヨン人　484
クロム　319
群青　69, 140, 282, 289, 291
燻蒸　51, 158, 239, 244, 264,
　　267, 269, 270
蛍光X線　312
蛍光X線分析　115, 120, 219,
　　229, 312, 320, 413, 416, 422,
　　423, 493
蛍光分光分析　341
ケイ酸　463
珪藻　448
経年変化　158, 352
経年変動　361
毛皮　159
ゲティー保存研究所　40, 56,
　　338
ケニアピテクス　484, 485
ケミルミネッセンス　340
ケヤキ　144, 145, 299
ケルメス　123, 130
原子核反応　328
原子吸光分析　68, 309, 310, 379
『源氏物語』　122
減弱係数　293, 301
原子炉　281, 302, 327, 328, 330,
　　368, 406
原人　393, 484, 486, 487
建造物　20, 49
顕微分光光度計法　395
玄武岩　91, 206
高温処理　269
黄河　419, 470

索　引

光学異性体　353,390
光学フィルタ　365
合金　67
航空写真撮影　431
光合成　356
考古化学　493
考古科学　493
「考古学と自然科学」　54,57
考古地磁気永年変化　371
考古地磁気法　370
合成開口レーダ　440
較正曲線　361
合成樹脂　46,162,164,165,
　　204,215,216,237,250,251,
　　254,301
高速液体クロマトグラフィー
　　120,193,352
高速中性子　379
皇朝十二銭　69,74
光電効果　283
高分子化合物　349
コウヤマキ　143,145,386
『後漢書』　80
古器旧物保存法届出　19
ゴキブリ　231,268
『古今和歌集』　122
黒鉛　310,425
国際記念物遺跡会議　37
国際博物館会議　36
国際文化財保存学会　40
コクゾウムシ　456
黒体放射　365
古九谷　110,111,417
黒陶　103
国宝　13,15,22,46,48,49
国宝指定　15
国宝修理所　46
国宝修理装潢師連盟　46,348
国宝保存法　3,15,26
黒曜石　91,329,334,368,395,
　　405,406,408,410,423
黒曜石水和層法　395
国立公文書館　39
国立博物館　4,44
国連教育科学文化機関　31
古社寺保存法　3,15,23,46
古人骨　383,444

固体質量分析　334,421
古代DNA　458
古地磁気（年代測定）法　370,
　　417
コチニール　123,126,128,130,
　　137,140
ごばいし　123
古病理学　444
古　墳　91,95,97,212,437,471,
　　482
胡粉　136,284
「古文化財の科学」　52,57
コラーゲン　160,242,391,392,
　　460
ゴリラ　403,484,485
コンクリート　97,188,189,
　　276,299,2233
コンサバター　338,494
『今昔物語集』　363
昆虫　185,454
コンピュータトモグラフィー
　　345
梱包　166
梱包ケース　197,199,201,202

●──サ行

災害敏感性　225
サイクロトロン　281,327
彩陶　103
彩文土器　103
砂岩　93,206
酢酸　185,188,193
酢酸ビニル　188
酢酸ビニル樹脂　169
酢酸ビニル樹脂エマルション
　　263
佐渡金山　78
サヌカイト　91,98,99,405
佐波理　72,108
さび　204,228,229,351,425
サヘラントロプス　485
サーモグラフィー　285,429,
　　431
酸化エチレン　244,266,269
産業考古学　30
産業文化財　30

サンゴ　382
3次元蛍光光度計　120
酸性雨　66,204
酸性紙　85,231,258,260,261
酸素同位体比　398,458
産地推定　333,367,396
残留磁化　370,372

シアノアクリレート系接着剤
　　245
シアノアクリレート樹脂　169,
　　263
シェラック　342
紫外可視分光分析　346
紫外線　146,157,187,204,250,
　　256,291,341,385
紫外線蛍光検査法　341
紫外線蛍光写真撮影　291
紫外線レーザ　341
磁器　110
磁気異常　434
磁気傾度計　434
磁気探査　434
磁気粘性　435
磁気余効　435
時雨亭文庫　196
紙質文化財　268
4重極（型）質量分析計　324,
　　347
地震考古学年代　400
シスチン　352
システイン　352
史跡名勝天然記念物　23
史蹟名勝天然記念物保存法　3,
　　23
自然遺産　6,34
漆喰　155,180,181,212,215,
　　265,277
湿気　225
漆（工）芸品　35,256,294
実体顕微鏡　273,387,454
湿度　157,185,190,192,194,
　　204
七宝　112
質量分析　324,359,420,460
指定文化財　13
シバンムシ　231,259,267,268,

索　引

270
四分一　72, 79
脂肪酸エステル　216, 245
シーボルト　407
シミ　227, 268
指紋元素　413
ジャワ原人　484
朱　137, 138, 287
臭化カリウム　338
臭化メチル　51, 244, 269, 270
収蔵　226
重陽子　327
重要伝統的建造物群保存地区　21
重要美術品　3
重要文化財　15, 17, 22, 46, 48, 49
重要無形文化財保持者　26
重要無形民俗文化財　29
重要有形民俗文化財　29
樹脂　250, 322, 324, 336, 349
主成分元素　322, 416, 419
主成分分析　315
種同定　457
『周礼』考工記　70, 73
錠剤法　338, 339
蒸散性薬剤　269, 270
硝酸セルロース　172
消石灰　180
正倉院文書　71, 72, 118
正倉院薬物帳　131, 140
状態分析　319
照度　187
樟脳　269
照明　215
縄文海進　448, 450
縄文土器　101
食性解析　460
『続日本紀』　69, 389
食物連鎖　356
シラン　235
シリカゲル　190
シリコーン　262
シリコーン（系）樹脂　176, 235, 163
シリコーンゴム　176, 262
シリコンショットキーバリア固

体撮像素子　285
ジルコン　368
シロアリ　231, 267, 268
白色顔料　135, 136
色絵磁器　417
真贋鑑定（判定）　367, 411
真空凍結乾燥法　216, 221, 245
ジンクホワイト　137
シンクロトロン放射光　317
人工衛星　439
人骨　382, 383, 442, 460
人骨DNA　441, 444
辰砂　76, 137
新人　484, 487
シンチレーション検出器　312, 315
「人類の口承及び無形遺産の傑作の宣言」　27

水銀　76, 310
水銀朱　76
水銀灯　341
水酸化カルシウム　242
水質汚染　449
水晶　94
水素ガス　222
水素プラズマ処理　229
水中考古学　220, 222
水分活性　264, 266
水溶性アクリル樹脂　46
水和層　406
水和層年代測定　396
須恵器　102, 104, 376, 413
スオウ　127, 128, 132
スギ　142, 145, 386
漉き嵌め法　232, 259
スクラップ　422
スクロース　216, 221, 245
スズ　71, 73, 262, 306, 330, 343
ステンドグラス　113
ストゥッコ　97, 179, 181, 276
ストレスマーカー　444
ストロンチウム　314
ストロンチウム同位体比　334
スネルの法則　114
スパファ　42
スピン　344, 384

墨書土器　290
スミソニアン材料研究教育センター　56
スラグ　65

正孔　364
青磁　111
製紙法　83
聖書　73, 153
生石灰　180
成長線　458
性的二型　443, 457
青銅　16, 70, 73, 74, 204, 217, 280, 302, 419
青銅器　75, 329, 333, 334, 419, 470, 472, 478, 480
制動放射線　327
生物顕微鏡　395
生物的劣化　231
生物発光　340
精練　419
製錬　65, 74, 425
ゼオライト　189, 190
世界遺産　30
世界遺産委員会　6
世界遺産基金　6
世界遺産条約　6, 32, 34, 37
赤外吸収スペクトル　336, 346
赤外吸収スペクトルライブラリー　338
赤外吸収分光分析　336
赤外光　364, 367
赤外線　187, 250, 285, 289, 439
赤外線写真撮影　287
赤外線リフレクト・トランスミッシオグラフィー　289
赤外分光光度計　336
赤十字精神　9
石像　411
石造文化財　168, 174, 176, 204, 208, 233, 351
セシウム　323, 358
セチルアルコール　216, 245
石灰　97, 180, 263
石灰岩　94, 206, 411
石灰石　135
石灰乳　242

石器　92,309,312,318,322,
　　324,330,333,334,395,405,
　　470,472,474,476,478,480
炻器　104,415
セッコ　253
石膏　97,178,205,234,236,
　　237,257,263
接着剤　154,160,166,172,173,
　　254,263,336,345
セメント　97,263
ゼラチン　161,178
セラミックス　97,100,277
セルロイド　162
セルロース　84,85,151-153,
　　197,340
遷移金属イオン　344
遷移金属元素　318
全国歴史資料保存利用機関連絡協議会　39
染織　239,341,345
染色　273
染織品　186,204
選定保存技術　47
染料　120,259,336,345

象嵌　67,79,218,229,274,283,
　　297
象牙質　458
装潢技術　215
走査型オージェ電子顕微鏡　331
走査型電子顕微鏡　68,278,
　　331,423,425
装飾品　419
即発γ線　330
即発γ線中性子放射化分析　115,330
ソーダ石灰ガラス　113,116,
　　423
染付磁器　110,111,277
粗面岩　206
ソロ原人　484,486

●――タ行

大気汚染　204,225
第三ブチルアルコール　221,
　　245
堆積岩　93,370
堆積残留磁化　373,374,377,
　　434
大宝律令　129,471
ダイポール・ダイポール法　433
大麻　80,151
大理石　95,96,205,206,411
大量脱酸技術　258
高松塚古墳　212
多元素同時分析（測定，定量）
　　312,323,328,330,406,413,
　　416,421
たたら　11,75
脱塩処理　68,217,222,229
脱酸性化処置　232
脱酸素剤　270
多変量解析　407,420
タラスの戦い　81
炭化米　465
単眼顕微鏡　454
鍛金　67
タングステン　333
炭酸ガス　188,270
炭酸カルシウム　233,242,253,
　　260
炭素同位体比　359,460
タンタル　310
タンデム加速器質量分析器　398
タンデム型加速器　320
タンニン　123,126,222,305
タンパク質　157,160,263,340,
　　352,390-392,403,462
ダンマール　245,263

チキソトロピー　163
地磁気永年変化　371,374
地磁気エクスカーション　372,
　　374
地中レーダ　429,437
窒素　347
窒素ガス　219,222
窒素酸化物　185,188,192,195,
　　196,204,340
窒素同位体比　460

窒素分析　393
窒素レーザ　341
チトクロムb遺伝子　354,355
チャタテムシ　268
チャート　94
虫害　231,244,251,299
中性子　302,327,330
中性紙　259,260
中性子放射化分析　115,406,
　　421
中性子誘導オートラジオグラフィー　281
中性子ラジオグラフィー　301
鋳造　67
超音波　300
超音波CT　299
彫金　67
調湿剤　186,190,201,202
超伝導量子干渉磁力計　375
超微量元素　320
チョーキング　164,166,173,
　　174,206
苧麻　80,152
チンパンジー　403,404,484,
　　485

ツタンカーメン　129

低温処理　269,270
泥岩　93
頁岩　93,95
定期刊行物　57
帝国美術院　44
デイサイト　91,98
低酸素濃度処理　245,269,270
定性分析　327
ディフュージョンサンプラ　193
定量分析　327
デオキシリボ核酸（DNA）354
手漉き紙　87,150
鉄　75,217,222,228,315,319,
　　323,330,343,356,385,407
鉄器　174,329,425,470,472,
　　476-479
テフラ　368,374,397

索　引

テフラ編年法　397
テフロクロノロジー　398
テラコッタ　97
電気泳動　465
電気探査　433
電気抵抗　433
電気抵抗式湿度計　193
『天工開物』　137,151,154
展示　185,226
展示ケース　166,168,176,188,
　　191,195,219,227
電子顕微鏡　278,425
電子スピン共鳴　344
電子スピン共鳴年代測定法
　　384
電子線　217,327
伝世品　11
伝統技術　46
伝統的建造物群　5,13,21
伝統的建造物群保存地区制度
　　4
天然記念物　23
天然樹脂　254,342
天然放射性元素　420
デンプン　84,154,178,263,267
デンプンのり　243

銅　69,217,228,330,419,478
同位体分別効果　398
透過電子顕微鏡　278
陶器　106,178,364
銅器　329
銅鏡　70
東京美術学校　19,46
凍結劣化　234
銅剣　70
ドウサ　231
唐三彩　106,107,109
動産文化財　23
陶磁器　100,186,225,237,276,
　　309,312,320,322,324,329,
　　330,333,334,341,376,415,
　　417,464
東大寺大仏　16,77,209
銅鐸　70
銅-ニッケル合金　71
動物遺体　457

動物群　457
銅矛　70
陶俑　109
登録有形文化財　4,22
土器　101,168,174,178,186,
　　225,237,276,309,312,318,
　　322,324,329,330,333,334,
　　364,367,388,413,463,464,
　　474,476,480
鍍金　16,69,77
特性Ｘ線　278,312,315,320
独立行政法人文化財研究所　4,
　　41,44
突然変異　403
渡来混血説　443
トラップ　384
トリウム　333,383,420
登呂遺跡　142
敦煌莫高窟　139
敦煌壁画　215

●──ナ行

ナイロン　254
ナガシンクイムシ　267
ナショナルトラスト　30
ナスカ　483
ナトリウム　323
ナフタリン　269
鉛　70,74,333
　　──の成長曲線　421
鉛ガラス　113,118,321,423,
　　424
鉛鉱石　421
鉛増感紙　295
鉛同位体比　74,118,334,419,
　　422,423,426
鉛バリウムガラス　118,423,
　　424
なめし　89,158,305
奈良三彩　107,108
膠　160,215,231,237,247,248,
　　250,251,254,263,282,291,
　　345,353
二酸化硫黄　207,209
二酸化炭素　213,253,269,336,

　　339,358
二酸化窒素　207,209
２重収束型磁場質量分析計
　　324
ニス　251,287,341
似紫　132
ニッケル　315,319,323,426
日本工業規格　260
『日本書紀』　80,129
日本人起源論　443
日本赤十字社　52
日本博物館協会　52
日本美術院　46
日本文化財科学会　54
日本ユネスコ協会連盟　31
日本ユネスコ国内委員会　31
二枚貝　180
人間国宝　26

ネアンデルタール人　441,484,
　　487
ネズミ　232
熱可塑性樹脂　162,168-170,
　　172
熱硬化性樹脂　162,171,173,
　　175,176
熱残留磁化　372,373,434
熱赤外画像　431
熱ルミネッセンス　364,384,
　　398,487
ネブライザ　310,322,325
粘土　97,215,257,415
年輪　357,361,386
年輪年代学　397
年輪年代法　346,361,386

農耕　455,463,482
ノコギリヒラタムシ　456
のり　154,180,237

●──ハ行

歯　390,443,444,458
媒染剤　120
ハイデルベルグ原人　484,486
パイプオルガン　74
灰吹法　74,79

白亜　135,251,282
白磁　110
ハーグ条約　9,32
白色顔料　251
バクテリア　213
白土　135
博物館　36,52
博物館学　42
『博物誌』　88,408
剝片　395
薄片　276
薄片法　395
剝落止め　155,166,168-170,215
土師器　101,102,413,464
パーチメント　88,242
発ガン性　266
バックグラウンド計数　361
発光ダイオード素子　365
発光分光分析法　309
パッシブコントロール　193
撥水剤　235
埴輪　413
パピルス　88,242
バビロニア　113
バーミリオン　137
パラジクロルベンゼン　269
パルスレーザ　305
パルスレーダ　437
パルテノン神殿　205
ハロゲンランプ　365
半合成樹脂　162
阪神・淡路大震災　52,194,224,226,400
ハンダ　73
半導体検出器　313,320,328,330,383,413

「ピエタ」　191,224
皮革　158,204,336,345
東インド会社（イギリス）　371,477
東インド会社（オランダ）　110,477
東インド会社（フランス）　477
光ルミネッセンス　291
光励起（刺激）ルミネッセンス

364
ビジコン　289
美術院　46
美術工芸品　4,10,17,19
微小部X線回折　350
微生物　234,266
ヒ素　69,310,419
ピテカントロプス　486
ヒノキ　141,145,248,386,389
非破壊X線回折　350
非破壊年代測定法　383
非破壊分析　68,219,312,318,328,330,341,345,351,405,423,493
日干し煉瓦　97
表具　12
表面電離型質量分析装置　333,421,423
ヒラタキクイムシ　267,268
ピラミッド　179
微量元素　309,322,324,325,328,407,416,417,419
微量元素分析　411
微量分析　317
比例計数管　357,358

ファーネス　310,323
フィッショントラック年代値　395
フィッショントラック法　368,398,406
フィルム　177
フェーディング　367
フェノール樹脂　162
フォクシング　231,265
フォトダイオード　322
フォトンカウンタ　340
不活性ガス　270
副葬品　213
藤ノ木古墳　213
腐食モニタ　193
ブチラール樹脂　46,170,263
不対電子　344,384
フッ化スルフリル　269
フッ素　313,392
仏像　297
フッ素樹脂　172

不動産文化財　23,37
風土記の丘　24
船食い虫　221
フノリ　46,155,178,180,215,248,263
不飽和ポリエステル樹脂　175,262
フラウンホーファー線　310
プラスター　178,179,181
プラスチック　162,340
フラボノイド　124,134
プランクトン　460
プラントオパール分析　463,464
フーリエ変換NMR　345
フーリエ変換赤外分光光度計　332
フーリエ変換赤外分光分析　339,346
ブリキ　73
プリズム　336
プリニウス　88,154,408
フリント　94,406
ブルースケール　187
プレキャストコンクリート　189
フレスコ画　164,215,253
フレスコセッコ　247
フレーム　310,323
フレーム原子吸光装置　309
ブロンズ像　229
ブロンズ病　68
文化遺産　6,32,34,36
文化遺跡　42
文化財科学　4,491
『文化財科学文献目録』　54
文化財学　491
文化財建造物保存技術協会　49
文化財虫害研究所　51
文化財登録原簿　22
文化財登録制度　22
文化財保護委員会　3
文化財保護審議会　13
文化財保護法　3,19,20,29,48
文化財保護法改正　21,22
文化財保存修復学会　52,492
文化財保存修復研究国際センタ

索引

― 35
文化庁 3,18-22,49
文化庁長官 4
文建協 49
分光蛍光光度計 341,342
分光分析 274
分子進化の中立説 403
分子時計 403
分析電子顕微鏡 278
ブンゼンバーナー 323

壁 118
壁画 168-170,204,212,253,265,277,320,329,350
北京原人 484,486
ベニバナ 122,129,133
ペプチド 352,391,392
ベラム 88,89,242
ヘリウム 347
ヘロドトス 151,154
べんがら 110,138,147
偏光顕微鏡 276,395,411
変成岩 95
ベンゾトリアゾール 68

ボアホールレーダ 440
方鉛鉱 74,79,118,136
防カビ 264
防災対策 225
放射壊変の法則 357
放射化分析 68,219,281,302,327,425,493
放射光蛍光X線分析 313,317,416
放射性炭素 463
放射性炭素年代測定法 101,356,370,394
放射線損傷 384
防錆 222
防虫 267
琺瑯 112
捕獲圧 459
捕獲(捕捉)電子 364,384
補彩 251
保存科学 491
ボッグピープル 305
骨 390

ホモ・エルガステル 484,486
ホモ・エレクトゥス 368,484,486
ホモ・サピエンス・サピエンス 486
ホモ・ハビリス 368,484,485
ポリウレタン樹脂 171
ポリウレタンフォーム 200
ポリエステル樹脂 262,263
ポリエチレングリコール (PEG) 163,170,216,220,245,263,305
ポリエチレンフィルム 177
ポリ酢酸ビニル 254
ポリビニルアセテート 164
ポリビニルアルコール 164,170,180,254,263
ポリフェノール 123
ポリペプチド 346
ポリメチルメタクリレート 164
ポリメラーゼ連鎖反応(PCR) 354,441,465
ポルトランドセメント 181
ホルマリン 161,188,189
ホルムアルデヒド 189,192-196
ホルンフェルス 95
ぼろ 81,150
ホローカソードランプ 309
ホログラフィー 304

●――マ行

マイクロ波 344,384,439
マイクロバルーン 163,164,165,173,238
埋蔵文化財 3,4,5,66,289
磨崖仏 92-94,98,176,233-235
勾玉 113
蒔絵 256
マグマ 381
マスキング 463
マッピング分析 277,423
マツヤニ 245,349
マトリックス 312,323,325,328,414

マニラ麻 81
マヌ法典 149
マヤ 88,482,483
マンガン 319
『万葉集』 122,127

ミイラ 81,153,346,349
御影石 92
密陀僧 139,292
蜜蠟 250,254,263
ミトコンドリア 465
ミトコンドリアDNA 354,403,441
緑色顔料 140
緑色染料 134
ミョウバン 120,124,126,129,132,134,231,259
民俗資料 3,174
民俗文化財 4,5,13,29

無機質遺物 217
無形文化遺産 32
無形文化財 5,13,25
無形文化財保持者 3
虫干し 209,213
「無防備都市宣言」 9
ムラサキ 127
紫色顔料 140
紫色染料 127,130-132

明器 109
メキシコ銀貨 78
メスバウアー分光分析 343
メソポタミア 113,116,118,179,419,423
メタン 213
メチルメタクリレート 168
免震装置 227

モアレトポグラフィー 306
毛髪自記温湿度計 193
木材 297,390
木質文化財 170,244,267
木造文化財 204
藻塩式製塩法 449
木器 174
「モナ゠リザ」 191

索引

モノクロメータ　317
モノマー　163
モヘンジョ=ダロ　97,129,149
モルタル　97,179,181,253,
　　276,277
モンテカルロ法　461
モントリオール議定書　244
文部（科学）大臣　4,13,17
文部省　3

●──ヤ行

焼鈍　67
やきもの　100,318
冶金　426
「夜警」　191,224
邪馬台国　138
ヤマモモ　126
弥生土器　101

有機酸　188,349
有機質遺物　176,216
有形文化財　5,13,17,20,22,
　　204
有孔虫　390,391,398
釉薬　100,106,111,318,333,
　　415,416
ユウロピウム　407
油彩画　204,250,265,281,296
輸送　197
ユニドロワ条約　32
ユネスコ　9,10,28,31,35,37,
　　39
ユネスコ・アジア文化センター
　　31
ユネスコ憲章　31

ユネスコ条約　32
ユネスコ世界遺産センター　34
ユネスコ日本信託基金　33

洋紙　258
陽子　320,327
陽子線　327
羊皮紙　242,243,356
葉緑体　465
吉野ヶ里遺跡　130,138
予防的保存　259

●──ラ行

ライナック　327
ラセミ化　391
ラセミ体　390
ラック　131,132
螺鈿　256,341
ラマピテクス　484,485
ラミダス猿人　484,485

リグニン　265
リザーバ効果　356,361,398
リチウム　323,331
リボソームRNA　355
リボソームRNA遺伝子　354
リモートセンシング　439
硫化物　185,188
硫化物イオン　229
硫酸アルミニウム　260
硫酸カルシウム　233,253
硫酸ナトリウム　233
流紋岩　91,405,408,415
リンター　81

類人猿　393,403,485
ルビジウム　314,323,333
ルミネッセンス年代測定法
　　364

礫岩　94
暦年代　357,361
暦年標準パターン　386,389
レーザ　304,339
レザー　89
レーザ顕微鏡　275
レストラアー　495
レプリカ　166,171,174-176,
　　178,262
煉瓦　97,104,179,207,233,
　　276,277,364

老化現象　391
緑青　69,140,282,289,291
ロジン　245,260,263
ログウッド　126
露点計　193
ローマンガラス　113
ローマンセメント　181
ローム層　374

●──ワ行

『和漢三才図絵』　156
和紙　11,12,35,81,82,87,155,
　　239,258,329,340,356,363
ワタ　149
ワックス　221,222,229,263
和同開珎　69,70,79

文化財科学の事典（新装版） 定価は外函に表示

2003 年 6 月 25 日 初　版第 1 刷
2018 年 7 月 20 日 新装版第 1 刷

編集者	馬　淵　久　夫
	杉　下　龍一郎
	三　輪　嘉　六
	沢　田　正　昭
	三　浦　定　俊
発行者	朝　倉　誠　造
発行所	株式会社 朝倉書店

東京都新宿区新小川町 6-29
郵　便　番　号　　162-8707
電　話　03 (3260) 0141
ＦＡＸ　03 (3260) 0180
http://www.asakura.co.jp

〈検印省略〉

© 2003〈無断複写・転載を禁ず〉　　　　Printed in Korea

ISBN 978-4-254-10283-3　C3540

JCOPY ＜(社)出版者著作権管理機構　委託出版物＞

本書の無断複写は著作権法上での例外を除き禁じられています．複写される場合は，そのつど事前に，(社)出版者著作権管理機構（電話 03-3513-6969, FAX 03-3513-6979, e-mail: info@jcopy.or.jp）の許諾を得てください．

好評の事典・辞典・ハンドブック

脳科学大事典	甘利俊一ほか 編 B5判 1032頁
視覚情報処理ハンドブック	日本視覚学会 編 B5判 676頁
形の科学百科事典	形の科学会 編 B5判 916頁
紙の文化事典	尾鍋史彦ほか 編 A5判 592頁
科学大博物館	橋本毅彦ほか 監訳 A5判 852頁
人間の許容限界事典	山崎昌廣ほか 編 B5判 1032頁
法則の辞典	山崎 昶 編著 A5判 504頁
オックスフォード科学辞典	山崎 昶 訳 B5判 936頁
カラー図説 理科の辞典	山崎 昶 編訳 A4変判 260頁
デザイン事典	日本デザイン学会 編 B5判 756頁
文化財科学の事典	馬淵久夫ほか 編 A5判 536頁
感情と思考の科学事典	北村英哉ほか 編 A5判 484頁
祭り・芸能・行事大辞典	小島美子ほか 監修 B5判 2228頁
言語の事典	中島平三 編 B5判 760頁
王朝文化辞典	山口明穂ほか 編 B5判 616頁
計量国語学事典	計量国語学会 編 A5判 448頁
現代心理学［理論］事典	中島義明 編 A5判 836頁
心理学総合事典	佐藤達也ほか 編 B5判 792頁
郷土史大辞典	歴史学会 編 B5判 1972頁
日本古代史事典	阿部 猛 編 A5判 768頁
日本中世史事典	阿部 猛ほか 編 A5判 920頁

価格・概要等は小社ホームページをご覧ください．